Gunter Hankammer **Schimmelpilze in Gebäuden**

Schimmelpilze in Gebäuden

Erkennen und Beurteilen von Symptomen und Ursachen

3., überarbeitete und aktualisierte Auflage

mit 411 Abbildungen und 102 Tabellen

Gunter Hankammer

Dipl.-Ing., öffentlich bestellter und vereidigter Sachverständiger für Schäden an Gebäuden sowie für Schimmelpilze und andere Innenraumschadstoffe (Handelskammer Hamburg), öffentlich bestellter und vereidigter Sachverständiger für Sachfragen der Honorierung von Architektenleistungen gemäß HOAI (Hamburgische Architektenkammer), beratender und bauvorlageberechtigter Ingenieur (Hamburgische Ingenieurkammer)

Bibliografische Information der Deutschen Nationalbibliothek
Die Deutsche Nationalbibliothek verzeichnet diese Publikation in der Deutschen Nationalbibliografie; detaillierte bibliografische Daten sind im Internet über http://dnb.dnb.de abrufbar.

3., überarbeitete und aktualisierte Auflage 2016

Maßgebend für das Anwenden von Normen ist deren Fassung mit dem neuesten Ausgabedatum, die bei der Beuth Verlag GmbH, Burggrafenstraße 6, 10787 Berlin, erhältlich ist. Maßgebend für das Anwenden von Regelwerken, Richtlinien, Merkblättern, Hinweisen, Verordnungen usw. ist deren Fassung mit dem neuesten Ausgabedatum, die bei der jeweiligen herausgebenden Institution erhältlich ist. Zitate aus Normen, Merkblättern usw. wurden, unabhängig von ihrem Ausgabedatum, in neuer deutscher Rechtschreibung abgedruckt.

Das vorliegende Werk wurde mit größter Sorgfalt erstellt. Verlag und Autor können dennoch für die inhaltliche und technische Fehlerfreiheit, Aktualität und Vollständigkeit des Werkes keine Haftung übernehmen.

Wir freuen uns, Ihre Meinung über dieses Fachbuch zu erfahren. Bitte teilen Sie uns Ihre Anregungen, Hinweise oder Fragen per E-Mail: fachmedien.bau@rudolf-mueller.de oder Telefax: 0221 5497-6141 mit.

Lektorat: Dr. Doris Kliem, Urbach
Umschlaggestaltung: Künkelmedia, Brühl
Satz: Hackethal Producing, Asbach
Druck und Bindearbeiten: Buchdruck Zentrum, Landshut
Printed in EU

ISBN 978-3-481-03372-9 (Buchausgabe)
ISBN 978-3-481-03373-6 (PDF als E-Book)

Vorwort

Vorwort zur 3. Auflage

13 Jahre nach dem Erscheinen der 1. Auflage war es an der Zeit, eine grundlegende Überarbeitung des Werkes vorzunehmen, um auf aktuelle Regelwerke eingehen zu können, aber auch, um neue Erkenntnisquellen zu berücksichtigen und um Erfahrungen aus der Praxis in das Werk einfließen zu lassen.

Hamburg, im April 2016 Gunter Hankammer

Auszug aus dem Vorwort zur 1. Auflage

„Bauen ist der Kampf des Menschen gegen das Wasser" lautet die schlichte Beschreibung eines sehr komplexen Themas. Mit fortschreitenden Technologien sind wir mehr und mehr in der Lage, wasser- und luftdichte Gebäude zu produzieren. Gleichwohl zeigt ein stetig steigendes Aufkommen von Schimmelpilzfällen, dass weiterhin Handlungsbedarf besteht. Tatsächlich tritt zunehmend ein zeitgenössisches Problem in den Vordergrund: der Schutz des Objekts vor Feuchte, die im Gebäude selbst entsteht.

Eine pauschale Schnelldiagnostik lässt sich in der Regel für die Ursache mikrobiologischer Schäden nicht seriös treffen. Die gutachterliche Praxis zeigt vielmehr, dass die Gründe für eine Schimmelpilzbildung auch sehr vielschichtig sein können. In der Konsequenz muss daher jeder erkannte mikrobielle Befall auf seine individuelle Verursachung hin gründlich untersucht werden. Dieses Buch soll allen denen als Leitfaden dienen, die mit der Beurteilung von mikrobiellen Schäden an Gebäuden in der Praxis befasst sind.

Für Hinweise unter der E-Mail-Adresse gunter@hankammer.de bin ich dankbar.

Hamburg, im August 2003 Gunter Hankammer

Danksagung

Für die fachliche Unterstützung und Hilfe bei der Entwicklung und Umsetzung des Werkes gilt mein besonderer Dank:

Frau Dipl.-Ing. (FH) Katrin Timm
Frau Dr. Doris Kliem (Lektorin)
Frau Christiane Hackethal (Satz)

Das Buch ist meiner Frau Susanne gewidmet.

Geleitwort zur 3. Auflage

Schimmelbefall in Innenräumen ist nach wie vor eines der Hauptthemen bei Anfragen zu Innenraumbelastungen an das Umweltbundesamt. In den letzten Jahren ist zwar baulich viel erreicht worden, um Bauschadenseinflüsse, wie undichte Gebäude, Feuchteeintritt in Gebäude über vertikale und horiztontale Abdichtungsfehler usw., zu vermeiden sowie die energetische Verbesserung von Gebäuden voranzutreiben. Bauphysikalisch und bauschadensmäßig müsste danach vieles besser sein als früher. Das ist in der Praxis aber leider nicht überall der Fall.

So werden Gebäude entweder unsachmäßig saniert oder es wird bei Neubauten nicht die nötige Sorgfalt auf die Abdichtung und Vermeidung von Wärmebrücken und energetischen Gebäudeschwachstellen gelegt. Dämmungen von alten Gebäuden werden nicht nur außen, sondern zunehmend auch innen angebracht, was durchaus möglich ist, aber besondere Sorgfalt und Vorsicht erfordert, damit es hinter den Vorwandschalen später nicht zu Feuchteschäden und Schimmelbefall kommt.

Neben baulichen Einflussfaktoren trägt auch der Raumnutzer weiter zum Schimmelrisiko bei. Trotz aller Aufklärungskampagnen überrascht uns immer wieder, wie wenig doch Raumnutzer über sachgemäßes Lüften und Vermeiden von Feuchteinträgen in die Innenraumluft wissen. Hier ist stetiger Aufklärungsbedarf weiter vonnöten.

Das Umweltbundesamt hat das weiterhin wichtige Thema „Schimmel“ zum Anlass genommen, seine beiden Schimmelleitfäden aus den Jahren 2002 und 2005 grundlegend zu überarbeiten. Der neue Schimmelleitfaden 2016 ist fertig und wird zunächst für 3 Monate zur öffentlichen Diskussion in das Netz gestellt. Im Herbst 2016 ist mit einem offziellen Erscheinen zu rechnen.

Neben diesen staatlichen Empfehlungen sind Hinweise und Vorschläge für die praktische Herangehensweise in Ratgebern und Sachbüchern weiterhin sehr willkommen. In diesem Sinne wird auch das vorliegende Sachbuch, das numehr bereits in 3. Auflage erscheint, helfen, die Adressaten vor Ort besser zu erreichen und für sachgerechte Vorgehensweisen bei der Erfassung und besonders auch bei der Sanierung von Schimmelbefall zu sorgen.

Der Autor hat erneut eine Menge Grundlagenwissen zusammengetragen und akutalisiert sowie praktische Lösungsansätze beschrieben. Der Praxisbezug steht dabei im Vordergrund und das ist gut so.

Wir wünschen dem Autor viel Erfolg!

Dessau, im März 2016

Dr.-Ing. Heinz-Jörn Moriske
Direktor und Professor
im Umweltbundesamt Dessau/Roßlau
Beratung Umwelthygiene Fachbereich II (BU)

Inhalt

1 Einleitung

Schimmelpilzbefall in Gebäuden gehört nach wie vor und in weiterhin zunehmendem Maße zu den Anlässen von Mietstreitigkeiten in Wohnungen. Die Mieter erwägen zunächst Gebäudemängel, während ihnen die Vermieterseite eine unzureichende Beheizung und Belüftung vorhält. Voraussetzung für die sichere rechtliche Bewertung der Verschuldensfrage ist aber eine vorherige zuverlässige Beurteilung der technischen und bauphysikalischen Kausalkette. Dafür ist die sorgfältige, aber auch kritische Untersuchung möglicher Einflussfaktoren notwendig. Zu untersuchende Einflussfaktoren sind:

- Mängel an der Bausubstanz
- Heiz- und Lüftungsverhalten der Bewohner
- Funktionsfähigkeit der Gebäudetechnik
- Wärmeschutz und Wärmebrücken innerhalb der Gebäudehülle
- Luftdichtheit der Gebäudehülle
- erhöhtes Risikopotenzial bei „jungen“ Gebäuden
- raumklimatische Veränderungen in der Folge von Wohnungssanierungen
- schadensbedingte Feuchteeinbrüche

Das Buch richtet sich daher natürlich insbesondere an die mit Schimmelpilz befassten Sachverständigen, Architekten und Ingenieure, aber auch an die Wohnungsbauunternehmen, die Hausverwaltungen, die Mediziner und die Juristen. Es soll eine praxisorientierte Hilfestellung leisten bei der Beurteilung der Problemstellungen

- Prävention durch adäquate Planung und schadensfreie Errichtung von Neubauten,
- Risikoabwägung bei beabsichtigten baulichen Veränderungen im Bestand,
- Anleitung zu einem komfortablen und optimierten Wohnverhalten,
- Schadensanalyse bei Feuchte und Schimmelpilzbefall,
- Beurteilung der gesundheitlichen Gefährdung,
- systematische Ursachenermittlung mit differenzierter Methodik,
- Abschätzung des Prozessrisikos anhand von Gerichtsurteilen und
- Sanierung des Befalls und Beseitigung der Ursache.

Anders als in der bisher existierenden Literatur über Schimmelpilze oder Gebäudeschäden wird die Schimmelpilzproblematik in diesem Werk fakultätsübergreifend behandelt, weil auch die Lösungsansätze nur in einem ganzheitlichen System wirken können. Aus der Sichtweise des Bausachverständigen und des Innenraumdiagnostikers wird in anschaulicher und nachvollziehbarer Form alles Wissenswerte über den Verlauf und die näheren Umstände eines Schimmelpilzbefalls geschildert. Dafür wird systematisch und nach Kategorien unterteilt auf die unterschiedlichen Ursachen eines mikrobiellen Befalls eingegangen. Ferner werden die gängigen Diagnoseverfahren und die medizinischen Risiken aufgezeigt.

Soweit verfügbar, sind in einem eigenen Kapitel Entscheidungsbegründungen zu konkreten Urteilen der Gerichte beigefügt, um deren Sichtweise beispielhaft darzustellen. Eine Urteilssammlung zu der Angemessenheit von Mietminderungen bietet Hinweise zur Abschätzung des etwaigen Prozessrisikos.

In weiteren Kapiteln werden die moderne Diagnostik und die gängigen Sanierungsverfahren erläutert.

Auch ähnliche Erscheinungsformen, wie z. B. Salzausblühungen, werden differenziert angesprochen, um Abgrenzungen vornehmen zu können.

1.1 Schimmelpilze in der Umgebung des Menschen

Vorausgeschickt sei eine Anmerkung zur Nomenklatur: Zu einer bestimmten Schimmelpilzgattung gehören verschiedene Schimmelpilzarten. Eine Schimmelpilzart wird mit einem lateinischen Doppelnamen bezeichnet. Der erste Teil des Namens steht dabei für die Gattung, der zweite Teil für die Pilzart (Spezies). *Aspergillus versicolor* z. B. ist eine bestimmte Pilzart der Gattung *Aspergillus*. Wird im Labor ein Schimmelpilz nur einer Gattung zugeordnet, ohne die Art feststellen zu können, wird die Bezeichnung *Aspergillus* sp. (sp. für lat. species) verwendet. Handelt es sich um mehrere Arten, wird die Bezeichnung *Aspergillus* spp. (spp. für lat. species pluralis) gewählt.

Neben den Schimmelpilzen gibt es noch andere Mikroorganismen, die teilweise unter den gleichen Lebensbedingungen existieren können. Dazu gehören insbesondere bestimmte Bakterienarten, wie z. B. die Actinomyceten. In der unmittelbaren Umgebung des Menschen sind Schimmelpilze und ihre Stoffwechselprodukte sowie andere Mikroorganismen auf verschiedene Weise gegenwärtig (siehe Abb. 1.1).

Schimmelpilze in feuchten Gebäuden

Auf den Oberflächen von Baustoffen oder Bauteilen können sich bei ausreichender frei verfügbarer Feuchte Mikroorganismen ansiedeln, da das Material die notwendigen Nährstoffe häufig bereits enthält. Insbesondere zellulosehaltige Produkte verfügen über Lignin und Glukoseverbindungen, die den Schimmelpilzen einen idealen Nährboden bieten. Glas und Metall hingegen benötigen einen Schmutzfilm, damit sich Mikroorganismen ansiedeln können.

Zur Bewertung von Luftkeimmessungen ist die Bewertungshilfe im Leitfaden „Schimmelpilze in Innenräumen – Nachweis, Bewertung, Qualitätsmanagement“ aus dem Jahre 2001/2004 des Landesgesundheitsamts (LGA) Baden-Württemberg zu empfehlen:

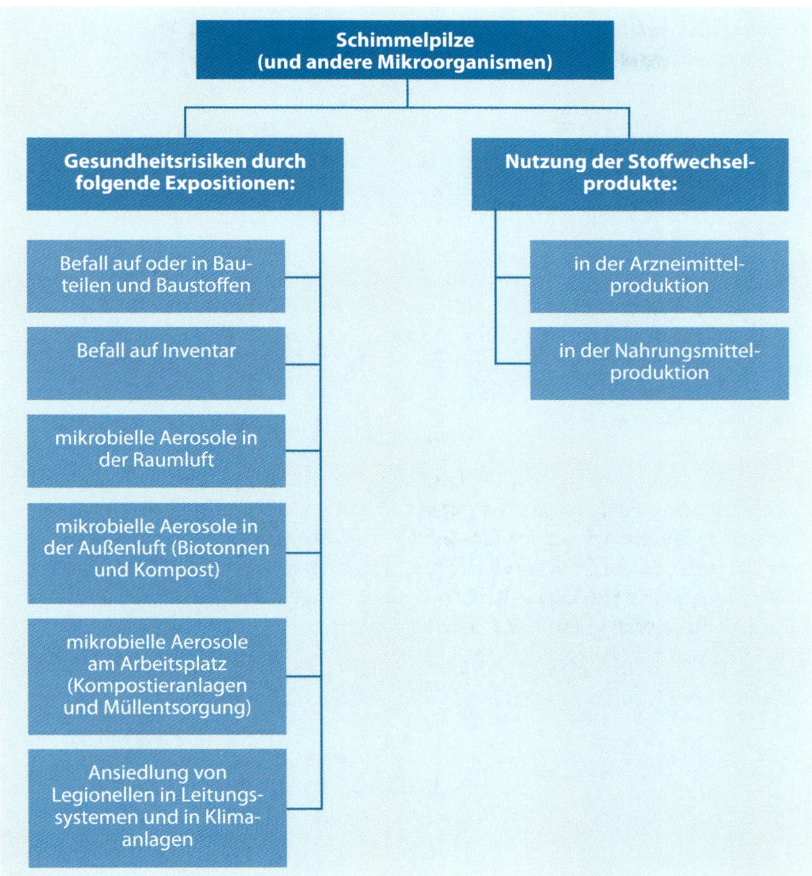

Abb. 1.1: Schimmelpilze und andere Mikroorganismen in der Umgebung des Menschen

Schimmelpilze in Innenräumen, 2011, S. 72 f.:

„*7 Indikatororganismen aus baulicher Sicht, Pilze mit hoher Indikation für Feuchteschäden*

[…] *Da Schimmelpilze ubiquitär vorkommen, ist es entscheidend, für eine Interpretation der Ergebnisse insbesondere solche Pilze zu berücksichtigen, die häufig mit Feuchteschäden oder anderen spezifischen Innenraumquellen assoziiert sind. Diese Pilze werden im Folgenden als Indikatororganismen bezeichnet.*

Liste der Indikatororganismen (typische Spezies im Zusammenhang mit Feuchtigkeitsschäden in Gebäuden):

- *Acremonium spp.*
- *Aspergillus penicillioides*
- *Aspergillus restrictus*

- *Aspergillus versicolor*
- *Chaetomium spp.*
- *Phialophora spp.*
- *Scopulariopsis brevicaulis*
- *Scopulariopsis fusca*
- *Stachybotrys chartarum*
- *Tritirachium (Engyodontium) album*
- *Trichoderma spp.*"

Feuchteindikatorpilze sind auch im Anhang A der DIN ISO 16000-19 „Innenraumluftverunreinigungen – Teil 19: Probenahmestrategie für Schimmelpilze" (2012) aufgeführt:

DIN ISO 16000-19 (2012), S. 23:

„Anhang A (informativ)

Indikatoren für Feuchteschäden

Erhöhte Schimmelpilzkonzentrationen im Innenraum und das Auftreten von gewissen Schimmelpilzarten sind eine hohe Indikation für Feuchteschäden in Innenräumen. Diese Schimmelpilzarten werden als Feuchteindikatoren bezeichnet. Beispiele für solche Schimmelpilzgattungen und -arten in gemäßigten Klimazonen sind in Tabelle A.1 wiedergegeben.

Tabelle A.1 — Beispiele für Schimmelpilze mit hoher Indikation für Feuchteschäden (Feuchteindikatoren) in gemäßigten Klimabereichen:

- *Acremonium spp.*
- *Aspergillus penicillioides*
- *Aspergillus restrictus*
- *Aspergillus versicolor*
- *Chaetomium*
- *Cladosporium sphaerospermum*
- *Engyodontium (Tritirachium) album*
- *Penicillium chrysogenum*
- *Phialophora spp.*
- *Scopulariopsis brevicaulis*
- *Scopulariopsis fusca*
- *Stachybotrys chartarum*
- *Trichoderma spp.*
- [...]"

Auch auf ansonsten untypischen Baumaterialien, selbst auf Fensterglas und auf Kunststofffensterprofilen, ist eine Schimmelpilzansiedlung möglich, wenn sich durch kurzzeitig auftretende Feuchte und Staubablagerungen ein Biofilm auf der Oberfläche bilden konnte.

Bei Durchfeuchtungsschäden spielt die Art der Raumnutzung so gut wie keine Rolle. Anders verhält es sich mit den hygrothermischen Schäden. Bei der praktischen Begutachtung derartig strittiger Schimmelpilzfälle sind bestimmte Räume statistisch dominant. Die Tabelle 1.1 gibt dazu Orientierungswerte. Verglichen werden Angaben von Sedlbauer/Krus (2003b) in

Tabelle 1.1: Häufigkeit des Auftretens von hygrothermisch bedingtem Schimmelbefall in verschiedenen Räumen

Raum	nach Sedlbauer/ Krus (2003b) in %	nach Han-kammer in %	nach Heinz et al. (2004) in %	nach Isenmann/ Tosberg (2005) in %	Mittel-werte (gerun-det)
1	2	3	4	5	6
Schlafzimmer	41	34	22,3	39,30	34
Bad	8	21	34,6	22,87	22
Küche	8	14	13,3	18,48	13
Wohnzimmer	16	18	10,7	7,92	13
Kinderzimmer	26	12	9,7	7,04	14
sonstige Räume (z.B. Flur)	2	13	7,0	2,63	6
WC	–	–	2,4	–	1

Spalte 2 mit etwa 150 eigenen, gerichtlich beauftragten Gutachten des Autors in Spalte 3. Vorausgegangen waren dabei regelmäßig Rechtsstreitigkeiten über die Verantwortung für die Ursache des Befalls. In der Spalte 4 sind Ergebnisse einer Untersuchung ausgewertet, die von dem Bundesverband des Schornsteinfegerhandwerks gefördert wurde und von Heinz et al. im März 2004 veröffentlicht wurde. Untersucht wurden 5.530 Wohnungen aus unterschiedlichen Bauepochen. Berücksichtigt wurden die offensichtlichen Schimmelpilzschäden ohne die Schäden an Sanitärobjekten (Silikonfugen). In Spalte 5 sind die Ergebnisse einer Untersuchung von Isenmann und Tosberg dargestellt (Isenmann/Tosberg, 2005, Anlage 3, III-4.4.11, S. 3). Je nach Schwerpunkt der Beauftragung und der Zielrichtung des Beweisantrags können dabei durchaus abweichende Ergebnisse erzielt werden.

Im Ergebnis aller Untersuchungen wird deutlich, dass der Schimmelpilzbefall dominant in den Schlafzimmern und in den Badezimmern vorkommt. Wie in den folgenden Kapiteln noch näher erläutert wird, liegen die Probleme in den Schlafzimmern überwiegend in einer ungenügenden Beheizung und in den Bädern vorwiegend in einer unzureichenden Entsorgung der dort produzierten Luftfeuchte.

Ein weiteres interessantes Ergebnis der von Heinz et al. (2004) durchgeführten Untersuchungen liegt darin, dass ein Anteil von 9,3 % der repräsentativ durch alle Altersklassen hindurch untersuchten Wohnungen einen sichtbaren Schimmelpilzbefall aufwies. Dabei stellte sich heraus, dass etwa ⅔ der Fälle, in denen Feuchte angetroffen wurde, und ebenfalls etwa ⅔ der Fälle, in denen ein Schimmelpilzbefall vorhanden war, lüftungsrelevant waren (siehe Tabelle 1.2 sowie Abb. 1.2 und 1.3).

Tabelle 1.2: Feuchteschäden und Schimmelpilzbefall (Quelle: Heinz et al., 2004, S. 6–15)

	Gesamtanteil aller Wohnungen in %	davon lüftungs-relevant in %	Rate in %
Feuchteschäden	21,9	14,2	64,8
Schimmelpilzbefall	9,3	5,8	62,4

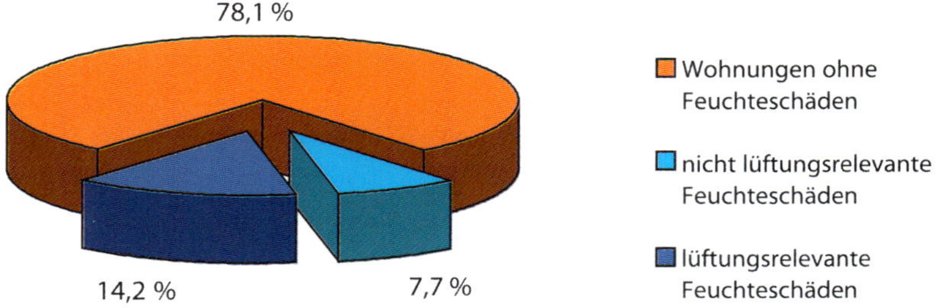

Abb. 1.2: Anteil an Wohnungen mit Feuchteschäden (Quelle: Heinz et al., 2004, S. 6–15)

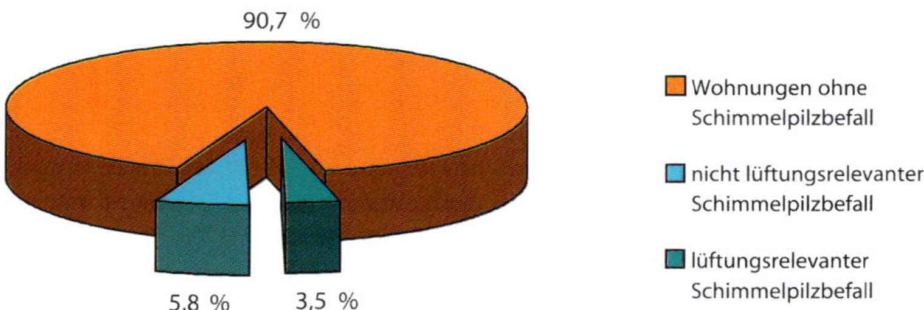

Abb. 1.3: Anteil an Wohnungen mit Schimmelpilzbefall (Quelle: Heinz et al., 2004, S. 6–15)

Anzumerken ist im Hinblick auf die Ergebnisse der Untersuchung, dass die Gebäudeinspektionen und die Befragungen der Bewohner durch instruierte Bezirksschornsteinfegermeister durchgeführt wurden, deren Beurteilungen des jeweiligen Schimmelpilzbefalls ausschließlich auf der Grundlage sichtbarer Erscheinungen basierten. Im Hinblick auf verdeckte Befallsvorkommen wurden keine Untersuchungen vorgenommen. Vor diesem Hintergrund verbleibt im Ergebnis eine Dunkelziffer für den Gesamtanteil aller Wohnungen, in denen möglicherweise zum Zeitpunkt der Erfassung ein nicht nachgewiesener verdeckter Schimmelpilzbefall vorgelegen hatte.

Die Beurteilung der Frage, ob ein Feuchteschaden oder ein Schimmelpilzbefall lüftungsrelevant war, erfolgte ebenfalls nach Augenschein. Stationäre oder instationäre Klimamessungen und rechnerische bauphysikalische Nachweise wurden nicht durchgeführt. Auch in diesem Punkt verbleibt im Ergebnis eine Dunkelziffer für den Gesamtanteil aller Wohnungen, bei de-

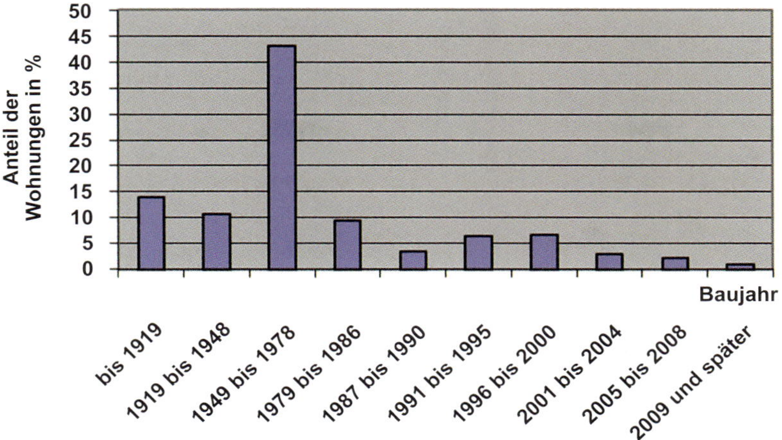

Abb. 1.4: Anteil der Wohnungen in der Bundesrepublik Deutschland nach Baujahr (Quelle der Daten: Zensus 2011, 2013)

nen die Schäden möglicherweise nur zum Teil lüftungsrelevant waren. Die Praxis der gerichtlichen Sachverständigentätigkeit zeigt aber, dass bei bestimmten Konstellationen sowohl die Beschaffenheit des Gebäudes als auch das Verhalten der Nutzer jeweils anteilig an der Entstehung eines Schimmelpilzbefalls beteiligt sein können. Ob die Bewohner ausreichend gelüftet haben, ist dann eine Rechtsfrage, die unter Berücksichtigung der Umstände im Einzelfall durch das Gericht entschieden werden muss.

Eine entscheidende Rolle spielt bei den hygrothermischen Schäden die Qualität der Wärmedämmung, die sich in den unterschiedlichen Epochen mit Einführung der verschiedenen Wärmeschutzverordnungen an die Energiekosten angepasst hat. Interessant ist unter diesem Gesichtspunkt, wie sich der Gesamtbestand aller etwa 39 Millionen Wohnungen in Deutschland auf die verschiedenen Bauzeitaltersklassen verteilt (siehe Abb. 1.4).

Es fällt auf, dass nahezu 50 % aller Wohnungen in den Jahren zwischen der Nachkriegszeit und der Einführung der ersten Wärmeschutzverordnung entstanden sind. Der einschneidende Schritt im Hinblick auf die Regulierung des Mindestwärmeschutzes von Gebäuden ist mit der dritten Wärmeschutzverordnung von 1995 erfolgt. Der Anteil der nach diesem Zeitpunkt entstandenen und damit aus heutiger Sicht bereits bei der Errichtung gut gedämmten Gebäude ist insoweit als gering zu bezeichnen. Die Zahlen des statistischen Bundesamts berücksichtigen nicht den Anteil bereits nachträglich wärmegedämmter Altbauten.

Statistisch belegt ist ferner die Verteilung aller Wohngebäude auf Gebäudeklassen. Im Wesentlichen setzt sich die Gesamtanzahl der Wohngebäude aus Ein- und Zweifamilienhäusern zusammen. Diesbezüglich wäre im Zuge weiterer statistischer Erhebungen die interessante Frage zu untersuchen, welche Gebäudeklassen möglicherweise häufiger von einem Schimmelpilzbefall betroffen sind als andere.

Abb. 1.5: Schimmelpilzbefall auf der Furnieroberfläche eines Türblatts in einem ungenutzten Kellerraum

Abb. 1.6: Schimmelpilzbildung auf einem Kellerregal nach Feuchteeinbruch

Abb. 1.7: Offen sichtbarer Schimmelpilzbefall auf einer Gewebetapete nach einem Wasserschaden

Abb. 1.8: Schimmelpilzbefall auf einem Kellerregal. Zu sehen ist die weiße Rückwand des Kellerregals.

Schadensbilder von Schimmelpilzbefall in Gebäuden

Sofern die Wachstumsbedingungen (siehe Kapitel 1.3.1.4) günstig sind, kann ein Schimmelpilzbefall auf nahezu allen Baustoffen ebenso eintreten wie auf dem Inventar des Nutzers oder auf Lebensmitteln. So führt z. B. anhaltend überhöhte relative Luftfeuchte in unbelüfteten Kellerräumen zu einer Schimmelpilzbildung auf Holzregalen und auf eingelagertem Inventar, vor allem auf Ledermaterialien.

Vor diesem Hintergrund sollte sich im Verdachtsfall die Suche nach einer nicht sichtbaren Schimmelpilzquelle nicht auf die Bestandteile des Gebäudes beschränken. In manchen Fällen liefert das Ergebnis einer Luftkeimmessung aufgrund der Zusammensetzung angetroffener Schimmelpilzarten Hinweise auf die Quelle, da bestimmte Arten optimal auf speziellen Substraten wachsen können. Die Beurteilung der möglichen Quellen anhand der Zusammensetzung bestimmter Spezies erfordert jedoch mikrobiologisches Spezialwissen. Nachfolgend sind einige Abbildungsbeispiele für Schimmelpilzbefall auf unterschiedlichen Untergründen aufgeführt (siehe Abb. 1.5 bis 1.12).

Abb. 1.9: Schimmelpilzbefall auf dem Inventar in einem feuchten Keller

Abb. 1.10: Schimmelpilzbefall auf in einem feuchten Keller gelagerten Schuhen

Abb. 1.11: Schimmelpilzbefall auf in einem feuchten Keller gelagertem Inventar aus Textil

Abb. 1.12: Schimmelpilzbefall auf in einem feuchten Keller gelagertem Inventar aus Leder

Die Schimmelpilzsporen vieler Spezies sind ubiquitär, d. h. sie sind in der Außenluft allgegenwärtig, und sie bevorzugen artgerechte Substrate. Bestimmte Spezies siedeln sich ausschließlich auf Lebensmitteln an, andere sind auf Baustoffen dominant vertreten. Die unterschiedlichen Schimmelpilzspezies eines Befalls innerhalb eines Gebäudes geben in grober Näherung Hinweise einerseits auf einen Befall von Baustoffen und andererseits auf eine Ansiedlung auf Produkten aus der Nutzersphäre.

Bauprodukte als mögliche Schimmelpilzquellen:

- feuchtes Holz
- feuchtes Mauerwerk
- feuchter Putz
- feuchte Raufasertapeten
- feuchte Dämmstoffe
- elastische Dichtstoffe
- Klimaanlagen

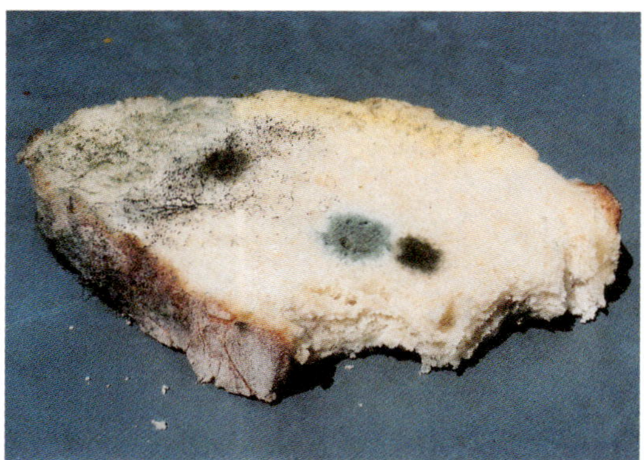

Abb. 1.13: Schimmelpilzbildung auf zu lange gelagertem Brot

Abb. 1.14: Schimmelpilzbildung auf zu lange gelagertem Obst. Wie verschimmeltes Brot (siehe Abb. 1.13) wird auch verschimmeltes Obst im Biomüll entsorgt. Von dort können Schimmelpilzsporen in die Raumluft gelangen. Dort werden sie bei Luftmessungen miterfasst, ohne dass ein Gebäudeschaden vorliegt.

Abb. 1.15: Ein Schimmelpilzbefall in Blumenerde kann zu einer Innenraumluftverunreinigung beitragen.

Abb. 1.16: In Haustierkäfigen können geeignete Nährstoffe für Schimmelpilze enthalten sein. *Wallemia sebi* ist eine häufig auf Stroh anzutreffende Art, die jedoch in Baumaterialien ebenso vorkommt.

Produkte aus der Nutzersphäre als potenzielle Schimmelpilzquellen (siehe Abb. 1.13 bis 1.16):

- Staub
- Inventar und Mobiliar
- Matratzen und Polstermöbel
- Lebensmittel
- Blumenerde, Hydrokulturen usw.
- Hausmüll, insbesondere Biomüll
- Tierkot, Käfigstreu und Tierfutter

Sofern die Analyseergebnisse einen Befall mit typischen Schimmelpilzen aus dem Nahrungsmittelbereich ausweisen, sollten das Ergebnis und die Messmethode kritisch überprüft werden.

Abb. 1.17: Französischer Roquefort mit deutlich sichtbaren Impfgängen aus *Penicillium roqueforti* im Käselaib

Abb. 1.18: Impfgang in einem französischen Roquefort

Abb. 1.19: Französischer Camembert mit sichtbarem Belag aus *Penicillium camemberti* auf der Oberfläche des Käselaibs

Abb. 1.20: Wildschweinsalami aus der französischen Schweiz

Im Zusammenhang mit einem Schimmelpilzbefall lassen sich übrigens gleichzeitig bestimmte Bakterienarten im Rahmen von Raumluft-, Material- oder Staubproben nachweisen. Bekannt sind z. B. Actinomyceten.

1.2 Nutzung von Schimmelpilzen

Schimmelpilze in der Nahrungsmittelproduktion

Bei der Veredlung und der Konservierung von Käseprodukten werden Schimmelpilze eingesetzt, deren Genuss für den Menschen unschädlich ist. Bekannt sind Käsesorten mit bläulichem Edelschimmel, wie z. B. Roquefort, dem bei der Erzeugung als Geschmacksträger *Penicillium roqueforti* in den Laib eingeimpft wird (siehe Abb. 1.17 und 1.18).

Camembert erhält als Konservierungsmaßnahme einen hautartigen Überzug aus *Penicillium camemberti*, der den Käse resistent gegenüber Bakterien macht (siehe Abb. 1.19).

Auch bei der Herstellung von luftgetrockneten Salamisorten werden Schimmelpilze zur Konservierung eingesetzt (siehe Abb. 1.20).

Tabelle 1.3: Einsatz von Schimmelpilzen zur Gewinnung von Produkten und Lebensmitteln (Quelle: Reiß, 1997, S. 62)

Produkte	Beispiele für die Verwendung	Produzenten
1. Primärmetabolite		
Zitronensäure	Getränke, Milchprodukte, Desserts u. a.	*Aspergillus niger* und andere *Aspergillus*- und *Penicillium*-Arten
Itaconsäure	Lacke, Kunststoffe	*Aspergillus terreus, Aspergillus itaconicus*
Bernsteinsäure	Aromastoffe	*Rhizopus*-Arten
Fumarsäure	Fruchtgetränke, Milch- und Fleischprodukte	*Aspergillus fumaricus, Rhizopus stolonifer, Rhizopus arrhizus, Rhizopus oryzae (Rhizopus delemar)*
Äpfelsäure	Getränke, Marmeladen, Sirups usw.	*Aspergillus flavus, Aspergillus parasiticus, Penicillium corylophilum, Rhizopus stolonifer*
Weinsäure	Getränke	*Aspergillus griseus, Aspergillus niger, Penicillium chrysogenum*
Gluconsäure	Backpulver, Fleischprodukte, Flaschenreinigungsmittel	*Aspergillus niger* und andere *Aspergillus*- und *Penicillium*-Arten
Erythrobinsäure	Antioxidans, Stabilisierungsmittel in Lebensmitteln	*Penicillium chrysogenum*
Pullulan	Verdickungs- und Geliermittel	*Aureobasidium pullulans*
2. Sekundärmetabolite		
Penicilline	Antibiotika	*Penicillium chrysogenum (Penicillium notatum)*
Zephalosporine	Antibiotika	*Cephalosporium acremonium*

Tabelle 1.3 (Fortsetzung)

Produkte	**Beispiele für die Verwendung**	**Produzenten**
Griseofulvin	Antibiotika	*Penicillium nigricans, Penicillium patulum* und andere *Penicillium*-Arten
β-Carotin	Färben von Margarine, Käse, Getränken, Süß- und Teigwaren usw.	insbesondere *Blakeslea trispora, Choanephora conjuncta*
Steroide	Gewinnung von Hormonen	vor allem *Curvularia lunata, Cunninghamella blakesleeana*
Hydrolasen	Herstellung von Lebensmitteln	verschiedene *Aspergillus-*, *Penicillium-* und *Rhizopus*-Arten

Bei allen Stoffwechselvorgängen, z. B bei Gärungsprozessen, bei der Fermentation oder bei der Produktion von Säuren, ist der Einsatz verschiedener Schimmelpilzspezies verbreitet (siehe Tabelle 1.3). Nach Reiß (1997) werden etwa 90 % der an die 400.000 Tonnen Jahresproduktion an Zitrussäure durch die Fermentation lebender Mikroorganismen hergestellt. Durchgesetzt hat sich dabei die Verwendung von *Aspergillus niger*. Von dieser Produktion werden 75 % für die Herstellung von Limonaden verwendet.

Schimmelpilze in der Arzneimittelproduktion

Während der vegetativen Entwicklungsphase (Tropophase) haben die Hyphen der Pilze ständigen Kontakt mit dem Nährsubstrat und die Biomasse nimmt gleichmäßig zu. Es entstehen Primärstoffwechselprodukte und Enzyme (siehe Tabelle 1.3).

Anschließend, bei einsetzendem Nahrungsmangel oder bei Einwirken anderer Stressfaktoren, beginnt die Sekundärstoffwechselphase (Idiophase). Luftmyzel und Vermehrungsorgane werden ausgebildet. Es entstehen Sekundärstoffwechselprodukte, wie Antibiotika und Mykotoxine. Antibiotika und einige Mykotoxine können in geringen Konzentrationen die Bildung anderer Mikroorganismen hemmen oder sie abtöten. Das bekannteste Antibiotikum, Penicillin, wird aus dem Schimmelpilz *Penicillium* gewonnen (siehe Tabelle 1.3 sowie Abb. 1.21 und 1.22).

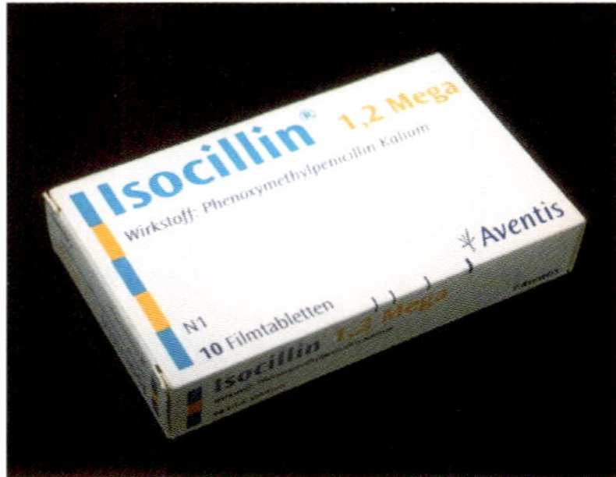

Abb. 1.21: Penicillin

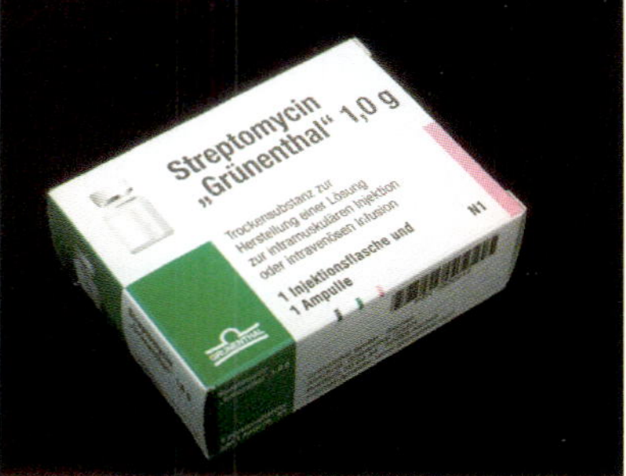

Abb. 1.22: Streptomycin

Die Entdeckung des Penicillins ist einem Zufall zu verdanken: Als der Mikrobiologe Alexander Fleming 1928 in Petrischalen Bakterien des Typs Staphylokokken züchtete, kam es zu einer versehentlichen Kontamination der Schalen mit dem im Labor zufällig anwesenden Schimmelpilz *Penicillium chrysogenum* (frühere Bezeichnung: *Penicillium notatum*). Gleichzeitig bemerkte Fleming eine Hemmung des Wachstums der Staphylokokken, die sich im Umfeld des angesiedelten *Penicillium* zeigte. Diese Beobachtung führte zu der Entwicklung antibiotischer Stoffe, die heute umfassend zur Bekämpfung bakterieller Infektionen eingesetzt werden. Das Labor von Alexander Fleming kann heute im St. Mary's Hospital in London besichtigt werden.

1.3 Wachstum und Stoffwechsel von Schimmelpilzen

1.3.1 Wachstum

1.3.1.1 Lebenszyklus

Schimmelpilze sind ubiquitär. Ihre luftgetragenen Sporen und Partikel lassen sich sowohl in der Außenluft als auch in der Innenraumluft nahezu überall nachweisen. Eine Ausbreitung von Schimmelpilzen erfolgt über Luftbewegungen, bei denen Sporen und Partikel von einer bestimmten Quelle aus an andere Orte getragen werden. Bei Kontakt mit Feuchte können sie zur Auskeimung angeregt werden und bei einem ausreichenden Nährstoffangebot kann es zur Ansiedlung auf dem Substrat (nährstoffhaltiger Untergrund) und zum weiteren Wachstum kommen. Dabei bilden sich unter der Oberfläche des Materials Hyphen als fadenförmige Zellen und an der Oberfläche Lufthyphen mit Conidiophoren, an deren Enden sich Conidien (Sporen) entwickeln (siehe Abb. 1.23).

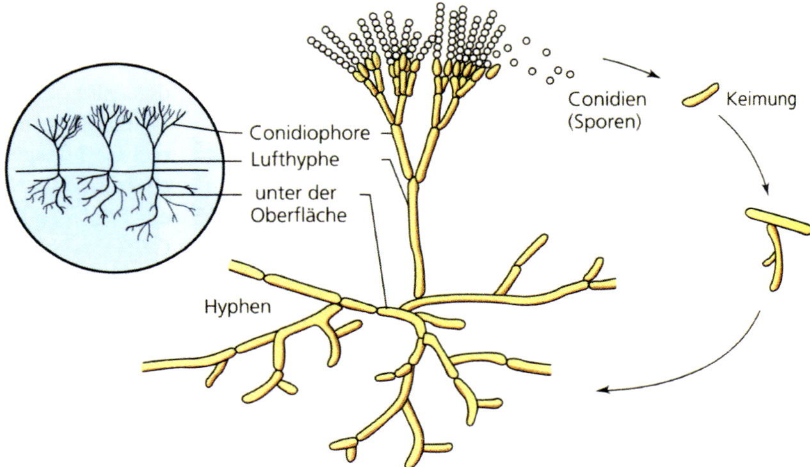

Abb. 1.23: Keimung und Wachstum eines Schimmelpilzes (Quelle: Madigan et al., 2000, S. 814)

1.3.1.2 Wachstumsphasen

Die Sporulation der Schimmelpilze findet diskontinuierlich statt. Das Wachstum unterliegt verschiedenen Phasen:

Kück et al., 2009, S. 33:

„*3 Physiologie*

[…]

3.1 Wachstumsbedingungen

[…]

3.1.1 Vermehrungsphasen

Die Hyphen eines Schimmelpilzes wachsen in der Regel konstant an den Hyphenspitzen und durch dichotome Verzweigung der Zellen […]. Es kann entsprechend eine Vermehrung des Pilzmyzels in Abhängigkeit von der Zeit beobachtet werden. Allerdings ist eine lineare Zunahme des Pilzmyzels nur in bestimmten Phasen einer Wuchskurve erkennbar […]. Typischerweise können folgende Wachstumsphasen unterschieden werden:

I. Anlaufphase (lag-Phase): In dieser Phase kann kaum ein Wachstum gemessen werden, die Dauer ist abhängig von der Nährstoffzusammensetzung und der Beschaffenheit des Impfmaterials.

II. Beschleunigungsphase: Es können erhöhte Wachstumsraten festgestellt werden.

III. Exponentielle Wachstumsphase (log-Phase): Die Myzelmenge nimmt exponentiell zu. Die Vermehrungsgeschwindigkeit steigt konstant und erreicht hier ihr Maximum.

IV. Verzögerungsphase: Die Vermehrungsgeschwindigkeit sinkt signifikant ab, z. B. aufgrund von Nährstoffmangel oder Anhäufung von giftigen Stoffwechselprodukten.

V. Stationäre Phase: Die Zellzahl bleibt konstant, es besteht ein Gleichgewicht zwischen Neubildung und Absterben von Zellen.
VI. Absterbephase: Es werden mehr Zellen abgetötet als neu gebildet, dafür sind in der Regel ein Nährstoffmangel und eine Anhäufung toxischer Stoffwechselprodukte verantwortlich.“

1.3.1.3 Flugfähigkeit der Sporen

Die Flugfähigkeit von Sporen ist abhängig von der Sporengröße und dem Sporengewicht sowie von der äußeren Form und der Oberfläche der Sporen. Angaben über die Flugfähigkeit der Sporen enthält z. B. der Leitfaden des LGA Baden-Württemberg (Schimmelpilze in Innenräumen, 2011), der sich wiederum auf unterschiedliche Quellenangaben stützt und in Tabelle 1.4 auszugsweise wiedergegeben wird.

Tabelle 1.4: Feuchteanspruch, Flugfähigkeit und Conidiengröße von Schimmelpilzsporen nach dem Leitfaden „Schimmelpilze in Innenräumen" (2011)

Pilzspezies und -gattung	Feuchteanspruch	Flugfähigkeit[1)]	Conidiengröße in µm Durchmesser (D) bzw. Länge × Breite (L × B)
Acremonium kiliense	hoch	1–2	3,0–6,0 × 1,5 (L × B)
Alternaria alternata	mittel bis hoch	2	18,0–83,0 × 7,0–18,0 (L × B)
Aspergillus flavus	mittel	3	3,6 (D)
Aspergillus fumigatus	hoch	3	2,5–3,0 (D)
Aspergillus niger	mittel bis hoch	3	3,5–5,0 (D)
Aspergillus penicillioides	gering	3	3,0–5,0 (D)
Aspergillus restrictus	gering	3	4,0–10,0 × 3,0–6,0 (L × B)
Aspergillus versicolor	gering bis mittel	3	2,0–3,0 (D)
Aureobasidium pullulans	hoch	1–2	7,5–16,0 × 3,5–7,0 (L × B)
Chaetomium globosum	hoch	1–2	9,0–11,0 × 7,0–8,5 (L × B)
Cladosporium cladosporioides	hoch	2–3	3,0–11,0 × 2,5 (L × B)

Tabelle 1.4 (Fortsetzung)

Pilzspezies und -gattung	**Feuchteanspruch**	**Flugfähigkeit[1)]**	**Conidiengröße in µm Durchmesser (D) bzw. Länge × Breite (L × B)**
Cladosporium herbarum	hoch	2–3	5,5–13,0 × 4,0–6,0 (L × B)
Eurotium herbariorum	gering	3	4,8 × 5,0–6,0 (L × B)
Fusarium sp.	hoch	1	34,0–80,0 × 5,0–7,0 (L × B)
Mucor racemosus	hoch	2	5,5–10,0 × 4,0–7,0 (L × B)
Penicillium brevicompactum	mittel bis hoch	3	3,5–4,5 (D)
Penicillium chrysogenum	mittel bis hoch	3	3,0–4,0 × 2,8–3,8 (L × B)
Phialophora sp.	hoch	1–2	3,0–4,0 × 1,5–2,5 (L × B)
Rhizopus stolonifer	hoch	2	7,0–15,0 × 6,0–8,0 (L × B)
Scopulariopsis brevicaulis	mittel bis hoch	2	5,0–9,0 × 5,0–7,0 (L × B)
Scopulariopsis fusca	mittel bis hoch	2	5,0–8,0 × 5,0–7,0 (L × B)
Stachybotrys chartarum	hoch	1–2	7,0–12,0 × 4,0–6,0 (L × B)
Trichoderma viride	hoch	2	3,6–4,5 (D)
Ulocladium chartarum		2	18,0–38,0 × 11,0–20,0 (L × B)
Wallemia sebi	gering	2–3	2,5–3,5 (D)

1) Verschlüsselung der Flugeigenschaften:
1 schlechte Flugeigenschaften
2 mittlere Flugeigenschaften
3 gute Flugeigenschaften

1.3.1.4 Wachstumsbedingungen

Hauptvoraussetzungen für die Sporenbildung, die Auskeimung von Sporen und das Myzelwachstum sind eine ausreichende verfügbare Feuchte, ein auskömmliches Substrat als nährstoffhaltiger Untergrund und ein spezifischer Temperaturbereich. Daneben existieren weitere Einflussfaktoren, wie der pH-Wert, die Lichtverhältnisse und die Rauigkeit des Untergrunds.

Hinweise auf die unterschiedlichen Wachstumsbedingungen enthält u. a. die DIN EN ISO 16000-19 „Innenraumluftverunreinigungen – Teil 19: Probenahmestrategie für Schimmelpilze" (2014):

DIN EN ISO 16000-19, 2014, S. 8–9:

„4 Eigenschaften, Herkunft und Vorkommen von Schimmelpilzen im Innenraum

Schimmelpilze kommen ubiquitär auf unserem Planeten vor. Sie sind an der Zersetzung von organischem Material beteiligt und spielen damit eine wichtige Rolle im Kohlenstoffkreislauf der Natur. Ihre Konzentration in der Außenluft ist u. a. abhängig vom Ort, vom Klima und von der Jahres- und Tageszeit. Die Konzentration der Schimmelpilze in der Luft unterliegt starken Schwankungen [...]. Gründe hierfür werden im Folgenden aufgezeigt.

Die Konzentration der Schimmelpilze in der lokalen Außenluft ist überwiegend von der Lage zu entsprechenden Schimmelpilzquellen sowie der Windrichtung und -stärke abhängig. [...]

Die Sporulation, das heißt die Bildung von Schimmelpilzsporen, erfolgt diskontinuierlich. Sie ist abhängig u. a. von der Lebensphase der Schimmelpilze, den Lebensbedingungen, den Stressfaktoren, der Luftfeuchte sowie von der Zusammensetzung und Verfügbarkeit des Substrats.

Die Verbreitung der Sporen, die in der Mehrzahl aerodynamische Durchmesser zwischen 2 µm bis 40 µm haben, ist abhängig von mechanisch oder thermisch bedingten Luftbewegungen, von Trocknungsphasen (führen z. B. zur De-Agglomeration von sedimentiertem Staub) und der Flugfähigkeit der Schimmelpilzsporen [...].

Aufgrund der ubiquitären Verbreitung von Schimmelpilzen ist davon auszugehen, dass sie auch immer in der Innenraumluft vorkommen. Das Vorkommen von Schimmelpilzen in der Innenraumluft kann einerseits auf den Eintrag aus der Außenluft zurückzuführen sein, andererseits kann im Innenraum Schimmelpilzwachstum auftreten oder es können Altschäden sowie Ablagerungen (Anflugsporen) von Schimmelpilzen vorhanden sein. [...]

Die Intensität des Wachstums und die vorkommenden Schimmelpilzarten bei einem Schimmelpilzschaden sind vor allem abhängig von der Feuchte, der Temperatur, dem Nährstoffangebot und dem pH-Wert. Unter geeigneten Lebensbedingungen kann eine Vielzahl von Schimmelpilzen zur Entwicklung kommen. Verschlechtern sich die Lebensbedingungen, kommt es meist zur Dominanz einer Art, die den gegebenen Bedingungen am besten angepasst ist [...].

Von einer Schimmelpilzquelle können Sporen, Myzelbruchstücke, aber auch Zellbestandteile und Stoffwechselprodukte wie β-Glukane (Polysaccharide in den Zellwänden der Schimmelpilze), Ergosterol, (steroide Verbindungen in den Zellmembranen der Schimmelpilze), Toxine sowie MVOC (microbial volatile organic compounds, wie gewisse Aldehyde, Alkohole, Ester, Ketone) abgegeben werden. Nicht nur aus Sporen, sondern auch aus Myzelbruchstücken können sich bei der Kultivierung Kolonien bilden."

Wasseraktivität

Schimmelpilze benötigen in ihrem Milieu grundsätzlich immer eine hohe relative Luftfeuchte oberhalb des Substrats, das vorliegend der Baustoffoberfläche entspricht. Die Bildung der Sporen findet in der Regel bei einer hohen advertiven Feuchte von 90 % statt, d. h., es wird zumindest kurzfristig eine Feuchteanreicherung an der Bauteiloberfläche benötigt. Auf die Sporenkeimung folgt das Myzelwachstum.

Kennzeichnend für die zur Schimmelpilzbildung erforderliche Feuchtevakanz ist die Wasseraktivität, gekennzeichnet durch den a_w-Wert, der den aktiven Wassergehalt, also die frei verfügbare Feuchte, in Materialien beschreibt:

$$a_w = \frac{p_D}{p_S} \qquad (1.1)$$

mit

a_w Wasseraktivität

p_D Dampfdruck des Wassers im Substrat in Pa

p_S Sättigungsdruck des reinen Wassers bei gleicher Temperatur in Pa

Der Zusammenhang des a_w-Wertes mit der relativen Luftfeuchte *RH*, die im Gleichgewichtszustand unmittelbar über dem Substrat herrscht, ist in der Gleichung von Scott seit 1957 wie folgt festgelegt:

$$RH = a_w \cdot 100 \quad \text{in \%} \qquad (1.2)$$

Die verschiedenen Schimmelpilzarten haben unterschiedliche Feuchteansprüche. Es wird zwischen hydrophilen Arten mit hohem Feuchtebedarf und xerophilen Arten mit geringem Feuchtebedarf unterschieden. Der Wachstumsbereich von Schimmelpilzen wird durch sog. Isoplethen (Grenzkurven) definiert. Für die Beurteilung von Gebäudeschäden ist die untere Grenzkurve interessant, die sich bei verschiedenen Pilzarten unterschiedlich darstellt.

Angaben über die a_w-Werte verschiedener Schimmelpilze, getrennt nach Sporenbildung, Sporenkeimung und Myzelwachstum, enthält z. B. der Leitfaden des LGA Baden-Württemberg (Schimmelpilze in Innenräumen, 2011), der sich wiederum auf unterschiedliche Quellenangaben stützt und in Tabelle 1.5 auszugsweise wiedergegeben wird.

Tabelle 1.5: a_w-Werte verschiedener Schimmelpilze (Quelle: Schimmelpilze in Innenräumen, 2011, S. 13–15)

Pilzspezies, -gattung	**a_w-Wert (Minimum; Optimum)**		
	Sporenbildung	**Sporen-keimung**	**Myzelwachstum**
Alternaria alternata	0,90; 0,99	0,94; k. A.	0,85; 0,98
Aspergillus flavus	0,85; 0,95–0,96	0,80; k. A.	0,78; 0,95
Aspergillus fumigatus	0,90; 0,98–0,99	k. A.	0,85; 0,98
Aspergillus niger	0,92–0,95; 0,96–0,98	0,84; k. A.	0,77; 0,96–0,98
Aspergillus penicillioides	k. A.	0,73	0,75; 0,77
Aspergillus restrictus	k. A.	0,75	0,75; 0,91
Aspergillus versicolor	0,80; 0,95–0,97	0,78	0,75; 0,95
Cladosporium herbarum	0,88–0,89; 0,96–0,98	0,88	0,88; 0,95–0,96
Fusarium sp.	k. A.	k. A.	0,87–0,89; k. A.
Mucor racemosus	k. A.	0,95; 0,98–0,99	0,92; 0,98
Penicillium brevicompactum	k. A.	k. A.	0,78; 0,82
Penicillium chrysogenum	k. A.	k. A.	0,81; 0,96
Rhizopus stolonifer	0,96; 0,98–0,99	0,93; k. A.	0,92–0,94; 0,98
Scopulariopsis brevicaulis	0,86; 0,95–0,96	k. A.	0,85; 0,92–0,94
Stachybotrys chartarum	0,94	k. A.	k. A.
Trichoderma viride	0,98; k. A.	k. A.	0,99; k. A.
Wallemia sebi	k. A.	k. A.	0,69–0,75; k. A.

k. A. keine Angabe

Tabelle 1.6: Temperaturbereiche für das Wachstum von Schimmelpilzen (Quelle: Mücke/Lemmen, 2000, S. 19)

Bezeichnungen	Minimum in °C	Optimum in °C	Maximum in °C
Mesophilie	0	25–35	ca. 40
Thermotoleranz	0	30–40	ca. 50
Thermophilie	20–25	20–25	ca. 60

pH-Wert

Schimmelpilze wachsen in einem leicht sauren Milieu bei pH-Werten zwischen 4,5 und 6,5. Einzelne Arten entwickeln sich jedoch auch bei einem pH-Wert um 2 oder bei einem pH-Wert um 8.

Temperatur

In allen Temperaturbereichen, die unter den Umgebungsbedingungen in Gebäuden üblicherweise auftreten, können Schimmelpilze existieren. Für die unterschiedlichen Pilzarten sind jeweils die Minimaltemperatur, die Optimaltemperatur und die Maximaltemperatur in der Literatur veröffentlicht worden. Danach werden die Pilzarten unterschieden in mesophile, thermotolerante und thermophile Schimmelpilze (siehe Tabelle 1.6).

Mücke/Lemmen, 2000, S. 19:

„1 Schimmelpilze – Allgemeiner Teil

[...]

1.3 Lebensweise der Schimmelpilze

[...]

1.3.4 Temperaturansprüche und sonstige physikalische Wachstumsfaktoren

Schimmelpilze wachsen in einem sehr weiten Temperaturbereich, man bezeichnet diese Eigenschaft als Mesophilie. Für das Myzelwachstum liegt die Minimaltemperatur meist um 0 °C, die Optimaltemperatur bei 25 bis 35 °C und die Maximaltemperatur zwischen 30 und 40 °C. Thermotolerante Schimmelpilze haben mit einer Maximaltemperatur von 50 °C einen noch größeren Temperaturbereich zur Verfügung. Die seltenen thermophilen Schimmelpilze wachsen dagegen erst bei Temperaturen über 20 °C [...]. Die Vertreter der wichtigen Gattung Penicillium bevorzugen niedrigere Temperaturen (etwa 20 bis 25 °C), während Aspergillus-Arten wärmeliebend sind (etwa 25 bis 35 °C). Die Dauerorgane von Schimmelpilzen (Sporen und Sklerotien) überstehen in inaktivem Zustand sehr hohe Temperaturen. Die Temperaturansprüche der Schimmelpilze können sich mit der Änderung der übrigen Bedingungen (z. B. Ernährung, Anwesenheit von Wuchs- oder Hemmstoffen, osmotische Verhältnisse) verschieben.“

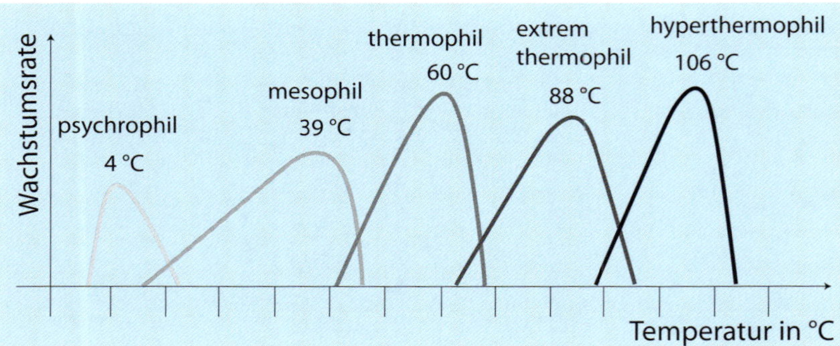

Abb. 1.24: Mikroorganismen und ihre bevorzugten Temperaturbereiche (Quelle: Madigan et al., 2000, S. 165)

Die verschiedenen Temperaturbereiche, bei denen Mikroorganismen existieren können, können in 5 Kategorien eingeteilt werden (siehe Abb. 1.24).

Eine Veränderung der Umgebungstemperaturen führt deshalb nicht zur Schimmelpilzbeseitigung, sondern nur dazu, dass andere Pilzarten dominant hervortreten.

Licht

Das Vorhandensein von Licht ist keine grundsätzliche Voraussetzung für Schimmelpilzwachstum. Auch ohne Licht, in völliger Dunkelheit, können Schimmelpilze wachsen. Einige Schimmelpilzarten reagieren auf Licht entweder mit einem veränderten Wachstumsverhalten oder mit einer unterschiedlichen Färbung (siehe Abb. 1.25 und 1.26).

Substrat

Für die Sporenauskeimung einerseits und für das Myzelwachstum andererseits sind unterschiedliche Voraussetzungen erforderlich, die sich in Abhängigkeit von dem verfügbaren Substrat, der Temperatur und der relativen Luftfeuchte als Isoplethenmodelle darstellen lassen, anhand derer sich der zeitliche Ablauf eines Schimmelpilzschadens abbilden lässt. Dafür wurden 3 unterschiedliche Substratgruppen 0, I und II festgelegt. Die sich dabei ergebenden untersten Grenzen möglicher Pilzaktivität werden Lowest Isopleth for Mould (LIM) genannt.

Sedlbauer/Krus, 2003a, S. 84:

„4 Isoplethenmodell

Es hat sich gezeigt, dass die drei wesentlichen Wachstumsvoraussetzungen ‚Temperatur, Feuchte und Substrat' über eine bestimmte Zeitperiode simultan vorhanden sein müssen, damit Schimmelpilzsporen keimen und anschließend das Myzel wachsen kann. Das Isoplethenmodell ermöglicht auf der Basis von Isoplethensystemen die Ermittlung der Sporenauskeimungszeiten und des Myzelwachstums, wobei auch der Substrateinfluss bei der Vorhersage der Schimmelpilzbildung berücksichtigt wird [...]. Ein Isoplethensystem beschreibt die

Abb. 1.25: Algenbildung und Schimmelpilzbefall an der Raumseite einer durchfeuchteten Außenwand im Souterrain. Die Oberfläche wurde tagsüber vom Sonnenlicht beleuchtet. Die Tages- und Nachtphasen zeichnen sich aufgrund des radialen Wachstums der Schimmelpilze durch helle und dunkle kreisförmige Zonen ab.

Abb. 1.26: Vergrößerte Ansicht der Algenbildung und des Schimmelpilzbefalls aus Abb. 1.25

hygrothermischen Wachstumsvoraussetzungen eines Pilzes und besteht aus einem von der Temperatur und der relativen Feuchte abhängigen Kurvensystem, den sog. ‚Isoplethen', die zur Vorhersage von Sporenkeimung Auskeimungszeiten […], im Falle der Beschreibung des Myzelwachstums Wachstum pro Zeiteinheit […] darstellen.

4.1 Isoplethensysteme

Zwischen einzelnen Pilzspezies ergeben sich bei den Wachstumsvoraussetzungen signifikante Unterschiede. Daher wurden bei der Entwicklung allgemein gültiger Isoplethensysteme nur Pilze berücksichtigt, die in Gebäuden auftreten und gesundheitsbeeinträchtigend sein könnten. Für diese etwa 200 Spezies sind quantitative Angaben zu den Wachstumsparametern Temperatur und Feuchte zusammengestellt worden […]. […] Die sich dabei ergebenden untersten Grenzen möglicher Pilzaktivität werden LIM (Lowest Isopleth for Mould) genannt. […] Um den Einfluss des Substrats, also des Untergrundes oder ggf. eventueller Untergrundverunreinigungen, auf die Schimmelpilzbildung berücksichtigen zu können, werden Isoplethensysteme für zwei Substratgruppen (Grenzkurve LIMBau) vorgeschlagen, die aus experimentellen Untersuchungen abgeleitet wurden. Dazu erfolgte […] eine Definition von Substratgruppen, denen unterschiedliche Untergründe zugeordnet werden:

- *Substratgruppe 0: Optimaler Nährboden (z. B. Vollmedien); das dafür gültige Isoplethensystem gibt die minimalen Wachstumsvoraussetzungen an, also auch die niedrigsten Werte für die relative Feuchte. Es bildet für alle in Gebäuden auftretenden Schimmelpilze die unterste Wachstumsgrenze […].*
- *Substratgruppe I: Biologisch gut verwertbare Substrate, wie z. B. Tapeten, Gipskarton, Bauprodukte aus gut abbaubaren Rohstoffen, Materialien für dauerelastische Fugen, stark verschmutztes Material; die unteren Grenzkurven im Isoplethensystem (LIMBau 1; […]) zeigen erhöhten Feuchtebedarf.*

- *Substratgruppe II: Biologisch kaum verwertbare Substrate, wie z. B. mineralische Baustoffe mit porigem Gefüge (Putze etc., manche Hölzer sowie Dämmstoffe, die nicht unter Substratgruppe I fallen; die unteren Grenzkurven im Isoplethensystem (LIMBau ii; [...]) zeigen weiter erhöhten Feuchtebedarf.“*

1.3.2 Stoffwechsel

Der Metabolismus (Stoffwechsel) ist die Gesamtheit der biologisch-chemischen Vorgänge in einem Organismus, bestehend aus Abbau von aufgenommenen oder selbst produzierten Substanzen und Umwandlung in Nährstoffe zum Aufbau und zur Stabilisierung der Zellmasse.

Bei Schimmelpilzen wird der für das Überleben erforderliche Primärstoffwechsel von dem Sekundärstoffwechsel unterschieden.

- Bei dem Primärmetabolismus werden Proteine, Kohlehydrate und Fette in Nährstoffe umgewandelt, die der Zellbildung der Schimmelpilze dienen;
- der Sekundärmetabolismus, bei dem auch Endprodukte des Primärstoffwechsels in die biologisch-chemischen Prozesse einbezogen werden können, setzt nur unter bestimmten Bedingungen ein; dabei können z. B. folgende Produkte entstehen:
  - Mykotoxine bei Schimmelpilzarten, die als potenzielle Toxinbildner gelten,
  - mikrobielle flüchtige organische Verbindungen (MVOC),
  - Antibiotika.

Der an bestimmte Umgebungsbedingungen anknüpfende Stoffwechsel von Schimmelpilzen führt zu einer diskontinuierlichen Freisetzung von Sekundärmetaboliten. Bei einem Estrich-Wasserschaden, der einer technischen Trocknung unterzogen wird, kann es z. B. erst nach einigen Tagen zu Geruchserscheinungen kommen, weil sich erst dann der für den Sekundärmetabolismus optimale Feuchtegehalt innerhalb der Estrich-Dämmschicht einstellt und erst dann verstärkt geruchsintensive gasförmige Verbindungen (MVOC) freigesetzt werden.

Einzelne Schimmelpilzarten werden als potenzielle Toxinbildner bezeichnet, weil sie unter bestimmten Umgebungsbedingungen in der Lage sind, Toxine als Sekundärmetabolite zu produzieren. In der Natur dient diese Eigenschaft der Gegenwehr gegen andere Organismen. Daneben sind einzelne Bakterienarten als potenzielle Toxinbildner bekannt.

2 Gesundheitsrisiko Schimmelpilze

2.1 Gesundheitsgefahren

Ob und in welchem Maße konkrete Gesundheitsgefahren von Schimmelpilzen ausgehen, ist in der Wissenschaft noch nicht einheitlich und abschließend geklärt, da bislang keine Dosis-Wirkung-Beziehung nachgewiesen worden ist:

Schimmelpilz-Leitfaden, 2002, S. 18:

„A-2 Wirkungen von Schimmelpilzen auf den Menschen

Zahlreiche epidemiologische Studien zu gesundheitlichen Auswirkungen durch Schimmelpilze belegen einen Zusammenhang zwischen einer Exposition der Normalbevölkerung gegenüber luftgetragenen mikrobiologischen Stoffen in der Umwelt – auch durch Feuchtigkeit sowie Schimmelbildung im Innenraum – und Atemwegsbeschwerden. In keiner dieser umweltepidemiologischen Studien konnte jedoch bislang aufgrund der vielen möglichen Einflussfaktoren eine Dosis-Wirkungsbeziehung zwischen der Konzentration an Schimmelpilzen in der Luft und den gesundheitlichen Auswirkungen aufgestellt werden. Dies bedeutet, dass es nicht möglich ist anzugeben, ab welchen Konzentrationen von Schimmelpilzen im Innenraum mit welchen Erkrankungshäufigkeiten zu rechnen ist […].

Bei sehr hohen Schimmelpilzkonzentrationen, wie sie an belasteten Arbeitsplätzen auftreten können, wurden in neueren epidemiologischen Studien Dosis-Wirkungsbeziehungen zwischen der Konzentration an Schimmelpilzen in der Luft und gesundheitlichen Auswirkungen gefunden; derartig hohe Konzentrationen treten jedoch außerhalb des Arbeitsplatzbereiches nicht auf. Sporen und Stoffwechselprodukte von Schimmelpilzen können, über die Luft eingeatmet, allergische und reizende Reaktionen bzw. Symptomkomplexe beim Menschen auslösen […]. In seltenen Fällen können einige Schimmelpilzarten darüber hinaus bei bestimmten Risikogruppen auch Infektionen hervorrufen (sog. Mykosen; […]). Diese verschiedenen gesundheitlichen Auswirkungen werden im Folgenden nach der Häufigkeit ihres Auftretens und der Bedeutung für den Innenraum kurz dargestellt. Dabei ist es wichtig zu beachten, dass allergische und reizende Wirkungen sowohl von lebenden als auch von abgestorbenen Schimmelpilzen ausgehen können, während zur Auslösung von Infektionen nur lebende befähigt sind.

Die häufigsten bei Schimmelpilzbelastungen im Innenraum beschriebenen Symptome sind unspezifisch, so z. B. Bindehaut-, Hals- und Nasenreizungen sowie Husten, Kopfweh oder Müdigkeit. Einige dieser Symptome (Bindehaut- oder Nasenreizungen) können sowohl im Zusammenhang mit leichten allergischen (vgl. A-2.1) als auch mit reizenden Wirkungen (vgl. A-2.2) stehen. Die anderen werden vor allem mit reizenden Wirkungen in Verbindung gebracht.“

Eine weitere allgemeine Erkenntnisquelle hinsichtlich gesundheitlicher Belastungen der Raumnutzer durch Schimmelpilze ist das abgestimmte Arbeitsergebnis des LGA Baden-Württemberg:

Schimmelpilze in Innenräumen, 2001, S. 16:

„3 Eigenschaften von Schimmelpilzen

[...]

3.3 Umweltmedizinisch relevante Schimmelpilze in der Innenraumluft

Schimmelpilze kommen in der Umwelt des Menschen weit verbreitet vor. Es gibt über 100.000 Schimmelpilzarten. Sie haben in der Natur die Aufgabe, organische Substanz abzubauen und in Form von Erdboden den Pflanzen als Nährstoffquelle zugänglich zu machen [...]. Der Mensch ist deshalb an ein Vorkommen von Schimmelpilzen in seiner Umgebung angepasst und weist gegenüber Schimmelpilzen eine hohe natürliche Resistenz auf. Er reagiert folglich nur selten mit Krankheitssymptomen auf eine Schimmelpilzexposition.

Klinisch relevante Infektionen auf inhalativem Wege sind denkbar, wenn sich die Schimmelpilzexposition quantitativ oder qualitativ stark von der Hintergrundexposition unterscheidet oder der Mensch in seiner Abwehrfähigkeit stark geschwächt ist. Allergische Reaktionen auf Schimmelpilze wie allergischer Schnupfen, allergische Bindehautentzündung, allergisches Asthma o. Ä. (allergische Reaktionen vom Typ 1 nach Coombs und Gell) sind auch bei Hintergrundexposition möglich.

Entscheidend für die Wirkung von inhalativ aufgenommenen Schimmelpilzen auf den Menschen ist neben individuellen konstitutionellen Faktoren die Pathogenität und die Gesamtzahl der auf den Menschen einwirkenden Pilze und die Häufigkeit ihres Auftretens unabhängig davon, aus welcher Quelle sie kommen. Die Zuordnung der Schimmelpilze zu einer Quelle ist für die Planung von Abhilfemöglichkeiten (Baubiologie, Emissionsminderung von Betrieben) notwendig. Die Belastung und Beanspruchung von Menschen sind aber bei Außen- und Innenraumquellen im Wesentlichen gleich.

Schimmelpilze können folgende Gesundheitsstörungen hervorrufen:

- *Allergien*
- *toxische Wirkungen*
- *Infektionen"*

Danach muss zunächst eine quantitativ oder qualitativ starke Abweichung der Schimmelpilzexposition vorliegen, damit klinisch relevante Infektionen beim Menschen auftreten können.

Nach dem abgestimmten Arbeitsergebnis des LGA Baden-Württemberg kommen unter medizinischen Gesichtspunkten als mögliche Gesundheitsstörungen Allergien, Entzündungsreaktionen aufgrund toxischer Wirkungen und Infektionen in Betracht:

Handlungsempfehlung LGA Baden-Württemberg, 2006, S. 11–12:

„3 Eigenschaften von Schimmelpilzen

[…]

3.1.1 Schimmelpilze

Schimmelpilze und ihre Sporen sind ein natürlicher Bestandteil unserer Umwelt und sind somit auch in Innenräumen vorhanden. Schimmelpilze können eine allergene, eine toxische sowie eine infektiöse Wirkung besitzen. Ein direkter Zusammenhang zwischen einer Schimmelpilzbelastung in Innenräumen und einer Erkrankung des Menschen ist bisher außer bei den selten auftretenden Infektionen meist kaum zu belegen. Das Wachstum von Schimmelpilzen in Innenräumen stellt daher hauptsächlich ein hygienisches Problem dar.

3.1.1.1 Allergien

Grundsätzlich können alle Schimmelpilze in lebendem oder abgetötetem Zustand Allergien hervorrufen. Schimmelpilzbelastungen können sich auf Atopiker schwerwiegender auswirken als auf Nichtatopiker, Atopiker sind Menschen, die zu Asthma, Neurodermitis, Heuschnupfen u. Ä. neigen. […]

3.1.1.2 Reizende toxische Wirkungen

Schimmelpilze zeigen zusätzlich (besonders in großen Mengen) toxische Wirkungen, die sich am häufigsten im Kontaktbereich als Entzündungsreaktion auf die Bindehäute, die Haut, auf die Schleimhaut der Nase, der oberen Atemwege, seltener auf die tiefen Atemwege auswirken.

3.1.1.3 Infektionen

Schimmelpilze der Risikogruppe 2 nach Biostoffverordnung können selten Infektionen beim Menschen verursachen. Allgemeininfektionen, wie z. B. die Aspergillose, treten fast ausschließlich bei immungeschwächten Menschen auf. Häufiger sind Aspergillome der Nasennebenhöhlen oder der Lunge oder die mit Asthmasymptomatik einhergehende bronchopulmonale Aspergillose, die bei günstigen Ansiedelungsbedingungen der Pilze (Nasennebenhöhlenentzündung, erweiterte Bronchien) zu beobachten sind. Sie sind bei hoher Schimmelpilzbelastung häufiger als bei niedriger Belastung. […]

3.3 Umweltmedizinisch relevante Schimmelpilze in der Innenraumluft

[…]

3.3.7 Empfehlungen

[…] *In die medizinische Beurteilung einer Schimmelpilzbelastung sollte sowohl die Gesamtkeimzahl als auch die Spezies-Zusammensetzung Eingang finden. Bei ausgeprägter Schimmelpilzexposition sind Minimierungsmaßnahmen angezeigt. Auch eine erhöhte Belastung mit Schimmelpilzen, bei denen eine Cancerogenität von Toxinen auf dem Luftweg diskutiert wird, sollte vermieden werden.* […]“

Sofern in Leitfäden, Informationen und anderen Regelwerken von Arbeitsplatzkonzentrationen die Rede ist, handelt es sich dabei um deutlich höhere Konzentrationen, als sie in Wohnungen auftreten. Es lassen sich daraus keine Rückschlüsse auf die Gesundheitsrelevanz bestimmter Konzentrationen von Schimmelpilzen in Wohnungen ziehen, da die Arbeitnehmer an stark mit Schimmelpilzen belasteten Arbeitsplätzen in der Regel unter arbeitsmedizinischer Beobachtung stehen.

Die Bauberufsgenossenschaft BG Bau gibt verschiedene Baustein-Merkhefte heraus, in denen sog. Bausteine als Merkblätter für unterschiedliche Gefährdungsbereiche an Arbeitsplätzen enthalten sind. Der Baustein A 211 behandelt das Thema Schimmelpilze bei der Gebäudesanierung.

BG-Bau-Baustein A 211 „Schimmelpilze bei der Gebäudesanierung“ (2012), S. 19 f.:

„Allgemeine Hinweise

- *Schimmelpilze, besonders deren Sporen, können bei Aufräum-, Abbruch- und Sanierungsarbeiten freigesetzt werden und in die Atemluft gelangen.*
- *Schimmelpilze zählen entsprechend der Biostoffverordnung zu den biologischen Arbeitsstoffen.*

Gefährdung

- *Aufnahmepfade:*
  - *Atemwege*
  - *Mund*
  - *Haut/Schleimhäute*
- *Schimmelpilze können sensibilisierend wirken und in der Folge allergische Reaktionen auslösen. Symptome einer Allergie sind:*
  - *Augenjucken und -tränen*
  - *Fließschnupfen*
  - *trockener Husten*
  - *Atemnot*
  - *entzündliche Rötung der Haut*
- *Viele Schimmelpilze bilden toxische (giftige) Stoffe, sog. Mykotoxine.*
- *Toxine können sich auch in den Baustoffen anreichern und bei staubintensiver Bearbeitung (z. B. Schleifen, Fräsen) freigesetzt werden. Sie können z. B. Nieren, Leber, Blut, das Nerven- oder das Immunsystem schädigen.*
- *Das Infektionsrisiko spielt bei Schimmelpilzen eine untergeordnete Rolle.“*

Weitere Hinweise auf mögliche Gesundheitsgefährdungen bei der Gebäudesanierung gibt die Deutsche Gesetzliche Unfallversicherung DGUV in dem Merkblatt DGUV-Information 201-028 heraus, das zuvor als BGI 858 veröffentlicht worden war:

DGUV-Information 201-028 „Handlungsanleitung Gesundheitsgefährdungen durch biologische Arbeitsstoffe bei der Gebäudesanierung“ (2006), S. 9 ff.:

„4 Gefährdungen durch biologische Arbeitsstoffe bei der Gebäudesanierung

Der Kontakt mit biologischen Arbeitsstoffen kann Allergien auslösen, toxische Wirkungen haben und zu Infektionskrankheiten führen. Beim Umgang mit biologischen Arbeitsstoffen bei Gebäudesanierungsarbeiten stehen allergische und toxische Reaktionen im Vordergrund.

4.1 Aufnahmepfade

Bei Tätigkeiten mit biologischen Arbeitsstoffen sind verschiedene Aufnahmewege zu beachten:

- *Aufnahme über die Atemwege: Mikroorganismen werden in der Regel – eingelagert in oder angeheftet an kleinste Tröpfchen oder Stäube – als sogenannte Bioaerosole eingeatmet. Schimmelpilze bilden eine Vielzahl von Sporen, die sich über die Luft verbreiten. Dies wird durch äußere Einflüsse, wie z. B. Zugluft, Erschütterungen verstärkt.*
- *Aufnahme über den Mund:*
  - *Berühren des Mundes mit verschmutzten Händen, Handschuhen oder Gegenständen.*
  - *Essen, Trinken oder Rauchen ohne vorherige Reinigung der Hände.*
  - *Verzehr von Nahrungsmitteln, die durch Aufbewahren in verschmutzten Bereichen kontaminiert wurden.*
- *Aufnahme über die Haut oder die Schleimhäute:*
  - *Verletzungen ermöglichen Mikroorganismen das Eindringen in den Körper.*
  - *Aufgeweichte Haut bei Feuchtarbeiten sowie Spritzer in die Augen müssen ebenfalls als Eintrittspforte berücksichtigt werden.*

4.2 Allergisierende und toxische Wirkungen

Mikroorganismen in der Raum- bzw. Atemluft

Schimmelpilze können sensibilisierend wirken und in der Folge allergische Reaktionen auslösen. Symptome einer Allergie können sein:

Augenjucken und -tränen, Fließschnupfen, trockener Husten und im fortgeschrittenen Stadium Atemnot. Auch die Haut kann mit Jucken, Rötung und Quaddelbildung betroffen sein. Diese Symptome treten kurz- oder auch langfristig auf und können in einen Asthmaanfall münden.

Bei sehr hohen Schimmelpilzkonzentrationen in der Luft und längerer Einwirkdauer besteht die Möglichkeit einer schweren Lungenerkrankung. Diese als exogen allergische Alveolitis (EAA) bezeichnete Erkrankung ist aus verschiedenen Branchen bekannt. Die Namen Farmer-, Malzarbeiter-, Kompostarbeiter- und Vogelzüchterlunge oder Reetdach-Krankheit weisen auf die Ursache, nämlich die an diesen Arbeitsplätzen atembaren Bioaerosole, hin.

Viele Mikroorganismen sind in der Lage, toxische Stoffe zu bilden. Es gibt eine Vielzahl von Schimmelpilztoxinen, die hinsichtlich ihrer Toxizität unterschiedlich eingeschätzt werden müssen.

Die Wirkung von Schimmelpilztoxinen auf den Menschen ist vielfältig und kann viele Organe betreffen, wie z. B. Nieren, Leber, Blut, Nervensystem, Immunsystem. Von einigen Mykotoxinen sind darüber hinaus karzinogene Wirkungen bekannt. Die toxische und kanzerogene Wirkung von inhalativ aufgenommenen Mykotoxinen ist nach gegenwärtigem Kenntnisstand noch nicht abschließend einzuschätzen.

Es ist immer damit zu rechnen, dass bei einem Schimmelpilzbefall auch Toxine gebildet werden. Da meist viele Schimmelpilzarten (und auch andere Mikroorganismen) an einem Befall beteiligt sind, kann davon ausgegangen werden, dass mehrere verschiedene Toxine vorhanden sind. Derzeit sind keine standardisierten Testmethoden für Schimmelpilztoxine in Baumaterialien allgemein verfügbar, so dass Routinemessungen nicht durchgeführt werden können.

Die Schimmelpilztoxine sind meist im Myzel, weniger in den Sporen lokalisiert und werden auch an den umgebenden Baustoff abgegeben. Daher ist die Freisetzung sehr hoher Sporenzahlen oder Staubmengen in der Luft nötig, um über die Atemluft größere Toxinmengen aufzunehmen. Dies kann bei staubintensiven Bearbeitungsverfahren gegeben sein.

Mikroorganismen im Wasser/Abwasser

Im Wasser/Abwasser spielen allergische Wirkungen von Schimmelpilzen keine Rolle.

4.3 Infektionsgefährdung

[...]

Schimmelpilze

Infektionserkrankungen durch Schimmelpilze (Mykosen) kommen nur sehr selten vor.

Das Infektionsrisiko durch Schimmelpilze ist für Abbruch- und Sanierungsarbeiten daher von nachrangiger Bedeutung. Wichtig wird dieses Infektionsrisiko jedoch für Personen mit Immunabwehrschwäche, z. B. durch chronische Erkrankungen oder durch Medikamente.“

2.2 Aufnahmepfade

Die Aufnahme von Umweltschadstoffen kann grundsätzlich beim Einatmen über die Luft, durch Schleimhaut- oder Hautkontakt über den Staub oder durch den Kontakt mit kontaminierten Textilien oder über die Nahrung erfolgen (siehe Abb. 2.1):

- Inhalative Aufnahme: Eingeatmet werden können lebende wie tote Keime, tote Zellen und Zellfragmente, an Keimen oder Zellen anhaftende Toxine und Antibiotika, im Schwebstaub angereicherte Toxine und Antibiotika, gasförmige Toxine und gasförmige flüchtige Verbindungen.
- Dermale Aufnahme: Mittels Hautkontakt können an Gegenständen (Kleidung, Sitzmöbel, Matratzen usw.) anhaftende Keime, Zellen, Zellwandbestandteile oder adsorbierte Toxine, Antibiotika und flüchtige organische Verbindungen aufgenommen werden; bei Verletzungen der Haut können Fragmente der Mikroorganismen in die Blutbahn gelangen.
- Orale Aufnahme: Die Nahrungsmittel können bereits beim Kauf mit Keimen, mikrobiellen Zellen, Endotoxinen, Mykotoxinen kontaminiert sein oder bei der Lagerung in Räumen mit einem mikrobiellen Schaden von diesem kontaminiert werden; auch können möglicherweise Trink- und Essgeschirr in der Wohnung kontaminiert worden sein.

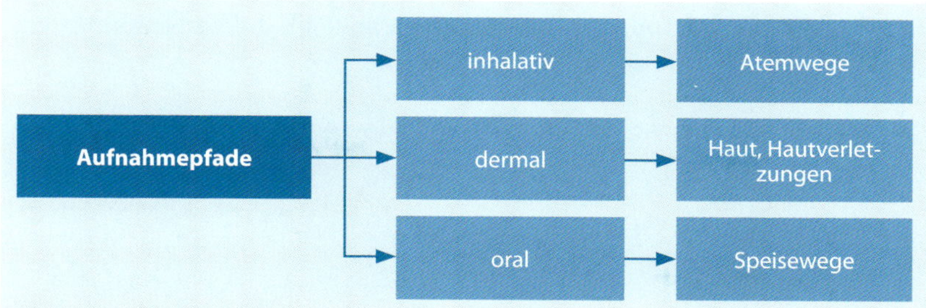

Abb. 2.1: Aufnahmepfade von Umweltschadstoffen

Mit sehr hoher Wahrscheinlichkeit ist die inhalative Aufnahme von mikrobiellen Stoffen, ob unmittelbar oder als Kontamination im Staub, derjenige Expositionsweg, welcher in den meisten Fällen zu Beschwerden führt. Der Weg über den Hautkontakt ist in bestimmten Fällen eventuell auch relevant, während die Nahrungsaufnahme im Zusammenhang mit einer durch einen Feuchteschaden entstandenen mikrobiellen Innenraumquelle keine Rolle spielt.

Die Frage, ob bestimmte Schimmelpilzarten im Einzelfall ein Gesundheitsrisiko darstellen, kann von bausachverständiger Seite nicht beurteilt werden, da eine Beeinträchtigung der Gesundheit von der erworbenen oder erblich übertragenen Immunkompetenz der jeweils durch Mikroorganismen belasteten Personen abhängt. Diese Beurteilung muss einem individuellen medizinischen Befund von einem Mediziner vorbehalten bleiben und setzt beim Arzt Kenntnis über die Exposition des Patienten voraus.

2.3 Risikobewertung

Bei der Beurteilung bestimmter Schimmelpilzarten hinsichtlich ihrer Pathogenität bezieht sich der Leitfaden des LGA Baden-Württemberg auf die dafür einschlägige TRBA 460 „Technische Regeln für Biologische Arbeitsstoffe – Einstufung von Pilzen in Risikogruppen" (2002). Die technischen Regeln für biologische Arbeitsstoffe (TRBA) können zur Bewertung von gesundheitlichen Risiken herangezogen werden. Darin werden einzelne Schimmelpilzarten unter dem Aspekt der gesundheitlichen Relevanz den entsprechenden Risikogruppen 1, 2 oder 3 zugeordnet.

TRBA 460 (2002), S. 3:

„Anmerkung zur Nomenklatur:

[…]

In der Spalte ‚Bemerkungen' verwendete Kennzeichnungen:

- *+: In Einzelfällen überwiegend bei erheblich abwehrgeschwächten Menschen als Krankheitserreger nachgewiesen oder vermutet. Identifizierung der Art oft nicht zuverlässig.* […]
- *vet: Kennzeichnet Pilze, die außerdem pathogen gegen Haus- und Nutztiere sind."*

Tabelle 2.1 zeigt einen Auszug aus den TRBA 460, um die Verwendung der genannten Kennzeichnungen zu verdeutlichen.

Tabelle 2.1: Risikobewertung der Schimmelpilzarten (Auszug; Quelle: TRBA 460, 2002, S. 3)

Art	Risikogruppe	Bemerkungen
Absidia corymbifera	1	+, vet
Absidia ramosa ⇩ *Absidia corymbifera*		
Achorion quinckeanum ⇩ *Trichophyton mentagrophytes*		
Acremonium falciforme	2	
Acremonium kiliense	2	
Ajellomyces capsulatus (anamorph: *Histoplasma capsulatum*)	3	vet
Ajellomyces dermatitidis (anamorph: *Blastomyces dermatitidis*)	3	vet
Allescheria boydii ⇩ *Scedosporium apiospermum*		
Alternaria alternata	1	+
Apophysomyces elegans	1	+
Arthroderma benedekii ⇩ *Arthroderma benhamiae*		
Arthroderma benhamiae (anamorph: *Trichophyton erinacei*)	2	vet
Arthroderma otae ⇩ *Nannizia otae*		
Arthroderma persicolor ⇩ *Nannizia persicolor*		
Arthroderma simii (anamorph: *Trichophyton simii*)	2	vet
Arthroderma vanbreuseghemii (anamorph: *Trichophyton interdigitale*)	2	
Arthrographis kalrae (teleomorph: *Eremomyces langeronii*)	1	+
Arthrographis langeronii ⇩ *Arthrographis kalae*		
Aspergillus clavatus	1	+

Tabelle 2.1 (Fortsetzung)

Art	**Risikogruppe**	**Bemerkungen**
Aspergillus flavus	2	vet
Aspergillus fumigatus	2	vet
Aspergillus hialoseptus ⇩ *Aspergilus fumigatus*		
Aspergillus niger	1	+, vet
Aspergillus terreus	1	+, vet
Aspergillus versicolor	1	+, vet
Aureobasidium mansonii ⇩ *Exophiala castellanii*		
Aureobasidium werneckii ⇩ *Hortaea werneckii*		
Basidiobolus haptosporus ⇩ *Basidiobolus ranarum*		
Basidiobolus ranarum	2	vet
Bipolaris australiensis	1	+
Bipolaris hawaiensis	1	+
Bipolaris spicifera	1	+
Bastodendrion oosporoides ⇩ *Candida albicans*		
Blastomyces dermatitidis (teleomorph: *Ajellomyces dermatitidis*)	3	vet
Blastomyces tulanensis ⇩ *Blastomyces dermatitidis*		
Candida africana	2	
Candida albicans	2	vet
Candida benhamii ⇩ *Candida tropicalis*		
Candida biliaria ⇩ *Candida albicans*		
Candida dubliniensis	2	
Candida glabrata	1	+, vet

Tabelle 2.1 (Fortsetzung)

Art	**Risikogruppe**	**Bemerkungen**
Candida castellanii ⇩ *Candida krusei*		
Candida desidiosa ⇩ *Candida albicans*		
Candida guilliermondii (teleomorph: *Pichia guilliermondii*)	1	+
Candida intestinalis ⇩ *Candida albicans*		
Candida krusei (teleomorph: *Issatchenkia orientalis*)	1	+, vet
Candida langeronii ⇩ *Candida albicans*		
Candida lusitaniae	1	+
Candida mycotoruloides ⇩ *Candida albicans*		
Candida norvegensis (teleomorph: *Pichia norvegensis*)	1	+
Candida nouvelii ⇩ *Candida albicans*		
Candida parapsilosis	1	+
Candida stellatoidea ⇩ *Candida albicans*		
anamorph ungeschlechtliche Form teleomorph geschlechtliche Form ⇩ Mit dem Pfeil sind die synonymen, gebräuchlichen Namen gekennzeichnet.		

Auch das Schweizer Bundesamt für Umwelt, Wald und Landschaft (BUWAL) hat Richtlinien für die Einstufung von Pilzen herausgegeben. Die BUWAL-Richtlinie liefert ergänzende Hinweise, die insbesondere dann eine wichtige Information darstellen, wenn die TRBA 460 für bestimmte Schimmelpilzarten noch keine Einstufung vorgenommen hat. In den BUWAL-Richtlinien „Einstufung von Organismen – Pilze" (2004) heißt es:

BUWAL-Richtlinien, 2004, S. 4 f.:

„*Anmerkungen zur Pilzliste*

[...] *Die Einstufung der Pilze in eine Gruppe bestimmt in starkem Ausmaß die Sicherheitsstufe, auf der Tätigkeiten mit ihnen durchgeführt werden müssen. Erst eine detaillierte Risikobewertung gemäß Art. 8 ESV kann jedoch abschließend Auskunft geben, ob die erforderliche Sicherheitsstufe mit der Gruppe des Organismus identisch ist oder ob allenfalls ein höheres Sicherheitsniveau nötig ist.* [...]

Legende [der Pilzliste]

[...]

Für Mensch und Tier pathogene Pilze

- *h: In der Literatur belegte pathogene Wirkung auf den Menschen, einschließlich Personen mit Immunschwäche. Die Arten werden grundsätzlich den Gruppen 2 und 3 zugeordnet.*
- *v: In der Literatur belegte pathogene Wirkung auf Wirbeltiere (Säugetiere ohne Mensch, Vögel, Fische, Reptilien und Amphibien). Die Arten werden grundsätzlich den Gruppen 2 und 3 zugeordnet.*
- *n: Pathogene Wirkung auf Wirbellose. Diese Arten werden den Gruppen 2 und 3 zugeordnet.*
- *X: Noch nicht eingestuft. Vor Beginn einer Arbeit mit diesen Organismen ist eine Einstufung im Rahmen der Risikobewertung gemäß Art. 8 ESV vorzunehmen. Die zuständige Bundesbehörde ist zu kontaktieren.*
- *TA: Arten, von denen Stämme seit Langem ohne erkennbares Risiko für technische Anwendungen zum Einsatz kommen. Entsprechend den Kriterien zur Einstufung können diese Stämme somit der Gruppe 1 zugeteilt werden.*

Phytopathogene Pilze

- *p: Phytopathogene Arten.*“

Beispiel: Risikobewertung eines Schimmelpilzbefunds der Spezies in Tabelle 2.2

In Spalte 1 der Tabelle 2.2 sind die in gesundheitlicher Hinsicht relevanten Schimmelpilzspezies aufgelistet, die laut einem Laborbericht der Umweltmykologie GbR in einem Schimmelpilzbefall nachgewiesen wurden. Spalte 2 gibt an, welcher Risikogruppe gemäß der TRBA 460 die jeweilige Spezies angehört. In der Spalte 3 finden sich Bemerkungen zur jeweiligen Wirkung entsprechend TRBA 460. In der Spalte 4 ist gekennzeichnet, welche Spezies nach der einschlägigen Literatur zu den potenziellen Toxinbildnern gehört. Die letzten beiden Spalten (5 und 6) beziehen sich auf die BUWAL-Richtlinien zur Einstufung von Organismen (Pilze; BUWAL-Richtlinien, 2004). Dabei gibt die Spalte 5 an, zu welcher Gruppe die jeweilige Spezies gehört, und die Spalte 6, von welcher möglichen Wirkung ausgegangen werden kann.

Tabelle 2.2: Schimmelpilzbefund laut Laborbericht der Umweltmykologie GbR mit Risikobewertung gemäß TRBA 460 und BUWAL-Richtlinien (BUWAL-Richtlinien, 2004). Die verwendeten Kürzel sind in den oben über dem Beispiel aufgeführten Zitaten aufgeschlüsselt.

Spezies	TRBA 460		potenzielle Toxinbildner	BUWAL-Richtlinien	
	Risikogruppen	Bemerkungen		Gruppen	Bemerkungen
1	2	3	4	5	6
Aspergillus fumigatus	2	vet	x	2	h; v
Aspergillus niger	1	+; vet	x	2	h; v
Aspergillus versicolor	1	+; vet	x	2	h; v
Engyodontium album	1	+	–	2	h
Tritirachium oryzae	–	–	–	2	h
Wallemia sebi	–	–	x	2	h

Gemäß der TRBA 460 gehören die im Beispielfall festgestellten Spezies *Aspergillus niger* und *Aspergillus versicolor* der Risikogruppe 1 an. Diese beiden Pilzarten konnten in den Außenluftproben nicht festgestellt werden. Insofern können in diesem Fall Innenraumquellen nicht völlig ausgeschlossen werden.

Als potenzielle Toxinbildner sind gemäß Tabelle 2.1 *Aspergillus niger*, *Aspergillus versicolor* und *Wallemia sebi* zu nennen.

Laut Laborbericht kommt die Pilzart *Wallemia sebi* in ähnlich hohen Konzentrationen sowohl in der Außenluftprobe als auch in mehreren Innenluftproben vor. Daher ist hinsichtlich dieser Pilzart eine Innenraumquelle unwahrscheinlich.

Nach den BUWAL-Richtlinien für die Einstufung von Organismen und Pilzen zählen die Pilzarten *Aspergillus niger*, *Aspergillus versicolor* und *Wallemia sebi* zur Einstufung h (BUWAL-Richtlinien, 2004). Für Pilze mit dieser Einstufung ist eine pathogene Wirkung auf den Menschen belegt, einschließlich Personen mit Immunschwäche. Infolgedessen kann im Hinblick auf die Beweisfrage nicht ausgeschlossen werden, dass die vorstehend genannten Schimmelpilze auch in geringen Konzentrationen bei Allergikern zu gesundheitlichen Beschwerden bzw. zu einer Verschlechterung eines bestehenden Krankheitsbilds führen können.

3 Schimmelpilze in Gebäuden

Schimmelpilze sind nicht erst seit dem Einbau von isolierverglasten Fenstern zu einer Plage für die Bewohner geworden. Bereits im Alten Testament finden sich entsprechende Hinweise:

Altes Testament, Drittes Buch Mose, Kapitel 14, Vers 33–57:

„Gesetz über Aussatz an Häusern

Und der HERR redete mit Mose und Aaron und sprach: Wenn ihr ins Land Kanaan kommt, das ich euch zum Besitz gebe, und ich lasse an irgendeinem Hause eures Landes eine aussätzige Stelle entstehen, so soll der kommen, dem das Haus gehört, es dem Priester ansagen und sprechen: Es sieht mir aus, als sei Aussatz an meinem Hause. Da soll der Priester gebieten, dass sie das Haus ausräumen, ehe der Priester hineingeht, die Stelle zu besehen, damit nicht alles unrein werde, was im Hause ist. Danach soll der Priester hineingehen, das Haus zu besehen. Wenn er nun den Ausschlag besieht und findet, dass an der Wand des Hauses grünliche oder rötliche Stellen sind, die tiefer aussehen als sonst die Wand, so soll er aus dem Hause herausgehen, an die Tür treten und das Haus für sieben Tage verschließen. Und wenn er am siebenten Tage wiederkommt und sieht, dass der Ausschlag weitergefressen hat an der Wand des Hauses, so soll er die Steine ausbrechen lassen, an denen der Ausschlag ist, und hinaus vor die Stadt an einen unreinen Ort werfen. Und das Haus soll man innen ringsherum abschaben und den abgeschabten Lehm hinaus vor die Stadt an einen unreinen Ort schütten und andere Steine nehmen und statt jener einsetzen und andern Lehm nehmen und das Haus neu bewerfen.

Wenn dann der Ausschlag wiederkommt und ausbricht am Hause, nachdem man die Steine ausgebrochen und das Haus neu beworfen hat, so soll der Priester hineingehen. Und wenn er sieht, dass der Ausschlag weitergefressen hat am Hause, so ist es gewiss ein fressender Aussatz am Hause, und es ist unrein. Darum soll man das Haus abbrechen, Steine und Holz und allen Lehm am Hause, und soll es hinausbringen vor die Stadt an einen unreinen Ort. Und wer in das Haus geht, solange es verschlossen ist, der ist unrein bis zum Abend. Und wer darin schläft oder darin isst, der soll seine Kleider waschen. […]

Das ist das Gesetz über alle Arten des Aussatzes und Grindes, über den Aussatz an Kleidern und Häusern, über Erhöhungen, Ausschlag und weiße Flecken, damit man Weisung habe, wann etwas unrein oder rein ist. Das ist das Gesetz über den Aussatz."

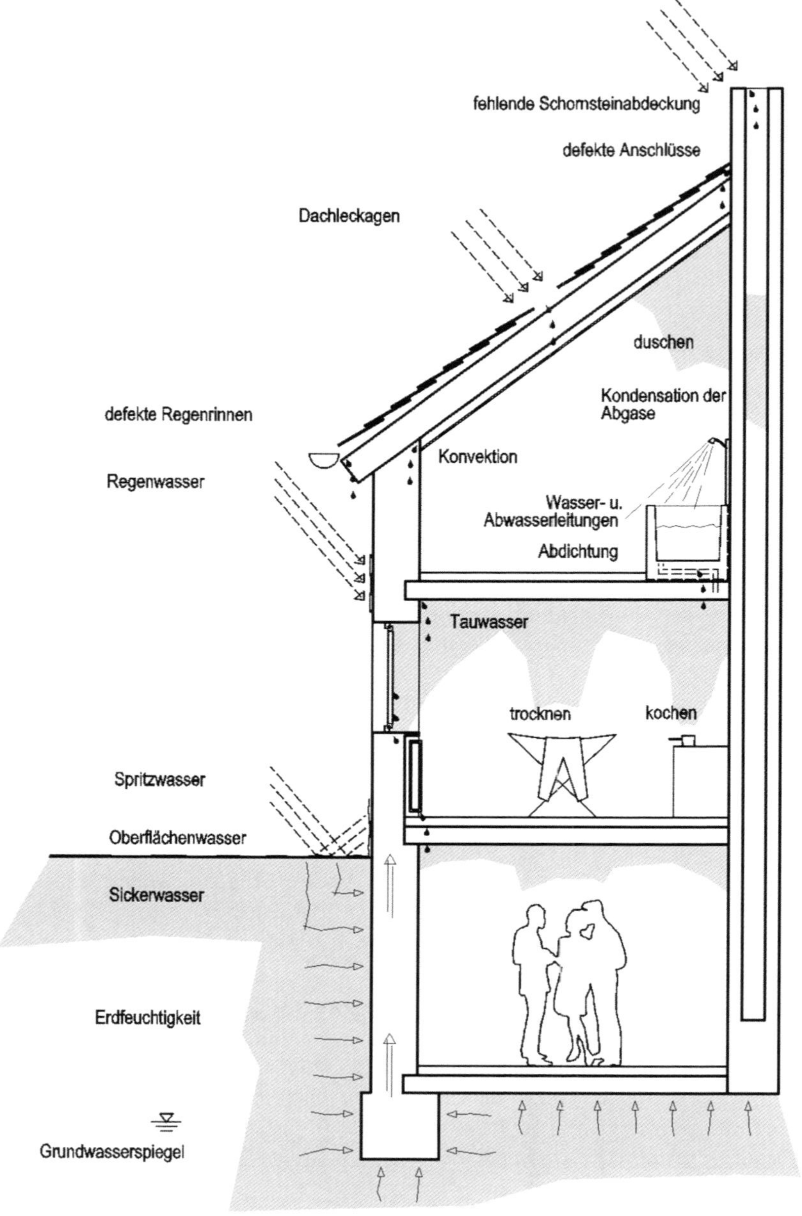

Abb. 3.1: Feuchtequellen in Gebäuden

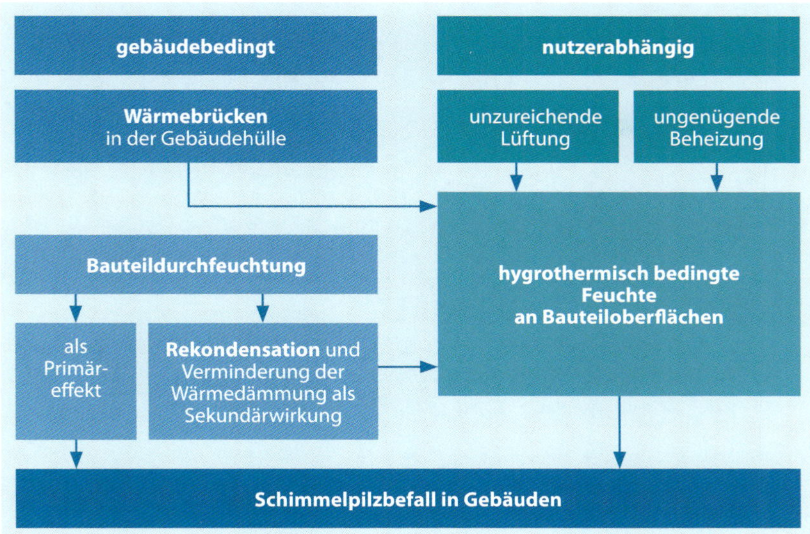

Abb. 3.2: Ursachen von Schimmelpilzbefall in Gebäuden

3.1 Feuchte in Gebäuden

Wesentliche Voraussetzung für einen mikrobiellen Befall ist die frei verfügbare Feuchte auf dem Substrat. Ein Substrat ist ein Material mit einem bestimmten energiereichen Nährstoffangebot, das als Unterlage für mikrobielles Wachstum dienen kann (siehe Kapitel 1.3.1.4). Substrate können im Gebäude in der Form von feuchten Raufasertapeten, Holz, Farben und in vielerlei weiteren Stoffen vorkommen. Die Keimung der Sporen findet in der Regel bei einer hohen advertiven Feuchte von mehr als 80 % statt, d. h., sie benötigen zum Keimen eine Feuchteanreicherung an der Bauteiloberfläche oder im Material. Wenn die Sporenkeimung erst einmal stattgefunden hat, sind einige xerophile und stark xerophile Schimmelpilze auch noch bei einer relativen Luftfeuchte von ca. 70 % entwicklungsfähig (siehe Kapitel 1.3.1.4).

Die für ein Schimmelpilzwachstum erforderliche Feuchte kann auf verschiedene Weise im Gebäude entstehen (siehe Abb. 3.1).

Für die erstmalige Ansiedlung von Schimmelpilzen ist neben anderen Lebensbedingungen zunächst ein hohes Maß an verfügbarer Feuchte unmittelbar an der Oberfläche des Substrats (Putz, Tapete usw.) erforderlich. Bei einem Schimmelpilzbefall in Gebäuden gilt es daher in der Regel zunächst, die Feuchtequelle zu ermitteln und damit Ursachenforschung zu betreiben. Es werden dabei die Bauteildurchfeuchtungen, die mit Defekten an der Wetterschutzebene der Gebäudehülle oder an der Abdichtung des Gebäudes gegenüber dem Erdreich zusammenhängen, von den hygrothermisch bedingten Schäden unterschieden (siehe Abb. 3.2). Die bei einer Bauteildurchfeuchtung entstehende Anreicherung der Luft mit Feuchte findet nutzerunabhängig statt und bildet deshalb einen Sonderfall des hygrothermisch bedingten Schadens (siehe Abb. 3.3).

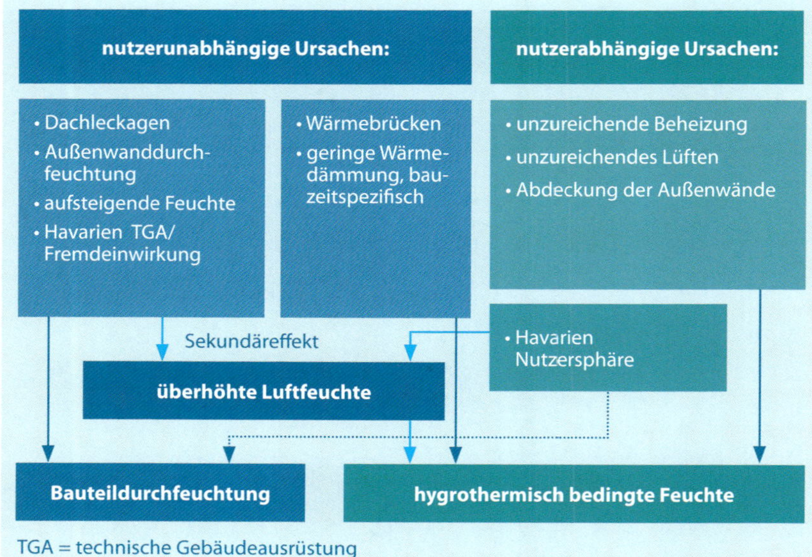

Abb. 3.3: Ursachen der Entstehung hygrothermisch bedingter Feuchte (Quelle: Hankammer, 2005a, S. 44)

Tabelle 3.1 gibt die statistische Häufigkeit des Auftretens der genannten Ursachen eines Schimmelpilzbefalls anhand von 104 eigenen, gerichtlich beauftragten Gutachten des Autors wieder. Verglichen wird die Häufigkeit rein baulich bedingter Ursachen mit rein nutzerabhängigen Gründen für einen mikrobiellen Befall. Zudem ist die Quote der grenzwertigen Fälle aufgeführt, bei denen beide Ursachen in Wechselwirkung miteinander zum Befall geführt haben. Je nach Schwerpunkt der Beauftragung und der Zielrichtung des Beweisantrags können dabei auch abweichende Ergebnisse zustande kommen.

Tabelle 3.1: Häufigkeit der verschiedenen Ursachen eines Schimmelpilzbefalls (Daten des Autors)

Ursachen	**Häufigkeit in %**
baulich	50
nutzerverschuldet	15
baulich und nutzerverschuldet	35

3.1.1 Durchfeuchtungen

Bauteildurchfeuchtungen sind in der Regel auf bauliche Mängel zurückzuführen. Einzige Ausnahme bilden die vom Mieter selbst zu verantwortenden Havarieschäden, wie ausgelaufene Wasch- oder Spülmaschinen und übergelaufene Badewannen.

Durchfeuchtete Außenwand-Bauteilschichten büßen zusätzlich einen Teil ihres Wärmedämmvermögens ein, wenn die Luftporen der Baustoffe zum Teil mit Wasserdampf oder aber mit Flüssigwasser angefüllt sind. Wenn die durchfeuchtete Bauteilschicht planmäßig wesentlich zum Gesamtdämmvermögen des Bauteils beiträgt, führt das reduzierte Wärmdämmvermögen des Bauteils dann zu einem unplanmäßigen Wärmedurchgang. Die Sekundärfolgen reichen von erhöhter relativer Luftfeuchte bis hin zum Tauwasserausfall auf der raumseitigen Bauteiloberfläche oder innerhalb des Bauteilquerschnitts. Sofern dann während des Sommerhalbjahrs in der Verdunstungsperiode in der Feuchtebilanz keine Austrocknung des Bauteils stattfindet, kann dieser Vorgang wiederum ein allmähliches Ansteigen des Feuchtegehalts innerhalb des Bauteils zur Folge haben, bis hin zu dessen Kollaps. In Kapitel 3.3.16.3 wird detailliert auf das Thema der Veränderung der Wärmeleitfähigkeit durch erhöhten Wassergehalt in Baustoffen eingegangen.

Bauteildurchfeuchtungen können auftreten als Auswirkungen folgender Ursachen:

- Schlagregenpenetration bei oberirdischen Außenwänden (Ursachen: mangelhafter Farbanstrich von Putzfassaden, stark saugfähiges Steinmaterial von Verblendsteinfassaden ohne Luftschicht oder stark saugfähige Verfugung von Verblendsteinfassaden ohne Luftschicht),
- Fassadenrisse,
- fehlerhaft angedichtete Bauteilanschlüsse und Konstruktionsdetails,
- kapillar aufsteigende Feuchte infolge fehlender oder mangelhafter Sperrschichten,
- Durchfeuchtungen erdberührter Bauteile infolge mangelhafter oder unzureichender Bauwerksabdichtung,
- Restfeuchte junger Bauwerke sowie Durchfeuchtungen infolge von Witterungseinflüssen aus der Bauzeit,
- Tauwasserausfall im Bauteilquerschnitt als Folge von Diffusion oder Konvektion,
- Dachleckagen und
- Leitungshavarien, Rohrbrüche, Rückstauvorgänge und Überflutungen.

Tabelle 3.2: Taupunkttemperaturen θ_S der Luft in Abhängigkeit von der Lufttemperatur θ und der relativen Luftfeuchte φ[1)]

θ in °C	θ_S in °C bei einer relativen Luftfeuchte φ von												
	30 %	35 %	40 %	45 %	50 %	55 %	60 %	65 %	70 %	75 %	80 %	85 %	90 %
30	10,5	12,9	14,9	16,8	18,4	20,0	21,4	22,7	23,9	25,1	26,2	27,2	28,2
29	9,7	12,0	14,0	15,9	17,5	19,0	20,4	21,7	23,0	24,1	25,2	26,2	27,2
28	8,8	11,1	13,1	15,0	16,6	18,1	19,5	20,8	22,0	23,1	24,2	25,2	26,2
27	8,0	10,2	12,2	14,1	15,7	17,2	18,6	19,8	21,1	22,2	23,3	24,3	25,2
26	7,1	9,4	11,4	13,2	14,8	16,3	17,6	18,9	20,1	21,2	22,3	23,3	24,2
25	6,2	8,5	10,5	12,2	13,9	15,3	16,7	18,0	19,1	20,2	21,3	22,3	23,2
24	5,4	7,6	9,6	11,3	12,9	14,4	15,7	17,0	18,2	19,3	20,3	21,3	22,3
23	4,5	6,7	8,7	10,4	12,0	13,5	14,8	16,1	17,2	18,3	19,4	20,3	21,3
22	3,6	5,9	7,8	9,5	11,1	12,5	13,9	15,1	16,3	17,4	18,4	19,4	20,3
21	2,8	5,0	6,9	8,6	10,2	11,6	12,9	14,2	15,3	16,4	17,4	18,4	19,3
20	1,9	4,1	6,0	7,7	9,3	10,7	12,0	13,2	14,4	15,4	16,5	17,4	18,3
19	1,0	3,2	5,1	6,8	8,3	9,8	11,1	12,3	13,4	14,5	15,5	16,4	17,3
18	0,2	2,3	4,2	5,9	7,4	8,8	10,1	11,3	12,4	13,5	14,5	15,4	16,3
17	−0,6	1,4	3,3	5,0	6,5	7,9	9,2	10,4	11,5	12,5	13,5	14,5	15,4
16	−1,4	0,5	2,4	4,1	5,6	7,0	8,2	9,4	10,5	11,5	12,5	13,4	14,3
15	−2,2	−0,3	1,5	3,2	4,7	6,0	7,3	8,5	9,6	10,6	11,6	12,5	13,4
14	−2,9	−1,0	0,6	2,3	3,7	5,1	6,4	7,5	8,6	9,6	10,6	11,5	12,4
13	−3,7	−1,9	−0,1	1,3	2,8	4,2	5,4	6,6	7,7	8,7	9,6	10,5	11,4
12	−4,5	−2,6	−1,0	0,4	1,9	3,2	4,5	5,6	6,7	7,7	8,7	9,6	10,4
11	−5,2	−3,4	−1,8	−0,4	1,0	2,3	3,6	4,7	5,8	6,7	7,7	8,6	9,4
10	−6,0	−4,2	−2,6	−1,2	0,1	1,4	2,6	3,7	4,8	5,8	6,7	7,6	8,4

Tabelle 3.2 (Fortsetzung)

θ in °C	**θ_S in °C bei einer relativen Luftfeuchte φ von**												
	30 %	**35 %**	**40 %**	**45 %**	**50 %**	**55 %**	**60 %**	**65 %**	**70 %**	**75 %**	**80 %**	**85 %**	**90 %**
9					–0,8	0,5	1,7	2,8	3,8	4,8	5,7	6,6	7,5
8					–1,6	–0,4	0,7	1,8	2,9	3,9	4,8	5,6	6,4
7					–2,4	–1,2	–0,2	0,9	1,9	2,9	3,8	4,7	5,5
6					–3,2	–2,1	–1,0	–0,1	0,9	1,9	2,8	3,7	4,5
5					–4,0	–2,3	–1,9	–0,9	0,1	1,0	1,8	2,7	3,5
4					–4,8	–3,7	–2,7	–1,7	–0,9	0,0	0,9	1,7	2,5
3					–5,7	–4,6	–3,5	–2,6	–1,7	–0,9	–0,1	0,7	1,5

1) Näherungsweise darf geradlinig interpoliert werden.

3.1.2 Hygrothermische Ursachen für Feuchte in Gebäuden

Tauwasserausfall auf der Bauteiloberfläche

Wenn an der Bauteiloberfläche eine relative Luftfeuchte von mehr als 100 % erreicht wird, fällt Tauwasser in flüssiger Form aus. Luft, die mit Wasserdampf gesättigt ist, hat eine relative Luftfeuchte von 100 %. Diese Sättigungsgrenze ist abhängig von der Lufttemperatur. Wärmere Luft hat einen höheren Sättigungsgehalt als kalte Luft. Wird also in einem geschlossenen System feuchte Luft erwärmt, ohne dass Wasserdampf nachströmt, sinkt die relative Luftfeuchte. Umgekehrt erhöht sich die relative Luftfeuchte, wenn die Luft abgekühlt wird.

Die Temperatur, auf die die Temperatur einer abgeschlossenen Luftmenge absinken muss, bis die relative Luftfeuchte 100 % beträgt, wird als Taupunkt definiert (siehe Tabelle 3.2). Wird die Taupunkttemperatur unterschritten, wird Wasserdampf als Nebel sichtbar und auf festen Oberflächen fällt Tauwasser aus.

Ein bekanntes Beispiel dafür ist das kühle Glas Bier, das im warmen Raum sofort beschlägt und damit zum Indikator für das Vorhandensein von Feuchte in der Raumluft wird. Solange die Temperatur des Bieres unterhalb der spezifischen Taupunkttemperatur der Umgebungsluft liegt, fällt permanent Tauwasser an der Außenseite des Glases aus.

Werden die Taupunkttemperaturen z. B. von Wand- oder Fensteroberflächen unterschritten, fällt dort definitiv Tauwasser aus. Auf Glasscheiben und Spiegeln wird dies durch Beschlagen sichtbar. Auf Wandoberflächen wird der Tauwasserausfall dagegen selten wahrgenommen, weil Putz und Tapete mit ihren porösen Oberflächen häufig zunächst eine flüssigkeitsspeichernde Wirkung haben. Ständig innen beschlagene isolierverglaste Scheiben sind daher ein deutlicher Hinweis auf die nachhaltige Unterschreitung des Taupunkts. Bei porösen Baustoffen sind die Voraussetzungen für eine Schimmelpilzbildung aber bereits deutlich vor dem Tauwasserausfall auf der Bauteiloberfläche gegeben, wenn eine relative Luftfeuchte über dem Material von mehr als 80 % herrscht.

Beispiel: Anwendung der Taupunkttabelle

Es wird eine raumseitige Außenwandtemperatur von 13,2 °C und eine Raumlufttemperatur von 20 °C gemessen. Die maximal zulässige Luftfeuchte beträgt 65 %.

Ab einer relativen Luftfeuchte von mehr als 65 % fällt gemäß Tabelle 3.2 an den Bauteilen mit einer Oberflächentemperatur von weniger als 13,2 °C Tauwasser aus.

Erhöhte relative Luftfeuchte an der raumseitigen Bauteiloberfläche

Bei hygrothermisch bedingten Schäden entsteht Tauwasser oder eine erhöhte relative Luftfeuchte an den raumseitigen Bauteiloberflächen bzw. es tritt Tauwasser im Bauteilquerschnitt auf, weil das Gesamtverhältnis von Raumluftfeuchte, Raumlufttemperatur und Oberflächentemperatur einzelner Bauteile nicht im Einklang miteinander steht (siehe Abb. 3.4). Diese 3 physikalischen Randbedingungen stehen als gemeinsam wirkende Ursachenkombination bei einem sog. hygrothermisch bedingten Schaden untrennbar miteinander im Zusammenhang.

Eine ausgewogene Klimasituation ist nur ein labiler Gleichgewichtszustand, vergleichbar mit einer Kugel, die auf einem dreibeinigen Tisch liegt. Die Länge keines der Tischbeine kann für sich allein verändert werden, ohne dass gleichzeitig die beiden anderen entsprechend angepasst werden müssen. Sonst tritt ein instabiler Zustand ein und die Kugel rollt von der Tischplatte. Genau wie bei diesem Beispiel verhält es sich mit dem Raumklima: Wird einer der 3 klimatischen Einflussfaktoren in ungünstiger Weise verändert, muss ein unmittelbarer Ausgleich durch die beiden anderen erfolgen, damit das Mikroklima unmittelbar an der raumseitigen Bauteiloberfläche nicht aus dem bauphysikalischen Gleichgewicht gerät. Unterbleibt indessen ein solcher Ausgleich, kippt die Klimasituation und es kommt zum hygrothermisch bedingten Schimmelpilzbefall. Gut gedämmte Außenwände moderner Bauweisen verkraften dabei mehr als ihre schlecht gedämmten Vorgänger aus früheren Bauzeiten. Um beim Beispiel mit der Kugel zu bleiben: Die gut gedämmten Außenwände entsprechen einer Kugel, die auf einem Kissen aufliegt und daher nicht so schnell ins Rollen kommt.

Die Einflussmöglichkeiten des Mieters auf die 3 relevanten Raumklimabedingungen liegen im Heizen, Lüften und Möblieren (siehe Tabelle 3.3).

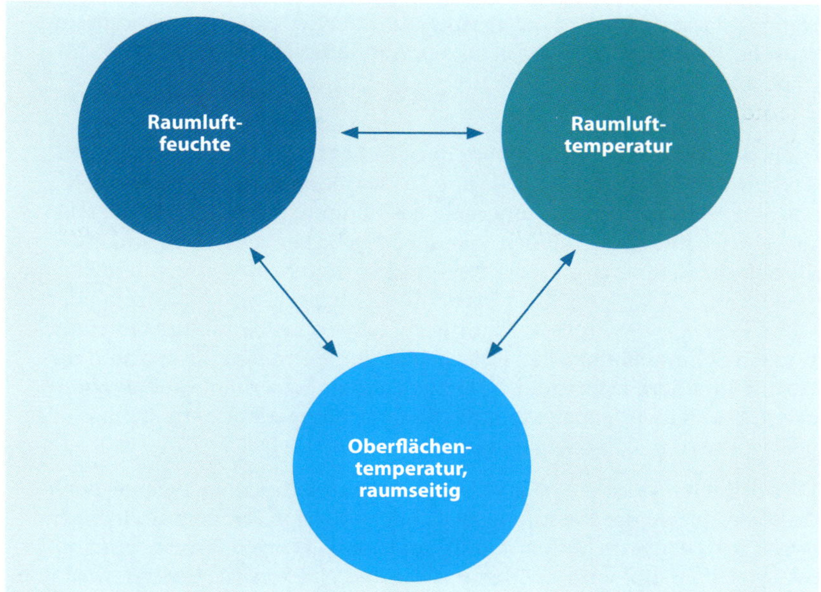

Abb. 3.4: Physikalische Randbedingungen bei einem hygrothermisch bedingten Feuchteschaden (Quelle: Hankammer, 2005b, S. 47)

Tabelle 3.3: Einflussmöglichkeiten des Nutzers auf das Risiko eines Schimmelpilzbefalls

physikalische Größe	Einflussmöglichkeit des Nutzers
Raumluftfeuchte	Lüften entsprechend der Feuchteproduktion
Raumtemperatur	Heizen
Oberflächentemperatur, raumseitig	keine Möbel und Vorhänge vor Außenwänden

Nach der DIN 4108-2 „Wärmeschutz und Energie-Einsparung in Gebäuden – Teil 2: Mindestanforderungen an den Wärmeschutz (2013) kann davon ausgegangen werden, dass Schimmelpilzfreiheit sichergestellt ist, solange auf der Bauteiloberfläche eine relative Luftfeuchte von weniger als 80 % eingehalten wird. Diese Angabe stimmt mit der DIN EN ISO 13788 „Wärme- und feuchtetechnisches Verhalten von Bauteilen und Bauelementen – Raumseitige Oberflächentemperatur zur Vermeidung kritischer Oberflächenfeuchte und Tauwasserbildung im Bauteilinneren – Berechnungsverfahren“ (2001) überein. Dieser Wert ist aber noch nicht gleichzusetzen mit der relativen Luftfeuchte im Raum, da die relative Luftfeuchte dem prozentualen Verhältnis des absoluten Feuchtegehalts zum Sättigungsgehalt der Luft entspricht und der Sättigungsgehalt von der jeweiligen Lufttemperatur abhängt. Die Lufttemperatur ist im Winter im Raum höher als im Mikroklima unmittelbar vor der Außenwand. Je schlechter die Dämmeigenschaft einer Außenwand ist, desto größer ist die Temperaturdifferenz zwischen der Lufttemperatur im Raum und derjenigen an der Wandoberfläche.

Beträgt die Lufttemperatur im Raum z. B. 20 °C bei einer relativen Luftfeuchte von 50 %, liegt der absolute Feuchtegehalt bei 8,65 g/m^3 Luft (siehe Kapitel 6.4.5). An der Wandoberfläche einer schlecht gedämmten Außenwand herrscht dann z. B. eine Lufttemperatur von 14 °C. Da der Absolutgehalt der Feuchte innerhalb des Raumes gleich ist, liegt die relative Luftfeuchte an der kühlen Wandoberfläche bei etwa 72 %. Sinkt die Oberflächentemperatur an der Außenwand weiter auf Werte unterhalb von 12,6 °C ab, z. B. weil ein Kleiderschrank sie abdeckt, wird gleichzeitig der Grenzwert von 80 % relativer Luftfeuchte überschritten und es besteht bereits ein Schimmelpilzrisiko. Das Gleiche gilt, wenn sich die relative Luftfeuchte im Raum während der Nutzung allmählich erhöht, weil unzureichend gelüftet wird, oder wenn die Raumlufttemperatur permanent niedrig gehalten wird, z. B. im Schlafzimmer.

Dies bedeutet: Wird die relative Luftfeuchte an sehr kalten Tagen, wenn die Außenwände an der Raumseite tatsächlich niedrige Temperaturen haben, durch ausreichendes Lüften ständig auf einem geringen Niveau von z. B. 30 % gehalten und wird der Raum stetig und gleichmäßig beheizt, wird es in der Regel auch dann nicht zum hygrothermisch bedingten Schimmelpilzbefall kommen, wenn die Außenwand speziell von Altbauwohnungen durch Mobiliar mit Wandabstand oder durch schwere Vorhänge von der warmen Luftzirkulation im Rauminneren abgeschirmt wird. Verzichtet der Mieter hingegen ganz auf eine großflächige Möblierung entlang der Außenwände, dann bleibt in der Regel auch eine vorübergehend leicht erhöhte relative Luftfeuchte von 60 % oder eine leicht abgesenkte Raumtemperatur ohne schädliche Folgen.

Jedoch treten Probleme auf, wenn kein derartiger Ausgleich erfolgt: Decken die Möbel innerhalb einer Wohnung die Außenwände gegenüber der Heizquelle ab und steigt im Winterhalbjahr durch ungenügendes Lüften die relative Raumluftfeuchte auf über 60 % an oder wird die Raumtemperatur, z. B. im Schlafzimmer, sehr niedrig gehalten, muss es physikalisch gesehen geradezu zwangsläufig zur Erhöhung der relativen Luftfeuchte an den Außenwänden kommen (siehe Tabelle 3.4).

Tabelle 3.4: Ausgleich der Gebäudebeschaffenheit durch das Nutzerverhalten (Quelle: Hankammer, 2006, S. 26)

Wärmedämmung der Außenwände	**Schimmelpilzrisiko im Winterhalbjahr**			
	Mobiliar an Außenwänden	**Heizen und Lüften**		
		übermäßig $\theta > 20\,°C$ $\varphi < 30\,\%$	**normal** $\theta = 20\,°C$ $\varphi = 30–50\,\%$	**ungenügend** $\theta < 20\,°C$ $\varphi > 50\,\%$
sehr gute Wärmedämmung $U_{AW} < 0{,}3\ W/(m^2 \cdot K)$	ohne Mobiliar	✷✷✷	✷✷	✷
	mit Mobiliar	✷✷	✷	💧
gute Wärmedämmung $0{,}3\ W/(m^2 \cdot K) < U_{AW} < 0{,}83\ W/(m^2 \cdot K)$	ohne Mobiliar	✷✷	✷✷	✷
	mit Mobiliar	✷	✷	💧
geringe Wärmedämmung $U_{AW} > 0{,}83\ W/(m^2 \cdot K)$	ohne Mobiliar	✷✷	✷	💧
	mit Mobiliar	✷	💧	💧💧
Wärmebrücken	ohne Mobiliar	✷✷	💧💧	💧💧
	mit Mobiliar	✷	💧💧💧	💧💧💧
Durchfeuchtung		☹	☹	☹

θ Raumlufttemperatur
φ relative Luftfeuchte
U_{AW} Wärmedurchgangskoeffizient
✷✷✷ kein Schimmelpilzrisiko
✷✷ äußerst geringes Schimmelpilzrisiko
✷ geringes Schimmelpilzrisiko
💧 prinzipielles Schimmelpilzrisiko
💧💧 hohes Schimmelpilzrisiko
💧💧💧 extrem hohes Schimmelpilzrisiko
☹ nicht Aufgabe des Mieters

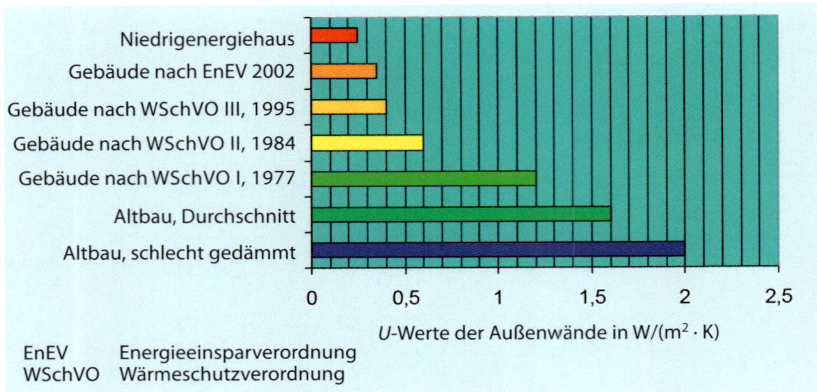

Abb. 3.5: *U*-Werte für Außenwände verschiedener Gebäudealtersklassen (Quelle: Hankammer, 2006, S. 26)

Zur Beurteilung, ob eine sehr gute Wärmedämmung der Außenwände mit einem Wärmedurchgangskoeffizienten U_{AW} unter 0,3 W/(m² · K), eine gute Wärmedämmung mit einem U_{AW}-Wert zwischen 0,3 und 0,83 W/(m² · K) oder eine eher gering wirksame Wärmedämmung mit einem U_{AW}-Wert über 0,83 W/(m² · K) vorliegt, kann die Übersicht der verschiedenen jeweils typischen Wärmedurchgangskoeffizienten aus den unterschiedlichen Baualtersklassen in Abb. 3.5 eine Hilfestellung leisten.

Aus bauphysikalischer Sicht lässt sich der rechnerische Nachweis führen, unter welchen Randbedingungen Schimmelpilzbefall eintreten kann. Das Ergebnis sagt in der Regel jedoch nichts darüber aus, ob der Mieter die Verantwortung trägt oder der Vermieter, da es sich dabei um eine Rechtsfrage handelt, die unter Berücksichtigung des Mietvertragsverhältnisses durch Juristen geklärt werden muss (siehe Kapitel 9).

3.2 Schäden an Gebäuden durch mikrobiellen Befall

Abb. 3.6 gibt einen Überblick über die Schäden, die an Gebäuden durch mikrobiellen Befall entstehen können.

Schäden durch Beseitigung befallener Baustoffe

Schäden an Gebäuden entstehen bei Befall durch Schimmelpilze, Bakterien und andere Mikroorganismen hauptsächlich durch das Erfordernis der Beseitigung auffällig kontaminierter Materialien, wie z. B. Tapeten und Wandputz. In der Regel ist dabei die laboranalytische Untersuchung von benachbarten Verdachtsflächen teurer als die großzügige, weit greifende Entfernung der Baustoffe. Bei nicht sichtbarem Befall werden in der Regel Konstruktionsöffnungen notwendig.

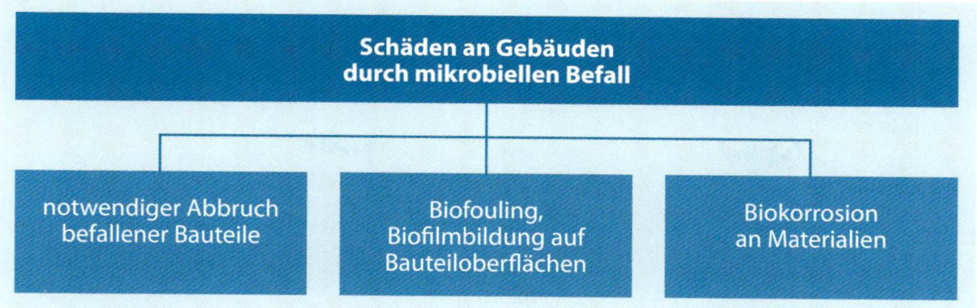

Abb. 3.6: Schäden an Gebäuden durch mikrobiellen Befall

Biokorrosion

Als Biokorrosion bezeichnete Schäden können an mineralischen Baustoffen und Metallen dadurch entstehen, dass bestimmte Schimmelpilzarten als Stoffwechselprodukte Säuren absondern können (Oxal-, Zitronen- und Gluconsäure; siehe Tabelle 1.3). Diese Säuren sind in der Lage, Gesteine zu zersetzen. Andere, von bestimmten Schimmelpilzarten produzierte Säuren (α-Oxoglutar- und Zitronensäure, Isozitronen- und cis-Aconitsäure) können sogar Metalle angreifen (Reiß, 1997).

Biofouling

Als Biofouling wird eine chemisch-physikalische Reaktion bezeichnet, bei der die Bildung eines Biofilms eine maßgebliche Rolle spielt.

Biofilm

Mikroorganismen sind in der Lage, Baustoffe mit einem schleimigen Biofilm aufliegend zu besiedeln bzw. zu durchdringen. Grundlage dafür ist zunächst die freie Verfügbarkeit von Wasser. Die Biofilme enthalten extrazelluläre polymere Substanzen, wie Polysaccharide, Zuckersäuren, Lipopolysaccharide, (Glyco-)Proteine, Lipoproteine und Gelbildner und sind damit in der Lage, expositionsbedingten Nährstoffmängeln, Temperatur- und Feuchteschwankungen, pH-Wert-Veränderungen und sogar bioziden Behandlungen effektiv zu begegnen. Biofilme müssen daher im Zuge von Sanierungsmaßnahmen gründlich beseitigt werden, bevor mit der Applikation von bioziden Stoffen begonnen wird. Zu beachten ist dabei allerdings eine mögliche abdichtende Wirkung von hartnäckigen Biofilmen z. B. auf Verblendmauerwerksfassaden. Die Beseitigung des Biofilms und anderer kapillar beeinflussender Ablagerungen bei Fassadenreinigungen kann allerdings dazu führen, dass sich die Wasseraufnahmefähigkeit von Verblendsteinen und Fugenmörtel derart drastisch erhöht, dass anschließend eine Hydrophobierung erforderlich wird.

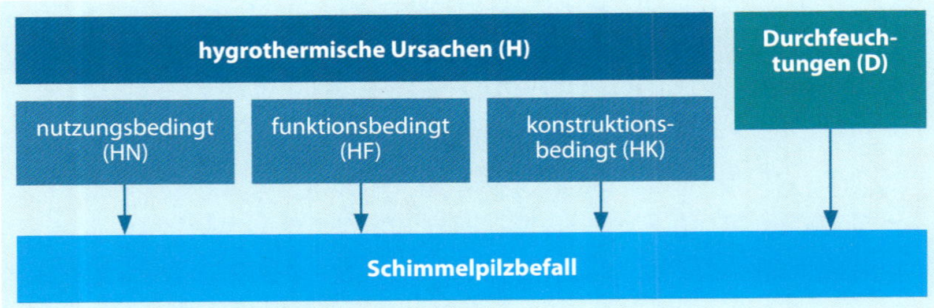

Abb. 3.7: Einteilung der Ursachen eines Schimmelpilzbefalls in Kategorien

3.3 Ursachenkategorien der Schimmelpilzentstehung

Zur Unterscheidung der verschiedenen Ursachen eines Schimmelpilzbefalls werden im Folgenden typische Ursachen in Kategorien eingeteilt. Soweit verfügbar, sind passend zu diesen Kategorien Entscheidungsbegründungen von Gerichtsurteilen im Kapitel 9 aufgeführt, um die jeweilige juristische Sichtweise der Gerichte beispielhaft darzustellen. Die Kenntnis der in einem bestimmten Sachverhalt bereits ergangenen Gerichtsurteile zeigt dem Nichtjuristen, worauf es in einem Verfahren aus rechtlicher Sicht ankommt, und hilft den Parteien bei der Einschätzung des Prozesserfolgs.

Auslösende Momente für Schimmelpilzbefall sind entweder hygrothermische Problemsituationen, bei denen die Verschuldensfrage oft strittig ist, oder Bauteildurchfeuchtungen, die in der Regel gebäudebedingt sind (siehe Abb. 3.7). Die gewählte Reihenfolge der unterschiedlichen Ursachen orientiert sich an der Verschuldensquote. Deshalb werden zunächst die rein nutzerabhängigen Ursachen geschildert und abschließend die ausschließlich gebäudebedingten Gründe für einen Schimmelpilzbefall. Dazwischen liegt ein Grenzbereich, in dem beide Ursachen in Wechselwirkung miteinander für den Schimmelpilzbefall verantwortlich sein können (siehe Tabelle 3.5).

Tabelle 3.5: Einteilung der Ursachen eines Schimmelpilzbefalls in Kategorien. Von oben nach unten nimmt die Verschuldensquote des Nutzers ab.

Ursachenklassen	Ursachenkategorien	Ursachen
hygrothermische Ursachen (H):		
nutzungsbedingt (HN)	HN1	überhöhter Feuchteanfall
	HN2	falsches Lüftungsverhalten
	HN3	unzureichende Beheizung
	HN4	Mobiliar und Vorhänge vor Außenwänden

Tabelle 3.5 (Fortsetzung)

Ursachenklassen	Ursachenkategorien	Ursachen
nutzungsbedingt (HN)	HN5	Abdeckung der Heizkörper durch Mobiliar und Inventar
	HN6	vom Nutzer verursachte Havarien
funktionsbedingt (HF)	HF1	Funktionsstörungen an Einzelraum-lüftern
	HF2	Funktionsstörungen an Heizungen
konstruktions-bedingt (HK)	HK1	raumseitige Wärmedämmung von Außenwänden
	HK2	geringe Wärmedämmung von Außen-wänden
	HK3	geometrische Wärmebrücken
	HK4	Behinderung des Warmluftzirkulations-stroms
	HK5	Einbau neuer Fenster bei der Altbau-modernisierung
	HK6	konstruktionsbedingte Wärmebrücken
	HK7	unterdimensionierte Lüftungsmöglich-keiten
	HK8	Anfangsfeuchte im Neubau
Durchfeuchtungen (D):		
	D1	horizontale Durchfeuchtung von Außenwänden
	D2	vertikal aufsteigende Feuchte in Wänden
	D3	Leitungswasserschäden
	D4	Dachleckagen
	D5	Naturereignisse

3.3.1 Ursache HN1: überhöhter Feuchteanfall

3.3.1.1 Symptome

Tabelle 3.6 fasst die typischen Symptome der Ursache HN1 sowie die Maßnahmen zusammen, die ergriffen werden können, um Abhilfe zu schaffen.

Tabelle 3.6: „Steckbrief" der Ursache HN1: überhöhter Feuchteanfall

typische Symptome	Maßnahmen	Einflussbereich	
		Nutzer	Eigentümer
Tauwasserausfall auf der Isolierverglasung	Lüften	x	
hyperbelförmiger Schimmelpilzbefall in Außenwandecken	Lüften	x	
	Ertüchtigen der Außendämmung		x
hyperbelförmiger Schimmelpilzbefall an Fensterleibungen	Lüften	x	
	Dämmen der Leibung		x
Schimmelpilzbefall an der unteren Verglasungsdichtung	Lüften	x	
Tauwasser auf der Fensterbank	Lüften	x	
Quellverformungen an Holzbauteilen	Lüften	x	
korrodierte Fensterbeschläge	Lüften	x	
Schimmelpilzbefall auf Inventar	Lüften	x	

Hinweis auf eine überhöhte Luftfeuchte geben z. B. mit Tauwasser flächig beschlagene Scheibenflächen von modernen, isolierverglasten Fenstern. Der hohe Dämmwert solcher Verglasungen verhindert üblicherweise einen Tauwasserausfall bei moderatem Wohnraumklima nachhaltig. Erst wenn die Luftfeuchte den für einen Tauwasserausfall relevanten Grenzwert überschreitet, fällt Tauwasser auf der raumseitigen Scheibenoberfläche aus (siehe Abb. 3.8 bis 3.10). Einige weitere Symptome zeigen die Abb. 3.11 bis 3.14.

Der Mensch setzt in seinem Wohnraumumfeld permanent Feuchte frei in Form von Atemluft, beim Kochen, Waschen und Duschen sowie durch Pflanzen und Haustiere. Die Menge dieser freigesetzten Feuchte lässt sich nur teilweise beeinflussen. Diese Flüssigkeit muss als Wasserdampf von der

Abb. 3.8: Zahlreiche Topfpflanzen verursachen eine erhöhte relative Luftfeuchte, die selbst an isolierverglasten Scheiben zu einem flächigen Tauwasserausfall führt.

Abb. 3.9: Tauwasserausfall auf einer Verglasung mit einem U_g-Wert von 1,1 W/(m² · K)

Abb. 3.10: Tauwasser tropft vom unteren Rand einer Isolierverglasung über den Rand des Flügelrahmens auf die Fensterbank ab.

Abb. 3.11: Schimmelpilzbildung auf der raumseitigen Scheibendichtung einer Isolierverglasung mit einem *U*-Wert von 1,3 W/(m² · K) weist auf eine überhöhte Luftfeuchte oder eine unzureichende Beheizung hin.

Abb. 3.12: Schimmelpilzdreieck an der Leibung oberhalb der Fensterbank

Abb. 3.13: Hyperbelförmiger Schimmelpilzrasen am unteren Ende der Fensterleibung

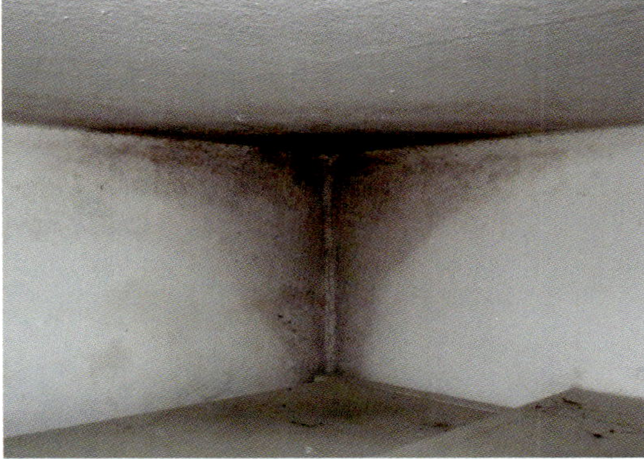

Abb. 3.14: Hyperbelförmiger Schimmelpilzbefall in einer Außenwandecke

Abb. 3.15: Tauwasser auf der Scheibenoberfläche von Einfachverglasungen war früher ein Indikator für eine erforderliche Lüftung.

Raumluft, aber auch von porösen Materialien der Raumhüllflächen aufgenommen werden.

Beispiel: Feuchteproduktion in einem Haushalt

Üblicherweise entsteht während eines gewöhnlichen Tages in einem Vierpersonenhaushalt durch typische Feuchteproduktion der Bewohner eine Wassermenge von ca. 13 l.

Wird zum Zeitpunkt 0 eine gewöhnliche behagliche (und im Übrigen der DIN 4108 entsprechende) Raumlufttemperatur von 20 °C bei einer angemessenen Luftfeuchte von 50 % innerhalb der Wohnung angenommen, enthält diese Raumluft 8,7 g/m³ Wasserdampf (siehe Kapitel 6.1.2). Bis zur Sättigungsgrenze von 100 % relativer Luftfeuchte ist sie damit in der Lage, weitere 8,7 g/m³ Wasser aufzunehmen. Bei der Beispielwohnung mit einer Wohnfläche von 90 m² und einer Geschosshöhe von 2,60 m liegt ein Raumvolumen von 234 m³ vor. Die tägliche Feuchteproduktion beträgt im Durchschnitt 13.350 g/234 m³ = 57,1 g/(m³ · d). Es entsteht also ohne jegliche Frischluftzufuhr bereits durch die gewöhnliche Benutzung einer Wohnung erheblich mehr Wasser, als durch die Raumluft noch aufgenommen werden kann.

Wenn nicht durch anschließende intensive Stoßlüftung die relativ hohe produzierte Luftfeuchte wieder an die Außenluft abgegeben wird, steigt der relative Feuchtegehalt der Raumluft allmählich immer weiter an und es kommt an allen Bauteilen, die eine Temperatur in Taupunktnähe aufweisen, zu einer Kondensatbildung.

In der periodischen Bilanz steht die Menge der produzierten Feuchte derjenigen der abgeführten Feuchte gegenüber. Die Einrichtungen zur freien

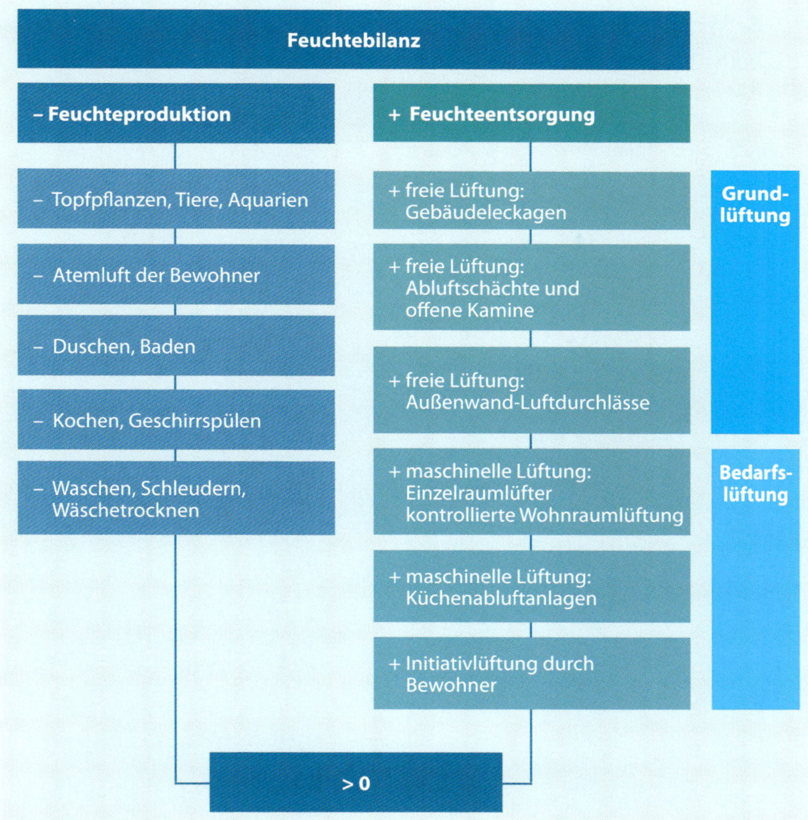

Abb. 3.16: Feuchtebilanz in Innenräumen

Lüftung sind entsprechend der DIN 1946-6 „Raumlufttechnik – Teil 6: Lüftung von Wohnungen – Allgemeine Anforderungen, Anforderungen zur Bemessung, Ausführung und Kennzeichnung, Übergabe/Übernahme (Abnahme) und Instandhaltung" (2009) Fenster, die sich öffnen lassen, Außenwand-Luftdurchlässe und Lüftungsschächte. Die freie Lüftung erfolgt über Luftleckagen in der Gebäudehülle, Außenwand-Luftdurchlässe und Schachtlüftungen. Zudem können ggf. maschinelle Lüftungen vorhanden sein. Daneben kann und muss die Menge der abgeführten Feuchte vom Nutzer durch Initiativlüftung gesteuert werden (siehe Abb. 3.15).

Entscheidend für die klimatischen Verhältnisse innerhalb einer Wohnung ist daher die periodische Bilanz des absoluten Wassergehalts innerhalb der Raumluft (siehe Abb. 3.16).

3.3.1.2 Feuchtequellen

Beispielhaft seien einige Werte für die Feuchteproduktion in Innenräumen genannt (siehe Tabelle 3.7).

Tabelle 3.7: Feuchteproduktion in Wohnungen

Feuchtequellen	Feuchtemenge in g/h
Mensch, leichte Aktivität	30–40
Kochen	600–1.500
Kochen im Tagesmittel	100
Baden	700
Duschen	2.600
freie Wasserfläche (z. B. Aquarium) pro Quadratmeter	40
Wäschetrocknen (4,5-kg-Trommel), geschleudert	50–200
Wäschetrocknen (4,5-kg-Trommel), tropfnass	100–500
Zimmerblühpflanzen (z. B. Veilchen)	5–10
Zimmergrünpflanzen (z. B. Farn)	7–15
Zimmergrünpflanzen (z. B. Gummibaum, mittelgroß)	10–20
Geschirrspülen (pro Spülgang)	200

Plansch- und Spritzwasser

Plansch- und Spritzwasser muss unmittelbar nach dem Duschen und Baden entfernt werden, damit im Bad keine Schäden entstehen (siehe Abb. 3.17 und 3.18). Diese Feuchte muss dann nicht mehr durch Lüftung entweichen. Von den Mietern kann ein Abwischen der Fliesen nach dem Duschen erwartet werden (Landgericht [LG] Berlin, Urteil vom 09.08.1999 – 61 S 510/98).

Haustiere und Aquarien

Haustiere, die in der Wohnung gehalten werden, kommen als zusätzliche Feuchteproduzenten in Betracht (siehe Abb. 3.19). Der Zusammenhang zwischen Haustierhaltung und einer dadurch bedingten erhöhten relativen Raumluftfeuchte mit dem Ergebnis eines erhöhten Lüftungsbedarfs

Abb. 3.17: Ein an den Wandfliesen nass anhaftender Duschvorhang begünstigt die Schimmelpilzbildung.

Abb. 3.18: Schimmelpilzbefall auf der Silikonfuge am Badwannenrand

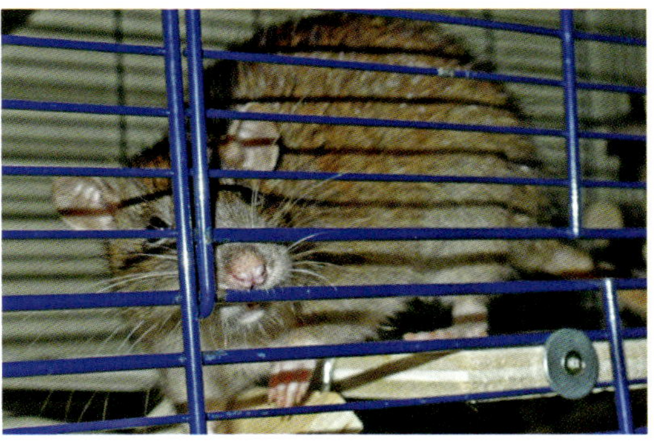

Abb. 3.19: Ein Haustier als Feuchteproduzent

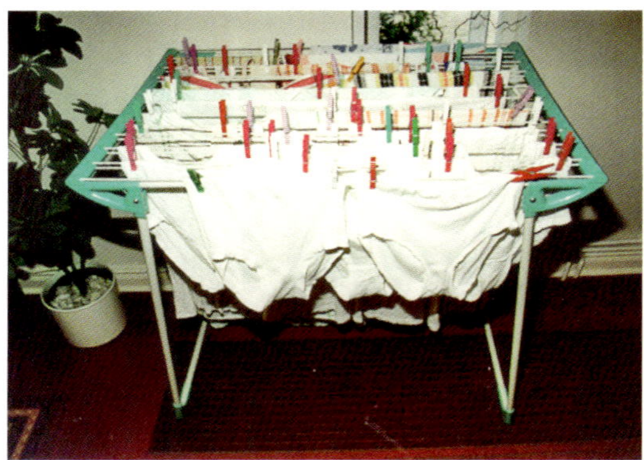

Abb. 3.20: Wäscheständer in der Wohnung

Abb. 3.21: Topfpflanzen als Feuchteproduzenten

muss sich den Mietern aufdrängen (Bundesgerichtshof [BGH], Urteil vom 11.07.2012 – III ZR 138/11).

Auch Aquarien mit ihrer freien Wasseroberfläche geben permanent Feuchte an die Raumluft ab.

Wäschetrocknung

Wäschetrocknung in der Wohnung trägt zur Anreicherung der Luft mit Feuchte bei (siehe Abb. 3.20).

Topfpflanzen

Die von Topfpflanzen an die Raumluft übertretende Luftfeuchte entspricht der Menge des Gießwassers (siehe Abb. 3.21). Angaben darüber können die Nutzer der Wohnung machen.

Nichtgebrauch von Gebäuden

Solange Gebäude in ständiger Benutzung sind, wirken sich leichte Durchfeuchtungsschäden oft nicht übermäßig aus. Denn durch intensive Beheizung und Belüftung wird die durch defekte Bauteile eingedrungene Feuchte stetig entsorgt und reichert sich nicht in der Raumluft an. In solchen Gebäuden kommt es allerdings zum Kollaps, wenn die Nutzung vorübergehend unterbrochen wird, da dann der künstliche Ausgleich im Feuchtehaushalt fehlt. Die nachrückende Feuchte verursacht eine erhöhte Raumluftfeuchte, die beim Überschreiten des kritischen Feuchtegehalts von 80 % zum Schimmelpilzbefall führt (siehe Abb. 3.22 und 3.23).

3.3.2 Ursache HN2: falsches Lüftungsverhalten

Die bei dieser Ursache eintretenden Symptome sind identisch mit denjenigen, die bei einem überhöhten Luftfeuchteanfall zu beobachten sind (siehe Tabelle 3.8; vgl. auch Kapitel 3.3.1). Einige Beispiele zeigen die Abb. 3.24 bis 3.28.

Abb. 3.22: Erhöhte Luftfeuchte in einem vorübergehend ungenutzten Gebäude hat im Winter nach Abschalten der Heizung zur Kondensatbildung und zum Schimmelpilzbefall geführt.

Abb. 3.23: Starker Schimmelpilzbefall in einem ungenutzten Gebäude nach Kondensatbildung im Winter

Tabelle 3.8: „Steckbrief" der Ursache HN2: falsches Lüftungsverhalten

typische Symptome	Maßnahmen	Einflussbereich	
		Nutzer	Eigentümer
Tauwasserausfall auf der Isolierverglasung	Lüften	x	
hyperbelförmiger Schimmelpilzbefall in Außenwandecken	Lüften	x	
	Ertüchtigen der Außendämmung		x
hyperbelförmiger Schimmelpilzbefall an Fensterleibungen	Lüften	x	
	Dämmen der Leibung		x
Schimmelpilzbefall an der unteren Verglasungsdichtung	Lüften	x	
Tauwasser auf der Fensterbank	Lüften	x	
korrodierte Fensterbeschläge	Lüften	x	
Quellverformungen an Holzbauteilen	Lüften	x	
Schimmelpilzbefall auf Inventar	Lüften	x	

Abb. 3.24: Unzureichende Lüftung hat im Badezimmer zu einer Tauwasserbildung mit nachfolgendem Schimmelpilzbefall geführt.

Abb. 3.25: Nahaufnahme des Schimmelpilzbefalls aus Abb. 3.24

Abb. 3.26: Von der Verglasung ablaufendes Tauwasser

Abb. 3.27: Tauwasserbildung am Blendrahmenfalz weist darauf hin, dass der Fensterflügel bei der vorhandenen relativen Raumluftfeuchte (hier: restliche Neubaufeuchte) nicht ausreichend geöffnet worden ist.

Abb. 3.28: Korrodierte Beschläge und Schimmelpilzbefall an der Leibungstapezierung weisen darauf hin, dass es sporadisch zu einem Tauwasserausfall an der Verglasung der Fenster kommt.

Undichtigkeiten des Baukörpers, z. B. die Fugen zwischen Fenstern und dem Mauerwerk sowie nicht dicht schließende Fensterdichtungen usw., bewirken eine gewisse Fugendurchlässigkeit, die in geringem, aber stetigem Maße für einen zwangsläufigen, dauerhaften Luftaustausch zwischen dem Rauminneren und der Umgebungsluft sorgt. Die auf diese Weise permanent unkontrolliert ausgetauschte Luftmenge ist bei Altbauten relativ groß, während sie bei Neubauten infolge der in den Regelwerken und Verordnungen geforderten Luftdichtheit und aufgrund innovativer technischer Möglichkeiten immer geringer wird.

Die mindestens erforderliche Menge der durch Fugenlüftung, motorische Entlüftung und Fensterlüftung abgeführten Feuchte muss innerhalb der Bilanz größer sein als die Menge der nutzungsbedingten, im gleichen Zeitraum neu produzierten Feuchte, damit kein Überschuss entsteht (siehe Kapitel 3.3.1).

Vor diesem Hintergrund ist gerade bei Neubauten eine offensive Fensterlüftung als Eigeninitiative der Bewohner dringend erforderlich, da ansonsten die produzierten Wassermengen bereits innerhalb weniger Stunden zu einem Feuchteüberschuss mit unbehaglichem Klima bei hoher Luftfeuchte kumulieren. Aber auch Schadstoffe, die aus Baustoffen und Inventar in flüchtiger Form als Volatile organic Compounds (VOC; leicht flüchtige organische Verbindungen) abgegeben werden, reichern sich in der Raumluft an. Gleichzeitig steigt mit anwachsender relativer Raumluftfeuchte auch die Gefahr, dass sich an den (relativ betrachtet) kühleren innenseitigen Oberflächen von Außenwänden eine erhöhte relative Luftfeuchte einstellt oder sogar Tauwasser ausfällt. Als Indikator für zunächst unbemerkt drohende hygrothermische Schäden an Wänden (relative Luftfeuchte an den raumseitigen Bauteiloberflächen: mindestens 80 %) dienen dabei z. B. beschlagene Isolierglasfenster (relative Luftfeuchte an der raumseitigen Verglasungsoberfläche: 100 %; siehe Kapitel 3.3.1).

3.3.2.1 Begriffe und Regelungen zum Lüftungsverhalten

Die Intensität der Lüftung wird mit der Luftwechselrate n in h^{-1} ausgedrückt. Die Luftwechselrate gibt Auskunft darüber, welcher Anteil des Raumvolumens innerhalb einer Stunde komplett ausgetauscht wird. Bei einer (aus hygienischen Gründen ohnehin erforderlichen) Luftwechselrate von $n = 0{,}5\ h^{-1}$ z. B. wird innerhalb einer Stunde der halbe Luftinhalt eines Raumes vollständig gegen Frischluft ausgetauscht. Im Raum befinden sich nach dem Lüftungsvorgang 50 % Frischluft und 50 % verbliebene Luft.

Definitionen

Definitionen der verschiedenen Lüftungsarten:

- Infiltration: Die bei geschlossenen Fenstern aufgrund der Fugendurchlässigkeit erzielbare Luftwechselrate wird Infiltrationsluftwechselrate genannt.

- Fensterlüftung: Die Fensterlüftung ist die freie Lüftung bei geöffneten Fenstern; die praktisch erreichbare Luftwechselrate hängt hauptsächlich von der Lage der Fenster im Baukörper, von der Windanströmung, von der Stellung der Fensterflügel sowie von der Lüftungsdauer ab.
- Dauerlüftung: Bei der Dauerlüftung, in der Literatur auch als Kipplüftung oder Spaltlüftung beschrieben, wird der Fensterflügel von Drehkippfenstern über längere Zeiträume in Kippstellung offen gehalten, sodass als freier Lüftungsquerschnitt nur ein Spalt von wenigen Zentimetern Breite verbleibt.
- Stoßlüftung: Bei der Stoßlüftung, in der Literatur auch als Intensivlüftung beschrieben, ist der Fensterflügel in Drehrichtung für 5 bis 10 Minuten weit geöffnet.
- Querlüftung: Verfügen die Räumlichkeiten oder die Wohnung außerdem über Fenster auf 2 Gebäudeseiten, kann durch eine Querlüftung, in der Literatur auch als Durchzugslüftung beschrieben, zusätzlich eine größere Luftwechselrate erzeugt werden; bei der Querlüftung werden die sich gegenüber liegenden Fenster und zusätzlich die Innentüren weit geöffnet; bei dieser Lüftungsart kommt es unter dem Einfluss der Windeinwirkung zu einer Durchspülung der Wohnung von Luv nach Lee.

Als Quelle für diese Definitionen dienen u. a. die DIN EN 12792 „Lüftung von Gebäuden – Symbole, Terminologie und graphische Symbole“ (2004) und der Schimmelpilzsanierungs-Leitfaden des Umweltbundesamts aus dem Jahr 2005 (Schimmelpilzsanierungs-Leitfaden, 2005). Die Lüftungsdauer einer Stoßlüftung ist dann wiederum in dem Schimmelpilz-Leitfaden des Umweltbundesamts beschrieben:

Schimmelpilz-Leitfaden, 2002, S. 21:

„Teil B Vorbeugende Maßnahmen gegen Schimmelpilzbefall
B-2.3 Richtiges Lüften

Zur Verringerung der Feuchte im Raum sollte vorzugsweise mehrmals täglich eine kurze Stoßlüftung (5–10 min. bei weit geöffnetem Fenster) erfolgen.“

Der Begriff Querlüftung ist normativ in der DIN EN 12792 definiert:

DIN EN 12792 (2004), S. 20:

„Querlüftung

Freie Lüftung infolge des Differenzdruckes, der durch Winddruck auf die Gebäudeaußenflächen entsteht und bei der thermischer Auftrieb im Gebäude von geringerer Bedeutung ist.“

Die bei den unterschiedlichen Lüftungsmethoden erzielbaren Luftwechselraten sind z. B. dem RWE Bau-Handbuch zu entnehmen (siehe Tabelle 3.9).

Tabelle 3.9: Gemessene Luftwechselraten bei verschiedenen Fensterstellungen (Quelle: RWE Bau-Handbuch, 2004, S. 14/26, ergänzt)

Fensterstellung	**Luftwechselrate *n* in h^{-1}**
Fenster und Tür geschlossen	0,1– 0,3
Fenster gekippt, Rollladen zu	0,3– 1,5
Fenster gekippt, keine Rollladen	0,8– 4,0
Fenster halb offen	5,0–10,0
Fenster ganz offen (Stoßlüftung)	9,0–15,0
gegenüber liegende Fenster und Zwischentüren ganz offen (Querlüftung)	bis 40,0

Sofern in einem Raum Fenster vorhanden sind, die sich nur in Kippstellung öffnen lassen, kann eine Luftwechselrate n von 0,8 bis 4,0 h^{-1} erzielt werden. Eine übliche Beschaffenheit liegt dann vor, wenn die Fenstergröße in einem bestimmten Verhältnis zur Raumgröße steht und wenn das Fenster von der an- und abströmenden Luft ungehindert erreicht wird. Ein Kellerfenster, das nicht zur Außenluft hin frei liegt, sondern an einen Kellerlichtschacht angrenzt, liegt zumindest teilweise im Strömungsschatten des Lichtschachts. Außerdem besteht die Möglichkeit der Querlüftung nicht, wenn nur ein Fenster im Raum und auf der gegenüber liegenden Seite des Kellers eine geschlossene Wand zur Tiefgarage hin vorhanden ist. Die tatsächliche Luftwechselrate eines derartigen einzelnen Kellerfensters dürfte also eher deutlich an der unteren Grenze des in Tabelle 3.9 dargestellten Spektrums von üblichen Fenstern in Aufenthaltsräumen liegen. Hinsichtlich der üblichen Größe von Fenstern für Aufenthaltsräume kann als Maßstab die Hamburgische Bauordnung (HBauO) herangezogen werden:

HBauO, 2005, S. 71:

„§ 44 Aufenthaltsräume

[…]

(2)

1 Aufenthaltsräume müssen ausreichend belüftet und mit Tageslicht belichtet werden können.

2 Sie müssen Fenster mit einem Rohbaumaß der Fensteröffnungen von mindestens einem Achtel der Nettogrundfläche des Raumes einschließlich der Nettogrundfläche verglaster Vorbauten und Loggien haben. […]“

Stoßlüftung bewirkt den effizientesten Luftwechsel bei Durchzug, wenn die sich gegenüber liegenden Fenster weit geöffnet werden und die Zimmertüren offen stehen. Dann tritt Querlüftung ein. Ist dies wegen der baulichen Situation nicht möglich, müssen in jedem Zimmer die Fenster weit geöffnet werden. Räume sollen direkt in das Freie entlüftet werden, nicht indirekt über benachbarte Räume. Halten sich Personen in einem Raum auf, sollte alle ein bis 2 Stunden eine Stoßlüftung mit weit geöffneten Fenstern erfolgen. Bei Abwesenheit ist eine weitere Lüftung der Räumlichkeiten im Tagesverlauf nicht notwendig, da keine neue Feuchte in den Räumen entsteht. Eine Ausnahme liegt nur vor, wenn auch in Abwesenheit der Raumnutzer große Mengen an Feuchte freigesetzt werden, etwa durch Wäschetrocknung auf Trockenständern in der Wohnung. Abends muss spätestens vor dem Schlafengehen eine erneute Querlüftung mit weit geöffneten Fenstern erfolgen. Die Option einer regelmäßigen Stoßlüftung wird z. B. in den Technischen Regeln für Arbeitsstätten (ASR) vorausgesetzt, damit der Gesundheitsschutz für die Beschäftigten durch hygienisch einwandfreie Atemluft in Innenräumen gewährleistet wird. Damit in der Wohnung keine schlechteren Verhältnisse eintreten, als Arbeitnehmer sie am Arbeitsplatz erwarten dürfen, lässt sich die Definition des Begriffs Stoßlüftung aus den Technischen Regeln für Arbeitsstätten auch sinngemäß auf Wohnverhältnisse übertragen:

ASR A3.6 „Technische Regeln für Arbeitsstätten – Lüftung" (2012), S. 9:

„5 Freie Lüftung

[...]

5.4 Stoßlüftung

(1) Unter Stoßlüftung wird der kurzzeitige (ca. 3 bis 10 Minuten), intensive Luftaustausch zur Beseitigung von Lasten aus Arbeitsräumen verstanden.

(2) Eine Stoßlüftung ist in regelmäßigen Abständen nach Bedarf durchzuführen. Als Anhaltswerte werden empfohlen:

- *Büroraum nach 60 min*
- *Besprechungsraum nach 20 min*

(3) Die Mindestdauer der Stoßlüftung ist von der Temperaturdifferenz zwischen innen und außen und dem Wind abhängig. Es kann von folgenden Orientierungswerten ausgegangen werden:

- *Sommer: bis zu 10 min (unter Berücksichtigung der Außenlufttemperatur)*
- *Frühling/Herbst: 5 min*
- *Winter: 3 min"*

Lüftungseinschränkung durch Fliegengitter

Insbesondere in den Sommermonaten werden die Fensteröffnungen durch die Bewohner oft mit Fliegengittern aus Kunststoffnetzgewebe abgehängt, die mit Klettbändern in den Fensterblendrahmen befestigt werden (siehe Abb. 3.29). Der nachteilige Nebeneffekt besteht darin, dass die scheinbar transparenten Netzgewebe ein freies Durchströmen der Luft behindern.

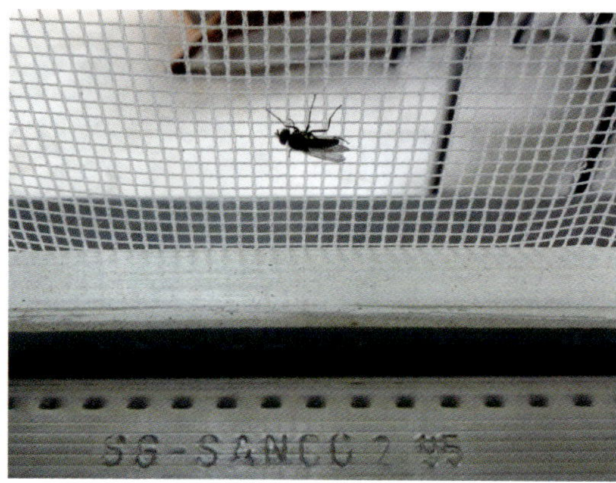

Abb. 3.29: Ein im Fensterblendrahmen angebrachtes Fliegengitter reduziert die Luftwechselrate um bis zu 30 %.

Am Beispiel der Windschotts von Cabriolets lässt sich der dabei entstehende Effekt nachvollziehen: Auch dort werden transparente Netzgewebe eingesetzt, um Zugerscheinungen im Nackenbereich der Passagiere durch Verwirbelungen des Fahrtwinds zu vermeiden. Selbst bei hohen Fahrgeschwindigkeiten von mehr als 200 km/h ist auf der windabgewandten Seite des Windschotts keine störende Durchströmung des Windes bemerkbar.

Fenster mit Fliegengitter erfordern deshalb eine um etwa 30 % längere Lüftungsdauer, als dies bei freien Fensteröffnungsquerschnitten der Fall wäre. Da das Insektenproblem überwiegend im Sommerhalbjahr auftritt, besteht kein Grund zu der Annahme, dass Fliegengitter auch im Winterhalbjahr an den Fenstern angebracht sein müssen, also dann, wenn es auf ein hohes Maß der Lüftungseffizienz besonders ankommt.

Sonderfall unbeheizte Wintergärten

Eine Besonderheit stellen unbeheizte Wintergärten dar. Bei diesen kommt es besonders auf die Lage der wärmedämmenden Ebene an, die den planmäßigen Warmbereich vom Kaltbereich trennt. Unbeheizte Wintergärten, die zum Gebäude hin durch verschließbare Türen abgetrennt sind, unterliegen nicht der EnEV.

EnEV, 2004, S. 4:

„*§ 2 Begriffsbestimmungen*

Im Sinne dieser Verordnung

1 sind Gebäude mit normalen Innentemperaturen solche Gebäude, die nach ihrem Verwendungszweck auf eine Innentemperatur von 19 Grad Celsius und mehr und jährlich mehr als vier Monate beheizt werden,

2 sind Wohngebäude solche Gebäude im Sinne von Nummer 1, die ganz oder deutlich überwiegend zum Wohnen genutzt werden,

3 sind Gebäude mit niedrigen Innentemperaturen solche Gebäude, die nach ihrem Verwendungszweck auf eine Innentemperatur von mehr als 12 Grad

Abb. 3.30: Unbeheizter Wintergarten, der wegen des außen liegenden Wärmedämm-Verbundsystems in die dämmende Hülle des Gebäudes integriert wird. Das isolierverglaste Fensterelement sitzt zwischen Wintergarten und beheiztem Wohnzimmer und wird seitlich durch Massivwände begrenzt. Dadurch ist ein flankierender Wärmestromdurchgang möglich. Blick vom Wohnzimmer in den Wintergarten.

Abb. 3.31: Unbeheizter Wintergarten aus Abb. 3.30, Blick auf die massiven Seitenwände des Wintergartens

Abb. 3.32: Unbeheizter Wintergarten aus Abb. 3.30 und 3.31, Blick vom Wintergarten in das Wohnzimmer

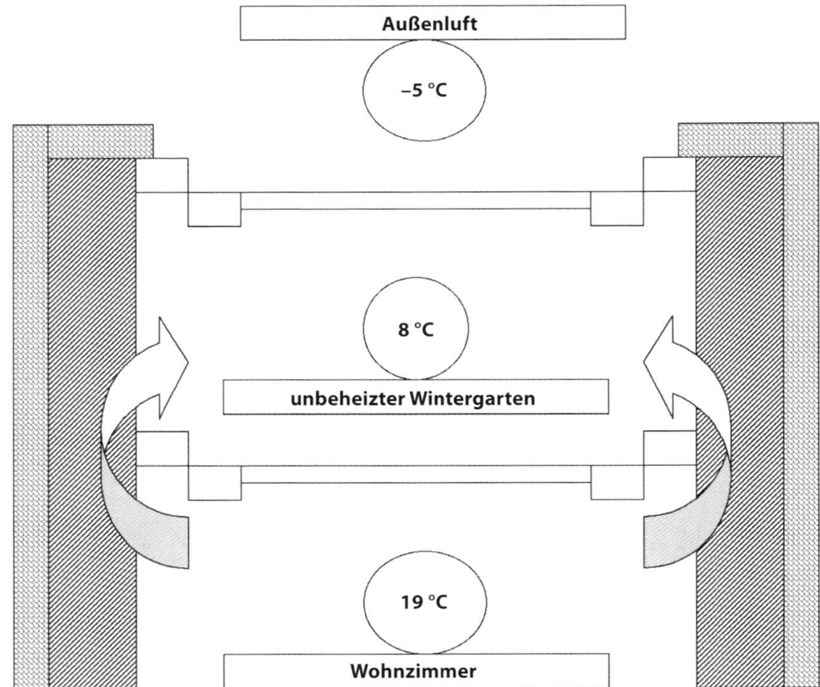

Abb. 3.33: Klimasituation bei unbeheizten Wintergärten

Celsius und weniger als 19 Grad Celsius und jährlich mehr als vier Monate beheizt werden,

4 sind beheizte Räume solche Räume, die auf Grund bestimmungsgemäßer Nutzung direkt oder durch Raumverbund beheizt werden, […].“

Anforderungen an die Qualität der Außenbauteile des Wintergartens bestehen daher nicht. Jedoch bestehen Anforderungen hinsichtlich der Qualität der Bauteile, die zwischen dem Wintergarten und dem beheizten Gebäude eingebaut werden. Wird ein unbeheizter Wintergarten hergestellt, muss die Dämmebene daher konsequent und dreidimensional schlüssig zwischen dem beheizten Gebäude und dem unbeheizten Wintergarten liegen (siehe Abb. 3.30 bis 3.33).

3.3.2.2 Ursachenvariante permanente Kipplüftung

Eine lokale schimmelpilzverursachende Situation entsteht immer dann, wenn Räumlichkeiten in der kalten Jahreszeit gelüftet werden, indem Fenster in permanente Kippstellung gebracht werden. Zur Vermeidung von Lüftungswärmeverlusten werden die Heizkörper gleichzeitig durch die Nutzer herabgedrosselt. Mit dem vermeintlichen Lüftungserfolg geht jedoch ein schädlicher Nebeneffekt einher: Die unmittelbar an den oberen freien Lüftungsspalt angrenzenden Bauteile, wie Fenstersturz und Leibungen, werden von der kalten Außenluft umspült und dabei nachhaltig unterkühlt. Besonders betroffen sind Stahlbetonfensterstürze aufgrund ihrer ausgesprochen guten Wärmeleitfähigkeit. Aber auch die raumseitigen Oberflächentemperaturen der entfernteren Bauteiloberflächen von Außenwänden sinken infolge der fehlenden Beheizung allmählich auf Temperaturen unterhalb des Taupunkts ab.

Vor diesem Hintergrund führt ein Herabdrosseln der Raumheizung in Verbindung mit einer Kipplüftung der Fenster immer zu einer spontanen Abkühlung des lokalen Außenwandquerschnitts. Mit der stetigen Abkühlung des Querschnitts geht auch eine Abkühlung der raumseitigen Wandoberflächentemperatur einher. Die Wandoberflächentemperatur fällt dann nachhaltig unter die Taupunkttemperatur.

Beim Wiedereintreffen der Bewohner erfolgt eine Feuchteproduktion durch Kochen, Waschen usw. unmittelbar, während die Aufheizung der massiven Wand infolge ihrer thermischen Trägheit mit verzögerter Wirkung eintritt. Bis zu dem Zeitpunkt, an dem die allmähliche Erwärmung der Bauteile dazu führt, dass die Taupunkttemperatur an der Wandoberfläche wieder überschritten wird, entsteht eine oft mehrstündige tauwasserrelevante Zeitspanne, in der eine Feuchteanreicherung der wasseraufnahmefähigen Oberflächenbaustoffe stattfindet.

Tabelle 3.10: „Steckbrief" der Ursache HN2: Variante permanente Kipplüftung

typische Symptome	Maßnahmen	Einflussbereich	
		Nutzer	**Eigen-tümer**
raumseitiger Schimmelpilzbefall an der Unterseite und der Stirnseite des Fenstersturzes	Ändern des Lüftungs-verhalten	x	
Schimmelpilzbefall an den raumseitigen Fensterleibungen mit nach oben hin zunehmender Ausdehnung	Ändern des Lüftungs-verhalten	x	
Schimmelpilzbefall an der unteren Flügeldichtung des Fensters; senkrechte seitliche Dichtungen im oberen Bereich ohne Befall	Ändern des Lüftungs-verhalten	x	

Abb. 3.34: Schimmelpilzbildung im Sturzbereich wegen permanenter Kipplüftung

Abb. 3.35: Schwarze Schimmelpilzbildung im Sturzbereich aufgrund permanenter Kipplüftung

Besonders betroffen sind dabei die untertemperierten Fenstersturzzonen in unmittelbarer Nähe des Kipplüftungsspalts. Typische Erscheinungsbilder finden sich daher an der Stirnseite und der Untersicht der Stürze (siehe Tabelle 3.10 sowie Abb. 3.34 bis 3.41).

Abb. 3.36: Lokal konzentrierte Schimmelpilzbildung im Fenstersturzbereich eines Badezimmers weist auf permanente Kipplüftung hin.

Abb. 3.37: Schimmelpilzbildung ist in diesem Badezimmer tatsächlich nur im Fenstersturzbereich zu finden (vgl. Abb. 3.36).

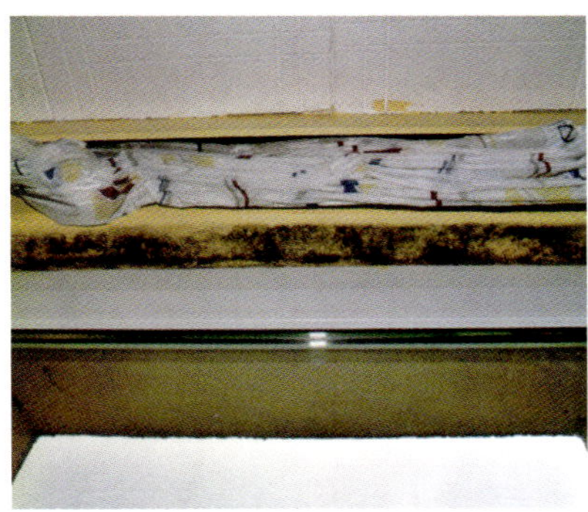

Abb. 3.38: Lokal konzentrierte Schimmelpilzbildung im Fenstersturzbereich eines Schlafzimmers ist Zeichen einer permanenten Kipplüftung.

Abb. 3.39: Die Schimmelpilzbildung im Fenstersturzbereich eines Schlafzimmers (siehe Abb. 3.38) steht im Zusammenhang mit Blumentöpfen auf der Fensterbank.

Abb. 3.40: Der Schimmelpilzbefall bildet exakt die Konturen des in Kippstellung geöffneten Fensters ab.

Abb. 3.41: In Kippstellung geöffnetes Fenster (vgl. Abb. 3.40)

Abb. 3.42: Hinweis auf permanente Kipplüftung: Die untere waagerechte Überschlagsdichtung weist einen Schimmelpilzbefall auf.

Abb. 3.43: Schimmelpilzbefall entlang der unteren waagerechten Flügelrahmendichtung des Fensters, wie hier gezeigt, tritt nicht ein, wenn der Flügel mehrmals täglich für eine Stoßlüftung geöffnet wird.

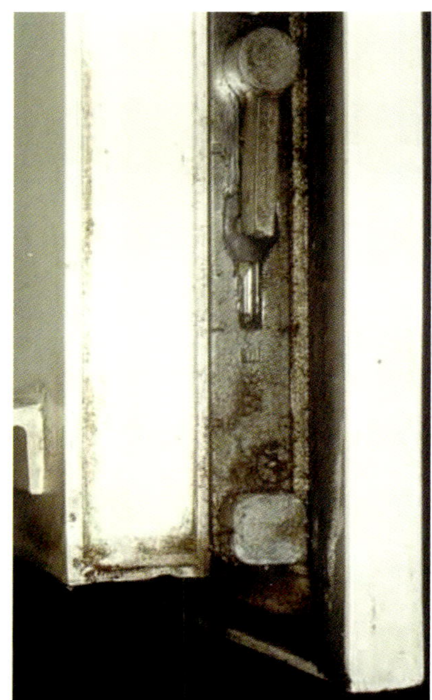

Abb. 3.44: Die senkrechten seitlichen Dichtungen des Fensters sind frei vom Schimmelpilzbefall (vgl. Abb. 3.42).

Fenster, die permanent angekippt sind und nicht vollständig zum Stoßlüften geöffnet werden, fallen oft durch Spinnweben in dem unteren, waagerechten Falzraum zwischen Blendrahmen und Flügelrahmen auf sowie durch einen Schimmelpilzbefall auf den unteren, waagerechten Dichtprofilen, während die senkrechten seitlichen Dichtprofile insbesondere im oberen, luftdurchspülten Drittel frei von solchen Erscheinungen sind (siehe Abb. 3.42 bis 3.44).

Das AG Wolfsburg erachtet die Lüftung der Wohnung durch das Kippen der Fenster als Mangel des Mieterverhaltens (AG Wolfsburg, Urteil vom 09.10.1985 - 10 C 163/85).

3.3.3 Ursache HN3: unzureichende Beheizung

In Tabelle 3.11 sind die typischen Symptome der Ursache HN3: unzureichende Beheizung aufgelistet.

Tabelle 3.11: „Steckbrief" der Ursache HN3: unzureichende Beheizung

typische Symptome	Maßnahmen	Einflussbereich	
		Nutzer	Eigentümer
Schimmelpilzbefall hinter und oberhalb von Heizkörpern	Höherdrehen des Thermostatventils	x	
	gleichmäßiges Beheizen aller Räume	x	
	durchgängiges Beheizen aller Räume	x	
	tagsüber Beheizen der Schlafräume, wenn die Raumtemperatur nachts niedrig gewünscht wird	x	
	Ausschalten der Nachtabsenkung in der Heizzentrale		x
Schimmelpilzbefall in Bereichen mit niedrigen raumseitigen Bauteiloberflächen-Temperaturen	Höherdrehen des Thermostatventils	x	
	gleichmäßiges Beheizen aller Räume	x	
	durchgängiges Beheizen aller Räume	x	
	tagsüber Beheizen der Schlafräume, wenn die Raumtemperatur nachts niedrig gewünscht wird	x	
	Ausschalten der Nachtabsenkung in der Heizzentrale		x

Die Außenwände von Wohnungen werden gewöhnlich kontinuierlich von zirkulierender Warmluft bestrichen, solange vom Nutzer für eine ausreichende Wärmezufuhr gesorgt wird. Die raumseitigen Bauteiloberflächen werden auf diese Weise nachhaltig deutlich oberhalb der kritischen Mindesttemperatur von 12,6 °C temperiert.

Abb. 3.45: Tauwasserausfall im Falz und auf der Rahmeninnenseite

Abb. 3.46: Schimmelpilzbildung auf Kunststofffensterrahmen aufgrund von unzureichender Beheizung und Verschmutzung der Oberfläche

Eine bauphysikalisch kritische Situation tritt ein, wenn eine ausreichende Beheizung der Wandoberfläche unterbleibt. Die Intensität der nachfolgenden Auswirkungen ist abhängig von dem Wärmedämmvermögen des Bauteilquerschnitts.

Berufstätige Bewohner drosseln ihre Heizungen tagsüber aus Wirtschaftlichkeitserwägungen heraus ab. Je nach Wärmespeichervermögen der Außenwände besitzen diese abends während der dann eintretenden Aufheizphase eine verzögernde Trägheit, bevor sie die mindestens erforderliche raumseitige Oberflächentemperatur $\theta_{si, crit}$ von 12,6 °C erreichen, ab deren Unterschreitung ein Risiko der Schimmelpilzbildung eintritt.

Die Bewohner produzieren unmittelbar nach ihrer Heimkehr Feuchte, indem sie kochen, waschen, duschen und atmen. Das führt zu einer spontanen Erhöhung der absoluten Luftfeuchte in den Räumlichkeiten, die speziell an den kühlen Außenwänden zu sehr hohen Relativwerten der Luftfeuchte sorgt. Dort kann ab einer relativen Luftfeuchte von mehr als 80 %, die unmittelbar an der Oberfläche entsteht, eine Ansiedlung von Schimmelpilzen begünstigt werden. Bei einer relativen Luftfeuchte von 100 % unmittelbar an der Oberfläche entsteht Tauwasser in flüssiger Form (siehe Abb. 3.45).

Das Schlafzimmer wird oft überhaupt nicht beheizt, weil die Bewohner in der Regel bevorzugt bei kühlen Temperaturen schlafen. Dabei wird angrenzenden Räumlichkeiten Wärme entzogen und die Außenwände des Schlafzimmers fallen nachhaltig in einen kühlen Verharrungszustand. Durch das Wasserdampfdruckgefälle strömt jedoch gleichzeitig der Wasserdampf vom Bereich mit hohem Potenzial an den Entstehungsorten Küche, Badezimmer und Wohnzimmer zu dem Bereich mit niedrigem Potenzial im abgekühlten Schlafzimmer. Dies führt ebenfalls zu einer Erhöhung des absoluten Wertes der Luftfeuchte, mit den oben beschriebenen Folgen.

Besonders nachteilig wirkt es sich in dieser Hinsicht aus, wenn der Bewohner beim Schlafengehen die (auch mit erheblicher Feuchte angereicherte) Warmluft aus dem Wohnzimmer durch Öffnen aller Türen in das abgekühlte Schlafzimmer dringen lässt.

Abb. 3.47: Schimmelpilzbefall in Heizkörpernischen unmittelbar neben dem Heizkörper weist darauf hin, dass der Heizkörper nicht in Betrieb gehalten wird.

Abb. 3.48: Schimmelpilzbildung in unmittelbarer Nähe von Heizkörpern kann als Indiz für eine unzureichende Beheizung gelten.

Abb. 3.49: Detail aus Abb. 3.47: Schimmelpilzbefall

Bevorzugt sind deshalb die ohnehin problematischen Fensterleibungen insbesondere von Schlafzimmerfenstern in Gebäuden älterer Bauweisen mit Schimmelpilz befallen. Selbst am isolierten Rahmen von Kunststofffenstern zeigen sich bei unzureichender Beheizung Schimmelpilzbildungen (siehe Abb. 3.46).

Auf Befragen wird durch die Nutzer in derartigen Fällen obendrein oft die Qualität der Fenster hinsichtlich regelmäßig auftretender Tauwasserbildung im Winterhalbjahr beanstandet. Rechnerisch ist jedoch nachweisbar, dass es unter üblichen klimatischen Bedingungen nicht zum Tauwasserausfall auf der raumseitigen Oberfläche von modernen Isolierglasscheiben kommen kann (siehe Kapitel 3.3.1).

Heizkörpernischen mit ihrem Rücksprung in der Wandoberfläche werden meist durch reduzierte Außenwandquerschnitte gebildet. Auffällig sind flächige Schimmelpilzbildungen in unmittelbarer Nachbarschaft zu Heizkörpern (siehe Abb. 3.47 bis 3.54). Damit liegt ein deutliches Indiz für eine unzureichende Beheizung vor.

Abb. 3.50: Schimmelpilzbildung direkt oberhalb und hinter dem Heizkörper als Hinweis darauf, dass dieser nicht hinreichend in Betrieb genommen wird

Abb. 3.51: Hyperbelartiger Schimmelpilzrasen in der Raumecke weist auf einen Tauwasserausfall hin.

Abb. 3.52: Schimmelpilzbefall an der raumseitigen Wandoberfläche hinter dem Heizkörper ist ein Anzeichen dafür, dass die Heizung in der kalten Jahreszeit nicht durchgängig in Betrieb ist.

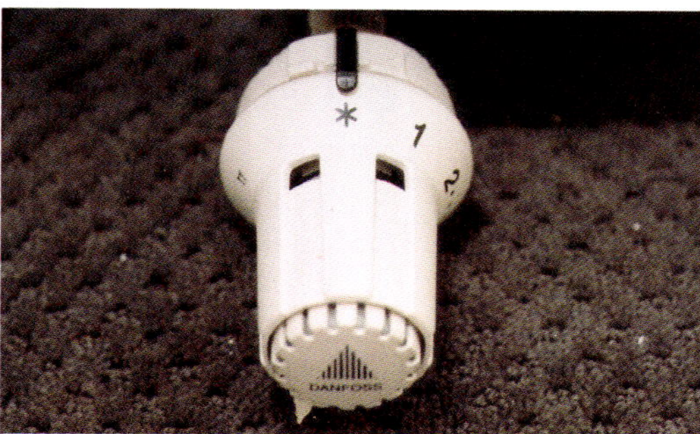

Abb. 3.53: Nahansicht des Heizkörperthermostatventils in der Position * für Frost oder für die Schimmelpilzspore?

Abb. 3.54: Das Heizkörperthermostatventil steht permanent in der Position für Frost.

Gleichwohl kann eine unzureichende Beheizung aber auch in einer Funktionsstörung oder Unterdimensionierung der Heizungsanlage ihre Ursache haben. Baulichen Mängeln müssen die Mieter nicht mit einem überobligatorischen Heizverhalten entgegentreten (LG Marburg, Urteil vom 02.12.1981 – 5 S 166/81; LG Hamburg, Urteil vom 26.09.1997 – 311 S 88/96 [NJW-RR 1998, 1309 = NZM 1998, 571 = WuM 2000, 329]).

Das Landgericht Konstanz erachtet eine Raumlufttemperatur von 16 °C im Schlafzimmer als ausreichend (LG Konstanz, Urteil vom 20.12.2012 – 61 S 21/12A).

3.3.4 Ursache HN4: Mobiliar und Vorhänge vor Außenwänden

Tabelle 3.12 zeigt den „Steckbrief" der Ursache HN4.

Tabelle 3.12: „Steckbrief" der Ursache HN4: Mobiliar und Vorhänge vor Außenwänden

typische Symptome	Maßnahmen	Einflussbereich	
		Nutzer	Eigentümer
Schimmelpilzbefall hinter Mobiliar	Entfernen des Mobiliars von Außenwänden	x	
	Verlegen des Vor- und Rücklaufs für Heizkörper entlang der Fußleisten der Außenwände		x
Schimmelpilzbefall hinter Vorhängen	Entfernen der Vorhänge	x	
	tagsüber Verbringen der Vorhänge in eine andere Position	x	
	Ertüchtigen der Außendämmung		x

Mobiliar an Außenwänden

Die Abdeckung von Außenwänden durch voluminöses Mobiliar ohne Bodenfreiheit behindert die gleichmäßige Temperierung der Wandoberflächen durch die zirkulierende Raumluft. Derartige Außenwandflächen hinter dem Mobiliar haben in der Praxis eine Oberflächentemperatur, die im Winterhalbjahr etwa 2 bis 5 K unter der regulären raumseitigen Oberflächentemperatur benachbarter Außenwandflächen liegen kann. Insbesondere bei schlechter gedämmten Altbauten kommt es in diesem Fall regelmäßig zu

Abb. 3.55: Bett mit Kopfteil des Schrankes an einer Außenwand

Abb. 3.56: Ein Nachtschrank, der unmittelbar in der Außenwandecke aufgestellt wird, kann ausschlaggebend sein für eine raumseitige Oberflächentemperatur, die unterhalb des kritischen Schwellenwerts für das Schimmelpilzwachstum von 12,6 °C liegt.

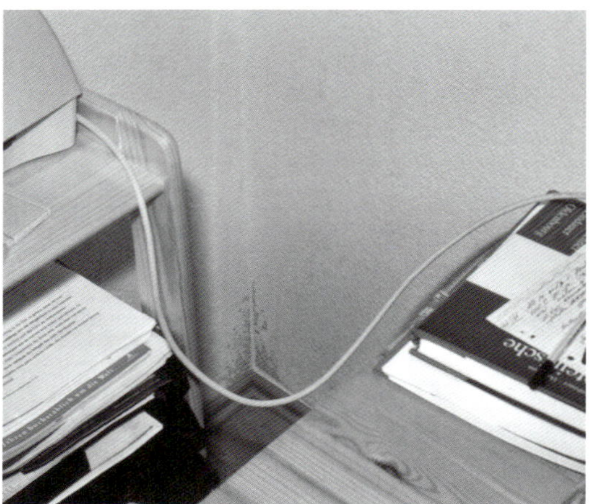

Abb. 3.57: Beginnende Schimmelpilzrasenbildung in der Außenwandecke eines als Arbeitszimmer möblierten Abstellraums im Neubau. Das Mobiliar behindert den Warmluftzirkulationsstrom.

Abb. 3.58: Schimmelpilzrasenbildung an einer Außenwandecke eines Altbaus, erkennbar nach Abrücken des Bettes

Abb. 3.59: Abdeckung der Außenwandecke mit Mobiliar und Inventar und Abschirmung des Heizkörpers

Abb. 3.60: Tauwasserschaden in der Raumecke des Neubaus als Folge der Abdeckung mit Mobiliar (siehe Abb. 3.59)

Abb. 3.61: Die Abschirmung der Außenwandecke durch die Leuchtenkranzblende der Einbauküche führt zu einem Tauwasserschaden in der Raumecke bei einem U_{AW}-Wert von 1,5 W/(m² · K).

einer erhöhten relativen Luftfeuchte unmittelbar an der Bauteiloberfläche von über 80 % oder bei Unterschreitungen der Taupunkttemperatur auch zum Tauwasserausfall, weil die relative Luftfeuchte dann bei 100 % liegt. Mögliche Folgen zeigen die Abb. 3.55 bis 3.61.

Ein Abstand von 2 cm zur Außenwand ist für ein Bett mit einem massiven Kopfteil unzureichend (Amtsgericht [AG] Nürnberg, Urteil vom 21.11.1986 - 28 C 1360/86). Mieträume müssen in bauphysikalischer Hinsicht so beschaffen sein, dass sich bei einem Wandabstand der Möbel von nur wenigen Zentimetern, wie er im Allgemeinen bereits durch das Vorhandensein einer Scheuerleiste gewährleistet ist, Feuchteschäden durch Tauwasserniederschlag nicht bilden können (LG Hamburg, Urteil vom 26.09.1997 - 311 S 88/96). Der Mieter muss die Möglichkeit haben, seine Möbel grundsätzlich an jedem beliebigen Platz in der Wohnung nahe der Wand aufzustellen (AG Osnabrück, Urteil vom 04.07.2005 - 14 C 385/04 [XXI]).

Abb. 3.62: Vorhänge vor Fensternischen behindern die gleichmäßige Erwärmung der Fensterleibung.

Abb. 3.63: Abdeckung durch einen Vorhang vor einer Außenwand mit einem U_{AW}-Wert von 1,5 W/(m^2 · K) und gegenüber liegend installiertem Strahlungsheizkörper

Abb. 3.64: Schimmelpilzbefall als Folge der Abdeckung durch einen Vorhang (siehe Abb. 3.63)

Vorhänge vor Außenwänden

Die Abdeckung von Außenwänden durch flächige oder in Raumecken geraffte, dichte Vorhänge behindert ebenfalls die gleichmäßige Temperierung der Wandoberflächen durch die zirkulierende Raumluft. Derartige Zonen haben in der Praxis eine Oberflächentemperatur, die etwa 2 bis 5 K unter der regulären raumseitigen Oberflächentemperatur der benachbarten Außenwände liegt. Insbesondere bei schlechter gedämmten Altbauten kommt es an diesen Stellen regelmäßig zu Unterschreitungen der Taupunkttemperatur und dann in Kombination mit der relativen Raumluftfeuchte zum hygrothermischen Problem mit nachfolgendem Schimmelpilzbefall (siehe Abb. 3.62 bis 3.68).

Abb. 3.65: Schwere Vorhänge, deren Parkpositionen sich in den Nischen der Kleiderschränke ergeben, behindern die Erwärmung der raumseitigen Bauteiloberflächen in den Außenwandecken.

Abb. 3.66: Ansicht der Raumecke auf der anderen Seite des Fensters (siehe Abb. 3.65)

Abb. 3.67: Leichte Vorhänge, die den dahinter entstandenen Schimmelpilzbefall nicht verbergen können

Abb. 3.68: Ansicht des Schimmelpilzbefalls bei aufgezogenen Vorhängen (siehe Abb. 3.67)

3.3.5 Ursache HN5: Abdeckung der Heizkörper durch Mobiliar und Inventar

Der „Steckbrief“ dieser Schimmelpilzursache ist in Tabelle 3.13 dargestellt.

Tabelle 3.13: „Steckbrief“ der Ursache HN5: Abdeckung der Heizkörper durch Mobiliar und Inventar

typische Symptome	Maßnahmen	Einflussbereich	
		Nutzer	Eigentümer
Schimmelpilzbefall an der Innenseite von Außenwänden	Umplatzieren von Mobiliar/Inventar	x	
Tauwasserausfall auf der Raumseite der Fensterverglasung			

Eine Abdeckung der Heizkörper durch Inventar oder Mobiliar behindert den Warmluftzirkulationsstrom. Eine ausreichende Wärmeversorgung der Außenwandoberfläche findet dann nicht statt. Einige Beispiele zeigen die Abb. 3.69 bis 3.73.

3.3.6 Ursache HN6: vom Nutzer verursachte Havarien

Die typischen Symptome und die zu ergreifenden Maßnahmen zur Behebung eines Schimmelpilzbefalls aufgrund von nutzerverursachten Havarien zeigt Tabelle 3.14.

Tabelle 3.14: „Steckbrief“ der Ursache HN6: vom Nutzer verursachte Havarien

typische Symptome	Maßnahmen	Einflussbereich	
		Nutzer	Eigentümer
Schimmelpilzbefall an der Unterseite von Geschossdecken	Leckageortung	x	
Schimmelpilzbefall an Trennwänden zu Nassräumen	Leckageortung		

Grundsätzlich werden Durchfeuchtungsschäden eine bauliche Ursache haben und damit in den Verantwortungsbereich des Vermieters fallen (siehe Kapitel 3.3.17). Eine Ausnahme bilden die sog. Havarieschäden, bei denen als Primärschaden durch Leitungswasser eine Durchfeuchtung von Decken-

Abb. 3.69: Die Abdeckung des Heizkörpers durch die Waschmaschine führt zu einer Behinderung der Beheizung.

Abb. 3.70: Komplettabdeckung des Heizkörpers (links im Bild, hinter der Lochblechverkleidung) durch die Waschmaschine

Abb. 3.71: Der Heizkörper sitzt in der Nische zwischen Außenwand und Kleiderschrank. Das Thermostatventil ist nicht frei zum Raum hin ausgerichtet, sondern befindet sich in der Nische.

Abb. 3.72: Der Plattenkonvektorheizkörper ist gegenüber der Außenwand angebracht und wird durch die Küchenzeile weitgehend vom Raum abgeschirmt. Lediglich über ein Konvektionsgitter wird Konvektionswärme nach oben hin abgegeben.

Abb. 3.73: Partielle Abdeckung eines Gliederradiatorheizkörpers durch Mobiliar. Die gegenüber liegende Außenwand wird nur unvollständig von der Wärmestrahlung erreicht.

Abb. 3.74: Befall mit Stachybotrys und Chaetomium globosum auf der Papierummantelung einer Glaswollerohrisolierung im Installationsschacht nach einem Waschmaschinenwasserschaden in der darüber liegenden Wohnung

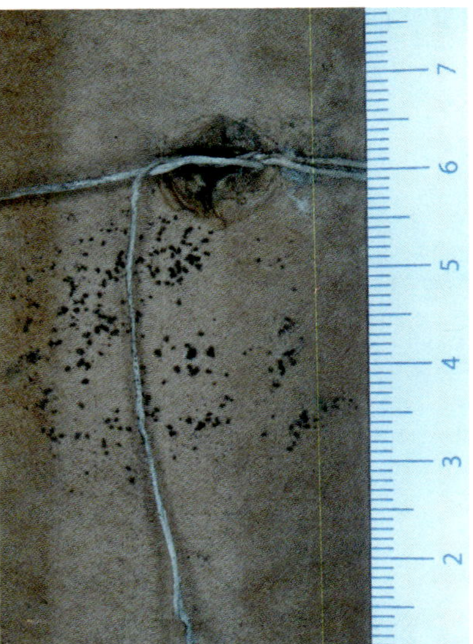

Abb. 3.75: Nahansicht der befallenen Papierummantelung aus Abb. 3.74

konstruktionen oder Fußbodenaufbauten verursacht wird. Als Sekundärschaden ist aufsteigende Feuchte in allen Wänden zu beobachten, die auf der wasserführenden Schicht aufstehen. Zu klären sind in einem solchen Fall der Schadensverlauf und die tatsächliche Verursachung. Nicht selten handelt es sich um abgerutschte oder poröse Waschmaschinenschläuche (siehe Abb. 3.74 und 3.75), übergelaufene Badewannen oder defekte Wasch- und Spülmaschinen. Sofern die Ursache des Wasserschadens eindeutig dem Bereich der unmittelbaren Einflussnahme, Herrschaft und Obhut des Mieters zuzuordnen ist, trägt dieser die Beweislast dafür, dass der Schaden eventuell durch die normale vertragsgerechte Abnutzung der Wohnung entstanden ist.

Insbesondere bei der nachträglichen Installation von Dusch- und Badewannen in Altbauten in Eigenhilfe durch die Mieter werden notwendige Abdichtungsebenen vernachlässigt:

- die Flächenabdichtung hinter der Wandverfliesung im Spritzbereich,
- die Flächenabdichtung unterhalb der spritzwasserbeanspruchten Bodenfliesen,
- die wannenartige Abdichtung unterhalb von Duschtassen und Badewannen und
- die Eindichtung der Armaturenauslässe.

Die alleinige Abdichtungsebene wird dann durch die Verfliesung gebildet, die aber über den Fugenanteil wasserdurchlässig ist.

Anschlussfugen zwischen den Sanitärobjekten und der angrenzenden Verfliesung werden mit elastischen Dichtstoffen verfugt. Diese Dichtstoff-

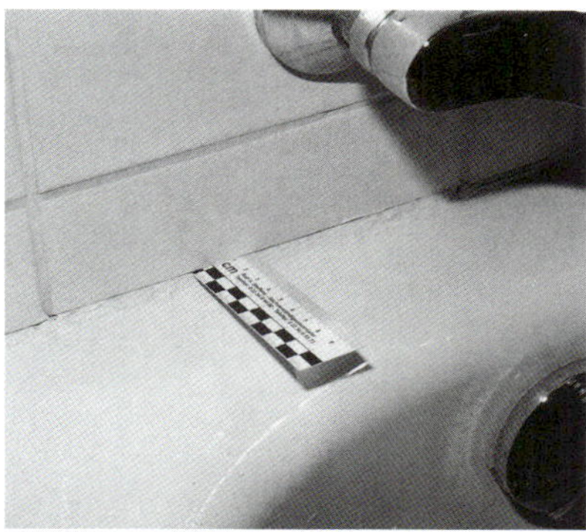

Abb. 3.76: Umlaufender Abriss der elastischen Dichtstofffuge zwischen Wandfliesen und Badewannenrand. Bei Spritzwasserbeanspruchung tritt Wasser unterhalb des Wannenträgers aus.

Abb. 3.77: Badewannenablauf mit Zentralschraube

Abb. 3.78: Der Siphon sitzt nicht mehr dichtschlüssig an der Ablauföffnung unter der Duschwanne an. Im Betrieb tritt Wasser seitlich aus und sammelt sich im Hohlraum unterhalb der Duschwanne. Da der vollständig intakte Dichtring lose unterhalb des Ablaufs im unzugänglichen Hohlraum liegt, muss der Nutzer zuvor die Zentralschraube von oben her gelöst haben. Andernfalls hätte der Dichtring seine ehemalige Position nicht verlassen können.

fugen sind jedoch entgegen landläufiger Meinung weder dauerelastisch noch lebenslang dicht, sondern vielmehr wartungsbedürftig. Bei unterlassener Wartung kommt es zum Flankenabriss der Dichtstofffuge und in der Folge unter Spritzwasserbeanspruchung zum Feuchteeintritt in den Konstruktionsquerschnitt hinein (siehe Abb. 3.76).

Ein häufiger Nutzerfehler sind Reinigungsversuche des Ablaufsiebs von Badewannen, bei denen die Zentralschraube der Ablaufgarnitur gelöst wird (siehe Abb. 3.77). Diese dient aber nicht nur der Fixierung des Siebes am Wannenkorpus, sondern vor allem der Befestigung des unter der Badewanne angebrachten Ablaufunterteils. Beim Lösen der Schraube fällt das Ablaufunterteil nach unten herab. Die Schraube lässt sich nun nicht mehr fest anziehen, da das Gegengewinde fehlt. Wenn das Badewasser jetzt erneut abgelassen wird, läuft es direkt in den Hohlraum unter der Wanne ab und verursacht regelmäßig große Schäden (siehe Abb. 3.78).

Abb. 3.79: Unterhalb der Duschwanne hat sich Wasser auf der Oberfläche der wannenartigen Abdichtung aufgestaut.

Abb. 3.80: Das Wasser war aus dem vom Wannenrand abgelösten Notüberlaufschlauch ausgetreten (siehe Abb. 3.79).

Abb. 3.81: Das Wasser war aufgrund eines Rückstaus aus dem vom Wannenrand abgelösten Notüberlaufschlauch ausgetreten (siehe Abb. 3.79 und 3.80).

Abb. 3.82: Zum Rückstau konnte es kommen, weil der Geruchsverschluss des Duschwannenablaufs vollständig mit Haaren zugesetzt war (siehe Abb. 3.79 bis 3.81).

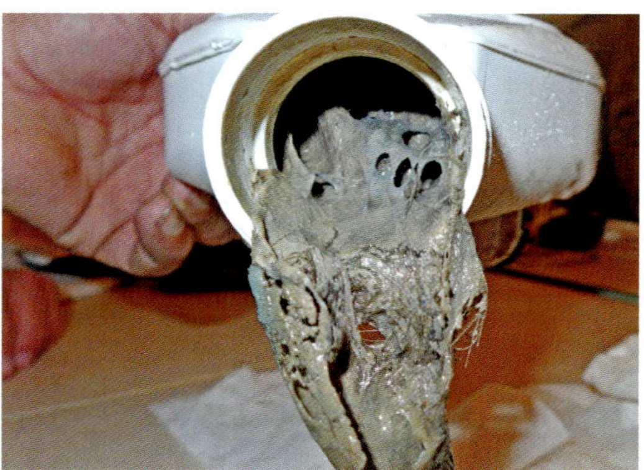

Abb. 3.83: Nahansicht des mit Haaren zugesetzten Geruchsverschlusses des Duschwannenablaufs aus Abb. 3.82

Abb. 3.84: Ein defekter Badewannen-Überlaufanschluss führt zu einem sporadisch auftretenden Feuchteaustritt unterhalb des Wannenträgers.

Abb. 3.85: Nahansicht des Überlaufanschlusses aus Abb. 3.84

Abb. 3.86: Auf der Oberseite einer Dampfsperre einer Holzbalkendecke ist von unten her flächig stehendes Wasser nach einem Leckageschaden sichtbar.

Ebenso kann das Zusetzen eines Wannenablaufs mit Haaren Leitungswasserschäden verursachen (siehe Abb. 3.79 bis 3.83).

Auch fehlerhaft installierte Anschlüsse der Objekte an die Abwasserstränge verursachen einen unkontrollierten Wassereintritt z. B. in den Hohlraum unterhalb von Wannenkörpern. Die Folgen entsprechen dem Schadensbild von Rohrleitungsschäden (siehe Abb. 3.84 und 3.85).

Das Landgericht Dresden hat entschieden, dass den Mieter (Beklagter) im Nachgang zu Wasserschäden eine Schadensminderungspflicht dahingehend trifft, dass er Möbel von der Wand abrücken und für eine ausreichende Be- und Entlüftung sorgen muss (LG Dresden, Urteil vom 17.12.2002 – 4 S 0152/02).

Bei Wasserschäden an Holzbalkendecken (siehe Abb. 3.86) ist eine umgehende technische Trocknung der Deckenhohlräume erforderlich, um weitergehende Schädigungen zu vermeiden. Grundsätzlich sind auch schwimmende Estrichschichten umgehend zu trocknen.

3.3.7 Ursache HF1: Funktionsstörungen an Einzelraumlüftern

Tabelle 3.15 gibt die typischen Symptome und die zu ergreifenden Maßnahmen bei Funktionsstörungen an Einzelraumlüftern wieder.

Tabelle 3.15: „Steckbrief" der Ursache HF1: Funktionsstörungen an Einzelraumlüftern

typische Symptome	Maßnahmen	Einflussbereich	
		Nutzer	Eigentümer
verstopfter Flusenfilter	Reinigen des Filters	x[1)]	x[1)]
	Ersetzen des Filters	x[1)]	x[1)]
Schimmelpilzbefall an Innenwänden in Nassräumen	Reinigen des Filters	x[1)]	x[1)]
	Ersetzen des Filters	x[1)]	x[1)]
	Erhöhen der Lüftungsleistung durch konstruktive Lösung		x
1) je nach mietvertraglicher Regelung			

Einzelraumlüfter, die typischerweise in innen liegenden Nassräumen gerade im Wohnungsbau häufig eingesetzt werden, bedürfen einer regelmäßigen Wartung, weil sich die Flusenfilter schnell zusetzen und die einwandfreie Funktion dann nicht mehr gewährleistet ist. Die Erfahrung zeigt, dass die Filter oft über mehrere Jahre hinweg ununterbrochen im Einsatz bleiben. Flusen sammeln sich dann bis zur Undurchlässigkeit im Filter an (siehe Abb. 3.87 bis 3.90). Die Raumluftfeuchte steigt in der Folge zwangsläufig bei jeder Benutzung der Nassräume an und reichert sich immer weiter an.

Daher sollte im Mietvertrag grundsätzlich immer geklärt werden, wer für die Wartung des Filters verantwortlich ist, und dem Nutzer sollte bei der Wohnungsübergabe eine herstellerseitige Wartungs- und Pflegeempfehlung für den Flusenfilter überreicht werden.

Der Hersteller Maico beispielsweise empfiehlt, den Flusenfilter alle 2 bis 3 Monate zu begutachten und ihn dann je nach Bedarf zu reinigen. Das herausnehmbare Vlies kann mehrere Male in der Waschmaschine gereinigt

Abb. 3.87: Ein mit Flusen verstopfter Lüfter

Abb. 3.88: Mit Flusen verstopfter Lüfter bei geöffneter Abdeckung (siehe Abb. 3.87)

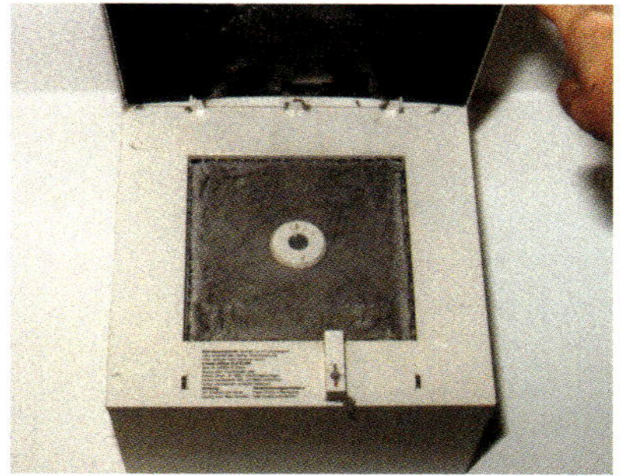

Abb. 3.89: Verstopftes Flusensieb

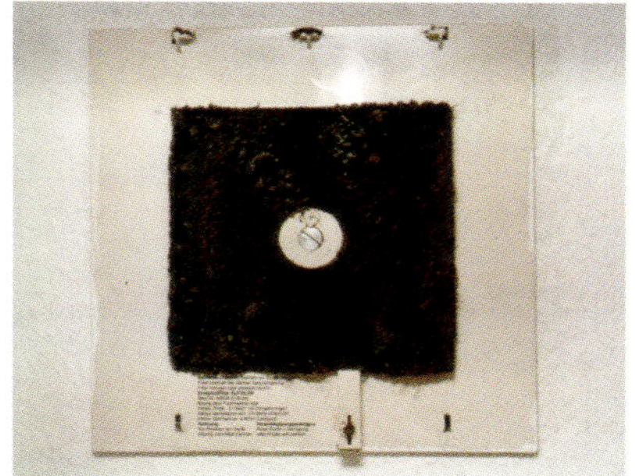

Abb. 3.90: Zugesetztes Flusensieb mit 48 % Leistungsverlust

werden, bevor ein neues Vlies eingesetzt werden muss. Der Hersteller Lunos macht bezüglich der Wartung der Filter die Angabe, der Filterwechsel solle alle 3 Monate bzw. bei erkennbarer Verschmutzung durchgeführt werden. Auch das Vlies dieses Herstellers kann mehrere Male ausgewaschen werden, bevor ein neues Vlies zum Einsatz kommen sollte.

Weitergehende Wartungsintervalle werden von den Herstellern nicht gefordert. Die Lebensdauer der Einzelraumlüfter wird mit ca. 10 bis 15 Jahren angegeben, wenn der Filter regelmäßig gereinigt wird.

Neben der Unterdimensionierung oder der fehlerhaften Steuerung der Badentlüfter kann häufig in der Praxis auch der völlige Funktionsverlust des Lüftermotors festgestellt werden

Abb. 3.91: Thermostatventil älterer Bauart (etwa aus dem Jahr 1975)

Abb. 3.92: Zu gering dimensionierter Heizkörper

3.3.8 Ursache HF2: Funktionsstörungen an Heizungen

Tabelle 3.16 schildert die typischen Symptome von Funktionsstörungen an Heizungen.

Tabelle 3.16: „Steckbrief" der Ursache HF2: Funktionsstörungen an Heizungen

typische Symptome	Maßnahmen	Einflussbereich	
		Nutzer	Eigentümer
Schimmelpilzbefall hinter Heizkörpern und an Stellen mit niedrigen raumseitigen Bauteiloberflächen-Temperaturen	Abstellen der Nachtabsenkung		x
	Austauschen defekter Thermostatventile		x
	Austauschen unzureichend dimensionierter Heizkörper		x
	Verändern der Heizkörperposition		x
	Erhöhen der Vorlauftemperatur		x
	Vornehmen eines hydraulischen Abgleichs		x

Bei älteren Thermostatventilen (siehe Abb. 3.91) kann es zu Funktionsstörungen kommen, wenn der Steuerungsstift festsitzt und nicht wieder aus der geschlossenen Ventilposition herausfährt.

Die Heizkörper können ggf. im Hinblick auf eine erst zu einem späteren Zeitpunkt programmierte Nachtabsenkung zu gering dimensioniert worden sein (siehe Abb. 3.92). Ähnlich verhält es sich auch, wenn benachbarte Wohnungen über längere Zeitphasen im Winter unbewohnt sind, z. B., weil sie nur als Ferienwohnungen genutzt werden oder weil die Nutzer aufgrund berufsbedingter Reisetätigkeit oder Inhaftierung längere Zeit abwesend sind.

3.3.9 Ursache HK1: raumseitige Wärmedämmung von Außenwänden

Der „Steckbrief" der Ursache HK1 mit typischen Symptomen und erforderlichen Maßnahmen ist in Tabelle 3.17 dargestellt.

Tabelle 3.17: „Steckbrief" der Ursache HK1: raumseitige Wärmedämmung von Außenwänden

typische Symptome	**Maßnahmen**	**Einflussbereich**	
		Nutzer	**Eigentümer**
Schimmelpilzbefall hinter Thermotapeten	Entfernen von Thermotapeten	x[1)]	x[1)]
Schimmelpilzbefall hinter Gipsplatten-Vorsatzschalen	Einbau einer raumseitigen Dampfsperre		x
1) in Abhängigkeit von der Urheberschaft			

3.3.9.1 Bauphysikalische Bewertung von nachträglichen Wärmedämmungen

Grundsätzlich führt die nachträgliche Anbringung einer zusätzlichen Funktionsebene der Wärmedämmung gerade bei zuvor noch nicht wärmegedämmten Außenwänden von Gebäuden aus den 1950er- und 1960er-Jahren zu einer erheblichen Verringerung des Wärmedurchgangskoeffizienten U_{AW} bzw. zu einer erheblichen Erhöhung des Wärmedurchgangswiderstands R_T und damit zu einer deutlichen Verbesserung der Wärmedämmwirkung der Außenwand. Dies hat unter ansonsten gleichen Randbedingungen eine Erhöhung der raumseitigen Bauteiloberflächen-Temperatur und damit eine Verminderung des Schimmelpilzrisikos zur Folge.

Eine nachträgliche Verbesserung der Wärmedämmung von Außenwänden im Gebäudebestand kann mithilfe von 3 unterschiedlichen Verfahren erzielt werden:

- Außendämmung: Die bauphysikalisch sinnvollste Lösung liegt regelmäßig in der Anbringung eines Vollwärmeschutzes, z. B. in Form eines Wärmedämm-Verbundsystems auf der Außenseite der Außenwand.
- Kerndämmung: Im Falle einer vorhandenen Luftschicht zwischen der Außenschale der Außenwand und der Innenschale kann diese dafür genutzt

werden, um einen dafür geeigneten Dämmstoff im Einblasverfahren als Kerndämmung einzubringen.

- Innendämmung: Eine Innendämmung wird im Bestand oft erst als Notlösung in Erwägung gezogen, wenn beispielsweise eine Außendämmung bei historischen Gebäuden mit stark gegliedertem Fassadenschmuck aus Gründen der Gestaltung oder des Denkmalschutzes nicht in Betracht kommt.

WTA Merkblatt 6-4 „Innendämmung nach WTA I: Planungsleitfaden" (2009), S. 4 f.:

„1 Einleitung

Innendämmungen werden zur Verbesserung des Wärmeschutzes dann angewendet, wenn andere Möglichkeiten der Anordnung von Wärmedämmschichten ausscheiden.

Bei beheizten historischen Gebäuden, die keine bauliche Veränderung der Fassadenansicht erlauben, ist die Innendämmung oft die einzige Möglichkeit zur Reduzierung der Transmissionswärmeverluste. Entscheidende energetische Vorteile bietet die Innendämmung für Räume, die nur temporär genutzt und beheizt werden, wie zum Beispiel Ferienwohnungen, Versammlungsräume oder Festsäle.

Die Innendämmung wird vielfach mit Bauschäden in Verbindung gebracht. Auf Grund der bekannten feuchtetechnischen Anforderungen ist eine besonders sorgfältige Planung und gewissenhafte Ausführung erforderlich. [...]

3 Ziel der Dämmmaßnahme

Zu Beginn der Planung einer Wärmedämmung muss das Ziel der Maßnahme präzise festgelegt werden. Neben energetischen Überlegungen spielen hier insbesondere Gesichtspunkte der Wohnraumhygiene eine wichtige Rolle. Bei Bestandsgebäuden ist eine Wärmedämmung gemäß der EnEV nicht immer realisierbar (z. B. bei Baudenkmalen und besonders erhaltenswerter Bausubstanz). Dennoch kann auch eine Dämmmaßnahme, die nicht den allgemeinen gesetzlichen Anforderungen genügt, zu einer Verbesserung der Wohnqualität und zu einer merklichen Energieeinsparung führen. Prinzipiell lassen sich zwei Ziele für die Durchführung einer Wärmedämmmaßnahme anführen. Beide Motivationen sollen im Folgenden vorgestellt werden.

3.1 Erhöhung der Oberflächentemperatur

Durch die Erhöhung der Oberflächentemperatur lassen sich folgende Ziele realisieren:

- *Vermeidung von Kondensatbildung an der Oberfläche*
- *Vermeidung von Schimmelpilzbildung in Folge zu hoher relativer Feuchte an der Oberfläche*
- *Verbesserung der thermischen Behaglichkeit. Hier steht der hygienische Mindestwärmeschutz im Vordergrund. Bei derart motivierten Dämmmaßnahmen ist die DIN 4108 Teil 2 (1) maßgeblich."*

Eine Kondensatbildung an der raumseitigen Bauteiloberfläche wird vermieden, wenn die raumseitige Bauteiloberflächen-Temperatur unter den normativen Randbedingungen der DIN 4108-3 „Wärmeschutz und Energie-Einsparung in Gebäuden – Teil 3: Klimabedingter Feuchteschutz – Anforderungen, Berechnungsverfahren und Hinweise für Planung und Ausführung" (2014) (Raumlufttemperatur: +20 °C, relative Raumluftfeuchte: 50 %, Außenlufttemperatur: –5 °C) oberhalb von 9,3 °C liegt.

Eine Schimmelpilzbildung an der raumseitigen Bauteiloberfläche wird vermieden, wenn die raumseitige Bauteiloberflächen-Temperatur unter den normativen Randbedingungen der DIN 4108-3 (siehe oben) oberhalb der Hygienetemperatur von 12,6 °C liegt, die sich als Mindestanforderung aus der DIN 4108-2 ergibt.

Ein Nachteil der Innendämmung besteht darin, dass sie zu einem – wenngleich geringen – Wohnflächenverlust führt. Außerdem müssen für die Anbringung der Innendämmung die an den Außenwänden angebrachten raumseitigen Installationen, wie z. B. Heizkörper und Sanitärinstallationen oder Kücheneinbauten, demontiert und später wieder montiert werden. Die Anbringung einer Innendämmung stellt daher einen erheblichen Eingriff in die Wohnung dar. Da die Innenseiten der vertikalen Außenwandecken geometrische Wärmebrücken sind, kann es sinnvoll sein, dort auf der Innenseite Dämmstoffkeile anzubringen. Dasselbe gilt für Raumecken, bei denen Außenwände an Umfassungswände unbeheizter Treppenhäuser anschließen. Aber auch bei senkrechten Raumecken von Innenwänden, die in Außenwände einbinden, und bei den waagerechten Übergängen der raumseitigen Außenwandoberflächen an Geschossdecken kann der Einsatz von Dämmstoffkeilen sinnvoll sein.

In bauphysikalischer Hinsicht besteht der wesentliche Nachteil einer Innendämmung darin, dass sie den wärmekapazitiv wirksamen Querschnitt der Massivwand von der erwärmten Raumluft konsequent trennt. Der Temperaturverlauf innerhalb des aus dem Bestand übernommenen Außenwandquerschnitts sinkt dadurch auf ein niedrigeres Niveau ab und der Taupunkt, bei dessen Erreichen Wasser im Bauteilquerschnitt ausfällt, verlagert sich innerhalb des Gesamtwandquerschnitts von der Außenseite zur Raumseite hin. Die außerhalb der Dämmstoffebene liegende Massivwand wird durch die im Raum erzeugte Wärme thermisch nur noch in geringerem Umfang aktiviert und unterliegt im Jahreszeitenverlauf stärkeren Temperaturschwankungen, als dies vor der Sanierung der Fall war. Dies kann in Extremfällen dazu führen, dass an der Außenseite der Außenwand im Winter Frostschäden entstehen. Das thermische Längenänderungsbestreben der Massivwand wirkt sich unbeeinflusst von der im Raum herrschenden Temperatur im vollen Umfang aus und kann dadurch auch Rissbildung auslösen. Temperaturschwankungen innerhalb des Raumes, wie sie z. B. beim Fensterlüften kurzfristig auftreten können, können nicht durch das Wärmespeichervermögen der aus dem Bestand stammenden Massivwand ausgeglichen werden. Der sommerliche Wärmeschutz wird durch eine Innendämmung in der Regel nachteilig beeinflusst.

Die raumseitigen Bauteiloberflächen-Temperaturen vor der Anbringung einer Innendämmung und für verschiedene Produktvarianten lassen sich unter den normativen Randbedingungen der DIN 4108-2 (Außentemperatur: –5 °C, Raumlufttemperatur: 20 °C) wie in Tabelle 3.18 gezeigt darstellen.

Tabelle 3.18: Erhöhung der raumseitigen Bauteiloberflächen-Temperatur durch Innendämmung

Produkt der Innendämmung	**raumseitige Bauteiloberflächen-Temperaturen in °C**		
	Wandmitte	**Raumecke**	**hinter Mobiliar**
Bestand, 36,5 cm ohne Dämmung	14,45	11,14	6,91
Korff Superwand DS, 10 mm	16,70	14,34	10,78
Korff Superwand DS, 20 mm	17,65	15,85	12,88
Remmers iQTherm 30	17,91	16,26	13,50
Remmers iQTherm 50	18,52	17,31	15,14
Remmers iQTherm 80	18,97	18,10	16,46
Knauf TecTem Insulation Board, 25 mm	17,00	14,81	11,41
Knauf TecTem Insulation Board, 30 mm	17,26	15,21	11,96
Calsitherm Klimaplatte, 25 mm	16,63	14,23	10,63
Calsitherm Klimaplatte, 30 mm	16,87	14,61	11,14
Calsitherm Klimaplatte, 50 mm	17,58	15,73	12,70

Die nachträgliche Innendämmung führt bei allen untersuchten Varianten dazu, dass die raumseitigen Bauteiloberflächen-Temperaturen sich um etwa 2 bis 4 K erhöhen lassen. Dadurch wird das Risiko einer Schimmelpilzbildung an der raumseitigen Bauteiloberfläche in der Außenwandmitte und in den Raumecken reduziert. Im Bereich hinter Mobiliar wird die mindestens erforderliche Hygienetemperatur von 12,6 °C bei verschiedenen Varianten der Innendämmung weiterhin unterschritten. Dort kann es zu einem Schimmelpilzbefall trotz der durchgeführten Maßnahmen kommen.

Im Vergleich zu der Innendämmung ist eine nachträgliche Außendämmung aufgrund der Möglichkeit, dickere Dämmstoffe einzusetzen, deutlich effizienter.

Bei der nachträglichen Innendämmung muss es auch vermieden werden, dass die mit der Innendämmung verbundene Verlagerung des Taupunkts nach innen dazu führt, dass im Bauteilquerschnitt ein Tauwasserausfall stattfindet, der dort zu Schäden führen kann. Der Schutz vor einer Tauwasserbildung im Inneren von Bauteilen ist in der DIN 4108-3 geregelt.

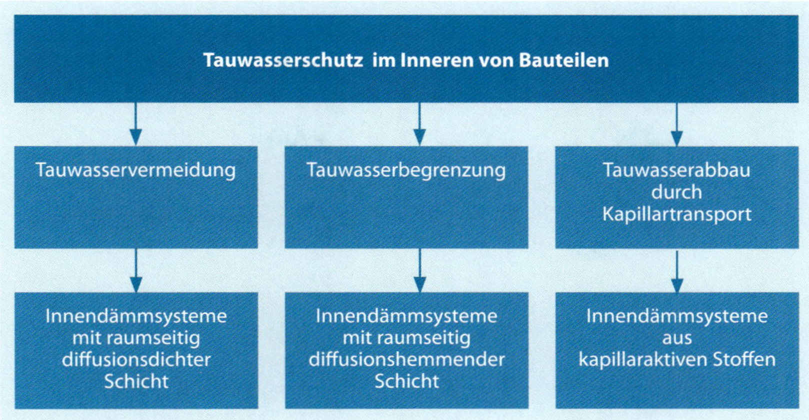

Abb. 3.93: Innendämmsysteme

3.3.9.2 Innendämmsysteme

Um einen Tauwasserausfall im Bauteilquerschnitt zu vermeiden oder auf ein zulässiges Maß zu reduzieren, kommen 3 unterschiedliche Möglichkeiten der Innendämmung in Betracht (siehe Abb. 3.93).

Gemäß DIN 4108-3 ist die wasserdampfdiffusionsäquivalente Luftschichtdicke s_d eines Bauteils definiert bei

- diffusionsoffener Schicht mit $s_d \leq 0{,}5$ m,
- diffusionshemmender Schicht mit 0,5 m $< s_d <$ 1.500 m und
- diffusionsdichter Schicht mit $s_d \geq$ 1.500 m.

Innendämmsysteme mit raumseitig diffusionsdichter oder diffusionshemmender Schicht

Eine konventionelle, wasserdampfdurchlässige Innendämmung erfordert eine raumseitige diffusionsdichte Schicht, damit der Wasserdampf aus der erwärmten Raumluft die Wärmedämmebene nicht durchdringt und dann an der kühleren Oberfläche der hinter der Innendämmung befindlichen Massivwand zu einer erhöhten relativen Luftfeuchte oder zum Tauwasserausfall führt. Schwierig ist unter diesem Gesichtspunkt der Anschluss der Dampfsperre an Holzbalkendecken, die als Hohlkörper unter der Dampfsperre hindurch (Fußpunkt) und über die Dampfsperre hinweg (Kopfpunkt) laufen. Darüber hinaus wird durch eine raumseitige Dampfsperrschicht der Feuchtehaushalt der Außenwand negativ beeinflusst, da ein Austrocknen der Wand zur Raumseite hin durch die Innendämmung herkömmlicher Art behindert wird. Als Wärmebrücken wirken sich bei der Innendämmung die Massivdecken aus, denn sie unterbrechen im Auflagerbereich der Außenwand die senkrechte Dämmebene. Die diffusionshemmende oder diffusionsdichte Schicht darf während ihrer Nutzungsdauer nicht zerstört oder beschädigt werden, da sonst das Risiko besteht, dass das System kollabiert. Bei dem Produkt Korff Superwand Dämmplatte DS handelt es sich nach Herstellerangabe um ein Material mit einer diffusionshemmenden Wirkung.

Innendämmsysteme aus kapillaraktiven Stoffen

Eine besondere Art der Innendämmung stellen kapillaraktive Stoffen wie z. B. Calciumsilikatplatten dar. Bei dieser Variante wird auf die raumseitige Dampfsperre verzichtet. Stattdessen wird die Platte wegen ihrer Offenporigkeit bei einem Porenvolumenanteil von über 90 % als Feuchtepuffer genutzt. Das setzt voraus, dass sich in der Wohnung Phasen hoher Feuchteproduktion intervallartig mit Zeiträumen abwechseln müssen, in denen niedrige Werte der relativen Luftfeuchte vorliegen. Der Tauwasserausfall in der Grenzschicht zwischen der Außenseite der Innendämmung und der Innenseite des Bestandsmauerwerks wird in Kauf genommen, weil unter dieser Voraussetzung ein Kapillartransport des Flüssigwassers zur Raumseite hin beschleunigt stattfindet. Besonders wichtig ist es bei dieser Art der Innendämmung, dass die diffusionsoffenen Eigenschaften des Materials nicht später durch Latexanstriche oder diffusionsdichte Tapeten zunichte gemacht werden. Bei den Produkten Remmers iQTherm, knauf TecTem® und Calsitherm® Klimaplatte handelt es sich nach den Angaben der Hersteller um kapillaraktive Systeme.

Zusammenfassung

Die Systeme der verschiedenen Hersteller eignen sich unter den oben näher beschriebenen Voraussetzungen zunächst prinzipiell für eine Erhöhung der raumseitigen Bauteiloberflächen-Temperatur. In der Mitte der Außenwände und in den Raumecken werden bei allen Produkten die hygienischen Mindestanforderungen im Bereich von Wärmebrücken dahingehend erfüllt, dass die raumseitig mindestens erforderliche Bauteiloberflächen-Temperatur erreicht wird. Für den Fall, dass die späteren Nutzer Mobiliar vor den Außenwänden platzieren sollten, wird dort bei mehreren Produkten die raumseitige Bauteiloberflächen-Temperatur von 12,6 °C unterschritten.

Im Rahmen der detaillierten Planung der Wärmedämmmaßnahme muss der feuchtetechnische Nachweis mithilfe des hygrothermischen Simulationsverfahrens entsprechend der DIN EN 15026 „Wärme- und feuchtetechnisches Verhalten von Bauteilen und Bauelementen – Bewertung der Feuchteübertragung durch numerische Simulation“ (2007) für den hier konkret vorhandenen Wandaufbau in Kombination mit dem gewählten Bauprodukt für die Innendämmung durch den Planer geführt werden (siehe Kapitel 6.1.4). Kritische Detailpunkte, wie die Fensterleibungen und die Anschlüsse an die einbindenden Bauteile, müssen im Detail geplant werden. Die Ausführung der Innendämmmaßnahme muss sich nach den Vorgaben der aufgeführten Regelwerke sowie den produktspezifischen Verarbeitungsregeln des Herstellers richten.

Die Erfahrung zeigt, dass selbst ordnungsgemäß geplante und fachgerecht ausgeführte nachträgliche Innendämmungen einen Schimmelpilzbefall nicht völlig ausschließen können, wenn die Nutzer nicht dazu bereit sind, ihr Verhalten an die bauliche Situation von älteren Bestandsgebäuden anzupassen. Der heute für Neubauten gültige Standard wird durch eine Innendämmung in der Regel nicht erreicht.

Abb. 3.94: Thermotapete mit einer Polystyrolkaschierung in einer Dicke von 4 mm

3.3.9.3 Thermo- und Korktapeten

Um eine vermeintlich bessere Wärmedämmwirkung bei Außenwänden zu erzielen, bringen die Bewohner oft kork- oder styroporkaschierte Tapeten (sog. Thermotapeten) an den Raumseiten der Außenwände an (siehe Abb. 3.94). In bauphysikalischer Hinsicht ist diese vordergründige Verbesserung der Wärmedämmung jedoch bedenklich.

Die, relativ gesehen, dünne zusätzliche Dämmschichtdicke führt nicht zu einer wesentlichen Verringerung des Wärmedurchgangskoeffizienten U, entsprechend auch nicht zu einer Verbesserung der Wärmedämmwirkung.

Beispiel: Taupunktberechnung

Eine Außenwand weist einen Aufbau auf aus

- 1,5 cm Innenputz,
- 24,0 cm Kalksandstein-Mauerwerk,
- 2,8 cm Schalenfuge und
- 11,5 cm Verblendmauerwerk.

Es herrschen stationäre Bedingungen in der Tauperiode.

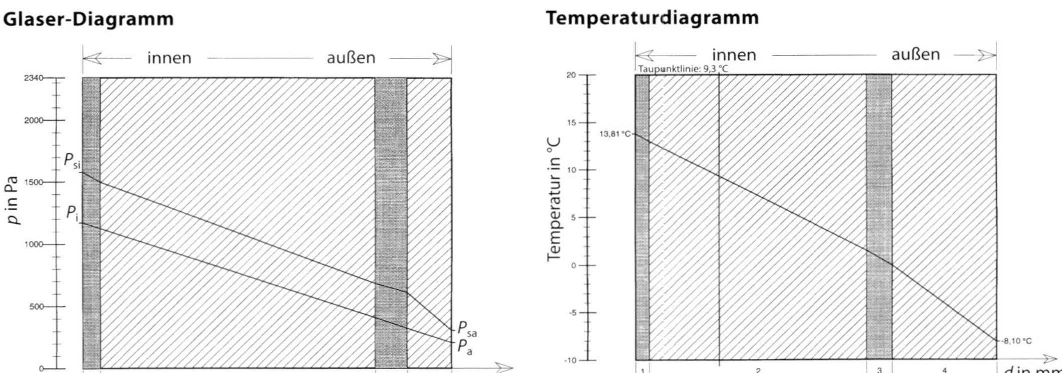

d Dämmschichtdicke
p_a Dampfdruck außen
p_i Dampfdruck innen
p_{sa} Sättigungsdampfdruck außen
p_{si} Sättigungsdampfdruck innen
s_d wasserdampfdiffusionsäquivalente Luftschichtdicke

Abb. 3.95: Beispiel-Taupunktberechnung ohne Thermotapete innen vor der Sanierung

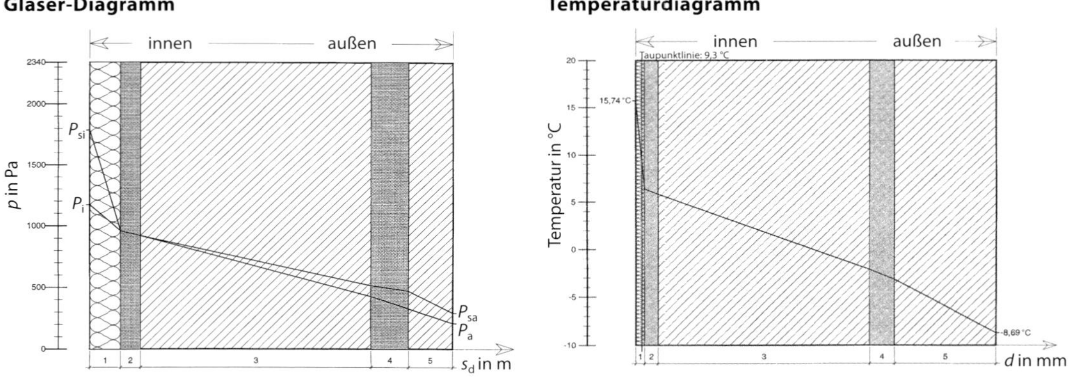

d Dämmschichtdicke
p_a Dampfdruck außen
p_i Dampfdruck innen
p_{sa} Sättigungsdampfdruck außen
p_{si} Sättigungsdampfdruck innen
s_d wasserdampfdiffusionsäquivalente Luftschichtdicke

Abb. 3.96: Beispiel-Taupunktberechnung mit 1 cm Thermotapete innen nach der Sanierung

Abb. 3.97: Nach der Entfernung der Thermotapete von der Fensterleibung zeigt sich ein Schimmelpilzbefall dahinter.

Beispiel: Taupunktberechnung (Fortsetzung)

Vor der Innendämmung (siehe Abb. 3.95):

- $U_{AW} = 1{,}5\ W/(m^2 \cdot K)$
- Oberflächentemperatur innen = 14,09 °C
- Tauwasserausfall: zulässig, Tauwassermenge < Verdunstungsmenge

Nach der Innendämmung (siehe Abb. 3.96):

- $U_{AW} = 1{,}4\ W/(m^2 \cdot K)$
- Oberflächentemperatur innen = 15,88 °C
- Tauwasserausfall: unzulässig, Tauwassermenge > Verdunstungsmenge

Bei Betrachtung des Temperaturverlaufs innerhalb des Bauteilquerschnitts vor und nach der Sanierung wird eines deutlich: Der massive Wandquerschnitt aus dem Bestand wird nicht mehr in vollem Maße von der Raumseite her aufgewärmt. In der Grenzschicht zwischen der Thermotapete und der ehemaligen raumseitigen Wandoberfläche entsteht eine thermische Sprungschicht. Die effektiven Temperaturen innerhalb des Wandquerschnitts sinken ab. Dadurch bedingt, verlagert sich der Taupunkt (9,3 °C) nach innen, mit der Gefahr eines Tauwasserausfalls in dem Bauteilquerschnitt. Häufig findet der Tauwasserausfall auch innerhalb der Grenzschicht zwischen der Thermotapete und der ehemaligen Wandputzoberfläche statt. Dort bildet sich dann eine nicht einsehbare flächige Feuchtzone, gelegentlich einhergehend mit mikrobiellem Bewuchs (siehe Abb. 3.97). Hat der Vermieter die Thermotapeten aufbringen lassen, trägt er die Verantwortung für den Schimmelpilzbefall (LG Aachen, Urteil vom 12.07.1990 – 2 S 114/90).

Das Landgericht Hamburg hat entschieden, dass die Mieter die bauphysikalischen Folgen einer Thermotapete nicht zu verantworten haben, weil dies als übliche Maßnahme dem vertragsgemäßen Gebrauch der Mietsache nicht entgegensteht (LG Hamburg, Urteil vom 05.03.2009 – 307 S 124/08).

Glaser-Diagramm

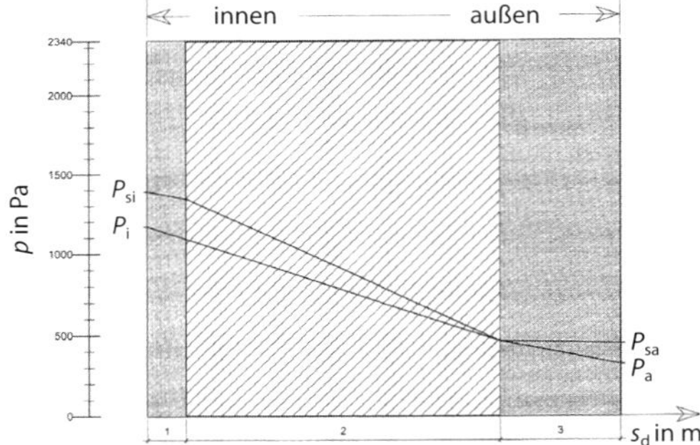

Temperaturdiagramm

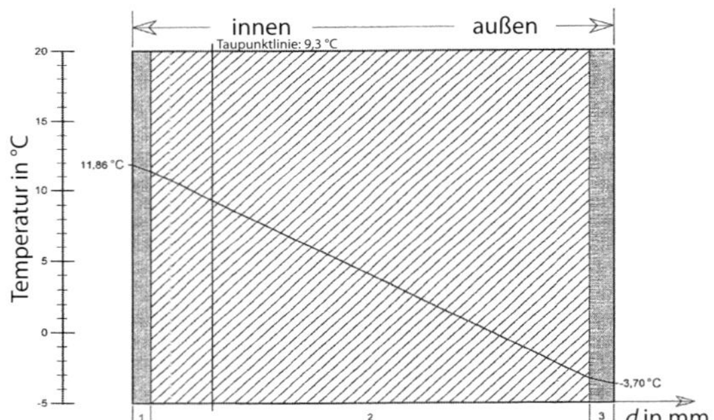

d	Dämmschichtdicke	p_{sa}	Sättigungsdampfdruck außen
p_a	Dampfdruck außen	p_{si}	Sättigungsdampfdruck innen
p_i	Dampfdruck innen	s_d	wasserdampfdiffusionsäquivalente Luftschichtdicke

Tauwasserdiagnose erfüllt!
Tauwasser in einer Ebene
Tauwasser: 0,1345 kg/m^2
Verdunstung: 1,1618 kg/m^2

Abb. 3.98: Außenwand im Bestand

3.3.9.4 Vorsatzschalen vor Außenwänden

Auch der Anbau von wärmedämmenden Vorsatzschalen ist unter den eingangs in diesem Kapitel aufgeführten bauphysikalischen Vorbehalten als kritisch zu bezeichnen (siehe Kapitel 3.3.10.1). Zwar kann in der Regel eine höhere raumseitige Oberflächentemperatur erwirkt werden, das Risiko einer Hinterwanderung der Dämmebene durch Wasserdampf besteht jedoch grundsätzlich. Nachfolgend sind einige Beispiele für verschiedene Innendämmungen mit ihrem jeweiligen Temperaturverlauf im Wandquerschnitt im Vergleich zur Ausgangslage und zu der Variante einer Außendämmung dargestellt (siehe Abb. 3.98 bis 3.102).

Charakteristisch für Innendämmungen ist das niedrige Temperaturniveau im Wandquerschnitt. Es wird deutlich, dass das Massivbauteil thermisch nicht aktiviert wird und dass der Taupunkt sich durch die Innendämmung sehr stark zur Raumseite hin verlagert.

Glaser-Diagramm

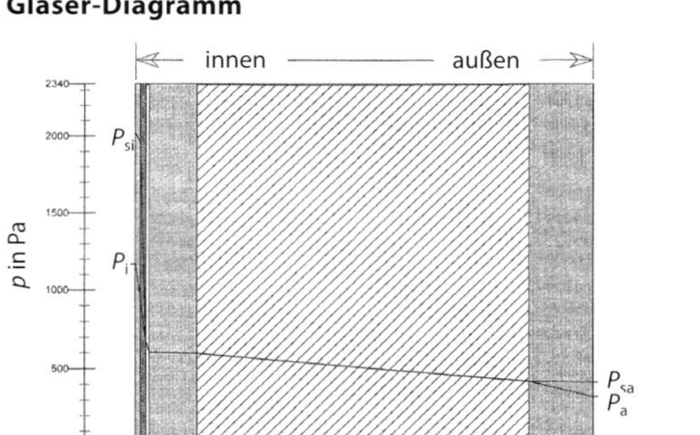

Temperaturdiagramm

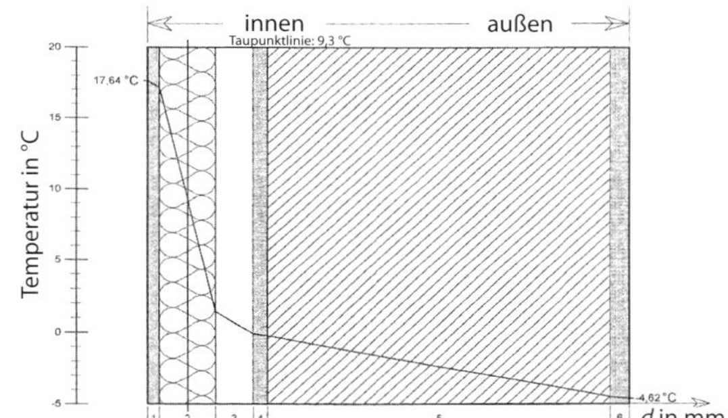

d	Dämmschichtdicke	p_{sa}	Sättigungsdampfdruck außen
p_a	Dampfdruck außen	p_{si}	Sättigungsdampfdruck innen
p_i	Dampfdruck innen	s_d	wasserdampfdiffusionsäquivalente Luftschichtdicke

Tauwasserdiagnose nicht erfüllt!
Tauwasser im Bauteilinneren > 1,0 kg/m^2 in Wandbauteil
Tauwasser: 4,1594 kg/m^2
Verdunstung: 0,4893 kg/m^2

Abb. 3.99: Außenwand mit Innendämmung der Dämmstärke 60 mm, Luftschicht 40 mm, ohne Dampfsperre

Glaser-Diagramm **Temperaturdiagramm**

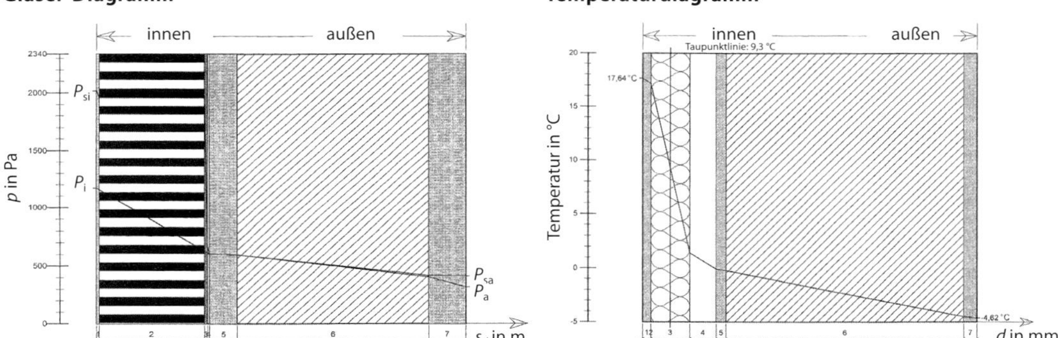

d	Dämmschichtdicke	p_{sa}	Sättigungsdampfdruck außen
p_a	Dampfdruck außen	p_{si}	Sättigungsdampfdruck innen
p_i	Dampfdruck innen	s_d	wasserdampfdiffusionsäquivalente Luftschichtdicke

Tauwasserdiagnose erfüllt!
Tauwasser im Bauteilinneren
Tauwasser: 0,1905 kg/m^2
Verdunstung: 0,3827 kg/m^2

Abb. 3.100: Außenwand mit Innendämmung der Dämmstärke 60 mm, Luftschicht 40 mm, mit Dampfsperre

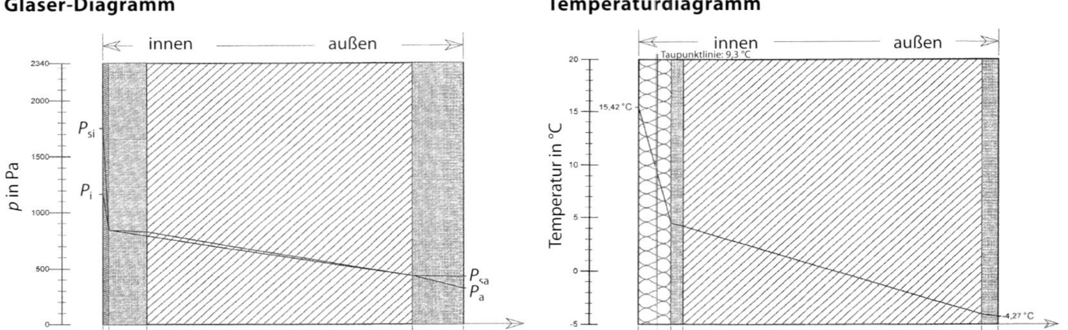

d	Dämmschichtdicke	p_{sa}	Sättigungsdampfdruck außen
p_a	Dampfdruck außen	p_{si}	Sättigungsdampfdruck innen
p_i	Dampfdruck innen	s_d	wasserdampfdiffusionsäquivalente Luftschichtdicke

Tauwasserdiagnose nicht erfüllt!
Tauwasser in 2 Ebenen > 1,0 kg/m^2 in Wandbauteil
Tauwasser: 3,9108 kg/m^2
Verdunstung: 7,7174 kg/m^2

Abb. 3.101: Außenwand mit Innendämmung der Dämmstärke 60 mm, Luftschicht 40 mm, mit Dampfsperre, Calsitherm 4 cm

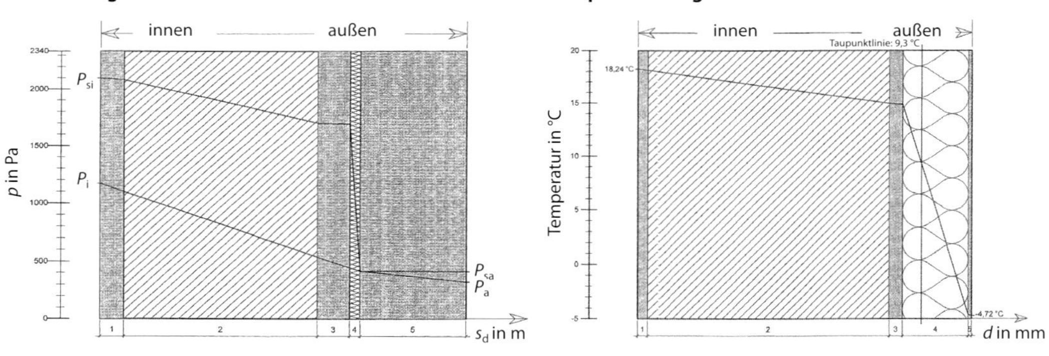

d	Dämmschichtdicke	p_{sa}	Sättigungsdampfdruck außen
p_a	Dampfdruck außen	p_{si}	Sättigungsdampfdruck innen
p_i	Dampfdruck innen	s_d	wasserdampfdiffusionsäquivalente Luftschichtdicke

Tauwasserdiagnose erfüllt!
Tauwasser in einer Ebene
Tauwasser: 0,2069 kg/m^2
Verdunstung: 0,8537 kg/m^2

Abb. 3.102: Außenwand mit Außendämmung, 10 cm Wärmedämm-Verbundsystem

3.3.10 Ursache HK2: geringe Wärmedämmung von Außenwänden

Typische Symptome der Ursache HK2 finden sich in der Tabelle 3.19.

Tabelle 3.19: „Steckbrief" der Ursache HK2: geringe Wärmedämmung von Außenwänden

typische Symptome	Maßnahmen	Einflussbereich	
		Nutzer	Eigentümer
hyperbelförmiger Schimmelpilzbefall entlang von Kanten und Raumecken bei Außenwänden	zusätzliche Wärmedämmung		x

Aus heutiger Sichtweise kann das Wärmedämmvermögen von Außenwänden früherer Bauart ohne zusätzliche Wärmedämmung als eher gering bezeichnet werden. Es entspricht jedoch der üblichen Bauweise zum Zeitpunkt der Errichtung. Moderne Außenwandquerschnitte nach gegenwärtigem Standard heutiger Bauart weisen eine etwa zwei- bis dreifach höhere Dämmeigenschaft auf.

Der Wärmedurchgangskoeffizient U gibt den Transmissionswärmeverlust an. Je kleiner der U-Wert ist, desto besser ist die Wärmedämmfähigkeit eines Materials oder eines Bauteils.

Beispiel: Wärmedämmfähigkeit unterschiedlicher Wandaufbauten

Bei schlechter gedämmten Altbauten, die beispielsweise einen Wandaufbau aus Vollziegelmauerwerk mit einer Schichtdicke von $d = 24$ cm haben und innenseitig verputzt sind, beträgt der U_{AW}-Wert **2,0 W/(m² · K)**.

Bei einem Wandaufbau aus Vollziegelmauerwerk mit $d = 40$ cm beträgt der U_{AW}-Wert **1,5 W/(m² · K)**.

Bei einem modernen Wandaufbau mit einer Dämmung aus 8 cm Polystyrolhartschaum vor einem Hintermauerwerk aus Kalksandstein mit $d = 24$ cm, beidseitig verputzt, liegt der U_{AW}-Wert dagegen bei **0,4 W/(m² · K)**.

Daraus ergibt sich, dass Altgebäude nur über etwa 20 bis 30 % des Dämmvermögens von zeitgenössischen Bauweisen verfügen. Sie benötigen dementsprechend eine intensivere Beheizung als Neubauten.

Den durch die schlechteren Wärmedämmfähigkeiten von Altbauten entstehenden höheren Heizverbrauchskosten steht in der Regel eine geringere Kaltmiete gegenüber, sodass die Warmmiete insgesamt bei ansonsten gleicher Ausstattung und Lage ausgewogen gestaltet sein sollte.

In der Regel sind ältere Gebäude im Hinblick auf die heutige Fassung der DIN 4108-2 nicht ausreichend gedämmt. Regelmäßig wird der bei der heutigen Planung von Gebäuden normativ geforderte Wert nach DIN 4108-2 der raumseitigen Oberflächentemperatur im Bereich von Wärmebrücken $\theta_{si} \geq 12{,}6$ °C z. B. in den Raumecken nicht erreicht. Die zum Zeitpunkt der Gebäudeerrichtung gültigen Werte der DIN 4108 in der damaligen Fassung hingegen werden in der Regel erfüllt. Zum Zeitpunkt der Errichtung galten gemäß der in Tabelle 3.20 gezeigten Übersicht unterschiedliche Anforderungen nach der DIN 4108 in der jeweils gültigen Fassung.

Tabelle 3.20: Anforderungen der verschiedenen Ausgaben der DIN 4108 an die Wärmedämmfähigkeit von Bauteilen

Ausgabe	**Bauteile**	
	Außenwand	**Treppenraumwände mit wesentlich niedrigeren Innentemperaturen**
DIN 4108-2 (2003)[1)]	$R \geq 1{,}20$ m² · K/W	$R \geq 0{,}25$ m² · K/W
DIN 4108-2 (2001)[2)]	$R \geq 1{,}20$ m² · K/W	$R \geq 0{,}25$ m² · K/W
DIN 4108-2 (1981)[3)]	$1/\lambda \geq 0{,}55$ m² · K/W	$1/\lambda \geq 0{,}25$ m² · K/W
DIN 4108 (1969)[4)] Wärmedämmgebiet I	$1/\lambda \geq 0{,}39$ m² · K/W	$1/\lambda \geq 0{,}26$ m² · K/W
DIN 4108 (1960)[5)] Wärmedämmgebiet I	$1/\lambda \geq 0{,}39$ m² · K/W	$1/\lambda \geq 0{,}26$ m² · K/W
DIN 4108 (1952)[6)] Wärmedämmgebiet I	$1/\lambda \geq 0{,}39$ m² · K/W	$1/\lambda \geq 0{,}26$ m² · K/W

R Wärmeübergangswiderstand
$1/\lambda$ spezifischer Wärmewiderstand
1) DIN 4108-2 „Wärmeschutz und Energie-Einsparung in Gebäuden – Teil 2: Mindestanforderungen an den Wärmeschutz" (2003)
2) DIN 4108-2 „Wärmeschutz und Energie-Einsparung in Gebäuden – Teil 2: Mindestanforderungen an den Wärmeschutz" (2001)
3) DIN 4108-2 „Wärmeschutz im Hochbau – Wärmedämmung und Wärmespeicherung – Anforderungen und Hinweise für Planung und Ausführung" (1981)
4) DIN 4108 „Wärmeschutz im Hochbau" (1969)
5) DIN 4108 „Wärmeschutz im Hochbau" (1960)
6) DIN 4108 „Wärmeschutz im Hochbau" (1952)

Beispiel: Berechnung des Wärmeübergangswiderstands eines Bauteils

Gemäß Berechnung wurde für ein Gebäude, das im Jahr 1975 errichtet wurde, ein Wärmedurchgangskoeffizient $U_{AW} = 1{,}021\ W/(m^2 \cdot K)$ ermittelt. Davon ausgehend ergibt sich der Wärmeübergangswiderstand R als Kehrwert des Wärmedurchgangskoeffizienten mit **0,979 m² · K/W**.

Werden davon der Wärmeübergangswiderstand an der inneren (R_{si}) und derjenige an der äußeren Bauteiloberfläche (R_{se}) subtrahiert, ergibt sich der Wärmeübergangswiderstand des Bauteils $R_{Bauteil}$ mit $R_{Bauteil} = R - (R_{si} + R_{se}) = 0{,}979\ m^2 \cdot K/W - (0{,}13\ m^2 \cdot K/W + 0{,}040\ m^2 \cdot K/W) =$ **0,809 m² · K/W**.

Der Wärmeübergangswiderstand des Bauteils ist mit 0,809 $m^2 \cdot K/W$ größer als der zur Bauzeit nach den anerkannten Regeln der Technik mindestens erforderliche Wärmeübergangswiderstand von 0,39 $m^2 \cdot K/W$ (siehe Tabelle 3.20). Das Gebäude ist also bauzeittypisch wärmegedämmt.

In Mietsacheverfahren ist die Anwendung der DIN-Werte problematisch, da es dort – anders als im Werkvertragsrecht – im Hinblick auf den Mangelbegriff nicht darauf ankommt, ob die Mietsache den anerkannten Regeln der Technik entspricht, sondern vielmehr ausschließlich darauf, ob sich die Mietsache für den vertragsgemäßen Gebrauch eignet. Vor diesem Hintergrund sind auch die entsprechenden Entscheidungsbegründungen der Gerichte zu verstehen. Die DIN-Vorschriften zum Wärmeschutz lassen sich daher nur im Werkvertragsrecht uneingeschränkt zur Beurteilung der Mangelhaftigkeit heranziehen. Im Mietvertragsrecht muss die Tauglichkeit der Mietsache zum vertragsgemäßen Gebrauch sichergestellt sein. Ist dies nicht der Fall, kommt es nicht mehr darauf an, ob das Gebäude den anerkannten Regeln der Technik zum Zeitpunkt der Errichtung entspricht (LG Frankfurt am Main, Urteil vom 31.10.2006 – 2/17 S 60/06; Oberlandesgericht [OLG] Celle, Beschluss vom 19.07.1984 – 2 UH 1/84; LG Hamburg, Urteil vom 11.07.2000 – 316 S 227/99; LG Kassel, Urteil vom 04.02.1988 – 1 S 229/87).

Der Bundesgerichtshof hat in einem Verfahren zum Schallschutz entschieden, dass es zunächst auf die vertragliche Vereinbarung des Mietvertrags ankommt. Nur wenn eine Vereinbarung nicht getroffen wurde, wird die Einhaltung technischer Normen wichtig, die zum Zeitpunkt der Gebäudeerrichtung Gültigkeit hatten (BGH, Urteil vom 06.10.2004 – VIII ZR 355/03). Auch ein weiteres Urteil des Bundesgerichtshofs, das ebenfalls dem Schallschutz galt, bekräftigt diese Auffassung (BGH, Urteil vom 07.07.2010 – VIII ZR 85/09). Das Landgericht Lüneburg sieht einen Zusammenhang zwischen dem Alter eines Gebäudes und den Anforderungen, die an die Mieter zu stellen sind (LG Lüneburg, Urteil vom 22.11.2000 – 6 S 70/00).

3.3.11 Ursache HK3: geometrische Wärmebrücken

Die typischen Symptome und zu ergreifenden abhelfenden Maßnahmen der Ursache HK3 sind in Tabelle 3.21 zusammengefasst.

Tabelle 3.21: „Steckbrief" der Ursache HK3: geometrische Wärmebrücken

typische Symptome	Maßnahmen	Einflussbereich	
		Nutzer	Eigentümer
hyperbelförmiger Schimmelpilzbefall entlang von Kanten und Raumecken bei Außenwänden	zusätzliche Wärmedämmung außen/innen		x
hyperbelförmiger Schimmelpilzbefall entlang von Kanten der Fensterleibungen	zusätzliche Wärmedämmung außen		x
	zusätzliche Leibungsdämmung, falls möglich		x

Außenwandecken

Im Außeneckbereich von rechtwinkelig zueinander stehenden Außenwänden oder im Achselbereich (Anschluss von Außenwänden zur obersten Geschossdecke) ist die innenseitige Erwärmungsfläche kleiner als die außenseitige Auskühlungsfläche. Die Folge ist ein lokal überproportionaler Wärmeverlust, wie er auch von Kühlrippen her bekannt ist.

Selbst wenn im Übrigen die Mindestwerte der Wärmeschutzverordnung und der DIN 4108 eingehalten worden sind, kommt es auf diese Weise dazu, dass die innenseitige Oberflächentemperatur sich in den Raumecken erheblich niedriger einstellt als an den Wandflächen.

In besonderer Weise betroffen sind davon die Raumecken im Decken- und im Fußbodenanschlussbereich zu Kaltzonen, weil die Wärmebrückenwirkung dort dreidimensional einsetzt (siehe Abb. 3.103). Beispielhaft zu nennen sind in diesem Zusammenhang Erdgeschosswohnungen oberhalb von luftdurchspülten Tiefgaragen oder Souterrainwohnungen, deren Außenwände unmittelbar an das Erdreich grenzen.

Die geometrischen Wärmebrücken in Raumecken sind bei herkömmlicher Bauweise unvermeidbar; der Raum müsste als Hohlkugel geplant werden, um diese Art der Wärmebrücken auszuschließen.

Die Folgen geometrischer Wärmebrücken in Außenwandecken zeigen die Abb. 3.104 bis 3.106.

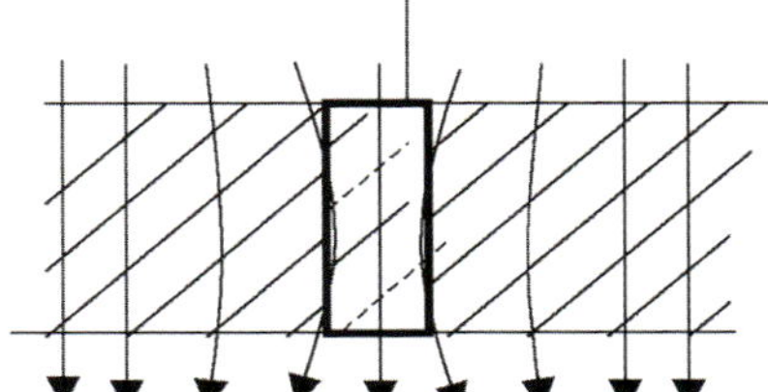

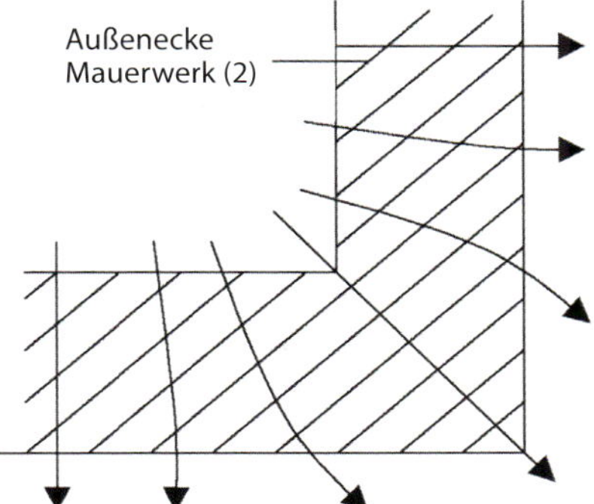

Abb. 3.103: Geometrische Wärmebrücke im Vergleich zu konstruktionsbedingter Wärmebrücke

Abb. 3.104: Geometrische Wärmebrücke im Bereich einer Außenwandecke

Abb. 3.105: Hyperbelartige Ausbreitung eines Schimmelpilzrasens in der Raumecke der Außenwand weist auf einen Tauwasserausfall hin.

Abb. 3.106: Schimmelpilzbildung in der Raumecke oberhalb eines kalten Kellerraums als Folge einer Überlappung der senkrechten linearen mit der waagerechten linearen geometrischen Wärmebrücke

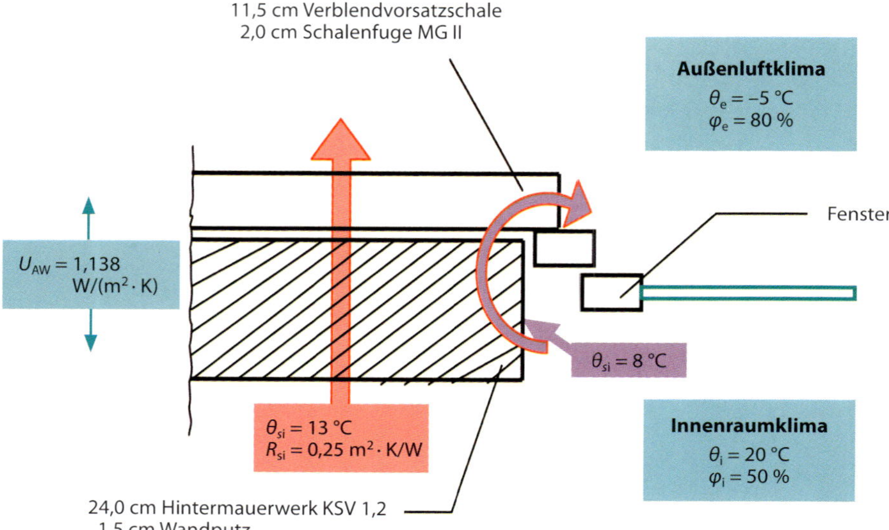

$\theta_{i/e/si}$ Temperatur innen/außen/innere Bauteiloberfläche
R_{si} Wärmeübergangswiderstand an der inneren Bauteiloberfläche
$\varphi_{i/e}$ relative Raumluftfeuchte innen/außen
U_{AW} Wärmedurchgangswiderstand

Abb. 3.107: Abgeminderte Oberflächentemperaturen im Fensterleibungsbereich eines schlecht gedämmten Gebäudes, Randbedingungen nach DIN 4108-2 (2003). Die raumseitige Oberflächentemperatur sinkt unter den normativen Randbedingungen der DIN 4108-2 im Leibungsbereich lokal auf eine tauwasserträchtige Temperatur von 8 °C ab, während gleichzeitig im Normalwandbereich noch eine unkritische Oberflächentemperatur von 13 °C herrscht.

Fensterleibungen

Der Fensterleibungsbereich ist gegenüber dem Normalwandbereich als besonders benachteiligt zu erachten, da dort der Dampfdiffusionsdurchgang in dreidimensionaler Richtung stattfindet, mit der Folge einer Belastung rechtwinkelig zur Wandebene und gleichzeitig in der Fensterleibung parallel zur Wandebene (siehe Abb. 3.107). Die eindringenden Wasserdampfmengen überlagern sich in dieser Zone. Gleichzeitig verkürzt sich der als Dämmmaterial zur Verfügung stehende Wandquerschnitt, da um den Fensterrahmen herum nur eine kurze geometrische Strecke zwischen dem Innenraum und dem Außenbereich liegt. Besonders benachteiligt sind Massivwände älterer Bauarten, die ohne thermische Trennung auskommen.

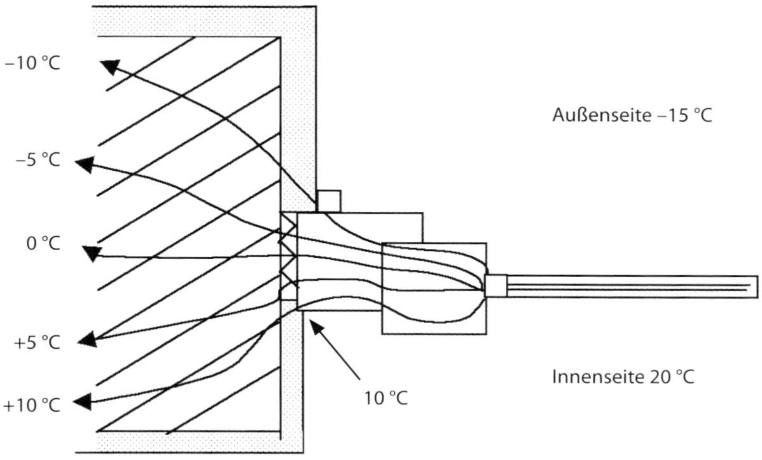

Abb. 3.108: Isothermenverlauf im Fensterbereich

Eine Verdunstung von auftretendem Oberflächentauwasser ist nur dann zu erwarten, wenn der benetzten Oberfläche eine hinreichende Menge ausreichend trockener Luft mit einer entsprechenden Lufttemperatur zur Verfügung steht. In der Praxis trifft dies für die Fensternischen gerade nicht zu. Die an der Oberfläche entstehende Tauwassermenge durchfeuchtet dann zunächst die Tapezierung und anschließend den darunter befindlichen Fensterleibungsputz und bildet somit die Ursache für die weitere Schadensfolge.

Dieser Effekt überlagert sich mit einem weiteren Schwachpunkt, der bei Fensteranschlüssen unvermeidbar immer entsteht: Die tauwasserkritische 10-°C-Isotherme verlässt in dieser Zone den Bauteilquerschnitt und liegt in einem kurzen Distanzbereich auf der Raumseite (siehe Abb. 3.108).

Im Zusammenwirken der oben beschriebenen Effekte entsteht geradezu zwangsläufig linear um das Fenster herum eine schmale Zone mit niedrigeren Oberflächentemperaturen. Auffällig ist, dass bei gleicher Konstruktion oft innerhalb eines Gebäudes ein Teil der Wohnungen komplett schadensfrei bleibt, während andere Wohnungen partiell vom Befall betroffen sind. Vor diesem Hintergrund ist dort die Berücksichtigung der Begleitumstände, wie des individuellen Wohn- und Heizverhaltens, besonders wichtig.

3.3.12 Ursache HK4: Behinderung des Warmluftzirkulationsstroms

Tabelle 3.22: „Steckbrief" der Ursache H4: Behinderung des Warmluftzirkulationsstroms

typische Symptome	Maßnahmen	Einflussbereich	
		Nutzer	Eigentümer
hyperbelförmiger Schimmelpilzbefall entlang von Kanten und Raumecken bei Außenwänden	zusätzliche Wärmedämmung		x
	Umgestalten der Mobiliarpositionen	x	
hyperbelförmiger Schimmelpilzbefall an Fensterleibungen oberhalb von Fensterbänken	zusätzliche Wärmedämmung		x
	Demontieren ausladender Fensterbänke		x
	Einbauen von Konvektionsgittern in die Fensterbänke		x

Wärmeenergie kann auf dreierlei Weise transportiert werden, über

- Konvektion,
- Strahlung oder
- Leitung.

Heizkörper heutiger Bauart geben einen Teil ihrer Wärme über die Plattenoberflächen als Strahlung überwiegend frontal zum Raum hin ab und einen weiteren Teil konvektiv, d. h. durch erwärmte aufsteigende Luft (siehe Abb. 3.109).

Welchen Wärmeenergieanteil z. B. ein moderner Plattenheizkörper jeweils durch Strahlung und welchen Anteil er durch Konvektion an den Raum abgeben kann, hängt von seiner Bauart ab. Die Bezeichnung P kennzeichnet eine Platte, die Bezeichnung K einen Konvektor. Kombinierte Heizkörper bestehen aus unterschiedlichen Baugliedern. Ein überwiegender Anteil an Strahlungswärme wird bei reinen P-Heizkörpern abgegeben (siehe Abb. 3.110). Ein hoher konvektiver Anteil wird dagegen bei mehrlagigen Heizkörpern z. B. der Bauart PKKP erzeugt (siehe Abb. 3.111).

Durch die klassische Anordnung von Heizkörpern in den Fensterbrüstungsbereichen, also unmittelbar unterhalb von relativ kalten Hüllflächenanteilen, wird die Konvektion am effektivsten ausgenutzt. Die Kaltluftzone direkt hinter der Verglasung wird erwärmt. Aufgrund der geringeren Luftdichte der erwärmten Luft entsteht ein thermischer Auftrieb. Im weiteren Verlauf bewegt sich die Luftschicht entlang der Deckenuntersicht in Richtung der Raumtiefe.

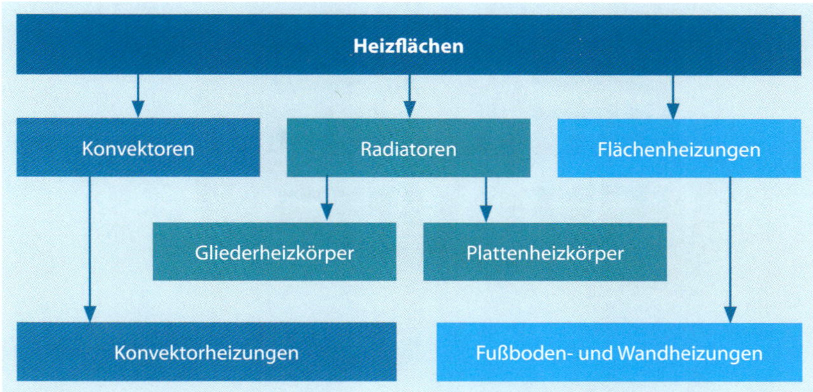

Abb. 3.109: Arten von Heizflächen

Abb. 3.110: Einlagiger Plattenheizkörper

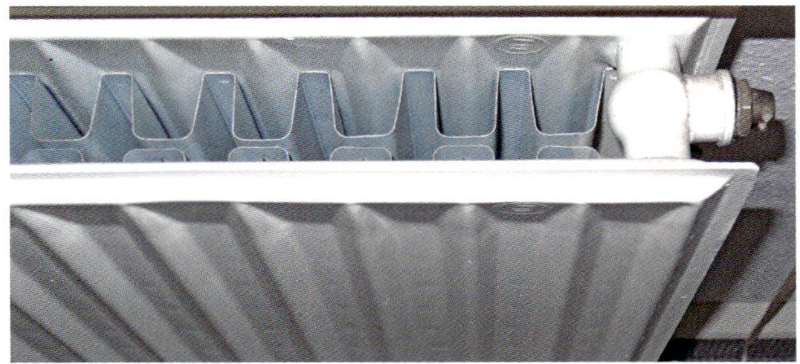

Abb. 3.111: Mehrlagiger Plattenheizkörper (PKKP; siehe Text S. 122)

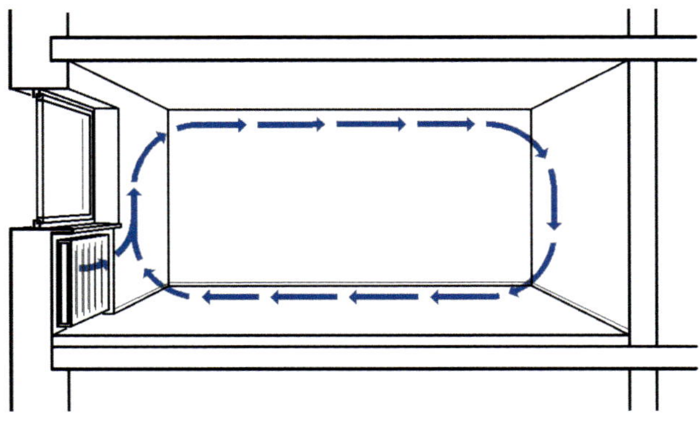

Abb. 3.112: Warmluftzirkulation innerhalb eines Raumes

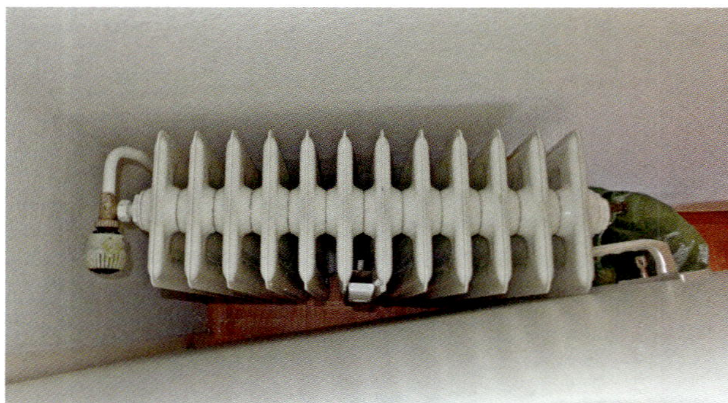

Abb. 3.113: Gliederradiator, der wegen der aufschlagenden Zimmertür keine Strahlungswärme an den Raum abgibt

Abb. 3.114: Handtuchtrockner als nachträglich im Zuge einer Sanierung eingebauter Raumheizkörper, der aber hinter der stets offenen Badezimmertür und durch die zahlreiche Frotteeware, die an der Tür hängt, abgedeckt wird

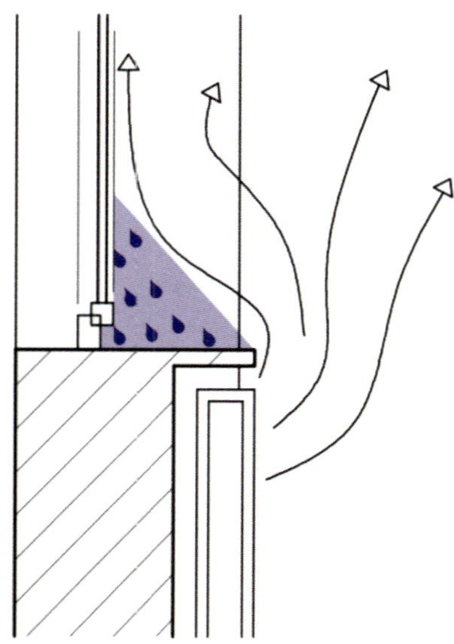

Abb. 3.115: Abdeckung des konvektiven Warmluftstroms durch eine Fensterbank

Auf der gegenüber liegenden Raumseite kühlt die Luft herabfallend allmählich wieder ab und strömt anschließend oberhalb des Fußbodens in abgekühlter Form wieder in Richtung Heizkörper (siehe Abb. 3.112). Durch diese kontinuierliche Zirkulationswalze wird gewöhnlich jeder Flächenanteil der Außenwand weitgehend gleichmäßig mit Warmluft versorgt. Dies führt regelmäßig zu einer angemessenen Temperierung der raumseitigen Bauteiloberflächen.

Wird der notwendige Konvektionsanteil durch weit überkragende Fensterbänke oder durch nachträglich hergestellte undurchlässige Heizkörperabdeckungen nach oben hin gestört oder unterbunden, kommt es regelmäßig zu einer Reduzierung der raumseitigen Oberflächentemperaturen im Bereich

Abb. 3.116: Abdeckung des Gliederradiatorheizkörpers durch eine Blumenbank

Abb. 3.117: Die überbreite Fensterbank führt dazu, dass im Bereich der raumseitigen Bauteiloberflächen der Leibungen Strahlungs- und Konvektionsschatten entstehen, die eine lokal erhöhte relative Luftfeuchte zur Folge haben.

von Fensterblendrahmen, von Fensterflügelrahmen und im unteren Drittel der Verglasung. Bemerkbar wird dies durch Tauwasserausfall an der Bauteiloberfläche und durch innen beschlagene Scheiben.

Auch die falsche Position der Heizkörper innerhalb des Raumgrundrisses kann zu einer empfindlichen Störung des Zirkulationskreislaufs führen. Heizkörper, die z. B. hinter raumseitig aufschlagenden Türen positioniert (siehe Abb. 3.113 und 3.114) oder als Konvektoren an Innenwänden angeordnet sind, sind in thermischer Hinsicht als ungünstig zu bezeichnen, da sich die Zirkulationswalze mit warmer Raumluft nicht optimal und flächenverteilt einstellen kann. Anders verhält es sich mit Strahlungsheizkörpern. Diese können auch an Innenwänden gegenüber von Außenwänden angeordnet werden und mit ihrer Strahlungswärme dann auch gegenüber liegende Außenwände aufheizen.

Die Fensterbänke stellen eine lokale Behinderung des konvektiven Warmluftstroms dar. Unmittelbar oberhalb der Fensterbank entsteht dadurch eine Kaltzone (siehe Abb. 3.115 bis 3.117). Besonders benachteiligt sind davon die seitlichen Fensterleibungen, weil sich dort zusätzlich ein Wärmebrückeneffekt einstellt (siehe Kapitel 3.3.10). Es bilden sich seitlich dreieckförmige, tauwasserrelevante Kälteflächen. Bei weit ausladenden Elementen müssen daher entsprechende Austrittsschlitze vorgerüstet werden, um die Fensterflächen und die Leibungen hinreichend mit Wärme zu versorgen.

3.3.13 Ursache HK5: Einbau neuer Fenster bei der Altbaumodernisierung

Anhand welcher Symptome sich Schimmelpilzbefall nach Fenstereinbau bei der Altbaumodernisierung manifestiert, zeigt Tabelle 3.23.

Tabelle 3.23: „Steckbrief" der HK5: Einbau neuer Fenster bei der Altbaumodernisierung

typische Symptome	Maßnahmen	Einflussbereich	
		Nutzer	Eigentümer
lokal abgrenzbarer Schimmelpilzbefall an Sturz und Leibungen entlang der neuen Fensterblendrahmen	zusätzliche Wärmedämmung im Leibungsbereich		x

Einbau isolierverglaster Fenster

Beim nachträglichen Einbau neuer, isolierverglaster Fenster in schlecht gedämmten Außenwänden von Altbauten kann es zu einem Missverhältnis zwischen dem guten Dämmvermögen der neuen Fenster, z. B. $U_W = 1{,}3\ \text{W}/(\text{m}^2 \cdot \text{K})$, und dem unverändert schlechten Dämmvermögen der historischen Außenwände, z. B. $U_{AW} = 2{,}0\ \text{W}/(\text{m}^2 \cdot \text{K})$, kommen.

Die ehemalige Einfachverglasung steht nach einer Fenstererneuerung nicht mehr als hervorstechender Indikator für eine überhöhte Raumluftfeuchte zur Verfügung. Das neue Fenster kann nach diesem Wirkungsprinzip nicht mehr funktionieren, weil unter den o. g. Voraussetzungen nun bereits hygrothermische Bedingungen an der Wandoberfläche entstehen, die für eine Schimmelpilzbildung ausreichen, lange bevor sich Kondensat an den Fensterscheiben bemerkbar macht. Ohne das gewohnte Beschlagen der Scheiben nehmen die Bewohner einen nachhaltigen Anstieg der relativen Raumluftfeuchte aber nicht wahr, da der Mensch für das Empfinden von relativer Luftfeuchte nicht über die entsprechenden Sinne verfügt. Erst wenn die ansteigende Luftfeuchte auch mit einem Anstieg des Kohlendioxidgehalts einhergeht oder wenn es zur Geruchsbildung kommt, realisiert der Bewohner über diese Umwege, dass es an der Zeit zum Lüften ist.

Gleichzeitig bewirken neue, dicht schließende zeitgenössische Fenster als integrativer Bestandteil der luftdichten Gebäudehülle, dass der bisher unkontrollierte Luftwechsel über Spalten und Fugen weitgehend unterbunden wird. In der Luftwechselbilanz erfordert eine Reduktion der unkontrollierten Infiltrationslüftung aber gerade eine ausreichende Verstärkung der Initiativlüftung durch die Bewohner. Bei innen liegenden Räumen mit Einzelschachtlüftungen ohne Ventilator fehlt nach dem Einbau dicht schließender Fenster die ausreichende Zuluftversorgung.

Ändern die Bewohner ihr Lüftungsverhalten nach dem Einbau verbesserter Fenster nicht grundlegend, muss es geradezu zwangsläufig zu einem nachhaltigen Anstieg der relativen Raumluftfeuchte kommen, so lange, bis das

Abb. 3.118: Typisches Symptom bei Einbau moderner Fenster in ein Bestandsgebäude sind die Schimmelpilzbildungen an den Fensterleibungen entlang des Blendrahmenprofils.

Abb. 3.119: Schimmelpilzbefall entlang der Leibung eines Altbaus, bei dem die Fenster ausgetauscht wurden

System kollabiert und dies durch einen Schimmelpilzbefall als Symptom sichtbar wird (siehe Abb. 3.118 und 3.119).

In der Rechtsprechung wird nach gängiger Auffassung davon ausgegangen, dass die Informationsverpflichtung beim Vermieter liegt. Er muss den Mieter ausdrücklich individuell auf das Erfordernis einer angepassten Fensterlüftung hinweisen.

Übergroße Dimensionierung der Fensternischen

Bei planungsseitig übergroß dimensionierten Nischentiefen von Fenstern tritt der gleiche Effekt ein wie bei der Abdeckung von Heizkörpern (siehe Kapitel 3.3.5). Auch in diesem Fall kann die zirkulierende Raumluft nicht über alle Bauteiloberflächen hinwegstreichen. Insbesondere ist der Bereich der Fensterleibungen oberhalb der Fensterbank im unmittelbaren Fensterblendrahmen-Anschlussbereich betroffen. Auch dort kommt es zu einer Anreicherung der relativen Luftfeuchte bis hin zum Tauwasserausfall an der Bauteiloberfläche, speziell an den Fensterblendrahmen, den Fensterflügelrahmen und der Verglasung im unteren Drittel.

Anschluss der Wärmedämmebene an die Einbauzarge von Dachflächenfenstern

Durch die seitlichen Befestigungswinkel wird bei der Montage auf der Konterlattung die Höhenlage des Dachflächenfensters festgelegt. Der Zargenrahmen liegt dabei ca. 4 cm oberhalb der Dämmstoffoberseite. Bei einer umlau-

Abb. 3.120: Die Holzfensterzarge befindet sich 40 mm oberhalb der Dämmstoffebene. Im Eckbereich liegt die Gipskartonleibungsverkleidung gegenüber dem Außenklima ungeschützt frei (siehe auch Abb. 3.121).

Abb. 3.121: Ungenügender Zwischenraum zwischen benachbartem Sparren und der Gipskartonleibungsverkleidung. Der erforderliche Dämmstoff fehlt an dieser Stelle völlig. Kaltluft kann ungehindert entlang der Sparrenflanke zirkulieren und kühlt die Gipskartonleibung von der Rückseite her aus. Im Eckbereich der Öffnung ist am Lichteinfall erkennbar, dass dort die Dämmung fehlt.

fenden Differenzhöhe von 4 cm entsteht durch das Defizit an Dämmung an der inneren Gipskartonauskleidung eine Wärmebrücke. Die Wärmedämmebene muss daher senkrecht an den Zargenrahmen herangeführt werden. Insbesondere in den Eckbereichen ist jedoch in der Praxis der Dämmstoff oft nicht von ausreichender Stärke (siehe Abb. 3.120).

Nach den Fachregeln und den Herstellerempfehlungen müssen ferner für den ordnungsgemäßen Einbau von Dachflächenfenstern seitliche Freiräume zwischen Sparrenflanken und Gipskartonleibungsverkleidung verbleiben, damit dort ca. 40 mm Dämmstoff eingebracht werden können. Fehlt der Dämmstoff, kann die Kaltluft ungehindert durch den entstandenen Hohlraum zirkulieren und eine empfindliche Auskühlung der Gipskartonplatten verursachen (siehe Abb. 3.121). Raumseitig entstehen lokale Oberflächentemperaturen in der Größenordnung von 3 bis 7 °C und damit zwangsläufig Tauwasserausfall.

Einbau waagerechter Fensterbänke

Infolge der Abdeckung des Heizkörpers durch waagerechte Fensterbänke wird die zirkulierende Warmluft innerhalb des Raumes daran gehindert, die raumseitige Scheibenoberfläche von Dachflächenfenstern in ihrer gesamten flächigen Ausdehnung zu bestreichen. Insbesondere das untere Drittel der Fensterverglasung liegt im Zirkulationsschatten.

Abb. 3.122: Ablösung der Lasurbeschichtung ein Jahr nach der Überholung; Schimmelpilzsaum entlang des unteren Scheibenrands

Dadurch stellt sich in den Wintermonaten auf der Raumseite am unteren Ende der Verglasung regelmäßig eine tauwasserträchtige Oberflächentemperatur ein. Es kommt zum Tauwasserausfall. Das Kondensat läuft auf der Unterseite der schräg geneigten Verglasung nach unten hin ab, trifft dort auf die waagerechte Lippendichtung zwischen Verglasung und Flügelrahmen und staut sich dort zunächst auf. Das Wasser läuft dann von dort aus über die inneren Flügelrahmenecken nach unten hin ab. Dabei werden nun auch die senkrechten Eckverbindungsstöße des Flügelrahmens von Feuchte beansprucht.

Die Folge dieses Vorgangs sind Schimmelpilzbefall oder die Bildung von Bläuepilzen im Bereich der unteren Flügelrahmenecken (siehe Abb. 3.122). Ferner entstehen aufklaffende Verbindungsstöße zwischen den seitlichen Flügelrahmenprofilen und dem unteren Flügelrahmenriegel. Über diese klaffenden Fugen gelangt abtropfendes Tauwasser sodann auch in den äußeren, geneigten Blendrahmenfalzbereich und kann sich dort aufstauen.

Auf waagerechte Fensterbänke unterhalb von geneigten Dachflächenfenstern sollte daher generell verzichtet werden. In den neueren Herstellerdetailangaben finden sich in der Regel zeichnerische Darstellungen mit einer senkrechten unteren Verkleidung anstelle einer Fensterbank. Auf diese Weise wird der Warmluftstrom eines unterhalb des Fensters positionierten Heizkörpers optimal am Fenster entlang geführt. Die senkrechte untere Verkleidung hat jedoch den Nachteil, dass sich die Dämmung in der Dachschräge zur Einbauzarge hin verjüngt, wie es in der Abb. 7 des ZVDH-Merkblatts „Einbauteile bei Dachdeckungen" zeichnerisch dargestellt ist (ZVDH-Merkblatt Einbauteile bei Dachdeckungen, 2013, S. 23).

Gleichzeitig wird gerade dort aber auch die Forderung nach einer Mindestdämmstärke definiert:

ZVDH-Merkblatt Einbauteile bei Dackdeckungen, 2013, S. 8:

„3 Ausführung

[…]

3.2 Dachflächenfenster

[…]

3.2.4 Anschluss an die Wärmedämmung

(1) Wärmedämmungen müssen an das Dachflächenfenster dicht gestoßen verlegt werden, damit keine schädlichen Wärmebrücken entstehen.

(2) Die Wärmedämmung muss an jeder Stelle so bemessen sein, dass der Mindestwärmeschutz an jeder Stelle erreicht wird. Dies bedeutet bei Wärmedämmung zwischen den Sparren, dass die Aussparung entsprechend größer hergestellt werden muss. Die Ausführung muss handwerklich oder mit vorgefertigten Dämmrahmen erfolgen.“

Der Wärmedurchgang im Anschlussbereich des Fensters muss daher daraufhin geprüft werden, ob der nach DIN 4108-2 kritische Mindestwert der raumseitigen Oberflächentemperatur von $\theta_{si} \geq 12{,}6$ °C im Bereich der Dämmungsverjüngung noch erreicht wird.

Im Ausnahmefall kann auf ein herstellerseitiges Anschluss-Set für die Warmluftführung ausgewichen werden. Dabei wird die vom Heizkörper aufsteigende Warmluft unter der Fensterbank hindurch und durch ein Lüftungsgitter bis an die Scheibenoberfläche geleitet.

Fehlende Heizkörper unterhalb der Dachflächenfenster

Für die optimale Wirksamkeit thermischer Luftzirkulation ist die geeignete Heizkörperposition diejenige unmittelbar unterhalb des Dachflächenfensters. Von dort aus kann die Unterseite der Verglasung gut temperiert werden. Sofern die Heizkörper an anderer Stelle im Dachraum installiert sind, besteht in hohem Maße das Risiko einer späteren Unterbrechung des Warmluftstroms durch Mobiliar.

Einbau von Holzfenstern in Nassräumen

Während der Nutzung der Nassräume entsteht durch an der Scheibe ablaufendes Kondensat eine Feuchtebeanspruchung an den Blend- und Flügelrahmen aus Holz, die eine Unterwanderung und Ablösung der transparenten Beschichtung verursacht. Sich aufstauendes Kondensat am unteren Scheibenende im schräg geneigten Glasfalzbereich kann den transparenten Beschichtungsstoff vom freien Rand her unterwandern und vom Untergrund ablösen.

Als fehlerhaft muss daher der Einbau eines Naturholzfensters ohne Kondensatablaufrinne in dem Nassbereich eines Badezimmers bezeichnet werden. Dort muss stattdessen ein kunststoffummanteltes Holzfenster mit Kondensatablaufrinne und Entwässerung nach außen gewählt werden.

Nach den Einbauempfehlungen der Hersteller sollten in Nassräumen grundsätzlich kunststoffummantelte Fenster eingesetzt werden, bei denen am unteren Ende des Flügelrahmens eine Wasserablaufrinne für Kondensat integriert ist und bei denen ein entsprechender Kondensatabfluss entweder nach außen oder zum Raum hin ohne Schädigung des Fensters stattfinden kann. Diese Herstellerempfehlung ist jedoch nicht hinreichend bindend. Tatsächlich sind Naturholz-Dachflächenfenster insbesondere in Nassräumen häufig nachhaltig problembehaftet. An dieser Stelle setzt die Hinweispflicht der Planer und Verarbeiter an. Herstellerseitig sollte künftig eine klare Verarbeitungsregel herausgegeben werden, die den Einsatz von Naturholzfenstern in Nassräumen grundsätzlich ausschließt.

3.3.14 Ursache HK6: konstruktionsbedingte Wärmebrücken

In Tabelle 3.24 wird das typische Symptom konstruktionsbedingter Wärmebrücken dargestellt sowie die erforderliche Maßnahme in diesem Fall.

Tabelle 3.24: „Steckbrief" der Ursache HK6: konstruktionsbedingte Wärmebrücken

typische Symptome	Maßnahmen	Einflussbereich	
		Nutzer	Eigentümer
lokal abgrenzbarer Schimmelpilzbefall auf der Raumseite von Bauteilen der Konstruktion	zusätzliche Wärmedämmung		x

Die warme Innenraumluft ist in der Lage, einen größeren Anteil an Wasserdampf physikalisch zu binden als die kühle Außenluft in der Winterperiode. Gleichzeitig wirken Bauteile, die nicht thermisch getrennt sind, in dieser Periode als Wärmebrücken. In solchen Bauteilen entsteht von innen nach außen ein konstantes Temperaturgefälle.

Führt dies bei einer relativen Raumluftfeuchte von z. B. 50 % dazu, dass auf der Raumseite des Bauteils eine Oberflächentemperatur von weniger als 12,6 °C entsteht, bildet sich an dieser Stelle eine erhöhte relative Luftfeuchte, die auf höhere Werte als den für das Schimmelpilzwachstum erforderlichen Schwellenwert von 80 % ansteigen kann, bis hin zu einem Wert von 100 %. Dann kommt es zum Ausfall von Tauwasser.

3.3.14.1 Raumseitige Oberflächentemperaturen im Bereich von Wärmebrücken

Die innenseitige Oberflächentemperatur von Bauteilen errechnet sich nach der Formel:

$$\theta_{si} = \theta_i - [U_{WB} \cdot R_{si} \cdot (\theta_i - \theta_e)] \tag{3.1}$$

mit
θ_{si} Oberflächentemperatur innen in °C
θ_i Raumlufttemperatur innen in °C
U_{WB} Wärmedurchgangskoeffizient in $W/(m^2 \cdot K)$
R_{si} Wärmeübergangswiderstand innen in $m^2 \cdot K/W$
θ_e Lufttemperatur außen in °C

Die DIN EN ISO 13788 „Wärme- und feuchtetechnisches Verhalten von Bauteilen und Bauelementen – Raumseitige Oberflächentemperatur zur Vermeidung kritischer Oberflächenfeuchte und Tauwasserbildung im Bauteilinneren – Berechnungsverfahren (ISO 13788:2012)“ (2013) macht dazu folgende Vorgaben:

DIN EN ISO 13788 (2013), S. 12:

„4 Eingabedaten für die Berechnungen

[...]

4.4 Wärmeübergangswiderstände

4.4.1 Wärmeübertragung

Für R_{se} ist ein Wert von 0,04 $m^2 \cdot K/W$ anzusetzen.

Für Tauwasserbildung oder Schimmelbefall auf lichtundurchlässigen Oberflächen ist ein Wärmedurchlasswiderstand an raumseitigen Oberflächen von 0,25 $m^2 \cdot K/W$ anzusetzen, um die Auswirkungen von Ecken, Möbeln, Vorhängen oder abgehängten Decken zu repräsentieren, sofern keine nationalen Normen existieren.

Die in [Tabelle 3.25] *angegebenen Werte von R_{si} sind für die Beurteilung der Tauwasserbildung im Bauteilinneren bzw. der Tauwasserbildung an Oberflächen von Fenstern und Türen anzuwenden.“*

(Anmerkung: Richtigerweise müsste es im Normtext Wärmeübergangswiderstand anstelle von Wärmedurchlasswiderstand heißen.)

Tabelle 3.25: Raumseitiger Wärmedurchlasswiderstand für die Beurteilung der Tauwasserbildung im Bauteilinneren bzw. die Tauwasserbildung an Oberflächen von Fenstern und Türen (Quelle: DIN EN ISO 13788 [2013], S. 12)

Richtung des Wärmestroms	Wärmedurchlasswiderstand in $m^2 \cdot K/W$
aufwärts	0,10
horizontal	0,13
abwärts	0,17

Für die Untersuchung der Oberflächentemperaturen hinter Kleiderschränken vor Außenwänden, die z. B. in ihrer Tiefe von 60 cm mit Schafwollepullovern gefüllt sein können, sind die o. g. R_{si}-Werte jedoch zu gering.

Bei der Ermittlung des Temperaturfaktors f_{Rsi} muss der behinderten Versorgung der Oberflächen mit Wärme dadurch Rechnung getragen werden, dass die Wärmeübergangswiderstände R_{si} situativ variiert werden. Nach Marquardt u. a. kann bei der Berechnung von den in Tabelle 3.26 aufgeführten Werten ausgegangen werden (Marquardt, 2003).

Tabelle 3.26: Wärmeübergangswiderstände R_{si} bei verschiedenen Raumsituationen

Normen	Raumsituationen	R_{si} in $m^2 \cdot K/W$
DIN 4108-3	aufwärts und horizontal gerichteter Wärmestrom	0,13
DIN 4108-3	abwärts gerichteter Wärmestrom	0,17
DIN 4108-3	allgemein, z. B. zweischaliges Mauerwerk mit Luftschicht	0,04
	• in Raumecken	0,20
	• bei Gardinen vor einer Wand	0,25
DIN 4108-2, Oberflächentemperaturberechnung	allgemein	0,25
	• bei frei stehenden Schränken vor einer Wand	0,50
	• bei Einbauschränken vor einer Wand	1,00

3.3.14.2 Ursachen von Wärmebrücken

Im Folgenden werden verschiedene Entstehungsursachen von Wärmebrücken beschrieben.

Durchstoßen von Massivbauteilen durch die Wärmedämmung

Dabei handelt es sich um massive Bauteile mit hoher Wärmeleitfähigkeit, die die Wärmedämmschichten ungeplant durchstoßen. Dadurch dienen sie als Wärmebrücken.

Fehlerhafte Bauteilanschlüsse

Fehlerhaft geplante Bauteilanschlüsse, bei denen massive Bauteile mit hoher Wärmeleitfähigkeit keine ausreichende Trennung zwischen Innen und Außen gewährleisten, wirken als Wärmebrücken.

Durchfeuchtungen

Durchfeuchtungen der Wärmedämmschicht oder der Außenwandbauteile im Zusammenwirken mit entstehender Verdunstungskälte an den Bauteiloberflächen stellen thermodynamische Wärmebrücken dar. Gleichzeitig wird durch die Feuchte die Wärmeleitfähigkeit verbessert und damit die Wärmedämmwirkung vermindert.

Fehlerhafte Wärmedämmung belüfteter Dächer

Bei belüfteten Dächern kann die fehlerhafte Anordnung der Wärmedämmung dazu führen, dass Kaltluft durch die Anschluss- und Stoßfugen der Wärmedämmung hindurch auf deren Warmseite gerät. Auf diese Weise wird die wärmedämmende Schicht unter- oder hinterströmt. Die auf der Innenseite der Wärmedämmung liegenden, oft in Leichtbauweise erstellten Bauteile kühlen dann unzulässig stark ab. Die Folgen zeigen beispielhaft die Abb. 3.123 bis 3.126.

Nicht abgeschottete Deckenhohlräume bei Holzbalkendecken

Auch bei Holzbalkendecken und bei Zangenlagen in Dachgeschossen kann es zur Durchströmung der Hohlräume mit Kaltluft kommen, wenn die Außenflächen der Hohlräume nicht gegen die Luftschicht außerhalb der Wärmedämmung abgeschottet sind.

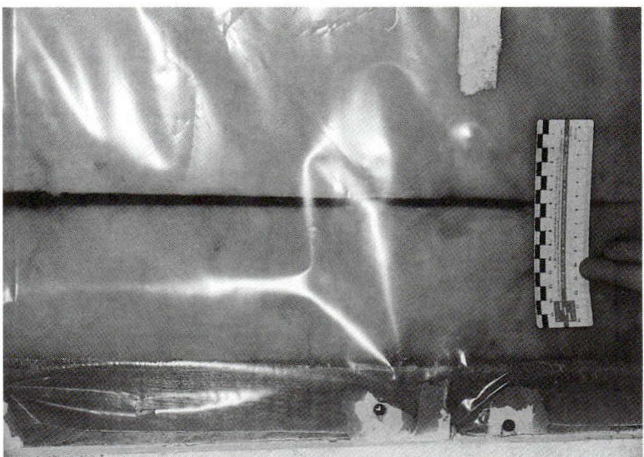

Abb. 3.123: Nach unten in der Dachschräge abgerutschte Mineralfaserdämmung. Die Kaltluft gerät hier bis an die Rückseite der Gipskartonplatten und hat zu einer linearen Verfärbung auf den Gipskartonplatten der Raumseite geführt (nicht gezeigt).

Abb. 3.124: Schimmelpilzbildung auf einer Abseitenverkleidung aus Gipskarton aufgrund einer klaffenden Lücke in der Dämmstoffebene

Abb. 3.125: Freigelegte klaffende Lücke in der Dämmstoffebene (siehe Abb. 3.124)

Abb. 3.126: Dachgeschossausbau, bei dem die Abseitenwände aus Kalksandstein-Mauerwerk zum kalten Dachhohlraum hin ungedämmt belassen wurden. Ein hygrothermischer Schaden in der dahinter liegenden Küche ist nahezu unvermeidbar.

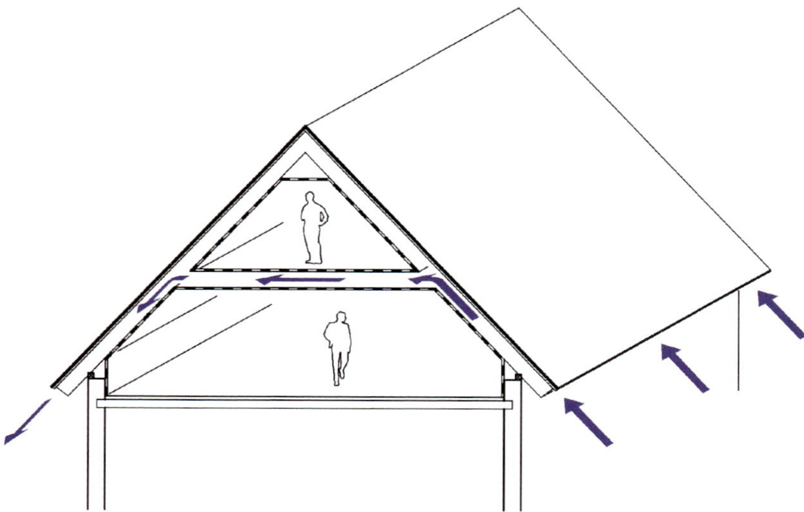

Abb. 3.127: Durchströmung der Hohlräume einer Geschossdecke in Zangenebene, Prinzipskizze

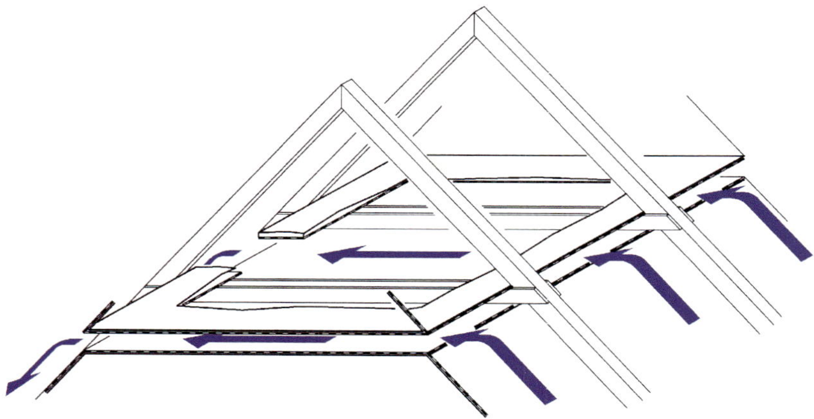

Abb. 3.128: Durchströmung der Hohlräume einer Geschossdecke in Zangenebene, Detailskizze

Wenn die luftdichte Schicht der Gebäudehülle durch die Dampfsperrebene des Innenausbaus gebildet wird, können sowohl Dachgeschoss als auch Spitzboden jeweils für sich funktionsfähig ausgebaut und abgedichtet sein. Blower-Door-Messungen zeigen dabei innerhalb der geschlossenen Systeme keine Auffälligkeiten. Gleichwohl findet unter Windeinwirkung eine zulässige Kaltluftdurchströmung des Daches von der Luv- zur Leeseite hin

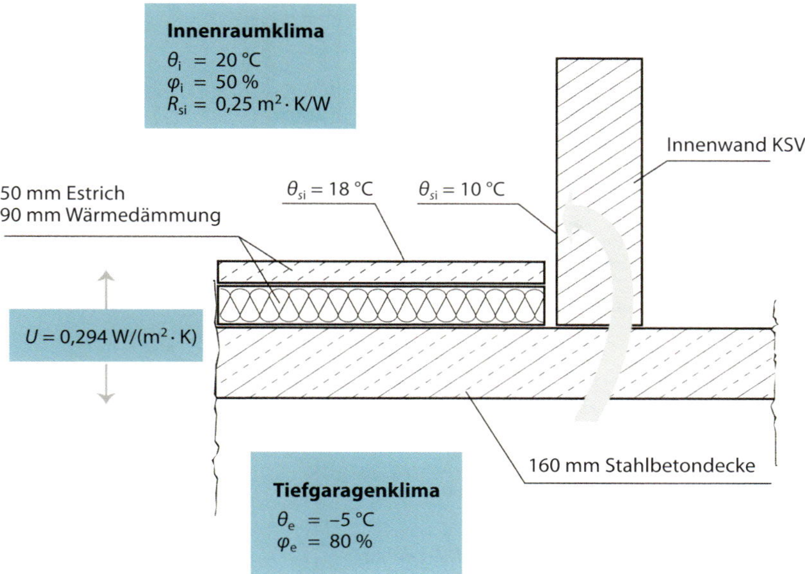

KSV Verband Schweizer Kalksandstein Produzenten
θ_i Raumlufttemperatur innen
θ_e Lufttemperatur außen
θ_{si} Oberflächentemperatur innen
$\varphi_{i/e}$ relative Luftfeuchte innen/außen
R_{si} Wärmeübergangswiderstand innen
U Wärmedurchgangswiderstand

Abb. 3.129: Wärmedurchgang bei ungedämmten Tiefgaragendecken, Randbedingungen nach DIN 4108-2 „Wärmeschutz und Energie-Einsparung in Gebäuden – Wärmebrücken – Planungs- und Ausführungsbeispiele" (1998)

außerhalb der Wärmedämmebene statt. Dabei wird dann zwangsläufig, aber unzulässig, auch der waagerechte Deckenhohlraum entsprechend den Abb. 3.127 und 3.128 durchströmt. In der Folge sinken die Bauteiloberflächen-Temperaturen sowohl an der Deckenunterseite zum Dachgeschoss hin als auch auf der Fußbodenoberfläche im Spitzboden stark ab.

Massive Wände auf ungedämmter Tiefgaragen-Stahlbetondecke

Wärmebrücken entstehen auch dort, wo massive Außen- und Innenwände unmittelbar auf der ungedämmten Stahlbetondecke oberhalb einer kaltluftdurchspülten Tiefgarage stehen. Wenn die Decke im Winterhalbjahr abkühlt, sinken auch die Isothermentemperaturen im Wandquerschnitt. Insbesondere die raumseitige Oberflächenzone unmittelbar oberhalb des Fußbodens gerät in den tauwasserträchtigen Temperaturbereich (siehe Abb. 3.129).

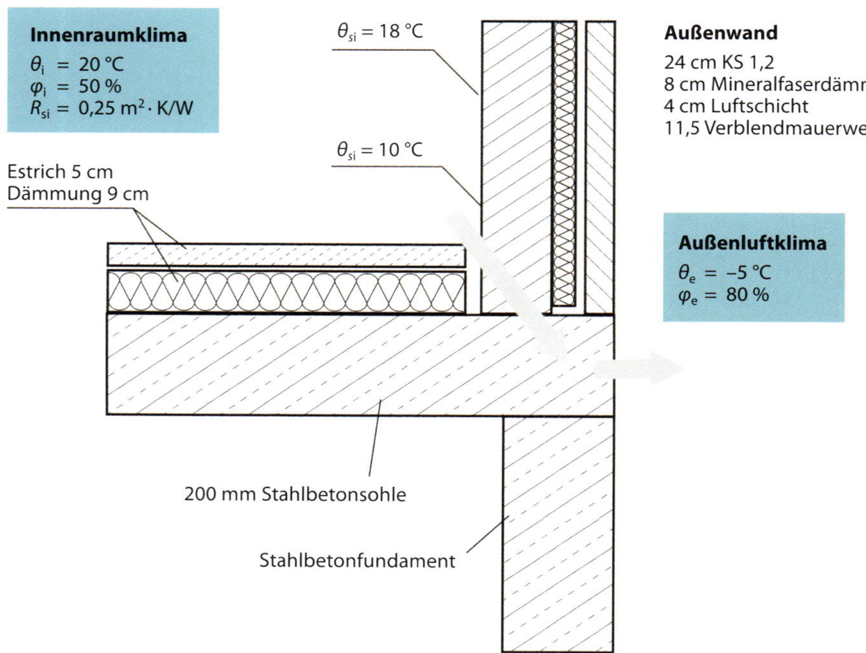

KS Kalksandstein
θ_i Raumlufttemperatur innen
θ_e Lufttemperatur außen
θ_{si} Oberflächentemperatur innen
$\varphi_{i/e}$ relative Luftfeuchte innen/außen
R_{si} Wärmeübergangswiderstand innen

Abb. 3.130: Wärmedurchgang bei freien Stahlbetonsohlen-Außenkanten, Randbedingungen nach DIN 4108-2 (2003)

Freie Stahlbeton-Sohlenaußenkanten

Stahlbetonsohlplatten, die mit ihrer umlaufenden freien Stirnseite im Außenbereich ohne eine thermische Trennung münden, stellen mit ihren kurzen Durchgangswegen ebenfalls Brücken für die Wärme dar. Die massiven Außenwände stehen auf der durchkühlten Stahlbetonsohlplatte auf und die raumseitigen Wandoberflächentemperaturen sinken dadurch lokal auf Temperaturen unterhalb des Taupunkts ab, insbesondere im unmittelbaren Aufstandsbereich. Gleichzeitig liegen die Oberflächentemperaturen weiter oben im unkritischen Bereich (siehe Abb. 3.130).

Es ist den Mietern zumindest teilweise zumutbar, Wärmebrücken durch ein angepasstes Heiz- und Lüftungsverhalten entgegenzuwirken (LG Bonn, Urteil vom 12.11.1990 – 6 S 76/90).

3.3.15 Ursache HK7: unterdimensionierte Lüftungsmöglichkeiten

Über die typischen Symptome und die Abhilfe schaffenden Maßnahmen bei unterdimensionierten Lüftungsmöglichkeiten gibt Tabelle 3.27 einen Überblick.

Tabelle 3.27: „Steckbrief" der Ursache HK7: unterdimensionierte Lüftungsmöglichkeiten

typische Symptome	Maßnahmen	Einflussbereich	
		Nutzer	Eigentümer
Tauwasserausfall auf der Isolierverglasung	Nachrüsten zusätzlicher Lüftungsmöglichkeiten		x
hyperbelförmiger Schimmelpilzbefall in Außenwandecken			x
hyperbelförmiger Schimmelpilzbefall an Fensterleibungen			x
Tauwasser auf der Fensterbank			x
Quellverformungen an Holzbauteilen			x

Abb. 3.131: Badfenster, das sich nur in Kippstellung öffnen lässt, mit einer Öffnungsbreite von ca. 6 cm

Abb. 3.132: Häufig anzutreffende Lösung bei Altbausanierungen: unzureichende Lüftungsmöglichkeit mit Glasbausteinen für ein Duschbad

Unzureichend dimensionierte Fenster

Insbesondere bei Sanierung von Altbauten und bei Dachgeschossausbauten zu Wohnzwecken wird dem notwendigen Lüftungsbedarf nicht in ausreichendem Maße Sorge getragen. Die Folge sind Fenster, die sich nur kippen, nicht aber in Drehrichtung öffnen lassen, oder zu kleine Fenster mit begrenztem Öffnungswinkel (siehe Abb. 3.131 bis 3.135). Der freie Querschnitt reicht im Verhältnis zum Raumvolumen nicht aus, um über die Stoßlüftung einen ausreichenden Abtransport der Feuchtluft zu sichern.

Abb. 3.133: Weiteres Beispiel für ein Duschbad mit Fenster aus Glasbausteinen

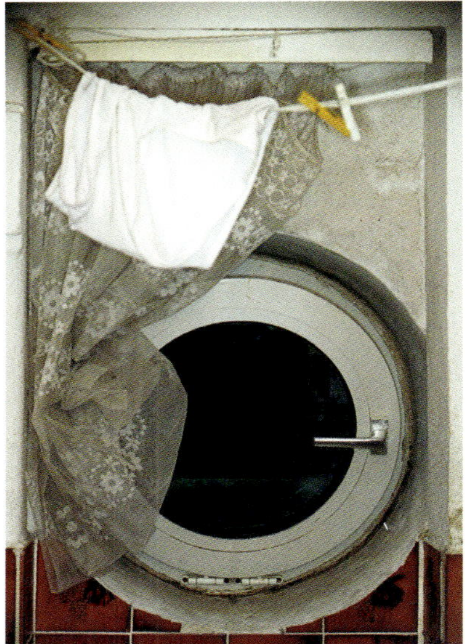

Abb. 3.134: Unzureichende Lüftungsmöglichkeit für ein Duschbad durch ein Rundfenster, das nur durch Kippen geöffnet werden kann

Abb. 3.135: Die Außenwand ersetzt die Duschkabinenwand und der Fensterflügel des Badezimmers läuft beim Öffnen in Drehrichtung gegen eine Wandvorlage. Es besteht keine Möglichkeit einer ausreichenden Belüftung für die Mieter.

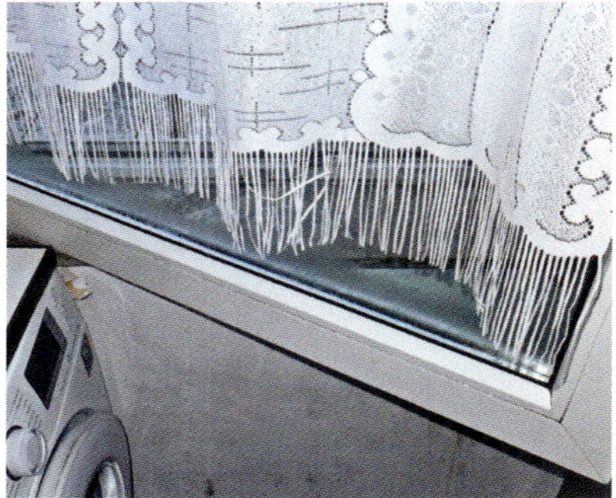

Abb. 3.136: Der Fensterflügel sich lässt wegen der Waschmaschine nur bis zu einem Öffnungswinkel von ca. 30° öffnen.

Ganz anders stellt sich die Situation dar, wenn ein Fenster durch den Nutzer der Wohnung mit Mobiliar zugestellt wird und sich deshalb nicht mehr ausreichend öffnen lässt (siehe Abb. 3.136).

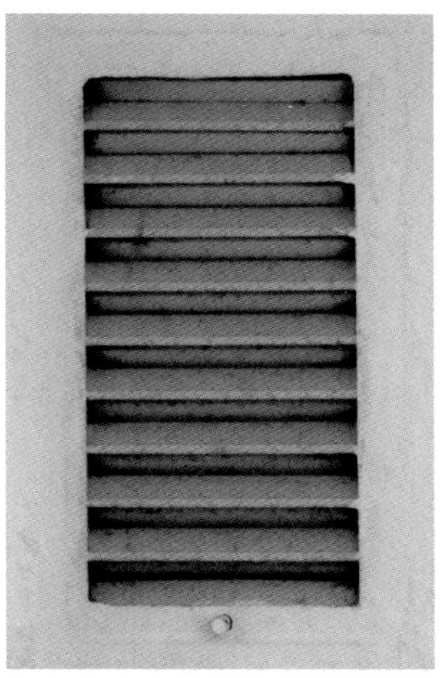

Abb. 3.137: Schachtentlüftung mit verstellbarer Jalousie

Unzureichende Einzelschachtanlagen ohne Ventilatoren in innen liegenden Bädern und Küchen

Innen liegende Bäder, die überhaupt nicht be- und entlüftet sind, stellen einen gravierenden Mangel dar. Bei Gebäuden älterer Bauart sind häufig noch Schwerkraftschachtlüftungen ohne Ventilatoren entsprechend der DIN 18017-1 „Lüftung von Bädern und Toilettenräumen ohne Außenfenster – Teil 1: Einzelschachtanlagen ohne Ventilatoren" (1987) anzutreffen, erkennbar an fest eingebauten, oft starren Lüftungsgittern, manchmal auch mit verstellbaren Jalousien, in den Wänden unterhalb der Decke (siehe Abb. 3.137).

Eine Schachtentlüftung ist eine Einrichtung der freien Lüftung. Sie trägt mit zu dem Gesamt-Außenluftvolumenstrom bei, der laut DIN 1946-06 folgendermaßen definiert ist:

DIN 1946-06 (2009), S. 9–14:

„3 Begriffe, Abkürzungen und graphische Symbole

3.1 Begriffe

[…]

3.1.19 Gesamt-Außen-Luftvolumenstrom

$q_{v,\,ges}$

in der Nutzungseinheit insgesamt wirksamer Luftvolumenstrom, der aus geplanter freier bzw. ventilatorgestützter Lüftung einschließlich Infiltration resultiert

Anmerkung: Der Luftvolumenstrom wird in m^3/h bzw. m^3/s angegeben."

Das Funktionsprinzip einer Schachtentlüftung basiert zum einen auf dem thermischen Auftrieb, der dadurch entsteht, dass eine Temperaturdifferenz aufgrund des Höhenunterschieds zwischen der Lufteintrittsöffnung in der Wohnung und der oberen Schachtmündung an der Außenluft entsteht. Je größer die wirksame Schachthöhe, desto größer ist die Lüftungseffizienz. Zum anderen fördert ein Luftdruckunterschied zwischen der Innenraumluft und der Außenluft den zwangsweisen Luftaustausch. Bestimmte Wetterlagen können sich aber auch nachteilig auswirken, wenn ein negativer Luftdruckunterschied entsteht.

Unter diesen Bedingungen ist grundsätzlich eine ausreichende Entlüftung möglich. Bei sommerlichem Klima entsteht jedoch kein Auftrieb im Schacht. Damit kann die Entsorgung feuchter Luft nicht stattfinden. Es kann sogar zu einem Umkehrluftstrom kommen, mit der Folge, dass die feuchtwarme Außenluft an kühlen Innenwänden zum Tauwasserausfall führt.

Da das Wirkungsprinzip der freien Auftriebslüftung aber außerdem zwingend voraussetzt, dass in ausreichender Menge Luft nachströmen kann, stellt der nachträgliche Einbau moderner, dicht schließender Fenster einen erheblichen Eingriff in das Zwangslüftungskonzept innen liegender Nassräume dar. Aufgrund des Zuluftdefizits findet eine automatische Abluftentsorgung dann nur noch sehr eingeschränkt statt.

Abweichend von früheren Ausgaben wurde daher in der inzwischen zurückgezogenen DIN 18017-1 seit 1987 gefordert, dass neben dem Abluftschacht auch ein Zuluftschacht hergestellt wird:

DIN 18017-1 (1987), S. 1–2:

„2 Grundsätze für die Ausführung der Einzelschachtanlage

Für jeden zu lüftenden Raum ist ein eigener Zuluftschacht und ein eigener Abluftschacht einzubauen.

[…]

5 Zuluftöffnung

Die Zuluftöffnung muss einen freien Querschnitt von mindestens 150 cm² haben. […]

6 Abluftöffnung

Die Abluftöffnung muss einen lichten Querschnitt von mindestens 150 cm² haben und muss möglichst nahe unter der Decke angeordnet sein.“

Da eine Schachtentlüftung eine vom Mieter nicht zu beeinflussende Konstante in der Feuchtebilanz darstellt, scheidet ein fehlerhaftes Nutzerverhalten als Ursache eines Schimmelpilzbefalls regelmäßig aus (LG Bochum, Urteil vom 08.11.1991 – 5 S 100/91). Anders verhält es sich allerdings, wenn der Mieter die Lüftungseinrichtungen außer Kraft setzt, indem die Lüftungsöffnungen übertapeziert oder auf andere Weise verschlossen werden (siehe Abb. 3.138 bis 3.141). Denn nicht selten werden sowohl Schachtlüftungen als auch ventilatorgesteuerte Lüftungen von den Nutzern als störend empfunden und es wird geargwöhnt, dass über die Lüftungseinrichtungen kostbare Wärme entweicht.

Abb. 3.138: Intensive Feuchteschädigung an der Badezimmertür einer Altbauwohnung

Abb. 3.139: Lüftung war im Badezimmer aus Abb. 3.138 nur über 10 cm große Lüftungssiebe zu den Nachbarräumen möglich, die aber bereits durch die Nutzer übertapeziert worden waren.

Abb. 3.140: Erst nach dem Abnehmen der Lüfterabdeckung erkennbare Manipulation durch den Mieter

Abb. 3.141: Die Schachtentlüftung wurde mit einer Fischkiste verschlossen (siehe Abb. 3.140).

Im Fall eines Ortstermins, den der Autor im Hamburger Umland durchzuführen hatte, war der Lüftungsschacht sogar infolge einer Nutzungsänderung zum Depot für den Eigenbedarf des Mieters an Betäubungsmitteln umgewidmet worden.

Unterdimensionierte Entlüftungsanlagen in innen liegenden Bädern und Küchen

Auch unterdimensionierte motorische Badentlüfter oder solche, die sich durch die Bewohner gemeinsam mit der Lichtschaltung oder auch separat abschalten lassen, sind einer positiven Feuchtebilanz unzuträglich. Die DIN 18017-3 „Lüftung von Bädern und Toilettenräumen ohne Außenfenster – Teil 3: Lüftung mit Ventilatoren" (2009) gibt dazu Folgendes vor:

DIN 18017-3 (2009), S. 9–10:

„4 Grundsätzliche lüftungstechnische und hygienische Anforderungen

4.1 Abluftvolumenströme

4.1.1 Planmäßige Mindest-Abluftvolumenströme

Entlüftungsanlagen zur Entlüftung von Bädern, auch mit Klosettbecken, können wahlweise, je nach Ausführungsart und Betriebsweise, für folgende planmäßigen Mindest-Abluftvolumenströme q_v *ausgelegt werden:*

40 m³/h; der Abluftvolumenstrom muss dauernd abgeführt werden. Der Abluftvolumenstrom darf in Zeiten geringen Luftbedarfs, vorwiegend nachts, jedoch nicht mehr als 12 Stunden je Tag, um die Hälfte reduziert werden.

oder:

60 m³/h; dieser Abluftvolumenstrom muss bei bedarfsgeführten Entlüftungsanlagen während der Nutzung abgeführt werden. Der Abluftvolumenstrom darf in Zeiten geringen Luftbedarfs reduziert werden.

Der Abluftvolumenstrom muss in Zeiten geringen Luftbedarfs entweder dauernd mindestens 15 m³/h Abluftvolumenstrom betragen oder im regelmäßigen Intervallbetrieb als Mittelwert über 24 h ohne Berücksichtigung einer Nutzung, ebenfalls mindestens 15 m³/h betragen. Bei Intervallbetrieb darf das Lüftungssystem nicht länger als jeweils 1 h ausgeschaltet sein.

Der Abluftvolumenstrom darf in Zeiten geringen Luftbedarfs auf 0 reduziert werden, wenn bei normaler Nutzung eines Bades, z. B. ohne zusätzliche Wäschetrocknung (geringer Feuchteanfall), oder eines Toilettenraumes das Gebäude einem Wärmeschutzstandard entspricht, der mindestens den Anforderungen der Wärmeschutzverordnung 1995 oder besser entspricht und wenn nach jedem Ausschalten des Lüftungsgerätes weitere 15 m³/h Luft über die Entlüftungsanlage aus dem zu lüftenden Raum abgeführt werden. Ausgenommen davon sind Küchen und Kochnischen.

Bei Toilettenräumen dürfen die genannten Mindest-Abluftvolumenströme halbiert werden.

Für Kochnischen und Küchen mit Fenstern können die Mindest-Abluftvolumenströme für Bäder angesetzt werden. Für die Lüftung von Küchen mit und ohne Fenster siehe auch DIN 1946-6.

Abb. 3.142: Innen liegendes Bad in einem Einfamilienhaus-Neubau ohne Be- und Entlüftung. Die Decke grenzt an den unbeheizten Dachboden.

Bedarfsgeführte Entlüftungsanlagen, die mit einem geeigneten Raumluftsensor nach Bedarf gesteuert werden, sollen dauernd Abluftvolumenströme zwischen den Werten bei Nutzung und mindestens 15 m^3/h fördern.

4.1.2 Größte Volumenströme

Größere planmäßige Abluftvolumenströme als die doppelten Volumenströme nach 4.1.1 sind durch die Aufgabe, innen liegende Bäder und Toilettenräume ordnungsgemäß zu entlüften, nicht gerechtfertigt.“

Häufig sind in der Praxis Lüfter mit einer Luftleistung von 40 m^3/h anzutreffen, die über die Lichtschaltung gesteuert werden und damit unterdimensioniert sind. Es besteht allerdings die Möglichkeit, die unterdimensionierten Lüfter nachrüsten zu lassen. Zum einen kann bei verschiedenen Fabrikaten durch Umpolung die Leistung erhöht werden. Dies geschieht in den meisten Fällen im Werk, d. h., das Gerät muss ausgebaut, verschickt und wieder eingebaut werden. Zum anderen kann nach Erhöhung der Drehzahl auch eine Feuchtesteuerung eingebaut werden. Der Fühler sitzt innerhalb des Geräts und ist von außen nicht sichtbar.

Ein fensterloses Badezimmer, das völlig ohne jegliche Lüftungsmöglichkeit errichtet wurde (siehe Abb. 3.142), entspricht nicht den anerkannten Regeln der Technik.

Abb. 3.143: Deckendurchfeuchtung am Einzelraumlüfter aufgrund einer Kondensatbildung im Abluftrohr

Abb. 3.144: Ungedämmter Abluftstrang im kalten Spitzbodenbereich mit unterdimensionierter Kondensatauffangschale

Ungedämmte Abluftschächte

Abluftrohre, die durch unbeheizte Dachböden geführt werden, müssen wärmegedämmt werden, um einen Kondensatrücklauf zu vermeiden (siehe Abb. 3.143 und 3.144).

Lagebedingt eingeschränkte Fensterlüftungsmöglichkeiten

Wenn alle Fenster einer Wohnung, die geöffnet werden können, nur zu einer Himmelsrichtung ausgerichtet sind, z. B., weil das Gebäude am Hang gebaut wurde, ist eine Querlüftung von Luv nach Lee aus rein baulich bedingten Gründen nicht möglich.

3.3.16 Ursache HK8: Anfangsfeuchte im Neubau

Die Symptome dieser Ursache treten teilweise in der gleichen Form auf wie bei der Ursache HN1 (siehe Kapitel 3.3.1, siehe Tabelle 3.28).

Tabelle 3.28: „Steckbrief" der Ursache HK8: Anfangsfeuchte im Neubau

typische Symptome	Maßnahmen	Einflussbereich	
		Nutzer	Eigentümer
Tauwasserausfall auf der Isolierverglasung	Lüften	x	
	technische Trocknung		x

Tabelle 3.28 (Fortsetzung)

typische Symptome	Maßnahmen	Einflussbereich	
		Nutzer	Eigentümer
hyperbelförmiger Schimmelpilzbefall in Außenwandecken	Lüften	x	
	technische Trocknung		x
hyperbelförmiger Schimmelpilzbefall an Fensterleibungen	Lüften	x	
	technische Trocknung		x
Schimmelpilzbefall an der unteren Verglasungsdichtung	Lüften	x	
	technische Trocknung		x
Tauwasser auf der Fensterbank	Lüften	x	
	technische Trocknung		x
Quellverformungen an Holzbauteilen	Lüften	x	
	technische Trocknung		x
Schimmelpilzbefall auf Inventar	Lüften	x	
	technische Trocknung		x

Die Praxis zeigt, dass in der Anfangszeit nach Bezug in den jungen Gebäuden eine erhöhte Luftfeuchte dadurch entsteht, dass Baufeuchte über Diffusionsvorgänge aus den Bauteilquerschnitten an das Raumluftklima abgegeben wird. Die Geschwindigkeit der Diffusionsvorgänge und damit der Zeitraum, in dem die Austrocknung des Baukörpers stattfindet, sind abhängig von den beiden Faktoren

- Feuchtegehalt der Bauteile (ausführungsbedingt) und
- Niveau der relativen Raumluftfeuchte in Nutzung (nutzungsbedingt).

3.3.16.1 Begriffsdefinitionen

Grundsätzlich ist eine erhöhte Bauteilfeuchte zum Zeitpunkt der Abnahme unvermeidbar, da das Anmachwasser von Beton, Estrich, Mörtel und Putz erst allmählich aus den Bauteilquerschnitten entweichen kann. Gleichzeitig werden die Lieferbaustoffe nicht mit ihrer Ausgleichsfeuchte angeliefert, sondern mit ihrem produktionsbedingten Feuchtegehalt. Beispielsweise wird Porenbeton werkseitig mit einer Massefeuchte von 25 bis 30 % ausgeliefert.

Baufeuchte

Alle produktionsbedingt unvermeidbar in das Bauwerk eingetragenen Feuchtemengen können somit unter dem Begriff Baufeuchte als hinnehmbar gelten. Unter üblicher Baufeuchte ist also diejenige Feuchte zu verstehen, die regelmäßig unvermeidbar mit dem Anmachwasser von Mauermörtel, Putzmörtel, Beton und Estrich in den Baukörper eingetragen wird.

Unter Beachtung entsprechender Sorgfaltspflichten durch den Unternehmer und die Bauleitung wird vorausgesetzt, dass eine nachhaltige Durchfeuchtung von Bauteilen infolge von Niederschlagswasser durch bereichsweises Abdecken der Bauteile und durch Notentwässerungen grundsätzlich vermieden werden kann. Einer besonderen vertraglichen Vereinbarung bedarf es dafür nicht.

Ausgleichsfeuchte oder praktischer Feuchtegehalt

Der Wassergehalt, der sich nach einiger Zeit in einem Baustoff bei gleich bleibender relativer Feuchte einstellt, wird als Gleichgewichtsfeuchte oder praktischer Feuchtegehalt bezeichnet.

Die Ausgleichsfeuchte oder der praktische Feuchtegehalt von Baustoffen wurde in der DIN V 4108-4 „Wärmeschutz und Energie-Einsparung in Gebäuden – Teil 4: Wärme- und feuchteschutztechnische Kennwerte" (1998) definiert. Diese Norm ist bereits zurückgezogen und in der aktuellen Fassung DIN 4108-4 „Wärmeschutz und Energie-Einsparung in Gebäuden – Teil 4: Wärme- und feuchteschutztechnische Bemessungswerte" (2013) wird der Begriff Ausgleichsfeuchte zwar benutzt, aber nicht mehr definiert.

DIN V 4108-4 (1998), S. 134:

„Ausgleichsfeuchtegehalte und Zuschlagswerte von Baustoffen:

Tabelle A.1: Praktische Feuchtegehalte von Baustoffen

[...]

1) Unter Ausgleichsfeuchtegehalt wird der Feuchtegehalt verstanden, der bei der Untersuchung genügend ausgetrockneter Bauten, die zum dauernden Aufenthalt von Personen dienen, in 90 % aller Fälle nicht überschritten wird, oder der Feuchtegehalt, der nach DIN EN ISO 12570 bestimmt wurde."

Feuchte Baustoffe leiten Wärme besser als trockene. In den Berechnungsverfahren zum Tauwassernachweis und für den Wärmedurchgang wird von Materialkennwerten ausgegangen, die der Ausgleichsfeuchte entsprechen. Bei einer abweichend höheren Baustofffeuchte wird der theoretisch vorausgesetzte Wärmedämmwert in der Praxis nicht erreicht. Infolge der feuchtebedingt erhöhten Wärmeleitfähigkeit kann es obendrein in der kalten Jahreszeit zu einem Tauwasserausfall oder zur Kapillarkondensation kommen, mit einer kumulativen Feuchteanreicherung im Material (siehe Abb. 3.145 bis 3.147). Sofern daher z. B. der Wandbildner selbst als Wärmedämmung dient, wie es bei Porenbeton der Fall sein kann, müssen ggf. vor Bezug besondere Trocknungsmaßnahmen eingeleitet werden, um ein Aufschaukeln des Feuchtegehalts zu verhindern. Hinweise gibt die DIN 4108-3.

Abb. 3.145: Neubaufeuchte durch Kondensatbildung an raumseitigen Bauteiloberflächen mit geringen Oberflächentemperaturen (hier: Ansicht der Deckenunterseite). Das Gebäude wurde als Winterbaumaßnahme partiell beheizt, um die Putz- und Estricharbeiten ausführen zu können.

Abb. 3.146: Ansicht der Fensterleibung (siehe Abb. 3.145)

Abb. 3.147: Ansicht der Innenwand (siehe Abb. 3.145)

DIN 4108-3 (2014), S. 6:

„1 Anwendungsbereich

[...]

Das hier zugrunde liegende stationäre Verfahren zur Berechnung von Diffusionsvorgängen nach Glaser ist nicht anwendbar bei klimatisierten Wohn- oder wohnähnlich genutzten Räumen und erdberührten Bauteilen, begrünten Dachkonstruktionen sowie zur Berechnung des natürlichen Austrocknungsverhaltens, wie z. B. im Fall der Abgabe von Rohbaufeuchte oder der Aufnahme von Niederschlagswasser.“

Bereits unsere Vorfahren waren sich des Umstands bewusst, dass die Ausgleichsfeuchte erst nach 2 bis 3 Jahren erreicht ist. Neubauwohnungen wurden zu Ende des 19. Jahrhunderts und zu Beginn des 20. Jahrhunderts zunächst für die ersten Jahre zu erheblich herabgesetzten Mietpreisen an sog. Trockenmieter vermietet, die sich die regulären Mieten nicht leisten konnten. Diese Erstmieter litten infolge ihrer ständig feuchten Umgebung häufig an entsprechenden Erkrankungen.

Diffusion

Der im Innenraum vorhandene Wasserdampf bewegt sich in Richtung von Zonen mit geringerer Wasserdampfkonzentration. Dabei ist er in der Lage, auch Bauteile mit geringer Diffusionsdichte von innen nach außen zu durchdringen. Gelangt der Dampf auf diese Weise aufgrund des Temperaturgefälles im Bauteilquerschnitt in die Taupunktzone, findet dort ein Tauwasserausfall statt. In der DIN 4108 sind die Nachweisverfahren geregelt, die darüber Auskunft geben, ob die in der Tauperiode entstehende Feuchte im Bauteil während der Verdunstungsperiode wieder entweicht oder ob sie sich dauerhaft schädlich auf die Konstruktion auswirkt.

In der Baupraxis führen durchfeuchtete Wandquerschnitte auch generell zu erhöhten Raumluftfeuchten, denen Nutzer nur durch übermäßiges Heiz- und Lüftungsverhalten entgegentreten können.

3.3.16.2 Regelung des Feuchtegehalts im Bauteilquerschnitt

Aus diesen Betrachtungen ergibt es sich, dass Wandkonstruktionen in theoretischer Hinsicht anhand der Berechnung mit dem Glaser-Verfahren zwar den Erfordernissen der DIN 4108 und damit auch den allgemein anerkannten Regeln der Technik noch entsprechen können. Jedoch wird weder ein Sicherheitsbeiwert für eine in der Praxis vorkommende hohe Anfangsfeuchte des Gasbetons berücksichtigt noch die Möglichkeit einer erhöhten nutzerseitigen Raumluftfeuchte einräumt. Bei veränderten Anfangsparametern kann es demnach zu einem Aufschaukeln des Feuchtegehalts im Bauteilquerschnitt kommen. Hinweise gibt die DIN 4108-3.

DIN 4108-3 (2014), S. 12–14:

„5 Vermeidung kritischer Luftfeuchten an Bauteiloberflächen und von Tauwasserbildung im Inneren von Bauteilen

[…]

5.2 Tauwasserbildung im Inneren von Bauteilen

[…]

5.2.1 Anforderungen

Tauwasserbildung im Inneren von Bauteilen, die durch Erhöhung der Stoff-Feuchte von Bau- und Wärmedämmstoffen zu Materialschädigungen oder zu Beeinträchtigungen der Funktionssicherheit führt, ist zu vermeiden. Sie gilt als unschädlich, wenn die wesentlichen Anforderungen, z. B. Wärmeschutz, Standsicherheit, sichergestellt sind. Dies wird in der Regel erreicht, wenn die in a) bis d) aufgeführten Bedingungen erfüllt sind:

- *a) Die Baustoffe, die mit dem Tauwasser in Berührung kommen, dürfen nicht geschädigt werden (z. B. durch Korrosion, Pilzbefall);*
- *b) das während der Tauperiode im Innern des Bauteils anfallende Wasser muss während der Verdunstungsperiode wieder an die Umgebung abgegeben werden können, d. h.* $M_c \leq M_{ev}$*;*
- *c) bei Dächern und Wänden gegen Außenluft sowie bei Decken unter nicht ausgebauten Dachräumen darf im Bauteilquerschnitt eine maximale*

flächenbezogene Tauwassermasse M_c von insgesamt 1,0 kg/m² (allgemein) bzw. 0,5 kg/m² (an Berührungsflächen von Schichten, von denen mindestens eine nicht kapillar wasseraufnahmefähig ist) nicht überschritten werden. Festlegungen für Holzbauteile siehe DIN 68800-2;

ANMERKUNG: Kapillar nicht wasseraufnahmefähige Schichten sind z. B. Metalle, Folien und Normalbeton nach DIN 1045-2, die überwiegende Zahl der Dämmstoffe aus Schaumkunststoffen oder Mineralwolle oder Stoffe mit $W_w < 0{,}5$ kg/(m² · $h^{0,5}$).

d) bei Holz ist eine Erhöhung des massebezogenen Feuchtegehaltes u um mehr als 5 %, bei Holzwerkstoffen um mehr als 3 % unzulässig. Diese Grenzen gelten nicht für Holzwolle-Leichtbauplatten und Mehrschicht-Leichtbauplatten nach DIN EN 13168.

Bei Nichterfüllen der Anforderungen darf mit Hilfe weiterführender Berechnungsmethoden nach Anhang D die Funktionsfähigkeit nachgewiesen werden.“

3.3.16.3 Ursachen von Anfangsfeuchte im Neubau

Einbaufeuchte im Fußbodenaufbau

Die Neubaufeuchte kann sich innerhalb der Schichten des Fußbodenaufbaus nachteilig auswirken, wenn ein entsprechender Feuchteschutz nicht hergestellt wird. Es sind die Schäden, die innerhalb der Estrichdämmschicht auftreten können und die in Verbindung mit baustellenspezifischen Verunreinigungen oft zu einem Schimmelpilzbefall beitragen, von denjenigen zu unterscheiden, die sich überwiegend durch Störung des Haftverbunds schädigend auf den Belag auswirken.

Die einschlägige Norm für die Ausführung von Estricharbeiten ist die VOB/C ATV DIN 18353 „VOB Vergabe- und Vertragsordnung für Bauleistungen – Teil C: Allgemeine Technische Vertragsbedingungen für Bauleistungen (ATV) – Estricharbeiten“ (2015). Dort sind Hinweise auf Prüfungen enthalten, die der Auftragnehmer durchzuführen hat und deren Ergebnisse ggf. dazu führen müssen, dass der Auftragnehmer Bedenken geltend machen muss:

VOB/C ATV DIN 18353 (2015), S. 458:

„3 Ausführung

Ergänzend zur ATV DIN 18299, Abschnitt 3, gilt:

3.1 Allgemeines

[…]

3.1.1 Als Bedenken nach § 4 Abs. 3 VOB/B können insbesondere in Betracht kommen:

- […]
- *ungenügende Beschaffenheit des Untergrundes,*
- […]
- *fehlende Abdichtung gegen Bodenfeuchte bei erdberührten Bauteilen,*

- [...]
- *ungeeignete Bedingungen* [...],
- [...].

3.1.2 Bei ungeeigneten Bedingungen, die sich aus der Witterung oder dem Raumklima ergeben, z. B. bei Temperaturen unter +5 °C, Zugluft, sind in Abstimmung mit dem Auftraggeber besondere Maßnahmen zu ergreifen. Sollten hierfür Leistungen erforderlich werden, sind dies Besondere Leistungen [...]."

Entsprechend den anerkannten Regeln der Technik, namentlich den Vertragsnormen VOB/C ATV DIN 18299 „VOB Vergabe- und Vertragsordnung für Bauleistungen – Teil C: Allgemeine Technische Vertragsbedingungen für Bauleistungen (ATV) – Allgemeine Regelungen für Bauarbeiten jeder Art" (2012) und VOB/C ATV DIN 18353, kann unterstellt werden, dass der Auftragnehmer als Nebenleistung für den Schutz der Leistung vor Niederschlagswasser und für dessen Beseitigung sorgen muss und dass der Untergrund vor Durchführung der Estricharbeiten auf eine übliche Weise gereinigt wird. Die Verpflichtung zur vorherigen Reinigung des Untergrunds bei der Herstellung des schwimmenden Estrichs ergibt sich aus der ATV DIN 18353.

VOB/C ATV DIN 18299 (2012), S. 133:

„4 Nebenleistungen, Besondere Leistungen

4.1 Nebenleistungen

Nebenleistungen sind Leistungen, die auch ohne Erwähnung im Vertrag zur vertraglichen Leistung gehören (§ 2 Abs. 1 VOB/B).

Nebenleistungen sind demnach insbesondere:

[...]

4.1.10 Sichern der Arbeiten gegen Niederschlagswasser, mit dem normalerweise gerechnet werden muss, und seine etwa erforderliche Beseitigung."

Die VOB/C ATV DIN 18353 verweist in Bezug auf Calciumsulfat-, Kunstharz-, Magnesia- und Zementestriche auf die DIN 18560 „Estriche im Bauwesen" (verschiedene Jahrgänge der unterschiedlichen Teile).

Nach der einschlägigen Ausführungsnorm DIN 18560-2 „Estriche im Bauwesen – Teil 2: Estriche und Heizestriche auf Dämmschichten (schwimmende Estriche)" (2009) muss die Dämmschicht durch geeignete Maßnahmen vor Feuchte geschützt werden. Solche Maßnahmen sind vom Planer bei der Bauwerksplanung festzulegen.

Der Untergrund ist vor Ausführung der Estricharbeiten gemäß VOB/C ATV DIN 18353 zu reinigen:

VOB/C ATV DIN 18353 (2015), S. 134:

„4 Nebenleistungen, Besondere Leistungen

4.1 Nebenleistungen sind ergänzend zur ATV DIN 18299, Abschnitt 4.1, insbesondere:

4.1.1 Reinigen des Untergrundes, ausgenommen Leistungen nach den Abschnitten 4.2.4 und 4.2.5.

[…]

4.2 Besondere Leistungen sind ergänzend zur ATV DIN 18299, Abschnitt 4.2, z. B.:

[…]

4.2.4 Reinigen des Untergrundes von grober Verschmutzung, z. B.: Gipsreste, Mörtelreste, Farbreste, Öl, soweit diese nicht durch den Auftraggeber verursacht wurde.

4.2.5 Besonderes Reinigen des Untergrundes mittels Staubsauger, Hochdruckreiniger und dergleichen."

Danach ist die herkömmliche Reinigung des Untergrunds als Nebenleistung durch das Gewerk Estricharbeiten auszuführen. Ausgenommen sind davon lediglich die oben aufgezählten hartnäckigen Verunreinigungen, ferner Reinigungen mittels Staubsauger oder Hochdruckreiniger.

Die DIN 18560-2 wiederum setzt einen trockenen Untergrund für die Verlegung des schwimmenden Estrichs voraus. Nach dieser Regel sind Abdichtungen durch den Bauwerksplaner festzulegen und vor Einbau des Estrichs herzustellen:

DIN 18560-2 (2009), S. 13–14:

„4 Bauliche Anforderungen

4.1 Tragender Untergrund

Der tragende Untergrund muss zur Aufnahme des schwimmenden Estrichs ausreichend trocken sein und eine ebene Oberfläche haben. […]

Abdichtungen gegen Bodenfeuchte und nicht drückendes Wasser sind vom Bauwerksplaner festzulegen und vor Einbau des Estrichs herzustellen (siehe DIN 18195-4 und DIN 18195-5)."

Entsprechend Abschnitt 5 der DIN 18560-2 muss die Estrichdämmschicht sowohl von oben her durch eine Abdeckung vor Feuchte geschützt werden als auch von der Unterseite her. Entsprechende Maßnahmen zum Feuchteschutz der Estrichdämmung sind auch nach dieser Regel durch den Planer festzulegen:

DIN 18560-2 (2009), S. 14:

„5 Ausführung

5.1 Dämmschicht

[…]

5.1.2 Abdecken

Vor dem Aufbringen des Estrichs muss die Dämmschicht mit einer Polyethylenfolie von mindestens 0,15 mm Dicke oder mit einem anderen Erzeugnis vergleichbarer Eigenschaften abgedeckt werden. Die einzelnen Bahnen müssen sich an Stößen auf mindestens 80 mm überdecken.

Zur Abdeckung sind auch andere Stoffe oder Maßnahmen zulässig, wenn eine den oben genannten Stoffen gleichwertige Funktion des Abdeckens nachgewiesen wird. [...]

Die Abdeckung ist an den Rändern bis zur Oberkante des Randstreifens nach 5.2 hochzuführen, sofern der Randstreifen nicht selbst die Funktion der Abdeckung erfüllt.

Bei Fließestrichen und Kunstharzestrichen ist die Abdeckung der Dämmschicht z. B. durch Verkleben oder Verschweißen so auszubilden, dass sie bis zum Erstarren des Estrichs flüssigkeitsdicht ist.

Abdeckungen können nicht als geeignete Maßnahmen zum dauerhaften Schutz der Dämmschicht gegen Feuchte angesehen werden.

5.1.3 Schutzmaßnahmen

Die Dämmschicht ist, falls erforderlich, durch geeignete Maßnahmen vor Feuchte zu schützen. Solche Maßnahmen sind vom Planer bei der Bauwerksplanung festzulegen.“

Demzufolge ist bei ordnungsgemäßer Ausführung der Estricharbeiten grundsätzlich davon auszugehen, dass der Untergrund trocken und gereinigt ist, wenn die Dämmstoffplatten verlegt werden. Die Wachstumsbedingungen für Schimmelpilze sind unter diesen Umständen nur gering ausgeprägt gegeben, da die Hauptvoraussetzungen Feuchte und Nährstoffangebot nur sehr eingeschränkt vorhanden sind.

Bei einem ordnungsgemäß hergestellten Gebäude, bei dem noch kein Wasserschaden eingetreten ist, kann daher davon ausgegangen werden, dass allenfalls Sekundärkontaminationen als Hintergrundbelastung vorliegen. Dieser Zustand unterscheidet sich von einer Situation, bei der in einem Altbau ein Wasserschaden eingetreten ist, der im Ergebnis zu einem Primärbefall durch Mikroorganismen geführt hat.

Zu hohe Untergrundfeuchte führt bei allen Fußböden zu schwerwiegenden und oft irreparablen Schäden. Besonders empfindlich reagieren Holzfußböden und elastische Bodenbeläge. Bei Holzfußböden quillt das Holz, da das Holz in der Lage ist, die Feuchte des Estrichs aufzunehmen.

Bei zu feuchtem Estrich nimmt das Holz von unten die Feuchte auf. Dadurch quillt und schüsselt es. Wenn das unbehinderte Quellmaß größer ist als die umlaufende Raumfuge am Rand, stößt der Parkettrand an die aufgehenden Wände und es kann zum Aufwölben des Fußbodens kommen. Beim Austrocknen entstehen anschließend Fugen im Holz. Starke Schüsselungen bilden sich oft nicht vollständig wieder zurück.

Bei elastischen Bodenbelägen entstehen an der Oberfläche Blasen im Belag, weil der entstehende Wasserdampf nicht entweichen kann. Der Teppichkleber kann die Festigkeit verlieren, sodass nach einer möglichen Trocknung der Boden hohl aufliegt. Zeitgenössische lösungsmittelfreie Dispersionskleber sind in der Regel feuchteempfindlich. Eine Feuchteanreicherung an der

Unterseite der Kleberebene hat eine sog. Verseifung des Klebers zur Folge: Er verliert seine Adhäsionsfähigkeit und wird weich bis schmierig. In diesem Zustand kann der von unten her wirkende Dampfdruck zu einer partiellen Ablösung des Belags in Form einer Blasenbildung führen.

Der anfängliche Wassergehalt in frisch hergestellten Stahlbetondecken baut sich grundsätzlich immer langsam ab und benötigt – in Abhängigkeit der angrenzenden Bauteilflächen – regelmäßig mehrere Jahre, bevor er auf einem Niveau der Ausgleichsfeuchte anlangt. Innerhalb dieses Zeitraums diffundiert die Feuchte nach oben und nach unten aus dem Deckenquerschnitt heraus. Dieser Effekt ist insbesondere bei feuchte- und wasserdampfempfindlichen Kleber- und Spachtelmaterialien in Verbindung mit – relativ gesehen – dampfsperrenden Bodenbelagsmaterialien kritisch.

Aber auch ohne derartige schwerwiegende sichtbare Schäden können infolge von überhöhter Untergrundfeuchte verdeckte Schimmelpilzbildungen sowohl in Trittschalldämmschichten als auch unterhalb von Bodenbelägen oder hinter Fußleisten entstehen. Auch erhöhte Belastungen mit flüchtigen organischen Substanzen können dadurch entstehen (siehe Kapitel 1.3.2).

Sommerkondensat in Kellerräumen

In der warmen Jahreszeit kann es an Tagen mit hohen Außentemperaturen bei gleichzeitig hoher relativer Luftfeuchte dazu kommen, dass die raumseitigen Bauteiloberflächen-Temperaturen z. B. von erdberührten Bauteilen unterhalb der kritischen Oberflächentemperatur liegen:

DIN 4108-3 (2014), S. 12–13:

„*5 Vermeidung kritischer Luftfeuchten an Bauteiloberflächen und von Tauwasserbildung im Inneren von Bauteilen*

5.1 Kritische Luftfeuchte an Bauteiloberflächen

5.1.1 Allgemeine Anforderungen, Berechnungs- und Ausführungshinweise

[…]

ANMERKUNG: Bei thermisch trägen, z. B. erdberührten Umschließungsbauteilen von nicht durchgehend beheizten Räumen besteht in der warmen Jahreszeit und bei natürlicher Belüftung die Gefahr der Tauwasserbildung an der raumseitigen Bauteiloberfläche.“

Gerade in Neubauten, die über einen Keller als sog. Weiße Wanne verfügen, kommt es insbesondere innerhalb der ersten Jahre nach Erstbezug oft zu Reklamationen der Nutzer wegen verschimmelter Inventargegenstände, die im Keller eingelagert waren. Die Problematik tritt nicht nur im Winterhalbjahr auf; sie kann auch im Sommerhalbjahr und in den Übergangszeiten entstehen.

Kondensation tritt in der Regel in der kalten Jahreszeit auf, da dann die innenseitigen Wandoberflächen aufgrund der kälteren Außentemperaturen häufig eine niedrigere Oberflächentemperatur aufweisen als im Sommer. In Kellern kann es jedoch zu dem umgekehrten Vorgang kommen, der sog. Sommerkondensation durch ungünstige Lüftung während warmer Außenlufttemperaturen. Fehlende Wärmedämmung führt im Sommer bei den erdberührten Bauteilen zu niedrigen Bauteiloberflächen-Temperaturen von 13 bis 17 °C. Von außen einströmende Warmluft von z. B. 26 °C mit einer relativen Luftfeuchte von 70 % hat einen spezifischen Taupunkt von 20,1 °C (siehe Tabelle 3.2). In der Folge kommt es an den kühleren erdberührten Bauteilen zu einem raschen und intensiven Tauwasserausfall.

Schimmelpilze benötigen für ihr Wachstum eine relative Luftfeuchte von etwa 80 %. Dieser Wert ergibt sich aus der DIN EN ISO 13788. Es kann daher unterstellt werden, dass in einem betroffenen Kellerraum über mehrere Tage hinweg eine relative Luftfeuchte von über 80 % vorgelegen haben muss, da ansonsten kein Schimmelpilzbefall hätte entstehen können.

Um die von unterschiedlichen Quellen im Keller ausgehende Luftfeuchte innerhalb der Räumlichkeiten wieder zu reduzieren und damit der Gefahr einer Tauwasser- oder Schimmelpilzbildung nachhaltig zu begegnen, ist es notwendig, dass die mit Feuchte allmählich angereicherte Raumluft innerhalb einer gewissen Zeit gegen die (relativ gesehen) trockenere Außenluft ausgetauscht wird.

Da der Wert der Absolutfeuchte auf der Außenseite höher ist als im Raum selbst, kann selbst eine Permanentlüftung nicht zu einer Verbesserung der Situation im Raum, sondern allenfalls zu einer Verschlechterung führen. Wird die warme Außenluft mit einem Absolutfeuchtegehalt von 13,73 g/m^2 in den Raum eingelassen, kühlt diese im Raum auf die Temperatur von 18 °C ab. Dadurch steigt die Wasserdampfdichte an. Der Relativwert steigt ebenfalls an auf 13,73 g/m^2 · 100/15,4 g/m^2 = 89 %.

An Tagen mit Klimawerten, wie sie oben geschildert wurden, ist daher eine Fensterlüftung nicht geeignet, um eine Absenkung der relativen Luftfeuchte im Gebäudeinneren zu bewirken, da die von außen einströmende Luft mehr Wasserdampf enthalten kann als die im Raum befindliche Luft. An diesen Tagen könnte allenfalls eine durchgängige nächtliche Lüftung, bei der die abgekühlte Außenluft in den Keller einströmt, zu einer Absenkung der relativen Luftfeuchte führen.

Die Möglichkeit, das Fenster in der warmen Jahreszeit permanent vollständig geschlossen zu halten, damit keine Warmluft in den Keller einströmt, besteht ebenfalls nicht, da die ständige Feuchtezufuhr des aus dem Beton ausdiffundierenden Wassers dann zu einer allmählichen Anreicherung der Raumluft mit Wasserdampf führen würde.

Zu den erforderlichen raumklimatischen und bauphysikalischen Maßnahmen im Zusammenhang mit der Nutzungsklasse A heißt es in den Erläuterungen zur Richtlinie des Deutschen Ausschusses für Stahlbeton (DAfStb):

Erläuterungen zur DAfStb-Richtlinie, 2006, S. 18:

„Wasserundurchlässige Bauwerke aus Beton

Erläuterung zu 5.3

[...] *Durch bauliche Maßnahmen lässt sich der Durchtritt von flüssigem Wasser bei Nutzungsklasse A verhindern, nicht jedoch der Feuchtezutritt in Dampfform. Im ausgetrockneten Zustand des Bauwerks ist nach (5.1) die*

Dampfdiffusion durch den Beton gegenüber nutzungsbedingten Feuchteeinträgen insbesondere durch den längeren Aufenthalt von Menschen im Raum unbedeutend. In den ersten Jahren ist jedoch nach (5.1) durch austrocknende Baufeuchte eine relativ hohe Feuchteabgabe an die Raumluft zu erwarten, und zwar unabhängig davon, ob die Bauteile an der Außenseite abgedichtet sind oder nicht [...].

Diese Feuchteeinträge erhöhen die Raumluftfeuchte, wenn sie nicht abgeführt werden, und können zur Schimmelpilzbildung führen. Bei weiter ansteigender Luftfeuchte kann unter ungünstigen Bedingungen Tauwasserbildung auf den Betonoberflächen auftreten, da deren Temperatur abhängig von der Wärmedämmung ist und bei beheizten Räumen im Allgemeinen unter der Raumtemperatur liegt. Um diese ungünstigen Auswirkungen zu vermeiden, sind folgende Maßnahmen erforderlich:

- *Senkung der relativen Luftfeuchte im Raum durch Lüften mit trockener Luft und gegebenenfalls Heizen. Dabei müssen die besonderen Bedingungen im Sommer beachtet werden (keine feuchtwarme Luft in kühle Kellerräume! Dies kann zur verstärkten Tauwasserbildung auf den kühlen Betonoberflächen führen!).*
- *Sicherstellen einer ausreichenden Oberflächentemperatur der Bauteile durch ausreichende Wärmedämmung, insbesondere Vermeidung von Wärmebrücken.“*

Grundsätzlich wird der Einbau einer kontrollierten Be- und Entlüftungsanlage in Kellerräumen in den anerkannten Regeln der Technik nicht normativ zwingend vorausgesetzt. Auch eine Querlüftung über jeweils gegenüber liegende Kellerfenster ist dem Grunde nach möglich.

Das Problem einer überobligatorischen relativen Luftfeuchte in Kellerräumen junger Gebäude, insbesondere immer dann, wenn die Keller nach dem Konstruktionsprinzip einer sog. Weißen Wanne aus wasserundurchlässigem Beton (WU-Beton) errichtet worden sind, ist bei Fachleuten bekannt. Der junge Beton gibt das produktionsbedingt erforderliche Anmachwasser erst allmählich durch Diffusion an die Raumluft der Kellerräume ab, die sich dann mit Wasserdampf anreichert. Diese Anreicherung findet schneller und intensiver statt, wenn die Kellerfenster im Winterhalbjahr verschlossen oder mit Inventar verstellt sind. Im Sommerhalbjahr hingegen kann sich das sog. Sommerkondensat bilden, wenn die Kellerfenster an den Tagen mit hohen Außenlufttemperaturen und einer gleichzeitig überobligatorisch hohen relativen Außenluftfeuchte offen sind. Denn dann kann der Luftaustausch dazu führen, dass die von außen einströmende Warmluft an den vergleichsweise kühlen raumseitigen Oberflächen der erdberührten Bauteile eine Tauwasserbildung oder eine überobligatorisch erhöhte relative Luftfeuchte verursacht.

Eine möglicherweise auch nur temporär auftretende relative Luftfeuchte oberhalb von etwa 80 %, entsprechend einer Wasseraktivität a_W von 0,8, kann dazu führen, dass eine Ansiedlung von Schimmelpilzen auf Baustoffoberflächen und an Inventargegenständen erfolgt. Später ist dann auch eine relative Luftfeuchte von 70 % für das weitere Wachstum geeignet. Das Erfordernis der Vermeidung des kritischen Wertes von mehr als 80 % ergibt sich u. a. aus der DIN EN ISO 13788:

DIN EN ISO 13788 (2013), S. 12:

„5 Berechnung der Oberflächentemperatur zur Vermeidung der kritischen Oberflächenfeuchte

5.1 Allgemeines

In diesem Abschnitt wird ein Verfahren zur Bemessung der Gebäudehülle festgelegt, das dazu dient, negativen Auswirkungen der kritischen Oberflächenfeuchte, z. B. Schimmelbefall, vorzubeugen.

ANMERKUNG: Eine Tauwasserbildung auf Oberflächen kann zu Schäden an ungeschützten feuchteempfindlichen Baustoffen führen. Sie kann vorübergehend und in kleinen Mengen annehmbar sein, z. B. bei Fenstern und Fliesen in Badezimmern, sofern die Oberfläche die Feuchte nicht absorbiert und entsprechende Vorkehrungen zur Vermeidung eines Kontaktes der Feuchte mit angrenzenden empfindlichen Materialien getroffen werden.

Wenn die monatlichen Mittelwerte der relativen Luftfeuchte an den Oberflächen eine kritische relative Feuchte $\varphi_{si,cr}$ überschreiten, besteht das Risiko eines Schimmelbefalls, das als 0,8 angenommen werden soll, es sei denn, es liegen nähere Informationen aus nationalen Bestimmungen oder anderweitig vor.“

Rechnerisch lässt sich die Menge der aus den Baustoffen während der Austrocknungsphase entweichenden Feuchte ermitteln. Die entsprechenden Ausgangsdaten wurden von Lohmeyer und Ebeling veröffentlicht (siehe Tabelle 3.29).

Tabelle 3.29: Abschätzung des ausdiffundierenden Wassers bei Austrocknung an der luftseitigen Randzone eines Bauteils aus WU-Beton (Quelle: Lohmeyer/Ebeling, 2007, S. 305)

Austrocknungszeit	**ausdiffundierendes Wasser beim Austrocknen eines Betonbauteils in g/(m² · d)**
am 1. Tag	125
vom 2. bis 7. Tag	35
vom 8. bis 30. Tag	15
vom 31. bis 90. Tag	8
vom 91. bis 180. Tag	6
vom 181. bis 365. Tag	4

Diese Werte decken sich auch mit den durch den Deutschen Beton- und Bautechnik-Verein (DBV) veröffentlichten Daten:

DBV-Merkblatt Hochwertige Nutzung von Untergeschossen – Bauphysik und Raumklima, 2009, S. 18–21:

„*3 Bauphysikalische Grundlagen*

[…]

3.3 Feuchtehaushalt

[…]

In den Tabellen 11 [vgl. Tabelle 3.30] *und* […] *werden für die Beurteilung des Feuchtehaushalts Schätzwerte für die Mengen des Feuchteintrags gegeben. Anhand dieser Werte kann nachvollzogen werden, dass ausdiffundierendes Überschusswasser aus der Randzone von Betonkonstruktionen nach Beginn einer hochwertigen Nutzung (i. d. R. frühestens 3 Monate, besser 12 Monate, nach Betonage) mit 4 bis 6 g/(m² · d) gegenüber den Feuchteemissionen aus der Nutzung selbst sehr gering ist. Dies gilt qualitativ auch für die Baufeuchte aus anderen Bauteilen, wie z. B. aus Mauerwerk. Vor Beginn der Nutzung muss die während der Bauzeit eingetragene Baufeuchte (auch Niederschläge) weitgehend abgetrocknet sein.*"

Tabelle 3.30: Abschätzung der ausdiffundierenden Feuchtemengen durch die Austrocknung der luftseitigen Randzone von Ortbetonbauteilen (Quelle: DBV-Merkblatt Hochwertige Nutzung von Untergeschossen – Bauphysik und Raumklima, 2009, S. 18–21)

Alter des Betons	täglich austrocknende Feuchtemenge in g/(m² · d)[1)]	Zeitraum	im Zeitraum austrocknende Feuchtemenge in g/m²[2)]
8. bis 30. Tag	16–18	3 Wochen	ca. 400
31. bis 91. Tag	8– 9	2 Monate	ca. 500
92. bis 183. Tag	6– 7	3 Monate	ca. 550
184. bis 365. Tag	4– 5	6 Monate	ca. 750
ab 365. Tag	2	–	–

1) Dies gilt für üblich zusammengesetzte Betone mit Wasserzementwerten zwischen 0,50 und 0,60 bei Zementgehalten zwischen 300 und 360 kg/m³. Es handelt sich um Durchschnittswerte bei 20 °C Lufttemperatur und 65 % relativer Luftfeuchte. Bei anderen Randbedingungen können diese Anhaltswerte deutlich abweichen (z. B. dicke Bauteile, Niederschlagswasser im Rohbau usw.).
2) Feuchtemenge ca. 2,5 l/m² im ersten Jahr

Ob die Menge des ausdiffundierenden Wassers durch ein bestimmtes Lüftungsverhalten aus dem Raum herausgelangt, lässt sich anhand einer Feuchtebilanz ermitteln (vgl. Kapitel 6.5):

Abb. 3.148: Nach dem Ausbau der Vollsparrendämmung in einem Neubau zeigt sich gefrorenes Kondensat an der Unterseite der diffusionsoffenen Unterspannbahn. Die Sparrenflanken sind von Schimmelpilz befallen.

Abb. 3.149: Nahansicht der Kondensatbildung und des Schimmelpilzbefalls aus Abb. 3.148

Lohmeyer/Ebeling, 2013, S. 432:

„*9 Bauphysikalische Anforderungen*

[...]

9.5 Feuchtebilanz

Mit einer Feuchtebilanz kann der rechnerische Nachweis für eine einwandfreie Funktionsfähigkeit der Konstruktion erbracht werden. Hierbei ist der Nachweis zu führen, dass die Menge des Wassers M_E, das in einen Raum durch Austrocknung der Bauteile oder nutzungsbedingt einwirkt, geringer ist als die durch Lüften abführbare Wassermenge M_L."

Einbaufeuchte von Dachhölzern

Bei Holzschalungen und den Konstruktionshölzern von unbelüfteten Dachkonstruktionen führt die Feuchte des eingebauten Holzes oft und besonders im Winterhalbjahr zu einem verdeckten Schimmelpilzbefall, weil die aus dem Holz ausdiffundierende Feuchte die relative Luftfeuchte in den Sparrenzwischenräumen so weit erhöht, bis es zur Rekondensation an den kälteren Bauteiloberflächen kommt (siehe Abb. 3.148 und 3.149).

Auch der verspätete Einbau der Wärmedämmung und insbesondere der Dampfsperre können in der kalten Jahreszeit einen Schaden verursachen, wenn der Bau beheizt wird und große Mengen an Feuchte aus dem Estrich und dem Putz an die Raumluft abgegeben werden, von der sie wegen der erhöhten Lufttemperatur auch aufgenommen werden können. Die warmfeuchte Luft steigt dann nach oben bis in den unbeheizten Dachraum und rekondensiert dort sofort an den kälteren Bauteiloberflächen.

Riskant sind auch grundsätzlich unbelüftete Dachkonstruktionen, da es bei dieser Bauweise besonders auf die absolute Luftdichtheit der Gebäudehülle

Abb. 3.150: Holzschalung einer unbelüfteten Deckenkonstruktion nach Entfernung der Mineralfaserwärmedämmung. Einzelbretter sind stark befallen, andere schwächer.

Abb. 3.151: Tauwasserausfall an der Unterseite der Holzschalung bei einem Winterbau. Die bereits eingebaute Mineralfaserwärmedämmung wurde völlig durchnässt und musste wieder ausgebaut und entsorgt werden.

Abb. 3.152: Andere Ansicht des Tauwasserausfalls von Abb. 3.151

Abb. 3.153: Flächendeckender Schimmelpilzbefall an einem Dachstuhl. Die Bodeneinschubtreppe war im Winter noch nicht eingebaut, die Luke war nicht wasserdampfdicht verschlossen.

ankommt. Bereits kleinere Luftleckagen auf der Raumseite können eine erhebliche Anreicherung von Luftfeuchte in den Hohlräumen der Dachkonstruktion verursachen (siehe Abb. 3.150 bis 3.153). Ferner muss bereits bei der Planung darauf geachtet werden, dass die relative Luftfeuchte in den eingeschlossenen Hohlräumen der Dachkonstruktion nicht auf Werte oberhalb von 80 % ansteigen kann. Sichergestellt werden kann dies nur durch Verwendung von technisch getrocknetem Holz.

Der Bundesgerichtshof hat entschieden, dass ein von Schimmelpilz befallener Dachstuhl unabhängig von der davon nach einer Sanierung ausgehenden Gesundheitsgefahr mangelhaft ist (BGH, Urteil vom 29.06.2006 – VII ZR 274/04).

Abb. 3.154: Schimmelpilzbefall auf der Gipskartonbeplankung nach Wassereintritt während der Bauzeit

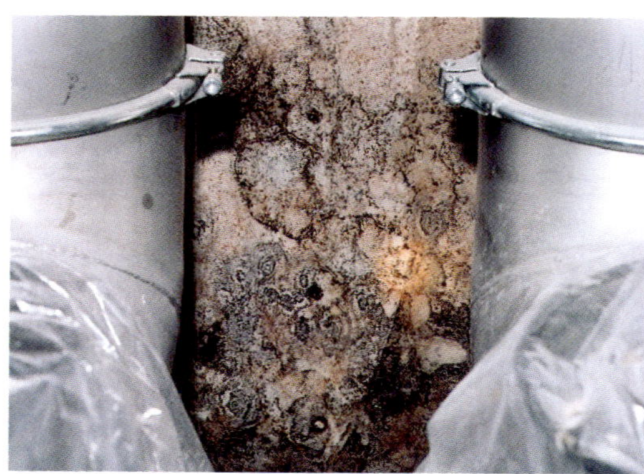

Abb. 3.155: Nahansicht von Abb. 3.154

Abb. 3.156: Vergrößerte Ansicht von Abb. 3.154

Abb. 3.157: Schimmelpilzbefall auf der Gipskartonbeplankung nach Wassereintritt während der Bauzeit (anderer Bereich; vgl. Abb. 3.154)

Abb. 3.158: Vergrößerte Ansicht des Schimmelpilzbefalls von Abb. 3.157

Unzureichender Schutz vor Niederschlagswasser während der Bauzeit

Entsprechend der VOB/C muss der Unternehmer seine Leistungen vor Niederschlagswasser schützen. Vorgaben dazu macht die VOB/C ATV DIN 18299 (siehe Kapitel 3.3.16.3).

Wenn bereits feuchteempfindliche Baustoffe eingebaut werden, während die Regensicherheit des Daches noch nicht sichergestellt ist, kann es durch Niederschläge bereits während der Bauzeit zum Schimmelpilzbefall kommen (siehe Abb. 3.154 bis 3.158).

Auch den mit der Bauüberwachung beauftragten Architekten trifft eine Verkehrssicherungspflicht namentlich auch hinsichtlich der Verhinderung des Eintritts von Niederschlagswasser während der Bauzeit (OLG Celle, Urteil vom 01.08.2007 – 7 U 174/06).

3.3.17 Ursache D1: horizontale Durchfeuchtung von Außenwänden

Ist die horizontale Durchfeuchtung von Außenwänden die Ursache eines Schimmelpilzbefalls, zeigen sich die in Tabelle 3.31 dargestellten Symptome.

Tabelle 3.31: „Steckbrief" der Ursache D1: horizontale Durchfeuchtung von Außenwänden

typische Symptome	Maßnahmen	Einflussbereich	
		Nutzer	Eigentümer
lokale Wasserränder an der Raumseite von Außenwänden in willkürlicher Lage	• Bestimmen des Feuchtegehalts und der Verteilung im Wandquerschnitt • Feststellen der Ursache • Herstellen oder Instandsetzen der waagerechten Querschnittsabdichtung in oder unter Wänden mit Anschluss an die äußere Vertikalabdichtung oder Anschluss an die waagerechte Flächenabdichtung auf der Sohlplatte • Instandsetzen von Putz, Tapeten und Anstrichen, ggf. Salzentfernung		x
lokaler Schimmelpilzbefall an der Raumseite von Außenwänden in willkürlicher Lage			
lokal erhöhte Feuchte an der Raumseite von Außenwänden in willkürlicher Lage			
Faltenwurf und Ablösung von Tapeten an der Raumseite von Außenwänden in willkürlicher Lage			
Putzschädigungen an der Raumseite von Außenwänden in willkürlicher Lage			
Salzausblühungen an der Raumseite von Außenwänden in willkürlicher Lage			

Abb. 3.159: Durchfeuchtung von außen

Abb. 3.160: Die Ursache der Durchfeuchtung von außen von Abb. 3.159 ist die fehlende Entwässerung mit Überbeanspruchung der Fassade durch die Speiermündung.

Abb. 3.161: Außenwanddurchfeuchtung eines neu errichteten Anbaus

Abb. 3.162: Salzausblühungen an der Innenseite einer erdberührten Kelleraußenwand

3.3.17.1 Folgen

Durch Schlagregenpenetration oder wenn die Diffusionsfähigkeit der Baustoffe im Wandquerschnitt von innen nach außen abnimmt, dringt in der Bilanz mehr Feuchte in die Wand ein, als anschließend während der Verdunstungsperiode wieder aus der Wand heraus diffundiert. Die Feuchte im Wandquerschnitt nimmt allmählich oder spontan zu mit der Folge, dass anschließend auch raumseitig eine schimmelpilzträchtige Situation vorliegt (siehe Abb. 3.159 bis 3.162).

Es ist nicht die Aufgabe der Mieter, einem Durchfeuchtungsschaden durch überobligatorisches Heizen und Lüften entgegenzuwirken (LG Marburg, Urteil vom 02.12.1981 – 5 S 166/1981).

Abb. 3.163: Klaffend offene Konstruktionsfuge entlang der Fensterleibungskante

Abb. 3.164: Nahansicht der Fensterleibungskante aus Abb. 3.163

Abb. 3.165: Inneres Erscheinungsbild der Durchfeuchtung im Leibungsbereich (siehe Abb. 3.163 und 3.164)

Abb. 3.166: Starke, von außen herrührende Durchfeuchtungserscheinungen auf einer Kelleraußenwand

3.3.17.2 Ursachen

Offene Konstruktionsfugen

Über klaffend offene Konstruktionsfugen kann Feuchte in den Bauteilquerschnitt eindringen (siehe Abb. 3.163 bis 3.165).

Erdberührte Kelleraußenwände

Erdberührte Kelleraußenwände sind insbesondere bei älteren Gebäuden problematisch, da zum einen die Anforderungen an den Feuchteschutz im Hinblick auf eine geplante Nutzung als Lagerstätte für Brennstoffe und Lebensmittel zur Bauzeit des Gebäudes niedriger waren, als sie es heute bei einer höherwertigen Nutzung sind. Zum anderen verlieren ältere Abdichtungen im Laufe der Zeit allmählich ihre Wirkung, sodass es nach und nach zu Schadensbildern auf der Raumseite kommt (siehe Abb. 3.166). Oft führt die Anreicherung der Raumluft mit Feuchte zu einem Befall auf dem eingelagerten Inventar.

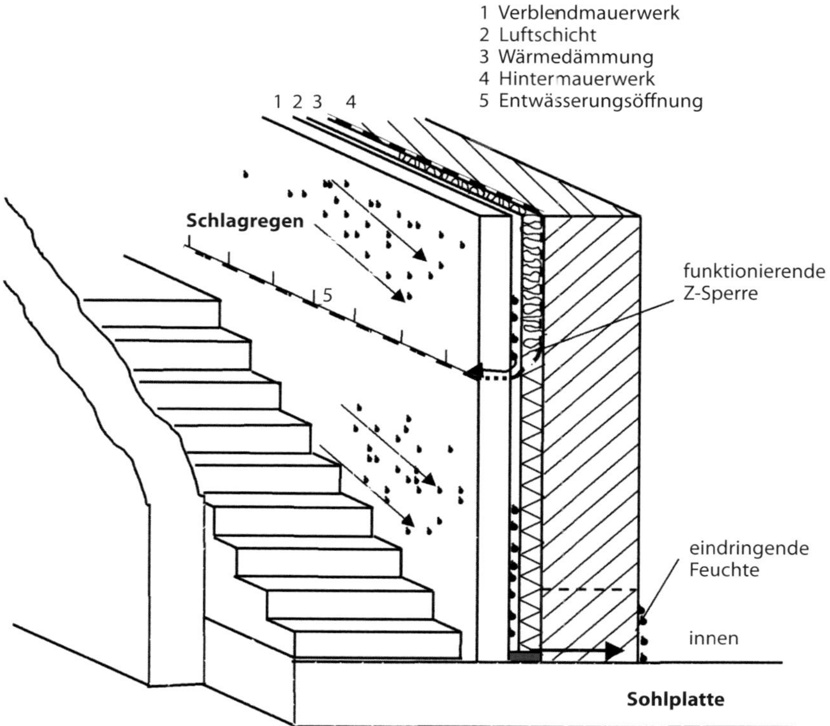

Abb. 3.167: Dreidimensionale Darstellung Außenkellertreppe/Mauerwerk

Außen liegende Kellertreppen

Auch bei außen liegenden Kellertreppen muss geprüft werden, ob von oben her einfallender Regen über einen Bodenablauf in der unteren Podestplatte ordnungsgemäß ablaufen kann oder ob bei außen ansteigendem Grund- oder Schichtenwasserstand ein unbeabsichtigter Rückstau über planmäßige Versickerungsöffnungen stattfinden kann. Selbst bei Kellertreppen, die integrativer Bestandteil einer wasserdichten Weißen Wanne waren, hat der Autor planmäßige Versickerungsabläufe angetroffen.

In diesem Zusammenhang erwähnenswert ist die Ausbildung von zweischaligen Verblendmauerwerkswänden neben außen liegenden Kellertreppen (siehe Abb. 3.167).

Abb. 3.168: Konvektiver Wasserdampfaustritt aus der Lüftungsfuge unterhalb eines Pultdachs bildet bei Frosttemperaturen Raureif am Unterschlag. Hier war ein sichtbarer Deckenbalken nicht luftdicht an die Gipskartondecke angeschlossen.

Konvektion infolge von Luftundichtigkeiten

Im Winterhalbjahr liegt ein Wasserdampfdruck-Potenzialunterschied zwischen dem Raumklima und dem Außenmilieu vor. Der gasförmige Wasserdampf strebt einen Ausgleich vom höheren zum niedrigeren Niveau hin an. Über die Leckagestellen in der Gebäudehülle, wie z. B. Abrisse zwischen Gipskartondecken und Massivwänden oder Installationsdurchgänge, gerät unter diesen Randbedingungen warme und relativ feuchte Raumluft im Winterhalbjahr in den Querschnitt des jeweiligen Bauteils. Beim Auftreffen auf kalte Bauteile findet ein Tauwasserausfall statt, der allmählich zu Bauteildurchfeuchtungen mit Schadensfolge führen kann. Die absolute Wassermenge, die dabei konvektiv in den Bauteilquerschnitt gerät, ist um Zehnerpotenzen höher als die Menge, die durch Diffusion senkrecht zur Bauteilfläche nach dem Glaser-Verfahren entsteht. In der Folge kommt es zum Tauwasserausfall im Bauteilquerschnitt, der sich sowohl im Wandbereich als auch in der Dachkonstruktion als Durchfeuchtung bemerkbar machen kann (siehe Abb. 3.168).

3.3.18 Ursache D2: vertikal aufsteigende Feuchte in Wänden

Auch vertikal aufsteigende Feuchte kann in Gebäudewänden Schäden verursachen. Die Symptome zeigt Tabelle 3.32.

Tabelle 3.32: „Steckbrief" der Ursache D2: vertikal aufsteigende Feuchte in Wänden

typische Symptome	Maßnahmen	Einflussbereich	
		Nutzer	Eigentümer
Wasserränder am Wandfußpunkt	• Bestimmen des Feuchtegehalts • Feststellen der Ursache • Herstellen oder Instandsetzen der waagerechten Querschnittsabdichtung in oder unter Wänden mit Anschluss an die äußere Vertikalabdichtung oder Anschluss an die waagerechte Flächenabdichtung auf der Sohlplatte • Instandsetzen von Putz, Tapeten und Anstrichen, ggf. Salzentfernung		x
Schimmelpilzbefall am Wandfußpunkt			
Schimmelpilzbefall hinter den Fußleisten			
Faltenwurf und Ablösung von Tapeten am Wandfußpunkt			
Putzschädigungen am Wandfußpunkt			
Salzausblühungen am Wandfußpunkt			

Sämtliche Baustoffe mit offenporigem Gefüge sind zu einem Kapillartransport von Flüssigwasser fähig. In vertikaler Richtung verformt sich dabei innerhalb der Kapillarröhre infolge der Adhäsionskräfte die Wasserspiegeloberfläche konkav. Gleichzeitig sorgt die Oberflächenspannung für einen Anstieg der Pegeloberfläche und fördert somit das allmähliche Nachrücken von Flüssigwasser innerhalb der Mikrokapillarröhre. Diese Kapillarkräfte bewirken so lange einen Wasseranstieg, bis durch die entgegengesetzt wirkende Schwerkraft ein stationärer Gleichgewichtszustand erreicht wird. Bei Ziegelmauerwerk beispielsweise liegt die kapillare Steighöhe bei ca. 1,25 m.

Mauerwerk, das seitlich oder nach unten hin ungeschützt dem feuchten Milieu des Erdreichs ausgesetzt ist, kann auf diese Weise von unten her Feuchte aufnehmen und zum Wohnraum hin nach oben abgeben.

Planmäßig verhindert wird der Feuchteeintritt durch eine Horizontalsperre im Mauerwerksaufstandsbereich (Mauerwerksquerschnittsabdichtung) und eine Vertikalsperre auf der äußeren Begrenzungsfläche des Mauerwerks zum Erdreich hin (siehe Abb. 3.169 bis 3.174).

Abb. 3.169: Aufsteigende Feuchte bis zur Horizontalsperre infolge mangelhafter Außenabdichtung bei drückendem Wasser. Im Eckbereich fehlt die Horizontalsperre.

Abb. 3.170: Aufsteigende Feuchte bis zur Horizontalsperre infolge mangelhafter Außenabdichtung bei drückendem Wasser

Abb. 3.171: Kapillar aufsteigende Feuchte bei Innenwänden eines älteren Gebäudes ohne Horizontalsperre

Abb. 3.172: Kapillar aufsteigende Feuchte bei Außenwänden des älteren Gebäudes ohne Horizontalsperre aus Abb. 3.171

Abb. 3.173: Schimmelpilzbildung auf einer Hohlkehlfußleiste in einer Souterrainwohnung mit aufsteigender Feuchte

Abb. 3.174: Andere Stelle des Schimmelpilzbefalls auf einer Hohlkehlfußleiste in einer Souterrainwohnung mit aufsteigender Feuchte (vgl. Abb. 3.173)

Unterirdische Baukörper wie Tiefgaragen und Gebäudekeller, die im Einflussbereich von Grund- oder Schichtenwasser liegen, müssen nach den Regeln der DIN 18195-6 „Bauwerksabdichtungen – Teil 6: Abdichtungen gegen von außen drückendes Wasser und aufstauendes Sickerwasser, Bemessung und Ausführung“ (2011) gegenüber dem Lastfall drückendes Wasser geschützt werden. Steht infolge einer funktionsfähigen Drainageanlage gemäß DIN 4095 „Baugrund – Dränung zum Schutz baulicher Anlagen – Planung, Bemessung und Ausführung“ (1990) oder auch aufgrund hinreichender Versickerungsfähigkeit des anstehenden Bodens kein drückendes Wasser an, kann die Abdichtung der unterirdischen Bauteile gemäß DIN 18195-4 „Bauwerksabdichtungen – Teil 4: Abdichtungen gegen Bodenfeuchte (Kapillarwasser, Haftwasser) und nichtstauendes Sickerwasser an Bodenplatten und Wänden, Bemessung und Ausführung“ (2011) für den Lastfall Bodenfeuchte dimensioniert werden.

Die Regelungen der DIN 18195 beschränken sich auf Außenhautabdichtungen, bei denen die feuchtebeanspruchte Außenseite durch bituminöse Abdichtungsbahnen, Kunststoffabdichtungsbahnen, kunststoffmodifizierte Bitumendickbeschichtungen oder anderweitige Alternativbeschichtungen geschützt wird. Die Bauteile selbst (Sohle, Wände und Decke) übernehmen dabei keine abdichtende Funktion.

Dem Stand der Technik entsprechend kann die Abdichtungswirkung jedoch auch alternativ durch Sperrbeton oder WU-Beton sichergestellt werden. Werden dabei mehrere Bauteile aus WU-Beton durch geeignete Herstellungsverfahren zu Gebäudeteilen mit einer Wannenwirkung zusammengefügt, wird von sog. Weißen Wannen gesprochen (siehe auch Kapitel 3.3.16.3). Nach den gängigen Regelwerken sind für die Konstruktion von Weißen Wannen Festlegungen getroffen worden für die Bereiche

- Lieferbetonrezepturen,
- rissbeschränkende Bewehrung und
- Ausbildung von Fugen und Anschlüssen.

Sichergestellt werden muss vor allen Dingen, dass die kritischen Bauteilfugen entweder abdichtend vor dem Eindringen von Wasser geschützt werden oder aus dem Einflussbereich drückenden Wassers herausgenommen werden. Nicht selten werden vorhandene Dränageleitungen beim Verfüllen des Arbeitsraums mit bindigen Bodenmaterialien überdeckt. Zu beobachten ist dann, dass drückendes Wasser auf die Wände einwirkt, obwohl die Dränageleitung kein Wasser führt (siehe Abb. 3.175). Das Durchdringen des Bauteils von Wasserdampf wird jedoch durch diese Bauweise nicht verhindert.

Die klimatischen Verhältnisse im äußeren Erdreich können für das Winterhalbjahr beschrieben werden mit

- θ_e = 10 °C,
- φ_e = 100 % und
- p_e = 1.288 Pa.

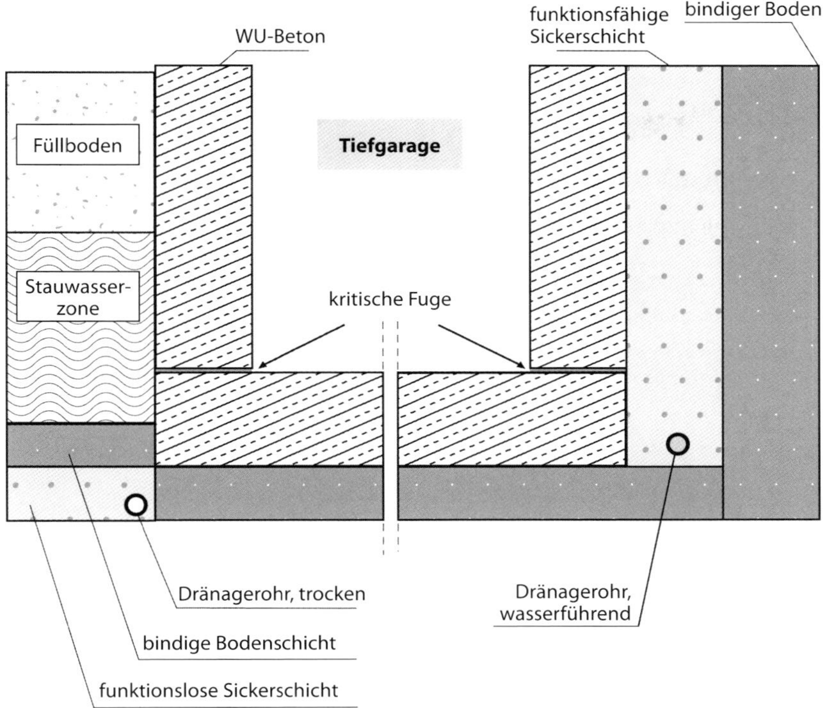

WU-Beton wasserundurchlässiger Beton

Abb. 3.175: Geometrische Situation einer Tiefgarage mit möglichem Stauwasserstand oberhalb bindiger Bodenschichten

Das Raumklima von Wohnkellern entspricht für das Winterhalbjahr den Werten

- θ_i = 20 °C,
- φ_i = 50 % und
- p_i = 1.170 Pa.

Es besteht entsprechend Kapitel 3.1 ein leichtes Dampfdruckgefälle von der Außenseite zum Raumklima hin. Untersuchungen haben jedoch ergeben, dass ein warmes Gebäude, das auf kaltem Erdreich steht, eine Erwärmung des darunter liegenden Erdreichs verursacht. Die Temperaturen an den unteren Gebäudeaußenkanten betragen im Erdreich dann θ_e = 13 °C, diejenigen in der Grundrissmitte unterhalb des Kellers θ_e = 16 °C. Es ergeben sich deshalb an den unteren Kelleraußenkanten die klimatischen Verhältnisse

- θ_e = 13 °C,
- φ_e = 100 % und
- p_e = 1.498 Pa.

Zum inneren Dampfdruckniveau von 1.170 Pa entsteht an dieser Stelle ein relevantes Dampfdruckgefälle mit der Folge des waagerechten Diffusionsdurchgangs.

Hinsichtlich der Feuchte von Kellern kommt es für das Landgericht Braunschweig in einem Mietrechtsstreit darauf an, ob die Feuchte in die darüber liegenden Wohnräume aufsteigt (LG Braunschweig, Urteil vom 16.04.2002 – 6 S 771/01).

3.3.19 Ursache D3: Leitungswasserschäden

Tabelle 3.33 fasst die typischen Symptome bei Leitungswasserschäden zusammen.

Tabelle 3.33: „Steckbrief" der Ursache D3: Leitungswasserschäden

typische Symptome	Maßnahmen	Einflussbereich	
		Nutzer	Eigentümer
generell:			
• Wasserverlust im System	Druckprüfung, Leckage-ortung, Reparatur		x
Leitungen unter dem Estrich:			
• Schimmelpilzbefall hinter den Fußleisten	Druckprüfung, Leckage-ortung, Reparatur		x
• Wasserränder oberhalb der Fußleisten			
• Wasseraustritte aus der Decke in Räumen unterhalb der Leckage			
Leitungen in Wänden, Abseiten und Dachschrägen:			
• lokale Flecken mit Wasserrändern	Druckprüfung Leckage-ortung Reparatur		x
• lokale Wasseraustritte unabhängig von Niederschlägen			

3.3.19.1 Regelung und Nachweis

Bei versicherten Leitungswasserschäden kommt es darauf an, ob ein bestimmungswidriger Austritt von Leitungswasser aus Leitungen vorliegt.

Die technische Lebensdauer von Rohren und Rohrverbindungen in der Trinkwasserinstallation beträgt nach DIN 1988-2 „Technische Regeln für Trinkwasser-Installationen (TRWI) – Teil 2: Planung und Ausführung; Bauteile, Apparate, Werkstoff; Technische Regel des DVGW" (1988) 50 Jahre.

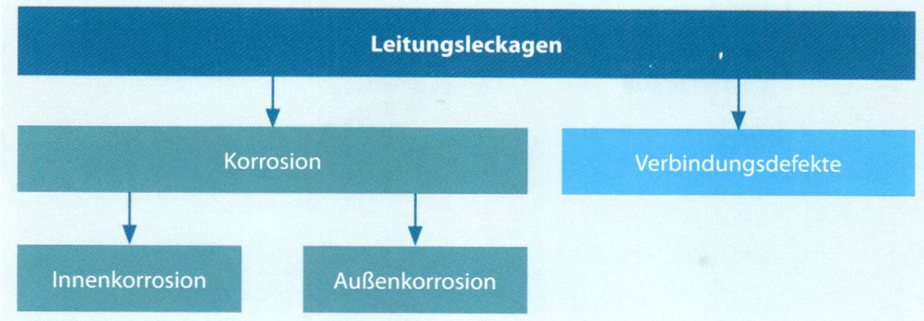

Abb. 3.176: Ursachen von Leitungsleckagen (Quelle: Hankammer, 2008, S. 268)

Abb. 3.177: Abwasserleitungen aus Blei mit Lochkorrosion nach einer Nutzungsdauer von etwa 50 Jahren

Abb. 3.178: Außenkorrosion an einer Stahlleitung, die zuvor durch eine Undichtigkeit im benachbarten Duschbereich eines Fitnesscenters ausgelöst worden war

Abb. 3.179: Leitungswasserschaden als Folge der Außenkorrosion aus Abb. 3.178

Abb. 3.180: Nahansicht des Wasseraustritts von Abb. 3.179

Da die wasserführenden Rohrinstallationen in Deutschland etwa ab Anfang der 1960er-Jahre verstärkt unter Putz und innerhalb der Dämmschichten des Fußbodenaufbaus verlegt wurden, liegt bereits jetzt ein erhebliches Schadenspotenzial bei den Gebäuden im Bestand vor.

Leitungsleckagen lassen sich in 3 Gruppen aufteilen (siehe Abb. 3.176). Zwei Beispiele für Korrosion als Ursache einer Leitungsleckage zeigen die Abb. 3.177 bis 3.180.

Abb. 3.181: Aus einer Leitungsleckage tritt bestimmungswidrig Leitungswasser aus.

Abb. 3.182: Der Nachweis der an der Unterseite der Leitung vorhandenen Leckage (Pfeil) ist nur nach einer zerstörenden Bauteilöffnung mit der Hilfe eines Taschenspiegels möglich (siehe Abb. 3.181).

Abb. 3.183: Unter der Sohlplatte eines Schulneubaus wird bei der Leckageortung ein völlig zerstörtes Kanalgrundrohr der Regenentwässerung angetroffen.

Abb. 3.184: In den Füllsand oberhalb des Rohrscheitels des Kanalgrundrohrs aus Abb. 3.183 waren Eisentrümmer und größere Kiessteine eingebettet, die den Schaden verursacht haben.

Abb. 3.185: Anderes Trümmerstück (vgl. Abb. 3.184)

Abb. 3.186: Pressfitting-Formstück (Quelle: Viega GmbH & Co. KG)

Abb. 3.187: Pressfitting-Formstück, Variante (vgl. Abb. 3.186; Quelle: Viega GmbH & Co. KG)

Zur Ursachenfeststellung eines Leitungswasserschadens bei Estrich- oder hohlraumverlegten Leitungen ist ein Abdrücken der Leitungen erforderlich. Dazu wird bei den verdeckt liegenden wasserführenden Rohrleitungen mit einer mechanischen Pumpe Überdruck angelegt. Anhand eines Manometers wird über einen vorgegebenen Zeitraum hinweg beobachtet, ob ein Druckabfall im untersuchten Netz stattfindet (siehe Abb. 3.181 bis 3.185). Auch ein Wassereintritt bei Rückstauvorgängen im öffentlichen Abwassernetz kommt infrage, wenn offene oder nicht ordnungsgemäß verpfropfte Leitungen unterhalb der Rückstauebene vorhanden sind oder eingebaute Rückstauklappen nicht planmäßig funktionieren.

3.3.19.2 Ursachen

Pressfitting-Verbindungen

Gegenüber der konventionellen Lötverbindung von Rohrleitungen aus Metall ist das Verpressen eine zeitsparende Alternative. Rohre und Formstücke (siehe Abb. 3.186 und 3.187) verfügen bei diesem Verfahren über in eine Nut eingelegte Dichtringe und werden mithilfe einer speziellen Presse formschlüssig verbunden. Pressfittings werden von verschiedenen Herstellern gefertigt, die meist eine zu ihrem System passende Presse mit Pressbacken anbieten. In Trinkwasserinstallationen dürfen grundsätzlich nur solche Rohre und Formstücke mit Zeichen des Deutschen Vereins des Gas- und Wasserfaches (DVGW) eingesetzt werden. Für Gasinstallationen werden spezielle Gas-Pressfittings verwendet, die in der Regel gelb markiert sind. Durch das Verpressen wird die Dichtung an die Rohrwandung angelegt und dichtet die Verbindung ab. Die Formstückwand wird in die Rohrwandung eingepresst. Dadurch geht die runde Form in eine leicht sechs- oder achteckige Form über. Der so hergestellte Formschluss verhindert ein Herausrutschen oder Auspressen unter Druck stehender Verbindungen.

Bis etwa zum Jahr 2003 bestand bei der Herstellung von Pressfitting-Verbindungen grundsätzlich das Risiko, dass die Elemente nach dem Zusammenstecken versehentlich nicht mehr verpresst wurden. In diesem Fall entsteht zwischen der Muffe am Formstück und dem eingeschobenen Rohrende

Abb. 3.188: Schimmelpilzbefall in einer Gaststätte nach Verstopfung der Abwasserleitung durch unsachgemäß entsorgtes Katzenstreu und 15 cm Fäkalwasserstand auf dem Fußboden

bereits beim Zusammenstecken ein umlaufender Kontaktschluss, der das Risiko einer fehlerhaften Beurteilung der Dichtheit der Anschlussverbindung birgt. Die Befüllung, die Inbetriebnahme und teilweise auch die Dichtheitsprüfung brachten diesen Mangel nicht unbedingt zutage.

Neuere Systeme, die seit etwa 2003 auf dem Markt sind, bleiben im unverpressten Zustand gezielt undicht. Bereits beim Befüllen des Systems tritt Wasser sichtbar an den Verbindungsstellen aus.

Abwasserschäden

Eine Besonderheit stellen Abwasserschäden dar, bei denen fäkalienhaltiges Wasser ausgetreten ist. In diesen Fällen ist in der Regel ein Austausch der betroffenen Bauteile erforderlich, weil wegen des guten Nährstoffangebots optimale Wachstumsvoraussetzungen für ein mikrobielles Wachstum vorliegen (siehe Abb. 3.188). Ferner sind in diesen Fällen häufig coliforme Bakterien oder Escheria coli in oder an den Baustoffen nachweisbar. *Escherichia coli* ist ein Darmkeim, der im Stuhl von Menschen und anderen Warmblütern nachgewiesen werden kann.

Sekundärfolgen von Rohrleitungsleckagen unter Estrich

Insbesondere bei Rohrleitungssystemen, die unterhalb des Estrichs verlegt sind, können Rohrleitungsleckagen zunächst zu einer Durchfeuchtung in der Ebene der Estrichdämmung führen, ohne dass dies von oben her bemerkbar wird (siehe Abb. 3.189). Mit der Durchfeuchtung der Estrichdämmschicht einhergehend erfolgt eine Horizontalverteilung des Leckagewassers auf der horizontalen Abdichtungsebene oder auf der Stahlbetondecke. Von Feuchte beansprucht werden in diesem Zusammenhang auch die auf der Sohlplatte oder Deckenplatte aufstehenden Außen- und Innenwände. Durch die bereits beschriebene Kapillarwirkung innerhalb des Mauergefüges steigt die Feuchte dann in der Wand empor. Horizontalsperrschichten, die dies oberhalb der ersten Mauerwerksschicht verhindern sollen, werden häufig unzulässig von dem Wandputz überbrückt, sodass auch dort eine kapillare Feuchteverteilung stattfinden kann. Erkennbar wird dort ein Schimmel-

Abb. 3.189: Die Polystyrol-Trittschalldämmung hat sich im Zuge eines massiven Durchfeuchtungsschadens an der Unterseite braun verfärbt. Die Laboranalyse ergab einen sehr starken Befall mit Bakterien.

Abb. 3.190: Erscheinungsbild einer Schimmelpilzbildung im Nachgang zu einem Naturereignis. Ganz ähnlich kann sich ein Rohrleitungsschaden unterhalb des Estrichs manifestieren.

Abb. 3.191: Nahansicht des Schimmelpilzbefalls von Abb. 3.190

pilzbefall sowohl an Außen- als auch an Innenwänden zunächst unmittelbar oberhalb der Fußleiste (siehe Abb. 3.190 und 3.191). Als weitere Folge des überhöhten Feuchteangebots wird dann an allen kalten Bauteiloberflächen durch die überhöhte Luftfeuchte ein Tauwasserausfall stattfinden. Dieser Sekundäreffekt wird an allen entsprechenden Stellen ebenfalls allmählich zu einer Schimmelpilzbildung führen.

Wassereinbruch über Lichtschächte

Zur Vermeidung von Durchfeuchtungen sind Kellergeschosse oder Tiefgaragen oftmals nach dem Funktionsprinzip einer Weißen Wanne aus WU-Beton abgedichtet. Dieses Funktionsprinzip setzt jedoch die Kenntnis des maximal zu erwartenden Grund- oder Schichtenwasserniveaus als Bemessungswasserstand voraus. Im Hinblick auf diesen Bemessungswasserstand und unter Berücksichtigung eines Vorhaltemaßes (Sicherheitszuschlag) wird planmäßig festgelegt, bis zu welchem Höhenniveau der Wannenbaukörper vollständig druckwasserdicht sein muss.

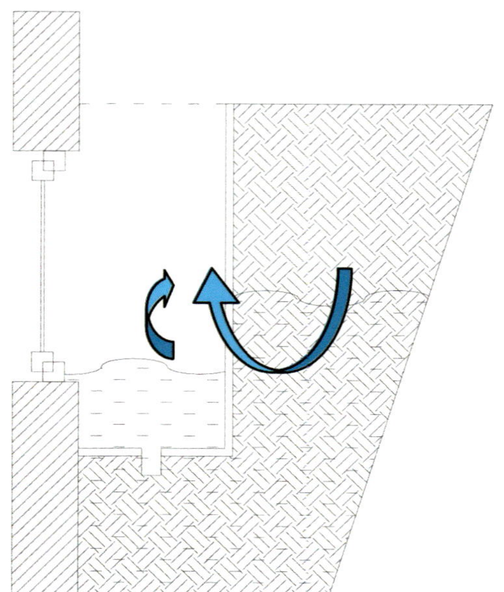

Abb. 3.192: Eindringendes Wasser in die Kasematte bei nicht druckwasserdichter Ausführung über die untere Ablauföffnung und über die Anschlussfugen

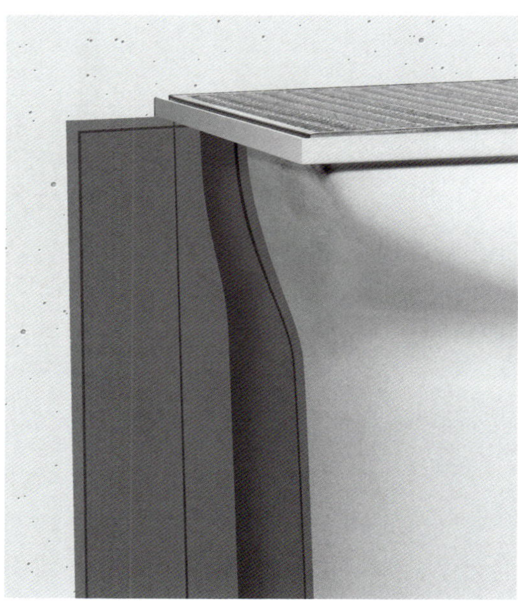

Abb. 3.193: Funktionsprinzip druckwasserdichte Ausführung: Der Anschluss des Lichtschachts an die Wand wird grundiert und mit einem Laminat versehen (Quelle: MEA Bausysteme GmbH).

Sofern die Brüstungen von Kellerfenstern planmäßig unterhalb des Bemessungswasserstands angeordnet werden, muss die außen liegende Kellerkasematte integrativer Bestandteil des Wannenbaukörpers werden. In diesem Fall muss die Kasematte selbst entweder ebenfalls aus WU-Beton hergestellt werden und die Anschlussfugen zum Baukörper müssen nach dem Stand der Technik gegen Druckwasser abgedichtet werden oder es werden alternativ Fertigteil-Lichtschachtelemente verwendet, die für den Lastfall drückendes Wasser gemäß DIN 18195-6 geeignet sind. Auch diese Fertigteilelemente verfügen über Dichtungsflansche zum Baukörper hin, die druckwasserdicht ausgerüstet sind.

In beiden Fällen darf die Entwässerung des von oben zulässig eindringenden Regenwassers nicht über Versickerungsöffnungen am Boden der Kasematte erfolgen, weil über eine solche Öffnung nach dem Prinzip kommunizierender Röhren bei außen ansteigendem Pegel auch Wasser in das Innere der Lichtschächte gelangen und dann über die Fenster in den Keller eindringen kann (siehe Abb. 3.192 und 3.193).

Lichtschächte, die in das Grund- oder Schichtenwasserniveau einbinden, müssen daher über ein eigenständiges Entwässerungssystem mit druckwasserdichten Ablaufanschlüssen verfügen. Das Abwasser muss von dort aus zu einem Sammelschacht mit einer Hebeanlage geleitet werden, die für ein Abpumpen über das Rückstauniveau hinweg verantwortlich ist.

Abb. 3.194: Schimmelpilzbildung als Folge eines Löschwasserschadens

Abb. 3.195: Vergrößerte Ansicht von Abb. 3.194

Löschwasserschäden

Die Abb. 3.194 und 3.195 zeigen Schimmelpilzerscheinungen, die auf große Feuchteeinwirkungen durch Löschwasser zurückzuführen sind.

3.3.20 Ursache D4: Dachleckagen

Deutliche Konzentrationen der Erscheinungsbilder im Deckenbereich mit dunklen Feuchteflecken, die beim Abtrocknen scharfkantige braune Ränder mit wolkenartigen Konturen hinterlassen, weisen auf Dachleckagen hin (siehe Tabelle 3.34 sowie Abb. 3.196 und 3.197).

Tabelle 3.34: „Steckbrief" der Ursache D4: Dachleckagen

typische Symptome	Maßnahmen	Einflussbereich	
		Nutzer	Eigentümer
lokal abgegrenzte Flecken und/oder Schimmelpilzbefall an der Unterseite der Dachdecke/an den Dachschrägen	Reparatur		x
braune Wasserränder			
Wassereintritt bei und/oder nach Regenereignissen			

Abb. 3.196: Sichtbare Durchfeuchtung von der Decke her

Abb. 3.197: Intensiv ausgeprägte Schimmelpilzbildung in der Raummitte unterhalb eines defekten Steildachs

3.3.20.1 Ursachen

Verschiedene Dachleckagen können zu einer nachhaltigen Bauteildurchfeuchtung führen. Im Folgenden werden einige Beispiele aufgeführt.

Fehlende Unterspannung/Unterdeckung

Nach den Fachregeln des Dachdeckerhandwerks muss ein Pfannendach über eine zweite Abdichtungsebene verfügen, damit eingetriebener Flugschnee und windgetragener Sprühregen sowie auftreibendes Niederschlagswasser bei Starkwinden nicht zu Durchfeuchtungen führen können (siehe Abb. 3.198 bis 3.200). Der früher übliche Fugenverstrich der Pfannen mit Mörtel ist damit bei Neubauten nicht mehr zulässig. Dort, wo er noch vorhanden ist, liegt regelmäßiger Wartungsbedarf vor, da die Fugen bei Verformung des Dachstuhls unter Windlast reißen oder vollständig herausfallen können. Die Pfannen müssen dann nachverstrichen werden. Dies zieht insbesondere bei nachträglich durchgeführten Dachausbauten nach sich, dass die unzugänglich gewordene Pfannenunterseite nicht mehr regelmäßig nachgebessert wird, mit der Folge, dass das Dach allmählich zunehmend undichter wird. Ohne Unterdach, Unterdeckung oder Unterspannung muss es an diesen Stellen zu Durchfeuchtungen der Wärmedämmung kommen (siehe Abb. 3.201).

Durchdringungen im Bereich der Unterspannung/Unterdeckung bzw. des Unterdachs

Durchführungen, wie in Abb. 3.202 zu sehen, werden oft als „Flickwerk" hergestellt. Dann muss zwangsläufig von oben her auf der Unterspannbahn ablaufendes Wasser im Bereich der Durchdringung nach unten auf den Dachboden abtropfen. Als fachgerecht gilt ein H-förmiger Ausschnitt im Durchdringungsbereich, bei dem die senkrechten Schenkel sich nach unten hin verjüngen. Der obere, frei werdende Lappen wird nach oben umgeklappt und dort an der Lattung befestigt. Dadurch entsteht eine notwendige Folienrinne, die ablaufendes Wasser an der Durchdringung vorbei zu den Seiten hin ableitet.

Abb. 3.198: Eingetriebener Flugschnee im Dachboden aufgrund fehlender Unterspannung/Unterdeckung

Abb. 3.199: Nicht mehr regensichere Eindeckung mit Dachsteinen infolge mangelhaften Mörtelverstrichs ohne Unterdeckung oder Unterspannung

Abb. 3.200: Die Durchfeuchtungen infolge des mangelhaften Mörtelverstrichs ohne Unterdeckung oder Unterspannung sind deutlich zu sehen (siehe Abb. 3.199).

Abb. 3.201: Dachgeschossausbau ohne Unterspannung oder Unterdeckung führt zum Risiko einer Wärmedämmungsdurchfeuchtung.

Abb. 3.202: Fehlerhafter Durchgang des Entlüftungsstrangs durch die Unterspannbahnebene

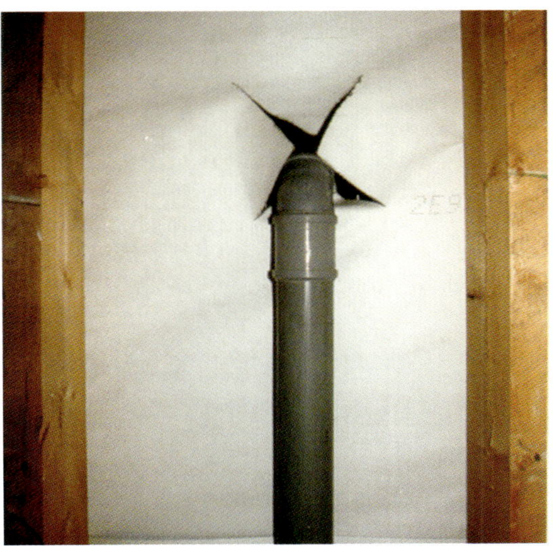

Abb. 3.203: Der Anschluss der Unterspannbahn an das Dachflächenfenster ist nicht regensicher hergestellt.

Abb. 3.204: Nahansicht des Anschlusses der Unterspannbahn an das Dachflächenfenster aus Abb. 3.203

Anschluss der Unterspannbahn an Dachflächenfenster

Auch bei Dachflächenfenstern muss der umlaufende Anschluss der Unterspannbahn regensicher ausgeführt werden, da ansonsten das ablaufende Wasser in den Konstruktionsquerschnitt eindringt und zu Durchfeuchtungen führt (siehe Abb. 3.203 und 3.204). Sowohl die Neubaumontage von Dachflächenfenstern als auch deren Nachrüstung in bestehende Dachflächen birgt ein vielfältiges Fehlerrisiko. An Planung und Ausführung derartiger Maßnahmen sind daher hohe Anforderungen gestellt.

Prinzipiell gelten für die Ausführung von Anschlüssen die jeweiligen Herstellervorschriften. Allgemein ist festzuhalten, dass Öffnungen möglichst klein zu halten sind. Oberhalb von durchdringenden Öffnungen sind durch umgeschlagene Ergänzungsfolien sog. Folienrinnen auszubilden. Die Folienausschnitte sind dafür entsprechend großzügig auszuschneiden.

Unzureichend abgedichtete Dachabläufe

Sofern die Dachablaufelemente mit ihren Klebeflanschen system- oder verarbeitungsbedingt nicht vollständig kontaktschlüssig an die Abdichtungsebene angeschlossen sind, kann die Abdichtungsebene unterlaufen werden. Bei Dachabläufen mit 2 Einlaufebenen übereinander kann es bei Rückstauvorgängen im Entwässerungssystem zu einem Feuchteeinbruch in die Dämmebene kommen.

Schadhafte Abdichtung von Flachdächern

Anzeichen von Beschädigungen der Flachdachabdichtung ist Pflanzenbewuchs (siehe Abb. 3.205 und 3.206). Ursache einer schadhaften Flachdachabdichtung kann z. B. eine offene Stoßverbindung der Dachbahnen sein (siehe Abb. 3.207).

Abb. 3.205: Zufallsvegetation in Rissen einer Flachdachabdichtung

Abb. 3.206: Zufallsvegetation in Rissen einer Flachdachabdichtung, andere Stelle (vgl. Abb. 3.205)

Abb. 3.207: Offene Stoßverbindung einer beschieferten Bitumendachbahn

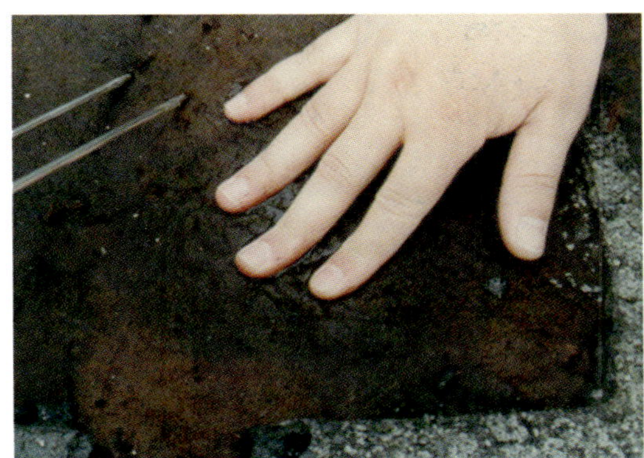

Abb. 3.208: Durchnässte mineralische Wärmedämmung unterhalb der neuen Abdichtungsbahn

Gleichzeitig mit dem Feuchteeintritt kann eine Verringerung des Dämmvermögens im Dämmstoff einhergehen (siehe Abb. 3.208).

Durchfeuchtete Schornsteinzüge

Schornsteinzüge stellen Durchdringungen der regensicheren oder der wasserdichten Dachebene dar. Bei gemauerten Schornsteinzügen kann es zu intensiven Durchfeuchtungen kommen bei den Ursachen

- mangelnde Schlagregendichtigkeit des Schornsteinkopfs (Moosbildung am Fugennetz),
- Undichtigkeiten im Bereich der oberen Abdeckplatte,
- Hinterläufigkeit der umlaufenden Abdichtungsanschlüsse in der Dachebene durch abgängige elastische Dichtstoffe,
- Hinterläufigkeit der Unterdach- bzw. Unterdeckungsebene (Anschluss der firstseitigen Unterspannbahn nicht am Schornstein hochgeführt) oder
- Tauwasserausfall in den Zügen ungenutzter oder untertemperierter Schornsteine.

Abb. 3.209: Ausblühungen an einem Schornsteinkopf unterhalb des Daches mit braunen Versottungsverfärbungen als Folge mangelnder Schlagregendichtigkeit des Schornsteinkopfs über Dach

Abb. 3.210: Versottungen auf der Raumseite

Abb. 3.211: Das ohne Luftabstand an die Wand des Schornsteinzugs gestellte Bett hat die Schimmelpilzbildung trotz bereits durchgeführter Malerarbeiten erneut hervorgerufen.

Meist wird die Durchfeuchtung begleitet von braunen Versottungen, bei denen die Feuchte Bestandteile aus dem Ruß des Schornsteinzugs auswäscht und zur Raumseite hin transportiert (siehe Abb. 3.209 und 3.210). In der Regel lässt sich bei der Laboranalytik von Putzproben aus den verfärbten Bereichen ein relevanter Schimmelpilzbefall nachweisen (siehe Abb. 3.211).

3.3.21 Ursache D5: Naturereignisse

Tabelle 3.35 fasst die typischen Symptome und abhelfenden Maßnahmen bei Schimmelpilzbefall und anderen Schäden aufgrund eines Naturereignisses zusammen.

Tabelle 3.35: „Steckbrief" der Ursache D5: Naturereignisse

typische Symptome	Maßnahmen	Einflussbereich	
		Nutzer	Eigentümer
Wassereintritt bei und/oder nach Überflutungen	Abpumpen des Wassers, technische Trocknungsmaßnahmen		x
braune Wasserränder			
lokal abgegrenzte Flecken und/oder Schimmelpilzbefall an Innen- und Außenwänden			

Typische Naturereignisse sind Jahrhundertregen, bei denen das öffentliche Regenentwässerungsnetz die von den versiegelten Flächen anfallenden Wassermengen nicht mehr aufnehmen kann. Aufgrund der dadurch eintretenden Rückstauvorgänge in Entwässerungsleitungen kann es ggf. zu Wasseraustritten in das Gebäude hinein und dort zu Überflutungen kommen. Auch auf den Straßen und Grundstücken können derartige Überflutungen eintreten, mit der Folge, dass das anstauende Wasser über Kellerfenster und Kellertüren oder Haustüren und Terrassentüren in das Gebäude eindringt. Das Gleiche gilt für Überflutungen, die bei Hochwasser von über die Ufer tretenden Flüssen ausgelöst werden.

4 Vorgehensweise bei Symptomen eines Schimmelpilzbefalls

4.1 Mess- und Analyseplanung

Die unterschiedlichen Mess- und Analyseverfahren sind teilweise aufwendig und häufig kostenintensiv. Im Hinblick auf die Verfahrensökonomie müssen die einzuleitenden Untersuchungsmaßnahmen sorgfältig und objektspezifisch geplant werden. Die individuelle Problemstellung legt dabei die Zielsetzung für die Mess- und Analyseplanung fest: Gilt es bei gesundheitlichen Beschwerden der Nutzer einen nicht sichtbaren Befall zu finden, sind andere Untersuchungsmethoden anzusetzen als bei bereits erkanntem mikrobiellem Befall. Grundlage ist immer eine örtliche Inspektion, die sich aber über die Einsichtnahme in verfügbare Unterlagen, wie Bauzeichnungen, Wärmeschutznachweis und Heizkostenabrechnung, vorbereiten lässt. Zusammen mit dem örtlich gewonnenen Eindruck lässt sich das optimale Programm der erforderlichen Messungen und Analysen festlegen. Häufig wird eine etappenweise Strategie zu bevorzugen sein, bei der sich jeweils nachfolgende Schritte an den bereits gewonnenen Analyseerkenntnissen orientieren.

4.2 Verdacht auf Befall oder sichtbare Symptome

Führen Patientensymptome oder anhaltend ortsfremde Gerüche zu einem Verdacht auf Befall ohne sichtbare Erscheinungsformen, ist zunächst die Bestimmung der intramuralen (innerhalb des Gebäudes bestehenden) VOC- und der MVOC-Konzentrationen als Indikatoren notwendig. Die gängigen Richtwerte für die VOC- und MVOC-Konzentrationen in Innenräumen gelten dabei lediglich als Orientierungswerte für das eventuelle Vorhandensein eines Schadens, stellen dabei aber keine Grenzwerte für die Gesundheitsbelastung dar. Führt diese Untersuchung zu einem positiven Ergebnis, bietet sich die Lokalisierung der Quelle des Befalls durch einen Schimmelsuchhund an, mit nachfolgender Bauteilöffnung (siehe Abb. 4.1).

Sofern ein sichtbarer Befall vorliegt, gilt es zunächst, die baulichen oder nutzungsspezifischen Ursachen zu ermitteln und abzustellen. Erst anschließend folgt die Beseitigung der Symptome (siehe Abb. 4.2).

In der ersten Überprüfungsphase werden die baulichen Gegebenheiten berücksichtigt, in der zweiten Phase folgen die nutzerabhängigen Fakten.

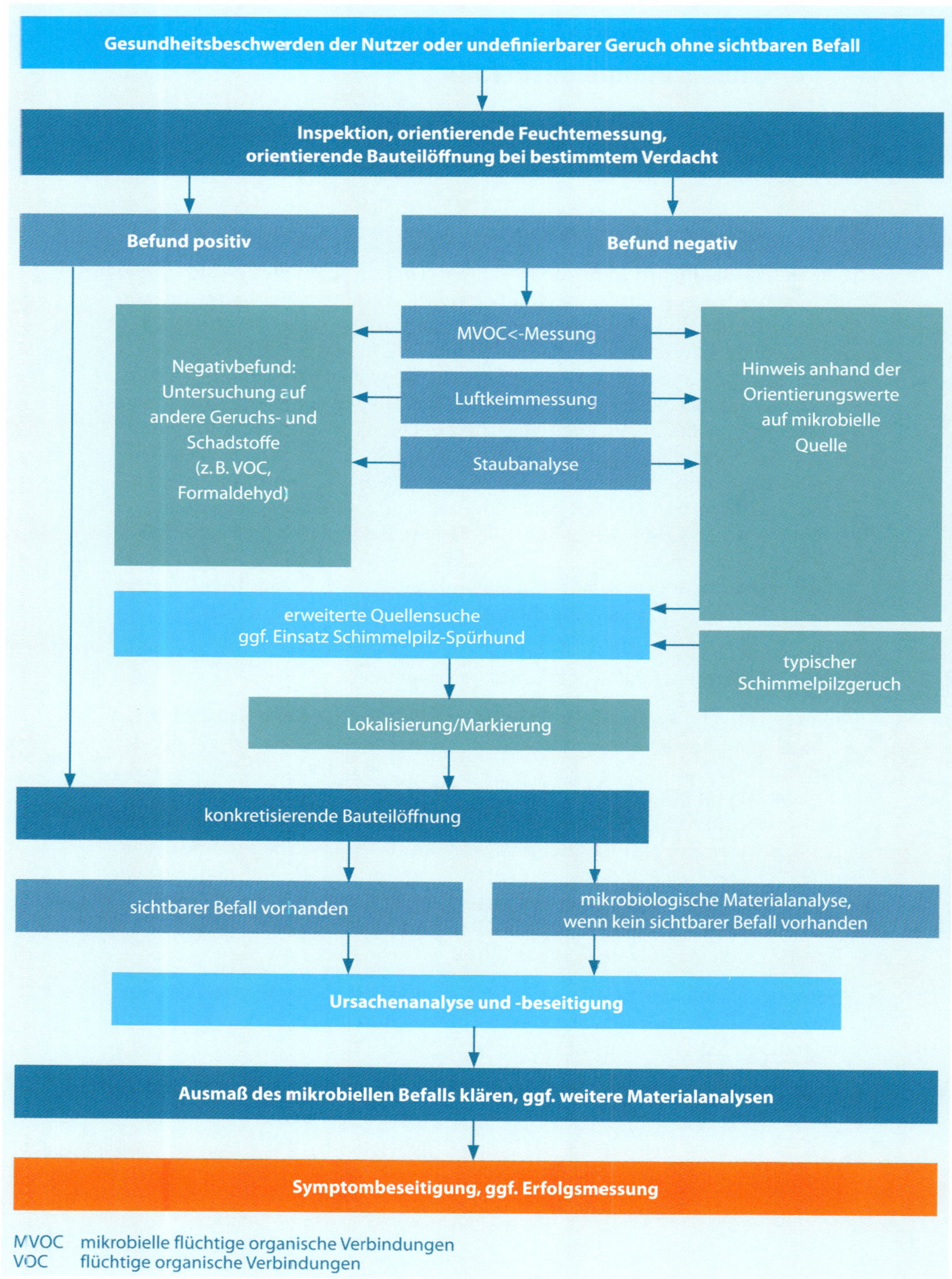

Abb. 4.1: Vorgehensweise bei Verdacht auf einen mikrobiellen Befall

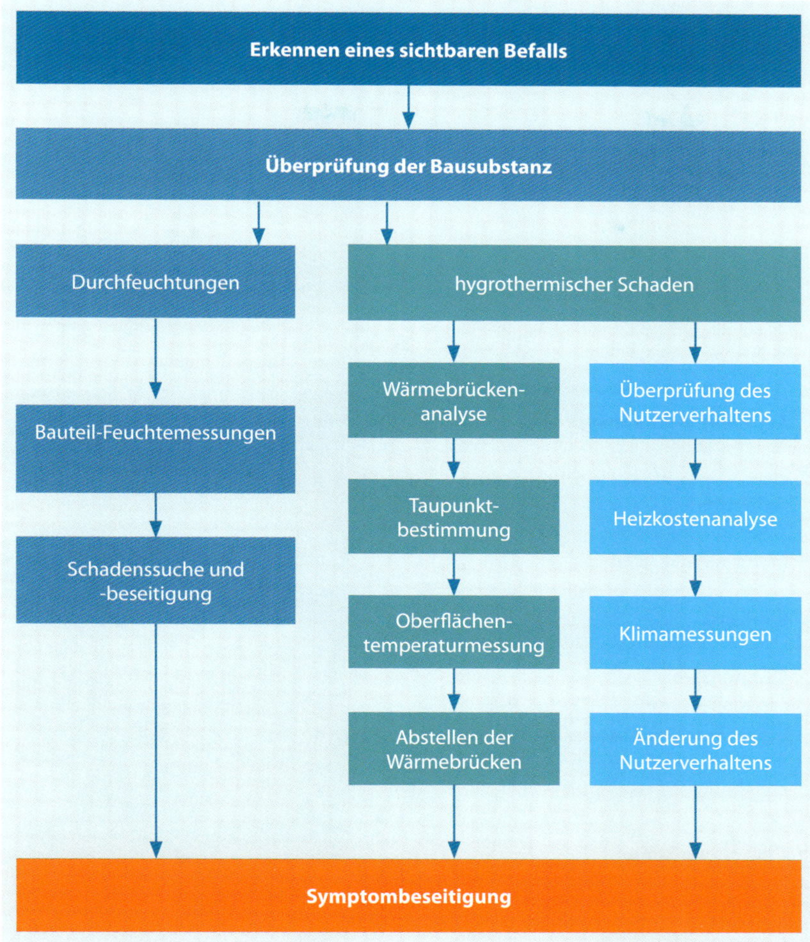

Abb. 4.2: Vorgehensweise bei sichtbarem mikrobiellem Befall

	Spezialgebiete								
	Baukonstruktion	Bauphysik	Bauschadensdiagnostik	Mykologie	Laboranalytik	Innenraumdiagnostik	Toxikologie	Patientendiagnostik	Bau- und Mietrecht
Architekt/Hochbauingenieur	4	3	2	0	0	0	0	1	3
Sachverständiger für Schäden an Gebäuden	4	4	4	3	2	3	2	2	4
Immobilienverwalter	3	2	0	0	0	0	0	1	3
Baujurist	2	2	2	0	0	0	0	1	4
Bauphysiker	3	4	3	2	2	0	0	1	2
Innenraumdiagnostiker/Baubiologe	3	2	4	3	3	4	3	3	2
Mikrobiologe/Mykologe	2	2	3	4	4	3	3	2	0
Umweltmediziner	2	2	3	3	3	3	4	4	2

1 Allgemeinwissen
2 Grundkenntnisse
3 vertiefte Kenntnisse
4 Spezialkenntnisse

Abb. 4.3: Einsatz von Sonderfachleuten für unterschiedliche Aufgabenstellungen

4.3 Einschalten von Sonderfachleuten

Den Sonderfachleuten aus den verschiedenen Disziplinen wird die jeweilige Kenntnis der Zusammenhänge und der Wechselwirkungen von Ursachen und Symptomen des Schimmelpilzbefalls zugerechnet. Im Fall eines konkret erkannten Schimmelpilzvorkommens oder bei medizinischen Befunden, die auf einen Befall im Umfeld des Patienten hinweisen, muss über den jeweiligen interdisziplinären Einsatz der in Abb. 4.3 aufgeführten Spezialisten spezifisch entschieden werden.

Bewertungen, die ein Sachverständiger in seinem Gutachten vornimmt, die nicht sein Fachgebiet betreffen, werden von den Gerichten in der Regel nicht berücksichtigt:

Berliner Kammergericht (KG), Urteil vom 26.02.2004 – 12 U 1493/00, S. 11:

„Soweit die Biologin [...] aus den von den Mitarbeitern der Beklagten geschilderten Symptomen Rückschlüsse auf den festgestellten Pilzbefall ziehen will (S. 16 des Gutachtens), verlässt sie ihr Fachgebiet. Es liegt auf der Hand, dass derartige Feststellungen nur von einem Humanmediziner/Facharzt festgestellt werden."

4.4 Befragung/Gebäudeanamnese

Als Anamnese wird die Krankheitsgeschichte nach den Angaben des Patienten bezeichnet. Die Gebäudeanamnese ist also ein Schadensbericht nach Angabe des Eigentümers oder des Mieters. Unabhängig von dem eigenen Befund des Sachverständigen ist es daher erforderlich, Kenntnis über die individuelle Wohnraumnutzung zu erlangen. Dazu zählen die nachfolgend aufgeführten Angaben der Mieter, die ggf. auf ihre Plausibilität geprüft werden müssen:

- Lage und Bezeichnung der Wohnung,
- Wohnfläche,
- Zeitpunkt des Schadenseintritts,
- Zeitpunkt des erstmaligen Befalls,
- Begleitumstände zum Zeitpunkt des Schadenseintritts,
- Anzahl der Bewohner insgesamt,
- Anzahl der tagsüber anwesenden Bewohner,
- Angaben über periodische Zeiträume der täglichen An- und Abwesenheit der Bewohner,
- Angaben über antizyklische Abwesenheiten (z. B. bei Ferienwohnung),
- Angaben über das Heizverhalten je Raum (z. B. Herabdrosseln der Heizung während der Abwesenheit der Nutzer),
- Angaben über die typische Temperierung einzelner Räume im Winter (z. B. Beheizen des Schlafzimmers über das Wohnzimmer),
- Angaben über Lüftungsvorgänge je Raum (z. B. Fenster ganztätig im Kippstellung),
- Angaben über Haustiere in der Wohnung,
- Angaben über die Anzahl von Topfpflanzen je Raum und über die Gießmenge,
- Angaben über die Art und Intensität der Zubereitung von Mahlzeiten,
- Angaben über die Intervalle von Waschvorgängen,
- Angaben über Art und Umfang der Wäschetrocknung (z. B. Kondensattrockner innerhalb der Wohnung, Ständertrocknung außerhalb der Wohnung oder Ständertrocknung innerhalb der Wohnung),
- Angaben über Aquarien oder andere offene Wasserbehältnisse innerhalb der Wohnung,
- Angaben über das Auftreten ortsfremder Gerüche und
- Angaben über gesundheitliche Auffälligkeiten/Patientenbefunde.

Abb. 4.4: Die Behinderung der freien Fensteröffnung durch Pflanzen auf der Fensterbank ist keine Einladung zur regelmäßigen Flügellüftung.

Abb. 4.5: Aufgrund der Pflanzen auf der Fensterbank ist eine regelmäßige Flügellüftung kaum möglich.

Abb. 4.6: Es ist unwahrscheinlich, dass die Miniaturensammlung auf der Fensterbank täglich dreimal zum Lüften abgeräumt wird.

Abb. 4.7: Unzureichende Lüftung nur in Kippstellung wegen Dekorationsgegenständen auf der Fensterbank

4.5 Inspektion

Bei der Ursachenermittlung für erkannten Schimmelpilzbefall spielen die eigenen Beobachtungen des Sachverständigen eine übergeordnete Rolle. Mieterangaben über ihr Heiz- und Lüftungsverhalten lassen sich so auf ihre Stichhaltigkeit hin überprüfen.

Unzählige Topfpflanzen oder Miniaturensammlungen auf Fensterbänken sind nicht gerade ein typisches Indiz für eine mehrmals täglich komfortabel stattfindende Stoßlüftung (siehe Abb. 4.4 bis 4.11). In diesem Fall erfolgt in Wirklichkeit allenfalls eine Kipplüftung. Besonders wenn die Bewohner ausdrücklich erklären, dass in bestimmten Räumen keine Probleme vorherrschen, sollten diese Räumlichkeiten dennoch besichtigt werden. Oft bieten sich in diesen Räumen auch aufschlussreiche Erkenntnisse, z. B. wenn dort die eigens für den Gutachtertermin aus den übrigen Räumen evakuierten Pflanzen beherbergt werden (siehe Abb. 4.12).

Abb. 4.8: Zahlreiche Utensilien auf der Fensterbank des Badezimmers müssten bei jeder Stoßlüftung abgeräumt werden.

Abb. 4.9: Beim ersten Ortstermin festzustellen: Zahlreiche Utensilien auf der Fensterbank des Badezimmers müssten praktisch bei jeder Stoßlüftung abgeräumt werden.

Abb. 4.10: Beim zweiten Ortstermin (vgl. Abb. 4.9) waren die Mieter vorbereitet: Die Fensterbank ist frei, die Utensilien wurden alle in das Waschbecken gestapelt.

Abb. 4.11: Unzureichende Lüftung nur in Kippstellung wegen der abgestellten Duschutensilien auf der Fensterbank

Abb. 4.12: „Evakuierte" Pflanzen im vom Streit nicht betroffenen Badezimmer

Abb. 4.13: Wäschetrocknung findet zum Zeitpunkt des Ortstermins nicht statt. Die Einrichtung dafür ist aber vorhanden.

Abb. 4.14: Wäschetrocknung auf Trockenständern auf dem Balkon im Sommer. Zu klären ist, wo die Wäschetrocknung im Winter stattfindet.

Mehrere zusammengelegte Trockenständer hinter der Badezimmertür oder ein momentan unbenutzter Trockenständer am Heizkörper liefern kein glaubhaftes Zeugnis für eine Wäschetrocknung außerhalb des Wohnraums (siehe Abb. 4.13 und 4.14).

Andere Hinweise, die den Sachverständigen aufmerken lassen sollten, zeigen die Abb. 4.15 und 4.16.

Eine Überprüfung der Holzfeuchte im Mobiliar (siehe Kapitel 5.1.1) ergibt verwertbare Aussagen über die anhaltende Luftfeuchte innerhalb des Raumes in der jüngsten Vergangenheit, da sich die Holzfeuchte zwar jeweils adaptiv an die Raumluftfeuchte anpasst, dies jedoch mit einer relevanten Zeitverzögerung. Vorgetäuschte Raumklimate lassen sich auf diese Weise leicht entlarven.

Sofern Mobiliar nicht verfügbar ist, kann die Holzfeuchtemessung auch an Zimmertüren aus Holzwerkstoffen durchgeführt werden. Röhrenspan- oder Wabentüren verfügen über einen Massivholzrahmen, der in der Regel an der Unterseite frei zugänglich ist. Herstellerseitig kann die Holzart abgefragt werden. Überwiegend wird Fichtenholz verwendet.

4.6 Schadenskataster

Für die spätere Auswertung und Beurteilung der Schadensursache ist insbesondere bei größeren Wohnungsanlagen mit identisch betroffenen Bauteilgruppen die Anlegung eines Schadenskatasters erforderlich. Dem Schadenskataster liegt ein Grundriss der betroffenen Wohnung zugrunde, aus dem es sich durch handschriftlichen Eintrag ergibt, an welcher Stelle ein Befall angetroffen worden ist. Das Schadenskatasterblatt sollte darüber hinaus folgende Angaben enthalten:

- Datum des Schadenseintritts,
- Schadensnummer des Versicherers,
- Lage und Bezeichnung der betroffenen Wohnung innerhalb der Gesamtanlage,

Abb. 4.15: Ein Gummischieber auf der Fensterbank weist darauf hin, dass die Verglasung regelmäßig beschlägt und das Tauwasser dann durch den Nutzer abgezogen wird, um den Durchblick zu erhalten.

Abb. 4.16: Frotteehandtücher, die im Winterhalbjahr hinter den bodentiefen Fenstern ausgelegt werden, weisen auf einen regelmäßigen Tauwasserausfall auf der Verglasung hin.

- Koordinaten des Befalls,
- räumliche Ausdehnung des Befalls (Flächenangabe und Figur),
- Ausrichtung des Befalls nach der Himmelsrichtung,
- relative Luftfeuchte im Raum, stationär,
- relative Luftfeuchte im Raum, instationär,
- Raumlufttemperatur, stationär,
- Raumlufttemperatur, instationär,
- Oberflächentemperatur normaler Außenwandbereiche, raumseitig,
- Oberflächentemperaturen im Befallsbereich, raumseitig, stationär,
- Oberflächentemperaturen im Befallsbereich, raumseitig, instationär,
- Oberflächentemperatur der Innenwände als Referenzwert, stationär,
- Angaben über den Außenwandaufbau,
- Angaben über den Geschossdeckenaufbau,
- Oberflächenfeuchte im Normalbereich, raumseitig, stationär,
- Oberflächenfeuchte im Befallsbereich, raumseitig, stationär,
- Feuchtekonzentrationen im Bauteilquerschnittverlauf,
- Substratklasse der raumseitigen Wandoberfläche,
- Intensität der angetroffenen Schädigung,
- Lage und Anzahl von Materialproben,
- Koordinaten der örtlich aufgenommene Fotografien,
- Fensterstellung vor und während des Ortstermins,
- Thermostatventilstellung während der Inaugenscheinnahme,
- Außenlufttemperatur zum Zeitpunkt des Ortstermins,
- Schadensursachen.

Bei umfangreichem Schimmelpilzbefall innerhalb eines größeren Wohnkomplexes kann mithilfe des Schadenskatasters und des Erhebungsbogens die Ursachenkette schlüssig nachvollzogen werden. Insbesondere gelingt auf diese Weise der Nachweis von kritischen Serienmängeln. Die spätere Auswertung der Mangelursachen und der Schadensfolge wird durch das Schadenskataster erheblich erleichtert.

5 Bauphysikalische Untersuchungsmethoden

5.1 Feuchtebestimmung von Stoffen und Bauteilen

5.1.1 Elektronische Feuchtemessung nach dem Widerstandsmessprinzip

Die Messung wird mit Handgeräten nach dem Widerstandsmessprinzip durchgeführt (siehe Abb. 5.1). Über 2 in den Baustoff eingebrachte Messfühler wird der elektrische Widerstand im Material gemessen. Die Ablesung erfolgt am Gerät entweder bei definierten Parametern (Holzsorte bekannt) direkt als Masseprozent (Masse-%) oder über Skaleneinheiten (SKE) bzw. Digits. Die Skaleneinheiten lassen sich anhand der Referenzwerte des Geräteherstellers oder aufgrund eigener Messpraxis auf der Basis von gravimetrisch bestimmten Werten in Masse-% oder CM-% umrechnen. Denn die Digit-Anzeige ist ein Relativmesswert, der sich nicht unmittelbar in den tatsächlichen Wert des Feuchtgehalts des jeweiligen Baustoffs umrechnen lässt.

Als Beispiel für ein solches elektronisches Feuchtemessgerät sei die GANN Hydromette RTU 600 mit der Ramm-Elektrode M18 genannt (Anzeige in Digits).

Gemäß Herstellerangabe gelten die in Tabelle 5.1 zusammengestellten Werte als gesichert.

Abb. 5.1: Holzfeuchtemessung nach dem Widerstandsmessprinzip

Tabelle 5.1: Feuchtegehalt verschiedener Baustoffe, ermittelt mit der GANN Hydromette RTU 600

Baustoffe		**Anzeige des Messgeräts in Digits**	**Baustofffeuchte in Gew.-%[1)]**
Zementmörtel		80	7,00
		60	3,70
		40	2,60
	Ausgleichsfeuchte	40–58	2,60–3,60
Gipsputz		80	15,00
		60	7,00
		40	3,50
		20	1,00
	Ausgleichsfeuchte	16–28	0,50–2,00
Kalkmörtel		70	12,00
		60	5,00
		50	3,25
		40	2,25
	Ausgleichsfeuchte	35–50	2,00–3,20
Gasbeton	Ausgleichsfeuchte	50–64	12,00–17,00
Beton B15	Ausgleichsfeuchte	65–80	1,80–2,20
Beton B25	Ausgleichsfeuchte	60–75	2,20–2,50
Beton B35	Ausgleichsfeuchte	60–75	2,40–2,70
Zementestrich			

Tabelle 5.1 (Fortsetzung)

Baustoffe		Anzeige des Messgeräts in Digits	Baustofffeuchte in Gew.-%[1)]
• kunststoffmodifiziert	Ausgleichsfeuchte	39–58	3,10–3,30
• mit Bitumenzusatz	Ausgleichsfeuchte	20–38	3,30–3,60
• ohne Zusatz	Ausgleichsfeuchte	60–78	2,40–3,00
Anhydritestrich	Ausgleichsfeuchte	40–55	0,50–1,00

1) Anmerkung: Die hier verwendete Einheit Gew.-% entspricht der heute üblichen Einheit Masse-%.

Salzbelastete Bauteile beeinflussen das Messergebnis, da sich mit steigendem Salzgehalt die Leitfähigkeit der Prüfsubstanz erhöht. In der Regel werden die zerstörungsarmen elektronischen Prüfverfahren vorgeschaltet, um Hinweise auf lokale verdächtige Zonen zu erhalten. Für eine exakte Bestimmung des Feuchtegehalts von Baustoffen können anschließend das zerstörende CM-Verfahren oder die Darrmethode (siehe Kapitel 5.1.5 und 5.1.6) angewendet werden.

Eine Überprüfung der Holzfeuchte im Mobiliar ergibt verwertbare Aussagen über die anhaltende Luftfeuchte innerhalb des Raumes in der jüngsten Vergangenheit, da sich die Holzfeuchte zwar jeweils an die Raumluftfeuchte anpasst, dies jedoch mit einer relevanten Zeitverzögerung. Vorgetäuschte Raumklimate lassen sich auf diese Weise leicht entlarven. Sofern Mobiliar nicht verfügbar ist, kann die Holzfeuchtemessung auch an Zimmertüren aus Holzwerkstoffen durchgeführt werden. Röhrenspan- oder Wabentüren verfügen über einen Massivholzrahmen, der in der Regel an der Unterseite frei zugänglich ist. Herstellerseitig kann die Holzart abgefragt werden. Überwiegend wird Fichtenholz verwendet.

Die Geräteeinstellung der GANN Hydromette RTU 600 mit Einschlagelektroden für die Holzart mitteleuropäische Fichte ist X-Y : 6-5. Wie sich die relative Raumluftfeuchte auf die Holzfeuchte auswirkt, zeigt Tabelle 5.2. Die Resorptionsthermen für Holz sind in Abb. 5.2 dargestellt.

Tabelle 5.2: Resorptionsfeuchte von Holz bei einer Raumtemperatur von 20 °C

Holz-feuchte in %	relative Raumluft-feuchte in %	Holz-feuchte in %	relative Raumluft-feuchte in %	Holz-feuchte in %	relative Raumluft-feuchte in %
3,0	12,5	8,5	48,0	14,5	76,5
3,5	15,0	9,0	50,5	15,0	78,0
4,0	18,0	9,5	54,0	15,5	80,0
4,5	21,0	10,0	56,0	16,0	81,0
5,0	24,5	10,5	59,0	16,5	82,5
5,5	28,0	11,0	61,5	17,0	84,0
6,0	31,5	11,5	64,0	17,5	85,0
6,5	35,0	12,0	66,0	18,0	86,0
7,0	38,5	12,5	69,0	18,5	87,0
7,5	42,0	13,0	71,0	19,0	88,0
8,0	45,5	14,0	75,0	20,0	90,0

5.1.2 Elektronische Feuchtemessung nach dem Hochfrequenzverfahren (kapazitive Messung)

Für die Messung der Oberflächenfeuchte von Bauteilen kann ein elektronisches Messgerät, wie z. B. das Gerät Gann Hydromette RTU 600, eingesetzt werden (siehe Abb. 5.3).

Die digital ablesbaren Messeinheiten, ermittelt mit der Oberflächenmesssonde B 60, sind Digits. Gemäß Herstellerangabe gelten die in Tabelle 5.3 aufgeführten Werte für die Oberflächenfeuchte als gesichert.

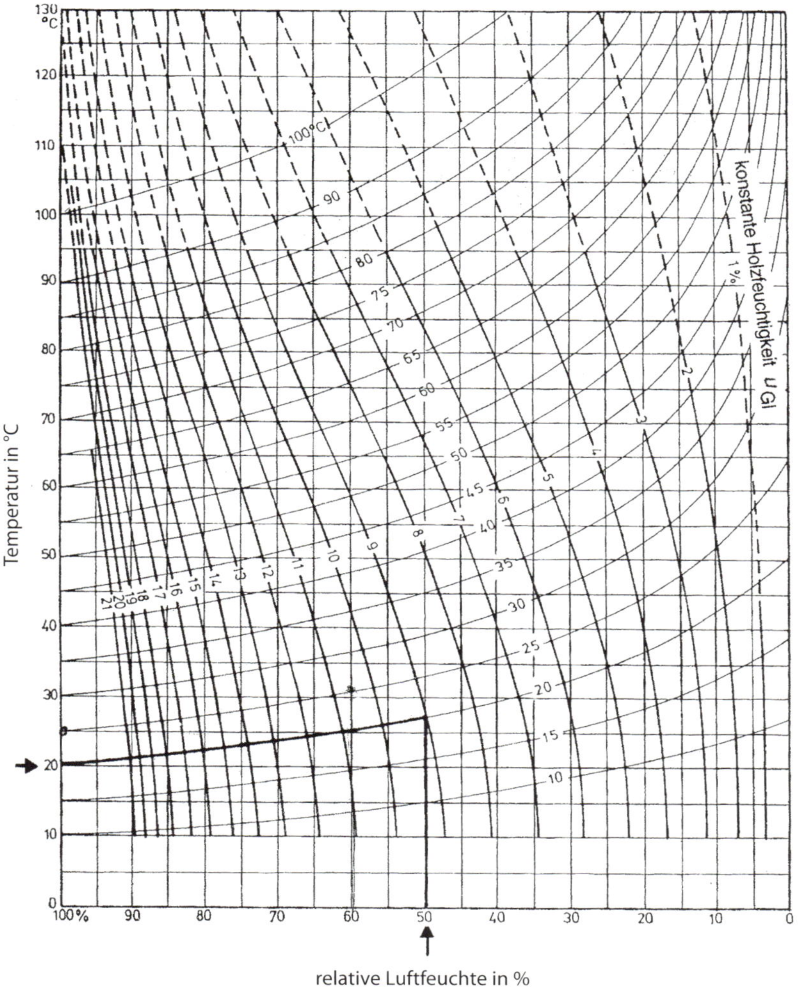

Temperatur in °C

konstante Holzfeuchtigkeit u Gl

relative Luftfeuchte in %

Abb. 5.2: Resorptionsthermen für Holz bei 20 °C (Quelle: Remmert et al.: Fachbuch für Parkettleger und Bodenleger. 2. Aufl. Hamburg: SN-Verlag Michael Steinert, 1996, S. 149)

Abb. 5.3: Elektronisches Feuchtemessgerät GANN Hydromette RTU 600 mit der Aktivelektrode B 60. Die Feuchtemessung des Bauteils erfolgt nach dem Hochfrequenzverfahren.

Tabelle 5.3: Feuchtegehalt verschiedener Bauteiloberflächen, ermittelt mit der GANN Hydromette RTU 600

Bauteile	Anzeige des Messgeräts in Digits	Oberflächenfeuchte des Bauteils
Holz	25– 40	trocken
	80–140	feucht
Mauerwerk Kellerraum	60– 80	trocken
	100–150	feucht
Mauerwerk Wohnraum	25– 40	trocken
	100–150	feucht

Der entscheidende Vorteil des Verfahrens liegt in der guten Handhabbarkeit der Geräte und der zerstörungsfreien Untersuchungsmethode. Der Nachteil ist die relative Ungenauigkeit des Messwerts bei unklaren Materialeigenschaften. Auch der Salzgehalt von durchfeuchteten Baustoffen kann eine Verfälschung des Messergebnisses bewirken.

Für eine Basisanalyse, bei der eine vergleichende Betrachtung der zu untersuchenden Flächen vorrangig ist, kann das Verfahren jedoch gut angewendet werden. Bei lokal erhöhten Messwerten kann anschließend eine weitergehende zerstörende Untersuchung und eine quantitative Feuchteprüfung nach dem CM-Verfahren oder mit der Darr-Methode (siehe Kapitel 5.1.5 und 5.1.6) durchgeführt werden.

5.1.3 Elektronische Feuchtemessung nach dem Mikrowellenverfahren

Durch Messung des Feuchtegehalts in Baustoffen mit einer Mikrowellen-Handmesssonde (siehe Abb. 5.4) wird durch die hohe Frequenz verhindert, dass sich der Einfluss von eventuell eingelagerten Salzen im Baustoff bei der Messung nachteilig auswirkt. Die mögliche Messtiefe liegt bei etwa 15 cm.

5.1.4 Elektronische Klimamessung der Ausgleichsfeuchte

Unter dem Gehalt an Ausgleichsfeuchte wird der Feuchtegehalt verstanden, der bei der Untersuchung genügend ausgetrockneter Bauten, die zum dauernden Aufenthalt von Personen dienen, in 90 % aller Fälle nicht überschritten wird, oder aber der Feuchtegehalt, der nach DIN EN ISO 12570 „Wärme- und feuchtetechnisches Verhalten von Baustoffen und Bauprodukten – Bestimmung des Feuchtegehaltes durch Trocknen bei erhöhter Temperatur“ (2013) bestimmt wurde. Die Ausgleichsfeuchten gängiger Baustoffe können der Fachliteratur entnommen werden. Mit den Messmethoden zur Bestimmung des Feuchtegehalts von Baustoffen lässt sich die Abweichung der Ist-Materialfeuchte von der Soll-Ausgleichsfeuchte ermitteln.

Abb. 5.4: Baustofffeuchtemessung mit der Mikrowellenmesssonde

Abb. 5.5: Klimamessung mit Messsonde in einem Bohrloch

Abb. 5.6: CM-Messgerät

Mit elektronischen Messgeräten in Verbindung mit Klimamesssonden lässt sich die relative Luftfeuchte in Bohrlöchern in Bauteilen bestimmen (siehe Abb. 5.5). Nach Herstellung des Bohrlochs wird die Messsonde eingeführt und rundherum gegenüber der Umgebungsluft mit Knetmasse abgedichtet. Allmählich stellt sich dann im Bohrloch eine messbare relative Luftfeuchte ein, die dem Klima und damit der aktuellen Ausgleichsfeuchte innerhalb der Baustoffporen entspricht.

5.1.5 Feuchtemessung nach dem CM-Verfahren

Das zu prüfende Material wird vor Ort in einer Mörserschale weitgehend pulverförmig zerkleinert. Mithilfe einer Präzisionsfederwaage wird eine vordefinierte Menge des Prüfguts (10, 20 oder 50 g) in eine Edelstahldruckflasche abgefüllt. Anschließend wird eine Glasampulle mit Calciumcarbid in die Flasche eingeführt. Außerdem werden 3 unterschiedlich große Stahlkugeln in die Flasche eingebracht. Die Flasche wird anschließend druckfest verschlossen. Der Verschlussdeckel trägt ein Manometer (siehe Abb. 5.6).

Bei kräftigem Schütteln der Stahlflasche wird die Glasampulle durch die Stahlkugeln zerstört und das Calciumcarbid wird freigesetzt.

Nach der chemischen Gleichung

$2\ H_2O + CaC_2 \rightarrow Ca(OH)_2 + C_2H_2$

(Wasser im Baustoff + Calciumcarbid) → (Calciumhydroxid + Acetylen)

reagiert das Wasser, das in der Probe enthalten war, mit dem Calciumcarbid und bildet Acetylen. Durch die Reaktion entsteht ein Gasdruck des Acetylens in der Messflasche. Anhand des am Manometer ablesbaren Druckanstiegs wird der Wassergehalt der Probe ermittelt.

Im Vergleich mit der Feuchtebestimmung mit dem elektronischen Messgerät ist das CM-Verfahren genauer, da die Wassermenge der Probe exakter bestimmt wird. Bei alten Baustoffen funktioniert die Messmethode jedoch nicht in der gleichen Präzision wie bei frischen Baustoffen.

Ein noch größeres Maß an Genauigkeit bietet allerdings die gravimetrische Feuchtebestimmung, d. h. die Bestimmung des Wassergehalts im Labortrockenschrank (siehe Kapitel 5.1.6). Dabei wird auch das chemisch locker gebundene Wasser erfasst, sodass die Trockenschrankwerte höher sind als die CM-Werte.

Bei gebotener Berücksichtigung der Ungenauigkeit bietet jedoch das CM-Gerät eine ausreichend genaue und preiswerte Möglichkeit zur sofortigen örtlichen Bestimmung des Wassergehalts in Baustoffen.

5.1.6 Gravimetrische Feuchtemessung (Darrprobe)

Die gravimetrische Feuchtebestimmung, auch Darrmethode genannt, erfolgt bei entnommenen Materialproben durch Wägung vor und nach einer Trocknung im Trockenschrank (siehe Abb. 5.7). Zur Untersuchung werden z. B. ein Trockenschrank und eine Laborwaage mit Maximalgewicht bis 2.000 g und einer Anzeigegenauigkeit von 0,1 g benötigt.

Das gravimetrische Trocknungsverfahren ist in der DIN EN ISO 15148 „Wärme- und feuchtetechnisches Verhalten von Baustoffen und Bauprodukten – Bestimmung des Wasseraufnahmekoeffizienten bei teilweisem Eintauchen“ (2003) geregelt.

Die Trocknung erfolgt für Holz- und Holzwerkstoffe bei 103 °C, bei mineralischen Baustoffen bei 105 °C, bei Gips- und Anhydritbaustoffen bei 40 °C. Der massebezogene Feuchtegehalt u des Stoffes wird nach folgender Formel ermittelt:

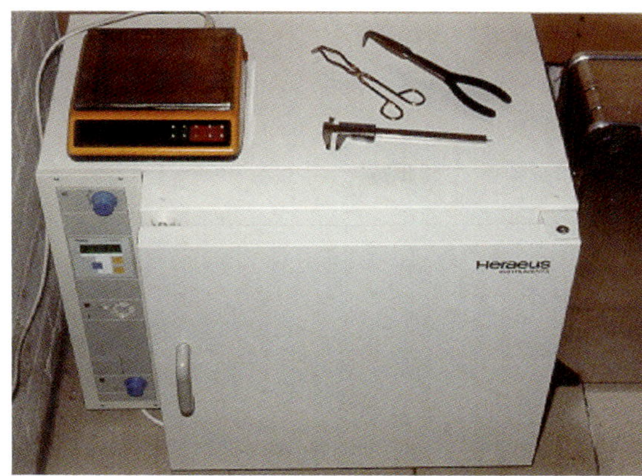

Abb. 5.7: Trockenschrank, Waage und Zubehör für die Darrprobe

$$u = \frac{m_f - m_{tr}}{m_{tr}} \tag{5.1}$$

mit
u massebezogener Feuchtegehalt des Stoffes in kg/kg
m_f Masse des Stoffes in feuchtem Zustand in kg
m_{tr} Masse des Stoffes in trockenem Zustand in kg

Durch diese Messmethodik wird das freie Wasser in Baustoffen vollständig erfasst. Es entstehen reproduzierbare und genaue Ergebnisse.

Die erste Messung erfolgt nach 2 Stunden Trocknung, die zweite Messung nach 4 und die dritte Messung nach 6 Stunden Trocknung. Die Gewichtskonstanz gilt als erreicht, wenn sich die Masse der Probe gegenüber der vorherigen Wägung im Abstand von 6 Stunden um nicht mehr als 0,1 % geändert hat.

Bestimmung der Eintauchsättigungsfeuchte

Zusätzlich zu der Materialfeuchte in Masse-% lässt sich die Eintauchsättigungsfeuchte, auch Wasserkapazität oder freiwilliger Wassergehalt u_v genannt, durch Eintauchen in Wasser über einen Zeitraum von 68 Stunden ermitteln. Die Materialfeuchte im Verhältnis zum freiwilligen Wassergehalt ergibt den Durchfeuchtungsgrad in Masse-%. Der Durchfeuchtungsgrad ist folgendermaßen definiert:

$$DFG = \frac{u \cdot 100}{u_v} \qquad (5.2)$$

mit

DFG Durchfeuchtungsgrad in Masse-%
u massebezogener Feuchtegehalt des Baustoffs in kg/kg
u_v freiwilliger Wassergehalt in kg/kg (Füllung aller zugänglichen Poren)

Der freiwillige Wassergehalt liegt in der Regel bei den Werten

- u_v = 0,13 bis 0,16 kg/kg für Ziegelvollsteinen mit einer Rohdichte von 2,0 kg/dm^3,
- u_v = 0,09 bis 0,10 kg/kg bei Ziegelvollsteinen mit einer Rohdichte von 1,8 kg/dm^3,
- u_v = 0,10 bis 0,11 kg/kg bei Kalksandsteinen mit einer Rohdichte von 1,8 kg/dm^3 und
- u_v = 0,60 bis 0,85 kg/kg bei Gasbetonsteinen mit einer Rohdichte von 2,0 kg/dm^3.

Bestimmung der maximalen Sättigungsfeuchte

Die maximale Sättigungsfeuchte u_{max} (Füllung sämtlicher Poren; siehe Tabelle 5.4) wird im Vakuumverfahren oder durch Einlagerung der Materialprobe in kochendem Wasser für eine Zeitdauer von mindestens 5 Stunden erreicht.

Tabelle 5.4: Einteilung der Poren nach ihrer Größe

Bezeichnung	Porenradius *r* in m	Eigenschaften
Gelporen	$< 10^{-7}$	keine kapillare Leitfähigkeit
Mikroporen	$< 10^{-9}$	
Makroporen	$> 10^{-7}$	kapillare Leitfähigkeit
Kapillarporen	10^{-7} bis 10^{-4}	
Luftporen	$> 10^{-4}$	kapillar brechend

Abb. 5.8 zeigt beispielhaft das Protokoll einer Prüfung nach der Darrmethode.

Holz und Holzwerkstoffe:		**103 °C**	**Trockenschrank:**	**Heraeus T 6060**
mineralische Baustoffe:		**105 °C**	**Laborwaage:**	**Sartorius 1401**
Gips		**40 °C**		**2000 g/0,1 g**
Probekörper		1	2	3
Entnahmestelle		Treppenhaus	Treppenhaus	Treppenhaus
Entnahmehöhe OKFF KG	in m	1,200	1,200	1,200
Materialart		Ziegel	Ziegel	Ziegel
Probedurchmesser	in cm	9,000	9,0	9,000
Eintauchvolumen	in cm^3	338,000	187,0	274,000
Tara (Messbehälter-gewicht)	in g	0,000	0,000	0,000
Brutto-Einwaage	in g	637,400	349,500	516,600
Netto-Einwaage	in g	637,400	349,500	516,600
1. Messung nach 12 Stunden Trocknung	in g	605,800	333,000	489,300
2. Messung nach 24 Stunden Trocknung	in g	605,600	333,000	489,000
3. Messung nach 38 Stunden Trocknung	in g	605,300	332,700	488,800
4. Messung nach 62 Stunden Trocknung	in g	605,200	332,700	488,700
Nettoeinwaage, trocken	in g	605,200	332,700	488,700
Materialfeuchte *u*	in kg/kg	0,005	0,005	0,006
Materialfeuchte *φ*	in m^3/m^3	0,009	0,009	0,010
Ausgleichsfeuchte *φ*				
DIN EN 12524	in m^3/m^3	0,007–0,012	0,007–0,012	0,007–0,012
Ausgleichsfeuchte *u*	in kg/kg	–	–	–
Rohdichte *ρ*	in g/cm^3	1,7900	1,780	1,780
freiwilliger Wassergehalt u_v nach 68 Stunden Tauchzeit	in g	701,000	384,400	564,000
freiwilliger Wassergehalt u_v nach 68 Stunden Tauchzeit	in M-%	15,830	15,540	15,410
Durchfeuchtungsgrad *DFG*	in %	33,610	32,500	37,050

OKFF KG Oberkante Fertigfußboden Kellergeschoss

Abb. 5.8: Beispielprotokoll einer Prüfung nach der Darrmethode

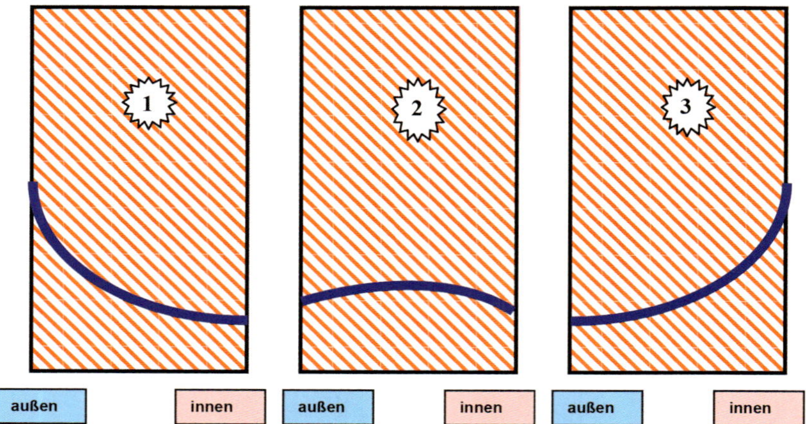

Abb. 5.9: Beispiele für die Feuchteverteilung in Wandquerschnitten

Segmentierte Darrprobe

Anhand einer segmentierten Darrprobe lässt sich der Verlauf des Feuchtegehalts innerhalb des Wandquerschnitts darstellen. Hohe Feuchtewerte auf der Außenseite weisen auf eine Durchfeuchtung hin, die ihre Ursache in von außen eindringender Feuchte hat. Maximalkonzentrationen in der mittleren Zone sind ein Zeichen aufsteigender Feuchte und raumseitige Konzentrationen sind die Folge von Tauwasserschäden (siehe Abb. 5.9).

5.1.7 Feuchtemessung mit der Neutronensonde

Für die Leckageortung bei Flachdachschäden setzt sich die Neutronensonde mehr und mehr durch, da mit ihr eine zerstörungsfreie Untersuchung möglich ist (siehe Abb. 5.10 und 5.11). Von einer radioaktiven Quelle aus werden Neutronen in die Bausubstanz hinein abgestrahlt. Bei Kollision mit Wasserstoffkernen werden die Neutronen abgebremst und es entsteht eine lokale wolkenartige Zone mit langsamen Neutronen. Die Dichte dieser Wolke ist abhängig von der Konzentration an Wassermolekülen in der Bausubstanz. Über Zählrohre lässt sich die Konzentration langsamer Neutronen und damit auch die Dichte der Wasserstoffmoleküle bestimmen. Als Ergebnis wird ein dimensionsloser Messwert erzeugt, der im Abgleich mit einem Referenzwert (Nullmessung oder Trockenmessung) eine Aussage über den Durchfeuchtungsgrad ermöglicht.

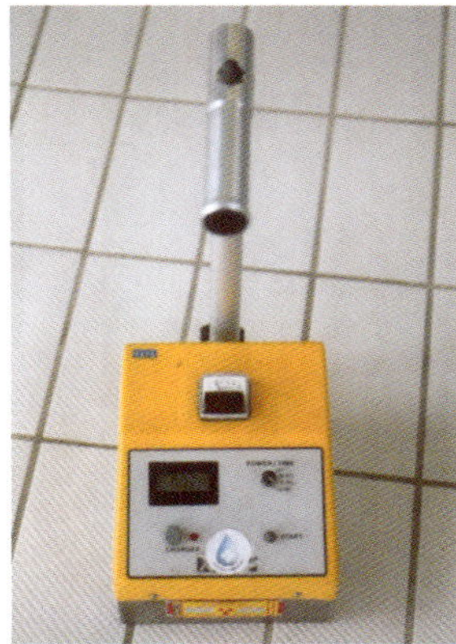

Abb. 5.10: Neutronensonde

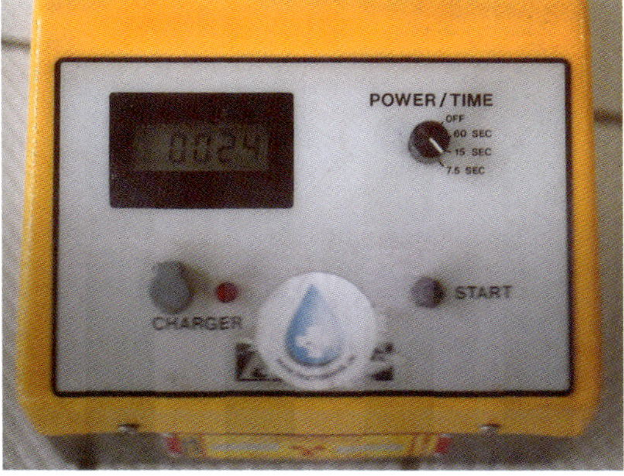

Abb. 5.11: Vergrößerte Ansicht des Messgeräts (siehe Abb. 5.10)

5.2 Instationäre Wärme- und Feuchtebestimmung mittels Computerprogrammen

Vom Fraunhofer Institut für Bauphysik (IBP) wurde ein PC-Programm mit der Bezeichnung WUFI (Wärme und Feuchte instationär) entwickelt, mit dem – im Gegensatz zur stationären Betrachtung des Glaser-Verfahrens (siehe Kapitel 6.1) – die Berechnung des instationären hygrothermischen Verhaltens von mehrschichtigen Bauteilen unter natürlichen Klimabedingungen möglich ist.

Das Programm nutzt sowohl Standardstoffkennwerte als auch einfach zu bestimmende Speicher- und Flüssigtransportfunktionen. Für die Randbedingungen ist die Verwendung gemessener Außenklimawerte einschließlich Schlagregen und Sonneneinstrahlung möglich.

Einsatzmöglichkeiten des Programms:

- Beurteilung des Einflusses von Bewitterung auf Außenbauteile
- Ermittlung der Tauwassergefahr innerhalb von Bauteilen
- Untersuchung der Auswirkungen von Umbau- oder Sanierungsmaßnahmen
- Bestimmung der Austrocknungsdauer durchfeuchteter Bauteile
- Betrachtung des hygrothermischen Verhaltens von Dach- und Wandkonstruktionen bei Änderung der Randbedingungen oder in unterschiedlichen Klimazonen

Ein vergleichbares Programm wird von dem Konzern Saint Gobain Isover G+H AG unter der Bezeichnung ESTHER angeboten.

5.3 Kohlendioxidmessung

Ein unzureichendes Lüftungsverhalten bewirkt als Nebeneffekt einen übermäßigen Anstieg des Kohlendioxidgehalts in der Raumluft. Der Kohlendioxidgehalt wird in ppm (Parts per Million) angegeben; 1 ppm entspricht damit 1 cm^3 Schadstoff pro 1 m^3 Luft.

Der Kohlendioxidgehalt in der Atmosphäre liegt derzeitig bei ca. 380 ppm. Raumluftkonzentrationen gelten als völlig unbedenklich bei ca. 500 ppm. Der sog. Pettenkofer-Index definiert als Schwellenwert 1.000 ppm. Befindlichkeitsstörungen wie Unwohlsein, Kopfschmerzen usw. setzen ab einer Konzentration von ca. 1.500 ppm ein. Die maximale Arbeitsplatzkonzentration von Kohlendioxid, der MAK-Wert, ist nach der TRGS 900 „Technische Regeln für Gefahrstoffe – Arbeitsplatzgrenzwerte“ (2006) festgelegt mit 5.000 ppm.

Die menschliche Atemluft hat einen Kohlendioxidgehalt von 4 %, entsprechend 40.000 cm^3 auf 1 m^3 Luft, also 40.000 ppm. Die gewöhnliche menschliche Atemaktivität liegt bei 15 Atemvorgängen pro Minute bei einem Atemzugvolumen von ca. 0,5 l.

Beispiel: Berechnung der Luftwechselzahl in einem Raum

Üblicherweise umgesetzte Luftmenge einer Person:

- im Ruhezustand 7,5 l/min
- bei leichter körperlicher Tätigkeit 15,0 l/min
- bei sportlicher Betätigung 25,0 l/min

Kohlendioxidemission pro Person bei einem 4%igen Kohlendioxidanteil der Ausatemluft:

- im Ruhezustand 18,0 l/h
- bei körperlicher Tätigkeit 36,0 l/h
- bei sportlicher Betätigung 60,0 l/h

In einem Raum z. B. mit den Abmessungen Breite × Länge × Höhe = 4,0 m × 4,0 m × 2,5 m ist eine Umgebungsluftmenge von 40,0 m^3 enthalten. Halten sich in diesem Raum 2 Personen im Ruhezustand auf, ergibt sich bei einem Anfangsgehalt an Kohlendioxid von 380 ppm ein stündlicher Zuwachs von $2 \cdot 18.000\ cm^3/h : 40{,}0\ m^3 = 900\ ppm/h$.

Ohne zusätzlichen Luftwechsel entsteht durch Undichtigkeiten nach etwa **1 Stunde** die Notwendigkeit eines vollständigen Luftaustauschs des Raumvolumens, um unterhalb der Befindlichkeitsschwelle von 1.500 ppm zu bleiben.

Nach etwa **5 Stunden** ohne zusätzlichen Luftwechsel durch Undichtigkeiten ist der Schwellenwert der maximalen Arbeitsplatzkonzentration von 5.000 ppm erreicht.

Daraus ergibt sich im Interesse der eigenen Befindlichkeit eine Luftwechselzahl, die je nach persönlichem Empfinden bei **0,2** bis **1,0 h^{-1}** liegen muss. Das heißt, das gesamte Raumvolumen muss zwischen einmal je 5 Stunden und einmal pro Stunde ausgetauscht werden.

5.4 Bestimmung der Luftdichtheit mittels Blower-Door-Prüfverfahren

Die Luftdichtheit der Gebäudehülle lässt sich mit einer sog. Blower-Door (Gebläsetür) in einem geregelten Prüfverfahren ermitteln.

Bei diesem Prüfverfahren wird eine Blower-Door in einen Türrahmen luftdicht eingesetzt. Mithilfe dieser Gebläsetür wird dann nach hermetischer Abschottung anderer Zugänge und Fugen zunächst ein Unterdruck, dann ein Überdruck von 50 Pa (entspricht in etwa Windstärke 5, aber auch 5 mm Wassersäule; siehe Tabelle 5.5) im Gebäudeinneren erzeugt (siehe Abb. 5.12). Das Gebläse transportiert den Volumenstrom, der Fugen, Löcher und andere Undichtigkeiten durchwandert. Der Mittelwert aus dem Unterdruck- und dem Überdruckmessergebnis als stündlich transportierte Luftmenge, bezogen auf das zu beheizende Raumvolumen des Gebäudes, ergibt die Luftwechselrate.

Tabelle 5.5: Untere und obere Grenzen der Geschwindigkeits- und Druckstufen im Vergleich zu Beaufort-Graden

Stufe	Beaufort-Skala	Geschwindigkeit in m/s	Geschwindigkeit in km/h	Geschwindigkeit in Knoten[1)]	Staudruck[2)] in kg/m²
0	Windstille	0,0– 0,2	1	1	0,0
1	leiser Zug	0,3– 1,5	1– 5	1– 3	0,0– 0,1
2	leichter Wind	1,6– 3,3	6– 11	4– 6	0,2– 0,6
3	schwacher Wind	3,4– 5,4	12– 19	7–10	0,7– 1,8
4	mäßiger Wind	5,5– 7,9	20– 28	11–15	1,9– 3,9
5	frischer Wind	8,0–10,7	29– 38	16–21	4,0– 7,2
6	starker Wind	10,8–13,8	39– 49	22–27	7,3–11,9
7	harter steifer Wind	13,9–17,1	50– 61	28–33	12,0–18,3
8	stürmischer Wind	17,2–20,7	62– 74	34–40	18,4–26,8
9	Sturm	20,8–24,4	75– 88	41–47	26,9–37,7
10	starker Sturm	24,5–28,4	89–102	48–55	37,8–50,5
11	heftiger starker Sturm	28,5–32,6	103–117	56–63	50,6–66,5

Tabelle 5.5 (Fortsetzung)

Stufe	Beaufort-Skala	Geschwindigkeit in m/s	Geschwindigkeit in km/h	Geschwindigkeit in Knoten[1)]	Staudruck[2)] in kg/m²
12	Orkan	32,7 und mehr	118 und mehr	64 und mehr	66,6 und mehr

1) Knoten = Seemeilen pro Stunde (1 Seemeile = 1.852 m)
2) Staudruck = Druck des Windes in kg/m² auf einer ebenen, senkrecht zum Wind stehenden Fläche (entsprechend den Normen im Bauwesen DIN 1055 „Einwirkungen auf Tragwerke" [verschiedene Veröffentlichungsdaten der einzelnen Teile])

Abb. 5.12: Blower-Door in einer Hauseingangstür

Abb. 5.13: Einsatz einer Nebelmaschine zum Nachweis von Luftleckagen in der Gebäudehülle

Abb. 5.14: Nahansicht des Nebelaustritts (siehe Abb. 5.13)

Einhergehend mit der Blower-Door-Prüfung kann eine Nebelmaschine eingesetzt werden, um den Weg der Leckageströmung durch den Bauteilquerschnitt hindurch sichtbar zu machen (siehe Abb. 5.13 und 5.14). Die Mängelstellen (Undichtigkeiten) werden mit einem Anemometer (Windgeschwindigkeitsmessgerät) aufgespürt.

Abb. 5.15: Messsonde des Infrarotthermometers

Abb. 5.16: Messsonde des Kontaktthermometers

Für die Luftdichtheit von Bauteilen und Anschlüssen sind nach DIN 4108-7 „Wärmeschutz und Energie-Einsparung in Gebäuden – Teil 7: Luftdichtheit von Gebäuden – Anforderungen, Planungs- und Ausführungsempfehlungen sowie -beispiele“ (2011) Mindestanforderungen gestellt:

DIN 4108-7 (2011), S. 8:

„4 Anforderungen an die Luftdichtheit

Anforderungen an die Luftdichtheit sind in der jeweils aktuellen Energieeinsparverordnung (EnEV) geregelt.

Sofern die EnEV keine Anforderungen stellt, darf bei Neubauten im Sinne der EnEV und bei Bestandsbauten, bei denen die komplette Gebäudehülle im Sinne der Luftdichtheit saniert wurde, die nach DIN EN 13829:2001-02, Verfahren A, gemessene Luftwechselrate bei 50 Pa Druckdifferenz, n_{50}:

- *bei Gebäuden ohne raumlufttechnische Anlagen 3,0 h^{-1} und*
- *bei Gebäuden mit raumlufttechnischen Anlagen 1,5 h^{-1}*

nicht überschreiten.“

5.5 Bestimmung der Oberflächentemperatur

5.5.1 Messung der Oberflächentemperatur mit Messfühlern

Oberflächentemperaturen können berührungslos mit dem Infrarotthermometer gemessen werden (siehe Abb. 5.15). Der Abstand zum Messobjekt kann dabei einige Dezimeter betragen, sodass auch Geschossdeckenunterseiten und Raumecken ohne Hilfsmittel überprüft werden können. Einige Geräte verfügen über ein Pilotlicht, um den Messpunkt am Objekt zu markieren.

Messfehler können bei polierten metallischen Flächen entstehen. In diesem Fall kann eine größere Messgenauigkeit mit Kontaktthermometern erzielt werden, die zur Messung unmittelbar auf die Prüffläche aufgesetzt werden (siehe Abb. 5.16).

5.5.2 Messung der Oberflächentemperatur mit Infrarotthermografie

Zur Visualisierung von Temperaturdifferenzen auf Bauteiloberflächen wurde das Verfahren der Infrarotthermografie entwickelt. Der Infrarotbereich liegt unterhalb der Schwellengrenze des für das menschliche Auge sichtbaren Wellenspektrums. Er beginnt bei 760 nm (1 nm [Nanometer] = 0,001 µm [Mikrometer], 1 µm = 0,001 mm) und endet im Mikrowellenbereich bei 1 mm.

Das Messspektrum von einschlägigen mobilen Thermografiekameras reicht von –20 bis +1.500 °C. Innerhalb dieses Messbereichs lassen sich durch die Kamera Temperaturdifferenzen von bis zu 0,1 K durch Farbunterschiede darstellen. Farbwahl und -spreizung können an der Kamera voreingestellt werden. Die Parameter Temperatur und Farbe werden als Legende am Rand der späteren Thermografieaufnahme optisch dargestellt. Je nach vorkonfektionierter Spreizung können stark unterschiedliche Farbbilder sowohl starke Temperaturabweichungen von Bauteiloberflächen zeigen als auch Bagatellabweichungen. Farbenprächtige Aufnahmeergebnisse stellen insofern nicht zwangsläufig ein zuverlässiges Indiz für das Vorhandensein von Wärmebrücken dar. Bei der Beurteilung von Wärmebildaufnahmen ist daher stets die Frage zu berücksichtigen, ob Farbabweichungen möglicherweise auf zulässige geometrische Wärmebrücken zurückzuführen sind.

Die Auswertung von Thermografieaufnahmen für den praktischen Gebrauch setzt ein Problembewusstsein für den möglichen Einfluss von Störfaktoren voraus. Beispiele solcher Störfaktoren:

- keine geeigneten Temperaturdifferenzen zwischen dem Innenraum- und dem Außenluftklima
- geometrische Wärmebrücken
- Speichervermögen sonnenbestrahlter Bauteile
- lokale Temperaturdifferenzen als Folge einer Abdeckung durch Mobiliar

Das Verfahren eignet sich gut für folgende Zwecke:

- Darstellung von Wärmebrücken innerhalb der Gebäudehülle,
- Darstellung von Wärmebrücken bei Bauteileinschlüssen (Fensteranschlüsse, Drempel, Balkonplatten-Wanddurchdringungen, Außenwandfußpunkte),
- Darstellung von Luftleckagen innerhalb der Gebäudehülle, in Kombination mit dem Blower-Door-Messverfahren (Abseitenhohlräume, Bauteilanschlüsse, Massivbau/Trockenbau, Installationsdurchgänge durch die luftdichte Schicht der Gebäudehülle) und
- Leckageortung bei estrichverlegten, wasserführenden Leitungen.

In Kombination mit dem Blower-Door-Messverfahren (siehe Kapitel 5.4) lässt sich mit einer Referenzaufnahme zu Beginn des Prüfvorgangs das instationäre Bauteilverhalten unter simulierter Windbeanspruchung darstellen, wenn sich auf den Nachfolgeaufnahmen allmähliche Veränderungen der Bauteiltemperatur einstellen.

Nicht erfasst werden dabei jedoch Luftleckagen innerhalb der Gebäudehülle, die nicht gleichzeitig im Luftverbund mit den Innenräumen stehen.

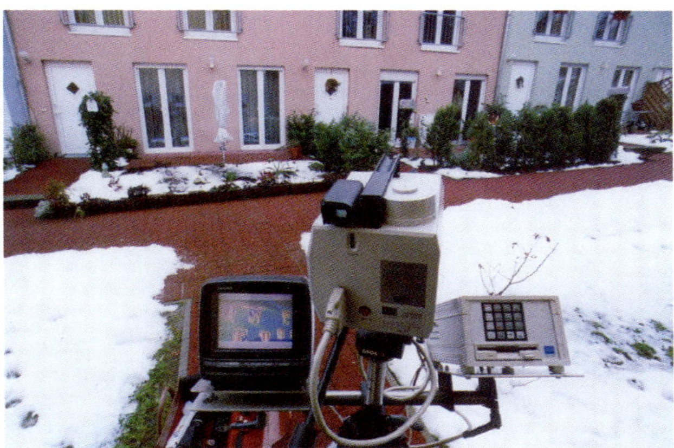

Abb. 5.17: Gebäudethermografie zur Bestimmung der Oberflächentemperaturen

Dies können z. B. die Hohlräume in Kehlbalkendecken sein. Dort kann eine kapselartige luftdichte Hülle sowohl im Spitzbodenbereich als auch im Dachgeschossbereich jeweils in sich geschlossen vorliegen und zu guten Blower-Door-Messergebnissen führen. Sofern jedoch die Deckenhohlräume zwischen den Kehlbalken an ihren beiden äußeren Enden in die Dachschrägenebene ohne spezielle Abschottung einbinden, kann bei einem einseitigen Windangriff eine Durchströmung des Deckenhohlraums mit Kaltluft eintreten. Diese kann dann eine Unterkühlung an der Deckenuntersicht des Dachgeschosses sowie an der Fußbodenoberfläche des Spitzbodens zur Folge haben (vgl. Abb. 3.141 und 3.142). Um dieses Phänomen dennoch mit der Kombination von Infrarotthermografie und Blower-Door-Verfahren nachweisen zu können, ist eine lokale Deckenöffnung erforderlich, über die im Deckenhohlraum mit dem Blower-Door-Gerät Unterdruck erzeugt werden kann. Die von außen unzulässig nachströmende Kaltluft ermöglicht dann verwertbare Prüfergebnisse der Infrarotthermografie. Umgekehrt kann der Luftverbund zwischen dem Deckenhohlraum und dem Außenmilieu nachgewiesen werden, wenn im Deckenhohlraum über die hergestellte Öffnung ein Überdruck unter gleichzeitigem Einsatz eines Nebelgeräts erzeugt wird. An den Dachunterschlägen tritt dann deutlich sichtbar der erzeugte Nebel aus (siehe Abb. 5.13 und 5.14).

Eine vergleichbare Situation kann auch im Bereich von Gipskartonständerwänden eintreten, die z. B. in Abseitenhohlräumen ohne Abschottung münden. Auch dort kann ein Luftverbund zwischen den mit Kaltluft durchströmten Abseitenhohlräumen und dem Inneren der Gipskartontrennwände entstehen.

5.5.3 Messung der Oberflächentemperatur mit Gebäudethermografie

Eine Außenthermografie kann bei Temperaturdifferenzen zwischen der Raumluft und der Außenluft von mindestens 15 K gute Ergebnisse hinsichtlich der Lokalisierung von Wärmebrücken liefern (siehe Abb. 5.17).

Abb. 5.18: Messung des Luftvolumenstroms an einem Einzelraumlüfter

Abb. 5.19: Messgerät mit Anemometermesssonde

5.6 Bestimmung des Luftvolumenstroms von Lüftungsanlagen

Mithilfe eines Messtrichters mit genormtem Messquerschnitt kann über eine seitlich eingeführte Luftgeschwindigkeitsmesssonde die Strömungsgeschwindigkeit im genormten Querschnitt ermittelt werden (siehe Abb. 5.18 und 5.19).

Durch Eingabe eines Lufttrichterfaktorwerts in das Messgerät erfolgt eine unmittelbare Umrechnung der gemessenen Werte in den Volumenstrom in der Maßeinheit m^3/h. Auf diese Weise kann ermittelt werden, ob der plangemäß vorausgesetzte Volumenstrom bei jeder einzelnen Zu- und Abluftöffnung auftritt.

5.7 Bestimmung des Wassereindringens in Fassaden mit Karstenschen Prüfröhrchen

Die orientierende Untersuchung der Wasseraufnahmefähigkeit von Verblendfassaden kann zerstörungsfrei mit dem Karstenschen Prüfröhrchen erfolgen (siehe Abb. 5.20).

In Abhängigkeit von der jeweiligen Höhe des Gebäudes und seiner topografischen Lage sowie der Region, in der das Gebäude steht, sind die Gebäudefassaden in unterschiedlicher Intensität der Schlagregenbeanspruchung ausgesetzt. Bei Sichtmauerwerk wird zwischen den früher üblichen wasseraufnehmenden Fassadenkonstruktionen und den heute gängigen zweischaligen Konstruktionen unterschieden:

- Wasser aufnehmende Fassadenkonstruktionen: Bei Wasser aufnehmenden Fassadenkonstruktionen mit Verblendmauerwerk erfolgt der Schlagregenschutz über eine zeitweilige Wasseraufnahme im Mauerwerksquerschnitt; dabei wird vorausgesetzt, dass die eingedrungene Feuchte während der Beanspruchungsphase nicht bis nach innen durchdringt und dort zu Schäden führen kann, sondern während der Trocknungsperioden zunächst durch Kapillartrocknung und anschließend durch Wasserdampfdiffusion wieder entweichen kann.

Abb. 5.20: Wassereindringprüfer nach Karsten

- Zweischaliges Mauerwerk: Im Gegensatz zu einschaligem Mauerwerk, bei dem eine Durchfeuchtung von außen in der Regel auch zu Feuchteerscheinungen auf der Raumseite führt, bestehen bei zweischaligem Mauerwerk mit Luftschicht keine Grenzwerte für das Wassereindringvermögen der Verblendmauerwerksschale.

Entsprechend den anerkannten Regeln der Technik wird bei zweischaligem Verblendmauerwerk billigend in Kauf genommen, dass in einem gewissen Rahmen Schlagregen durch die Verblendvormauerschale aufgenommen wird. Dieses unvermeidbar eindringende Wasser wird von der Verblendschale aufgenommen und kann ggf. auf der Rückseite der Verblendschale nach unten hin ablaufen und dort durch die dafür vorgesehenen Entwässerungsöffnungen wieder aus der Fassade ausgeleitet werden. Die zulässige Menge der auf diese Weise eindringenden Feuchte ist in den einschlägigen Regelwerken nicht definiert. Mit den Prüfröhrchen nach Prof. Karsten lassen sich zerstörungsfrei Orientierungswerte ermitteln. Dabei kann bis zu einer Größenordnung von bis zu 6 cm^3 in der ersten Minute von einer geringen Wasseraufnahme ausgegangen werden. Das Konstruktionsprinzip des zweischaligen Mauerwerks sorgt dafür, dass auch einzelne, oberhalb dieser Werte liegende Messwerte bis zu einer Größenordnung von 9 cm^3 in der ersten Minute in der Regel nicht zwangsläufig zu erkennbaren Schädigungen führen müssen. Erst bei durchgängig deutlich höheren Ergebnissen in der Größenordnung von 10 bis 20 cm^3 in der ersten Minute muss davon ausgegangen werden, dass Mängel am Fugennetz vorliegen, die zu weiteren Schäden führen können.

Mögliche Gründe:

- fehlende Vollfugigkeit
- unzureichender Bindemittelgehalt des Fugmörtels
- unzureichender Feuchtegehalt des frischen Fugmörtels
- sog. Verbrennen des Fugenmörtels aufgrund unzureichender Vornässung der Verblendsteine, starker Sonneneinstrahlung nach dem Verfugen oder starker Windumspülung des Gebäudes nach dem Verfugen
- Überschreitung der zulässigen Verarbeitungsdauer des Mörtels
- Reinigen der fertig verfugten Fassade mit hochkonzentrierter Salzsäure

Als zerstörungsfreies orientierendes Prüfverfahren hat sich seit den 1960er-Jahren die Wassereindringprüfung nach Prof. Karsten bewährt. Die Prüfung erfolgt mithilfe eines exakt kalibrierten Glasröhrchens, das eine 0,1-cm^3-Skaleneinteilung und eine glockenartige Vergrößerung am unteren Ende mit einem Durchmesser von 26 mm hat, die sich an der Auflagerfläche noch einmal auf einen Durchmesser von 30 mm erweitert. Die offene, glockenförmige Seite wird mithilfe einer Abdichtungsmasse kontaktschlüssig auf die Verblendfassade aufgesetzt. Im Zentrum der kreisförmigen Abdichtungsmasse muss je nach Durchmesser eine Freifläche verbleiben:

- freier Durchmesser von 2 cm/freie Prüffläche = 3,1 cm^2
- freier Durchmesser von 2,6 cm/freie Prüffläche = 5,3 cm^2
- freier Durchmesser von 3 cm/freie Prüffläche = 7,1 cm^2

Das maximale Füllvolumen beträgt 10 ml = 10 cm^3.

Das Prüfröhrchen wird bis zur oberen Messmarke mit der Kennzeichnung 0 mit einer Wassermenge von 10 ml aufgefüllt. Dadurch entsteht ein Wasserdruck von 100 mm Wassersäule auf der Prüffläche. Damit wird die Schlagregenbeanspruchung entsprechend den Angaben des Systemgebers bei einer Windgeschwindigkeit von 100 km/h = 27,78 m/s simuliert. Im Untersuchungsbereich werden 10 Einzelmessungen durchgeführt. Beurteilt werden der dabei festgestellte Durchschnittswert und die Einzelwerte.

5.8 Stationäre Klimamessung (relative Luftfeuchte und -temperatur)

Mit elektronischen Messgeräten lassen sich in Kombination mit entsprechenden Klimamesssonden im Objekt die Werte der relativen Raumluftfeuchte und der Raumlufttemperatur messen (siehe Abb. 5.21). Als Vergleichswert für nachfolgende Wärmedurchgangs- und Wärmebrückenberechnungen dient eine Messung der Außenlufttemperatur. Der Nachteil der stationären Messung liegt darin, dass sie durch die Nutzer leicht manipuliert werden kann, indem eine Fensterlüftung unmittelbar vor Beginn der Messungen vorgenommen wird. Besser geeignet sind daher instationäre Messverfahren, bei denen Klimamessungen über definierte Beobachtungszeiträume erfolgen.

5.9 Instationäre Klimamessung (Klimadatenlogger)

Zur Messung und Aufzeichnung von Raumtemperatur und Luftfeuchte für die Überwachung z. B. von Wohn- und Arbeitsräumen werden Klimadatenlogger eingesetzt (siehe Abb. 5.22). Der Logger wird vor seiner Positionierung hinsichtlich der Messintervalle kalibriert. Die regelmäßigen Messzeitpunkte sind beliebig vorwählbar.

Abb. 5.21: Elektronisches Messgerät mit Klimamesssonde

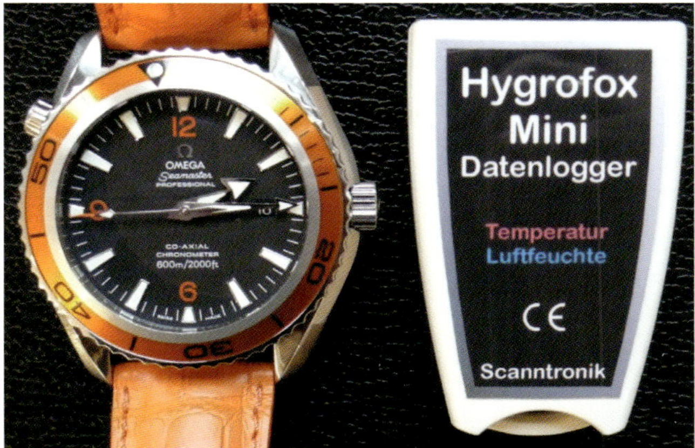

Abb. 5.22: Minidatenlogger – kaum größer als eine Armbanduhr – werden von den Bewohnern nicht als Fremdkörper empfunden. Der Ringspeicher erfasst 64.000 Werte.

Die gemessenen Klimawerte werden in den vorgegebenen Zeitintervallen im Gerät zusammen mit Datum und Uhrzeit in einem elektronischen Speicher abgelegt. Über ein Computerprogramm können die gespeicherten Daten sowohl in tabellarischer Form abgerufen als auch grafisch dargestellt werden. In der Grafik können die Verläufe der Funktionen

- Temperatur in °C (rot),
- relative Raumluftfeuchte in % (blau) und
- bezogene Taupunkttemperatur in °C (grün)

optional dargestellt werden.

Ein spontaner steiler Abfall der relativen Raumluftfeuchte kennzeichnet erfahrungsgemäß z. B. das Öffnen eines Fensters. Gleichzeitig sinkt in der Regel auch die Temperaturkurve. Kurzfristige Peaks entstehen bei Koch- und Duschvorgängen. Ein stetiger Anstieg der relativen Raumluftfeuchte hingegen weist für die betreffende Zeitperiode auf eine unterbundene Außenluftzufuhr hin.

Üblicherweise steigt die Kurve der relativen Luftfeuchte von unten her an, mit einer gemäßigten Basis bei etwa 50 % bis zu Peak-Werten von bis zu 90 % immer dann, wenn eine temporär hohe Feuchteproduktion stattfindet (Duschen, Kochen usw.) Dieser Spitzenwert flacht dann jedoch unmittelbar nach Beendigung des feuchtesproduzierenden Vorgangs wieder ab, wenn sich der Wasserdampfdruck entweder allmählich in die angrenzenden Räume verteilt oder aber spontan bei Fensterlüftung entweicht (siehe Abb. 5.23).

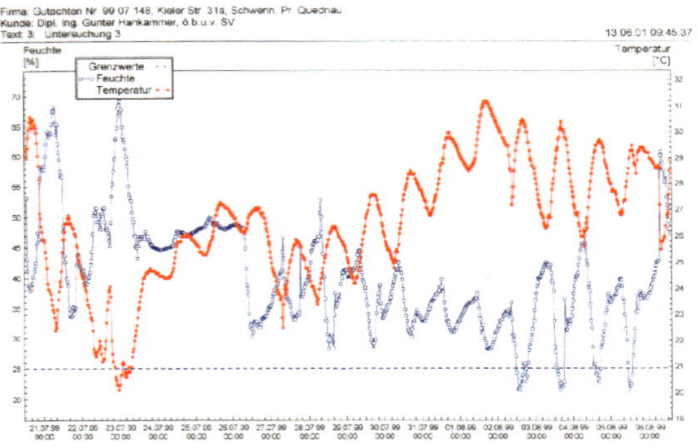

Abb. 5.23: Grafische Darstellung der mit einem Klimadatenlogger aufgezeichneten Werte: Anstieg der relativen Luftfeuchte durch Duschen, Kochen usw. mit anschließender Abflachung der Kurve aufgrund von Verteilungsvorgängen oder Fensterlüftung

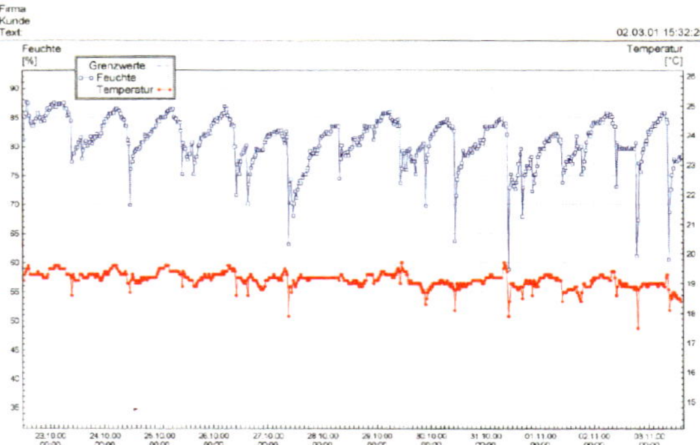

Abb. 5.24: Grafische Darstellung der mit einem Klimadatenlogger aufgezeichneten Werte: permanent hohe relative Luftfeuchte mit nur kurzzeitigen Absackungen auf niedrigere Werte durch Fensterlüftung (mögliche Ursachen: Außenwanddurchfeuchtung, Wäschetrocknung in der Wohnung)

In einigen Fällen verläuft die Kurve der relativen Raumluftfeuchte jedoch auf hohem Niveau bei 80 bis 90 % und zeigt nur vereinzelt Absackungen auf Werte von im Mittel 60 bis 70 % im Rahmen von Fensterlüftungen (siehe Abb. 5.24). Daraus lässt sich schließen, dass in der gesamten Wohnung ein permanent hoher Wasserdampfdruck vorliegt, der sich bei Fensterlüftung nur vorübergehend abbaut, sich sofort nach Beendigung des Lüftungsvorgangs jedoch automatisch wieder auf ein hohes Niveau einpegelt. Der Grund dafür kann in einer Außenwanddurchfeuchtung liegen, die mieterunabhängig für ein permanentes Nachströmen von Feuchte in die Wohnung hinein sorgt. Auch eine vom Mieter praktizierte Wäschetrocknung in der Wohnung kann an einem derartigen Messkurvenverlauf beteiligt sein.

Wenn die raumbegrenzenden Bauteiloberflächen und das Inventar über gute Absorptionseigenschaften verfügen, können sie zunächst, z. B. während des Kochens und Duschens, Feuchte aufnehmen und speichern (Absorption) und anschließend bei abgesunkener Feuchte in der Raumluft wieder an diese abgeben (Desorption). Auch in diesem Fall ähnelt der Kurvenverlauf demjenigen in Abb. 5.24. Maßgeblich für die Aufnahmefähigkeit sind dabei die Stoffeigenschaften. Künzel hat Werte für die Feuchteaufnahme von Baustoffen veröffentlicht (Künzel, 1986).

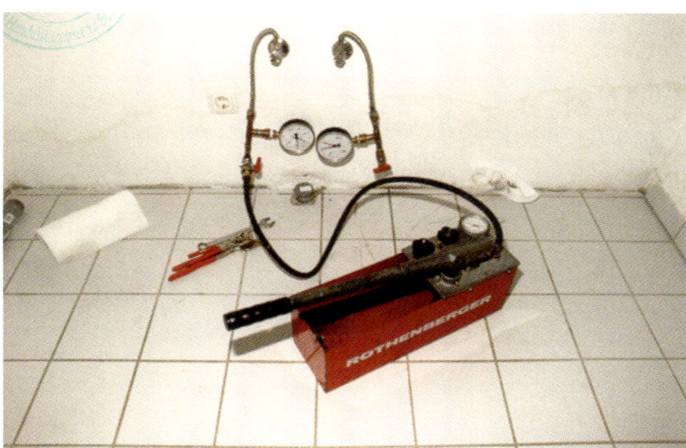

Abb. 5.25: Druckprüfung des Kaltwasser- und Warmwasserstrangs mit eineinhalbfachem Überdruck

5.10 Druckprüfungen bei wasserführenden Installationsleitungen

5.10.1 Druckprüfung in Trinkwasserleitungen

Die Drucküberprüfungsprotokolle müssen im Zuge der Abnahme von den ausführenden Firmen verlangt werden. Für die Gewerke der technischen Gebäudeausrüstung sollte daher die Vollständigkeit anhand von Abnahmechecklisten z. B. nach Hankammer (Hankammer, 2007a), überprüft werden.

Das dabei anzuwendende Verfahren zur Überprüfung ist in der DIN 1988 geregelt und setzt voraus, dass alle Leitungen auf einen Betriebsüberdruck von 10 bar hin überprüft worden sind. Die Überprüfung erfolgt üblicherweise mit einem Druckprüfgerät mit Manometer (siehe Abb. 5.25). Das Gerät wird in das hydraulische System z. B. durch Anschluss an einem Eckventil o. Ä. integriert und es wird mit dem Handhebel ein Überdruck aufgebaut. Der Druck muss dabei am Manometer in 0,2-bar-Schritten ablesbar sein. Der Prüfdruck für die Dichtheitsprüfung muss das Eineinhalbfache des zulässigen Betriebsüberdrucks betragen (= 15 bar). Die Überprüfung erfolgt innerhalb von 10 Minuten. Dabei darf kein Druckabfall eintreten. Die Dichtheitsprüfung ist zu protokollieren.

Bei akuten Durchfeuchtungsschäden können Trinkwasserleitungen vorläufig (bis zum Eintreffen eines Druckprüfgeräts) dergestalt überprüft werden, dass das Hauptwasserventil abgesperrt und erst nach 15 Minuten wieder geöffnet wird. Wenn eine Leckage vorliegt, kann beim Öffnen des Absperrventils an den Rädchen der Wasseruhr erkannt werden, ob Wasser in das Hausleitungsnetz nachströmt. In der Regel ist das Nachströmen auch akustisch wahrnehmbar.

5.10.2 Druckprüfung in Heizanlagen und zentralen Wassererwärmungsanlagen

Gemäß VOB/C ATV DIN 18380 „VOB Vergabe- und Vertragsordnung für Bauleistungen – Teil C: Allgemeine Technische Vertragsbedingungen für Bauleistungen (ATV) – Heizanlagen und zentrale Wassererwärmungsanlagen" (2012) müssen Druckprüfungen durchgeführt werden:

VOB/C ATV DIN 18380 (2012), S. 822:

„3.4 Druckprüfung

3.4.1 Der Auftragnehmer hat die Anlage nach dem Einbau und vor dem Schließen der Mauerschlitze und Wand- und Deckendurchbrüche sowie gegebenenfalls vor dem Aufbringen des Estrichs oder einer anderen Überdeckung einer Druckprüfung zu unterziehen.

3.4.2 Wasserheizungen und Wassererwärmungsanlagen sind mit einem Druck zu prüfen, der dem Ansprechdruck des Sicherheitsventils entspricht.

[...]

3.4.4 Über die Druckprüfung sind Protokolle zu erstellen. Aus ihnen müssen hervorgehen:

- *Datum der Prüfung,*
- *Anlagedaten, wie Aufstellungsort, höchstzulässiger Betriebsdruck, bezogen auf den tiefsten Punkt der Anlage,*
- *Prüfdruck, bezogen auf den Ansprechdruck des Sicherheitsventils,*
- *Dauer der Belastung mit dem Prüfdruck,*
- *Bestätigung, dass die Anlage dicht ist und an keinem Bauteil eine bleibende Formänderung aufgetreten ist.“*

5.10.3 Druckprüfung in Abwasserleitungen

Auslöser von Feuchteschäden sind häufig abgerutschte Abflussverbindungen von Duschtassen, nachdem Nutzer die Verbindungsschraube des Abflusssiebs unbefugt zu Reinigungszwecken gelöst hatten (siehe Kapitel 3.3.6). Auch auseinanderklaffende Muffenverbindungen können zu vergleichbaren Schadensbildern führen.

Die Überprüfung der Dichtheit von Abwassersträngen kann durch zentrale Absperrung mit einer Absperrblase erfolgen. Anschließend kann das Rohrsystem mit einem Staustand oberhalb der höchstliegenden Rohrverbindung befüllt werden. Bei der Beobachtung des Füllstandpegels muss bedacht werden, dass ggf. Luftblasen im System zu einem spontanen Abfallen des Pegels führen können. In diesem Fall muss der Wasserstand zunächst wieder aufgefüllt und dann erneut beobachtet werden.

Die unzulässige Verwendung von Rückstauklappen als Sicherung von Wohnbereichen anstelle einer ordnungsgemäßen Schmutzwasserhebeanlage führt bei ungenügender regelmäßiger Funktionskontrolle (manuelle Betätigung mindestens einmal pro Monat) oder unzureichender Wartung (mindestens zweimal im Jahr) dazu, dass im Falle eines Rückstaus Wasser aus dem öffentlichen Abwassernetz in den Wohnbereich hinein gelangen kann.

5.10.4 Leckageortung mit dem Tonfrequenzverfahren

Das in Abb. 5.26 und 5.27 gezeigte Ortungssystem besteht aus einer Sende- und einer Empfangseinheit. Mit der Empfangseinheit können sowohl über die Analogskala als auch über einen Kopfhörer Frequenzen erkannt werden,

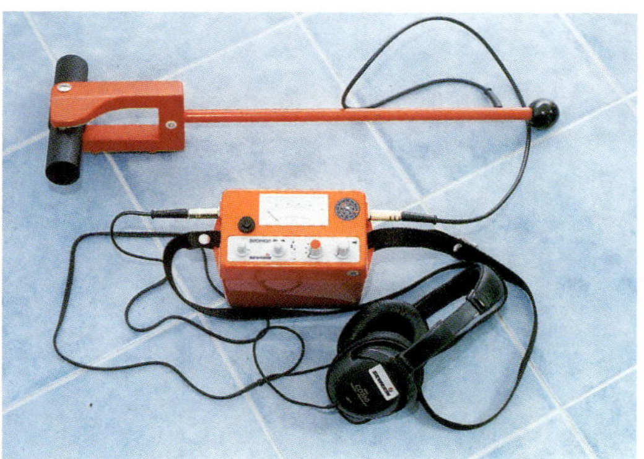

Abb. 5.26: Empfangseinheit für akustische Leckageortung

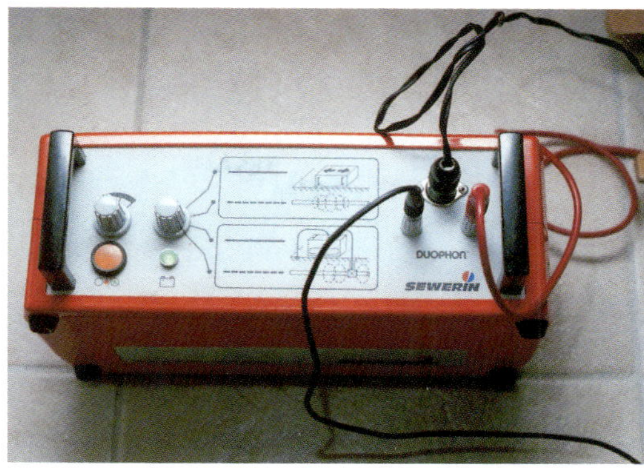

Abb. 5.27: Sendeeinheit für das Tonfrequenzverfahren zur Leitungsortung

Abb. 5.28: Impulsgeber für das Tonfrequenzverfahren

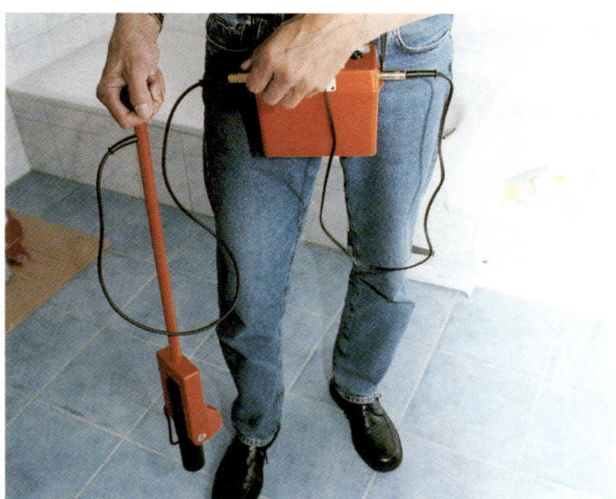

Abb. 5.29: Leitungssuche mit dem Tonfrequenzverfahren

die von der Suchspule aufgenommen werden. Dabei kommen z. B. Leckagegeräusche aus Leitungen in Betracht, die am besten wahrnehmbar sind, wenn die Leitungen anstelle von Wasser mit Druckluft gefüllt werden. Dann treten an den Leckagestellen Pfeifgeräusche auf.

Zur Ortung speziell von metallischen Leitungen werden Tonfrequenzen mit 9,95 kHz in einer Sendeeinheit erzeugt und über entsprechende Anschlussklemmenpaare auf die zu untersuchenden Leitungsabschnitte übertragen (siehe Abb. 5.28). Mit der Empfangseinheit lassen sich die Leitungen dann unterhalb des Estrichs und unter Putz einmessen, wobei unmittelbar oberhalb der Leitung ein geringes Signal aufgenommen wird, das jeweils nach beiden Seiten hin stärker wird (siehe Abb. 5.29).

Wird die Spule im 45°-Winkel von der Oberfläche her geführt, lässt sich von 2 Seiten aus auch die Tiefenlage der Leitung unterhalb der Oberfläche bestimmen.

5.11 Salzgehaltbestimmung

Salze in Baustoffen können zu verschiedenen Schadensvorgängen in Verbindung mit Feuchte führen (siehe Abb. 5.30 und 5.31).

Salze können die Gleichgewichtsfeuchte von Baustoffen erhöhen, da sie in der Lage sind, Wasser in Abhängigkeit von der verfügbaren Luft zu binden. Für die Beurteilung der hygroskopischen Feuchteaufnahme von mineralischen Baustoffen ist die Kenntnis des Salzgehalts erforderlich, insbesondere, wenn die Gebäudeanamnese bereits Hinweise auf erhöhte Salzbelastungen in der Gebäudehistorie ergeben hat (ehemalige Stallnutzung, Streusalzbeanspruchung neben Fahrbahnen und Gehwegen, Belastung durch Harnstoffe usw.). Die Auswertung erfolgt durch Laboranalyse von entnommenen Baustoffproben. Durchgeführte Analysen:

- Bestimmung des Chloridionengehalts
- Bestimmung des Sulfationengehalts
- Bestimmung des Nitrationengehalts

Im Zuge einer notwendigen Sanierungsplanung ist eine umfassende Mauerwerksdiagnose hinsichtlich der Salzbelastung erforderlich:

Balak/Pech, 2008, S. 122–123:

„3 Bauwerksanalyse und Sanierungskonzept

3.4 Bauwerksdiagnose

3.4.2 Bauschädliche Salze

[...] *Im Zuge einer Bauwerkssanierung ist es nicht nur wichtig zu wissen, welche Anionenkonzentrationen der einzelnen Salzgruppen im Mauerwerk vorliegen, sondern welche Salzkonzentrationen bauwerksschädlich sind. Dabei ist besonderes Augenmerk auf die Verteilung der Schadsalzbelastung im Wandquerschnitt zu legen.* [...] *Das Vorhandensein von bauschädlichen Salzen in höheren Konzentrationen stellt in jedem Fall ein Negativum für das Bauwerk dar.* [...] *Eine mögliche Klassifizierung der zerstörenden Wirkung von bauschädlichen Salzen besteht in der Wertung der Anionenkonzentrationen (Masse der Anionen bezogen auf die trockene Baustoffprobe)* [siehe Tabelle 5.6].

Als Orientierungshilfe für allfällig erforderliche Maßnahmen ist in Abhängigkeit von ermittelten Salzkonzentrationen in ÖNORM B 3355-1 eine Wertungstabelle enthalten, wobei die getroffene Stufeneinteilung ungefähr auch der nachfolgenden Konzentrationsklasseneinteilung zugeordnet werden kann:

- *Stufe 1: GERING = keine Maßnahmen erforderlich = Klassen 1 + 2*
- *Stufe 2: MITTEL = Maßnahmen im Einzelfall zu entscheiden = Klasse 3*
- *Stufe 3: HOCH = Maßnahmen erforderlich = Klassen 4 + 5*

Die schädigende Wirkung von löslichen Salzen kann aus Literaturangaben auch in Konzentrationsklassen, abhängig vom Molekulargewicht

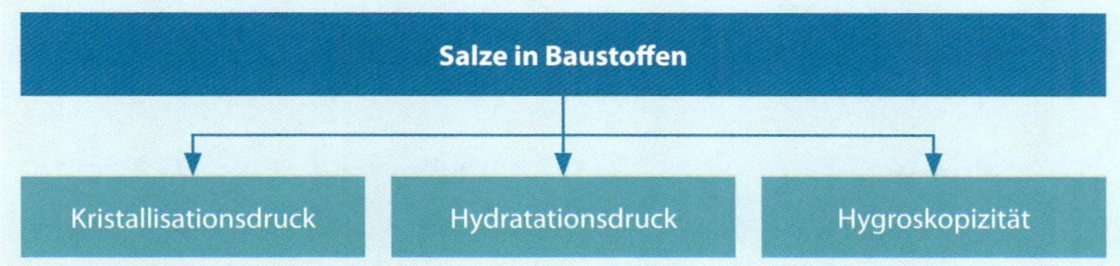

Abb. 5.30: Auswirkungen von Salzen in Baustoffen

Abb. 5.31: Salzausblühungen mit deutlich sichtbaren Kristallen auf einer Kellerinnenwand mit hohem Feuchtegehalt aufgrund kapillar aufsteigender Feuchte

(in mmol/kg) der Anionen, bezogen auf das Gewicht des Baustoffes, angegeben werden. Entsprechend dem Molekulargewicht der Chlorid-, Sulfat- und Nitratanionen ergeben sich dann Werte in Masse-%. Die schädigende Wirkung in den einzelnen Klassen ergibt sich wie folgt:

- *Klasse 1: Salze nur in Spurenelementen vorhanden; Schädigung ausgeschlossen.*
- *Klasse 2: geringe Belastung; unter sehr ungünstigen Nebenbedingungen kann in langen Zeiträumen eine Schädigung auftreten.*
- *Klasse 3: mittlere Belastung; bei stark hygroskopischen Salzen ist eine Wassereinlagerung im Baustoff bereits möglich. Anstriche und Putze besitzen bereits eine verkürzte Haltbarkeit.*
- *Klasse 4: hohe Belastung; hygroskopische Durchfeuchtung und Putzschäden sind zu erwarten.*
- *Klasse 5: extrem hohe Belastung; hygroskopische Durchfeuchtung und Schäden treten bereits in sehr kurzer Zeit auf.*

Aufgrund der Schadsalzart im Wandquerschnitt kann auf mögliche Durchfeuchtungsursachen geschlossen werden."

Tabelle 5.6: Anionengehalte der verschiedenen Salzgehaltklassen (Quelle: Balak/Pech, 2008, S. 122)

Klasse		**1**	**2**	**3**	**4**	**5**
Salz	mmol/kg	< 2,50	2,50–8,00	8,00–25,00	25,00–80,00	> 80,00
Chlorid	Masse-%	< 0,01	0,01–0,03	0,03– 0,09	0,09– 0,28	> 0,28
Sulfat	Masse-%	< 0,02	0,02–0,08	0,08– 0,24	0,24– 0,77	> 0,77
Nitrat	Masse-%	< 0,02	0,02–0,05	0,05– 0,15	0,15– 0,50	> 0,50

Ähnlich, aber mit einer abweichenden Klassenbezeichnung werden in Tabelle 5.7 die Einstufungskriterien aus dem Fachbuch „Feuchte und Salze in Gebäuden" angeführt.

Tabelle 5.7: Belastungsstufen (Quelle: Arendt/Seele, 2000, S. 35)

Wertung	**Sulfat in Masse-%**	**Chlorid in Masse-%**	**Nitrat in Masse-%**	**Konzentration in mmol/kg**
unbelastet (Stufe 0)	bis 0,024	bis 0,009	bis 0,016	bis 2,5
gering (Stufe I)	bis 0,077	bis 0,028	bis 0,050	bis 8,0
mittel (Stufe II)	bis 0,240	bis 0,090	bis 0,160	bis 25,0
hoch (Stufe III)	bis 0,770	bis 0,280	bis 0,500	bis 80,0
extrem (Stufe IV)	ab 0,770	ab 0,280	ab 0,500	ab 80,0

Eine weitere Bewertungshilfe bietet das WTA-Merkblatt 4-5-99/D „Beurteilung von Mauerwerk – Mauerwerksdiagnostik" (1999; siehe Tabelle 5.8).

Tabelle 5.8: Bewertung der schadensverursachenden Wirkung verschiedener Salzionen in Mauerwerkskörpern (Quelle: WTA-Merkblatt 4-5-99/D, 1999, S. 16). Für einfache Rückschlüsse auf den Gesamtsalzgehalt sind der ermittelte höchste Gehalt von Salzionen, unabhängig ob Chlorid, Nitrat oder Sulfat, und die Bewertung der Tabelle maßgebend.

Salze	Belastung gering	Belastung mittel	Belastung hoch
Chloride[1] (Konzentration in Masse-%)	< 0,2	0,2–0,5	> 0,5
Nitrate (Konzentration in Masse-%)	< 0,1	0,1–0,3	> 0,3
Sulfate[2] (Konzentration in Masse-%)	< 0,5	0,5–1,5	> 1,5
weitere Maßnahmen[3]/Untersuchungen	Maßnahmen im Ausnahmefall erforderlich	weitergehende Untersuchungen zum Gesamtsalzgehalt (Salzverbindung, Kationenbestimmung) erforderlich Maßnahmen im Einzelfall erforderlich	weitergehende Untersuchungen zum Gesamtsalzgehalt (Salzverbindung, Kationenbestimmung) erforderlich Maßnahmen erforderlich

1) Bei tragwerksichernden Maßnahmen wie dem Einbau von Ankern bzw. Nadeln ist bei Chloridbelastungen > 0,1 Masse-% auf die Auswahl besonderer Stahlgüten und speziell rezeptierter Verpress- bzw. Verfüllmörtel zu achten.
2) Beurteilung bezogen auf leicht lösliche Sulfate; besonders zu bewerten sind sulfathaltige Baustoffe
3) Für die Entscheidung über das Erfordernis von Maßnahmen sind nicht allein die Ergebnisse der Salzuntersuchung ausschlaggebend.

6 Bauphysikalische Berechnungen

6.1 Taupunktbestimmung nach dem Glaser-Verfahren

6.1.1 Regelung

Von Glaser wurde 1959 erstmalig ein halbgrafisches Verfahren zur Taupunktbestimmung innerhalb von Bauteilen vorgestellt. Seit 1981 ist es zum festen Bestandteil der DIN 4108-3 geworden. Ungeachtet örtlicher und temporärer Schwankungen wird eine periodische Zweiteilung des Jahres in die Tau- und die Verdunstungsperiode vorgenommen. Bis zur Fassung der DIN 4108-3 „Wärmeschutz und Energie-Einsparung in Gebäuden – Teil 3: Klimabedingter Feuchteschutz; Anforderungen, Berechnungsverfahren und Hinweise für Planung und Ausführung“ (2001) galten die in Tabelle 6.1 aufgelisteten Randbedingungen.

Tabelle 6.1: Periodische Zweiteilung des Jahres nach DIN 4108-3 (2001)

Klima	Lufttemperatur θ_L in °C	relative Luftfeuchte φ in %
Tauperiode (Dauer: 1.440 Stunden = 60 Tage)		
• Außenklima	–10	80
• Innenklima	+20	50
Verdunstungsperiode (Dauer: 2.160 Stunden = 90 Tage)		
Wandbauteile und Decken unter nicht ausgebauten Dachräumen:		
• Außenklima	+12	70
• Innenklima	+12	70
• Klima im Tauwasserbereich	+12	100
Dächer, die Aufenthaltsräume gegen die Außenluft abschließen:		
• Außenklima	+12	70
• Temperatur der Dachoberfläche	+20	
• Innenklima	+12	70

Die übrigen Tage (365 – 60 – 90 = 215 Tage) liegen in der Übergangszeit und galten in bauphysikalischer Hinsicht als nicht relevant.

Seit der Fassung der DIN 4108-03 von 2014 sind die Randbedingungen für den Nachweis der Tauwasserfreiheit im Inneren von Bauteilen abweichend festgelegt; die Dauer der Tauperiode wurde von 1.440 auf 2.160 Stunden erhöht:

DIN 4108-3 (2014), S. 37–38:

„*Anhang A (normativ) Berechnungsverfahren zur Vermeidung kritischer Luftfeuchten an Bauteiloberflächen und zur Bestimmung von Tauwasserbildung im Inneren von Bauteilen*

[...]

A.2 Tauwasserbildung im Inneren von Bauteilen

[...]

A.2.2 Randbedingungen

Im Rahmen der erforderlichen nationalen Festlegung von Klima-Randbedingungen für die Verfahren sind die Klimawerte für das äquivalente Perioden-Bilanzverfahren in dieser Norm nach [Tabelle 6.2] *zu verwenden.*

Bei der Anwendung des Monats-Bilanzverfahrens gelten für die Wärmeübergangswiderstände zur Berechnung der Temperaturverteilungen die Festlegungen nach DIN EN ISO 6946.

Bei der Anwendung des äquivalenten Perioden-Bilanzverfahrens sind in allen vier Fällen der Tauwasserberechnung nach A.2.5 zur Bestimmung der Temperaturverteilungen die folgenden Wärmeübergangswiderstände anzusetzen:

- $R_{si} = 0,25\ m^2 \cdot K/W$;
- $R_{se} = 0,04\ m^2 \cdot K/W$."

Tabelle 6.2: Klimabedingungen für die Beurteilung der Tauwasserbildung und Verdunstung im Inneren von Bauteilen (Quelle: DIN 4108-3 [2014], S. 38)

Klima	**Temperatur θ in °C**	**relative Luftfeuchte Φ in %**	**Wasserdampfteildruck p in Pa**
Tauperiode von Dezember bis Februar (Dauer: 2.160 Stunden = 90 Tage)			
Innenklima	20	50	1.168
Außenklima	–5	80	321
Verdunstungsperiode von Juni bis August[1)] (Dauer: 2.160 Stunden = 90 Tage)			
Wasserdampfteildruck Innenklima			1.200
Wasserdampfteildruck Außenklima			1.200

Tabelle 6.2 (Fortsetzung)

Klima	**Temperatur θ** **in °C**	**relative Luftfeuchte Φ** **in %**	**Wasserdampfteildruck p** **in Pa**
Sättigungsdampfdruck im Tauwasserbereich:			
• Wände, die Aufenthaltsräume gegen Außenluft abschließen; Decken unter nicht ausgebauten Dachräumen			1.700
• Dächer, die Aufenthaltsräume gegen Außenluft abschließen			2.000
1) In der Verdunstungsperiode werden im Rahmen des Periodenbilanzverfahrens nicht die Temperaturen und Luftfeuchten, sondern nur die gerundeten Wasserdampfteildrücke als Klimarandbedingung vorgegeben.			

Für die Vermeidung kritischer Luftfeuchten an Bauteiloberflächen sind die allgemeinen Anforderungen nun wie folgt festgelegt worden:

DIN 4108-3 (2014), S. 12–13:

„5 Vermeidung kritischer Luftfeuchten an Bauteiloberflächen und von Tauwasserbildung im Inneren von Bauteilen

5.1 Kritische Luftfeuchte an Bauteiloberflächen

5.1.1 Allgemeine Anforderungen, Berechnungs- und Ausführungshinweise

Die Anforderungen zur Vermeidung kritischer Luftfeuchten an Bauteiloberflächen gelten, bei der hier zugrundeliegenden, stationären Betrachtungsweise, als erfüllt, wenn die für kritische oder schädigende Oberflächenwirkungen maßgebende relative Luftfeuchte an raumseitigen Oberflächen nicht erreicht bzw. überschritten wird. Als kritische Werte der relativen Luftfeuchte (r. F.) an Oberflächen gelten:

a) für Tauwasserbildung: $\Phi_{si,cr} = 1$ *(entspricht 100 % r. F.);*
b) für Schimmelpilzbildung: $\Phi_{si,cr} = 0{,}8$ *(entspricht 80 % r. F.);*
c) für Baustoffkorrosion: $\Phi_{si,cr}$ *je nach Material.*

Die dafür jeweils einzuhaltende niedrigste raumseitige Oberflächentemperatur $\theta_{si,min}$ *ergibt sich aus den raumseitigen Klimarandbedingungen nach Gleichung (3).*

$$p_{sat}(\theta_{si,min}) = \frac{p_i}{\Phi_{si,cr}} = \frac{\varphi_i \cdot p_{sat}(\theta_i)}{\Phi_{si,cr}} \qquad (3)$$

$\theta_{si,min}$ *ist nach Anhang A zu bestimmen. Damit ergibt sich der Bemessungs-Temperaturfaktor nach Gleichung (3) als Kenngröße für die erforderliche Qualität des Wärmeschutzes eines Bauteils bei gegebenen beidseitigen Klimarandbedingungen und Wärmeübergangsbedingungen. Zur Ermittlung des erforderlichen Wärmedurchlasswiderstandes des Bauteils nach DIN EN ISO 6946 sind Bemessungswerte aus DIN 4108-4, DIN EN ISO 10456 oder aus Produkt- bzw. Materialspezifikationen anzuwenden. Weitere Angaben zu Festlegung von Klimarandbedingungen, Wärmeübergangswiderständen und zum Berechnungsverfahren gehen aus DIN EN ISO 13788, DIN EN ISO 6946 und DIN EN ISO 10211 hervor.*

ANMERKUNG: Bei thermisch trägen, z. B. erdberührten Umschließungsbauteilen von nicht durchgehend beheizten Räumen besteht in der warmen Jahreszeit und bei natürlicher Belüftung die Gefahr der Tauwasserbildung an der raumseitigen Bauteiloberfläche.

5.1.2 Anforderungen, Berechnungs- und Ausführungshinweise für Wärmebrücken

Anforderungen, Randbedingungen für die Berechnung und Maßnahmen zur Vermeidung von Schimmelpilzbildung an raumseitigen Oberflächen im Bereich von Wärmebrücken sind in DIN 4108-2 aufgeführt. Für weitere Angaben zur Berechnung von Wärmebrücken siehe DIN EN ISO 10211.

Planungs- und Ausführungsbeispiele für Wärmebrücken sind in DIN 4108 Beiblatt 2 angegeben.

Weitere Angaben zur Vermeidung kritischer Oberflächenfeuchten gehen aus DIN EN ISO 13788 hervor.“

6.1.2 Definitionen

- **Sättigungsfeuchte:** Obergrenze der Wasserdampfmenge in g, die von 1 m³ Luft bei einer bestimmten Temperatur aufgenommen werden kann, ausgedrückt in g/m³
- **absolute Luftfeuchte:** tatsächlicher Wasserdampfgehalt der Raumluft, der durch Messung ermittelbar ist, ausgedrückt in g/m³
- **relative Luftfeuchte:** Quotient aus absoluter Luftfeuchte und Sättigungsfeuchte, ausgedrückt in %

Der Sättigungswert für eine bestimmte Lufttemperatur kann aus der Sättigungstabelle entnommen werden (siehe Tabelle 6.3).

Luft, die mit Wasserdampf gesättigt ist, hat demnach eine relative Luftfeuchte von 100 %. Diese Sättigungsgrenze ist abhängig von der Lufttemperatur. Wärmere Luft hat einen höheren Sättigungsgehalt als kalte Luft. Wird also in einem geschlossenen System feuchte Luft erwärmt, ohne dass Wasserdampf nachströmt, sinkt die relative Luftfeuchte. Umgekehrt erhöht sich die relative Luftfeuchte, wenn die Luft abgekühlt wird.

Der Wert, auf den die Temperatur einer abgeschlossenen Luftmenge absinken muss, bis die relative Luftfeuchte 100 % beträgt und der damit mit dem Sättigungswert übereinstimmt, wird als Taupunkt definiert. Wird die Taupunkttemperatur unterschritten, wird Wasserdampf als Nebel sichtbar und auf festen Oberflächen fällt Tauwasser aus. Bei welchen kombinierten Werten der Lufttemperatur und der relativen Luftfeuchte Tauwasser ausfällt, kann der Taupunkttabelle entnommen werden (siehe Tabelle 3.2). Bei einer

Tabelle 6.3: Sättigungsgehalt des Wasserdampfs in der Luft w_s bei verschiedenen Temperaturen θ

θ in °C	w_s in g/m³	θ in °C	w_s in g/m³	θ in °C	w_s in g/m³	θ in °C	w_s in g/m³	θ in °C	w_s in g/m³
30	30,30	20	17,30	10	9,40	0	4,84	–10	2,14
29	28,70	19	16,30	9	8,80	–1	4,47	–11	1,96
28	27,20	18	15,40	8	8,30	–2	4,13	–12	1,80
27	25,80	17	14,50	7	7,80	–3	3,81	–13	1,65
26	24,40	16	13,60	6	7,30	–4	3,51	–14	1,51
25	23,00	15	12,80	5	6,80	–5	3,24	–15	1,38
24	21,80	14	12,10	4	6,40	–6	2,99	–16	1,27
23	20,60	13	11,40	3	6,00	–7	2,76	–17	1,15
22	19,40	12	10,70	2	5,60	–8	2,54	–18	1,05
21	18,30	11	10,00	1	5,20	–9	2,33	–19	0,96

Lufttemperatur von 20 °C und einer relativen Luftfeuchte von 50 % liegt der Taupunkt bei 9,3 °C.

Der Sättigungsgehalt der Luft beträgt entsprechend der Sättigungstabelle (siehe Tabelle 6.3) 17,3 g/m³ bei einer Lufttemperatur von 20 °C. Bei einem beispielhaften Raumklima von 20 °C und einer relativen Luftfeuchte von 50 % beträgt der absolute Wassergehalt in der Luft 17,3 g/m³ · 0,5 = 8,7 g/m³. Die Taupunkttemperatur liegt dann entsprechend der Taupunkttabelle (siehe Tabelle 3.2) bei 9,3 °C.

Werden diese beiden Temperaturen unter den o. g. Randbedingungen z. B. von Wand- oder Fensteroberflächen unterschritten, fällt dort definitiv Tauwasser aus. Auf Glasscheiben und Spiegeln wird dies durch Beschlagen sichtbar, auf Wandoberflächen wird der Tauwasserausfall hingegen selten wahrgenommen, weil Putz und Tapete häufig zunächst eine Speicherwirkung ausüben. Ständig innen beschlagene isolierverglaste Scheiben sind daher ein deutliches Indiz für die nachhaltige Unterschreitung des Taupunkts. Bei porösen Baustoffen sind die Voraussetzungen für eine Schimmelpilzbildung aber bereits vor dem Tauwasserausfall auf der Bauteiloberfläche gegeben, wenn es zu einer Kapillarkondensation kommt. In diesem Fall kann bereits bei einer relativen Luftfeuchte über dem Material von mehr als ca. 75 % ein Tauwasserausfall in den Kapillarporen des Bauteils stattfinden.

6.1.3 Bauteilspezifische Untersuchung der stationären Verhältnisse

Unter Berücksichtigung der vorgenannten klimatischen Randbedingungen erfolgt im Rahmen der bauphysikalischen Bewertungen eines Bauteils eine bauteilspezifische Untersuchung der stationären Verhältnisse. Das Modell setzt voraus, dass innerhalb eines monolithischen, homogenen Baukörpers mit beidseitig unterschiedlichen Klimaverhältnissen sowohl der Temperaturverlauf als auch das Gefälle des Wasserdampfdrucks linear verlaufen. Bei bekannten, beidseitig anliegenden Klimaverhältnissen lässt sich auf diese Weise an jeder beliebigen Stelle des Bauteilquerschnitts die stationäre Klimasituation definieren.

Bei mehrschaligen, zusammengesetzten Bauteilquerschnitten beschreiben sowohl der Verlauf des Wasserdampfdrucks als auch das Temperaturgefälle keine Gerade innerhalb des Bauteilquerschnitts, sondern in Abhängigkeit von den jeweils baustoffspezifischen Kennwerten die Form eines Seilzugs.

Maßgebend für den Wärmedurchgang sind dabei die Parameter

- Wärmeleitfähigkeit λ_R in W/(m · K),
- Schichtdicke s in m und
- Wärmedurchlasswiderstand R in m² · K/W.

Für einschichtige Bauteile gilt:

$$R = \frac{s}{\lambda_R} \tag{6.1}$$

Für mehrschichtige Bauteile mit hintereinander liegenden Schichten gilt entsprechend:

$$R = \frac{s_1}{\lambda_{R1}} + \frac{s_2}{\lambda_{R2}} + \cdots + \frac{s_n}{\lambda_{Rn}} \tag{6.2}$$

Für den Wasserdampfdiffusionsdurchgang sind die Parameter

- Wasserdampfteildruck p in Pa,
- Wasserdampfsättigungsdruck p_{sat} in Pa,
- Temperatur θ in °C und
- relative Luftfeuchte φ in %

ausschlaggebend.

Es gilt:

$$p = \varphi \cdot p_{sat} \tag{6.3}$$

Der Wasserdampfsättigungsdruck ist abhängig von der Lufttemperatur und der relativen Luftfeuchte. Entsprechende Werte sind Tabelle 6.4 zu entnehmen. Der Wasserdampfsättigungsdruck beschreibt den Druck von Wasserdampf bei einer relativen Luftfeuchte von 100 % bei gegebener Temperatur. Der Wasserdampfpartialdruck ist der im Verhältnis der relativen Luftfeuchte anteilige Druck des Wasserdampfs. Ein Wasserdampftransport findet immer entsprechend dem Druckgefälle vom hohen zum niedrigeren Niveau statt.

Tabelle 6.4: Wasserdampfsättigungsdruck bei Temperaturen von +30,9 bis –20,9 °C

Temperatur in °C	Wasserdampfsättigungsdruck in Pa									
	,0	,1	,2	,3	,4	,5	,6	,7	,8	,9
30	4.244	4.269	4.294	4.319	4.344	4.369	4.394	4.419	4.445	4.469
29	4.006	4.030	4.053	4.077	4.101	4.124	4.148	4.172	4.196	4.219
28	3.781	3.803	3.826	3.848	3.871	3.894	3.916	3.939	3.961	3.984
27	3.566	3.588	3.609	3.631	3.652	3.674	3.695	3.717	3.793	3.759
26	3.362	3.382	3.403	3.423	3.443	3.463	3.484	3.504	3.525	3.544
25	3.169	3.188	3.208	3.227	3.246	3.266	3.284	3.304	3.324	3.343
24	2.985	3.003	3.021	3.040	3.059	3.077	3.095	3.114	3.132	3.151
23	2.810	2.827	2.845	2.863	2.880	2.897	2.915	2.932	2.950	2.968
22	2.645	2.661	2.678	2.695	2.711	2.727	2.744	2.761	2.777	2.794
21	2.487	2.504	2.518	2.535	2.551	2.566	2.582	2.598	2.613	2.629
20	2.340	2.354	2.369	2.384	2.399	2.413	2.428	2.443	2.457	2.473
19	2.197	2.212	2.227	2.241	2.254	2.268	2.283	2.297	2.310	2.324
18	2.065	2.079	2.091	2.105	2.119	2.132	2.145	2.158	2.172	2.185
17	1.937	1.950	1.963	1.976	1.988	2.001	2.014	2.027	2.039	2.052
16	1.818	1.830	1.841	1.854	1.866	1.878	1.889	1.901	1.914	1.926
15	1.706	1.717	1.729	1.739	1.750	1.762	1.773	1.784	1.795	1.806
14	1.599	1.610	1.621	1.631	1.642	1.653	1.663	1.674	1.684	1.695
13	1.498	1.508	1.518	1.528	1.538	1.548	1.559	1.569	1.578	1.588
12	1.403	1.413	1.422	1.431	1.441	1.451	1.460	1.470	1.479	1.488
11	1.312	1.321	1.330	1.340	1.349	1.358	1.367	1.375	1.385	1.394
10	1.228	1.237	1.245	1.254	1.262	1.270	1.279	1.287	1.296	1.304

Tabelle 6.4 (Fortsetzung)

Temperatur in °C	Wasserdampfsättigungsdruck in Pa									
	,0	,1	,2	,3	,4	,5	,6	,7	,8	,9
9	1.148	1.156	1.163	1.171	1.179	1.187	1.195	1.203	1.211	1.218
8	1.073	1.081	1.088	1.096	1.103	1.110	1.117	1.125	1.133	1.140
7	1.002	1.008	1.016	1.023	1.030	1.038	1.045	1.052	1.059	1.066
6	935	942	949	955	961	968	975	982	988	995
5	872	878	884	890	896	902	907	913	919	925
4	813	819	825	831	837	843	849	854	861	866
3	759	765	770	776	781	787	793	798	803	808
2	705	710	716	721	727	732	737	743	748	753
1	657	662	667	672	677	682	687	691	696	700
0	611	616	621	626	630	635	640	645	648	653
–0	611	605	600	595	592	587	582	577	572	567
–1	562	557	552	547	543	538	534	531	527	522
–2	517	514	509	505	501	496	492	489	484	480
–3	476	472	468	464	461	456	452	448	444	440
–4	437	433	430	426	423	419	415	412	408	405
–5	401	398	395	391	388	385	382	379	375	372

Tabelle 6.4 (Fortsetzung)

Temperatur in °C	**Wasserdampfsättigungsdruck in Pa**									
	,0	**,1**	**,2**	**,3**	**,4**	**,5**	**,6**	**,7**	**,8**	**,9**
–6	368	365	362	359	356	353	350	347	343	340
–7	337	336	333	330	327	324	321	318	315	312
–8	310	306	304	301	298	296	294	291	288	286
–9	284	281	279	276	274	272	269	267	264	262
–10	260	258	255	253	251	249	246	244	242	239
–11	237	235	233	231	229	228	226	224	221	219
–12	217	215	213	211	209	208	206	204	202	200
–13	198	197	195	193	191	190	188	186	184	182
–14	181	180	178	177	175	173	172	170	168	167
–15	165	164	162	161	159	158	157	155	153	152
–16	150	149	148	146	145	144	142	141	139	138
–17	137	136	135	133	132	131	129	128	127	126
–18	125	124	123	122	121	120	118	117	116	115
–19	114	113	112	111	110	109	107	106	105	104
–20	103	102	101	100	99	98	97	96	95	94

Beispiel: Ermittlung des Wasserdampfteildrucks bei 0 °C Außentemperatur

Die Außenlufttemperatur beträgt 0 °C, die relative Luftfeuchte der Außenluft liegt bei 80 %. Im Innenraum herrschen eine Lufttemperatur von 20 °C und eine relative Luftfeuchte von 50 %.

Der Wasserdampfsättigungsdruck der Außenluft p_{se} kann aus Tabelle 6.4 abgelesen werden und liegt bei 0 °C bei 611 Pa. Der Wasserdampfpartialdruck außen p_e errechnet sich nach Formel 6.3:
$p_e = \varphi \cdot p_{se} = 80\ \% \cdot 611\ \text{Pa} = 0{,}80 \cdot 611\ \text{Pa} = \mathbf{489\ Pa}$.

Der Wasserdampfsättigungsdruck der Innenraumluft p_{si} entspricht gemäß Tabelle 6.4 bei 20 °C 2.340 Pa. Der Wasserdampfpartialdruck innen p_i errechnet sich nach Formel 6.3:
$p_i = \varphi \cdot p_{si} = 50\ \% \cdot 2.340\ \text{Pa} = 0{,}50 \cdot 2.340\ \text{Pa} = \mathbf{1.170\ Pa}$.

Die Differenz des Wasserdampfteildrucks zwischen innen und außen beträgt damit $\Delta p = p_i - p_e = 1.170\ \text{Pa} - 489\ \text{Pa} = \mathbf{681\ Pa}$.

Ergebnis: Im Bestreben, einen Ausgleich des Wasserdampfdrucks zu erreichen, wandert der Wasserdampf mit einem Druck von 681 Pa von innen nach außen.

Beispiel: Ermittlung des Wasserdampfteildrucks bei –10 °C Außentemperatur

Auf ein Außenbauteil wirken in der Tauperiode eine Raumlufttemperatur von 20 °C, eine relative Raumluftfeuchte von 50 % sowie eine Außenlufttemperatur von –10°C und eine relative Luftfeuchte der Außenluft von 80 % ein.

Der Wasserdampfsättigungsdruck der Außenluft p_{se} kann aus Tabelle 6.4 abgelesen werden und liegt bei –10 °C bei 260 Pa. Der Wasserdampfpartialdruck außen p_e errechnet sich nach Formel 6.3:
$p_e = \varphi \cdot p_{se} = 80\ \% \cdot 260\ \text{Pa} = 0{,}80 \cdot 260\ \text{Pa} = \mathbf{208\ Pa}$.

Der Wasserdampfsättigungsdruck der Innenraumluft p_{si} entspricht gemäß Tabelle 6.4 bei 20 °C 2.340 Pa. Der Wasserdampfpartialdruck innen p_i errechnet sich nach Formel 6.3:
$p_i = \varphi \cdot p_{si} = 50\ \% \cdot 2.340\ \text{Pa} = 0{,}50 \cdot 2.340\ \text{Pa} = \mathbf{1.170\ Pa}$.

Die Differenz des Wasserdampfteildrucks zwischen innen und außen beträgt damit $\Delta p = p_i - p_e = 1.170\ \text{Pa} - 208\ \text{Pa} = \mathbf{962\ Pa}$.

Ergebnis: Im Bestreben, einen Ausgleich des Wasserdampfdrucks zu erreichen, strömt der Wasserdampf mit einem Druck von 962 Pa von innen nach außen. Dieser Druck ist deutlich größer als derjenige des obigen Beispiels bei nur 0 °C Außentemperatur.

Um einen Vergleich aller Baustoffe mit einheitlichen Parametern durchführen zu können, hat sich als Parameter die diffusionsäquivalente Luftschichtdicke s_d durchgesetzt. Der Diffusionsdurchgang durch einen Baustoff wird verglichen mit dem Diffusionsdurchgang durch eine gleichwertige Luftschicht. Es gilt die Formel:

$$s_d = \mu \cdot s \tag{6.4}$$

mit

s Baustoffschichtdicke in m
μ Wasserdampfdiffusionswiderstandszahl
s_d diffusionsäquivalente Luftschichtdicke in m

6.1.4 Eignung für den feuchteschutztechnischen Nachweis bei Innendämmungen

Das herkömmliche feuchteschutztechnische Nachweisverfahren entsprechend der DIN 4108-3 ist das Glaser-Verfahren, bei dem die Diffusionsströme im Jahresverlauf bilanziert werden. Die hauptsächliche Anforderung besteht darin, dass die im Bauteilquerschnitt in der Tauwasserperiode (Winterhalbjahr) anfallende Tauwassermenge kleiner sein muss als die aus dem Bauteilquerschnitt in der Verdunstungsphase durch Diffusion entweichende Verdunstungsmenge. Ansonsten bestünde das Risiko, dass sich der Feuchtegehalt im Bauteilquerschnitt von Jahr zu Jahr „aufschaukelt". Das Glaser-Verfahren geht davon aus, dass die beteiligten Baustoffe ihre Ausgleichsfeuchte erreicht haben, und lässt zusätzliche Feuchteeinträge, z. B. infolge von Schlagregenbeanspruchungen, unberücksichtigt. Derartige Randbedingungen werden beim Verfahren der hygrothermischen Simulation berücksichtigt, das in der DIN EN 15026 geregelt ist. Für den feuchtetechnischen Nachweis der Funktionsfähigkeit von Innendämmungen ist die hygrothermische Simulation im Gegensatz zum Glaser-Verfahren demnach das geeignete Verfahren:

WTA Merkblatt 6-4 (2009), S. 16:

„*7 Bauphysikalische Nachweise von Innendämmsystemen*

Durch den engen Zusammenhang thermischer und hygrischer Phänomene gehört zur vollständigen Beurteilung eines Innendämmsystems neben der Berechnung des Wärmedurchgangs eine feuchtetechnische Analyse der Konstruktion.

[…]

7.2 Hygrischer Nachweis von Innendämmsystemen

Beim hygrischen Nachweis von Innendämmsystemen müssen zwei grundlegende Feuchtebelastungen analysiert werden. Neben dem Feuchteeintrag durch Wasserdampfdiffusion von innen kommt auf Grund der erschwerten Abtrocknung der Schlagregenbelastung große Bedeutung zu.

7.2.1 Nachweis mittels hygrothermischer Simulationsrechnung

Die Durchführung des feuchtetechnischen Nachweises für Innendämmsysteme ist im Grundsatz mit modernen, computergestützten Simulationsprogrammen des gekoppelten Wärme- und Feuchtetransports zu führen [...]. Nur die vollständige Berücksichtigung der hygrischen Transportphänomene ermöglicht eine realitätsnahe Beurteilung der geplanten Innendämmmaßnahme. Das genaue Vorgehen wird in den WTA-Merkblättern 6-1 und 6-2 [...] beschrieben."

Zum selben Ergebnis kommt auch die Technische Richtlinie zur Innendämmung von Außenwänden:

Technische Richtlinie zur Innendämmung von Außenwänden, 2012, S. 6, 14:

„2 Rechtliche Rahmenbedingungen und Vorschriften

[...]

2.2 Feuchteschutz

Dem Feuchteschutz kommt bei der Planung einer Innendämmung eine besondere Bedeutung zu, da die ursprüngliche Gebäudehülle nach dem Anbringen eines Innendämm-Systems auf Grund des weitgehenden Wegfalls von Transmissionswärme größeren Temperaturschwankungen unterliegt.

Wandkonstruktionen bedürfen nach DIN 4108-3 eines Feuchteschutznachweises zur Begrenzung des Tauwasserausfalles innerhalb der Konstruktion. Bei dem in der DIN 4108-3 genormten Glaser-Verfahren handelt es sich um ein vereinfachtes Rechenverfahren, das ausschließlich Wärmeleitung und Dampfdiffusion unter stationären Randbedingungen berücksichtigt. Wenn bei Innendämm-Systemen auch die Einflüsse von Schlagregen, Baufeuchte und Umkehrdiffusion im Sommer sowie Feuchtespeicher- und Flüssigtransportvorgänge betrachtet werden sollen bzw. eine Rolle spielen, ist das Glaser-Verfahren zum Feuchteschutznachweis von Innendämm-Systemen nicht geeignet. [...]

4 Planung eines Innendämm-Systems

[...]

4.5 Detailplanungen

Der Planverfasser kann mit hygrothermischen Simulationen (vgl. Punkt 2.2.2) auch kritische oder außergewöhnliche Detailanschlüsse auf das feuchtetechnische Verhalten und ihre Funktionalität hin beurteilen. [...]

Insbesondere ist Folgendes zu beachten:

- [...]
- *Besonders an geometrischen/konstruktiven Wärmebrücken wie z. B. in Raumecken kann es zu erhöhten Wärmeverlusten kommen. An einbindenden Innenwänden und Geschossdecken kann daher mit Dämmkeilen oder anderen systemkonformen Detaillösungen gearbeitet werden. Wenn der unter Punkt 2.2.1 genannte Temperaturfaktor $f_{Rsi} \geq 0{,}70$ nicht eingehalten wird und/oder keine wohnraumtypische Nutzung vorliegt, ist die Schimmelpilzfreiheit durch hygrothermische Simulation zu überprüfen."*

6.2 Bestimmung des Wärmedurchgangs durch ein Bauteil

6.2.1 Definitionen und allgemeine Formeln

Der Wärmedurchgangswiderstand R_T berechnet sich aus dem Wärmedurchlasswiderstand R zuzüglich des inneren Wärmeübergangswiderstands R_{si} und des äußeren Wärmeübergangswiderstands R_{se}:

$$R_T = R_{si} + R + R_{se} \tag{6.5}$$

mit
R_T Wärmedurchgangswiderstand in $m^2 \cdot K/W$
R_{si} Wärmeübergangswiderstand innen in $m^2 \cdot K/W$
R Wärmedurchlasswiderstand in $m^2 \cdot K/W$
R_{se} Wärmeübergangswiderstand außen in $m^2 \cdot K/W$

Der Wärmedurchlasswiderstand R eines mehrschichtigen Bauteils errechnet sich aus der Summe der Einzeldurchlasswiderstände.

Im Wärmeschutznachweis gilt als wesentliche Größe der Wärmedurchgangskoeffizient U. Er berechnet sich wie folgt:

$$U = \frac{1}{R_T} = \frac{1}{R_{si} + R + R_{se}} \quad \text{in } W/(m^2 \cdot K) \tag{6.6}$$

6.2.2 Außenwände

Berechnung des U_{AW}-Wertes

Wird in Formel 6.6 der Wärmedurchlasswiderstand R ersetzt durch den Term aus Formel 6.2, kann der Wärmedurchgangskoeffizient U eines mehrschichtigen Bauteils mit hintereinander liegenden Schichten berechnet werden, z. B. einer Außenwand.

$$U_{AW} = \frac{1}{R_{si} + \frac{s_1}{\lambda_{R1}} + \frac{s_2}{\lambda_{R2}} + \frac{s_3}{\lambda_{R3}} + R_{se}} \tag{6.7}$$

mit
U_{AW} Wärmedurchgangskoeffizient der Außenwand in $W/(m^2 \cdot K)$
R_{si} Wärmeübergangswiderstand innen in $m^2 \cdot K/W$
$s_{1/2/3}$ Dicke der Bauteilschicht 1/2/3 in m
$\lambda_{R1/2/3}$ Wärmeleitzahl der Bauteilschicht 1/2/3 in $W/(m \cdot K)$
R_{se} Wärmeübergangswiderstand außen in $m^2 \cdot K/W$

Beispiel: Berechnung des U_{AW}-Wertes und der Temperaturverteilung einer mehrschichtigen Außenwand

Aufbau der Außenwand eines Gebäudes mit dem Errichtungsjahr 1960:

- Innenwandputz MG II; Schichtdicke d = 15 mm, Wärmeleitzahl $\lambda = 0{,}87$
- Kalksandstein 1,6 kg/dm³; Schichtdicke d = 240 mm, Wärmeleitzahl $\lambda = 0{,}79$
- Vormauerziegel 1,8 kg/dm³; Schichtdicke d = 115 mm, Wärmeleitzahl $\lambda = 0{,}81$
- Schichtdicke der gesamten Wand d = 370 mm

Gegeben ist ein Wert von 0,13 für den Wärmeübergangswiderstand innen R_{si} und ein Wert von 0,04 für den Wärmeübergangswiderstand außen R_{se} (siehe Tabelle 3.27). Der U_{AW}-Wert wird unter Verwendung von Formel 6.7 folgendermaßen ermittelt:

$$U_{AW} = \frac{1}{R_{si} + \frac{s_1}{\lambda_{R1}} + \frac{s_2}{\lambda_{R2}} + \frac{s_3}{\lambda_{R3}} + R_{se}} =$$

$$\frac{1}{0{,}13 + \frac{0{,}015}{0{,}87} + \frac{0{,}24}{0{,}79} + \frac{0{,}115}{0{,}81} + 0{,}04} = \mathbf{1{,}58\ W/(m^2 \cdot K)}$$

Die Temperaturverteilung an den Trennschichten mit den zugehörigen Sättigungsdampfdrücken lässt sich mithilfe des ermittelten U_{AW}-Wertes mit folgender Formel für die Bauteiloberfläche bestimmen:

$$\theta_{si/se} = \theta_i - [U_{AW} \cdot (\theta_i - \theta_e) \cdot R_{si/se}] \qquad (6.8)$$

mit
$\theta_{si/se}$ Temperatur der Bauteiloberfläche, innen/außen, in °C
θ_i Temperatur der Luft, innen, in °C
U_{AW} Wärmedurchgangskoeffizient der Außenwand in W/(m² · K)
θ_e Temperatur der Luft, außen, in °C
$R_{si/se}$ Wärmeübergangswiderstand, innen/außen, in m² · K/W

Bei gegebener Raumlufttemperatur von 20 °C und einer Außenlufttemperatur von −10 °C ergeben sich unter Verwendung von Formel 6.8 folgende Bauteiloberflächentemperaturen:

$\theta_{si} = \theta_i - [U_{AW} \cdot (\theta_i - \theta_e) \cdot R_{si}] = 20 - 47{,}40 \cdot 0{,}13 =$ **13,83 °C**

$\theta_{se} = \theta_i - [U_{AW} \cdot (\theta_i - \theta_e) \cdot R_{se}] = -10 + 47{,}40 \cdot 0{,}04 =$ **−8,10 °C**

Entsprechend lassen sich die Trennschichttemperaturen berechnen:

$$\theta_{Tr1} = \theta_i - [U_{AW} \cdot (\theta_i - \theta_e) \cdot (R_{si} + \frac{s_1}{\theta_{R1}})] =$$

$$20 - 47{,}40 \cdot (0{,}13 + \frac{0{,}015}{0{,}87}) = \mathbf{13{,}02\ °C}$$

$$\theta_{Tr2} = \theta_i - [U_{AW} \cdot (\theta_i - \theta_e) \cdot (R_{si} + \frac{s_1}{\theta_{R1}} + \frac{s_2}{\theta_{R2}})] =$$

$$20 - [47{,}40 \cdot (0{,}13 + \frac{0{,}015}{0{,}87} + \frac{0{,}24}{0{,}79})] = \mathbf{-1{,}38\ °C}$$

Aus Tabelle 6.4 lässt sich für die so ermittelten Temperaturen der entsprechende Wasserdampfsättigungsdruck ablesen:

- Wasserdampfsättigungsdruck der inneren Bauteiloberfläche: **1.578 Pa**
- Wasserdampfsättigungsdruck der Trennschicht 1: **1.498 Pa**
- Wasserdampfsättigungsdruck der Trennschicht 2: **543 Pa**
- Wasserdampfsättigungsdruck der äußeren Bauteiloberfläche: **306 Pa**

Die in der DIN 4108 vorgesehenen Klimawerte können für die situative Beurteilung einer Schimmelpilzverursachung zugrunde gelegt werden. Dies hat das Oberlandesgericht Frankfurt am Main entschieden (OLG Frankfurt am Main, Urteil vom 11.02.2000 – 19 U 7/99).

Bestimmung des U_{AW}-Wertes anhand von Messungen

Liegen gemessene Temperaturwerte für die Bauteiloberfläche sowie die Außenluft- und die Raumlufttemperatur vor, dann kann der U_{AW}-Wert mit folgender Formel errechnet werden:

$$U_{AW} = \frac{\theta_i - \theta_{si}}{R_{si} \cdot (\theta_i - \theta_e)} \tag{6.9}$$

mit

U_{AW} Wärmedurchgangskoeffizient der Außenwand in W/(m² · K)
θ_i Temperatur der Luft, innen, in °C
θ_{si} Temperatur der Bauteiloberfläche, innen, in °C
R_{si} Wärmeübergangswiderstand, innen, in m² · K/W
θ_e Temperatur der Luft, außen, in °C

6.2.3 Fenster und Türen

Berechnung des Wärmedurchgangskoeffizienten

Für Fenster und Türen mit Rahmen erfolgt der rechnerische Nachweis entsprechend der DIN EN ISO 10077-1 „Wärmetechnisches Verhalten von Fenstern, Türen und Abschlüssen – Berechnung des Wärmedurchgangskoeffizienten – Teil 1: Allgemeines“ (2010). Der Wärmedurchgangskoeffizient eines einscheibenverglasten Fensters ist folgendermaßen zu berechnen:

$$U_W = \frac{\Sigma A_g U_g + \Sigma A_f U_f + \Sigma l_g \psi_g}{\Sigma A_g + \Sigma A_f} \tag{6.10}$$

mit

U_W Wärmedurchgangskoeffizient des Fensters in W/(m² · K)

A_g verglaste Fläche des Fensters in m² (Die verglaste Fläche oder die Fläche einer opaken Füllung eines Fensters oder einer Tür ist die kleinere der beidseitig sichtbaren Flächen. Die Überlappung von Dichtungen wird nicht berücksichtigt.)

U_g Wärmedurchgangskoeffizient der Verglasung in W/(m² · K)

A_f Flächenanteil des Rahmens in m² (Der Flächenanteil des Rahmens ist die größere der von beiden Seiten gesehenen Projektionsflächen.)

U_f Wärmedurchgangskoeffizient des Rahmens in W/(m² · K)

l_g äußere Gesamtumfangslänge der Verglasung in m

ψ_g längenbezogener Wärmedurchgangskoeffizient infolge des kombinierten wärmetechnischen Einflusses von Glas, Abstandhalter und Rahmen in W/(m · K)

Wie der Wärmedurchgangskoeffizient einer Tür ermittelt werden kann, zeigt am Beispiel der Füllung einer Kunststoff-Hauseingangstür Tabelle 6.5.

Tabelle 6.5: Bestimmung des Wärmedurchgangskoeffizienten der Füllung einer Kunststoff-Hauseingangstür

Schicht	Schichtdicke s in m	Wärmeleitfähigkeit λ_R in W/(m · K)	Quelle	Wärmedurchlasswiderstand $R = s/\lambda_R$ in m² · K/W
Wärmeübergangswiderstand innen R_{si}			DIN EN ISO 10077-1	0,130
PVC	0,0014	0,1700	DIN V 4108-4	0,008
XPS 035	0,0260	0,0350	DIN V 4108-4	0,743
Stahlblech	0,0030	50,000	DIN V 4108-4	0,000
PVC	0,0014	0,1700	DIN V 4108-4	0,008

Tabelle 6.5 (Fortsetzung)

Schicht	Schichtdicke s in m	Wärmeleitfähigkeit λ_R in W/(m · K)	Quelle	Wärmedurchlasswiderstand $R = s/\lambda_R$ in $m^2 \cdot K/W$
Wärmeübergangswiderstand außen R_{se}			DIN EN ISO 10077-1	0,040
Wärmedurchgangswiderstand R_T, Bauteil				**0,929**
Wärmedurchgangskoeffizient $U_W = 1/R$			DIN EN ISO 10077-1	**1,080**
PVC Polyvinylchlorid XPS Polystyrol-Extruderschaum				

Bestimmung des U_g-Wertes von Verglasungen anhand von Messungen

Anhand der durchgeführten Messungen von Raumluft-, Außenluft- und Glasoberflächentemperatur innen kann als Überschlag der U_g-Wert der Verglasung bestimmt werden. Entsprechend Formel 6.9 gilt:

$$U_g = \frac{\theta_i - \theta_{si}}{R_{si} \cdot (\theta_i - \theta_e)} \tag{6.11}$$

mit
U_g Wärmedurchgangskoeffizient der Verglasung in W/(m^2 · K)
θ_i Temperatur der Luft, innen, in °C
θ_{si} Temperatur der Bauteiloberfläche, innen, in °C
R_{si} Wärmeübergangswiderstand, innen, in $m^2 \cdot K/W$
θ_e Temperatur der Luft, außen, in °C

Tauwasserausfall an Fenstern

Ein Tauwasserausfall findet statt, wenn der Sättigungsdampfdruck im Mikroklima an der raumseitigen Oberfläche der Verglasung $p_s\,(\theta_{si})$, angegeben in Pa, kleiner ist als der tatsächliche Dampfdruck der Raumluft (Partialdruck) p_i, ebenfalls angegeben in Pa. Dabei errechnet sich der tatsächliche Dampfdruck wie folgt:

$$p_i = p_s\,(\theta_{si}) \cdot \varphi_i \tag{6.12}$$

mit
θ_i Temperatur der Luft, innen, in °C
φ_i relative Luftfeuchte, innen, in %

Die raumseitige Oberflächentemperatur an der Fensterscheibe lässt sich mit folgender Formel berechnen (vgl. Formel 3.1):

$$\theta_{si} = \theta_i - q_V \cdot R_{si} = \theta_i - [U_g \cdot (\theta_i - \theta_e) \cdot R_{si}] \qquad (6.13)$$

mit:
θ_{si} Oberflächentemperatur, innen, in °C
θ_i Lufttemperatur, innen, in °C
q_V Wärmestromdichte der Verglasung in W/m²
R_{si} Wärmeübergangswiderstand, innen, der Verglasung in m² · K/W
U_g Wärmedurchgangskoeffizient der Verglasung in W/(m² · K)
θ_e Lufttemperatur, außen, in °C

Die in der DIN 4108-2 für die Ermittlung von raumseitigen Oberflächentemperaturen verwendeten Werte für R_{si} sind für Verglasungen und Rahmen von Fenstern nicht zu verwenden. Dafür gilt die DIN EN ISO 13788 (2013) (siehe Kapitel 3.3.15.1 und Tabelle 3.26).

Beispiel: Ermittlung des Tauwasserausfallrisikos eines Fensters

Der Sättigungsdampfdruck bei 20 °C und 100 % relativer Luftfeuchte beträgt gemäß Tabelle 6.4 2.342 Pa. Da an der raumseitigen Glasoberfläche eine relative Luftfeuchte von 70 % herrscht, ergibt sich für den Sättigungsdampfdruck an der raumseitigen Oberfläche der Verglasung nach Formel 6.3 p_s (70 %) = p_s (100 %) · φ_i = 2.342 Pa · 0,7 = **1.639 Pa**.

Werden die Werte 1,3 W/(m² · K) für den Wärmedurchgangskoeffizienten U_g der Verglasung, 20 °C für die Raumlufttemperatur θ_i und –10 °C für die Außenlufttemperatur θ_e verwendet und zur Berechnung der Wärmestromdichte der Verglasung q_V eingesetzt, ergibt sich $q_V = U_g \cdot (\theta_i - \theta_e)$ = 1,3 W/(m² · K) · (20 °C + 10 °C) = 39 W/m².

Der tatsächliche Dampfdruck der Raumluft an der raumseitigen Oberfläche der Verglasung lässt sich mit einem Wert von 0,13 m² · K/W für R_{si} gemäß DIN EN ISO 10077-1 nach Formel 6.13 folgendermaßen berechnen: $\theta_{si} = \theta_i - q_V \cdot R_{si}$ = 20 °C – 39 W/m² · 0,13 m² · K/W = 14,93 °C.

Der Wasserdampfsättigungsdruck beträgt bei 14,9 °C **1.695 Pa** (siehe Tabelle 6.4). Damit steht dem Sättigungsdampfdruck an der raumseitigen Oberfläche der Verglasung mit p_s (20 °C) = 1.639 Pa ein tatsächlicher Dampfdruck der Raumluft an der raumseitigen Oberfläche der Verglasung von p_s (14,93 °C) = 1.695 Pa gegenüber. Da es nur zu einem Tauwasserausfall kommt, wenn der tatsächliche Dampfdruck den Sättigungsdampfdruck erreicht, kommt es unter den o. g. Voraussetzungen bei einer relativen Luftfeuchte von 70 % noch nicht zu einem Tauwasserausfall auf der raumseitigen Scheibenoberfläche.

Für die verschiedenen Verglasungsarten tritt bei einer Außenlufttemperatur von –5 °C und einer Raumlufttemperatur von 20 °C Tauwasser auf der Raumseite der Verglasung erst dann flächig auf, wenn die relative Luftfeuchte in Raummitte den prozentualen Wert in Spalte 10 der Tabelle 6.6 übersteigt.

Tabelle 6.6: Relative Luftfeuchte in Raummitte vor Tauwasserausfall auf der Raumseite der Verglasung bei einer Außentemperatur von –5 °C; Sättigungswerte siehe Tabelle 6.3

bauteil-spezifische Verglasung nach Baujahr	U_g in $m^2 \cdot K/W$	R_{si} in $W/(m^2 \cdot K)$	Temperatur Luft in °C		Sättigungswert w_s in g/m^3	Temperatur Oberfläche innen θ_{si} in °C	Sättigungswert w_s in g/m^3	relative Luftfeuchte in Raummitte vor Tauwasserausfall an Verglasung φ_i	
			außen θ_e	innen θ_i				dezimal	in %
1	2	3	4	5	6	7	8	9 = 8 : 6	10 = 9 · 100 %
1900 bis 1978	5,8	0,13	-5	20	17,30	1,2	5,30	0,31	31
1979 bis 1994	3,0	0,13	-5	20	17,30	10,3	9,60	0,55	55
	2,7	0,13	-5	20	17,30	11,2	10,14	0,59	59
1994 bis 1995	1,9	0,13	-5	20	17,30	13,8	11,96	0,69	69
	1,8	0,13	-5	20	17,30	14,2	12,24	0,71	71
	1,7	0,13	-5	20	17,30	14,5	12,45	0,72	72
1995 bis 1996	1,6	0,13	-5	20	17,30	14,8	12,66	0,73	73
	1,5	0,13	-5	20	17,30	15,1	12,88	0,74	74
1997 bis 2000	1,4	0,13	-5	20	17,30	15,5	13,20	0,76	76
	1,3	0,13	-5	20	17,30	15,8	13,44	0,78	78
2000 bis 2003	1,2	0,13	-5	20	17,30	16,1	13,69	0,79	79
2004 bis 2010	1,1	0,13	-5	20	17,30	16,4	13,96	0,81	81
2004 bis 2016	1,0	0,13	-5	20	17,30	16,8	14,32	0,83	83
2009 bis 2016	0,9	0,13	-5	20	17,30	17,1	14,59	0,84	84
	0,7	0,13	-5	20	17,30	17,7	15,13	0,87	87
	0,5	0,13	-5	20	17,30	18,4	15,76	0,91	91

Tabelle 6.7: Relative Luftfeuchte in Raummitte vor Tauwasserausfall auf der Raumseite der Verglasung bei einer Außentemperatur von 0 °C; Sättigungswerte siehe Tabelle 6.3

bauteil-spezifische Verglasung nach Baujahr	U_g in $m^2 \cdot K/W$	R_{si} in $W/(m^2 \cdot K)$	Temperatur Luft in °C		Sätti-gungs-wert w_s in g/m^3	Temperatur Oberfläche innen θ_{si} in °C	Sätti-gungs-wert w_s in g/m^3	relative Luftfeuchte in Raummitte vor Tauwasserausfall an Verglasung φ_i	
			außen θ_e	innen θ_i				dezimal	in %
1	2	3	4	5	6	7	8	9 = 8 : 6	10 = 9 · 100 %
1900 bis 1978	5,8	0,13	0	20	17,30	4,9	6,76	0,39	39
1979 bis 1994	3,0	0,13	0	20	17,30	12,2	10,84	0,63	63
	2,7	0,13	0	20	17,30	13,0	11,40	0,66	66
1994 bis 1995	1,9	0,13	0	20	17,30	15,1	11,96	0,69	69
	1,8	0,13	0	20	17,30	15,3	13,04	0,75	75
	1,7	0,13	0	20	17,30	15,6	13,28	0,77	77
1995 bis 1996	1,6	0,13	0	20	17,30	15,8	13,44	0,78	78
	1,5	0,13	0	20	17,30	16,1	13,69	0,79	79
1997 bis 2000	1,4	0,13	0	20	17,30	16,4	13,96	0,81	81
	1,3	0,13	0	20	17,30	16,6	14,14	0,82	82
2000 bis 200	1,2	0,13	0	20	17,30	16,9	14,41	0,83	83
2004 bis 2010	1,1	0,13	0	20	17,30	17,1	14,59	0,84	84
2004 bis 2016	1,0	0,13	0	20	17,30	17,4	14,86	0,86	86
2009 bis 2016	0,9	0,13	0	20	17,30	17,7	15,13	0,87	87
	0,7	0,13	0	20	17,30	18,2	15,58	0,90	90
	0,5	0,13	0	20	17,30	18,7	16,03	0,93	93

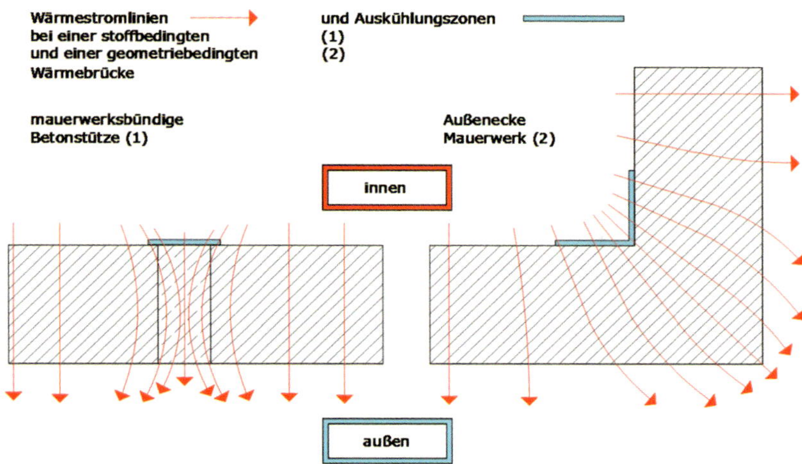

Abb. 6.1: Ursachen von Wärmebrücken (Quelle: Hankammer/Resch, 2012, S. 32)

Beträgt unter den gleichen Bedingungen die Außenlufttemperatur 0 °C, bildet sich Tauwasser auf der Raumseite der Verglasung erst dann flächig, wenn die relative Luftfeuchte in Raummitte den prozentualen Wert in Spalte 10 der Tabelle 6.7 übersteigt.

Abweichende Ergebnisse sind möglich, wenn die Verglasung durch innen angebrachte Rollos oder Vorhänge von der erwärmten Raumluft abgeschirmt wird.

6.3 Bestimmung des Einflusses von Wärmebrücken

6.3.1 Definitionen

Wärmebrücken sind Bereiche von Bauteilen, bei denen es zu einer verstärkten Wärmestromlinienkonzentration von innen nach außen kommt, mit der Folge, dass an der inneren Bauteiloberfläche im Winterhalbjahr im Vergleich zur Umgebung niedrigere Temperaturen auftreten. Sie werden hinsichtlich ihrer Ursache unterschieden in stoffbedingte und geometriebedingte Wärmebrücken (siehe Abb. 6.1).

Stoffbedingte Wärmebrücken liegen z. B. vor, wenn Bauteile mit einer hohen Wärmeleitfähigkeit zwischen Bauteilen mit einer geringen Wärmeleitfähigkeit angeordnet werden.

Geometriebedingte Wärmebrücken liegen z. B. in Raumecken vor, weil es dort wegen der im Verhältnis zur Innenoberfläche größeren Außenoberfläche zu einem verstärkten Wärmestrom von innen nach außen kommt. Die Folge ist ein lokal überproportionaler Wärmeverlust, wie er auch von Kühlrippen her bekannt ist. Selbst wenn im Übrigen die Mindestwerte der Wärmeschutzverordnung und der DIN 4108 eingehalten worden sind, stellt sich die innenseitige Oberflächentemperatur in den Raumecken erheblich niedriger ein als an den Wandflächen. In besonderer Weise betroffen sind davon die Raumecken im Decken- und im Fußbodenanschlussbereich zu

Kaltzonen, weil die Wärmebrückenwirkung dort dreidimensional auftritt. Beispielhaft zu nennen sind in diesem Zusammenhang Erdgeschosswohnungen oberhalb von luftdurchspülten Tiefgaragen oder Souterrainwohnungen, deren Außenwände unmittelbar an das Erdreich grenzen.

Mögliche Auswirkungen von Wärmebrücken:

- Transmissionswärmeverluste
- Absinken der raumseitigen Oberflächentemperatur

6.3.2 Regelung

Kritisch im Hinblick auf Wärmebrücken sind Gebäude, die vor den 1980er-Jahren errichtet wurden. Zu diesem Zeitpunkt war ein detaillierter Wärmebrückennachweis für geometrische Wärmebrücken noch nicht üblich. Erst in der späteren Fassung der DIN 4108-2 wurden Wärmebrücken thematisiert, weil zunehmend dichtere Fenster erstmalig zur Schimmelpilzproblematik geführt hatten. Noch in der Fassung der DIN 4108-2 von 1981 waren geometrische Wärmebrücken im Bereich von Außenwandecken zulässig, sofern der an allen anderen Stellen des Gebäudes vorhandene Außenwandquerschnitt in gleichartigem Aufbau auch im Bereich von Außenecken vorhanden war:

DIN 4108-2 (1981), S. 8:

„5 Anforderungen an den Wärmeschutz im Winter; Anforderungen an den Wärmeschutz von Einzelbauteilen

[...]

5.4 Wärmebrücken

Für den Bereich der Wärmebrücken sind die Anforderungen der Tabelle 1 einzuhalten, wobei teilweise für die ‚ungünstigste Stelle' geringere Anforderungen angegeben werden.

Ecken von Außenbauteilen mit gleichartigem Aufbau sind nicht als Wärmebrücken zu behandeln. Bei anderen Ecken von Außenbauteilen ist der Wärmeschutz durch konstruktive Maßnahmen zu verbessern."

Insofern entspricht es den anerkannten Regeln der Technik zum Zeitpunkt der Gebäudeerrichtung, dass die Außenwandecken nicht als Wärmebrücken zu behandeln sind, obwohl sie in bauphysikalischer Hinsicht geometrische Wärmebrücken darstellen.

Die raumseitige Oberflächentemperatur wird bestimmt durch die Eigenschaften des betroffenen Bauteils in Bezug auf seine Wärmedurchlässigkeit. Wie hoch die relative Oberflächenfeuchte des betroffenen Bauteils ist, hängt in erster Linie von der raumseitigen Oberflächentemperatur des betroffenen Bauteils und der relativen Raumluftfeuchte ab. Aus diesem Grund gibt es keinen allgemein gültigen Grenzwert für die maximale Raumluftfeuchte. Hinsichtlich der Anforderungen an den klimabedingten Feuchteschutz sind in der zum Zeitpunkt der Errichtung des Gebäudes noch nicht gültigen DIN 4108-2 aus dem Jahr 2013 folgende normativen Soll-Bestimmungen benannt:

DIN 4108-2 (2013), S. 17–19:

„6 Mindestwärmeschutz im Bereich von Wärmebrücken

6.1 Allgemeines

Wärmebrücken können in ihrem thermischen Einflussbereich zu deutlich niedrigeren raumseitigen Oberflächentemperaturen, zu Tauwasserniederschlag, zur Schimmelbildung sowie zu erhöhten Transmissionswärmeverlusten führen. Um das Risiko der Schimmelbildung durch konstruktive Maßnahmen zu verringern, sind die angegebenen Anforderungen einzuhalten. Eine gleichmäßige Beheizung und ausreichende Belüftung der Räume sowie eine weitgehend ungehinderte Luftzirkulation an den Außenwandoberflächen werden vorausgesetzt.

Wegen der begrenzten Flächenwirkung kann der Wärmeverlust vereinzelt auftretender dreidimensionaler Wärmebrücken (z. B. punktuelle Balkonauflager, Vordachabhängungen) in der Regel vernachlässigt werden.

Für übliche Verbindungsmittel, wie z. B. Nägel, Schrauben, Drahtanker, Verbindungsmittel zum Anschluss von Fenstern an angrenzende Bauteile, sowie für Mörtelfugen von Mauerwerk nach DIN 1053-1 braucht kein Nachweis der Einhaltung der Mindestinnenoberflächentemperatur geführt zu werden. Siehe hierzu auch DIN 4108 Beiblatt 2.

Die Tauwasserbildung ist vorübergehend und in kleinen Mengen an Fenstern sowie Pfosten-Riegel-Konstruktionen zulässig, falls die Oberfläche die Feuchtigkeit nicht absorbiert und entsprechende Vorkehrungen zur Vermeidung eines Kontaktes mit angrenzenden empfindlichen Materialien getroffen werden.

6.2 Anforderungen

[…]

6.2.1 Anforderung für Kanten bzw. linienförmige Wärmebrücken

An der ungünstigsten Stelle ist bei stationärer Berechnung unter den Randbedingungen nach 6.3 mindestens ein Temperaturfaktor von 0,70 / eine Oberflächentemperatur von 12,6 °C einzuhalten. Fenster sind davon ausgenommen. An den Schnittstellen zwischen Fensterelement und Baukörper ist der Temperaturfaktor $f_{Rsi} \geq 0{,}70$ *einzuhalten.*

Für Kanten gilt: Kanten, die aus Bauteilen gebildet werden, die der Tabelle 3 entsprechen und bei denen die Dämmebene durchgängig geführt wird, bedürfen hierzu keines Nachweises. Alle linienförmigen Wärmebrücken, die beispielhaft in DIN 4108 Beiblatt 2 aufgeführt sind, oder deren Gleichwertigkeit zu Beiblatt 2 gegeben ist, bedürfen hierzu keines Nachweises. […]

6.2.2 Anforderung für Ecken bzw. punktförmige Wärmebrücken

An der ungünstigsten Stelle ist bei stationärer Berechnung unter den Randbedingungen nach 6.3 mindestens ein Temperaturfaktor von 0,70 einzuhalten. Dies entspricht bei den Randbedingungen nach 6.3 einer einzuhaltenden Mindestinnenoberflächentemperatur von 12,6 °C entsprechend einem f_{Rsi} *von 0,70 nach DIN EN ISO 10211.*

Fenster sind davon ausgenommen.

Für Ecken gilt: Ecken, die aus Kanten nach 6.2.1 gebildet werden, und bei denen keine darüber hinausgehende Störung der Dämmebene vorhanden ist, können als unbedenklich hinsichtlich Schimmelbildung angesehen werden und bedürfen hierzu keines Nachweises.

6.3 Nachweise

Der Nachweis ist für Wohn- oder wohnähnliche Nutzung mit folgenden Randbedingungen zu führen:

- *Innenlufttemperatur:* $\theta_i = 20$ *°C;*
- *relative Luftfeuchte innen:* $\varphi_i = 50$ *%;*
- *auf der sicheren Seite liegende, kritische, zugrunde gelegte Luftfeuchte nach DIN EN ISO 13788 für Schimmelpilzbildung auf der Bauteiloberfläche:* $\varphi_{si} = 80$ *%;*
- *Außenlufttemperatur:* $\theta_e = -5$ *°C;*
- *Wärmeübergangswiderstand, raumseitig:* $R_{si} = 0{,}25\ m^2 \cdot K/W$ *(beheizte Räume);*
- *Wärmeübergangswiderstand auf der dem Raum abgewandten Seite: nach DIN EN ISO 6946; bei der Betrachtung erdberührter Bauteile gilt der Wert* $R_{se} = 0{,}04\ m^2 \cdot K/W$ *für den Wärmeübergangswiderstand des Erdkörpers an die Außenluft.*

Für abweichende Nutzungsrandbedingungen sind die erforderlichen Maßnahmen anhand des Raumklimas festzulegen.

Bei Wärmebrücken in Bauteilen, die an das Erdreich oder an unbeheizte Kellerräume und Pufferzonen grenzen, ist von den in [Tabelle 6.8] *angegebenen Randbedingungen auszugehen. Ergänzend zu* [Tabelle 6.8] *darf als Temperatur im angrenzenden Raum dessen bestimmungsgemäße Innentemperatur angesetzt werden. Alternativ kann nach DIN EN ISO 10211 in Verbindung mit DIN EN ISO 13370 oder mit DIN EN ISO 13789 gerechnet werden.“*

Tabelle 6.8: Temperaturrandbedingungen für die Berechnung der Oberflächentemperatur an Wärmebrücken (Quelle: DIN 4108-2 [2013], S. 19)

Gebäudeteil bzw. Umgebung	**Temperatur θ in °C**
unbeheizter Keller	10
Erdreich, an der unteren Modellgrenze nach DIN EN ISO 102111), Tabelle 1	10
unbeheizte Pufferzone	10
unbeheizter Dachraum, Tiefgarage	–5
1) DIN EN ISO 10211 „Wärmebrücken im Hochbau – Wärmeströme und Oberflächentemperaturen – Detaillierte Berechnungen" (2008)	

Nach DIN 4108-2 (2013) können Wärmebrücken in ihrem thermischen Einflussbereich zu deutlich niedrigeren raumseitigen Oberflächentemperaturen und zu Tauwasserniederschlag sowie zur Schimmelpilzbildung führen. Das Risiko der Schimmelpilzbildung ist nach den heute gültigen Normen für die Planung und die Errichtung von Gebäuden durch konstruktive Maßnahmen zu verringern. Dabei ist als Soll-Wert eine raumseitige Oberflächentemperatur an der ungünstigsten Stelle von mindestens 12,6 °C bei den normativen Randbedingungen einzuhalten. Eine gleichmäßige Beheizung und ausreichende Belüftung der Räume sowie eine weitgehend ungehinderte Luftzirkulation an den Außenwandoberflächen werden dabei vorausgesetzt. Dieser heute für die Planung von Gebäuden relevante Soll-Wert basiert zwar auf der aktuellen Fassung der DIN 4108-2, die zum Zeitpunkt der Gebäudeerrichtung des Bestandsgebäudes noch nicht galt, er kann aber auch für den vorliegenden Fall in bauphysikalischer Hinsicht als Beurteilungskriterium für die niedrigste raumseitige Oberflächentemperatur vor dem Schimmelpilzbefall herangezogen werden. Denn es haben sich weder die bauphysikalischen Randbedingungen noch die Existenzbedingungen von Schimmelpilzen im Zeitraum zwischen der Gebäudeerrichtung und der Gegenwart verändert. Die niedrigste raumseitige Oberflächentemperatur vor dem Schimmelpilzbefall ist als normativer Begriff in der DIN EN ISO 13788 definiert:

DIN EN ISO 13788 (2013), S. 6–7:

„3 Begriffe, Symbole und Einheiten

3.1 Begriffe

Für die Anwendung dieses Dokuments gelten die Begriffe nach ISO 9346 und die folgenden Begriffe.

[…]

3.1.2 Temperaturfaktor für die raumseitige Oberfläche

Differenz zwischen der Temperatur der raumseitigen Oberfläche und der außenseitigen Lufttemperatur, dividiert durch die Differenz zwischen raumseitiger operativer Temperatur und außenseitiger Lufttemperatur, berechnet mit einem Wärmeübergangswiderstand R_{si} an der raumseitigen Oberfläche

$$f_{Rsi} = \frac{\theta_{si} - \theta_e}{\theta_i - \theta_e}$$

Anmerkung 1: zum Begriff: Als operative Temperatur gilt der arithmetische Mittelwert der raumseitigen Lufttemperatur und der mittleren Strahlungstemperatur aller Oberflächen, die die Innenumgebung umschließen.

Anmerkung 2: zum Begriff: Verfahren zur Berechnung des Temperaturfaktors in komplexen Bauwerken sind in ISO 10211 angegeben.

3.1.3 Bemessungs-Temperaturfaktor für die raumseitige Oberfläche

kleinster zulässiger Temperaturfaktor für die raumseitige Oberfläche:

$$f_{Rsi,\,min} = \frac{\theta_{si,\,min} - \theta_e}{\theta_i - \theta_e}$$

3.1.4 niedrigste zulässige Temperatur

niedrigste raumseitige Oberflächentemperatur vor dem möglichen Beginn eines Schimmelwachstums"

Wird der Soll-Wert der niedrigsten raumseitigen Oberflächentemperatur vor dem Schimmelpilzbefall unter den normativen Randbedingungen der DIN 4108-2 im Ist-Zustand unterschritten, besteht – unabhängig von der Bauzeit des Gebäudes – das Risiko, dass an den entsprechenden Stellen ein Schimmelpilzbefall eintritt. Insofern kann der Wert der niedrigsten raumseitigen Oberflächentemperatur vor dem Schimmelpilzbefall als objektives Beurteilungskriterium herangezogen werden, ohne dass dabei die Frage der Zulässigkeit der Konstruktion zum Zeitpunkt der Bauausführung des Gebäudes berührt werden müsste.

Die vorstehend beschriebenen Phänomene im Zusammenhang mit geometrischen Wärmebrücken können insbesondere bei Altbauten oftmals als generelle Problematik festgestellt werden.

Normative Randbedingungen nach DIN 4108-2 (2013) sind:

- Innenlufttemperatur $\theta_i = 20\ °C$
- relative Luftfeuchte innen $\varphi_i = 50\ \%$
- Außenlufttemperatur $\theta_e = -5\ °C$

Beispiel: Bestimmung der raumseitigen Wandoberflächentemperatur einer Außenwand

Auf Grundlage der vorliegenden Unterlagen und der im Mittel mit 329 mm gemessenen Außenwanddicke des Gebäudes wird ein für die Zeit um 1971 bauzeittypischer Wandaufbau angenommen. Außenwandaufbau:

- Innenputz, Schichtdicke d = 15 mm
- Kalksandstein-Mauerwerk, Schichtdicke d = 175 mm
- Mörtelfuge, Schichtdicke d = 24 mm
- Verblendmauerwerk, Schichtdicke d = 115 mm
- Gesamtaufbau, Schichtdicke d = 329 mm

Nachfolgend wird die Plausibilität des angenommenen Außenwandaufbaus anhand der an den Innenseiten der Außenwände tatsächlich gemessenen Oberflächentemperaturen, der gemessenen Raumlufttemperaturen sowie der Außentemperatur 6 bis 12 Stunden vor dem Ortstermin im November 2014 rechnerisch überprüft. Der Zeitraum 6 bis 12 Stunden vor Durchführung des Ortstermins ist maßgebend, da massive Bauteile in Abhängigkeit von ihrer Wärmespeicherkapazität ein Beharrungsver-

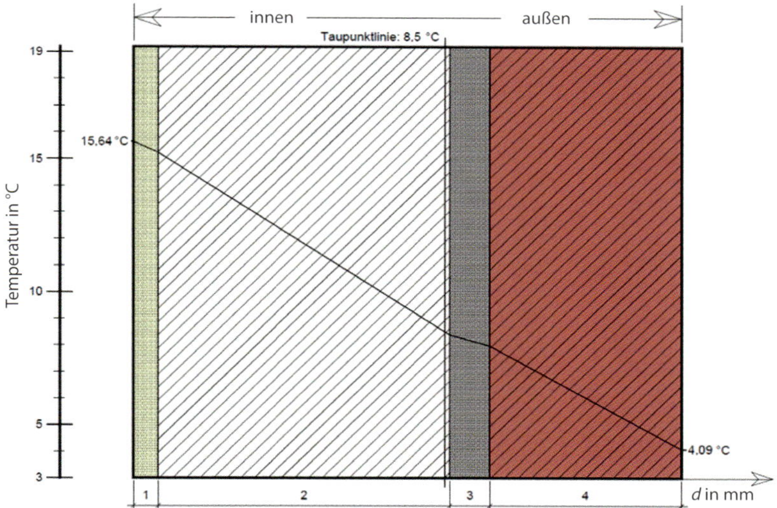

Abb. 6.2: Temperaturdiagramm für die Außenwandmitte zum Zeitpunkt des Ortstermins

mögen aufweisen, d. h., sie benötigen einen längeren Zeitraum, um sich aufzuheizen, und geben gespeicherte Wärme nur langsam wieder ab.

Die durchschnittliche Lufttemperatur innerhalb der Wohnung betrug zum Zeitpunkt des Ortstermins ca. +19,2 °C. Anhand der durch die nächstgelegene Wetterstation gemessenen Höchst- und Tiefsttemperaturen im November 2014 wird eine Außentemperatur 6 bis 12 Stunden vor Durchführung des Ortstermins von ca. +3,0 °C angenommen.

Unter Berücksichtigung dieser Werte ergibt sich für das Beispiel das in Abb. 6.2 gezeigte Temperaturdiagramm für die Außenwandmitte zum Zeitpunkt des Ortstermins.

Demnach hätte, vorausgesetzt, der angenommene Wandaufbau entspräche dem der vorgefundenen Außenwand, in der Wohnung rein rechnerisch eine raumseitige Wandoberflächentemperatur von ca. **+15,6 °C** in den Bereichen der außenwandseitigen Wandmitte vorliegen müssen, sofern die o. g. Randbedingungen zugrunde gelegt werden.

Die im Beispielfall rechnerisch ermittelte Temperatur sollte im Rahmen der innerhalb der Wohnung gemessen durchschnittlichen Oberflächentemperatur in Wandmitte liegen. Falls dies nicht der Fall ist, kann es zum einen daran liegen, dass der Temperaturverlauf innerhalb der Außenwand unter dem Einfluss einer nächtlich niedrigen Außenlufttemperatur steht. Dann muss die Außenlufttemperatur in der Berechnung ggf. angepasst werden. Zum anderen besteht die Möglichkeit, dass die Materialien abweichend von der ursprünglichen Planung und abweichend von dem Wärmeschutznachweis zum Einsatz gekommen sind.

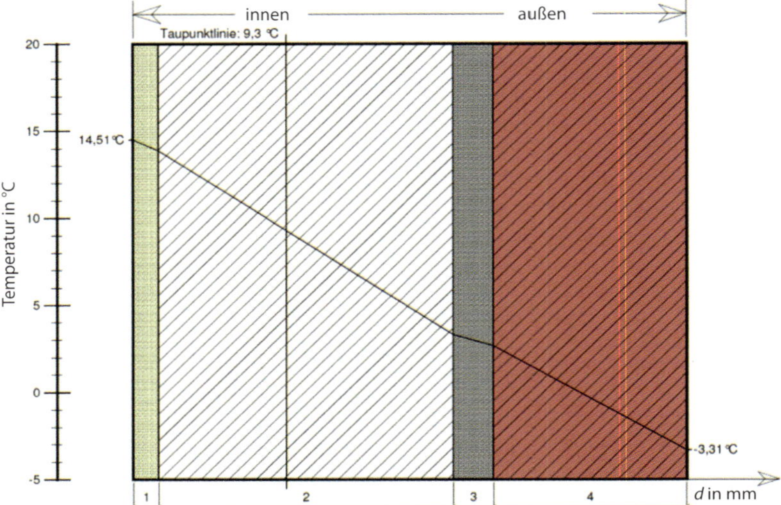

Abb. 6.3: Temperaturdiagramm für die Außenwandmitte

6.3.3 Materialkennwerte verschiedener Bauteilschichten

Insbesondere in der Nachkriegszeit standen Baumaterialien nicht in einer großen Vielfalt zur Auswahl. In diesem Fall besteht die Möglichkeit, die Wärmedurchgangsberechnung durch Variationen der Materialkennwerte einzelner Bauteilschichten an das Ergebnis der örtlich durchgeführten Messung anzupassen. Für das so ermittelte Äquivalentbauteil lässt sich dann mit den normativen Klimarandbedingungen prüfen, ob die niedrigste raumseitige Bauteiloberflächen-Temperatur vor dem Schimmelpilzbefall von 12,6 °C unterschritten wird.

Außenwandmitte

Gemäß DIN 4108-2 in der aktuellen Fassung von 2013 liegt eine Wärmebrücke dann vor, wenn die Oberflächentemperatur des betrachteten Bauteils bei den normativ festgelegten Randbedingungen (Innenlufttemperatur 20 °C, relative Luftfeuchte innen 50 %, Außenlufttemperatur –5 °C) weniger als 12,6 °C beträgt. Unter Berücksichtigung der normativen Werte ergibt sich das in Abb. 6.3 wiedergegebene Temperaturdiagramm für den Bereich der Wandmitte der Außenwand aus dem Beispiel „Bestimmung der raumseitigen Wandoberflächentemperatur einer Außenwand“.

Demnach liegt unter den normativen Randbedingungen rein rechnerisch eine raumseitige Wandoberflächentemperatur von ca. **+14,5 °C** in den Bereichen der außenwandseitigen Wandmitte vor. Der aus bauphysikalischer Sicht zur Vermeidung eines Schimmelpilzrisikos erforderliche Soll-Wert für eine raumseitige Oberflächentemperatur von mindestens 12,6 °C wird im Bereich der Außenwandmitte also nicht unterschritten.

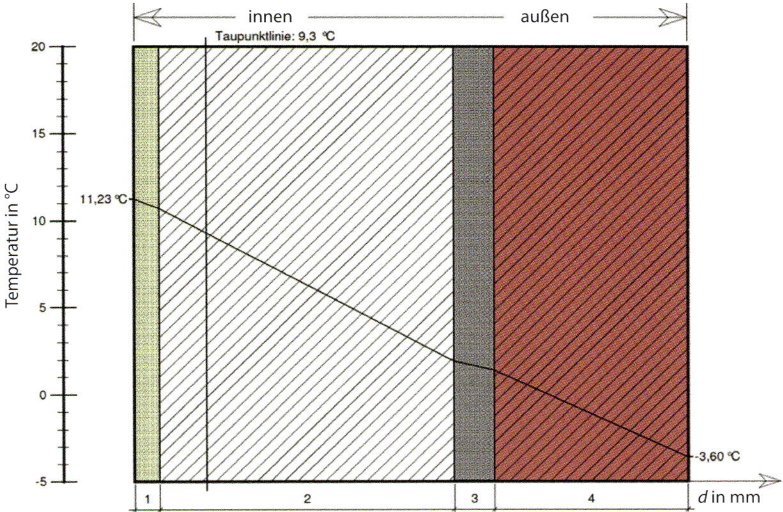

Abb. 6.4: Temperaturdiagramm für die Außenwandecken

Außenwandkanten

Entsprechend den vorstehenden Erläuterungen stellen Außenwandecken erfahrungsgemäß eine aus wärmetechnischer Sicht ungünstige Stelle und damit eine typische geometrische Wärmebrücke dar, weil es dort wegen der im Verhältnis zur Innenoberfläche größeren Außenoberfläche zu einem verstärkten Wärmestrom von innen nach außen kommt.

Für die Außenwandkanten der Außenwand aus dem Beispiel „Bestimmung der raumseitigen Wandoberflächentemperatur einer Außenwand" ergibt sich das in Abb. 6.4 dargestellte Temperaturdiagramm. Demnach liegt rein rechnerisch eine raumseitige Wandoberflächentemperatur von abgerundet **11,2 °C** im Bereich der außenwandseitigen Raumkanten vor, sofern die normativen Randbedingungen der DIN 4108-2 zugrunde gelegt werden. Der aus bauphysikalischer Sicht zur Vermeidung eines Schimmelpilzrisikos erforderliche Soll-Wert für eine raumseitige Oberflächentemperatur von mindestens 12,6 °C wird im Bereich der kritischen Außenwandraumkanten demnach unterschritten.

Möblierte Außenwände

Für den im Beispiel zugrunde gelegten Außenwandaufbau wird der Vollständigkeit halber untersucht, ob ggf. im Bereich der möblierten Außenwand ein erhöhtes Risiko von Schimmelpilzbefall vorliegt. Mobiliar, das vor Außenwänden aufgestellt worden ist, wird bei der rechnerischen Ermittlung der raumseitigen Oberflächentemperaturen dahingehend berücksichtigt, dass der Wärmeübergangswiderstand R_{si} von 0,13 auf 0,50 m^2 · K/W heraufgesetzt wird.

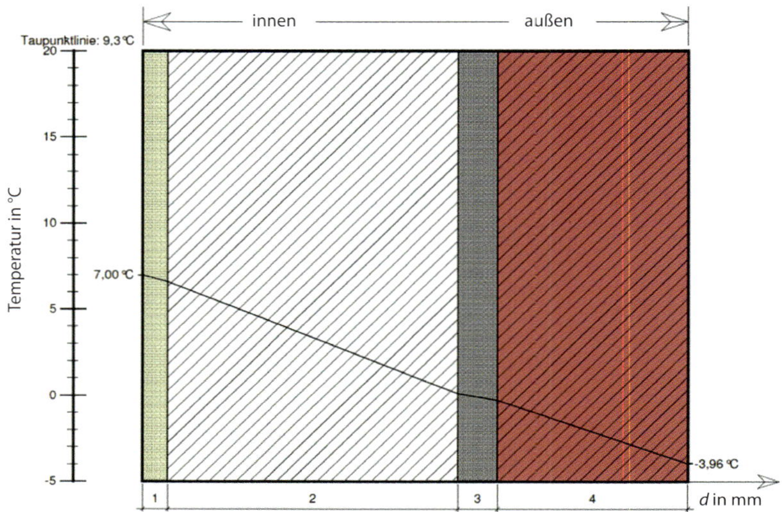

Abb. 6.5: Temperaturdiagramm für die möblierten Bereiche der Außenwände

DIN-Fachbericht 4108-8 „Wärmeschutz und Energie-Einsparung in Gebäuden – Teil 8: Vermeidung von Schimmelwachstum in Wohngebäuden" (2010), S. 9:

„5 Baukonstruktion

[...]

5.2 Wärmeübergangswiderstand

Unter der Voraussetzung einer gleichmäßigen Beheizung und ausreichender Belüftung der Räume sowie einer weitgehend ungehinderten Luftzirkulation an den raumseitigen Oberflächen der die Gebäudehülle bildenden Bauteile können zur Beurteilung der Gefahr von Schimmelpilzwachstum auf Oberflächen die Wärmeübergangswiderstände nach DIN 4108-2:2003-07, Abschnitt 6, angesetzt werden.

Wird die Luftzirkulation oder der Strahlungsaustausch zwischen der raumseitigen Außenwandoberfläche und (wärmeren) Innenbauteilen behindert, kommt es zu einem geringeren Wärmeübergang und damit zu einem größeren Wärmeübergangswiderstand R_{si} und einer niedrigeren Innenoberflächentemperatur. Ein solcher Fall tritt beispielsweise bei Gardinen oder einer Möblierung vor der Außenwand auf.

Der in DIN 4108-2 definierte raumseitige Wärmeübergangswiderstand von 0,25 $m^2 \cdot K/W$ für Außenwände berücksichtigt bereits die Behinderung des Wärmeübergangs durch leichte Gardinen und in der Raumkante.

Der für Fenster, Fenstertüren und Türen nach DIN EN ISO 13788 verwendete raumseitige Wärmeübergangswiderstand von 0,13 $m^2 \cdot K/W$ geht von ungehinderter Luftzirkulation aus.

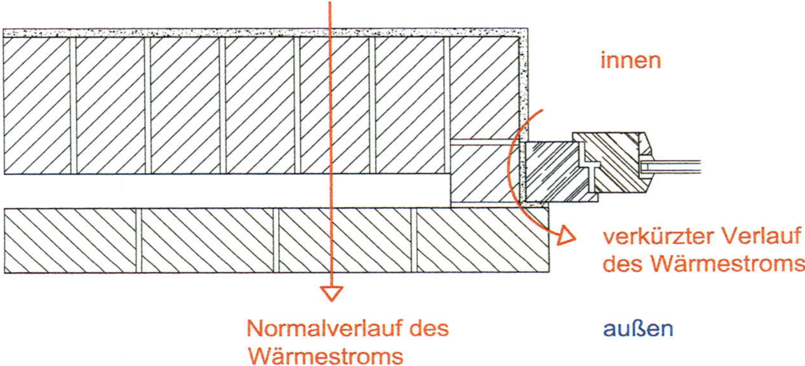

Abb. 6.6: Wärmebrücke eines zweischaligen Mauerwerks mit Abmauerung im Fensterleibungsbereich

Der Einfluss von Schränken kann in einem äquivalenten Wärmeübergangswiderstand $R_{si,äq}$ berücksichtigt werden. $R_{si,äq}$ kann für thermische Berechnungen anstelle des üblichen Wärmeübergangswiderstands R_{si} nach DIN 4108-2 verwendet werden und beinhaltet bereits den Wärmedurchlasswiderstand des Schranks. Für die Berechnung der raumseitigen Oberflächentemperatur können folgende äquivalente Wärmeübergangswiderstände verwendet werden:

- *Bereiche hinter Einbauschränken: $R_{si,äq} = 1{,}00\ m^2 \cdot K/W$*
- *Bereiche hinter freistehenden Schränken: $R_{si,äq} = 0{,}50\ m^2 \cdot K/W$"*

Unter dieser Voraussetzung und unter Berücksichtigung der normativen Werte ergibt sich für das Beispiel das in Abb. 6.5 gezeigte Temperaturdiagramm für die möblierten Bereiche der Außenwände aus dem Beispiel „Bestimmung der raumseitigen Wandoberflächentemperatur einer Außenwand".

Demnach liegt rein rechnerisch eine raumseitige Wandoberflächentemperatur von **7,0 °C** im Bereich der möblierten Außenwände vor, sofern die normativen Randbedingungen der DIN 4108-2 zugrunde gelegt werden. In diesem Fall wird der aus bauphysikalischer Sicht zur Vermeidung eines Schimmelpilzrisikos erforderliche Soll-Wert für eine raumseitige Oberflächentemperatur von mindestens 12,6 °C im Bereich möblierter Außenwände deutlich unterschritten.

Fensterleibungen

Die Bereiche der Fensterleibungen und -stürze stellen erfahrungsgemäß eine aus wärmetechnischer Sicht ungünstige Stelle und damit eine typische geometrische Wärmebrücke dar, weil dort der von innen nach außen gerichtete Wärmestrom nur einen kurzen Weg durch die Bauteilschichten hindurch nehmen muss. Abb. 6.6 zeigt für den Fensterleibungsbereich den gegenüber der Normalwand verkürzten Verlauf des Wärmestroms vom Innenraum durch die Außenwand nach außen. Im Winterhalbjahr treten in denjenigen Bereichen, die unmittelbar von der verkürzten Strecke des Wärmestroms betroffen sind, deutlich geringere raumseitige Bauteiloberflächen-Tempe-

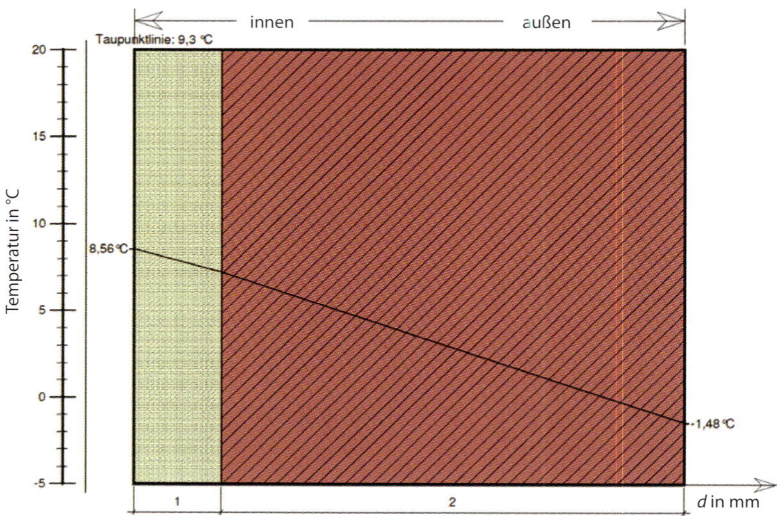

Abb. 6.7: Temperaturdiagramm für den Bereich der Fensterleibungen

raturen auf als in der Umgebung. Je größer der Unterschied zwischen dem Wärmedurchgangswiderstand der Wand und demjenigen des Fensterblendrahmens ist, desto höher fällt die Differenz zwischen den jeweiligen raumseitigen Bauteiloberflächen-Temperaturen aus. Dies macht sich besonders dann bemerkbar, wenn moderne Fenster in die Außenwände eines Altbaus eingesetzt werden, ohne dass gleichzeitig eine Fassadendämmung, z. B. in der Form eines Vollwärmeschutzes als Wärmedämm-Verbundsystem, vorgenommen wird. Der Sachverhalt gilt sowohl für die Leibungen als auch für den Fenstersturz.

Daher entspricht der tatsächlich zu betrachtende Fensterleibungsbereich nicht dem Außenwandaufbau in seiner Gesamtdicke, sondern nur anteilig der Dicke des Wandaufbaus, durch den der Wärmestrom auf der kürzesten (bogenförmigen) Strecke nach außen abfließt.

Beispiel: Bestimmung der raumseitigen Wandoberflächentemperatur einer Außenwand im Fensterleibungsbereich

Die anteilige Wanddicke der Außenwand wird für den verkürzten Verlauf des Wärmestroms wie folgt eingeschätzt mit

- Innenwandputz, Schichtdicke $d = 15$ mm,
- Verblendmauerwerk, anteilig, Schichtdicke $d = 80$ mm und
- insgesamt, Schichtdicke $d = 95$ mm.

Unter Berücksichtigung der normativen Werte ergibt sich das in Abb. 6.7 gezeigte Temperaturdiagramm für den Bereich der Fensterleibungen. Wie Abb. 6.7 entnommen werden kann, liegt rein rechnerisch eine raumseitige Oberflächentemperatur von aufgerundet **8,6 °C** im Bereich der Fensterleibungen in der Außenwand vor, sofern die normativen Randbedingungen der DIN 4108-2 zugrunde gelegt werden. Der aus bauphysikalischer Sicht zur Vermeidung eines Schimmelpilzrisikos mindestens erforderliche Soll-Wert für eine raumseitige Oberflächentemperatur von 12,6 °C wird im Bereich der Fensterleibungen und des Fenstersturzes also deutlich unterschritten.

6.3.4 Ermittlung der kritischen Oberflächenfeuchte von Bauteilen

Die DIN 4108-2 (2013) stellt konstruktions- und geometrisch bedingte Wärmebrücken dar, für die eine ausreichende Wärmedämmung besteht und für die daher kein Nachweis geführt werden muss. Alle übrigen Konstruktionen müssen an der ungünstigsten Stelle einen Mindesttemperaturfaktor f_{Rsi} von 0,7 aufweisen (siehe Kapitel 6.3.2). Unter den Randbedingungen der DIN 4108-2, die von den Randbedingungen der DIN 4108-3 und denen des Glaser-Verfahrens abweichen, wird überprüft, ob die raumseitige Oberflächentemperatur eines Bauteils oberhalb der kritischen Grenze von 12,6 °C liegt.

Randbedingungen für den Wärmebrückennachweis gemäß DIN 4108-2 (2013):

- Temperatur der Außenluft, $\theta_e = -5$ °C
- Temperatur des Erdreichs, $\theta_e = +10$ °C
- Temperatur beheizter Räume, $\theta_i = +20$ °C
- Temperatur unbeheizter Pufferräume, $\theta_i = +10$ °C
- Temperatur unbeheizter Keller, $\theta_i = +10$ °C
- Temperatur unbeheizter Dachräume, $\theta_i = -5$ °C
- Wärmeübergangswiderstand außen: $R_{se} = 0{,}04\ m^2 \cdot K/W$
- Wärmeübergangswiderstand innen in beheizten Räumen: $R_{si} = 0{,}25\ m^2 \cdot K/W$
- Wärmeübergangswiderstand innen in unbeheizten Räumen: $R_{si} = 0{,}17\ m^2 \cdot K/W$
- Wärmeübergangswiderstand innen im Bereich der Fenster: $R_{si} = 0{,}13\ m^2 \cdot K/W$

Bei der Ermittlung des Temperaturfaktors f_{Rsi} muss der behinderten Versorgung der Oberflächen mit Wärme Rechnung getragen werden, indem die Wärmeübergangswiderstände R_{si} je nach vorgefundener Situation variiert werden. Nach Marquardt (Marquardt, 2003) u. a. ist bei der Berechnung auszugehen von den Werten

- in Raumecken: $R_{si} = 0{,}20\ m^2 \cdot K/W$,
- bei Gardinen vor einer Wand: $R_{si} = 0{,}25\ m^2 \cdot K/W$,
- DIN 4108-2 Oberflächentemperaturberechnung: $R_{si} = 0{,}25\ m^2 \cdot K/W$,
- bei frei stehenden Schränken vor einer Wand: $R_{si} = 0{,}50\ m^2 \cdot K/W$ und
- bei Einbauschränken vor einer Wand: $R_{si} = 1{,}00\ m^2 \cdot K/W$.

Die normativen Randbedingungen der DIN 4108-2 und auch der DIN EN ISO 13788 berücksichtigen also bereits die Situation im Bereich von Raumecken und im Bereich von Gardinen. Lediglich bei frei stehenden und eingebauten Schränken vor Außenwänden muss eine rechnerische Anpassung des Wärmeübergangswiderstands vorgenommen werden.

Randbedingungen für den Tauwassernachweis im Inneren von Bauteilen gemäß DIN 4108-3 (2014):

- Außenlufttemperatur, $\theta_e = -5$ °C
- Wärmeübergangswiderstände
  - aufwärts und horizontal gerichteter Wärmestrom: $R_{si} = 0{,}25$ m² · K/W
  - für alle Wärmestromrichtungen, wenn die Außenoberfläche an Außenluft grenzt: $R_{se} = 0{,}04$ m² · K/W

6.4 Bestimmung des Einflusses der relativen Raumluftfeuchte

6.4.1 Regelung

Der DIN-Fachbericht 4108-8 enthält eine grafische Darstellung der unteren Grenzwerte der raumseitigen Oberflächentemperaturen bei jeweils gegebener relativer Raumluftfeuchte (siehe Abb. 6.8).

DIN-Fachbericht 4108-8 (2010), S. 9–11:

„5 Baukonstruktion

[…]

5.3 Oberflächentemperatur der Regelbauteilflächen

[…] *Die erforderliche Mindest-Oberflächentemperatur unter stationären Verhältnissen zur Vermeidung von Schimmelpilzwachstum (für Einhaltung des 80 %-Kriteriums der DIN 4108-2, d. h. für eine oberflächennahe Luftfeuchte von 80 %) ergibt sich für andere Klimarandbedingungen mit Hilfe der Näherungsgleichung für den Sättigungsdampfdruck aus DIN 4108-3 zu*

$$\theta_{si} = 100 \cdot [(\frac{\varphi}{0{,}8})^{\frac{1}{n}} \cdot (b + \frac{\theta_i}{100}) - b] \qquad (3)$$

Dabei ist
θ_i *die Innenlufttemperatur;*
θ_{si} *die Innenoberflächentemperatur;*
φ *die relative Luftfeuchte im Innenraum; sie ist als Dezimalbruch in Gleichung (3) einzusetzen;*
b, n; die Konstanten nach DIN 4108-3:2001-07, Tabelle A.3:
$b = 1{,}098$ und $n = 8{,}02$ für 0 °C ≤ θ_i ≤ 30 °C und 0 °C ≤ θ_{si} ≤ 30 °C.“

Entsprechend Abb. 6.8 besteht ein Schimmelpilzrisiko immer dann, wenn bei gegebener relativer Raumluftfeuchte (gemessen in der Raummitte) die unteren Grenzwerte der raumseitigen Oberflächentemperatur θ_{si} unterschritten werden, da dann gleichzeitig an den geringer temperierten raumseitigen Bauteiloberflächen der Wert der relativen Luftfeuchte den für die Schimmelpilzansiedlung erforderlichen Schwellenwert von 80 % überschreitet (siehe Abb. 6.9).

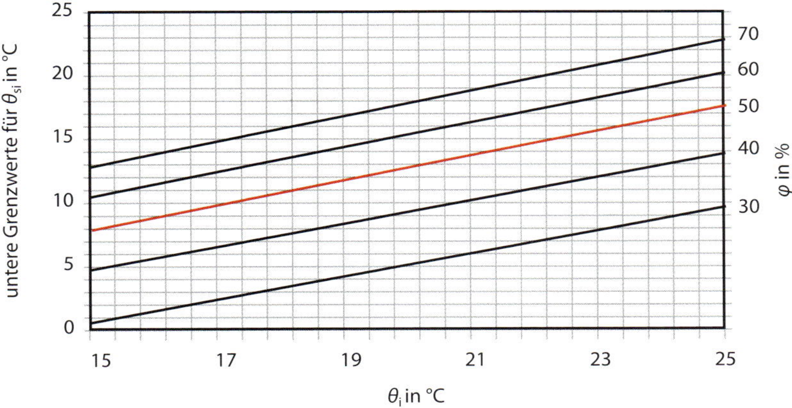

Abb. 6.8: Zusammenhang zwischen Innenlufttemperatur θ_i, Raumluftfeuchte φ und mindestens erforderlicher Innenoberflächentemperatur θ_{si} für eine oberflächennahe Luftfeuchte von 80 % (Quelle: DIN-Fachbericht 4108-8 [2010], Bild 1)

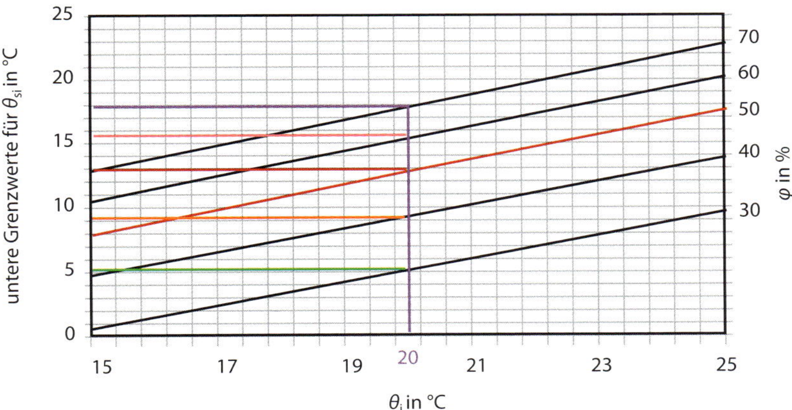

Abb. 6.9: Abb. 6.8 mit Ergänzung der farbigen Hilfslinien für die unteren Grenzwerte bei einer Raumtemperatur von 20 °C und unterschiedlichen Werten der relativen Raumluftfeuchte (Quelle: DIN-Fachbericht 4108-8, 2010, Bild 1)

Welcher Wert der relativen Luftfeuchte von Mietern einzuhalten ist, muss im Falle von gerichtlichen Auseinandersetzungen als Rechtsfrage durch das Gericht geklärt werden. Kapitel 9 enthält dazu einige Hinweise anhand vorliegender Urteile.

Die technischen Normen für die Planung und Ausführung von Wohngebäuden heutiger Bauart gehen bei der Beurteilung des Mindestwärmeschutzes im Bereich von Wärmebrücken davon aus, dass die Nutzer gleichmäßig heizen und lüften. Ferner wird eine weitgehend ungehinderte Luftzirkulation an den Innenseiten der Außenwandoberflächen vorausgesetzt:

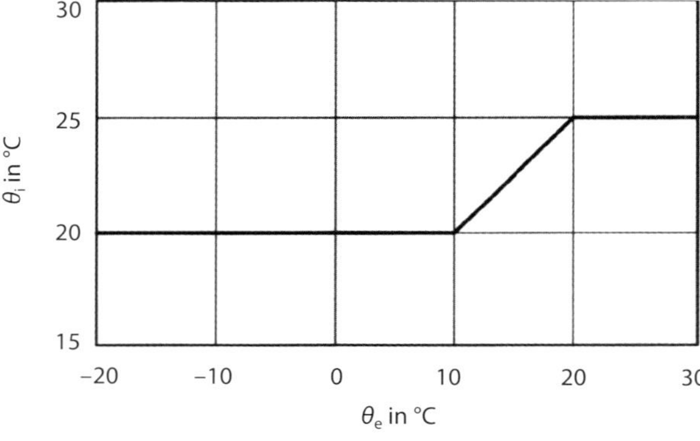

Abb. 6.10: Tagesmittel der raumseitigen Lufttemperatur θ_i in Wohnhäusern und Bürogebäuden in Abhängigkeit vom Tagesmittel der außenseitigen Temperatur θ_e (Quelle: DIN EN ISO 13788 [2013], S. 24)

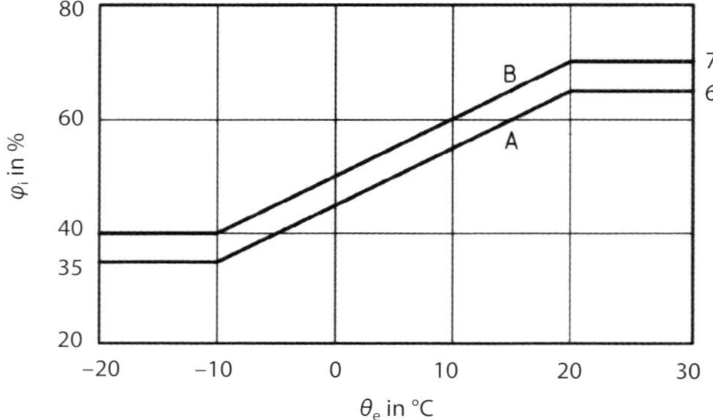

A normale Belegung
B starke Belegung

Abb. 6.11: Tagesmittel der raumseitigen relativen Luftfeuchte φ_i in Wohnhäusern und Bürogebäuden in Abhängigkeit vom Tagesmittel der außenseitigen Temperatur (Quelle: DIN EN ISO 13788, 2013, S. 24)

DIN 4108-2 (2013), S. 17:

„*6 Mindestwärmeschutz im Bereich von Wärmebrücken*

6.1 Allgemeines

Wärmebrücken können in ihrem thermischen Einflussbereich zu deutlich niedrigeren raumseitigen Oberflächentemperaturen, zu Tauwasserniederschlag, zur Schimmelbildung sowie zu erhöhten Transmissionswärmeverlusten führen. Um das Risiko der Schimmelbildung durch konstruktive Maßnahmen zu verringern, sind die in […] angegebenen Anforderungen einzuhalten. Eine gleichmäßige Beheizung und ausreichende Belüftung der Räume sowie eine weitgehend ungehinderte Luftzirkulation an den Außenwandoberflächen werden vorausgesetzt.“

Die DIN EN ISO 13788 legt in ihrem informativen Anhang für die Planung und Ausführung von Gebäuden heutiger Bauart fest, von welcher raumseitigen relativen Luftfeuchte in Abhängigkeit von der jeweiligen Außenlufttemperatur auszugehen ist:

DIN EN ISO 13788 (2013), S. 24:

„*Anhang A (informativ) Raumseitige Randbedingungen*

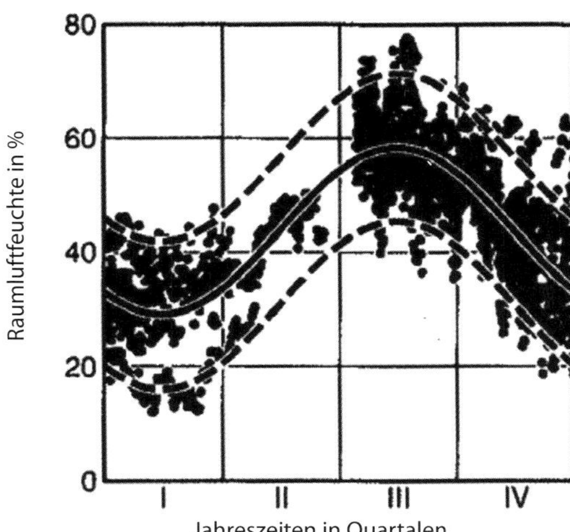

Abb. 6.12: Typische Luftfeuchtewerte in durchschnittlich genutzten Wohnungen (Quelle: [Schimmelleitfaden]: Leitfaden zur Vorbeugung, Erfassung und Sanierung von Schimmelbefall in Gebäuden [„Schimmelleitfaden"]. Umweltbundesamt, Innenraumlufthygiene-Kommission, 2016, S. 46)

A.1 ‚Kontinentales' und tropisches Klima

Sofern keine gut definierten – geregelten, gemessenen oder simulierten – raumseitigen Luftbedingungen vorliegen, darf ein vereinfachter Ansatz bei der Bestimmung der raumseitigen Temperatur und Luftfeuchte beheizter Gebäude (betrifft ausschließlich Wohnhäuser und Büros) auf der Grundlage der außenseitigen Lufttemperatur genutzt werden. Die raumseitigen Luftbedingungen werden abgeleitet, indem die Tagesmittelwerte der außenseitigen Lufttemperatur in die Diagramme nach [Abb. 6.10 und 6.11] *eingetragen werden. Der Grad der raumseitigen Luftfeuchte wird entsprechend der erwarteten Belegung des Gebäudes ausgewählt."*

Danach ist bei normaler Belegung auszugehen

- bei Außenlufttemperaturen unterhalb von –10 °C von einer relativen Raumluftfeuchte von 35 %,
- bei Außenlufttemperaturen von –5 °C von einer relativen Raumluftfeuchte von 40 %,
- bei Außenlufttemperaturen von 0 °C von einer relativen Raumluftfeuchte von 45 % und
- bei Außenlufttemperaturen von +5 °C von einer relativen Raumluftfeuchte von 50 %.

Welche relative Luftfeuchte die Mieter einer Wohnung dadurch sicherstellen müssen, dass sie – jeweils entsprechend der eigenen Feuchteproduktion – für eine Fensterlüftung sorgen, ist eine Rechtsfrage, die durch Gerichte entschieden werden muss.

6.4.2 Typische Raumluftfeuchtewerte

Typische Luftfeuchtewerte in durchschnittlich genutzten Wohnungen liegen nach einer Veröffentlichung des Umweltbundesamts im Winterhalbjahr bei ca. 40 % (siehe Abb. 6.12, mittlere Kurve).

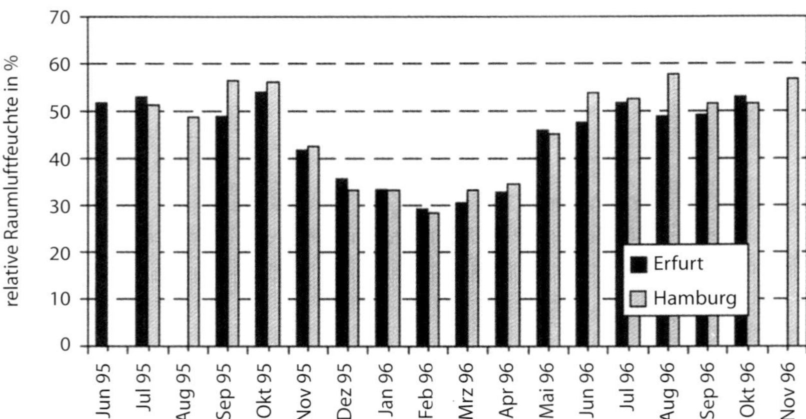

Abb. 6.13: Jahresgang der relativen Feuchte in Wohnräumen, ermittelt im Rahmen einer Fallkontrollstudie an je ca. 200 Wohnungen in Hamburg und Erfurt (Quelle: Heilemann et al., 1999, S. 239–245)

Dieser Wert deckt sich auch mit einer früheren Veröffentlichung aus dem Jahr 1999, auf die sich auch Künzel bezieht:

Künzel, 2006, S. 32:

„2 Untersuchungsreihen in Wohnräumen

[…] *Fasst man die Ergebnisse aller 10 untersuchten Häuser aus dem Rosenheimer Raum (1) und die Ergebnisse von ähnlichen Untersuchungen an weiteren 10 Wohngebäuden im Umkreis von Holzkirchen aus dem Jahr 1996 (3) zusammen, lässt sich für diese Region (Alpenvorland) Folgendes feststellen: In den kalten Wintermonaten liegt die mittlere relative Feuchte in Wohnräumen in der Regel deutlich unter 40 %. In den Sommermonaten liegen die höchsten Werte für die mittlere Raumluftfeuchte knapp unter 60 %. Dieses Ergebnis lässt sich offensichtlich auch auf andere Regionen Deutschlands übertragen, wie die in (4)* [siehe Abb. 6.13] *publizierten Jahresgänge aus Untersuchungen an über 400 Wohnungen in Hamburg und Erfurt (reproduziert in Bild 3) belegen.“*

In der im Zitat erwähnten Studie aus dem 1996 lag die durchschnittliche relative Luftfeuchte im Mittel bei etwa 35 %. Insoweit besteht Übereinstimmung zwischen den entsprechend der DIN EN ISO 13788 vorauszusetzenden Werten der relativen Luftfeuchte in Innenräumen und der Fachliteratur. Letztere bestätigt, dass es bei der praktischen Nutzung von Wohnungen im Winter üblicherweise nicht zu einer Überschreitung einer relativen Luftfeuchte von etwa 35 bis 40 % kommt.

6.4.3 Einfluss der Luftwechselrate

Umgekehrt lässt sich daraus, dass die relative Raumluftfeuchte Werte von fast 60 % bei einer gleichzeitigen Außenlufttemperatur von –5 °C erreicht, ableiten, dass der tatsächlich stattfindende Luftwechsel nicht auf einer Fensterlüftung beruht, sondern auf Infiltration, d. h. auf Undichtigkeiten innerhalb der Gebäudehülle:

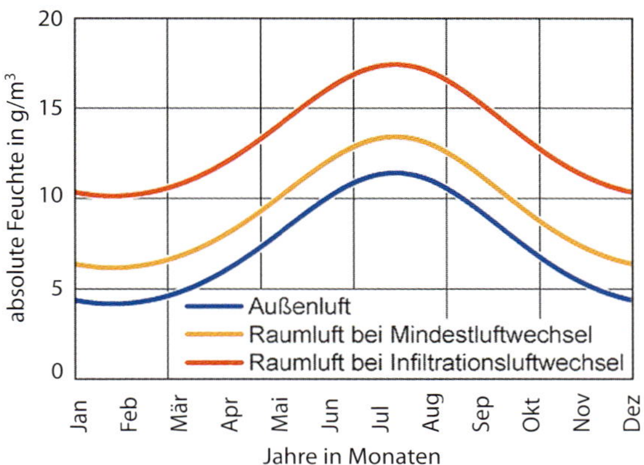

Abb. 6.14: Aus den Außenluftbedingungen ermittelte absolute Luftfeuchteverläufe für ein Wohngebäude mit Feuchteproduktion der Bewohner von 1,0 g/(m³ · h), in dem der mittlere Luftaustausch durch Außenluft das ganze Jahr über entweder dem Mindestluftwechsel von 0,5 h^{-1} (Δc = 2 g/m³) oder dem Infiltrationsluftwechsel (n < 0,2 h^{-1}, Δc = 6 g/m³) entspricht (Quelle: Künzel, 2006, S. 34). Für die Berechnung der relativen Feuchte wurde die Raumtemperatur zwischen 20 °C im Winter und 22 °C im Sommer variiert.

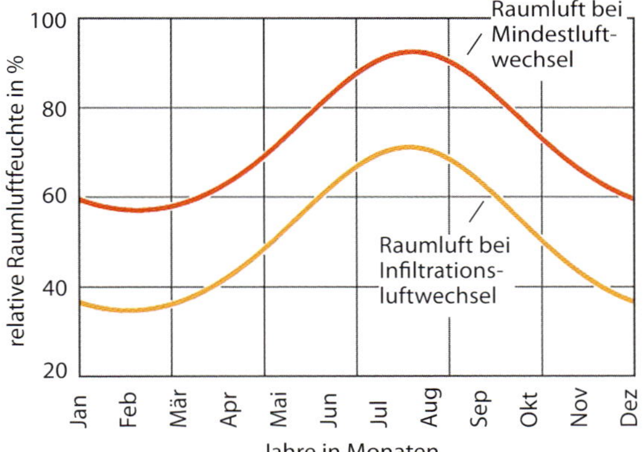

Abb. 6.15: Aus den Außenluftbedingungen ermittelte relative Luftfeuchteverläufe für ein Wohngebäude mit Feuchteproduktion der Bewohner von 1,0 g/(m³ · h), in dem der mittlere Luftaustausch durch Außenluft das ganze Jahr über entweder dem Mindestluftwechsel von 0,5 h^{-1} (Δc = 2 g/m³) oder dem Infiltrationsluftwechsel (n < 0,2 h^{-1}, Δc = 6 g/m³) entspricht (Quelle: Künzel, 2006, S. 34). Für die Berechnung der relativen Feuchte wurde die Raumtemperatur zwischen 20 °C im Winter und 22 °C im Sommer variiert.

Künzel, 2006, S. 33–34:

„*3. Einflussfaktoren für die Raumluftfeuchte*

[…]

3.1 Feuchteproduktion und Luftwechsel in Wohnungen

[…] *Mit Hilfe von Gleichung (2) ergibt sich beispielsweise für den Januar (4,3 g/m³) bei einer Feuchtelast von 2,0 g/m³ eine Raumluftfeuchte von 6,3 g/m³. Bei einer Temperatur von 20 °C entspricht dies einer relativen Luftfeuchte von ca. 35 %.*

Dieser Wert entspricht ziemlich genau dem Mittelwert für die Raumluftfeuchte im Januar 1996 in den ca. 400 untersuchten Wohnungen in Hamburg und Erfurt (siehe Bild 3). Die getroffenen Annahmen sind also realistisch. Sie bilden jedoch nur die mittleren Verhältnisse ab und zeigen nicht die mögliche Bandbreite auf.

Wenn beispielsweise eine Wohnung nicht gelüftet wird, stellt sich statt des hygienischen Mindestluftwechsels nur der durch Undichtheiten in der Gebäudehülle hervorgerufene Infiltrationsluftwechsel ein. Er beträgt bei modernen Gebäuden meist weniger als 0,2 h^{-1}. Die Feuchtelast könnte damit auf bis zu 6 g/m³ ansteigen. Wie in [Abb. 6.14 und 6.15] *zu sehen, würde sich dabei* *aber im Winter eine Raumluftfeuchte von fast 60 % einstellen und im Sommer könnte es unter diesen Bedingungen zu großflächigem Schimmelpilzwachstum kommen (Raumluftfeuchte > 90 % r. F.). Deshalb kommt der Betrieb eines Wohngebäudes auch in den Übergangszeiten und im Sommer nicht ohne zusätzlich Lüftung, z. B. durch Fensteröffnen oder durch Einbau und Betrieb einer mechanischen Lüftungsanlage, aus."*

Eigene Untersuchungen in ordnungsgemäß belüfteten Wohnungen zeigen, dass dort im Winterhalbjahr bei Einhaltung einer Luftwechselrate von $n = 0,5\ h^{-1}$ Werte der relativen Raumluftfeuchte von 25 bis 30 % erreichbar sind. Die DIN EN ISO 13789 „Wärmetechnisches Verhalten von Gebäuden – Spezifischer Transmissions- und Lüftungswärmedurchgangskoeffizient – Berechnungsverfahren" (2008) geht aus Gründen des Komforts und aus hygienischen Gründen davon aus, dass ein Mindestluftwechsel von $n \geq 0,3\ h^{-1}$ erforderlich ist.

DIN EN ISO 13789 (2008), S. 18:

„C.3 Mindestlüftung

Aus Gründen des Komforts und der Hygiene ist eine Mindestlüftung erforderlich, wenn ein Gebäude genutzt wird. Die Mindestlüftung kann auf nationaler Ebene festgelegt werden, wobei der Gebäudetyp und die Nutzungsmuster für das Gebäude berücksichtigt werden müssen.

Typische Werte sind:

$V_{min} = 0,3\ h^{-1} \cdot V$ in m^3/h, wobei V das belüftete Volumen in m^3 bei Wohngebäuden ist;
$V_{min} = 30\ m^3/h$ je Person (während der Nutzung) bei Gebäuden, die keine Wohngebäude sind."

6.4.4 Einfluss der raumseitigen Bauteiloberflächen-Temperaturen

Die relative Luftfeuchte in % ist das Verhältnis der im Raum tatsächlich befindlichen Wasserdampfmenge (= absolute Luftfeuchte in g Wasser pro m^3 Luft) zu dem Sättigungswert (= 100 % = maximal von der Luft bei gegebener Temperatur aufnehmbare Luftfeuchte in g Wasser pro m^3 Luft). Warme Luft kann mehr Wasserdampf aufnehmen als kalte Luft. Daher steigt der Sättigungswert der Luft mit zunehmenden Temperaturen an. Der Wert der absoluten Luftfeuchte ist innerhalb eines geschlossenen Raumes konstant. Daher ändert sich der Relativwert in Abhängigkeit von den Temperaturen an den unterschiedlichen Bauteiloberflächen. An den Oberflächen mit höheren Temperaturen sinkt der Relativwert, an abgekühlten Bauteilen steigt der Relativwert an. Daher kann bei einer Raumlufttemperatur von 20 °C und einer relativen Raumluftfeuchte von 60 % (entspricht einer absoluten Feuchte von $60\ \% \cdot 17,3\ g/m^3 = 10,38\ g/m^3$), die in der Raummitte gemessen wird, gleichzeitig eine relative Luftfeuchte von 81 % an der Bauteiloberfläche vorherrschen. Dies gilt, wenn dort die Bauteiloberflächen-Temperatur bei 15 °C liegt (Sättigungswert $12,8\ g/m^3$; $10,38\ g/m^3 \cdot 100\ \% : 12,8\ g/m^3 = 81\ \%$ relative Luftfeuchte an der Bauteiloberfläche).

Ob ein Schimmelpilzrisiko in einem älteren Gebäude vorliegt, hängt wesentlich von der in den Räumen im Winterhalbjahr vorhandenen relativen Luftfeuchte in der Raummitte ab. Daneben kommt es auf die raumseitigen Bauteiloberflächen-Temperaturen an, nach denen sich die relative Luftfeuchte an den entsprechenden Stellen richtet. Die unteren Grenzwerte der raumseitigen Oberflächentemperaturen, bei deren Unterschreitung das Risiko eines Schimmelpilzbefalls entsteht, lassen sich entsprechend der Formel 3 aus dem DIN-Fachbericht 4108-8 (siehe Kapitel 6.4.1) für jede beliebige Kombination aus relativer Luftfeuchte und Innenlufttemperatur rechnerisch ermitteln (siehe Tabelle 6.9).

Tabelle 6.9: Luftfeuchtespezifische Grenzwert-Oberflächentemperaturen bei einer Außenlufttemperatur von –5 °C

1	**relative Luftfeuchte φ_i**		**Konstante b[1)]**	**Konstante n[1)]**	**Innenluft-temperatur θ_i**	**Grenzwert Oberflächen-temperatur θ_{si}**
2	**in %**	**dezimal**			**in °C**	**in °C**
	1	**2**	**3**	**4**	**5**	**6**
3	10	0,1	1,098	8,02	20	-9,6
4	20	0,2	1,098	8,02	20	-0,6
5	30	0,3	1,098	8,02	20	5,1
6	40	0,4	1,098	8,02	20	9,3
7	50	0,5	1,098	8,02	20	12,6
8	60	0,6	1,098	8,02	20	15,4
9	70	0,7	1,098	8,02	20	17,9
10	80	0,8	1,098	8,02	20	20,0
11	90	0,9	1,098	8,02	20	21,9
12	100	1,0	1,098	8,02	20	23,7
13	1) Konstanten nach DIN 4108-3 (2001), Tabelle A.3: b = 1,098 und n = 8,02 für 0 °C ≤ θ_i ≤ 30 °C und 0 °C ≤ θ_{si} ≤ 30 °C					

Aus der Tabelle 6.9 Zeile 7, Spalte 6 kann abgelesen werden, dass ein Schimmelpilzrisiko eintritt, wenn die relative Luftfeuchte in der Raummitte 50 % beträgt und die Qualität des zu untersuchenden Bauteils so beschaffen ist, dass bei –5 °C Außenlufttemperatur und +20 °C Raumtemperatur eine Bauteiloberflächen-Temperatur von weniger als +12,6 °C entsteht. Unter denselben Voraussetzungen entsteht ein Schimmelpilzrisiko entsprechend

Zeile 6, Spalte 6 erst bei einer Unterschreitung der Bauteiloberflächen-Temperatur von +9,3 °C, wenn die relative Luftfeuchte in der Raummitte nur 40 % beträgt.

Im Beispiel „Bestimmung der raumseitigen Wandoberflächentemperatur einer Außenwand" (siehe Kapitel 6.3.2, fortgeführt in Kapitel 6.3.3) ergibt sich durch die entsprechenden Berechnungen, dass unter Normbedingungen, also bei einer Innenlufttemperatur von 20 °C und einer Außenlufttemperatur von –5 °C, die in Tabelle 6.10 zusammengefassten Oberflächentemperaturen eintreten. Es ist deutlich zu erkennen, dass nur die Wandmitte ohne Mobiliar eine raumseitige Oberflächentemperatur aufweist, die oberhalb des für eine Raumluftfeuchte von 50 % ermittelten Schwellenwerts von 12,6 °C liegt. Alle anderen Wandbereiche sind kälter.

Tabelle 6.10: Raumseitige Wandoberflächentemperaturen an unterschiedlichen Stellen im Raum bei 50 % relativer Raumluftfeuchte

Bereich der Außenwand	**Wandoberflächentemperatur θ_i in °C**
Wandmitte ohne Mobiliar	14,5
Kanten	11,2
Fensterleibung	8,6
Wandmitte mit Mobiliar	7,0

Würde anstelle des für die Planung von Neubauten anzusetzenden Wertes der relativen Raumluftfeuchte von 50 % für das Winterhalbjahr ein abweichender Wert der relativen Raumluftfeuchte von 40 % angesetzt, ergäbe sich gemäß Tabelle 6.9 ein Schwellenwert von 9,3 °C. Damit wäre sowohl die Oberflächentemperatur der Wandmitte ohne Mobiliar als auch die der Kanten oberhalb des Schwellenwerts.

Durch Umstellung der Formel 3 aus dem DIN-Fachbericht 4108-8 erhält man den Grenzwert für die relative Luftfeuchte, die in der Raummitte maximal eintreten darf, bevor es an den kritischen Bauteiloberflächen aufgrund deren errechneter Oberflächentemperaturen zum Schimmelpilzbefall kommen kann:

$$\varphi_{\mathrm{i,crit}} = 0{,}8 \cdot \sqrt[\frac{1}{n}]{\frac{b + \frac{\theta_{\mathrm{si}}}{100}}{b + \frac{\theta_{\mathrm{i}}}{100}}} \tag{6.14}$$

mit

$\varphi_{i,crit}$ kritischer Grenzwert der relativen Luftfeuchte im Innenraum in %, bevor Schimmelpilzbefall an den Bauteiloberflächen eintritt

b, n Konstanten nach DIN 4108-3 (2001), Tabelle A.3: $b = 1{,}098$ und $n = 8{,}02$ für $0\ °C \leq \theta_i \leq 30\ °C$ und $0\ °C \leq \theta_{si} \leq 30\ °C$

θ_{si} Innenoberflächentemperatur in °C

θ_i Innenlufttemperatur in °C

Demnach kommt es unter normativen Randbedingungen (Außentemperatur –5 °C, Raumtemperatur 20 °C) im Winterhalbjahr in den untersuchten Bereichen zu einem erhöhten Schimmelpilzrisiko ab einer relativen Raumluftfeuchte in Raummitte entsprechend den beiden Spalten rechts in Tabelle 6.11.

Tabelle 6.11: Objektspezifische untere Grenzwerte der relativen Luftfeuchte vor Schimmelpilzbefall

Raum, Wand, Bereich	Innenlufttemperatur θ_i in °C	Grenzwert Oberflächentemperatur θ_{si} in °C	Konstante b [1]	Konstante n [1]	Luftfeuchte $\varphi_{i,crit}$ in Raummitte vor Schimmelpilzbefall in %	Luftfeuchte $\varphi_{i,crit}$ in Raummitte vor Schimmelpilzbefall dezimal
Normklima	20	12,6	1,098	8,02	50,0	0,50
Außenwandmitte	20	14,5	1,098	8,02	56,5	0,57
Außenwandkanten	20	11,2	1,098	8,02	45,6	0,46
möblierte Außenwandbereiche	20	7,0	1,098	8,02	34,3	0,34
Fensterleibungen	20	8,6	1,098	8,02	38,3	0,38

1) Konstanten nach DIN 4108-3 (2001), Tabelle A.3: $b = 1{,}098$ und $n = 8{,}02$ für $0\ °C \leq \theta_i \leq 30\ °C$ und $0\ °C \leq \theta_{si} \leq 30\ °C$

6.4.5 Rechnerischer Nachweis hygrothermischer Schäden an raumseitigen Bauteiloberflächen

Neben dem konkreten Tauwasserausfall an Bauteiloberflächen, bei dem es zu einer relativen Luftfeuchte von 100 % kommen muss, kann aber auch bereits eine erhöhte relative Luftfeuchte zwischen 80 und 100 % zum Schimmelpilzbefall führen. Da die absolute Feuchte in einem Raum aufgrund des Ausgleichsbestrebens des Wasserdampfs an allen Stellen gleich ist, kommt es für die Berechnung des relativen Feuchtegehalts auf den jeweiligen Sättigungswert bei gegebener Temperatur im Bereich des lokalen Mikroklimas an (siehe Tabelle 6.3). Der Wert der relativen Luftfeuchte errechnet sich aus dem Verhältnis des absoluten Feuchtegehalts zum Sättigungswert bei gegebener Temperatur. Bei niedrigen Oberflächentemperaturen an kühleren Bauteilen ist auch der Sättigungswert niedrig und der Relativwert daher hoch, bei höheren Temperaturen, z. B. in der Raumluft, ist der Sättigungswert höher und damit der Relativgehalt niedrig. Es gilt:

$$\varphi_{si} = \frac{w_i}{w_{S,(\theta i)}} \tag{6.15}$$

mit

φ_{si} relative Luftfeuchte an der Oberfläche innen in %
w_i Absolutwasserdampfgehalt der Innenraumluft in g/m^3
$w_{S,(\theta i)}$ Sättigungswasserdampfgehalt bei gegebener Temperatur in g/m^3
θ_i Lufttemperatur innen in °C

Welche Randbedingungen dafür vorliegen müssen, dass ein Schimmelpilzbefall eintritt, kann den nachfolgenden Beispielen entnommen werden.

Beispiel: Rechnerischer Vergleich der Situationen von Neu- und Altbauten

Unter den Randbedingungen der DIN 4108-2 (2013) kann die Situation von Neu- und Altbauten der verschiedenen Epochen verglichen werden. Diese sind

- eine Außenlufttemperatur $\theta_e = -5$ °C,
- eine Innenraumtemperatur $\theta_i = 20$ °C und
- ein Wärmeübergangswiderstand innen $R_{si} = 0{,}25$ m$^2 \cdot$ K/W.

Neubau:

Unter den o. g. Randbedingungen beträgt die Oberflächentemperatur von Außenwandbauteilen auf der Rauminnenseite bei modernen Wandaufbauten mit einem U_{AW}-Wert von 0,350 W/(m$^2 \cdot$ K) gewöhnlich 18 bis 19 °C. Bei dieser Temperatur liegt der Sättigungsgehalt des Wasserdampfs in der Luft (relative Luftfeuchte = 100 %) gemäß Sättigungstabelle bei ca. 16 g/m^3 (siehe Tabelle 6.3).

Bei 80 % relativer Luftfeuchte (schimmelpilzträchtiger Grenzwert für die relative Luftfeuchte im Bereich der Bauteiloberfläche) liegt der absolute Feuchtegehalt demnach bei 16 g/m$^3 \cdot 0{,}8 = 12{,}8$ g/m^3.

Bei einer normativen Raumlufttemperatur von 20 °C beträgt der Sättigungsgehalt des Wasserdampfs in der Luft (relative Luftfeuchte = 100 %) entsprechend Tabelle 6.3 17,3 g/m^3. Damit es im Normalwandbereich zu einem schimmelpilzträchtigen Anstieg der relativen Luftfeuchte an der Wandoberfläche auf 80 % kommt, muss deshalb ein Anstieg der relativen Luftfeuchte der Raumluft um 12,8 g/m^3 : 17,3 g/m^3 = **74 %** erfolgen.

Altbau aus dem Jahr 1973:

Bei typischen Bauten mit einem zweischaligen Wandaufbau aus Kalksandstein-Mauerwerk, Schalenfuge und Verblend-Vormauerschale mit einer Schichtdicke d = 37,5 cm und einem U_{AW}-Wert von 1,4 W/(m^2 · K) ergibt sich unter den o. g. Randbedingungen eine innenseitige Oberflächentemperatur der Außenwandbauteile von rechnerisch 11 °C. Bei dieser Temperatur beträgt der Sättigungsgehalt des Wasserdampfs in der Luft (relative Luftfeuchte = 100 %) nach Tabelle 6.3 10 g/m^3.

Bei 80 % relativer Luftfeuchte (schimmelpilzträchtiger Grenzwert für die relative Luftfeuchte im Bereich der Bauteiloberfläche) liegt der absolute Feuchtegehalt demnach bei 10 g/m^3 · 0,8 = 8 g/m^3.

Bei einer normativen Raumlufttemperatur von 20 °C beträgt der Sättigungsgehalt des Wasserdampfs in der Luft (relative Luftfeuchte = 100 %) nach Tabelle 6.3 17,3 g/m^3. Bei diesem Altbau reicht also ein Anstieg der relativen Luftfeuchte der Raumluft von 8 g/m^3 : 17,3 g/m^3 = **46 %** aus, damit es im Normalwandbereich zu einem schimmelpilzträchtigen Anstieg der relativen Luftfeuchte an der Wandoberfläche auf 80 % kommt. Diese Luftfeuchte liegt unterhalb der normativen Luftfeuchte von 50 % und wird somit in der Praxis nicht selten erreicht.

Altbau aus der Gründerzeit:

Bei Altbauten, die beispielsweise einen Wandaufbau aus Vollziegelmauerwerk mit einer Schichtdicke d = 39 cm haben, innen- und außenseitig verputzt sind und einen U_{AW}-Wert von 1,2 W/(m^2 · K) haben, beträgt die innenseitige Oberflächentemperatur unter den o. g. Randbedingungen rechnerisch 13 °C. Bei dieser Temperatur beträgt der Sättigungsgehalt des Wasserdampfs in der Luft (relative Luftfeuchte = 100 %) gemäß Tabelle 6.3 11,4 g/m^3.

Bei 80 % relativer Luftfeuchte (schimmelpilzträchtiger Grenzwert für die relative Luftfeuchte im Bereich der Bauteiloberfläche) liegt der absolute Feuchtegehalt demnach bei 11,4 g/m^3 · 0,8 = 9,12 g/m^3.

Bei einer normativen Raumlufttemperatur von 20 °C beträgt der Sättigungsgehalt des Wasserdampfs in der Luft (relative Luftfeuchte = 100 %) nach Tabelle 6.3 17,3 g/m^3. In diesem Fall reicht ein Anstieg der relativen Luftfeuchte der Raumluft von 9,12 g/m^3 : 17,3 g/m^3 = **53 %** aus, damit es im Normalwandbereich zu einem schimmelpilzträchtigen Anstieg der relativen Luftfeuchte an der Wandoberfläche auf 80 % kommt.

Problematisch ist gerade in Altbauten grundsätzlich die Drosselung der Heizung in Einzelräumen (Schlafzimmer) zulasten einer Mitnutzung von Wärme aus den angrenzenden Räumen. Luftmassen mit hoher relativer Feuchte und hohem Wasserdampfdruck haben das Bestreben, sich in Richtung von Zonen mit niedrigerem Wasserdampfdruck zu bewegen. Auf diese Weise gerät z. B. die nach dem Kochen oder Duschen relativ feuchte Luft aus dem Badezimmer oder der Küche nahezu ungehindert in die Schlafräume und kondensiert dort zwangsläufig an den (kalten) Außenwandecken. Die Wasserdampfsättigungsdrücke lassen sich aus der Tabelle 6.4 ablesen.

Beispiel: Berechnung der relativen Luftfeuchte im Mikroklima an der raumseitigen Wandoberfläche

Familie Bundy (Vater Al, Mutter Peggy sowie Tochter Kelly und Sohn Bud) lebt gemeinsam mit ihrem Hund in einer Mietwohnung. Die Familie ist nach dem Studium der einschlägigen Fachliteratur sicher, dass ein Schimmelpilzbefall erst bei einer relativen Luftfeuchte von 80 % auftreten kann. Um Heizkosten zu sparen, ordnet Al deshalb im Winter an, immer erst dann zu lüften, wenn das Hygrometer 80 % anzeigt. Nach etwa 14 Tagen verändern sich Muster und Farbgebung der Tapete auf der Außenwand im Schlafzimmer merklich und die im Raum eingelagerte Wäsche riecht muffig. Der hinzugezogene Hausverwalter stellt eine Wandoberflächentemperatur von 12 °C im Schlafzimmer fest und fordert die Begrenzung der relativen Luftfeuchte im Raum auf unterhalb von 50 %, damit die relative Luftfeuchte unmittelbar an der Wand unterhalb von 80 % bleibt. Al versteht nicht, warum innerhalb eines Raumes 2 unterschiedliche Werte der Luftfeuchte vorhanden sein können. Der findige Hausverwalter erklärt dies kurzerhand anhand einer physikalischen Berechnung.

Die Aufgabenstellung umfasst also die Ermittlung der relativen Luftfeuchte φ_{si} an der Bauteiloberfläche. Es liegen eine Innenraumlufttemperatur $\theta_i = 20$ °C, eine relative Luftfeuchte innen von $\varphi_i = 50$ % und eine Bauteiloberflächen-Temperatur von $\theta_{si} = 12$ °C vor.

Lösungsschritte:

- Schritt 1: Aufgabenstellung überdenken
- Schritt 2: Temperatur θ_i und relative Luftfeuchte φ_i der Innenraumluft ermitteln
- Schritt 3: Sättigungsgehalt w_S der Innenraumluft aus Tabelle 6.3 ablesen
- Schritt 4: Absolutgehalt w_i der Innenraumluft berechnen
- Schritt 5: Temperatur θ_{si} der Bauteiloberfläche bestimmen
- Schritt 6: Sättigungsgehalt w_{Ssii} der Bauteiloberfläche aus Tabelle 6.3 entnehmen
- Schritt 7: relative Luftfeuchte φ_{si} der Bauteiloberfläche berechnen

Nun werden die Lösungsschritte umgesetzt:

- Zu Schritt 1: Die relative Luftfeuchte an einer bestimmten Stelle ist abhängig von dem Absolutgehalt im Raum in Bezug zum Sättigungsgehalt bei gegebener Bauteiltemperatur an der zu untersuchenden Stelle.

- Zu Schritt 2: Es werden eine Temperatur θ_i = 20 °C und eine relative Luftfeuchte φ_i = 50 % gemessen.
- Zu Schritt 3: Aus Tabelle 6.3 wird ein Sättigungsgehalt w_S von 17,3 g/m³ abgelesen.
- Zu Schritt 4: Der Absolutgehalt w_i wird berechnet als 17,3 g/m³ · 0,5 = 8,65 g/m³.
- Zu Schritt 5: Die Temperatur θ_{si} der Bauteiloberfläche wird mit 12 °C gemessen.
- Zu Schritt 6: Der Sättigungsgehalt w_{Ssii} der Bauteiloberfläche wird aus Tabelle 6.3 abgelesen und beträgt 10,7 g/m³.
- Zu Schritt 7: Die relative Luftfeuchte φ_{si} der Bauteiloberfläche wird berechnet mit (8,65 g/m³ · 100) : 10,7 g/m³ = **81 %**.

Trotz einer im Raum gemessenen relativen Luftfeuchte von 50 % beträgt die relative Luftfeuchte an der kalten Außenwand gleichzeitig 81 % und bietet damit eine Grundlage für die Schimmelpilzansiedlung.

6.4.6 Feuchteaufnahme von Bauteiloberflächen

Wenn die raumbegrenzenden Bauteiloberflächen und das Inventar über gute Absorptionseigenschaften verfügen, können sie zunächst, z. B. während des Kochens und Duschens, Feuchte aufnehmen und speichern (Absorption) und anschließend bei abgesunkener Feuchte in der Raumluft wieder an diese abgeben (Desorption). Maßgeblich für die Aufnahmefähigkeit sind dabei die Stoffeigenschaften. Künzel hat 1986 nachfolgende Werte für die Feuchteaufnahme von Baustoffen veröffentlicht, wobei die Randbedingungen eine Erhöhung der relativen Luftfeuchte von 40 auf 80 % über eine Zeitdauer von 30 Minuten umfassen.

- Feuchteaufnahme Teppichbelag: 20 g/m²
- Feuchteaufnahme Putz mit Tapete: 15 g/m²
- Feuchteaufnahme Decke: 10 g/m²

Beispiel: Feuchteaufnahme einer offenen Wohnküche

Eine offene Wohnküche hat eine Grundfläche von 6 m × 5 m = 30 m². Da die Raumhöhe 2,70 m beträgt, ergibt sich ein Raumvolumen von 81 m³. Der Bodenbelag setzt sich aus 2 m × 3 m = 6 m² Fliesenbelag und 24 m² Teppichbodenbelag zusammen. Die Wandabwicklung ohne Fensteranteile umfasst 55 m², die Deckenfläche entspricht 30 m².

In 30 Minuten nehmen die verschiedenen Raumflächen nachfolgende Feuchtemengen auf.

- Teppichbodenbelag: 24 m² · 20 g/m² = 480 g
- Wandabwicklung ohne Fensteranteile: 55 m² · 15 g/m² = 825 g
- Deckenfläche, Beton und Putz: 30 m² · 10 g/m² = 300 g
- Summe Feuchteaufnahme durch Materialien: **1.605 g**

Feuchteaufnahme der Luft bei einer Raumtemperatur $\theta_i = 20$ °C bei 40 und 80 % relativer Luftfeuchte:

- absoluter Feuchtegehalt bei 40 % relativer Luftfeuchte:
  $17{,}3 \text{ g/m}^3 \cdot 0{,}4 = 6{,}92 \text{ g/m}^3$
- absoluter Feuchtegehalt bei 80 % relativer Luftfeuchte:
  $17{,}3 \text{ g/m}^3 \cdot 0{,}8 = 13{,}84 \text{ g/m}^3$
- Differenz: $6{,}92 \text{ g/m}^3$

Die Summe der Feuchteaufnahme der Raumluft lässt sich mit $81 \text{ m}^3 \cdot 6{,}92 \text{ g/m}^3 =$ **560 g** errechnen.

Daraus ergibt sich, dass die Materialien der Raumhülle nahezu dreimal so viel Feuchte aufnehmen wie die Raumluft selbst. Dies muss bei der Lüftungsdauer beachtet werden. Allein die kurzfristige Absenkung der relativen Luftfeuchte reicht nicht aus, auch die Materialien müssen Gelegenheit erhalten, gespeicherte Feuchte wieder abgeben zu können.

6.4.7 Feuchteaufnahme von Fassadenbeschichtungen

Relevante Kennwerte:

- w Wasseraufnahmekoeffizient in $\text{kg/(m}^2 \cdot \text{h}^{0,5})$
- s_d diffusionsäquivalente Luftschichtdicke in m
- β_D Druckfestigkeit in N/mm^2
- E Elastizitätsmodul in MN/m^2

Grundregeln für Fassadenschutz und Fassadensanierung

- Der konstruktive Bautenschutz (Wasserführung mit schuppenartiger Ableitung) hat immer Vorrang vor dem technologischen Bautenschutz (Beschichtungen, Imprägnierungen).
- Es ist im Fassadenbereich immer eine möglichst kleine kapillare Wasseraufnahme anzustreben; w sollte gegen 0 gehen.
- Die kapillare Wasseraufnahme der im Fassadenbereich vorhandenen unterschiedlichen Baustoffe (Fugen, Mauersteine, Putze, Anstriche usw.) sollte möglichst klein sein und ist durch technologische Maßnahmen ggf. anzugleichen.
- Bei aufeinander folgenden Schichten muss der w-Wert nach außen abnehmen (z. B. $w_{\text{Anstrich}} < w_{\text{Putz}}$).
- Es ist an der Außenseite der Fassade immer eine möglichst hohe Diffusionsfähigkeit (Trocknungsfähigkeit) anzustreben; s_d sollte gegen 0 gehen.
- Bei aufeinander folgenden Schichten muss der s_d-Wert nach außen abnehmen (z. B. $s_{\text{d-Anstrich}} < s_{\text{d-Putz}}$).
- Für Fassadenschutzmaßnahmen ist eine Abstimmung der w-Werte und der s_d-Werte nach der Fassadenschutztheorie von Künzel anzustreben (Künzel, 1986); das bedeutet:
  - $w < 0{,}5 \text{ kg/(m}^2 \cdot \text{h}^{0,5})$,
  - $s_d < 2{,}0$ m und
  - $w \cdot s_d < 0{,}1 \text{ kg/(m} \cdot \text{h}^{0,5})$;

  damit wird ein Wasserhaushalt auf niedrigem Niveau eingestellt.

- Das Festigkeitsprofil der vorhandenen verschiedenen Baustoffe muss so beschaffen sein, dass ein Gefälle von innen nach außen entsteht (z. B. $\beta_{D\ Unterputz} > \beta_{D\ Oberputz} > \beta_{D\ Anstrich}$) und bei Sichtmauerwerk ein Gefälle zwischen Mauerstein und Fuge ($\beta_{D\ Stein} > \beta_{D\ Fuge}$).
- Die Elastizitätsmodule (E-Modul) müssen sich analog den Festigkeitswerten verhalten.
- Einschlägige Grundregeln sind zu beachten, z. B.
  - müssen frostbeständige Baustoffe verwendet werden,
  - der Regenfaktor ist zu berücksichtigen (Zunahme der Schlagregenbelastung vom Erdgeschoss zum 5. Obergeschoss um den Faktor 12 bis 20),
  - Gips darf nie in feuchtebelasteten Bereichen verwendet werden und
  - der Einsatz salzbildender Baustoffe oder Reinigungsmittel (z. B. saurer oder alkalischer Reiniger, alkalischer Injektionsmittel, alkalischer Beschichtungen) ist zu vermeiden.

Anforderungen an Anstrichstoffe

Anforderungen an Anstrichstoffe:

- Sie müssen eine hohe Wasserdampfdurchlässigkeit aufweisen;
- sie müssen eine gute Haftfähigkeit am Untergrund besitzen;
- sie müssen beständig gegenüber Industrieabgasen (SO_2, NO_X) sein;
- sie müssen wetterbeständige Bindemittel und lichtechte Pigmente enthalten sowie auf UV-beständigem Bindemittel aufgebaut sein;
- sie müssen wasserfest sein, d. h., es darf keine Anquellung bzw. Anlösung des Bindemittels möglich sein, und
- je nach Untergrund müssen sie wasserabweisend sein.

Für die Beurteilung eines Anstrichstoffs sind zunächst 2 Kennwerte von Bedeutung, die diffusionsäquivalente Luftschichtdicke und die Wasserdichtigkeit.

Diffusionsäquivalente Luftschichtdicke

Die Berechnung des Diffusionswiderstands im Mauerwerk, Putz bzw. Anstrich im System erfolgt nach folgender Gleichung:

$$s_d = \mu \cdot s \qquad (6.16)$$

mit
s_d diffusionsäquivalente Luftschichtdicke in m
μ Wasserdampf-Diffusionswiderstandszahl
s Schichtdicke in m

Die DIN 4108-3 (2014) gibt dazu Folgendes an:

DIN 4108-3 (2014), S. 9:

„*3 Begriffe*

[...]

3.1 Begriffe zur Wasserdampfkonvektion

[...]

3.1.4 diffusionsoffene Schicht

Bauteilschicht mit $s_d \leq 0{,}5$ m

3.1.5 diffusionshemmende Schicht

Bauteilschicht mit 0,5 m < s_d < 1.500 m

3.1.6 diffusionsdichte Schicht

Bauteilschicht mit $s_d \geq 1.500$ m

3.1.7 diffusionshemmende Schicht mit variablem s_d-Wert

nach DIN EN 13984 genormte oder zugelassene Bauteilschicht, die ihren s_d-Wert in Abhängigkeit von der umgebenden Luftfeuchte von diffusionshemmend nach diffusionsoffen verändert"

Der s_d-Wert gibt in der Einheit m an, wie dick eine ruhende Luftschicht sein muss, die das gleiche Diffusionsverhalten wie die vorliegende Beschichtung aufweist. Je kleiner dieser Wert ist, desto höher ist die Wasserdampfdurchlässigkeit.

Die Begriffe Dampfsperre und Dampfbremse sind in der DIN 4108-3 nicht normativ festgelegt. Dort werden vielmehr diffusionshemmende Schichten beschrieben, die je nach Bauteil z. B. s_d-Werte von 20 m oder von 100 m haben. In der Flachdachrichtlinie hingegen ist der Begriff Dampfsperre als diffusionshemmende Schicht definiert:

Flachdachrichtlinie, 2008, S. 8:

„1 Allgemeine Regeln

[...]

1.2 Begriffe

[...]

1.2.14 Dampfsperre

Die Funktionsschicht Dampfsperre umfasst eine diffusionshemmende Schicht mit einem für die Funktion des Dachaufbaus ausreichenden Sperrwert."

Danach muss der Sperrwert für eine Dampfsperre größer als $s_d = 0{,}5$ m sein.

Beispiel: Berechnung des Diffusionswiderstands eines Anstrichs

Gemäß dem Datenblatt des Herstellers ist die Wasserdampf-Diffusionswiderstandszahl $\mu_{H_2O} = 263$ und die Schichtdicke $s = 80$ µm. 1 µm entspricht 10^{-6} m bzw. 1/1.000.000 m.

Mit Formel 6.16 ergibt sich eine diffusionsäquivalente Luftschichtdicke $s_d = 263 \cdot 80 \cdot 10^{-6}$ m = **0,021 m.**

Der Anstrich besitzt also bei einer Schichtdicke von 80 µm einen Diffusionswiderstand, der einer 2,1 cm dicken, ruhenden Luftschicht entspricht, d. h., er verfügt über eine hohe Wasserdampfdurchlässigkeit.

Der Diffusionsgesamtwiderstand einer Wand errechnet sich aus den Teilwiderständen der einzelnen Schichten:

$$s_d = s_{d1} + s_{d2} + s_{d3} + \ldots + s_{dn} \tag{6.17}$$

Bei normaler Nutzung eines Gebäudes soll dabei der Diffusionswiderstand der einzelnen Schichten nach außen hin abnehmen. Außerdem ergibt sich in kalten Jahreszeiten ein kontinuierlicher Diffusionsstrom von innen nach außen. In den warmen Jahreszeiten ist die Diffusion von Wasserdampf durch eine Wand von geringerer Bedeutung, da vielfach innen und außen gleiche Verhältnisse herrschen.

DIN 4108-4 (2013), S. 6, 11:

„*1 Anwendungsbereich*

Diese Norm legt wärme- und feuchteschutztechnische Bemessungswerte für Baustoffe fest, darunter werkmäßig hergestellte Wärmedämmstoffe, Fenster, Dachoberlichter und Verglasungen und Mauerwerk, siehe Anhang A, und sonstige gebräuchliche Stoffe für die Berechnung des Wärmeschutzes und der Energie-Einsparung in Gebäuden. Produkte werden mit dem Nennwert gekennzeichnet. Zusätzlich enthält diese Norm in Abschnitt 8 Umrechnungstabellen zur Erfüllung der Anforderungen an die Dämmung von Rohrleitungen.

Sie gilt darüber hinaus nicht für Wärmedämmstoffe der Haustechnik und für betriebstechnische Anlagen.

Die in dieser Norm angegebenen Bemessungswerte berücksichtigen unter anderem Einflüsse der Temperatur, des Ausgleichsfeuchtegehalts sowie Schwankungen der Stoffeigenschaften und Alterung der Produkte.

Weitere tabellierte Bemessungswerte sind in DIN EN ISO 10456 angegeben. Darüber hinaus können Bemessungswerte auch nach bauaufsichtlichen Festlegungen (z. B. bauaufsichtliche Zulassungen) ermittelt werden.

Die in diesem Dokument aufgeführten Werte der Wasserdampf-Diffusionswiderstandszahlen sind Richtwerte und können erheblichen Schwankungen unterliegen. Es können die in dieser Norm angegebenen Richtwerte oder die nach DIN EN 12086, DIN EN ISO 10456 oder DIN EN ISO 12572 ermittelten Werte verwendet werden. […]

4 Wärme- und feuchteschutztechnische Kennwerte

4.1 Baustoffe, Bauarten und Bauteile

Die in [Tabelle 6.12] *angegebenen Bemessungswerte wurden nach DIN EN ISO 10456 ermittelt. Als Randbedingung wurde ein Feuchtegehalt bei 23 °C und 80 % relativer Luftfeuchte zugrunde gelegt. Werte für Ausgleichsfeuchtegehalte können Tabelle 4 und die Umrechnungsfaktoren für den Feuchtegehalt Tabelle 5 entnommen werden.*

ANMERKUNG: Die in Klammern gesetzten Zahlenwerte dienen nur zur Abschätzung. Sie besitzen keine wissenschaftlich gesicherte Zuordnung.“

Tabelle 6.12: Bemessungswerte der Wärmeleitfähigkeit und Richtwerte der Wasserdampf-Diffusionswiderstandszahlen (Auszug; Quelle: DIN 4108-4 [2013], S. 11)

Zeile	Stoff	Rohdichte ρ in kg/m³	Bemessungswert der Wärmeleitfähigkeit λ in W/(m · K)	Richtwert der Wasserdampf-Diffusionswiderstandszahl μ
1	Putze, Mörtel und Estriche			
1.1	Putze			
1.1.1	Putzmörtel aus Kalk, Kalkzement und hydraulischem Kalk	(1.800)	1,0	15/35
4	Mauerwerk, einschließlich Mörtelfugen			
4.1	Mauerwerk aus Mauerziegeln nach DIN 105-100, DIN 105-5 und DIN 105-6 bzw. Mauerziegel nach DIN EN 771-1 in Verbindung mit DIN 20000-401			
4.1.2	Vollziegel, Hochlochziegel, Füllziegel	1.200	0,50	5/10
		1.400	0,58	
		1.600	0,68	
		1.800	0,81	
		2.000	0,96	
		2.200	1,20	
		2.400	1,40	

DIN 105-100 „Mauerziegel – Teil 100: Mauerziegel mit besonderen Eigenschaften" (2012)
DIN 105-5 „Mauerziegel – Teil 5: Leichtlanglochziegel und Leichtlanglochziegelplatten" (2013)
DIN 105-6 „Mauerziegel – Teil 6: Planziegel" (2013)
DIN EN 771-1 „Festlegungen für Mauersteine – Teil 1: Mauerziegel" (2011)
DIN 20000-401 „Anwendung von Bauprodukten in Bauwerken – Teil 401: Regeln für die Verwendung von Mauerziegeln nach DIN EN 771-1:2011-07" (2012)

Beispiel: Überprüfung der Anordnung von Wandschichten anhand des Diffusionswiderstands

Eine Wand ist aus mehreren Schichten aufgebaut.

- Ziegelwand: s = 36 cm = 0,36 m
- Putzschicht: s = 2 cm = 0,02 m
- Anstrich: s = 200 µm = 0,0002 m

Die Wandschichten weisen Wasserdampf-Diffusionswiderstandszahlen auf von

- μ_{H_2O} der Ziegel = 10,
- μ_{H_2O} des Putzes = 35 und
- μ_{H_2O} des Dispersionsanstrichs nach Herstellerangabe = 1.200.

Berechnung der Diffusionswiderstände der einzelnen Wandschichten:

- s_d der Ziegel = 10 · 0,36 m = **3,6 m**
- s_d des Putzes = 35 · 0,02 m = **0,7 m**
- s_d des Dispersionsanstrichs = 1.200 · 200 · 10^{-6} m = **0,24 m**

Der Diffusionswiderstand nimmt nach außen hin ab, der Schichtenaufbau ist also richtig gewählt.

Wasserdichtigkeit

Der Kennwert der Wasserdichtigkeit einer Beschichtung ist der Wasseraufnahmekoeffizient w. Die Bestimmung des Wasseraufnahmekoeffizienten und die bauphysikalischen Anforderungen an Fassadenbeschichtungen beschreibt die Euronorm DIN EN 1062-1 „Beschichtungsstoffe – Beschichtungsstoffe und Beschichtungssysteme für mineralische Substrate und Beton im Außenbereich – Teil 1: Einteilung“ (2004).

Der Wasseraufnahmekoeffizient w bezeichnet die vom Baustoff pro Flächeneinheit aufgenommene Wassermenge W in Abhängigkeit von der Zeit t. Definitionsgemäß ist er nur in dem Bereich gültig, in dem die Abhängigkeit linear der Wurzel aus der Zeit folgt. Bau- und Beschichtungsstoffe (Farbanstriche und Imprägniermittel) mit einem kleineren w-Wert sind anderen vorzuziehen. Die Wasseraufnahme folgt der in folgender Formel dargestellten Beziehung:

$$W = w \cdot \sqrt{t} \tag{6.18}$$

mit

W vom Baustoff pro Flächeneinheit aufgenommene Wassermenge in kg/m^2

w Wasseraufnahmekoeffizient in $kg/(m^2 \cdot h^{0,5})$

t Zeit in Stunden

Die DIN EN 1062-1 teilt die Wasseraufnahme in verschiedene Klassen ein (siehe Tabelle 6.13).

Tabelle 6.13: Klassen für die Durchlässigkeit für Wasser (Quelle: DIN EN 1062-1 [2004], S. 9)

Klassen		Anforderung an *w* in $kg/(m^2 \cdot h^{0,5})$
W0		keine Anforderung
W1	hoch	> 0,5
W2	mittel	≤ 0,5 > 0,1
W3	niedrig	≤ 0,1

Einteilung der Wasseraufnahmekoeffizienten nach DIN 52617 „Bestimmung des Wasseraufnahmekoeffizienten von Baustoffen" (1987):

- I (wasserundurchlässig) $w < 0{,}1\ kg/(m^2 \cdot h^{0,5})$
- II (wasserabweisend) $0{,}1\ kg/(m^2 \cdot h^{0,5}) < w < 0{,}5\ kg/(m^2 \cdot h^{0,5})$
- III (wasserhemmend) $0{,}5\ kg/(m^2 \cdot h^{0,5}) < w < 2{,}0\ kg/(m^2 \cdot h^{0,5})$
- IV (wasserundurchlässig) $w > 2{,}0\ kg/(m^2 \cdot h^{0,5})$

Einteilung nach DIN 4108-3 (2001):

- wassersaugende Schicht $w \geq kg/(m^2 \cdot h^{0,5})$
- wasserhemmende Schicht $0{,}5\ kg/(m^2 \cdot h^{0,5}) < w < 2{,}0\ kg/(m^2 \cdot h^{0,5})$
- wasserabweisende Schicht $w \leq 0{,}5\ kg/(m^2 \cdot h^{0,5})$

Außenwandbauteile im Sinne der Fassadenschutztheorie nach Künzel gelten dann als richtig geplant, wenn folgende Bedingungen eingehalten werden (Künzel, 1986):

- $w \leq 0{,}5\ kg/(m^2 \cdot h^{0,5})$,
- $s_d \leq 2$ m und
- $s_d \cdot w \leq 0{,}1\ kg/(m \cdot h^{0,5})$.

Nach diesen Richtlinien geplante Fassaden geben in der Trocknungsphase mehr Wasser ab, als bei Beregnung aufgenommen werden kann.

Beispiel: Planung eines Anstrichs

Für den Anstrich einer Fassade soll ein elastifiziertes Reinacrylat verwendet werden, das nach Herstellerangaben einen *w*-Wert von $0{,}086\ kg/(m^2 \cdot h^{0,5})$, eine Wasserdampf-Diffusionswiderstandszahl μ_{H_2O} von 3.100 und eine Schichtdicke *s* von 100 µm aufweist; dies entspricht 2 Deckenanstrichen.

Berechnung der Schichtdicken:

- $s_d = 3.100 \cdot 100 \cdot 10^{-6}\ m = \mathbf{0{,}31\ m} \leq 2\ m$
- $s_d \cdot w = 0{,}31\ m \cdot 0{,}086\ kg/(m^2 \cdot h^{0,5}) = \mathbf{0{,}0266\ kg/(m \cdot h^{0,5})}$
  $\leq 0{,}1\ kg/(m \cdot h^{0,5})$

Die Forderung nach Künzel ist im Beispiel also erfüllt (Künzel, 1986).

6.4.8 Einfluss der Neubaufeuchte in Dächern

Untersucht werden soll, ob ein Schimmelpilzbefall auch bei Einhaltung der normativ zulässigen Holzeinbaufeuchte eintreten kann.

Beispiel: Dachdämmung (Fall 1)

Der Hohlraum zwischen den Sparren ist planmäßig mit einer Mineralfaserdämmung als Vollsparrendämmung aufgefüllt und wird nicht durch eine Luftschicht be- und entlüftet. Eingeschlossene Feuchte verharrt innerhalb der Ebene zwischen der oberen Dacheindichtung und der unteren Dampfsperrfolie.

Die Sparrenhöhe beträgt 200 mm, die Sparrenbreite 80 mm, der lichte Sparrenabstand 600 mm. Der Sparrenanteil im Querschnitt liegt bei 1,00 m : 0,68 m = 1,47 Sparren/m. Der Flächenanteil der Sparren im Querschnitt beträgt (1,47 Sparren/m · 0,08 m · 0,20 m) : (0,20 m · 1,0 m) = 11,76 %. Der Volumenanteil der Sparrenzwischenräume entspricht somit 100 % – 11,76 % = 88,24 %. Das Volumen der Sparrenzwischenräume beträgt 0,2 m · 1,0 m^2 · 88,24 % = **0,1765 m^3**.

Aus der VOB/C ATV DIN 18334 „VOB Vergabe- und Vertragsordnung für Bauleistungen – Teil C: Allgemeine Technische Vertragsbedingungen für Bauleistungen (ATV) – Zimmer- und Holzbauarbeiten“ (2012) ergibt sich eine maximale Einbaufeuchte für Bauschnitthölzer von 20 %. Der Ausgleichsfeuchtegehalt liegt bei etwa 15 %. Der Differenzfeuchtegehalt beträgt daher 5 %. 1 m^3 Schalholz kann also an überschüssigem Wasser 500 kg/m^3 · 0,05 = 25 kg aufnehmen. Entsprechend kann 1 m^2 Schalholz an überschüssigem Wasser 0,024 m^3/m^2 · 1,0 m^2 · 25 kg/m^3 = **0,6 kg** aufnehmen.

Der mögliche Absolutfeuchtegehalt, der sich beim Ausdiffundieren der Feuchte aus dem Holzquerschnitt in den verschlossenen Sparrenzwischenräumen einstellen kann, beträgt 600 g : 0,1765 m^3 = **3.400 g/m^3 Luft**.

Zum Vergleich: Der Sättigungsgehalt der Luft liegt bei einer Lufttemperatur von 20 °C bei 17,3 g/m^3 Luft. Schimmelpilzwachstum findet statt bei einer relativen Luftfeuchte oberhalb des Substrats von 80 %. Das wäre bei einer Lufttemperatur von 20 °C 17,3 g/m^3 Luft · 80 % = 13,84 g/m^3 Luft.

Also kann auch bei Einbau der Schalung mit einem nach der ATV DIN 18334 zulässigen Feuchtegehalt von 20 % beim Ausdiffundieren der überschüssigen Feuchte in den Hohlraum der Sparrenzwischenräume hinein eine relative Luftfeuchte entstehen, die dem Schimmelpilzwachstum Vorschub leisten kann. Der Grund dafür liegt in einer relativ großen absoluten Menge an Feuchte im Verhältnis zu einem verhältnismäßig geringen Hohlraumvolumen der Sparrenzwischenräume. Vermeidbar wäre die für den Befall notwendige relative Luftfeuchte nur durch eine planmäßige Be- und Entlüftung der Dachkonstruktion in der Ebene oberhalb der Wärmedämmung. Das Prinzip der Vollsparrendämmung kann in diesem Fall nur mit vollständig (technisch) getrocknetem Holz funktionieren.

Bereits bei der Planung einer Sanierungsmaßnahme muss darauf geachtet werden, dass die relative Luftfeuchte in den eingeschlossenen Hohlräumen der Dachkonstruktion zu keinem Zeitpunkt auf Werte oberhalb von 80 % ansteigen kann. Sichergestellt werden kann dies nur durch technisch getrocknetes Holz. Welche zulässige Holzfeuchte dabei maximal infrage kommt, muss sich aus dem dynamischen Tauwassernachweis ergeben, der auch die Anfangsbedingungen der Bauphase mitberücksichtigt. Ein dynamischer Tauwassernachweis, der sich lediglich auf den späteren Gebrauchszustand erstreckt, verhindert nicht, dass sich bereits während des Bauzustands in der Sanierungsphase erneut Tauwasser bildet und/oder dass es erneut zu einem Schimmelpilzwachstum kommt.

Beispiel: Dachdämmung (Fall 2)

Der Hohlraum zwischen den Sparren ist in diesem Fall planmäßig mit einer Mineralfaserdämmung als Vollsparrendämmung aufgefüllt und wird nicht durch eine Luftschicht be- und entlüftet. Eingeschlossene Feuchte verharrt daher zunächst innerhalb der Ebene zwischen der oberen Dachabdichtung und der unteren Dampfsperrfolie und kann bei einem von oben nach unten gerichteten Dampfdruckgefälle nur über die Klimamembranfolie allmählich nach unten entweichen.

Die Sparrenhöhe beträgt 260 mm, die Sparrenbreite 120 mm und der Achsabstand der Sparren 850 mm. Der Sparrenanteil im Querschnitt liegt bei 1,00 m : 0,85 m = 1,18 Sparren/m, der Volumenanteil der Sparren im Querschnitt pro Quadratmeter Dachfläche bei (1,18 Sparren/m · 0,12 m · 0,26 m · 1,0 m) : (1,0 m · 1,0 m) = **0,0368 m^3/m^2**.

Der Volumenanteil der Sparrenzwischenräume beträgt pro Quadratmeter Dachfläche [0,26 m · 1,0 m · 1,0 m – (1,18 Sparren/m · 0,12 m · 0,26 m · 1,0 m)] : (1,0 m · 1,0 m) = 0,2232 m^3/m^2. Das Gesamtvolumen der Konstruktion unterhalb der Schalung beträgt pro Quadratmeter Dachfläche 0,0368 m^3/m^2 + 0,2232 m^3/m^2 = 0,2600 m^3/m^2.

Der Volumenanteil der Sparren entspricht (0,0368 m^3/m^2 · 100 %) : 0,26 m^3/m^2 = 14,15 %. Der Volumenanteil der Hohlräume für die Wärmedämmung beträgt (0,2232 m^3/m^2 · 100 %) : 0,26 m^3/m^2 = 85,85 %. Die Dicke der Holzschalung oberhalb der Wärmedämmung liegt bei 24 mm. Der Volumenanteil der Holzschalung beträgt pro Quadratmeter Dachfläche (1,0 m · 1,0 m · 0,024 m) : (1,0 m · 1,0 m) = **0,024 m^3/m^2**.

Dem Hohlraumvolumen in der Dämmstoffebene von 0,2232 m^3/m^2 steht pro Quadratmeter Dachfläche ein umgebendes Holzvolumen von 0,0368 m^3/m^2 + 0,0240 m^3/m^2 = **0,0608 m^3/m^2** gegenüber.

Bei einer Holzrohdichte von 500 kg/m^3 führt eine Austrocknung des Holzes um lediglich 1 Masse-% dazu, dass bezogen auf einen Quadratmeter Dachfläche Wasser in einer Menge von 0,0608 m^3/m^2 · 500 kg/m^3 · 1 % = 0,30 kg/m^2 freigesetzt wird.

Diese frei werdende Feuchte führt bereits ohne Berücksichtigung des Verdrängungsvolumens der Mineralfaserdämmung zu einem Anstieg der absoluten Luftfeuchte in dem Sparrenzwischenraum um 0,30 kg/m^2 : 0,2232 m^3/m^2 = 1,34 kg/m^3. Dies entspricht einem Wert von **1.340 g/m^3**.

Zum Vergleich: Der Sättigungsgehalt der Luft (100 % relative Luftfeuchte) liegt bei einer Lufttemperatur von 20 °C bei 17,3 g/m^3 Luft. Schimmelpilzwachstum findet bereits bei einer relativen Luftfeuchte oberhalb des Substrats von 80 % statt. Das entspräche bei einer Lufttemperatur von 20 °C 17,3 g/m^3 Luft · 0,8 = 13,84 g/m^3 Luft. Das bedeutet, dass die Luft innerhalb der Sparrenzwischenräume nicht in der Lage sein wird, die frei werdende Feuchte aus dem umgebenden Holz aufzunehmen.

Bei dem Belassen der Schalung mit einem Feuchtegehalt, der lediglich um 1 % höher als die spätere Ausgleichsfeuchte des Holzes ist, kann es beim Ausdiffundieren der überschüssigen Feuchte in den Hohlraum der Sparrenzwischenräume hinein zu einem erheblichen Anstieg der absoluten Luftfeuchte kommen, die den Sättigungswert der Luft übersteigt und die dann erneut zu einem Tauwasserausfall (= 100 % Sättigung) führt. Gleichzeitig kann es bereits oberhalb von Werten der relativen Luftfeuchte von 80 % innerhalb weniger Tage zum Schimmelpilzwachstum kommen. Der Grund dafür liegt in einer relativ großen, frei werdenden absoluten Menge an Wasser im Verhältnis zu einem verhältnismäßig geringen Hohlraumvolumen der Sparrenzwischenräume.

Bei Einbau der Schalung mit einem nach der ATV DIN 18334 zulässigen Feuchtegehalt von 20 % kann es beim Ausdiffundieren der überschüssigen Feuchte in den Hohlraum der Sparrenzwischenräume hinein zu einer (angenommenen) Endfeuchte des Holzes von 10 % kommen in einer Größenordnung von 0,0608 m^3/m^2 · 500 kg/m^3 · 10 % = 3,0 kg/m^2. Sicher vermeidbar wäre die für den Befall notwendige relative Luftfeuchte nur durch eine planmäßige Be- und Entlüftung der Dachkonstruktion in der Ebene oberhalb der Wärmedämmung.

Das Prinzip der Vollsparrendämmung kann im Beispielfall mit vollständig (technisch) auf die spätere Ausgleichsfeuchte herabgetrocknetem Holz funktionieren. Deshalb muss der mit dem Tauwassernachweis beauftragte Planer verbindlich festlegen, bis zu welcher maximal zulässigen Holzfeuchte unter den gegebenen Randbedingungen die Wärmedämmung eingebaut und die Funktionsebene der Dampfsperrfolie dann geschlossen werden kann. Dabei sollte der Planer auch die tatsächliche, bei fachgerechter Ausführung bestenfalls erreichbare Leckagerate innerhalb der Funktionsebene der luftdichten Schicht berücksichtigen, die sich im vorliegenden Fall aufgrund planmäßig bestehender Perforationen der Dampfsperre durch Installationen usw. ergibt.

6.4.9 Einfluss von Durchfeuchtung auf die Wärmedämmung von Flachdächern

Beispiel: Berechnung der reduzierten Wärmedämmung infolge von Durchfeuchtung

Aufgrund einer eingetretenen Durchfeuchtung der 6 cm starken Korkdämmung eines Flachdachs hat diese in erheblichem Maße ihre Wärmedämmeigenschaften eingebüßt. Ausweislich des Laborergebnisses liegt ein Feuchtegehalt vor von $u = 0{,}4 = 40$ Masse-%.

Die Dämmstoffrohdichte ρ für Kork beträgt gemäß DIN 18161-1 „Korkerzeugnisse als Dämmstoffe für das Bauwesen – Teil 1: Dämmstoffe für die Wärmedämmung" (1976) 120 kg/m³. Dies entspricht 120 kg/m³ : 1.000 dm³/m³ = 0,12 kg/dm³.

Die Umrechnung des Durchfeuchtungsgrads von Masse-% in Vol.-% ergibt:

$$\psi = \frac{\rho_{\text{Stoff}} \cdot u}{\rho_{\text{Wasser}}} \qquad (6.19)$$

mit
ψ volumenbezogener Feuchtegehalt in dm³/dm³
ρ_{Stoff} Dichte des Baustoffs in kg/dm³
u massebezogener Feuchtegehalt in kg/kg
ρ_{Wasser} Dichte des Wassers in kg/dm³

Der volumenbezogene Feuchtegehalt der Korkdämmung berechnet sich ψ = (0,12 kg Feststoff/dm³ · 1,0 dm³ Wasser/kg Feststoff) · 0,4 kg/kg = 0,05 = **5 Vol.-%**.

Zur Ermittlung des Dämmverlusts aufgrund der Durchfeuchtung wird folgende Formel verwendet:

$$R_T = R_{si} + \frac{d}{\lambda} + R_{se} \qquad (6.20)$$

mit:
R_T Wärmedurchgangswiderstand in m² · K/W
R_{si} Wärmeübergangswiderstand innen in m² · K/W
d Dicke der Schicht in m
λ Wärmeleitfähigkeit der Schicht in W/(m · K)
R_{se} Wärmeübergangswiderstand außen m² · K/W

Aus Abb. 6.16 lässt sich die Wärmeleitfähigkeit von Kork ablesen: Bei einem Feuchtegehalt von 5 Masse-% ergibt sich eine Wärmeleitfähigkeit λ_{feucht} von 0,08 W/(m · K). Für die Wärmeleitfähigkeit im trockenen Zustand gibt die DIN 4108-4 (2013) in Tabelle 2, Zeile 5.9, einen Nennwert von $\lambda_{\text{trocken}} = 0{,}04$ W/(m · K) an.

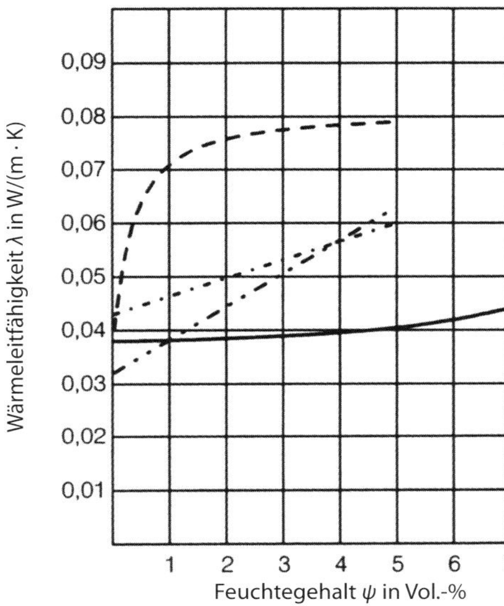

Abb. 6.16: Abhängigkeit der Wärmeleitfähigkeit λ verschiedener Dämmstoffe von ihrem Feuchtegehalt ψ gemäß Herstellerangaben (Quelle: Reyer, E.; Schild, K.; Völkner, S.: Wärmedämmstoffe und Systeme. In: Bauphysik Kalender 2003. S. 164. 2003. Copyright Wilhelm Ernst & Sohn Verlag für Architektur und technische Wissenschaften GmbH & Co. KG. Reproduced with permission.)

Wird die Schichtdicke durch die Wärmeleitfähigkeit geteilt, ergibt sich für den trockenen Kork ein Wert von
$d/\lambda_{\text{trocken}} = 0{,}06 \text{ m} : 0{,}04 \text{ W/(m} \cdot \text{K)} = 1{,}5 \text{ m}^2 \cdot \text{K/W}$
und für den feuchten Kork
$d/\lambda_{\text{feucht}} = 0{,}06 \text{ m} : 0{,}06 \text{ W/(m} \cdot \text{K)} = 1{,}0 \text{ m}^2 \cdot \text{K/W}$.

Eingesetzt in Formel 6.20 lässt sich für $R_{\text{T,trocken}}$ ein Wert von $0{,}10 \text{ m}^2 \cdot \text{K/W} + 1{,}5 \text{ m}^2 \cdot \text{K/W} + 0{,}04 \text{ m}^2 \cdot \text{K/W} = 1{,}640 \text{ m}^2 \cdot \text{K/W}$ errechnen und für $R_{\text{T,feucht}} = 0{,}10 \text{ m}^2 \cdot \text{K/W} + 1{,}0 \text{ m}^2 \cdot \text{K/W} + 0{,}04 \text{ m}^2 \cdot \text{K/W} = 1{,}14 \text{ m}^2 \cdot \text{K/W}$.

Um den Wärmedurchgangskoeffizienten des Bauteils in trockenem und feuchtem Zustand auszurechnen, wird die Formel 6.6 verwendet.

Für den trockenen Kork ergibt sich dabei ein Wert von
$U_{\text{trocken}} = 1 : R_{\text{T,trocken}} = 1 : 1{,}64 \text{ W/(m}^2 \cdot \text{K)} = 0{,}610 \text{ W/(m}^2 \cdot \text{K)}$.

Für den feuchten Kork beträgt der Wert für $U_{\text{feucht}} = 1 : R_{\text{T,feucht}} = 1 : 1{,}14 \text{ W/(m}^2 \cdot \text{K)} = 0{,}877 \text{ W/(m}^2 \cdot \text{K)}$.

Die feuchtesbedingte Differenz des Wärmedurchgangswiderstands ΔR_{T} in % ergibt sich aus folgender Formel:

$$\Delta R_{\text{T}} = 100\ \% - \left(\frac{R_{\text{T,feucht}} \cdot 100}{R_{\text{T,trocken}}}\right) \tag{6.21}$$

Werden die errechneten Werte für $R_{\text{T,feucht}}$ und $R_{\text{T,trocken}}$ in diese Formel eingesetzt, ergibt sich für
$\Delta R_{\text{T}} = 100\ \% - [1{,}14 \text{ W/(m}^2 \cdot \text{K)} \cdot 100] : 1{,}64 \text{ W/(m}^2 \cdot \text{K)} = 69{,}5\ \%$.

Die durchfeuchtete Dämmung hat also in Bezug auf die trockene Dämmung nur eine restliche Dämmfähigkeit von 100 % – 69,5 % = **30,5 %**.

6.5 Erstellung einer Feuchtebilanz

Die in einem Haushalt während eines normalen Tages anfallende Feuchte, verursacht durch die Atemluft der Bewohner sowie durch Duschen, Baden, Kochen, Waschen, Wäschetrocknen, Topfpflanzen und Haustiere, muss durch Lüften (Grund- und Bedarfslüftung) wieder an die Außenluft abgegeben werden, um den Anstieg der relativen Raumluftfeuchte zu verhindern (siehe Abb. 3.16). In einer Feuchtebilanz kann die Feuchteproduktion der Feuchteentsorgung gegenüber gestellt werden.

Beispiel: Feuchtebilanz des vierköpfigen Haushalts der Familie Bundy

Die 4 Personen (Vater Al, Mutter Peggy, Tochter Kelly und Sohn Bud) leben gemeinsam mit ihrem Hund in einer 90-m^2-Wohnung. Das Familieneinkommen bestreitet der Vater Al Bundy durch die Veräußerung von Schuhwaren. Die übrigen Wohnungsinsassen verbringen den Tag mit allerlei Zerstreuungen. Die hygrologische Seite ihres Tagesablaufs gestaltet sich wie folgt:

- 7.00 bis 7.15 Uhr: Al Bundy duscht; 0,25 h · 2.600 g/h = 650,0 g;
- 7.15 bis 7.45 Uhr: Al frühstückt, leichte Aktivität; 0,50 h · 70 g/h = 35,0 g;
- 10.00 bis 10.45 Uhr: Peg, Kelly und Bud duschen; 0,75 h · 2.600 g/h = 1.950,0 g;
- 10.45 bis 18.00 Uhr:
  - Peggy, Kelly und Bud warten auf Al; 3 · 7,25 h · 70 g/h = 1.522,5 g;
  - ein Waschvorgang, tropfnass; 300 g/h · 12 h = 3.600,0 g;
  - Geschirrspülen, ein Spülgang; 1 · 200 g = 200,0 g;
- 18.00 bis 22 Uhr: Geselligkeit, 4 Personen; 4 · 50 g/h · 4 h = 800,0 g;
- 22.00 bis 22.30 Uhr: Peg bleibt hartnäckig: 2 Personen, schwere Aktivität; 2 · 120 g/h · 0,5 = 120,0 g;
- 22.00 bis 10.00 Uhr: Nachtruhe Bud, Kelly außer Haus; 1 · 50 g/h · 12 = 600,0 g;
- 22.30 bis 7.00 Uhr: Nachtruhe Al; 1 · 50 g/h · 8,5 h = 425,0 g;
- 22.30 bis 10.00 Uhr: Nachtruhe Peg; 1 · 50 g/h · 11,5 h = 575,0 g;
- 6 Zimmerpflanzen; 6 · 15 g/h · 24 h = 2.160,0 g;
- ein Hund; 30 g/h · 24 h = 720,0 g.

Die Gesamtfeuchteproduktion innerhalb von 24 Stunden beträgt demnach **13.357,5 g**.

Die Sättigungsmenge, d. h. der maximal gebundene Wassergehalt der Raumluft bei einer Lufttemperatur von 20 °C und 100 % relativer Luftfeuchte, beträgt nach der Sättigungstabelle 17,3 g/m³ (siehe Tabelle 6.3). Unter der Voraussetzung, dass innerhalb des Winterhalbjahrs immer dann gelüftet wird, wenn ein relativer Luftfeuchtegehalt im Raum von 60 % entstanden ist, ergibt sich zu diesem Zeitpunkt bei einer Raumlufttemperatur von 20 °C eine Wassermenge innerhalb der Raumluft von 17,3 g/m³ · 0,6 = **10,38 g/m³**.

Die Außenlufttemperatur im Winterhalbjahr wird im Mittel vorausgesetzt mit 5 °C, die Außenluftfeuchte mit 80 %. Nach der Sättigungstabelle (siehe Tabelle 6.3) beträgt der Sättigungswassergehalt in der Luft bei 5 °C und 100 % relativer Luftfeuchte 6,8 g/m³. Der Absolutwassergehalt für eine relative Luftfeuchte von 80 % liegt in der Außenluft dann bei 6,8 g/m³ · 0,8 = **5,44 g/m³**.

Der Differenzbetrag zwischen der absoluten Feuchtemenge der Außenluft und der absoluten Feuchtemenge der Innenluft beträgt somit 10,38 g/m³ – 5,44 g/m³ = **4,94 g/m³**.

Die Luftwechselrate wird angesetzt mit $n = 0{,}5\ h^{-1}$. Die Wohnfläche der Wohnung beträgt 90 m². Bei einer lichten Raumhöhe von 2,60 m ergibt sich ein Wohnungsraumvolumen von 2,60 m · 90 m² = 234 m³. Mit der Luftwechselrate 0,5 h^{-1} ergibt sich, dass das Raumvolumen von 234 m³ stündlich zur Hälfte ausgetauscht wird. Die Außenluftrate beträgt somit 234 m³ · 0,5 h^{-1} = **117 m³/h**.

Innerhalb von einer Stunde wird auf diese Weise eine Feuchtemenge von 4,94 g/m³ · 117 m³/h = 578 g/h abgeführt. Innerhalb von 24 Stunden ergibt dies eine abgeführte Feuchtemenge von 573 g/h · 24 h = **13.872 g**.

Da also mehr Feuchte abgeführt als produziert wird (13.872 g gegenüber 13.357,5 g), reicht ein Luftwechsel von $n = 0{,}5\ h^{-1}$, also ein vollständiger Austausch des Raumluftvolumens alle 2 Stunden, wie er aus hygienischen Gründen ohnehin erforderlich ist, um die täglich innerhalb der Bundy-Wohnung produzierte Feuchte kontinuierlich an die Außenluft abzuführen. Eine allmähliche Anreicherung der Luftfeuchte tritt in diesem Fall nicht ein. Um die Luftwechselzahl von $n = 0{,}5\ h^{-1}$ sicherzustellen, müssen in der gesamten Wohnung intervallartige Lüftungsvorgänge organisiert werden.

6.6 Bestimmung des Luftwechsels

6.6.1 Bestimmung des Luftwechsels bei Initiativlüftung

6.6.1.1 Wohnraum

Im Hinblick auf die durch Fensterlüftung erreichbaren Luftwechselzahlen bedeutet dies beispielhaft bei offenen Fenstern mit einer erreichbaren Luftwechselzahl $n = 12\ h^{-1}$, dass innerhalb von 60 Minuten ein zwölffacher Luftwechsel stattfindet.

Der prozentuale Anteil der vom Nutzer sicherzustellenden Lüftungszeit pro Stunde ergibt nach folgender Formel:

$$t_{(\text{ant, \%})} = \frac{n_{\text{erf}} \cdot 100}{n_{\text{methodisch}}} \tag{6.22}$$

mit

$t_{(\text{ant, \%})}$ Lüftungszeitanteil in %

n_{erf} erforderliche Luftwechselrate in h^{-1}

$n_{\text{methodisch}}$ methodenspezifische Luftwechselrate in h^{-1}

Die erforderliche Lüftungszeit in Minuten pro Stunde lässt sich dann mit folgender Formel berechnen:

$$t_{(\text{h,24 h})} = \frac{n_{\text{erf}} \cdot 60}{n_{\text{methodisch}}} \tag{6.23}$$

mit

$t_{(\text{h,24 h})}$ Lüftungszeitanteil pro Stunde in min/h

Diese Lüftungszeit pro Stunde müsste theoretisch über 24 Stunden hinweg eingehalten werden. Soll die Lüftungszeit errechnet werden, die während des Tages eingehalten werden muss, wird zunächst der Gesamtluftaustausch für 24 Stunden berechnet, der dann durch die Anzahl der Anwesenheitsstunden geteilt werden kann:

$$t_{(\text{h,8 h})} = \frac{n_{\text{erf}} \cdot 60 \cdot 24}{n_{\text{methodisch}} \cdot 8} \tag{6.24}$$

mit

$t_{(\text{h,8 h})}$ Lüftungszeitanteil pro Stunde, über 8 Stunden verteilt, in min/h

Wird eine Luftwechselrate von $0{,}5\ h^{-1}$ vorausgesetzt, dann sind über den gesamten Tag hinweg die stündlich notwendigen Lüftungsminuten folgendermaßen zu errechnen:

$t_{(\text{h,24 h})} = (0{,}5\ h^{-1} \cdot 60\ \text{min/h}) : 12\ h^{-1} = 2{,}5\ \text{min/h}$

Insgesamt, auf 24 Stunden gerechnet, ergibt sich die Notwendigkeit einer Gesamtlüftungsdauer von $t_{(\text{h,ges})} = 2{,}5\ \text{min/h} \cdot 24\ h = 60\ \text{min}$.

Über einen Zeitraum von 8 Stunden hinweg lassen sich die stündlich notwendigen Lüftungsminuten errechnen mit $t_{(h,8\,h)} = (0{,}5\ h^{-1} \cdot 60\ min/h \cdot 24\ h/d) : 12\ h^{-1} \cdot 8\ h/d = 7{,}5\ min/h$.

Nach Klopfer lässt sich die Luftwechselzahl wie folgt in Relation zu den relativen Luftfeuchten setzen:

$$\varphi_i = \varphi_a \cdot \frac{c_{sa}}{c_{si}} + \frac{M_D}{n_{erf} \cdot V_R \cdot c_{si}} \tag{6.25}$$

mit

φ_i relative Luftfeuchte innen in %

φ_a relative Luftfeuchte außen in %

c_{sa} Feuchtekonzentration außen in g/m³

c_{si} Feuchtekonzentration innen in g/m³

M_D im Raum täglich produzierter Wasserdampfstrom in g/d

n_{erf} erforderliche Luftwechselrate in h^{-1}

V_R Raumvolumen in m^3

Umgestellt ergibt sich die erforderliche Luftwechselzahl mit:

$$n_{erf} = \frac{M_D}{(\varphi_i - \varphi_a \cdot \frac{c_{sa}}{c_{si}}) \cdot V_R \cdot c_{si}} \tag{6.26}$$

Beispiel: Berechnung der erforderlichen Luftwechselzahl des vierköpfigen Haushalts der Familie Bundy

Im Rahmen der Erstellung der Feuchtebilanz für den Haushalt der Familie Bundy (siehe Kapitel 6.5) war eine aus hygienischen Gründen notwendige Mindestluftwechselzahl von 0,5 h^{-1} ermittelt worden. Nun soll die tatsächlich erforderliche Luftwechselzahl mit gegebenen bzw. angenommenen Werten errechnet werden.

- φ_i: Die relative Soll-Luftfeuchte innen beträgt nach DIN 4108 50 %.
- φ_a: Die relative Luftfeuchte außen liegt nach DIN 4108 bei der im Winterhalbjahr im Mittel vorausgesetzten Außenlufttemperatur von 5 °C bei 80 %.
- c_{sa}: Bei einer Lufttemperatur von –10 °C ergibt sich laut Sättigungstabelle (siehe Tabelle 6.3) ein Sättigungsgehalt des Wasserdampfs in der Luft von 2,14 g/m³. Bei der relativen Luftfeuchte außen nach DIN 4108 von 50 % ergibt sich eine Feuchtekonzentration außen von $2{,}14\ g/m^3 \cdot 0{,}8 = 1{,}71\ g/m^3$.
- c_{si}: Entsprechend lässt sich die Feuchtekonzentration innen errechnen mit dem Sättigungsgehalt des Wasserdampfs in der Luft bei 20 °C von 17,30 g/m³ und mit der relativen Luftfeuchte innen nach DIN 4108 und beträgt dann $17{,}30\ g/m^3 \cdot 0{,}5 = 8{,}65\ g/m^3$.

- M_D: Für einen Vierpersonenhaushalt, wie er dem Beispiel entspricht, kann eine Feuchteproduktion von 13 l/d = 542 g/h vorausgesetzt werden.
- V_R: Bei einer Mietfläche von 90 m² und einer Raumhöhe von 2,60 m ergibt sich ein Raumvolumen von 234 m³.

Eingesetzt in die Formel 6.26 ergibt sich eine erforderliche Luftwechselzahl $\boldsymbol{n_{erf} = 0{,}8\ h^{-1}}$.

Es wäre also unter den o. g. Voraussetzungen ein mittlerer durchschnittlicher Luftwechsel erforderlich, der den Austausch des 0,8-fachen Wohnungsvolumens pro Stunde umfasst, um kontinuierlich eine relative Luftfeuchte von 50 % zu sichern. Bei der empfohlenen Stoßlüftung mit offenen Fenstern wird ein fünf- bis zehnfacher methodenspezifischer Luftwechsel pro Stunde erreicht, im Mittel also ein 7,5-facher Luftwechsel.

Werden die erforderliche und die methodenspezifische Luftwechselrate in Formel 6.22 eingesetzt, lässt sich der prozentuale Lüftungszeitanteil $t_{(ant,\,\%)}$ berechnen: $(0{,}8\ h^{-1} \cdot 100) : 7{,}5\ h^{-1} =$ **11 %**.

Eingesetzt in die Formel 6.23 ergibt sich ein Lüftungszeitanteil pro Stunde $t_{(h,24\,h)}$ von $(0{,}8\ h^{-1} \cdot 60\ min/h) : 7{,}5\ h^{-1} =$ **6,4 min/h**.

Luftaustausch sorgt für eine Regulation der relativen Raumluftfeuchte. Wird z. B. die Raumluft gegen frische Außenluft ausgetauscht, gelangt beispielsweise in der Winterperiode Frischluft von außen mit einer Außenlufttemperatur von +5 °C in den Raum. Aus der Sättigungstabelle (siehe Tabelle 6.3) ist zu entnehmen, dass der Wassergehalt bei dieser Lufttemperatur bei 100 % Sättigung 6,8 g/m³ beträgt. Bei einer äußeren relativen Luftfeuchte von 80 % beträgt der Wassergehalt in der frisch zugeführten Luft 6,8 g/m³ · 0,8 = 5,44 g/m³. Wird nun diese Frischluft auf die Raumlufttemperatur von 20 °C erwärmt, lässt sich aus der Sättigungstabelle (siehe Tabelle 6.3) ein Sättigungsgehalt von 17,3 g/m³ ablesen. Die relative Luftfeuchte beträgt dann 5,44 g/m³ · 100 : 17,3 g/m³ = 31 %. Insofern ist eine Fensterlüftung in der kalten Jahreszeit bei feuchten Außenklimaten nur scheinbar paradox, absolut gesehen aber sehr wirkungsvoll.

Hinweis: Bei der Verwendung von Sättigungstabellen und entsprechenden Diagrammen ist zu beachten, ob der abgedruckte Sättigungswert in g Wasser pro m³ Luft, also in g/m³, oder in g Wasser pro kg Luft, also in g/kg, angegeben wird. Gegebenenfalls ist eine Umrechnung erforderlich: 1 m³ Luft wiegt 1,2 kg.

Beispiel: Ermittlung der relativen Luftfeuchte im Raum nach dem Lüftungsvorgang im Winter

Familie Bundy lüftet das Wohnzimmer, weil Bud die Brille beschlug, als er von draußen hereinkam. Das Hygrometer zeigt im Raum eine relative Luftfeuchte von 60 % an. Auf dem Thermometer ist eine Raumlufttemperatur von 20 °C abzulesen. Die Außenwetterstation zeigt eine relative Luftfeuchte von 70 % an, und die Außenlufttemperatur wird angezeigt mit 0 °C. Al hält das Lüften für aussichtslos, er sagt voraus, dass die Luftfeuchte im Raum dadurch von 60 auf 70 % ansteigen wird.

Zu berechnen ist in diesem Fall die relative Luftfeuchte $\varphi_{i,neu}$ im Raum nach dem Lüftungsvorgang und dem Erwärmen der Luft bei einer Luftwechselzahl von 0,5 h^{-1}. Es gilt folgende Formel:

$$\varphi_{i,neu} = \frac{w_{i,neu} \cdot 100}{w_{S,20\,°C}} \tag{6.27}$$

mit

$\varphi_{i,neu}$ relativer Feuchtegehalt der Mischluft in %
$w_{i,neu}$ Absolutwassergehalt der Mischluft in g/m^3
$w_{S,20\,°C}$ Sättigungsgehalt der Mischluft, erwärmt auf 20 °C, in g/m^3

Der Absolutwassergehalt der Mischluft $w_{i,neu}$ lässt sich folgendermaßen berechnen:

$$w_{i,neu} = n \cdot w_e + (1 - n) \cdot w_i \tag{6.28}$$

mit

n Luftwechselzahl in h^{-1}
w_e Absolutgehalt der Außenluft in g/m^3
w_i Absolutgehalt der Innenraumluft in g/m^3

Nachfolgende Lösungsschritte sind erforderlich, um die Fragestellung zu klären.

- Schritt 1: Aufgabenstellung überdenken
- Schritt 2: Temperatur und relative Luftfeuchte der Außenluft ermitteln
- Schritt 3: Sättigungsgehalt $w_{S,e}$ der Außenluft aus Tabelle 6.3 ablesen
- Schritt 4: Absolutgehalt w_e der Außenluft berechnen
- Schritt 5: Temperatur und relative Luftfeuchte der Innenluft ermitteln
- Schritt 6: Sättigungsgehalt $w_{S,i}$ der Innenluft aus Tabelle 6.3 ablesen
- Schritt 7: Absolutgehalt w_i der Innenluft berechnen
- Schritt 8: Luftwechselzahl n bestimmen
- Schritt 9: Anteile der Frischluft und der verbrauchten Luft in der Mischluft berechnen
- Schritt 10: Absolutgehalt w_i der Innenluft mit unterschiedlichem Absolutgehalt berechnen
- Schritt 11: Absolutgehalt $w_{i,neu}$ der Mischluft berechnen
- Schritt 12: Sättigungsgehalt $w_{S,i,neu}$ der Mischluft nach Erwärmung aus Tabelle 6.3 ablesen
- Schritt 13: relative Luftfeuchte $\varphi_{i,neu}$ der Mischluft berechnen

- Zu Schritt 1: Die Berechnung der relativen Luftfeuchte im Raum nach dem Lüften und Aufheizen erfolgt auf der Grundlage der Absolutgehalte von verbleibender Luftmenge und hinzukommender Frischluft.
- Zu Schritt 2: Die Temperatur der Außenluft beträgt laut Messung 0 °C, die relative Luftfeuchte 70 %.
- Zu Schritt 3: Gemäß Tabelle 6.3 liegt der Sättigungsgehalt der Außenluft bei 4,84 g/m³.
- Zu Schritt 4: Der Absolutgehalt der Außenluft lässt sich errechnen als 4,84 g/m³ · 0,7= 3,388 g/m³.
- Zu Schritt 5: Die Temperatur der Innenraumluft beträgt laut Messung 20 °C, die relative Luftfeuchte innen 60 %.
- Zu Schritt 6: Der Sättigungsgehalt der Innenraumluft lässt sich aus Tabelle 6.3 mit einem Wert von 17,3 g/m³ ablesen.
- Zu Schritt 7: Der Absolutgehalt der Innenraumluft lässt sich errechnen als 17,3 g/m³ · 0,6= 10,38 g/m³.
- Zu Schritt 8: Die Luftwechselzahl *n* wird ermittelt mit 0,5 h^{-1}.
- Zu Schritt 9: Die Mischluft setzt sich aus 50 % Frischluft und 50 % verbrauchter Luft zusammen.
- Zu Schritt 10 und 11: Der Absolutgehalt der Mischluft lässt sich unter Berücksichtigung ihrer Zusammensetzung berechnen mit 0,5 · 3,388 g/m³ + (1,0 - 0,5) · 10,38 g/m³ = 6,884 g/m³.
- Zu Schritt 12: Der Sättigungsgehalt der Mischluft nach Erwärmung auf 20 °C beträgt laut Tabelle 6.3 17,3 g/m³.
- Zu Schritt 13: Die relative Feuchte der Mischluft nach der Erwärmung auf 20 °C wird errechnet als (6,884 g/m³ · 100) : 17,3 g/m³ = **40 %**.

Ergebnis: Die relative Luftfeuchte ist bei einer Luftwechselzahl von 0,5 h^{-1} von anfangs 60 auf 40 % herabgesetzt worden.

Wird die Berechnung unter sonst gleichen Bedingungen bei einer Außenlufttemperatur von –5 °C und einer Luftwechselzahl von 0,3 h^{-1} durchgeführt, kommt man zum nachfolgenden Ergebnis.

- Zu Schritt 2: Die Temperatur der Außenluft beträgt in diesem Fall 5 °C bei gleicher relativer Luftfeuchte von 70 %.
- Zu Schritt 3: Gemäß Tabelle 6.3 liegt der Sättigungsgehalt der Außenluft bei 3,24 g/m³.
- Zu Schritt 4: Der Absolutgehalt der Außenluft lässt sich errechnen als 3,24 g/m³ · 0,7 = 3,388 g/m³.
- Zu Schritt 8: Die Luftwechselzahl *n* beträgt in diesem Fall 0,3 h^{-1}.
- Zu Schritt 9: Die Mischluft setzt sich aus 30 % Frischluft und 70 % verbrauchter Luft zusammen.
- Zu Schritt 10 und 11: Der Absolutgehalt der Mischluft lässt sich unter Berücksichtigung ihrer Zusammensetzung berechnen als 0,3 · 2,268 g/m³ + (1,0 – 0,3) · 10,38 g/m³ = 8,984 g/m³.
- Zu Schritt 13: Die relative Feuchte der Mischluft nach der Erwärmung auf 20 °C wird errechnet als (8,984 g/m³ · 100) : 17,3 g/m³ = **52 %**.

Ergebnis: Die relative Luftfeuchte ist bei einer Luftwechselzahl von 0,3 h^{-1} von anfangs 60 auf 52 % herabgesetzt worden.

6.6.1.2 Kellerraum in Weißer Wanne

Berechnung der permanenten Ist-Luftwechselrate

Gerade in Neubauten, die über einen Keller als Weiße Wanne verfügen (siehe Kapitel 3.3.16.3), kommt es innerhalb der ersten Jahre nach Erstbezug oft zu Reklamationen der Nutzer wegen verschimmelter Inventargegenstände, die im Keller eingelagert waren.

Beispiel: Schimmelpilzbefall in einem Kellerraum

Der von Schimmelpilzbefall betroffene Kellerraum weist ein Kellerfenster mit den Maßen 75 cm × 47 cm auf. Das Flügelmaß beträgt 67 cm × 38,5 cm, das Rahmenmaß der Fensterfläche 0,353 m^2 und das Flügelmaß der Fensterfläche 0,258 m^2.

Schimmelpilze benötigen für ihre Ansiedlung auf Bauteiloberflächen eine möglicherweise auch nur zeitweise auftretende relative Luftfeuchte von etwa 80 %. Dieser Wert ergibt sich aus der DIN EN ISO 13788. Später ist dann auch eine relative Luftfeuchte von 70 % für das weitere Wachstum ausreichend. Wegen des Schimmelpilzbefalls auf Bauteiloberflächen und Inventar kann daher unterstellt werden, dass im betroffenen Kellerraum über mehrere Tage hinweg eine relative Luftfeuchte von über 80 % vorlag, da ansonsten kein Schimmelpilzbefall hätte entstehen können.

Die mit den unterschiedlichen Lüftungsmethoden erzielbaren Luftwechselraten sind z. B. dem RWE Bau-Handbuch zu entnehmen (siehe Tabelle 3.9; RWE Bau-Handbuch, 2004).

Für den vorliegenden Fall bedeutet dies: Sofern in einem Raum Fenster in einer üblichen Beschaffenheit vorhanden sind, kann bei Kipplüftung eine Luftwechselrate von 0,8 bis 4,0 h^{-1} erzielt werden. Eine derartige übliche Beschaffenheit liegt dann vor, wenn die Fenstergröße in einem bestimmten Verhältnis zur Raumgröße steht und wenn das Fenster durch die an- und abströmende Luft ungehindert erreicht wird. Ein Kellerfenster, das – wie im vorliegenden Fall – nicht zur Außenluft hin frei liegt, sondern an einen Kellerlichtschacht angrenzt, liegt zumindest teilweise im Strömungsschatten des Lichtschachts. Außerdem besteht die Möglichkeit der Querlüftung nicht, da nur ein Fenster im Raum vorhanden ist und auf der gegenüber liegenden Seite des Kellers eine geschlossene Wand zur Tiefgarage hin steht. Die tatsächliche Luftwechselrate eines derartigen einzelnen Kellerfensters dürfte also eher deutlich an der unteren Grenze der in Tabelle 3.9 genannten Werte von üblichen Fenstern in Aufenthaltsräumen liegen.

Hinsichtlich der üblichen Größe von Fenstern für Aufenthaltsräume kann als Bemessungsbeispiel die Hamburgische Bauordnung herangezogen werden:

§ 44 HBauO, 2005:

„§ 44 Aufenthaltsräume

[...]

(2)

1 Aufenthaltsräume müssen ausreichend belüftet und mit Tageslicht belichtet werden können.

2 Sie müssen Fenster mit einem Rohbaumaß der Fensteröffnungen von mindestens einem Achtel der Nettogrundfläche des Raumes einschließlich der Nettogrundfläche verglaster Vorbauten und Loggien haben."

Danach ist von einer üblichen Beschaffenheit von Wohnraumfenstern auszugehen, wenn das Rohbaumaß der Fensteröffnungen mindestens ein Achtel der Nettogrundfläche des Raumes beträgt. Im Beispiel beträgt das Rohbaumaß der Fensteröffnung 0,353 m^2. Die Nettogrundfläche des Kellerraums liegt bei 4,06 m × 4,64 m = 18,84 m^2. Ein Achtel der Grundfläche sind 18,84 m^2 : 8 = 2,355 m^2.

Das Kellerfenster entspricht damit nicht der üblichen Beschaffenheit von Wohnraumfenstern. Die für Wohnraumfenster üblichen Luftwechselraten können für das vorliegende Kellerfenster rechnerisch deshalb nicht in Ansatz gebracht werden. Das Verhältnis zwischen der tatsächlichen Größe des Kellerfensters und der üblichen Größe von Wohnraumfenstern liegt tatsächlich bei einem Siebtel. Damit dürfte auch die bei diesem Kellerfenster erzielbare Lüftungseffizienz günstigenfalls in einer Größenordnung von etwa einem Siebtel des Luftwechsels von Wohnraumfenstern liegen, also einem Siebtel des Bereichs zwischen 0,8 und 4,0 h^{-1}. Das entspricht einer permanenten Ist-Luftwechselrate von **0,11 bis 0,57 h^{-1}**.

Ob die Größe des Fensters zur Absenkung der relativen Raumluftfeuchte ausreicht, ergibt sich erst aus den folgenden Zusammenhängen.

Bestimmung des Einflusses der Sommerkondensation

Kondensation tritt in der Regel in der kalten Jahreszeit auf, da dann die innenseitigen Wandoberflächen aufgrund der kälteren Außentemperaturen häufig eine niedrigere Oberflächentemperatur aufweisen als im Sommer. In Kellern kann es jedoch zu dem umgekehrten Vorgang kommen, der sog. Sommerkondensation durch ungünstige Lüftung während warmer Außenlufttemperaturen. Fehlende Wärmedämmung führt im Sommer bei den erdberührten Bauteilen zu niedrigen Bauteiloberflächen-Temperaturen von 13 bis 17 °C. Von außen einströmende Warmluft von z. B. 26 °C mit einer relativen Luftfeuchte von 70 % hat einen spezifischen Taupunkt von 20,1 °C. In der Folge entsteht an den kühleren erdberührten Bauteilen ein rascher und intensiver Tauwasserausfall.

Beispiel: Schimmelpilzbefall in einem Kellerraum (Fortsetzung)

In dem Monat August 2008, als der Schimmelpilzbefall nach Angabe der Antragsteller entstanden ist, lagen in Hamburg sommerliche Temperaturen oberhalb von 20 °C als Höchsttemperaturen vor. Die Tiefsttemperaturen lagen im August 2008 durchschnittlich zwischen 14 und 16 °C. Die relative Luftfeuchte der Außenluft in Hamburg war im August 2008 sehr hoch, sie lag nahezu durchgängig oberhalb von 70 %, über längere Zeiträume auch oberhalb von 80 %.

Bei einer Raumlufttemperatur im Sommer im Keller von 18 °C bei einer anzustrebenden maximalen relativen Luftfeuchte im Keller von 70 % beträgt die absolute Luftfeuchte im Raum nach der Sättigungstabelle (siehe Tabelle 6.3) 15,4 $g/m^3 \cdot 0{,}7 = 10{,}78\ g/m^3$.

Bei einer tatsächlich im August 2008 vorherrschenden mittleren Sommer-Außenlufthöchsttemperatur von 21 °C bei einer gleichzeitigen relativen Außenluftfeuchte von 75 % beträgt die absolute Luftfeuchte der Außenluft nach Tabelle 6.3 18,3 $g/m^3 \cdot 0{,}75 = 13{,}73\ g/m^3$.

Da der Wert der Absolutfeuchte auf der Außenseite höher ist als im Raum selbst, kann selbst eine Permanentlüftung nicht zu einer Verbesserung der Situation im Raum führen, sondern allenfalls zu einer Verschlechterung. Wird die warme Außenluft mit einem Absolutfeuchtegehalt von 13,73 g/m^3 in den Raum eingelassen, kühlt diese im Raum auf die Temperatur von 18 °C ab. Die Wasserdampfdichte steigt in der Folge an und der Relativwert steigt ebenfalls an auf $(13{,}73\ g/m^3 \cdot 100) : 15{,}4\ g/m^3 = 89\ \%$.

An Tagen mit Klimawerten, wie sie im Beispielfall vorlagen, ist daher eine Fensterlüftung nicht geeignet, um eine Absenkung der relativen Luftfeuchte im Gebäudeinneren zu erreichen, da die von außen einströmende Luft mehr Wassersdampf enthalten kann als die im Raum befindliche Luft. An diesen Tagen hätte allenfalls eine durchgängige nächtliche Lüftung, bei der die abgekühlte Außenluft in den Keller einströmt, zu einer Absenkung der relativen Luftfeuchte führen können.

Die Möglichkeit, das Fenster im Monat August vollständig geschlossen zu halten, damit keine Warmluft in den Keller einströmt, besteht ebenfalls nicht, da die ständige Feuchtezufuhr des aus dem Beton ausdiffundierenden Wassers dann zu einer allmählichen Anreicherung der Raumluft mit Wasserdampf geführt hätte.

Bestimmung des Einflusses der Austrocknungsfeuchte des Betons

Rechnerisch lässt sich die Menge der aus den Baustoffen während der Austrocknungsphase entweichenden Feuchte ermitteln. Nach den Literaturangaben ist für den Betrachtungszeitraum von einer dem Raum zugeführten Feuchtemenge durch Austrocknung des Betons von etwa $4g/(m^2 \cdot d)$ auszugehen (Lohmeyer/Ebeling, 2013).

Ob die Menge des ausdiffundierenden Wassers durch ein bestimmtes Lüftungsverhalten aus dem Raum herausgelangen kann, lässt sich anhand einer Feuchtebilanz ermitteln.

Beispiel: Schimmelpilzbefall in einem Kellerraum (Fortsetzung)

Für den Keller des Beispielfalls lässt sich die Feuchtebilanz wie folgt aufstellen:

- Pro Stunde gebildete Feuchtemenge m_a infolge des Austrocknens des Betons:

Die Größe des Raumes im Kellergeschoss beträgt 4,64 m × 4,06 m × 2,75 m. Daraus ergibt sich ein Raumvolumen V_R von 51,81 m^3. Die Fläche der Außenwand A_{eW} ergibt sich aus 4,64 m × 2,75 m = 12,76 m^2. Die Fläche der Sohlplatte $A_{e,S}$ errechnet sich aus 4,64 m × 4,06 m = 18,84 m^2. In der Summe ergibt sich eine Oberfläche der Betonbauteile ΣA_e = 31,60 m^2.

Die Menge des ausdiffundierenden Wassers beträgt, wie bereits gesagt, $w_a = 4$ g/(m^2 · d).

Diese Werte müssen in folgende Formel eingesetzt werden:

$$m_a \approx w_a \cdot \frac{\Sigma A_e}{t_a} \tag{6.29}$$

mit
m_a stündlicher Feuchteeintrag infolge des Austrocknens des Betons in g/h
w_a Menge des ausdiffundierenden Wassers in g/(m^2 · d)
ΣA_e Oberflächen der Betonbauteile in m^2
t_a Austrocknungszeit in h/d

Es ergibt sich für $m_a \approx 4$ g/(m^2 · d) · (31,60 m^2 : 24 h/d) ≈ **5,27 g/h**.

- Gesamter, in den Raum gerichteter Feuchteeintrag m_e:

Der gesamte, in den Raum hinein gerichtete Feuchteeintrag ermittelt sich aus der Summe der Austrocknungsfeuchte und der Nutzungsfeuchte:

$$m_e = m_a + m_n \tag{6.30}$$

mit
m_e stündlicher Feuchteeintrag in den Raum in g/h
m_n stündlicher Feuchteeintrag infolge der Nutzung in g/h

Nutzungsfeuchte fällt im geschilderten Beispielfall nicht an, da im Kellerraum keine Wäsche getrocknet wird. Damit ist $m_e = m_a \approx$ **5,27 g/h**.

Die tägliche Menge des Feuchteeintrags m_E ergibt sich durch Multiplikation des stündlichen Feuchteeintrags mit 24 h/d: $m_E \approx$ 5,27g/h · 24 h/d ≈ **126 g/d**.

Ohne Lüften steigt also durch die Austrocknung des Betons der Absolutwert der Raumluftfeuchte täglich um 126 g an. Bei einem ermittelten Raumvolumen V_R von 51,81 m³ sind dies 126 g/d : 51,81 m³ = 2,43 g/(d · m³). Bezogen auf den Sättigungswert bei 18 °C von 15,4 g/m³ sind dies täglich (2,43 g/m³ · 100) : 15,4 g/m³ ≈ **16 %/d.**

Es kommt demnach innerhalb kürzester Zeit zu einem relevanten Anstieg der relativen Luftfeuchte, wenn das Kellerfenster verschlossen bleibt und die von dem Beton ausdiffundierende Feuchte nicht abgeführt wird.

Feuchtebilanz

Beispiel: Schimmelpilzbefall in einem Kellerraum (Fortsetzung)

- Feuchteabgabe m_L durch permanentes Lüften im Winter:

Wie oben geschildert, wäre bei einer permanenten Kipplüftung über das vorhandene Kellerfenster von dem unteren Wert der Bandbreite für n auszugehen, die bei 0,8 bis 4,0 h^{-1} liegt. Dieser untere Wert der möglichen Luftwechselrate wäre im Hinblick auf das tatsächliche Verhältnis der Fenstergröße zur Raumgröße mit einem Siebtel zu multiplizieren. Daraus ergibt sich eine Luftwechselrate von 0,8 h^{-1} : 7 = 0,11 h^{-1}.

Bei einer normativen Winterraumlufttemperatur im Keller von 10 °C und einer anzustrebenden maximalen relativen Luftfeuchte im Keller von 70 % beträgt die absolute Luftfeuchte im Raum nach Tabelle 6.3 9,4 g/m³ · 0,7 = 6,58 g/m³.

Bei einer normativ zu berücksichtigenden Außenlufttemperatur im Winter von –5 °C und einer gleichzeitigen relativen Außenluftfeuchte von 80 % beträgt die absolute Luftfeuchte der Außenluft nach Tabelle 6.3 3,24 g/m³ · 0,8 = 2,59 g/m³.

Die Feuchteabgabe m_L durch Lüften lässt sich mithilfe folgender Formel ausrechnen:

$$m_L = n \cdot V_R \cdot (\varphi_i \cdot c_{s,i} - \varphi_e \cdot c_{s,e}) \tag{6.31}$$

mit

m_L stündliche Feuchteabgabe infolge des Lüftens in g/h
n Luftwechselzahl in h^{-1}
V_R Raumvolumen in m³
φ_i relative Luftfeuchte der Raumluft in %
$c_{s,i}$ Sättigungsmenge der Raumluft in g/m³
φ_e relative Luftfeuchte der Außenluft in %
$c_{s,e}$ Sättigungsmenge der Außenluft in g/m³

Damit ergibt sich für m_L ein Wert von
0,11 h^{-1} · 51,81 m³ · (0,7 · 9,4 g/m³ – 0,8 · 3,24 g/m³) = **22,74 g/h.**

Die Feuchtebilanz lässt sich mit folgender Formel aufstellen:

$$m_e \leq \frac{m_L}{\psi} \tag{6.32}$$

mit
Ψ Sicherheitsbeiwert = 1,5

Mit den ermittelten Werten ergibt sich: m_e = 5,27 g/h ≤ (22,74 g/h : 1,5) und damit $\boldsymbol{m_e}$ **≤ 15,16 g/h**. Damit ist der Nachweis erbracht, dass die Baufeuchte im Winterhalbjahr theoretisch durch permanentes Lüften abgeführt werden kann.

- Feuchteabgabe m_L durch temporäres Lüften im Winter:

Aus den o. g. Erwägungen heraus ergibt sich bei ständiger Kipplüftung, wie gesagt, während einer Zeitdauer von 24 h/d eine Luftwechselrate von 0,11 h^{-1}. Die Ist-Lüftungsdauer wurde durch die Antragsteller mit zweimal täglich 10 bis 15 Minuten angegeben. Dies ergibt im Mittel 2 · 0,5 · (10 min + 15 min) = 25 min/d. Dies entspricht einer Tagesquote von (25 min/d · 100) : (60 min/h · 24 h/d) = 1,74 %. Die Luftwechselrate nist beträgt dann 0,11 h^{-1} · 1,74 % = **0,0019 h^{-1}**.

Bei einer normativen Winterraumlufttemperatur im Keller von 10 °C und einer anzustrebenden maximalen relativen Luftfeuchte im Keller von 70 % beträgt die absolute Luftfeuchte im Raum nach Tabelle 6.3 9,4 g/m^3 · 0,7 = 6,58 g/m^3.

Bei einer normativ zu berücksichtigenden Winteraußenlufttemperatur von –5 °C bei einer gleichzeitigen relativen Außenluftfeuchte von 80 % beträgt die absolute Luftfeuchte der Außenluft nach Tabelle 6.3 3,24 g/m^3 · 0,8 = 2,59 g/m^3.

Die Feuchteabgabe m_L durch Lüften bei einer Außenlufttemperatur von –5 °C errechnet sich mit
0,0019 h^{-1} · 51,81 m^3 · (0,7 · 9,4 g/m^3 - 0,8 · 3,24 g/m^3) = **0,393 g/h**.

Mit den ermittelten Werten ergibt sich für die Feuchtebilanz:
m_e = 5,27 g/h ≤ (0,393 g/h : 1,5) und damit $\boldsymbol{m_e}$ **> 0,262 g/h**. Damit ist der Nachweis erbracht, dass die Baufeuchte im Winterhalbjahr nicht durch das von den Nutzern praktizierte intervallartige Lüften abgeführt werden kann.

Dazu wäre stattdessen eine Lüftungsdauer erforderlich, die durch Umstellen der Formel 6.31 und Einsetzen der Formel 6.32 ermittelt werden kann:

$$n_{erf} = 1{,}5 \cdot \frac{m_e}{[V_R \cdot (\varphi_i \cdot c_{s,i} - \varphi_e \cdot c_{s,e})]} \tag{6.33}$$

Damit ergibt sich für die erforderliche Lüftungsrate
1,5 · 5,27 g/h : [51,81 m^3 · (0,7 · 9,4 g/m^3 – 0,8 · 3,24 g/m^3)] = 0,0382 h^{-1}.

Die mit einer Kipplüftung mögliche Luftwechselrate beträgt ausweislich der oben durchgeführten Beurteilung $n_{mögl} = 0{,}11\ h^{-1}$. Daraus ergibt sich die mindestens erforderliche Lüftungsquote
$Q_{erf} = n_{erf} : n_{mögl} = 0{,}0382\ h^{-1} \cdot 100 : 0{,}11\ h^{-1} = 35\ \%$.

Damit lässt sich die mindestens erforderliche tägliche Lüftungsdauer bestimmen: 24 h/d · 35 % = 8,4 h/d. Verteilt auf 2 Lüftungsvorgänge pro Tag wären dies 8,4 h/d : 2 = 4,2 Stunden pro Lüftungsvorgang. Damit wäre bei zweimal täglicher Lüftung eine jeweilige Lüftungsdauer von **4,2 Stunden** erforderlich.

- Feuchteabgabe m_L durch permanentes Lüften in der Übergangszeit:

Bei einer Raumlufttemperatur im Keller von 15 °C und einer anzustrebenden maximalen relativen Luftfeuchte im Keller von 70 % beträgt die absolute Luftfeuchte im Raum nach Tabelle 6.3
$12{,}8\ g/m^3 \cdot 0{,}7 = 8{,}96\ g/m^3$.

Bei einer Außenlufttemperatur von 10 °C und einer gleichzeitigen relativen Außenluftfeuchte von 65 % beträgt die absolute Luftfeuchte der Außenluft nach Tabelle 6.3 $9{,}4\ g/m^3 \cdot 0{,}65 = 6{,}11\ g/m^3$.

Die Feuchteabgabe m_L durch Lüften bei einer Außenlufttemperatur von 10 °C errechnet sich mit =
$0{,}11\ h^{-1} \cdot 51{,}81\ m^3 \cdot (0{,}7 \cdot 12{,}8\ g/m^3 - 0{,}65 \cdot 9{,}4\ g/m^3) = \mathbf{16{,}24\ g/h}$.

In der Feuchtebilanz ergibt sich: $m_e = 5{,}27\ g/h \leq (16{,}24\ g/h : 1{,}5)$ und damit $\boldsymbol{m_e \leq 10{,}83\ g/h}$. Damit ist der Nachweis erbracht, dass die Baufeuchte in der Übergangszeit theoretisch durch permanentes Lüften abgeführt werden kann.

- Feuchteabgabe m_L durch temporäres Lüften in der Übergangszeit:

Die mindestens erforderliche Lüftungsrate bei intervallartiger Lüftung lässt sich mit Formel 6.33 ermitteln
$n_{erf} = 1{,}5 \cdot 5{,}27\ g/h : [51{,}81\ m^3 \cdot (0{,}7 \cdot 12{,}8\ g/m^3 - 0{,}65 \cdot 9{,}4\ g/m^3)] = 0{,}0535\ h^{-1}$.

Die mit einer Kipplüftung mögliche Luftwechselrate beträgt ausweislich der oben durchgeführten Beurteilung $n_{mögl} = 0{,}11\ h^{-1}$. Daraus ergibt sich die mindestens erforderliche Lüftungsquote
$Q_{erf} = n_{erf} : n_{mögl} = 0{,}0535\ h^{-1} \cdot 100 : 0{,}11\ h^{-1} = 49\ \%$.

Damit lässt sich die mindestens erforderliche tägliche Lüftungsdauer bestimmen: 24 h/d · 49 % = 11,76 h/d. Verteilt auf 2 Lüftungsvorgänge pro Tag wären dies 11,76 h/d : 2 = 5,88 Stunden pro Lüftungsvorgang Damit wäre bei zweimal täglicher Lüftung eine jeweilige Lüftungsdauer von **5,88 Stunden** erforderlich.

Anhand der Größenordnung wird klar, dass die Baufeuchte nicht durch das von den Nutzern praktizierte Lüftungsverhalten mit 2 Lüftungsvorgängen am Tag abgeführt werden kann. Auch in der Übergangszeit wäre eine nahezu ununterbrochene Kipplüftung erforderlich, um die Baufeuchte abzuführen.

Im August 2008 lagen in der Außenluft mit durchschnittlich 70 bis 80 % relativer Luftfeuchte und Höchsttemperaturen von 20 bis 22 °C klimatische Verhältnisse vor, die im Ergebnis selbst bei einer Dauerlüftung über das Kellerfenster nicht dazu führen konnten, dass eine relative Luftfeuchte im Kellerraum deutlich unterhalb von 70 % erreicht wurde. Ein sich aufschaukelnder Anstieg der relativen Luftfeuchte im Kellerraum in der kumulativen Größenordnung von etwa 16 % muss unterstellt werden. Ab dem Erreichen eines absoluten Feuchtegehalts der Kellerluft oberhalb des Feuchtegehalts der Außenluft konnte es dann über Infiltration (Undichtigkeiten des Kellerfensters) und über die von den Antragstellern praktizierte Fensterlüftung zu einem geringen Ausgleich zwischen innen und außen kommen, nicht aber zu einer dauerhaften Absenkung der Raumluftfeuchte auf Werte unter 70 %. Damit waren die für eine Schimmelpilzbesiedlung von Inventargegenständen und Bauteilen geeigneten klimatischen Bedingungen gegeben. Die Größe und die Beschaffenheit des Kellerfensters spielte für diesen Betrachtungszeitraum keine Rolle.

Im Verlauf der gesamten Zeitphase der Bauaustrocknung reicht für die Größe des Kellerraums und in Anbetracht der fehlenden Querlüftungsmöglichkeit ein einzelnes Kellerfenster in der angetroffenen Fenstergröße nicht aus, um über das Jahr hinweg die aus dem Beton zur Raumluft hin ausdiffundierende Feuchte nach außen abzuführen, wenn von 2 Lüftungsvorgängen täglich und einer jeweiligen Lüftungsdauer von 10 bis 15 Minuten ausgegangen wird. Die Öffnungsdauer während des Winterhalbjahrs und in der Übergangszeit müsste ganz erheblich erhöht werden, um die von den Betonbauteilen ausgehende Feuchte nach außen abzuführen.

Eine gut funktionsfähige Be- und Entlüftung eines Kellerraums bei freier Lüftung (ohne die Unterstützung von motorischen Lüftern) ist gegeben, wenn jeweils eine Zu- und eine Abluftöffnung vorhanden sind, die sich im optimalen Fall gegenüber liegen sollten, damit die Anströmung des Gebäudes durch Wind zu einer Querlüftung führt. Ist dies wie im vorliegenden Fall wegen der Gebäudegeometrie nicht möglich, besteht die Möglichkeit, 2 Fenster oder 2 Außenwandluftdurchlässe innerhalb derselben Wand einzubauen, damit eine Zu- und eine Abluft gegeben sind. Ferner besteht die Möglichkeit des zusätzlichen Einbaus einer motorischen Be- und Entlüftung, die über einen Feuchtesensor auf sporadisch ansteigende Nutzungsfeuchte reagieren kann und die den Lüfter dann selbsttätig in Betrieb setzt. Die Austrocknungsphase der Bauteile dürfte inzwischen weitgehend abgeschlossen sein. Die aktuellen Messungen vor Ort haben keine Hinweise darauf ergeben, dass gegenwärtig noch eine überhöhte Bauteilfeuchte vorliegt. Welche Nutzungsfeuchte dem Raum zugeführt wird, ist nicht bekannt und müsste daher im Zweifel durch eine instationäre (Langzeit-)Klimadatenerfassung festgestellt werden. Solange keine Wäschetrocknung in dem Kellerraum stattfindet, dürfte die Nutzungsfeuchte als physikalische Größe zu vernachlässigen sein.

Zwischen den Wohnräumen im Erdgeschoss einerseits und der Kellertreppe sowie dem Kellerflur andererseits war keine abtrennende Tür vorhanden. Nachteilig wirkt sich im Winterhalbjahr aus, wenn die Kellerraumtür offen steht, da es zu einer Wasserdampfwanderung von den Wohnräumen aus in den Kellerraum hinein kommen kann, wenn der Wasserdampfpartialdruck in den Wohnräumen höher ist als der des Kellerraums. Ein infolgedessen ansteigender Wasserdampfpartialdruck im Kellerraum führt bei niedrigen Raumlufttemperaturen dann zwangsläufig zu einem Anstieg der relativen Luftfeuchte. Auch die dadurch innerhalb des Kellerraums entstehende Nutzungsfeuchte lässt sich im Zweifel durch eine instationäre Klimadatenerfassung feststellen.

6.6.2 Bestimmung des Luftwechsels bei Schachtlüftung

Die selbstständig über den Lüftungsschacht entweichende Abluftmenge ist abhängig von den Faktoren

- Temperaturdifferenz zwischen innen und außen: $\theta_i > \theta_e$,
- Schachthöhe (thermischer Auftrieb),
- Luftdruckunterschied zwischen innen und außen: $p_i > p_e$,
- Windgeschwindigkeit außen mit Sogwirkung und
- Menge der nachströmenden Zuluft.

Die Geschwindigkeit der Abluft im Schacht kann nach Petzold wie folgt berechnet werden:

$$u \approx 0{,}12\,\sqrt{H \cdot (\theta_i - \theta_e)} \qquad (6.34)$$

mit

u Abluftgeschwindigkeit im Schacht in m/s

H Schachthöhe in m

θ_i Innenlufttemperatur in °C

θ_e Außenlufttemperatur in °C

Der Luftvolumenstrom lässt sich wie folgt ermitteln:

$$q_V = u \cdot A \qquad (6.35)$$

mit

q_V Luftvolumenstrom in m^3/h

A freier Schachtquerschnitt in cm^2

Der Luftwechsel, bezogen auf die Wohnung, ergibt sich aus folgender Formel:

$$n = \frac{q_V}{V} \qquad (6.36)$$

mit

n Luftwechselzahl in h^{-1}

V Raumvolumen in m^3

Werden die Formeln 6.34 und 6.35 in die Formel 6.36 eingesetzt, ergibt sich für n:

$$n = \frac{0{,}12\,\sqrt{H \cdot (\theta_i - \theta_e)} \cdot A}{V} \tag{6.37}$$

Beispiel: Berechnung der Luftwechselzahl einer Schachtlüftung

Gegeben sind eine Innenlufttemperatur von 20 °C, eine Außenlufttemperatur von 10 °C und eine Schachthöhe von 6 m. Werden diese Werte in Formel 6.34 eingesetzt, ergibt sich für die Abluftgeschwindigkeit im Schacht:
$u \approx 0{,}12\,\sqrt{6\text{ m} \cdot (20\text{ °C} - 10\text{ °C})} =$ **0,9 m/s**.

Bei einem gegebenen Schachtquerschnitt von 150 cm² ergibt sich mit dem errechneten Wert für u aus Formel 6.35 $q_V = 0{,}9\text{ m/s} \cdot 0{,}15\text{ m}^2 \cdot 3.600\text{ s/h} =$ **49 m³/h**.

Bei einer Wohnungsgröße von 70 m² und einer Raumhöhe von 2,50 m liegt ein Raumvolumen von $70\text{ m}^2 \cdot 2{,}50\text{ m} = 175\text{ m}^3$ vor. Werden die errechneten Werte für q_V und das Raumvolumen in Formel 6.36 eingesetzt, ergibt sich: $n = 49\text{ m}^3\text{/h} : 175\text{ m}^3 =$ **0,28 h⁻¹**.

6.7 Beurteilung der Wärmedämmung bestehender Gebäude

Im Folgenden wird untersucht, inwieweit die Wärmedämmung der Außenwand eines Gebäudes den Anforderungen der DIN 4108 in der gültigen Fassung zum Zeitpunkt der Gebäudeerstellung entspricht. Der DIN-Fachbericht 4108-8 gibt Auskunft über die Mindestanforderungen an den Wärmeschutz über die Jahre (siehe Tabelle 6.14).

Tabelle 6.14: Historische Entwicklung der Mindestanforderungen an den baulichen Wärmeschutz flächiger Bauteile in den DIN-Normen für schwere Bauteile nach DIN-Fachbericht 4108

Regelwerk, Stand	Klimazone (K)/ Wärmedämmgebiet (W)	Mindest-Wärmedurchlasswiderstand *R* für flächige Bauteile in m² · K/W	
		Außenwand	Treppenraumwand
ETB-Ergänzung 1, Juni 1947	K I	0,33	k. A.
	K II	0,47	k. A.
	K III	0,63	k. A.
	K IV	0,78	k. A.

Tabelle 6.14 (Fortsetzung)

Regelwerk, Stand	**Klimazone (K)/ Wärmedämm-gebiet (W)**	**Mindest-Wärmedurchlasswiderstand *R* für flächige Bauteile in m² · K/W**	
		Außenwand	**Treppenraum-wand**
DIN 4108 (1952)	W I	0,39	0,26
	W II	0,47	0,26
	W III	0,56	0,34
DIN 4108 (1960)	W I	0,39	0,26
	W II	0,47	0,26
	W III	0,56	0,34
DIN-Mitteilungen Band 46 (1967)	W I	0,39	0,26
	W II	0,47	0,26
	W III	0,56	0,26
Ergänzende Bestim-mungen zur DIN 4108 (1974)	W I und II	0,47	0,26
	W III	0,56	0,26
DIN 4108-2 (1981)		0,55	0,25
DIN 4108-2 (2001)		1,20	0,25[1)]/0,007[2)]
DIN 4108-2 (2003)		1,20	0,25[1)]/0,007[2)]

DIN 4108 „Wärmeschutz im Hochbau“ (verschiedene Fassungen)
k. A. keine Angaben
1) bei Raumtemperatur ≤ 10 °C
2) bei Raumtemperatur > 10 °C

Abb. 6.17: Wärmedämmgebiete der DIN 4108 (ab Ausgabe 1952 bis einschließlich Ergänzende Bestimmungen zur DIN 4108 von 1974; vgl. Tabelle 6.14; Quelle: DIN-Fachbericht 4108 [2010], S. 49)

Mit Abb. 6.17 lässt sich für ein zwischen 1952 und 1974 errichtetes Gebäude ermitteln, in welchem Wärmedämmgebiet es sich befindet.

Früher wurde der Wärmedurchlasswiderstand R der Außenwände angegeben in der Einheit $m^2 \cdot h \cdot grd/kcal$. Diese Einheit ist heute nicht mehr gebräuchlich; die Umrechnung in die heute übliche Einheit erfolgt nach: $1\ m^2 \cdot h \cdot grd/kcal = 0{,}86\ m^2 \cdot K/W$. Ein Wärmedurchlasswiderstand gemäß Baubeschreibung von $R = 0{,}59\ m^2 \cdot h \cdot grd/kcal$ wird also multipliziert mit 0,86 und entspricht $0{,}507\ m^2 \cdot K/W$.

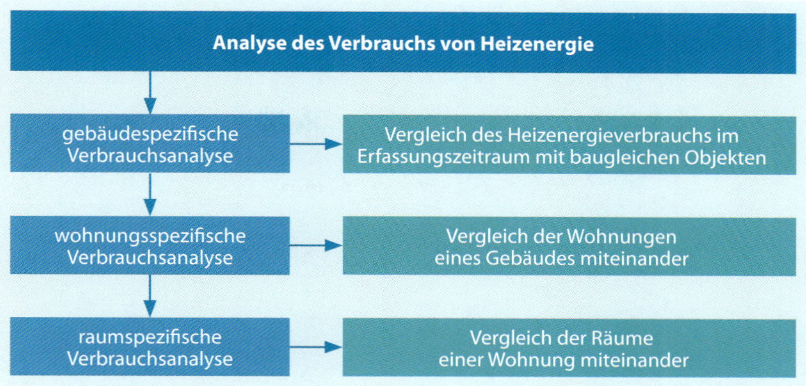

Abb. 6.18: Schritte der Heizverbrauchsanalyse

Beispiel: Beurteilung der Wärmedämmung eines Gebäudes

Als Erbauungsjahr eines Gebäudes im Ort Glinde wird aufgrund der Aktenlage das Jahr 1971 angenommen. Zu diesem Zeitpunkt galten gemäß Tabelle 6.14 die Werte aus den DIN-Mitteilungen Band 46 von 1967. Glinde liegt in dem damaligen Wärmedämmgebiet I. Demnach war für die Außenwand ein Mindestwert des Wärmedurchlasswiderstands $1/\lambda$ (nach heutiger Bezeichnung R) von 0,39 $m^2 \cdot K/W$ vorgeschrieben.

Für einen Wandaufbau der Außenwände einer Wohnung in dem Gebäude wurde ein Wärmedurchgangswiderstand R_T von 0,592 $m^2 \cdot K/W$ ermittelt. Werden dieser Wert sowie die Werte für den Wärmeübergangswiderstände R_{si} von –0,130 $m^2 \cdot K/W$ und R_{se} von –0,040 $m^2 \cdot K/W$ in die Formel 6.5 eingesetzt und die Formel nach R aufgelöst, erhält man einen Wärmedurchlasswiderstand R des Bauteils von **0,422 $m^2 \cdot K/W$**.

Der auf diese Weise rein rechnerisch ermittelte Wärmedurchlasswiderstand der Außenwände ist demnach um (0,422 $m^2 \cdot K/W$ – 0,39 $m^2 \cdot K/W$) : (0,39 $m^2 \cdot K/W \cdot 100$ %) ≈ 8 % größer als der gemäß den DIN-Mitteilungen Band 46 von 1967 mindestens erforderliche Wärmedurchlasswiderstand von 0,39 $m^2 \cdot K/W$. Das Gebäude ist also um ca. 8 % besser wärmegedämmt, als dies aufgrund seiner Bauzeit zu erwarten wäre.

6.8 Nachträgliche Analyse des Heizverhaltens

Für die Untersuchung der Frage, ob eine unzureichende Beheizung als Ursache für einen Schimmelpilzbefall oder einen Tauwasserausfall in Betracht kommt, sind 3 Schritte abzuarbeiten (siehe Abb. 6.18).

Zunächst ist zu bewerten, ob der tatsächliche Heizenergieverbrauch des Gebäudes der theoretisch zu erwartenden Größenordnung in Abwägung der besonderen Eigenheiten entspricht. Sodann wird wohnungsweise unter-

Tabelle 6.15: Jahresheizenergieverbrauch verschiedener Einzelhäuser

Verbrauch	**Altbau, schlecht gedämmt**	**Altbau, Durch- schnitt**	**Gebäude nach WSchVO I, 1977**	**Gebäude nach WSchVO II, 1984**	**Gebäude nach WSchVO III, 1995**	**Gebäude nach EnEV 2002**	**Niedrig- energie- haus**
durchschnittlicher Verbrauch in KWh/($m^2 \cdot a$)	330	260	165	120	86,5	75	60
typischer U_{AW}-Wert in W/($m^2 \cdot K$)	2,00	1,60	1,20	0,60	0,40	0,35	0,25

Tabelle 6.16: Jahresheizenergieverbrauch verschiedener Reihenhäuser

Verbrauch	**Altbau, schlecht gedämmt**	**Altbau, Durch- schnitt**	**Gebäude nach WSchVO I, 1977**	**Gebäude nach WSchVO II, 1984**	**Gebäude nach WSchVO III, 1995**	**Gebäude nach EnEV 2002**	**Niedrig- energie- haus**
durchschnittlicher Verbrauch in KWh/($m^2 \cdot a$)	190	170	150	95	67	57	40
typischer U_{AW}-Wert in W/($m^2 \cdot K$)	2,00	1,60	1,20	0,60	0,40	0,35	0,25

Tabelle 6.17: Jahresheizenergieverbrauch verschiedener Mehrfamilienhäuser

Verbrauch	**Altbau, schlecht gedämmt**	**Altbau, Durch- schnitt**	**Gebäude nach WSchVO I, 1977**	**Gebäude nach WSchVO II, 1984**	**Gebäude nach WSchVO III, 1995**	**Gebäude nach EnEV 2002**	**Niedrig- energie- haus**
durchschnittlicher Verbrauch in KWh/($m^2 \cdot a$)	180	160	140	100	65	54	38
typischer U_{AW}-Wert in W/($m^2 \cdot K$)	2,00	1,60	1,20	0,60	0,40	0,35	0,25

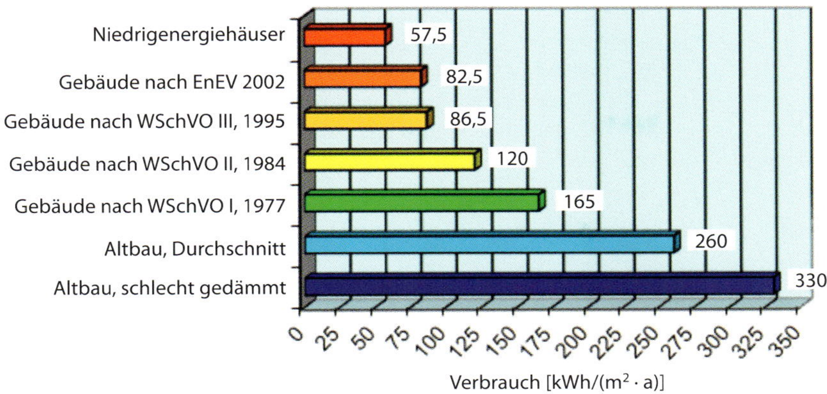

Abb. 6.19: Heizenergieverbrauch verschiedener Einzelhäuser (Gebäudestandard nach Epoche)

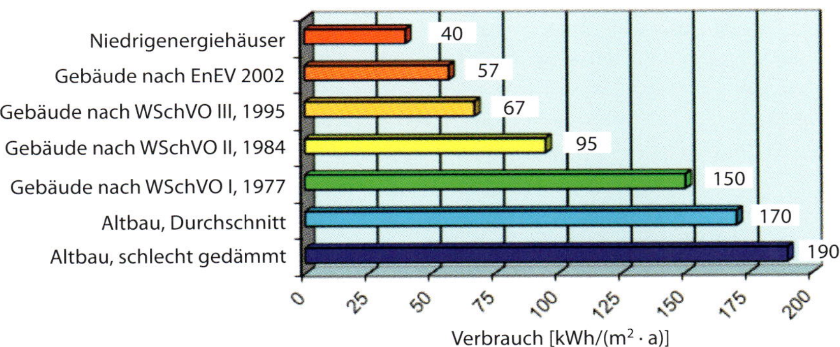

Abb. 6.20: Heizenergieverbrauch verschiedener Reihenhäuser (Gebäudestandard nach Epoche)

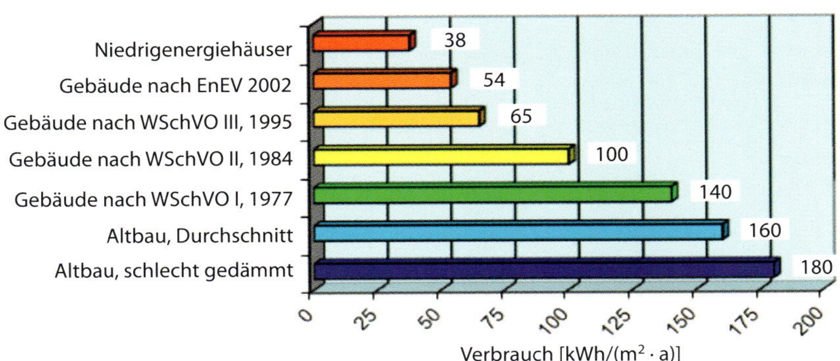

Abb. 6.21: Heizenergieverbrauch verschiedener Mehrfamilienhäuser (Gebäudestandard nach Epoche)

sucht, ob der spezifische Verbrauch innerhalb der Wohnung in einem angemessenen lageorientierten Verhältnis zum Medianwert des Gesamtgebäudes steht. Abschließend wird für die Einzelwohnung ermittelt, ob eine gleichmäßige Beheizung aller Räumlichkeiten vorliegt oder eine Übertemperierung der ständigen Aufenthaltsbereiche und darüber eine Mitbeheizung z. B. der ansonsten unbeheizten Schlafräume erfolgt.

6.8.1 Gebäudespezifische Analyse

Bei der Untersuchung ist zunächst zu beachten, dass der Vergleich mit baugleichen Gebäuden, in der gleichen Region und im gleichen Erhebungszeitraum erfolgen muss. Angaben über die jahresspezifischen Einflussgrößen ergeben sich aus den jeweiligen Heizgradtagszahlen eines Gebiets (siehe Kapitel 6.8.4).

Im Laufe der Zeit haben sich sowohl infolge von Rationalisierungsbestrebungen bei der Gebäudeerrichtung als auch aufgrund steigender Energiekosten unterschiedliche Bauweisen entwickelt, die sich den in Tabelle 6.15 bis 6.17 sowie Abb. 6.19 bis 6.21 aufgeführten Epochen zuordnen lassen. Der Heizwärmebedarf getrennt nach Gebäudeart und Bauzeitalter lässt sich nach den Tabellen 6.15 bis 6.17 sowie den Abb. 6.19 bis 6.21 einstufen. Die Werte des Verbrauchs stammen von der Gesellschaft für rationelle Energieverwendung e. V. (GRE, 2002), aus dem RWE Bau-Handbuch (RWE Bau-Handbuch, 2004) und von Fehrenberg (Fehrenberg, 2003), ergänzt durch eigene Erhebungen des Autors.

6.8.2 Wohnungsspezifische Analyse

Wärmeverbrauch

In größeren Wohnanlagen ist zur Auswertung des individuellen Heizverhaltens für eine Einzelwohnung eine Einsichtnahme bei der Verwaltung in die Gesamtheizkostenabrechnung hilfreich. Nach den Regeln der Verordnung über die verbrauchsabhängige Abrechnung der Heiz- und Warmwasserkosten (HeizkostenV) werden von den gesamten Heizenergiekosten jeweils anteilig berechnet

- über eine Umlage anteilig zur Mietfläche: minimal 30 %, maximal 50 % oder
- unmittelbar verbrauchsabhängig: minimal 50 %, maximal 70 %.

Laut Heizkostenverordnung in der Neufassung vom 20.01.1989 gilt:

HeizkostenV, 1989:

„§ 7 Verteilung der Kosten der Versorgung mit Wärme

(1) Von den Kosten des Betriebs der zentralen Heizungsanlage sind mindestens 50 vom Hundert, höchstens 70 vom Hundert nach dem erfassten Wärmeverbrauch der Nutzer zu verteilen. Die übrigen Kosten sind nach der Wohn- oder Nutzfläche oder nach dem umbauten Raum zu verteilen; es kann auch die Wohn- oder Nutzfläche oder der umbaute Raum der beheizten Räume zugrunde gelegt werden.“

Warmwasserverbrauch

Zudem wird auch der Energiekostenanteil für die Warmwasseraufbereitung als Bestandteil der Heizkostenabrechnung ausgewiesen. Vor diesem Hintergrund muss für die Auswertung zunächst eine Rückrechnung auf die tatsächlichen verbrauchsabhängigen Heizkosten erfolgen, um zu aussagefähigen Werten zu gelangen.

Die Ermittlung des Anteils für den Warmwasserverbrauch erfolgt gemäß § 8 HeizkostenV:

HeizkostenV, 1989:

„§ 8 Verteilung der Kosten der Versorgung mit Warmwasser

(1) Von den Kosten des Betriebs der zentralen Warmwasserversorgungsanlage sind mindestens 50 vom Hundert, höchstens 70 vom Hundert nach dem erfassten Warmwasserverbrauch, die übrigen Kosten nach der Wohn- oder Nutzfläche zu verteilen.“

Durchschnittlicher Warmwasserverbrauch im Haushalt nach Pistohl (Pistohl, 2002):

- etwa 35 l pro Tag und Person bei 40 °C Zapftemperatur
- etwa 30 l pro Tag und Person bei 45 °C Zapftemperatur
- etwa 20 l pro Tag und Person bei 60 °C Zapftemperatur

Dies entspricht rund 1,2 kWh pro Tag und Person und damit 400 kWh pro Jahr·und Person. Den Warmwasser- und Energiebedarf für unterschiedliche Haushaltszwecke listet Tabelle 6.18 auf. Der Anteil des Warmwasserenergieverbrauchs am Gesamtheizenergieverbrauch wird in Abb. 6.22 gezeigt.

Tabelle 6.18: Orientierungswerte für durchschnittliche Warmwasser-Energieverbrauchswerte nach Pistohl (Pistohl, 2002)

Verwendungszweck	Warmwasserverbrauch in l		Energiebedarf in kWh
	bei einer Zapftemperatur von 40 °C	bei einer Zapftemperatur von 60 °C	
Wannenbad	120–150	72–90	4,32–5,40
Duschbad	30– 50	18–30	1,08–1,80
Händewaschen	2– 5	1– 3	0,06–0,18
Damenkopfwäsche	10– 15	6– 9	0,36–0,54
Herrenkopfwäsche	5– 10	7– 8	0,18–0,30
Spülbeckenfüllung		8–12	0,48–0,72

Tabelle 6.18 (Fortsetzung)

Verwendungszweck	**Warmwasserverbrauch in l**		**Energiebedarf in kWh**
	bei einer Zapftemperatur von 40 °C	**bei einer Zapftemperatur von 60 °C**	
Putzwassereimer		7–8	0,42–0,48
8 Tassen Heißgetränke = 1 l mit 100 °C			ca. 0,11

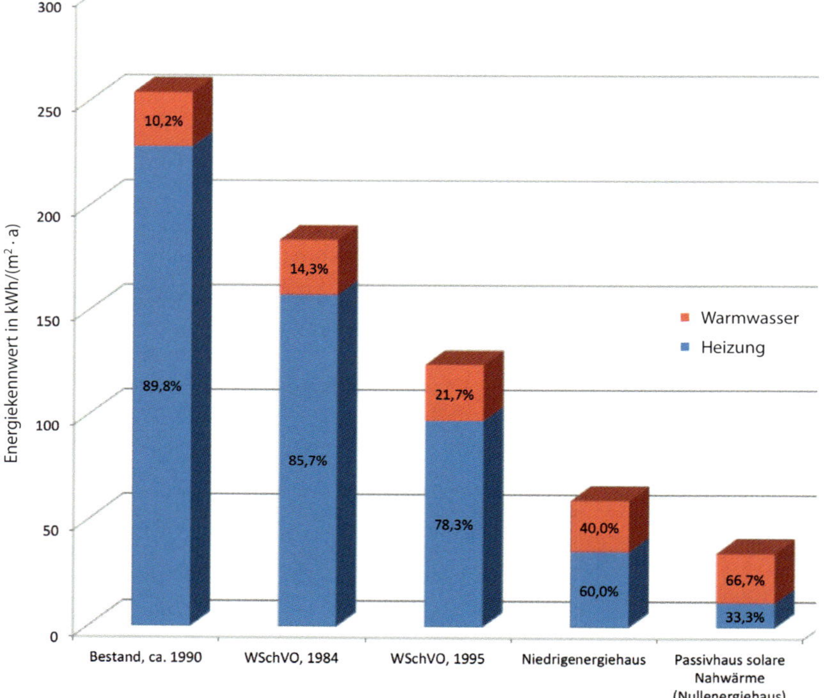

Abb. 6.22: Orientierungswerte für den Anteil des Warmwasserenergieverbrauchs an dem Gesamtheizenergieverbrauch (Quelle der Daten: Pistohl, 2007, S. B 15)

Lageabhängigkeit des wohnungsspezifischen Heizenergieverbrauchs

Bewährt hat sich bei der Überprüfung des Heizverhaltens die Anfertigung tabellarischer Übersichten, die sowohl einen Überblick über die Gesamtsituation der Wohnanlage ermöglichen als auch Kenntnis über relevante Abweichungen von Einzelwohnungen gegenüber dem Median vermitteln. Aber auch der Vergleich zwischen dem Verlauf der spezifischen Abrechnungswerte und dem des Medians über mehrere Jahre hinweg ist damit möglich.

Auffällig wird dabei häufig, dass schimmelpilzbefallene Wohnungen relevant geringere Heizkostenverbrauchswerte aufweisen als vergleichbare Wohnungen ohne Befall. Innerhalb großer Wohnanlagen ergibt es sich dann zwangsläufig, dass die unmittelbar benachbarten Wohnungen leicht erhöhte Heizkostenverbrauchswerte aufweisen, da dort ein gewisser Mitnutzungseffekt entsteht.

Bei der individuellen Auswertung einzelner Wohnungen muss berücksichtigt werden, dass ein detaillierter Vergleich von Wohnungen untereinander nur bei gleichartiger Bauart und Lage möglich ist. Sowohl die Ausrichtung der Wohnung nach Himmelsrichtung als auch der Anteil der Außenwandflächen muss bei den zu vergleichenden Wohnungen identisch sein.

Für ein zeitgenössisches Gebäude und ein Gebäude nach dem Standard 1973 sind in Abb. 6.23 und 6.24 die lagebedingten Verhältniszahlen der Verbrauchswerte in Bezug auf den Median des Gebäudes aufgeführt. Ausgegangen wird in diesem Modell jeweils von einem viergeschossigen Mietgebäude mit 6 gleichen Wohneinheiten pro Etage.

Beispiel: Nachträgliche Analyse des Heizverhaltens anhand einer Heizkostenabrechnung

Bei der fraglichen Wohnung handelt es sich um eine Erdgeschossendwohnung, nach Norden ausgerichtet, dreiseitig von Außenwänden begrenzt, mit einem kalten Nutzkeller. Die Wohnung entspricht Wohnungstyp G der Abb. 6.24, bei dem typbedingt eine wohnungsspezifische Abweichung vom Median von 140 % zu erwarten ist. Der rechnerisch ermittelt U_{AW}-Wert der Außenwand liegt bei 1,5 W/(m² · K).

Hinsichtlich der Heizkosten liegt eine Abrechnung für den Berechnungszeitraum vom 01.06.2000 bis zum 31.05.2001 vor, aus dem die nachfolgenden Daten zu entnehmen sind. Die Abrechnung erfolgt hier laut Heizkostenabrechnung nach § 7 HeizkostenV

- entsprechend der anteiligen Wohnfläche zu 50 % und
- entsprechend der tatsächlich am Messgerät abgelesenen Heizkostenverteiler in kWh zu 50 %.

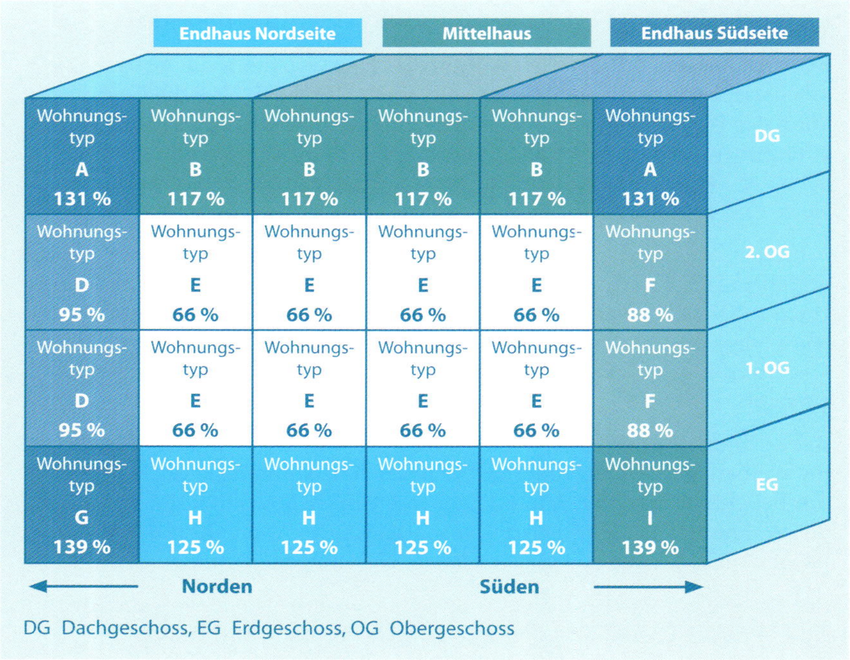

	Endhaus Nordseite		Mittelhaus		Endhaus Südseite	
Wohnungstyp A 131 %	Wohnungstyp B 117 %	Wohnungstyp B 117 %	Wohnungstyp B 117 %	Wohnungstyp B 117 %	Wohnungstyp A 131 %	DG
Wohnungstyp D 95 %	Wohnungstyp E 66 %	Wohnungstyp E 66 %	Wohnungstyp E 66 %	Wohnungstyp E 66 %	Wohnungstyp F 88 %	2. OG
Wohnungstyp D 95 %	Wohnungstyp E 66 %	Wohnungstyp E 66 %	Wohnungstyp E 66 %	Wohnungstyp E 66 %	Wohnungstyp F 88 %	1. OG
Wohnungstyp G 139 %	Wohnungstyp H 125 %	Wohnungstyp H 125 %	Wohnungstyp H 125 %	Wohnungstyp H 125 %	Wohnungstyp I 139 %	EG

← Norden Süden →

DG Dachgeschoss, EG Erdgeschoss, OG Obergeschoss

Abb. 6.23: Gebäude nach EnEV 2002; *U*-Wert der Außenwände: 0,29 W/(m² · K)

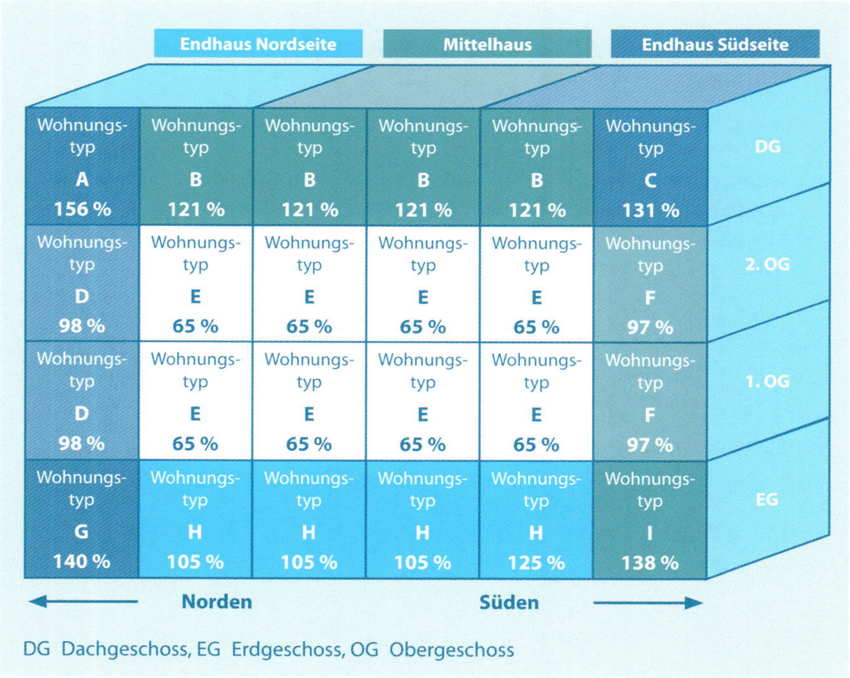

	Endhaus Nordseite		Mittelhaus		Endhaus Südseite	
Wohnungstyp A 156 %	Wohnungstyp B 121 %	Wohnungstyp B 121 %	Wohnungstyp B 121 %	Wohnungstyp B 121 %	Wohnungstyp C 131 %	DG
Wohnungstyp D 98 %	Wohnungstyp E 65 %	Wohnungstyp E 65 %	Wohnungstyp E 65 %	Wohnungstyp E 65 %	Wohnungstyp F 97 %	2. OG
Wohnungstyp D 98 %	Wohnungstyp E 65 %	Wohnungstyp E 65 %	Wohnungstyp E 65 %	Wohnungstyp E 65 %	Wohnungstyp F 97 %	1. OG
Wohnungstyp G 140 %	Wohnungstyp H 105 %	Wohnungstyp H 105 %	Wohnungstyp H 105 %	Wohnungstyp H 125 %	Wohnungstyp I 138 %	EG

← Norden Süden →

DG Dachgeschoss, EG Erdgeschoss, OG Obergeschoss

Abb. 6.24: Gebäude mit Baujahr 1973; *U*-Wert der Außenwände: 1,5 W/(m² · K)

Der Gesamtverbrauch für alle Wohnungen des Gebäudes wird in den Heizkostenabrechnungen entweder direkt in kWh angegeben oder in der jeweiligen Masseeinheit des Brennstoffmaterials. In diesem Fall muss der Verbrauch noch wie folgt in kWh umgerechnet werden:

$$Q_{\text{H gesamt, Gebäude}} = B \cdot H_u \qquad (6.38)$$

mit

B Brennstoffverbrauch in m^3

H_u Heizwert des verbrauchten Brennstoffs in kWh/m^3

$Q_{\text{H gesamt, Gebäude}}$ Jahresgesamtenergieverbrauch des Gebäudes in kWh/a

Im vorliegenden Fall wurden im Abrechnungszeitraum insgesamt einschließlich Wassererwärmung laut Heizkostenabrechnung B = 46.193,66 m^3 Erdgas verbraucht. Bei einem Heizwert gemäß Heizkostenabrechnung von H_u = 9 kWh/m^3 ergibt sich ein Verbrauchswert von 46.193,66 $m^3 \cdot 9$ kWh/m^3 = **415.743 kWh**. Sofern in der Abrechnung kein Heizwert angegeben ist, können die Heizwerte für die jeweiligen Brennstoffe gemäß § 9 HeizkostenV verwendet werden.

Gemäß Heizkostenabrechnung steht dem Verbrauchswert von 415.743 kWh eine reine Brennstoffabrechnungssumme in Höhe von 13.059,15 € gegenüber. Der Energiepreis im Abrechnungszeitraum liegt damit bei **0,0314 €/kWh**.

Um einen Vergleich der tatsächlich verbrauchten Heizkosten der streitbefangenen Wohnung mit den übrigen Wohnungen zu erhalten, muss zunächst der Energieverbrauch für die Wassererwärmung von dem Gesamtenergieverbrauch des Gebäudes abgezogen werden.

Die Wassererwärmung wird in der Abrechnung ausgewiesen mit einem Kostenanteil nach DIN 4713-5 „Verbrauchsabhängige Wärmekostenabrechnung – Teil 5: Betriebskostenverteilung und Abrechnung" (1980) von 18 %. Dies entspricht einem Anteil vom Gesamtenergieverbrauch $Q_{\text{H Gesamt, Gebäude}}$ = 415.743 kWh von $Q_{\text{H WW, Gebäude}}$ = 74.834 kWh. Somit verbleibt für den Anteil der Heizwärme $Q_{\text{H, Gebäude}}$ = 415.743 kWh – 74.834 kWh = **340.909 kWh**.

Sofern der Anteil des Energieverbrauchs für die Warmwassererwärmung in der Abrechnung nicht in % oder kWh ausgewiesen ist, kann er auch entsprechend den Formeln gemäß § 9 HeizkostenV berechnet werden:

HeizkostenV, 1989:

„§ 9 Verteilung der Kosten der Versorgung mit Wärme und Warmwasser bei verbundenen Anlagen

(1) Ist die zentrale Anlage zur Versorgung mit Wärme mit der zentralen Warmwasserversorgungsanlage verbunden, so sind die einheitlich entstandenen Kosten des Betriebs aufzuteilen. Die Anteile an den einheitlich entstandenen Kosten sind nach den Anteilen am Energieverbrauch (Brennstoff- oder Wärmeverbrauch) zu bestimmen. Kosten, die nicht einheitlich entstanden sind,

sind dem Anteil an den einheitlich entstandenen Kosten hinzuzurechnen. Der Anteil der zentralen Anlage zur Versorgung mit Wärme ergibt sich aus dem gesamten Verbrauch nach Abzug des Verbrauchs der zentralen Warmwasserversorgungsanlage. Der Anteil der zentralen Warmwasserversorgungsanlage am Brennstoffverbrauch ist nach Absatz 2, der Anteil am Wärmeverbrauch nach Absatz 3 zu ermitteln.

(2) Der Brennstoffverbrauch der zentralen Warmwasserversorgungsanlage (B) ist in Litern, Kubikmetern oder Kilogramm nach der Formel

$$B = \frac{2{,}5 \cdot V \cdot (t_W - 10)}{H_u}$$

zu errechnen. Dabei sind zugrunde zu legen

1. *das gemessene Volumen des verbrauchten Warmwassers (V) in Kubikmetern;*
2. *die gemessene oder geschätzte mittlere Temperatur des Warmwassers (t_W) in Grad Celsius;*
3. *der Heizwert des verbrauchten Brennstoffes (H_u) in Kilowattstunden (kWh) je Liter (l), Kubikmeter (m^3) oder Kilogramm (kg). Folgende H_u-Werte gelten für die verschiedenen Brennstoffe*
   - *Heizöl 10,0 kWh/l,*
   - *Stadtgas 4,5 kWh/m^3,*
   - *Erdgas L 9,0 kWh/m^3,*
   - *Erdgas H 10,5 kWh/m^3,*
   - *Brechkoks 8,0 kWh/kg.*

Enthalten die Abrechnungsunterlagen des Energieversorgungsunternehmens H_u-Werte, so sind diese zu verwenden.

Der Brennstoffverbrauch der zentralen Warmwasserversorgungsanlage kann auch nach den anerkannten Regeln der Technik errechnet werden. Kann das Volumen des verbrauchten Warmwassers nicht gemessen werden, ist als Brennstoffverbrauch der zentralen Warmwasserversorgungsanlage ein Anteil von 18 vom Hundert der insgesamt verbrauchten Brennstoffe zugrunde zu legen.

(3) Die auf die zentrale Warmwasserversorgungsanlage entfallende Wärmemenge (Q) ist mit einem Wärmezähler zu messen. Sie kann auch in Kilowattstunden nach der Formel

$$Q = 2{,}0 \cdot V \cdot (t_W - 10)$$

errechnet werden. Dabei sind zugrunde zu legen

- *das gemessene Volumen des verbrauchten Warmwassers (V) in Kubikmetern;*
- *die gemessene oder geschätzte mittlere Temperatur des Warmwassers (t_W) in Grad Celsius.*

Die auf die zentrale Warmwasserversorgungsanlage entfallende Wärmemenge kann auch nach den anerkannten Regeln der Technik errechnet werden. Kann sie weder nach Satz 1 gemessen noch nach den Sätzen 2 bis 4 errechnet werden, ist dafür ein Anteil von 18 vom Hundert der insgesamt verbrauchten Wärmemenge zugrunde zu legen.“

Dabei ist gemäß Auskunft des Heizkostenabrechnungsanbieters Kalorimeta die Formel unter § 9 Abs. 2 HeizkostenV für alle dort genannten Brennstoffe zu verwenden und die Formel unter § 9 Abs. 3 HeizkostenV für Fernwärme.

Beispiel: Nachträgliche Analyse des Heizverhaltens anhand einer Heizkostenabrechnung (Fortsetzung)

Im Versorgungszeitraum wurden laut Heizkostenabrechnung 598,67 m^3 Wasser auf 60 °C erwärmt. Somit wurden für die Wassererwärmung $B = [2{,}5 \cdot 598{,}67\ m^3 \cdot (60\ °C - 10)] : 9\ kWh/m^3 = 8.314{,}86\ m^3$ Erdgas verbraucht. Dies entspricht einem Energieverbrauchswert von $8.314{,}86\ m^3 \cdot 9\ kWh/m^3$ = **74.834 kWh.**

Für das Gebäude ermittelt sich der flächenspezifische Heizenergiebedarf als Median aus der Jahresabrechnung des Versorgers wie folgt:

$$\varnothing Q_{H(WFL),\,Gebäude} = \frac{Q_{H,\,Gebäude}}{WFL_{Gebäude}} \tag{6.39}$$

mit

$\varnothing Q_{H(WFL),\,Gebäude}$	Verbrauchsmittelwert, flächenbezogener gebäudespezifischer Heizenergieverbrauch in $kWh/(m^2 \cdot a)$
$Q_{H,\,Gebäude}$	Jahresheizenergieverbrauch des Gebäudes in kWh/a
$WFL_{Gebäude}$	Gesamtwohnfläche des Gebäudes in m^2

Die Gesamtwohnfläche des Gebäudes beträgt gemäß Abrechnung 1.740,38 m^2. Daraus resultiert im vorliegenden Beispiel ein mittlerer Verbrauchswert von $Q_{H(WFL),\,Gebäude} = 340.909\ kWh/a : 1.740{,}38\ m^2$ = **196 kWh/(m² · a)**.

Es ergibt sich der spezifische Verbrauchswert für eine Wohnung innerhalb des Objekts mit folgender Formel:

$$Q_{H(WFL),\,Wohnung} = \frac{Q_{H,\,Gebäude} \cdot E_{Wohnung}}{E_{Gebäude} \cdot WFL_{Wohnung}} \tag{6.40}$$

mit

$Q_{H(WFL),\,Wohnung}$	flächenbezogener wohnungsspezifischer Heizenergieverbrauch in $kWh/(m^2 \cdot a)$
$Q_{H,\,Gebäude}$	Jahresheizenergieverbrauch des Gebäudes in kWh/a
$E_{Wohnung}$	verbrauchsabhängige Ableseeinheiten der Wohnung in Einheiten/a
$E_{Gebäude}$	verbrauchsabhängige Ableseeinheiten des Gebäudes in Einheiten/a
$WFL_{Wohnung}$	Wohnfläche der Wohnung in m^2

Die Wohnfläche der Wohnung beträgt gemäß Abrechnung WFL_{Wohnung} = 56,21 m². Im vorliegenden Fall wurden im Abrechnungszeitraum ausweislich der Ablesung der Heizkostenverteiler in allen Wohnungen insgesamt 2.694,43 Einheiten pro Jahr verbraucht. In der fraglichen Wohnung wurden im Abrechnungszeitraum ausweislich der Ablesung der Heizkostenverteiler 236,90 Einheiten pro Jahr verbraucht. Der flächenbezogene wohnungsspezifische Heizenergieverbrauch ergibt sich damit als $Q_{\text{H(WFL), Wohnung}}$ = (340.909 kWh/a · 236,90 Einheiten/a) : (2.694,43 Einheiten/a · 56,21 m²) = **533 kWh/(m² · a)**.

Der spezifische Verbrauch der Wohnung weicht vom Mittelwert des Gebäudes wie folgt ab:

$$\Delta Q_{\text{H(WFL), IST}} = \frac{Q_{\text{H(WFL), Wohnung}} \cdot 100}{\text{Ø}Q_{\text{H(WFL), Gebäude}}} \qquad (6.41)$$

mit

$\Delta Q_{\text{H(WFL), IST}}$ Abweichung des wohnungsspezifischen Verbrauchs vom Mittelwert in %

$Q_{\text{H(WFL), Wohnung}}$ flächenbezogener wohnungsspezifischer Heizenergieverbrauch in kWh/(m² · a)

$\text{Ø}Q_{\text{H(WFL), Gebäude}}$ Verbrauchsmittelwert, flächenbezogener gebäudespezifischer Heizenergieverbrauch in kWh/(m² · a)

Im Beispiel entspricht $\Delta Q_{\text{H(WFL), SOLL, Typ G}} \approx$ 140 %. Gemäß Formel 6.41 ist $\Delta Q_{\text{H(WFL), IST}}$ = [533 kWh/(m² · a) · 100] : 196 kWh/m² = **272 %**. Damit ergibt sich im vorliegenden Fall ein Heizenergieverbrauch während des Abrechnungszeitraums innerhalb der Wohnung, der knapp dreimal so hoch wie der Mittelwert ist, obwohl lagebedingt nur eine Abweichung in der Größenordnung von 140 % zu erwarten gewesen wäre. Die Wohnung kann daher nicht als unterbeheizt eingestuft werden.

Bei einer Abrechnung über den Verbrauch von anteilig 50 % und einer Abrechnung über die Wohnfläche von 50 % ergibt sich folgender Dämpfungseffekt des Spitzenwerts durch Umverteilung:

$$K_{\text{H,Wohnung}} = 50\,\% \cdot \frac{K_{\text{H, Gebäude}} \cdot E_{\text{Wohnung}}}{E_{\text{Gebäude}}} + 50\,\% \cdot \frac{K_{\text{H, Gebäude}} \cdot WFL_{\text{Wohnung}}}{WFL_{\text{Gebäude}}} \qquad (6.42)$$

mit

$K_{\text{H, Wohnung}}$ wohnungsspezifische Heizenergiekosten in €/a

$K_{\text{H, Gebäude}}$ gebäudespezifische Heizenergiekosten in €/a

E_{Wohnung} verbrauchsabhängige Ableseeinheiten der Wohnung in Einheiten/a

$E_{\text{Gebäude}}$ verbrauchsabhängige Ableseeinheiten des Gebäudes in Einheiten/a

WFL_{Wohnung} Wohnfläche der Wohnung in m²

$WFL_{\text{Gebäude}}$ Wohnfläche des Gebäudes in m²

Die wohnungsspezifischen Heizenergiekosten errechnen sich nach folgender Formel:

$$K_{H,\,Gebäude} = Q_{H,\,Gebäude} \cdot K_{Energie} \qquad (6.43)$$

mit

$Q_{H,\,Gebäude}$ gebäudespezifischer Gesamt-Heizenergieverbrauch in kWh/a

$K_{Energie}$ Energiepreis in €/kWh

Die flächenbezogenen gebäudespezifischen Heizenergiekosten in €/(m² · a), der Kostenmittelwert, ergibt sich aus folgender Formel:

$$ØK_{H(WFL),\,Gebäude} = \frac{K_{H,\,Gebäude}}{WFL_{Gebäude}} \qquad (6.44)$$

Die flächenbezogenen wohnungsspezifischen Heizenergiekosten in €/(m² · a) lassen sich entsprechend berechnen:

$$K_{H(WFL),\,Wohnung} = \frac{K_{H,\,Wohnung}}{WFL_{Wohnung}} \qquad (6.45)$$

Im Beispiel sind die wohnungsspezifischen Heizenergiekosten $K_{H,\,Gebäude}$ = 340.909 kWh/a · Cent/kWh = 10.705 €/a.

Damit lassen sich die flächenbezogenen gebäudespezifischen Heizenergiekosten berechnen als $ØK_{H(WFL),\,Gebäude}$ = 10.705 €/a : 1.740,38 m² = 6,15 €/(m² · a).

Die wohnungsspezifischen Heizenergiekosten sind dann:

$$K_{H,Wohnung} = 50\ \% \cdot \frac{10.705\ €\cdot 236{,}90\ \text{Einheiten/a}}{2.694{,}43\ \text{Einheiten/a}} + 50\ \% \cdot \frac{10.705\ € \cdot 56{,}21\ m^2}{1.740{,}38\ m^2} = 643{,}48\ €/a$$

Damit betragen die flächenbezogenen wohnungsspezifischen Heizenergiekosten $K_{H(WFL),\,Wohnung}$ = 643,48 €/a : 56,21 m² = **11,45 €/(m² · a)**.

Die Größenordnung der Umverteilung von wohnungsspezifisch entstandenen Heizkosten über die Wohnfläche ergibt sich für jede einzelne Wohnung im Hinblick auf den Mittelwert aus der Differenz zwischen der tatsächlichen Verbrauchsabweichung und der Kostenabweichung:

$$D_{\text{Heizkosten}} = \Delta Q_{\text{H(WFL), IST}} - \Delta K \qquad (6.46)$$

mit

$D_{\text{Heizkosten}}$	wohnungsspezifische Dämpfungswirkung durch Heizkostenverteilung in %
$\Delta Q_{\text{H(WFL), IST}}$	Abweichung des wohnungsspezifischen Verbrauchs vom Mittelwert in %
ΔK	Abweichung der wohnungsspezifischen Kosten vom Mittelwert in %

Die Abweichung des wohnungsspezifischen Verbrauchs vom Mittelwert ergibt sich aus folgender Formel:

$$\Delta Q_{\text{H(WFL), IST}} = \frac{Q_{\text{H(WFL), Wohnung}} \cdot 100}{\text{Ø}Q_{\text{H(WFL), Gebäude}}} \qquad (6.47)$$

Die Abweichung der wohnungsspezifischen Kosten vom Mittelwert lässt sich folgendermaßen berechnen:

$$\Delta K = \frac{K_{\text{H(WFL), Wohnung}} \cdot 100}{\text{Ø}K_{\text{H(WFL), Gebäude}}} \qquad (6.48)$$

Im Beispiel ist die Abweichung der wohnungsspezifischen Kosten vom Mittelwert $\Delta K = [11{,}45\ €/(\text{m}^2 \cdot \text{a}) \cdot 100] : 6{,}15\ €/(\text{m}^2 \cdot \text{a}) = 186\ \%$.

Die Differenz zwischen der tatsächlichen Verbrauchsabweichung und der Kostenabweichung beträgt dann $D_{\text{Heizkosten}} = 272\ \% - 186\ \% =$ **86 %**.

Daraus ergibt sich, dass die Beispielwohnung zwar einen Heizenergieverbrauch hat, der bei 272 % vom Mittelwert liegt, durch die Umverteilung aber nur 186 % der Durchschnittskosten bei dem betroffenen Mieter abgerechnet werden. Durch die Umverteilung von 50 % der Gesamtheizkosten über die Gesamtwohnfläche des Gebäudes entsteht für die betroffene Wohnung im vorliegenden Fall eine Dämpfungswirkung in Höhe von 86 % bezogen auf den Mittelwert. Der tatsächliche Verbrauch schlägt dabei nicht vollständig zu Buche.

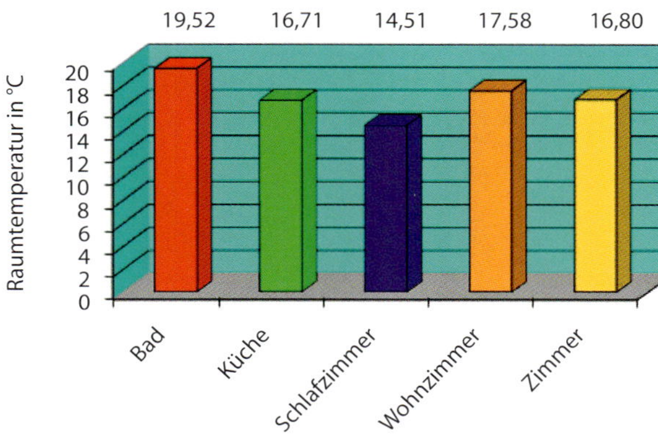

Abb. 6.25: Typische Temperaturen in den unterschiedlichen Räumen von 66 untersuchten Wohnungen (Quelle: Techem AG, 2003, S. 12; Datenerhebung Oktober 1988 bis Mai 1989)

6.8.3 Raumspezifische Analyse

Die Heizenergieverbrauchsanalytik schließt ab mit einer raumspezifischen Analyse, bei der überprüft wird, ob einzelne Räume innerhalb der Wohnung unangemessen beheizt werden. In einem derartigen Fall würde die Warmluft aus benachbarten Räumen mit einem relativ hohen Anteil an Feuchte über den Luftverbund nachströmen und an abgekühlten Außenwandbauteilen des unterbeheizten Raumes als Tauwasser ausfallen.

Untersuchungen zeigen, dass stark unterschiedliche Raumlufttemperaturen in Wohnungen üblich sind (siehe Abb. 6.25).

Die in Abb. 6.25 dargestellten Temperaturen decken sich in der Praxis mit den Untersuchungen der raumspezifischen Heizverbrauchsanalyse dahingehend, dass in den Bädern hohe flächenbezogene Verbrauchswerte festzustellen sind, während in den Schlafzimmern niedrige Werte vorherrschen. Beim Vergleich der Temperaturcharakteristik mit der raumspezifischen Schadensverteilung lässt sich schlussfolgern, dass die Schlafräume tendenziell unterbeheizt sind, während die Bäder zwar hinreichend beheizt, aber oft ungenügend be- und entlüftet werden.

Untersucht werden bei der raumspezifischen Analyse die Ableseeinheiten an den jeweiligen Verbrauchszählern jedes einzelnen Raumes im Verhältnis zum Wohnungsdurchschnitt. Über die Ableseprotokolle verfügt der Mieter. Für die Analyse ist die Kenntnis der Montageorte der Ablesegeräte erforderlich. Diese ergibt sich in der Regel nicht aus den Ableseprotokollen. Bei der Ortsbesichtigung sollten die Geräte daher mit ihrer laufenden Nummer und der Raumbezeichnung erfasst werden. Häufig erfolgt die Installation im Uhrzeigersinn, beginnend bei der Wohnungseingangstür.

Tabelle 6.19 zeigt ein Beispiel für den Heizenergieverbrauch einer Wohnung. Es wird deutlich, dass das schimmelpilzbefallene Kinderzimmer im Abrechnungszeitraum gar nicht beheizt wurde.

Tabelle 6.19: Beispielhafter Heizenergieverbrauch eines Jahres (1997/1998) für die Wohnung der Familie Bundy, unterteilt nach Zimmern

	Verbrauch/Einheit in kWh bzw. in Einheiten		Wohnfläche in m²	Ablesung in Einheiten	Verbrauch (ohne Warmwasser) in kWh	Verbrauch pro Fläche und Jahr in kWh/(m² · a)
Gesamtanlage	281,94		420,00	234,0	65.973,96	157,08
Wohnung Bundy	**Heizkostenverteiler**	**beheizte Wohnfläche**	**63,89**	**61,0**	**17.198,34**	**269,19**
	22	Küche	8,29	7,0	1.973,58	238,07
	23	Wohnzimmer	23,86	30,0	8.458,20	354,49
	24	Kinderzimmer	11,76	0,0	0,00	0,00
	25	Schlafzimmer	14,48	10,0	2.819,40	194,71
	26	Bad	5,50	14,0	3.947,16	717,67

Anhand der geschilderten Methodik kann behelfsweise die Beheizung der einzelnen Räume innerhalb einer Wohnung grob nachvollzogen werden. Dabei können allerdings nicht alle für einen Tauwasserausfall relevanten Aspekte berücksichtigt werden. So haben neben dem Heizverhalten noch weitere, hier nicht berücksichtigte Faktoren Einfluss; Beispiele:

- Anzahl der in der Wohnung bzw. den einzelnen Räumen lebende Personen
- Aufenthaltsdauer dieser Personen in der Wohnung (Berufstätige drosseln die Heizkörper während ihrer Abwesenheit.)
- Lüftungsverhalten
- möglicherweise zeitweise überhöhte Luftfeuchteproduktion durch Wäschetrocknen usw.

Eine genauere Überprüfung des Heiz- und Lüftungsverhaltens der Mieter ist durch das Positionieren von Klimadatenloggern in den Wohnungen über einen längeren Zeitraum möglich.

Erst wenn die verschiedenen Ursachenkategorien (siehe Kapitel 3) im sorgfältigen Ausschlussverfahren mithilfe der beschriebenen Verfahren (siehe Kapitel 5 und 6) nacheinander konkret ausgeschlossen werden können, wird sich in der Regel herauskristallisieren, welche Umstände für sich alleine oder im Zusammenwirken miteinander für einen Schimmelpilzbefall als Ursachen infrage kommen. Bei Vorliegen eines Schimmelpilz- oder Bakterienvorkommens ist nicht auszuschließen, dass gleichzeitig auch ein Befall durch andere mikrobiologische Lebensformen, wie holzzerstörende Pilze, Hefen, Algen oder Flechten, besteht.

6.8.4 Bestimmung der Gradtagzahl und der Heizgradtage

Da die Beheizung von Gebäuden während des Jahresverlaufs diskontinuierlich stattfindet, lässt sich der Jahresenergieverbrauch nicht gleichmäßig auf die 12 Monate des Jahres verteilen. Wenn eine Verbrauchsabrechnung für die Heizenergie einer bestimmten Wohnung nur für einen bestimmten Zeitraum, nicht aber für das vollständige Jahr vorliegt, kann über die Gradtagzahlen eine Abschätzung vorgenommen werden, welcher Jahresheizenergieverbrauch eingetreten wäre, wenn das Mietverhältnis über das gesamte Jahr hinweg bestanden hätte. Diese Vorgehensweise entspricht der einschlägigen DIN 4713-5:

DIN 4713-5 (1980), S. 4:

„*5 Ablesung der Erfassungsgeräte*

[...] *Tritt während eines Abrechnungszeitraumes ein Wechsel in der Person eines Nutzers ein, sollten Zwischenablesungen durchgeführt werden. Die Abrechnung des Heizkostenanteils des ausscheidenden Nutzers kann erst nach Ablauf der Heiz- bzw. Abrechnungsperiode erfolgen. Dabei sind die Kosten je Nutzeinheit nach Abschnitt 3.1 einheitlich für alle Nutzer eines Abrechnungszeitraums zu ermitteln.*

Der Anteil kann auch zeitanteilig oder der Jahreszeit entsprechend nach Gradtagzahlen gewichtet werden.“

Die Gradtagzahl (GTZ, Gt) und die Heizgradtage (HGT, G) werden zur Berechnung oder Abschätzung des Heizenergiebedarfs während der Heizperiode für ein Gebäude an einem bestimmten Standort verwendet. Sie werden außerdem als Grundlage für die witterungsbereinigte Normierung von Heizenergieverbräuchen herangezogen. Beide Zahlen weisen den Zusammenhang zwischen der Raumtemperatur und der Außenlufttemperatur für die Heiztage eines Bemessungszeitraums aus.

Bezugswerte sind die Raumtemperatur und die Heizgrenze. Entsprechend den VDI-Richtlinien 2067 „Richtlinienreihe Wirtschaftlichkeit gebäudetechnischer Anlagen“ bzw. der DIN V 4108-6 „Wärmeschutz und Energie-Einsparung in Gebäuden – Teil 6: Berechnung des Jahresheizwärme- und des Jahresheizenergiebedarfs“ (2003) werden die Heizgrenze bei 15 °C und die Innentemperatur bei 20 °C angenommen; deshalb werden die $GTZ_{20/15}$ angegeben. Für die Außentemperatur gelten die vom Deutschen Wetterdienst bzw. der MeteoAM ermittelten Daten. Die Gradtagzahl wird immer dann errechnet, wenn die Außentemperatur unter der Heizgrenztemperatur liegt.

Sie ist die Summe aus den Differenzen einer angenommenen Rauminnentemperatur von 20 °C und dem jeweiligen Tagesmittelwert der Außentemperatur über alle Tage desjenigen Zeitraums, der unterhalb der Heizgrenztemperatur des Gebäudes liegt:

$$GTZ_{20/15} = \Sigma_1^z (\theta_i - \theta_e) \tag{6.49}$$

mit

$GTZ_{20/15}$ Gradtagzahl bei θ_i = 20 °C und einer Heizgrenze von 15 °C in K

z Anzahl der meteorologischen Heiztage

θ_i mittlere Raumtemperatur in °C

θ_e mittlere Außentemperatur des jeweiligen Heiztags in °C

Die Gradtagzahl eines Monats entspricht der Summe der Differenzen zwischen der Innenlufttemperatur und dem Tagesmittelwert der Außentemperatur.

Beispiel: Ermittlung des Heizenergieverbrauchs in einem bestimmten Zeitraum

Es soll der Heizenergieverbrauch einer Wohnung in Hamburg-Fuhlsbüttel im Zeitraum vom 26. November 2010 bis zum 25. November 2012 untersucht werden (zweimal ein Jahr). Abgerechnet wurden jedoch die Zeiträume vom 16. November 2010 bis zum 25. November 2011 sowie vom 26. November 2011 bis zum 08. Oktober 2012. Der zu untersuchende Zeitraum enthält 10 Tage weniger im November 2010, dafür aber 23 Tage mehr im Oktober 2012 und 25 Tage mehr im November 2012.

In der Gradtagzahltabelle des jeweiligen Jahres des Deutschen Wetterdiensts sind für die einzelnen Monate die Gradtagzahlen angegeben. Es ist nun zunächst ein Vergleich zwischen dem abgerechneten Zeitraum und dem zu untersuchenden Zeitraum in Hinblick auf die Gradtagzahlen zu erstellen. Dafür sind jeweils die einzelnen Gradtagzahlen der kompletten Monate und die Anteile der zum Teil abgerechneten Monate bzw. zu untersuchenden Monate zu addieren (siehe Tabelle 6.20 und 6.21).

Tabelle 6.20: Gradtagzahl des Abrechnungs- und des zu untersuchenden Zeitraums 2010/2011 (Quelle der Daten: Deutscher Wetterdienst)

abgerechneter Zeitraum 16. November 2010 bis 25. November 2011	**Gradtagzahl**	**zu untersuchender Zeitraum 26. November 2010 bis 25. November 2011**	**Gradtagzahl**
November 2010	(457 : 30) · 15 Tage = 288,50	November 2010	(457 : 30) · 5 Tage = 76,17
Dezember 2010	726,00	Dezember 2010	726,00
Januar 2011	555,00	Januar 2011	555,00
Februar 2011	522,00	Februar 2011	522,00
März 2011	483,00	März 2011	483,00
April 2011	226,00	April 2011	226,00
Mai 2011	126,00	Mai 2011	126,00
Juni 2011	70,00	Juni 2011	70,00
Juli 2011	42,00	Juli 2011	42,00
August 2011	44,00	August 2011	44,00
September 2011	109,00	September 2011	109,00
Oktober 2011	284,00	Oktober 2011	284,00
November 2011	(432 : 30) · 25 Tage = 360,00	November 2011	(432 : 30) · 25 Tage = 360,00
Gradtagzahl des abgerechneten Zeitraums	**3.835,05**	**Gradtagzahl des zu untersuchenden Zeitraums**	**3.623,17**

Tabelle 6.21: Gradtagszahl des Abrechnungs- und des zu untersuchenden Zeitraums 2011/2012 (Quelle der Daten: Deutscher Wetterdienst)

abgerechneter Zeitraum 26. November 2011 bis 08. Oktober 2012	**Gradtagzahl**	**zu untersuchender Zeitraum 26. November 2011 bis 25. November 2012**	**Gradtagzahl**
November 2011	(432 : 30) · 5 Tage = 72,00	November 2011	(432 : 30) · 5 Tage = 72,00
Dezember 2011	469,00	Dezember 2011	469,00
Januar 2012	534,00	Januar 2012	534,00
Februar 2012	580,00	Februar 2012	580,00
März 2012	398,00	März 2012	398,00
April 2012	365,00	April 2012	365,00
Mai 2012	167,00	Mai 2012	167,00
Juni 2012	126,00	Juni 2012	126,00
Juli 2012	51,00	Juli 2012	51,00
August 2012	11,00	August 2012	11,00
September 2012	152,00	September 2012	152,00
Oktober 2012	(309 : 30) · 8 Tage = 82,40	Oktober 2012	309,00
November 2012		November 2012	(421 : 30) · 25 Tage = 350,84
Gradtagzahl des abgerechneten Zeitraums	**3.007,40**	**Gradtagzahl des zu untersuchenden Zeitraums**	**3.584,84**

Der Stromenergieverbrauch des in Tabelle 6.20 dargestellten Zeitraums ist demnach mit dem Faktor 3.623,17 : 3.835,50 = 0,944640 zu multiplizieren, um den Stromenergieverbrauch des zu untersuchenden Zeitraums (eines ganzen Jahres) zu erhalten. Der Stromenergieverbrauch des in Tabelle 6.21 dargestellten Zeitraums ist dagegen mit dem Faktor 3.584,84 : 3.007,40 = 1,1920 zu multiplizieren, um den Stromenergieverbrauch des zu untersuchenden Zeitraums (eines ganzen Jahres) zu erhalten.

Es kann im Folgenden anhand der in Tabelle 6.20 und 6.21 aufgeführten Gradtagzahlen ermittelt werden, wie sich mit hoher Wahrscheinlichkeit der Stromverbrauch für die Beheizung der streitgegenständlichen Wohnung verändern würde, wenn jeweils ein ganzes Jahr abgelesen worden wäre (siehe Tabelle 6.22).

Tabelle 6.22: Rechnerisch ermittelter Stromverbrauch für die Beheizung für den jeweiligen Zeitraum eines Jahres

abgerechneter Zeitraum	Ist-Stromverbrauch in kWh (Abrechnungszeitraum)	zu untersuchender Zeitraum	rechnerisch ermittelter Stromverbrauch in kWh (zu untersuchender Zeitraum eines Jahres)
16. November 2010 bis 25. November 2011	10.607	26. November 2010 bis 25. November 2011	10.607 · 0,944640 = 10.019,80
26. November 2011 bis 08. Oktober 2012	7.349	26. November 2011 bis 25. November 2012	7.349 · 1,1920 = 8.760,01

Es wurde für das Beispiel errechnet, dass der Soll-Heizenergieverbrauch der streitbefangenen Wohnung bei einem Wert von ca. 194,6 kWh/(m^2 · a) liegen sollte. Ausweislich des Mietvertrags hat die streitgegenständliche Wohnung eine Größe von ca. 76,47 m^2.

Ist-Heizenergieverbrauch im zu untersuchenden Zeitraum:

- vom 26. November 2010 bis zum 25. November 2011:
  10.019,80 kWh : 76,47 m^2 = 130,99 kWh/(m^2 · a)
- vom 26. November 2011 bis zum 25. November 2012:
  8.760,01 kWh : 76,47 m^2 = 114,55 kWh/(m^2 · a)

Tabelle 6.23 zeigt, wie der auf diese Weise rechnerisch ermittelte Heizenergieverbrauch vom Soll-Energieverbrauch abweicht.

Tabelle 6.23: Abweichung des rechnerisch ermittelten Heizenergieverbrauchs vom Soll-Energieverbrauch

abgerechneter Zeitraum	Soll-Heizenergieverbrauch der Wohnung in kWh/(m² · a)	rechnerisch ermittelter Heizenergieverbrauch der Wohnung in kWh/(m² · a)	Differenz in kWh/(m² · a)	Abweichung in %	unterbeheizt?
16. November 2010 bis 25. November 2011	194,6,0	130,99	–63,61	–32,68	ja
26. November 2011 bis 08. Oktober 2012	194,6,0	114,55	–80,05	–41,13	ja

6.9 Behaglichkeitsklima in Gebäuden

Der Mensch hat keine Sinnesorgane, um Luftfeuchte festzustellen. Er kann nur mithilfe von Hilfsmitteln (beschlagene Brille, beschlagene Gläser und Spiegel) abschätzen, wann eine erhöhte relative Luftfeuchte vorliegt. Er kann ferner anhand des Gefühls, ein Kratzen im Hals zu verspüren, abschätzen, dass die relative Luftfeuchte niedrig ist.

FGK Status-Report 8, 2007, S. 3:

„2. Wie empfindet der Mensch die Raumluftfeuchte?

Der Mensch besitzt kein eigentliches Sinnesorgan, um die relative Feuchte direkt zu empfinden, sondern ist auf sekundäre Empfindungen angewiesen, wie trockene Schleimhäute, Wärme- und Kälteempfinden und Empfindungen der Thermoregulation wie Schwitzen und Schwüleempfinden. Der Mensch reguliert seinen Wärmehaushalt zu einem großen Teil über Verdunstung und diese Verdunstungswirkung wird direkt durch die relative Luftfeuchte beeinflusst.

Die Atemwege des Menschen sind ständig mit flüssigem Schleim ausgekleidet und die eingeatmete Luft wird durch diesen Schleim befeuchtet und vom Staub gereinigt. Die Flimmerepithelien transportieren den Schleim dann ab. Bei trockener, staubreicher Luft wird mehr Feuchtigkeit benötigt und die Schleimhäute trocknen aus.“

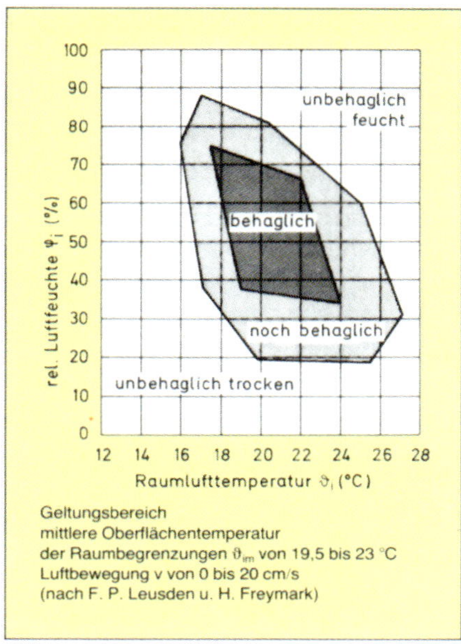

Abb. 6.26: Behaglichkeitsfeld des Menschen in geschlossenen Räumen in Abhängigkeit von Raumlufttemperatur und relativer Luftfeuchte (Quelle: Middel et al., 2003, S. 14); Geltungsbereich: mittlere Oberflächentemperatur der Raumbegrenzung von 19,5 bis 23 °C, Luftbewegung von 0 bis 20 cm/s

LV-Nr. 16, 1999, S. 12:

„*1 Raumklimatische Parameter*

[...]

1.2 Luftfeuchte

Der Mensch kann die relative Luftfeuchte nicht konkret einschätzen, nimmt allerdings bei erhöhter relativer Luftfeuchte die Lufttemperatur intensiver wahr. So werden bei erhöhter relativer Luftfeuchte hohe Temperaturen als wärmer und niedrige als kälter empfunden. Als Beispiel ist die Sauna zu nennen. Dort werden verhältnismäßig hohe Lufttemperaturen bei geringer relativer Feuchte als angenehm empfunden und nach einem Aufguss mit der damit verbundenen angehobenen relativen Luftfeuchte erscheinen dieselben Lufttemperaturen unerträglich.“

Das menschliche Behaglichkeitsempfinden innerhalb geschlossener Räume hängt wesentlich von der Kombination aus Raumlufttemperatur, relativer Raumluftfeuchte und Oberflächentemperatur der Umfassungswände ab. Die Basiswerte für eine allgemein als behaglich empfundene Situation sind in Abb. 6.26 anschaulich dargestellt.

Demnach ist bei einer Raumlufttemperatur von 20° ein Optimum an Behaglichkeit gegeben, wenn die relative Raumluftfeuchte zwischen 38 und 70 % liegt. Bis zu einer Untergrenze von 20 % relativer Luftfeuchte ist das Klima als noch behaglich einzustufen, unterhalb von 20 % ist die Luft unbehaglich trocken.

Über die mindestens erforderliche Luftfeuchte für ein behagliches Raumklima liegen verschiedene Angaben vor. Gesundheitliche Beschwerden bei der Unterschreitung eines bestimmten Schwellenwerts hängen nach allgemeiner Auffassung nicht nur mit dem Wert der relativen Luftfeuchte zusammen, sondern auch mit der Staubentwicklung, die mit sinkender relativer Luftfeuchte zunimmt. Die DIN EN 15251 „Eingangsparameter für das Raumklima zur Auslegung und Bewertung der Energieeffizienz von Gebäuden – Raumluftqualität, Temperatur, Licht und Akustik“ (2012) macht dazu folgende Angaben:

DIN EN 15251 (2012), Nationaler Anhang, S. 6:

„*NA.3 Thermisches Raumklima*

[…]

NA.3.4 Luftfeuchte

Die relative Luftfeuchte beeinflusst die Wärmetransportvorgänge an der Oberfläche der menschlichen Haut.

Die Werte für die relative und absolute Luftfeuchte beziehen sich auf die ausgewiesene Aufenthaltszone. Es gelten obere Grenzwerte von 65 % für die relative und 11,5 g/kg für die absolute Feuchte der Luft. Unterhalb des Wertes von 30 % für die relative Feuchte der Luft können gesundheitliche Beeinträchtigungen (z. B. trockene Schleimhäute) und störende, statische Aufladungen auftreten.“

DIN EN 15251 (2012), S. 15:

„*6 Auslegungskriterien für die Dimensionierung von Gebäuden, Heizungs- und Kühlanlagen, maschinellen und freien Lüftungsanlagen*

[…]

6.4 Luftfeuchte

Üblicherweise braucht die Raumluft nicht befeuchtet zu werden. Die Luftfeuchte hat nur geringe Auswirkung auf die Temperaturempfindung und die Wahrnehmung der Luftqualität in Räumen mit sitzenden Tätigkeiten, jedoch verursacht lang andauernde hohe Raumluftfeuchte mikrobielles Wachstum, während sehr niedrige Luftfeuchte (< 15 % bis 20 %) Trockenheit und Reizungen der Augen und Luftwege verursacht. Die Anforderungen an die Luftfeuchte beeinflussen die Auslegung von Entfeuchtungs- (Kühllast) und Befeuchtungsanlagen und den Energieverbrauch. Die Kriterien hängen teils von den Anforderungen an die thermische Behaglichkeit und die Raumluftqualität und teils von den bauphysikalischen Anforderungen (Kondensation, Schimmelpilzbefall usw.) ab. Bei bestimmten Gebäuden (Museen, historische Gebäude, Kirchen) müssen zusätzliche Anforderungen an die Luftfeuchte berücksichtigt werden. Üblicherweise ist keine Befeuchtung oder Entfeuchtung der Raumluft erforderlich; werden jedoch Befeuchtungs- und/oder Entfeuchtungsanlagen eingesetzt, so sollte eine übermäßige Befeuchtung und Entfeuchtung vermieden werden.“

7 Untersuchung und Bewertung von mikrobiellen Schäden

Eine allgemeine Untersuchungsmethode, die allen Aufgabenstellungen gerecht wird, gibt es nicht. Es entscheiden daher stets die Umstände des Einzelfalls über die jeweils gebotenen Untersuchungsschritte.

7.1 Abklatschproben

7.1.1 Durchführung

Agarabklatschproben werden mit speziellen Nährbodenschalen durchgeführt, bei denen der Nährboden erhaben wie ein Uhrglas über den Rand der Kunststoffschale hinausragt. Die Nährböden sind auch als sog. RODAC-Platten bekannt; die Abkürzung steht für Replicate Organism Detection and Counting. Die Prüffläche bei einer handelsüblichen RODAC-Platte mit einem Durchmesser von 55 mm beträgt ca. 24 cm^2. Die geöffnete Schale wird für etwa 5 Sekunden unter leichtem Druck an die zu prüfende Oberfläche angedrückt (siehe Abb. 7.1). Anschließend erfolgen die Inkubation und die Laboruntersuchung wie bei der Luftkeimmessung (siehe Kapitel 7.5). Erfasst werden nur keimfähige Partikel, während abgetötete Sporen, z. B. nach einer erfolgten Desinfektion, nicht mehr angezüchtet werden können und daher mit dieser Methode nicht erfasst werden.

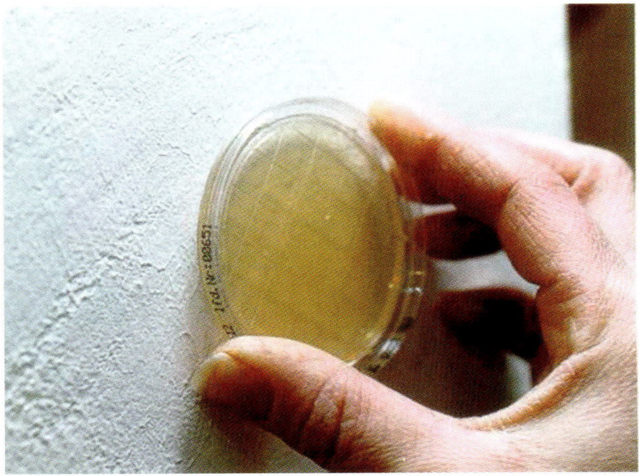

Abb. 7.1: RODAC-Platte

7.1.2 Bewertung

Die Bewertung von Abklatschproben (RODAC-Platten) ist in den beiden Leitfäden des Umweltbundesamts nicht geregelt. Zur Bewertung der Abklatschproben kann orientierend Tabelle 7.1 herangezogen werden. Dabei muss jeweils im Einzelfall überprüft werden, ob es sich bei den festgestellten Schimmelpilzen um außenlufttypische oder innenraumspezifische Spezies handelt. Ferner muss berücksichtigt werden, ob die Kontaktfläche des Materials in waagerechter oder senkrechter Position gelegen hat, weil sich auf waagerechten Flächen mehr sedimentiertes Sporenmaterial absetzt als auf senkrechten Flächen.

Tabelle 7.1: Bewertung von Abklatschproben

Schimmelpilze/Bakterien in KBE/24 cm²	Bewertung
bis 30	gering
> 30 bis 80	erhöht
> 80 bis 250	hoch
> 250 (Rasenbildung)	sehr hoch
KBE koloniebildende Einheiten	

Beispiel: Systematische Bewertung von Abklatschproben

Nach einer Schimmelpilzsanierung werden Abklatschproben genommen. Die mykologische Analyse des Labors ergab für die Abklatschproben AK1 in Raum 1 eine erhöhte Konzentration an *Aspergillus versicolor* und damit auch eine insgesamt erhöhte Konzentration an Schimmelpilzsporen (siehe Tabelle 7.2).

Tabelle 7.2: Laborergebnisse der Abklatschprobe AK1 in Raum 1 an Wand 2 (DG18-Agar, 24 °C)

Probe	Befund in KBE/24 cm²	Orientierungswerte in KBE/24 cm²	Bewertung
Aspergillus versicolor	44	> 30 bis 80	erhöht
gesamt	59	> 30 bis 80	erhöht
KBE koloniebildende Einheiten			

Im vorliegenden Fall muss eine Nachreinigung der untersuchten Oberfläche erfolgen.

7.2 Materialanalysen

7.2.1 Probenahme

Die Probenahme von Materialproben erfolgt zerstörend, d. h., aus dem mit Schimmelpilzen befallenen Material wird ein repräsentatives und ausreichend großes Stück entnommen, möglichst ohne dass dabei die Strukturen an der befallenen Oberfläche zerstört werden. Die Proben werden vor Ort sorgfältig verpackt und systematisch gekennzeichnet, damit sich die Ergebnisse später eindeutig den Entnahmeorten zuordnen lassen.

7.2.2 Analyse und Bewertung

In den Leitfäden des Umweltbundesamts sind keine Bewertungskriterien für Materialproben definiert. Im Schimmelpilz-Leitfaden sind lediglich Kategorien festgelegt worden, die sich auf das Schadensausmaß beziehen, und zwar auf sichtbare und nicht sichtbare Materialschäden (Schimmelpilz-Leitfaden, 2002):

- Kategorie 1: keine bzw. sehr geringe Biomasse, z. B. geringe Oberflächenschäden < 20 cm^2
- Kategorie 2: mittlere Biomasse, oberflächliche Ausdehnung < 0,5 m^2, tiefere Schichten nur lokal betroffen
- Kategorie 3: große Biomasse, große flächige Ausdehnung > 0,5 m^2, auch tiefere Schichten möglicherweise betroffen

Für die Einstufung in die nächsthöhere Bewertungsstufe reicht die Überschreitung einer Forderung. Zum Beispiel soll ein Befall mit geringer Oberfläche in Kategorie 2 oder 3 eingeordnet werden, wenn zusätzlich auch tiefere Materialschäden betroffen sind (Schimmelpilz-Leitfaden, 2002).

Formen eines Schimmelpilzschadens hinsichtlich der Möglichkeit einer Dekontamination:

- Primärbefall: Es hat eine Auskeimung stattgefunden und die Schimmelpilze haben sich mit ihrem Myzelgeflecht auf den Materialoberflächen förmlich angesiedelt.
- Sekundärkontamination: Luftgetragene, noch gekapselte Sporen und andere Partikel von Schimmelpilzen haben sich als Sedimentationsablagerungen auf den Materialoberflächen in der Form einer Verunreinigung abgesetzt.

Schimmelpilzsanierungs-Leitfaden, 2005, S. 43, 45:

„5. Durchführung der Sanierung:

[…] *Die Sanierung bei größerem Schimmelpilzbefall sollte unbedingt von Fachfirmen durchgeführt werden. Da es bisher keine allgemein anerkannte Qualifikation zur Schimmelpilzsanierung gibt, sollte sich der Auftragsgeber vor Auftragsvergabe über die Qualifikation der Firma erkundigen, z. B. über Referenzen sowie Fragen nach Qualifikations-, Arbeitsschutz und Umgebungsschutzmaßnahmen.*

[…]

5.2 Reinigung und Entfernung der mit Schimmelpilzen befallenen Materialien

Bei dem Befall von Material durch Schimmelpilze kann es sich sowohl um einen primären Befall handeln – das heißt, die Schimmelpilze wachsen und vermehren sich auf dem Material – als auch um eine Belastung aufgrund einer sekundären Verunreinigung mit Schimmelpilzsporen, die z. B. über die Luft aus einem aktiven Befall verteilt wurden und sich auf dem Material abgesetzt haben, ohne dort zu wachsen. Als primärer Befall gewertet werden auch Schimmelpilzkontaminationen, bei denen das Wachstum nicht mehr aktiv ist (ausgetrocknete primär befallene Gegenstände)."

Eine Sekundärkontamination lässt sich in der Regel mit geeigneten Staubsaugern, die über einen HEPA-Feinstpartikelfilter verfügen müssen (HEPA: High Efficiency particulate Arrestance), absaugen oder von glatten Oberflächen auch im Wischverfahren entfernen. Diese grundsätzliche Reinigungsmöglichkeit besteht jedenfalls so lange, bis keimfähiges Material auf nährstoffhaltige Untergründe gelangt und gleichzeitig ein Feuchteangebot besteht, das sich auf die jeweilige Schimmelpilzart wachstumsfördernd auswirkt. Die verschiedenen Schimmelpilzarten haben unterschiedliche Feuchteansprüche, die durch den jeweiligen a_w-Wert ausgedrückt werden. Die Dekontamination bei einem bereits etablierten Schimmelpilzprimärbefall gestaltet sich aus diesem Grund deutlich schwieriger als bei einer lose aufliegenden Sekundärkontamination.

Bei einem Primärbefall glatter, desinfektionsfähiger Oberflächen, wie z. B. Glas oder Keramik, ist grundsätzlich eine Reinigung im Wischverfahren unter Zuhilfenahme eines dafür speziell geeigneten Reinigungsmittels möglich. Anders verhält es sich bei Werkstoffen mit porösen Oberflächen, da eine Besiedlung auch bis in die porösen Strukturen hinein eingetreten sein kann. Deshalb bieten in einem solchen Fall Wisch- oder Saugverfahren keine hinreichende Sicherheit dafür, dass ein Primärbefall mit diesen Verfahren restlos beseitigt werden kann. In der Regel werden daher Werkstoffe mit porösen Oberflächenstrukturen im Rahmen einer Dekontamination ausgetauscht.

Auch in der VDI 4300 Blatt 10 „Messen von Innenraumluftverunreinigungen – Messstrategien zum Nachweis von Schimmelpilzen im Innenraum" (2008) wird auf das Erfordernis einer Trennung zwischen Primärbefall und Sekundärkontamination hingewiesen:

VDI 4300 Blatt 10 (2008), S. 38:

„*5 Messstrategie*

[...]

5.1 Allgemeine Aspekte zur Durchführung der Messung

Bei Planung und Durchführung von Messungen sind Randbedingungen und Einflussfaktoren zu berücksichtigen und zu dokumentieren, die ein Untersuchungsergebnis maßgeblich beeinflussen können.

5.1.1 Untersuchung von Materialien oder deren Oberflächen

Zur Auswahl einer geeigneten Untersuchungsmethode und zur Festlegung der Probenahmestellen sind folgende Fragen abzuklären:

- *Ist von einem Schimmelpilzwachstum oder einer Sekundärkontamination an der Fläche oder dem Material auszugehen (13)?*
- *Ist von einer oberflächlichen Besiedelung oder einer Besiedelung tieferer Schichten auszugehen?*
- *Sind die zu erwartenden oder interessierenden Schimmelpilze kultivierbar?*
- *Sind Kriterien zur Einschätzung eines Materialbefundes verfügbar?*

Kriterien für die Abgrenzung einer auf Grund der natürlichen Sedimentation bedingten Belegung von Materialoberflächen oder -hohlräumen mit Schimmelpilzen gegenüber einem aktiven Schimmelpilzbefall ist die Schimmelpilz-Konzentration sowie der Nachweis von Schimmelpilzstrukturen, z. B. Myzel oder Sporenträger, im Material oder an dessen Oberfläche. Die Schimmelpilz-Konzentration im Material oder an dessen Oberfläche ist abhängig vom Material, vor allem dessen Dichte, sowie der Schimmelpilzart."

Untersuchung mit Direktmikroskopie

Die Frage, ob ein Schimmelpilzwachstum als Primärbefall vorliegt oder eine Verunreinigung mit abgelagerten Sporen und Partikeln aus einer Fremdquelle als Sekundärkontamination, lässt sich durch eine Direktmikroskopie klären, indem untersucht wird, ob Hyphenstrukturen erkennbar sind, die auf eine stattgefundene Auskeimung hinweisen:

VDI 4300 Blatt 10 (2008), S. 25–28:

„4 Messtechnik

[...]

4.4 Nachweisverfahren

Schimmelpilze können durch Kultivierung auf Nährmedien (siehe Abschnitt 4.4.1) oder durch Direktmikroskopie (siehe Abschnitt 4.4.2) nachgewiesen werden. Der Vorteil der Kultivierung ist, dass eine Artbestimmung der Schimmelpilze möglich ist.

Bei der Direktmikroskopie können auch Schimmelpilze nachgewiesen werden, die nicht oder nur sehr schlecht auf den verwendeten Nährmedien wachsen können. Eine wesentliche Einschränkung bei der Direktmikroskopie ist jedoch, dass Pilzgattungen mit ähnlichen Sporen (z. B. Penicillium und Aspergillus) nicht unterschieden werden können, wenn – wie es vor allem in der Gesamtsporensammlung in der Luft der Fall ist – keine Sporulationsstrukturen vorhanden sind. Bei Klebefilmproben ist eine Zuordnung zu Gattungen dagegen häufig möglich.

[...]

4.4.2 Direktmikroskopie

[...]

4.4.2.1 Materialproben

Bei den Proben von Oberflächen oder Materialien sollte darauf geachtet werden, ob nur Sporen vorhanden sind oder ob auch Pilzmyzel nachweisbar ist. Das Vorhandensein von Myzel weist auf ein Wachstum der Schimmelpilze auf/in dem Material hin, während Sporen auch von anderen Quellen stammen können. Die Auswertung ist nur semiquantitativ möglich, als Ergebnis werden die nachgewiesenen Sporentypen und Myzelbruchstücke in der Reihenfolge ihrer Häufigkeit angegeben."

Bei der Untersuchung der Materialproben im mykologischen Speziallabor besteht vor diesem Hintergrund zunächst die Möglichkeit der Direktmikroskopie, d. h., die eingegangenen Proben werden sofort lichtmikroskopisch untersucht. Ein Schimmelpilzbefall liegt nachweislich dann vor, wenn bei der Direktmikroskopie ein Bewuchs des Materials mit Hyphen festgestellt wird.

Untersuchung mit Verdünnungsreihen

Die Fortführung der Untersuchungen über sog. Verdünnungsreihen ermöglicht die Feststellung der Schimmelpilzkonzentration und eine genauere Artenbestimmung. Zu diesem Zweck werden Teile aus den Materialproben herausgeschnitten. Bei Estrichdämmschichten wird dafür in der Regel die zuunterst liegende Schicht in einer Dicke von 10 mm herangezogen.

Das Material wird zerkleinert und in eine Suspension eingebracht, die als Pufferlösung dient. Von dieser Suspension werden Verdünnungen angelegt (1:1; 1:10; 1:100 usw.). Von jedem einzelnen Lösungsansatz erfolgt eine Beimpfung von Nährböden. Diese Nährböden werden dann bei vorgegebener Temperatur über einen Zeitraum von in der Regel 5 bis 7 Tagen inkubiert. Diejenigen Nährbodenschalen, bei denen eine optimale Auszählung und Bewertung möglich ist, werden hinsichtlich der Anzahl der koloniebildenden Einheiten (KBE) ausgezählt und bezüglich der Artenzusammensetzung differenziert.

Da die Konzentration der keimfähigen Sporen und Fragmente von Schimmelpilzen nicht von vornherein bekannt ist, ist ein Teil der Nährböden nicht verwertbar, weil dort eine Überwucherung mit Schimmelpilzen stattfindet. Ein weiterer Teil ist deshalb nicht verwertbar, weil es nur zu einer unzureichenden Anzahl von Ansiedlungen der Schimmelpilze kommt. Anhand des Ergebnisses der verwertbaren Nährböden und in Kenntnis der Konzentration des Lösungsansatzes lässt sich anschließend die Konzentration der koloniebildenden Einheiten in und an dem untersuchten Baustoffmaterial in KBE/g berechnen.

Bewertung der Untersuchungsergebnisse

Bei Dämmstoffen ist es u. a. entscheidend, ob ein Primärbefall vorliegt und welche Konzentration an Schimmelpilzen in und an dem Dämmmaterial vorliegt, wie hoch also der Befallsgrad ist. Eine ausschließliche Untersuchung über eine Verdünnungsreihe ohne vorherige Direktmikroskopie lässt unter Umständen nicht zuverlässig auf einen tatsächlichen Schimmelpilzbefall rückschließen, da sich das künstlich in den Nährbodenschalen im Labor angezüchtete Pilzmaterial auch als Ergebnis einer Verunreinigung des Baustoffs als Sekundärkontamination entwickelt haben kann.

Schimmelpilzsanierungs-Leitfaden, 2005, S. 47:

„5 Durchführung der Sanierung

[…]

5.2 Reinigung und Entfernung der mit Schimmelpilzen befallenen Materialien

[…] *Folgende prinzipielle Vorgehensweisen werden empfohlen:*

[…]

Dämmmaterialien:

Durch mikrobiologische Messungen kann der Befallsgrad ermittelt werden. Dämmmaterialien mit primärem massivem Schimmelpilzbefall müssen ausgebaut werden. Bei weniger starkem Befall kann im Einzelfall eine Trocknung und Abschottung der Dämmschicht zur Raumseite hin ausreichend sein (Abschottung kennzeichnen!!). Die Abschottung muss auch langfristig gewährleisten können, dass keine Schimmelpilze in die Raumluft gelangen. Sind bei den Raumnutzern gesundheitliche Probleme aufgetreten, ist in jedem Fall eine Entfernung des Dämmmaterials zu empfehlen.

Bei der Interpretation der mikrobiologischen Ergebnisse muss beachtet werden, dass die meisten Dämmmaterialien Schimmelpilze enthalten, auch ohne dass ein Schaden vorliegt. Die Bewertung des Befalls muss daher durch ein fachkundiges Labor erfolgen, dem Vergleichswerte unbefallener Dämmstoffe vorliegen. Ein Problem in der Praxis ergibt sich durch die oft unterschiedliche Einschätzung der Befallsstärke durch unterschiedliche Laboratorien. Hier besteht Handlungsbedarf zur Vereinheitlichung der Bewertung.“

Für den Umfang der Sanierung und die damit verbundenen Kosten ist ausschlaggebend, ob Material entfernt werden sollte oder ob ein Trocknungsvorgang ausreicht, ggf. kombiniert mit Desinfektion. Bei befallenem Material mit geringem mikrobiellem Wachstum, geringen Mengen von Keimen und gesundheitlich nicht bedenklichen Mikroorganismen (Befallsklassen 1 oder 2 nach Trautmann [Lorenz et al., 2005]) dürfte dann, wenn der Schaden keine besonderen Dimensionen umfasst und die Bewohner auch nicht unter typischen Symptomen leiden, eine Materialentfernung jedenfalls aus gesundheitlichen Gründen nicht zwingend geboten sein. In einem solchen Fall reicht es eventuell aus, wenn durch Trocknen, ggf. auch durch Desinfektion, das Wachstum gestoppt und auf Dauer nachhaltig verhindert wird sowie der Schaden z. B. durch Abdichten der Randfugen von der Umgebung isoliert wird. Sind jedoch ausgedehnte Flächen zwar nicht direkt bewachsen, aber mit großen bis sehr großen Mengen an Keimen und anderen mikrobiellen Partikeln kontaminiert, darunter ggf. auch Arten und Gattungen, die aus gesundheitlicher Sicht kritisch sind, und liegen gleichzeitig gesundheitliche Beschwerden bei den exponierten Personen vor, dann dürfte aus sachlichen Gründen die Materialentfernung geboten sein, soweit dies technisch machbar und wirtschaftlich vertretbar ist.

Als zusätzliche Beurteilungsgrundlage im Zusammenhang mit der Frage, ob mit Schimmelpilz befallene Bauteile ausgetauscht werden sollten, kann das Kapitel III.4.3.3 des Handbuchs für Bioklima und Lufthygiene herangezogen werden:

Richardson/Grün, 2005, S. 8:

„*In der* [Tabelle 7.3] *werden Kriterien für verschiedene Baumaterialien aufgeführt, die bei der Entscheidungsfindung hilfreich sind, wann ein Schimmelpilz-belastetes Material zu entfernen ist. Die Werte sind entstanden durch die Auswertung von Materialproben in Kombination mit Raumluftmessungen und aufgrund von Untersuchungen, bei denen belastetes Material (i. d. R. Trittschalldämmung im Fußbodenaufbau oder Mineralwolle im Dachbereich) im Objekt belassen wurde und die Freisetzung von Schimmelpilzbelastungen durch Raumluftmessungen geprüft wurde.*“

Tabelle 7.3: Anhaltspunkte zur Entfernung von Baumaterial (Quelle: Richardson/Grün, 2005, S. 8). Die visuelle Kontrolle ist bei nicht sichtbarem Befall durch die Mikroskopie oder die Kultivierung abzusichern.

Material	visuelle und olfaktorische Kontrolle	Mikroskopie	Kultivierung[1] mit Verdünnung Konzentration in KBE/g
Gipskarton	entfernen, wenn Schimmelpilz sichtbar und riechbar	entfernen, wenn Myzel und Sporangien erkennbar	ab 10^5 entfernen
OSB, Spanplatten und andere Holzwerkstoffe			ab 10^5 entfernen
Putz			ab 10^4 entfernen
Mineralwolledämmung, neu			ab 10^4 entfernen
Mineralwolledämmung, alt			ab 10^5 entfernen
Trockenestrich			ab 10^4 entfernen
Fußbodenaufbau mit KMF			ab 10^5 entfernen
Fußbodenaufbau mit Styropor			ab 10^5 entfernen
alle anderen Materialen			Konzentrationsangabe zurzeit noch nicht möglich

KBE koloniebildende Einheiten
KMF künstliche Mineralfasern
OSB Grobspanplatte
1) Dies gilt nicht für Artenzusammensetzung mit *Stachybotrys chartarum*, *Aspergillus fumigatus* und *Aspergillus flavus*.

Nach dieser Bewertungshilfe sollte ein Fußbodenaufbau mit einer Dämmung aus Styropor (Polystyrol) entfernt werden, wenn die Kultivierung im Labor einer aus dem Bauteil entnommenen Materialprobe eine Konzentration mit Schimmelpilzsporen von mehr als 10^5 KBE/g = 100.000 KBE/g ergibt.

Als weitere Erkenntnisquelle dient eine andere Veröffentlichung mit Angaben zu Hintergrundwerten bei der Bewertung der Untersuchungsergebnisse von Materialproben. Sie stammt von dem Diplombiologen Dr. rer. nat. Klaus Klus. Die darin veröffentlichten Werte für Hintergrundkonzentrationen entsprechen allerdings im Vergleich mit dem Bewertungsschema von Trautmann (Lorenz et al., 2005) der dort gebildeten Belastungskategorie 3:

Klus, 2013, S. 14–15:

„[…] *Materialproben: Nachweis von wachstumsfähigen Schimmelpilzen im Material*

Bewertungskriterien und -maßstäbe dieser mikrobiologischen Analyse

[…] *Wichtig ist für die Bewertung der Ergebnisse bzgl. der Stärke des Befalls, die in KBE/g' angegeben werden, dass die Dichte des Materials berücksichtigt wird. Zum Beispiel ist die Grenze zwischen normalem Hintergrund und erhöhter Belastung bei leichtem Polystyrol auf Grund des relativ großen Volumens pro Gramm hoch anzusetzen. Bei nassem, schwerem Putz ist sie dagegen auf Grund des relativ geringen Volumens pro Gramm sehr viel niedriger anzusetzen. So ist nach den Erfahrungswerten bei Putz die normale Hintergrundkonzentration schon bei ca. 10.000 bis 15.000 KBE/g überschritten (bedeutet noch nicht unbedingt Wachstum), bei Polystyrol ist sie dagegen erst ab ca. 50.000 KBE/g überschritten. Die Bewertung der Ergebnisse kann folgendermaßen durchgeführt werden:*

1) keine Belastung (normaler Hintergrund)
2) Kontamination oder geringes Schimmelpilzwachstum
3) mit hoher Wahrscheinlichkeit Schimmelpilzwachstum
4) mit hoher Wahrscheinlichkeit starkes Schimmelpilzwachstum“

Nach dieser Bewertungshilfe sollte ein Fußbodenaufbau mit einer Dämmung aus Styropor (Polystyrol) entfernt werden, wenn die Laborkultivierung einer aus dem Bauteil entnommenen Materialprobe eine Konzentration mit Schimmelpilzsporen von mehr als 5 · 104 KBE/g = 50.000 KBE/g ergibt.

Als weitere Erkenntnisquelle kann die b.v.s-Richtlinie herangezogen werden:

b.v.s.-Richtlinie, 2014, S. 40:

„*2 Untersuchungsergebnisse*

[…]

2.3 Untersuchung von Dämmmaterial aus Fußbodenaufbauten (Polystyrolschaum, Künstliche Mineralfasern)

[…]

2.3.3 Bewertungstabelle zum Schimmelpilzbewuchs von Estrichdämmung [siehe Tabelle 7.4]

Aufmerksamkeitswert:

Der Nachweis eines strukturierten Schimmelpilzbewuchses (i. e. intakte Myzelien und Sporenträger bzw. Fruchtkörper) bzw. einer auffällig erhöhten Kontamination von Pilzsporen und Hyphenbruchstücken sowie vereinzelt intakte Myzelien und Sporenträger (lokaler Bewuchs) mittels Klebefilmpräparat oder Direktmikroskopie beschreibt, insbesondere im Zusammenhang mit einer deutlich erhöhten Konzentration an wachstumsfähigen, feuchteschadenstypischen Pilzsporen (> 100.000 KBE/g Baustoffprobe), die Überschreitung eines Aufmerksamkeitswertes. An diesem Punkt ist vom verantwortlichen Sachverständigen zu entscheiden, ob angemessene Interventionen bzw. Sanierungsmaßnahmen zu formulieren sind, die die Wiederherstellung einer bauüblichen, mikrobiell-hygienischen Situation gewährleisten können. Letzteres gilt auch, wenn extreme Konzentrationen an wachstumsfähigen, feuchteschadenstypischen Pilzsporen in Größenordnungen von 106 KBE/g Baustoffprobe, ohne den mikroskopischen Nachweis von Bewuchs, oder bedeutende Kontaminationen mit hygienisch relevanten Schimmelpilzarten (z. B. Stachybotrys chartarum) nachgewiesen werden.“

Tabelle 7.4: Bewertungstabelle zum Schimmelpilzbewuchs von Estrichdämmung (Quelle: b.v.s.-Richtlinie, 2014, S. 40)

Material	**eindeutiger mikrobieller Bewuchs**		**deutliche Kontamination, lokaler mikrobieller Bewuchs (Aufmerksamkeitswert)**	**Kontamination oder geringer Bewuchs**	**leichte Kontamination, kein mikrobieller Bewuchs**	**unauffällige Kontamination, kein mikrobieller Bewuchs**
Polystyrol oder Mineralwolle	Kultivierung $> 10^5$ KBE/g	Kultivierung $< 10^5$ KBE/g	Kultivierung $> 10^5$ KBE/g	Kultivierung $> 10^5$ KBE/g	Kultivierung 10^4–10^5 KBE/g	Kultivierung $< 10^4$ KBE/g
	Mikroskopie: viele Pilzsporen, Myzelien und Sporenträger (strukturierter Schimmelpilzbewuchs)		Mikroskopie: auffällige Anreicherung von Pilzsporen bzw. Myzelbruchstücke, vereinzelt Myzelien bzw. Sporenträger	Mikroskopie: vereinzelte oder mäßig viele Pilzsporen bzw. Myzelbruchstücke, keine Myzelien bzw. Sporenträger	Mikroskopie: keine oder nur vereinzelt Pilzsporen bzw. Myzelbruchstücke	Mikroskopie: keine oder nur vereinzelt Pilzsporen bzw. Myzelbruchstücke
	bedeutende Schimmelpilzbelastung			Kontamination	Verschmutzung	

KBE koloniebildende Einheiten

Die in der b.v.s.-Richtlinie zur Diskussion gestellten Bewertungskriterien entsprechen in den wesentlichen Punkten denjenigen des Handbuchs für Bioklima und Lufthygiene (Richardson/Grün, 2005). Auch dort wurde als Schwellenwert für die Empfehlung zum Ausbau einer Estrichdämmung aus Polystyrol ein Wert von 10^5 KBE/g = 100.000 KBE/g angegeben.

Für die maximal zulässige Konzentration eines Schimmelpilzbefalls in und an Baumaterialien gibt es keine Grenzwerte von öffentlicher Seite. Zur Auswertung der Untersuchungsergebnisse von Materialproben werden diese in die nachfolgend aufgeführten Befallsklassen eingeteilt, um bewerten zu können, ob ein Austausch der Materialien erforderlich ist. Diese Befallsklassen sind von Trautmann festgelegt worden, um eine bessere Beurteilung eines Schimmelpilzbefalls vornehmen zu können (Lorenz et al., 2005). Befallsklassen nach Trautmann:

- Befallsklasse 1 (BK1): kein Befall oder nicht relevanter Befall
- Befallsklasse 2 (BK2): relevanter mikrobieller Befall nicht auszuschließen
- Befallsklasse 3 (BK3): relevanter mikrobieller Befall

Die Festlegung der Befallsklassen erfolgt nach der in Tabelle 7.5 festgehaltenen Empfehlung.

Tabelle 7.5: Einstufung der Ergebnisse von Materialanalysen auf Pilze und Bakterien in Befallsklassen auf der Basis der Bewertungsempfehlungen von Trautmann (Lorenz et al., 2005, S. 116)

Pilze	**BK1 in KBE/g**	**BK2 in KBE/g**	**BK3 in KBE/g**
Gesamtsporenkonzentration	< 500	500–50.000	> 50.000
Gattung *Penicillium* oder *Aspergillus* (einzeln betrachtet)	< 300	300–30.000	> 30.000
einzelne Arten/Gattungen	< 100	100–15.000	> 15.000
BK Befallsklasse KBE koloniebildende Einheiten			

Hinweise zu Tabelle 7.5:

- Die Werte für BK1 liegen in jedem Fall im Bereich der Hintergrundwerte nach Trautmann (Lorenz et al., 2005), unabhängig vom Material und von anderen Einflussgrößen.
- Der Wert für BK3 dagegen ist in jedem Fall als Besiedlung aufzufassen, ebenfalls unabhängig vom Material und von anderen Einflussgrößen.
- Bei Ergebnissen, die in die BK2 fallen, ist zunächst unklar, ob es sich um einen Befall oder eine relevante oder auch erhebliche Kontamination handelt. Deshalb müssen in diesem Fall weitere Kriterien berücksichtigt werden:
  – das vorliegende Material,

- die Probenahmestelle (starke Kontamination zu erwarten oder nicht zu erwarten) und
- das Auftreten bestimmter Arten, die entweder aus gesundheitlicher Sicht besonders kritisch sind, bei denen nur eine geringe Sporenproduktion zu erwarten ist oder die Indikatoren für Feuchteschäden sind, sodass eine Verunreinigung mit ubiquitären Mikroorganismen bzw. typischen Außenluftspezies unwahrscheinlich ist.

Im Zweifelsfall sollten bei der BK2 ergänzend mikroskopische Analysen durchgeführt werden; allerdings sollte nicht nur mikrobiell relevant besiedeltes Material, sondern auch durch einen nahen Feuchteschaden extrem kontaminiertes Material entfernt werden.

Beispiel: Auswertung der Gesamtkonzentration an Pilzsporen in einer Estrichdämmung

Ausweislich der Laborergebnisse liegen für die aus der Estrichdämmung, aus der Auflagedämmung sowie aus der Dämmung unter der Massivdecke entnommenen Materialproben die in Tabelle 7.6 zusammengefassten Gesamtkonzentrationen von Pilzsporen und die daraus resultierenden Befallsklassen vor.

Tabelle 7.6: Laborergebnisse der mykologischen Untersuchung der Materialproben

Probe	Entnahmeort	Direktmikroskopie		Gesamtsporenkonzentration Pilze in KBE/g	Orientierungswert in KBE/g	Befallsklasse
		Myzel	Sporen			
001-1	EG, WE1 3, Wohnen	viel	viele	45.000	500–50.000	BK 2
001-2	EG, WE1 3, Wohnen	vereinzelt	mäßig viele	21.000	500–50.000	BK 2
001-3	EG, WE1 3, Wohnen	viel	viele	1.100	500–50.000	BK 2
001-5	EG, WE1 2, Schlafen	vereinzelt	mäßig viele	6.600	500–50.000	BK 2
001-6	EG, WE1 1, Flur	vereinzelt	vereinzelt	9.800	500–50.000	BK 2
001-7	EG, WE1 5, Kind	mäßig viel	mäßig viele	1.300	500–50.000	BK 2

BK Befallsklasse
EG Erdgeschoss
KBE koloniebildende Einheiten
WE Wohneinheit

Ausweislich der Ergebnisse der Materialuntersuchungen weisen alle 6 untersuchten Materialproben die **Befallsklasse 2** auf. Gleichzeitig werden die in der Literatur mit Blick auf das Erfordernis einer Beseitigung der Estrichdämmung als Aufmerksamkeits- oder als Orientierungswerte genannten Maximalwerte, die im Bereich von 50.000 bis 100.000 KBE/g liegen, von den an den 6 Materialproben tatsächlich festgestellten Konzentrationswerten zum Teil knapp, zu anderen Teilen aber auch deutlich unterschritten.

Die höchste Konzentration an Sporen in und an der Unterseite der Polystyrol-Dämmstoffplatten wurde in der unmittelbaren räumlicher Nähe zum Wasserschaden festgestellt. Das dürfte mit überwiegender Wahrscheinlichkeit darauf hinweisen, dass ein Kausalzusammenhang zwischen dem Schimmelpilzbefall und dem eingetretenen Wasserschaden bestehen dürfte.

7.3 Schimmelpilzspürhund

Bei einem verdeckten Schimmelpilzbefall kann der Einsatz eines Schimmelpilzspürhunds im Rahmen der Quellensuche sinnvoll sein. Die zum Einsatz geeigneten Schimmelpilzspürhunde werden speziell auf die Ortung von MVOC trainiert, die von Schimmelpilzen als Stoffwechselprodukte freigesetzt werden. Die Quellensuche ist jedoch nicht damit abgeschlossen, dass der Hund sich an einer bestimmten Stelle innerhalb des Raumes auffällig verhält, indem er z. B. an Steckdosen in Hohlwänden oder im Bereich der Randstreifen eines schwimmenden Estrichs Anzeichen dafür gibt, dass er Geruchsstoffe wahrnimmt. Vielmehr muss sich eine invasive Bauteilöffnung anschließen, die das Ziel verfolgt, die eigentliche Quelle der emittierten Gase zu ermitteln.

7.4 MVOC-Luftmessungen

Schimmelpilze geben gasförmige Stoffwechselprodukte frei, die als MVOC bezeichnet werden (siehe Kapitel 1.3.2). Diese von Schimmelpilzen diskontinuierlich emittierten Stoffe sind bei bestimmten Konzentrationen, die bei den verschiedenen MVOC unterschiedlich hoch sind, durch den menschlichen Geruchssinn wahrnehmbar. Da der Geruch hinlänglich aus feuchten Kellern bekannt ist, wird die Geruchsnote oft als muffig und kellerartig beschrieben.

Die MVOC-Messung dient im Allgemeinen eher der Quellensuche bei einem verdeckten oder nicht sichtbaren Schimmelpilzbefall. Ein Bewertungsschema zur Beurteilung bestimmter MVOC-Konzentrationen in der Raumluft ist in den Leitfäden des Umweltbundesamts nicht enthalten. In allen Veröffentlichungen kommt aber den sog. Hauptindikatoren bei der Bewertung der Ergebnisse einer MVOC-Messung Bedeutung zu. Die Hauptindikatoren sind

- 3-Methylfuran,
- 1-Octen-3-ol und
- Dimethyldisulfid.

Der eindeutige Nachweis eines dieser Stoffe ist ein zusätzlicher deutlicher Hinweis auf eine mikrobielle Quelle.

Gesundheitsgefahren, die von den MVOC ausgelöst werden, sind bisher nicht nachgewiesen worden:

Schuchardt et al., 2001, S. 110:

„4 Bewertung der gesundheitlichen Risiken durch Schimmelpilze in Innenräumen

4.1 Toxikologische Bewertung der MVOC

[...] *MVOC sind eine gering konzentrierte VOC-Begleitemission einer durch atmosphärische Grundbelastung, durch Bau- und Einrichtungsgegenstände sowie durch die Lebensgewohnheiten der Bewohner ohnehin mit VOC belasteten Innenraumluft. Eine Gesundheitsgefährdung durch MVOC ist aufgrund vorliegender Erkenntnisse der beim Schimmelbefall einhergehenden Schadstoffkonzentrationen unwahrscheinlich.*

Aus Sicht der Betroffenen muss diese toxikologische Beurteilung der Gesundheitsgefährdung als unbefriedigend empfunden werden, da insbesondere die Beeinträchtigung der Güte der Innenraumluft durch Geruchsstoffe keine Berücksichtigung findet. Aus der Risikoabschätzung der MVOC-Emissionen darf in keiner Weise abgeleitet werden, dass MVOC-Emissionen in Innenräumen tolerierbar sind. MVOC-Produzenten (Schimmelpilze und Bakterien) sind wie alle anderen unnötigen Emissionsquellen aus Innenräumen ausnahmslos zu entfernen. Für mikrobielle Aktivitäten auf Bau- oder Einrichtungsgegenständen gilt dies umso mehr, auch wenn die häufig beobachtbaren gesundheitlichen Beeinträchtigungen nicht im Zusammenhang mit MVOC-Emissionen stehen können. Hierfür sind andere Schimmelpilzprodukte verantwortlich zu machen.“

Es ist allerdings – unabhängig von der toxikologischen Betrachtungsweise – erwiesen, dass die MVOC wegen ihrer als unangenehm empfundenen Gerüche zu Befindlichkeitsstörungen führen können.

7.4.1 Probenahme

In den zu untersuchenden Räumen werden Luftprobeentnahmen z. B. mit Aircheck-Sammlern SKC Typ 224-PCXR8 mit Adsorbtionsaktivkohleröhrchen durchgeführt (siehe Abb. 7.2). Bei derartigen Geräten handelt es sich um Konstantfluss-Probenahmepumpen. Für die Durchführung von MVOC- oder VOC-Messungen wird ein definierter Volumenstrom in einem festge-

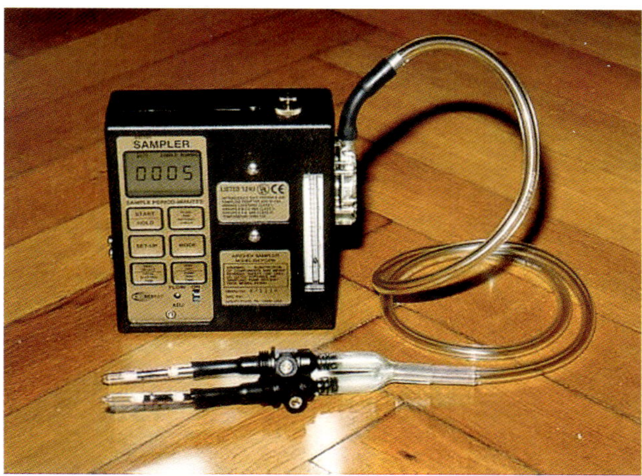

Abb. 7.2:
Aircheck-Sammler

setzten Zeitabschnitt durch Adsorptionsröhrchen hindurch geführt. Der kalibrierbare Arbeitsbereich der Pumpe reicht von 5 bis 5.000 ml/min bei einer Flusskonstanz von ca. 5 % des eingestellten Wertes. Die Durchflussmenge wird mit einem Volumenstrommessgerät vor und nach jedem Einsatz unter Betriebsbedingungen mit eingesetzten Röhrchen geprüft und kalibriert.

An einer Flussanzeige kann der Volumenstrom der Pumpe während des Betriebs am Gerät abgelesen werden. Die Betriebstemperatur beträgt –20 °C bis +45 °C. Die Nutzer müssen zuvor darüber informiert werden, dass die zu untersuchenden Räume über einen Zeitraum von 8 Stunden vor Durchführung der Messung nicht gelüftet werden dürfen. Die Messung erfolgt in Raummitte entsprechend den Regeln

- VDI 4300 Blatt 1 „Messen von Innenraumluftverunreinigungen – Allgemeine Aspekte der Messstrategie“ (1995) und
- VDI 4300 Blatt 6 „Messen von Innenraumluftverunreinigungen – Messstrategie für flüchtige organische Verbindungen (VOC)“ (2000).

Die Raumluft wird mit einem kalibrierten Volumenstrom von 0,5 l/min gesammelt. Der standardisierte Messzeitraum umfasst 240 min, die gemessene Luftmenge beträgt damit 0,5 l/min · 240 min = 120 l.

Die analytische MVOC- oder VOC-Bestimmung erfolgt anschließend im Labor.

7.4.2 Bewertung

In der Praxis bewährt hat sich das in Tabelle 7.7 dargestellte Bewertungsschema.

Tabelle 7.7: Schema zur Bewertung von MVOC-Messungen (Quelle: Hankammer/Lorenz, 2007, S. 309)

	kein Nachweis eines Hauptindikators	**0,05–0,10 µg/m³ bei mindestens einem Hauptindikator**	**> 0,10 µg/m³ bei mindestens einem Hauptindikator**
Summenkonzentration bis 0,50 µg/m³	Es liegt kein mikrobieller Befall vor.	Es liegt ein lokal begrenzter mikrobieller Befall, ein raumhygienisches Problem oder ein mikrobieller Befall in angrenzenden Gebäudeteilen vor.	Ein mikrobieller Befall ist wahrscheinlich.
Summenkonzentration 0,60 bis 1,00 µg/m³	Vermutlich liegt kein mikrobieller Befall vor, sondern eventuell ein raumhygienisches Problem.	Ein mikrobieller Befall im Gebäude ist wahrscheinlich.	Ein mikrobieller Befall ist sehr wahrscheinlich.
Summenkonzentration > 1,00 µg/m³	Ein mikrobieller Befall im Gebäude ist möglich; da keine Hauptindikatoren nachgewiesen wurden, ist dies jedoch fraglich.	Ein mikrobieller Befall im untersuchten Raum oder in unmittelbar angrenzenden Räumen ist sehr wahrscheinlich.	Ein mikrobieller Befall muss vorhanden sein.

Beispiel: MVOC-Luftmessungen in einem Fitness- und einem Büroraum

Die Laborauswertung der Messergebnisse in einem Fitness- und einem Büroraum ergibt das in den Tabellen 7.8 und 7.9 gezeigte Bild.

Tabelle 7.8: Messergebnisse der Probe AS1 (Fitnessraum)

MVOC	Ergebnis in µg/m³	Orientierungswert in µg/m³	Bewertung
3-Methylfuran	< 0,05	< 0,05	unauffällig
Dimethyldisulfid	< 0,05	< 0,05	unauffällig
1-Octen-3-ol	0,15	> 0,10	erhöht
Summe der MVOC[1]	0,93	> 0,60 und < 1,0	unauffällig
1) ohne Isobutanol und 1-Butanol			

Tabelle 7.9: Messergebnisse der Probe AS2 (Büro)

MVOC	Ergebnis in µg/m³	Orientierungswert in µg/m³	Bewertung
3-Methylfuran	< 0,05	< 0,05	unauffällig
Dimethyldisulfid	< 0,05	< 0,05	unauffällig
1-Octen-3-ol	0,11	> 0,10	erhöht
Summe der MVOC[1]	0,80	> 0,60 und < 1,0	unauffällig
1) ohne Isobutanol und 1-Butanol			

Das Ergebnis beider Proben lautet: Ein mikrobieller Befall im Gebäude ist wahrscheinlich. Dieses Ergebnis deckt sich mit dem tatsächlich festgestellten mikrobiellen Befall.

7.5 Luftkeimmessungen

7.5.1 Luftkeimsammler

7.5.1.1 Durchführung der Untersuchung

Die Bestimmung der Konzentration von keimfähigen Sporen und Partikeln innerhalb der Luft kann über Luftkeimsammler erfolgen. Die Messräume dürfen etwa 8 bis 12 Stunden vor der Messung nicht mehr gelüftet werden, um eine relevante Beeinflussung durch eine Außenluftbelastung auszuschließen. Aufwirbeln der Luft, z. B. durch das Ausschütteln der Betten, beeinflusst das Messergebnis enorm, da die flugfähigen Sporen aus vorhandenen Depots (Bettwäsche, Textilien, Teppich) herausgelöst werden.

Die Messung sollte in 1 m Höhe erfolgen. Der aussagefähige Messwert wird ausgedrückt in der Einheit KBE/m^3.

Die motorisch angesaugte Luftmenge muss kalibrierbar und präzise messbar sein, weil nicht die Referenzluftmenge von 1 m^3 angesaugt wird, sondern nur ein Bruchteil davon, in der Regel 100 l. Bei der Bestimmung von Bakterien wird eine Luftmenge von 200 l gemessen. Dies hängt damit zusammen, dass die Dichte der Kolonien-Spots innerhalb der Nährschale für das optische Auszählen nicht zu groß sein darf. Ferner ist die Reproduzierbarkeit des Wertes nicht mehr gegeben, wenn die Anzahl von Kolonien in der Schale der Anzahl von Löchern in dem Ansaugsieb des Geräts entspricht, weil während der Messung mehr als eine Spore pro Öffnung in die Schale gelangt sein kann, ohne dass dies bei der Zählung berücksichtigt werden kann.

Zweckmäßig sind selbstregelnde Geräte, in die Standardpetrischalen eingesetzt werden können, weil dadurch die Handhabung und die Weiterbearbeitung durch die Laboratorien vereinfacht wird (siehe Abb. 7.3). Die angesaugte Luft wird an der Oberfläche der Petrischale vorbeigeleitet und die Sporen und Partikel aus der Luft verbleiben auf dem Nährboden, der anschließend im Labor bebrütet wird.

In den Gerätekopf werden industriell präparierte Nährböden eingesetzt, die von den Herstellern in Kunststoffschalen mit abnehmbarem Deckel portioniert sind. Beispiele für die Schimmelpilzuntersuchung standardisierter Nährmedien:

- DG 18: Zusammensetzung pro Liter: Pepton 5,0 g, KH_2PO_4 1,0 g, Dichloran (2,6-Dichloro-4-nitroanilid) 2 mg, Glycerol 200,0 g, Glucose 10,0 g, $MgSO_4$ 0,5 g, Chloramphenicol 0,1 g, Agar 16,0 g
- Malzextraktagar

Der Vollständigkeit halber seien an dieser Stelle auch die für Bakterien verwendeten Nährmedien aufgeführt: Für Bakterien wird als Nährmedium CASO Agar eingesetzt (Zusammensetzung pro Liter: Sojapepton 5 g, Caseinpepton 15 g, Natriumchlorid 5 g Agar 15 g) und für den Nachweis coliformer Bakterien Chromoplate-Nähragar.

Die anschließende Inkubation erfolgt bei geschlossener Schale unter konstanten Temperaturbedingungen (z. B. 22 oder 25 °C) während eines Zeitraums von einer Woche. Nebenher kann auch ergänzend an weiteren Proben eine Inkubation bei 37 °C (Körpertemperatur des Menschen) erfolgen, wenn

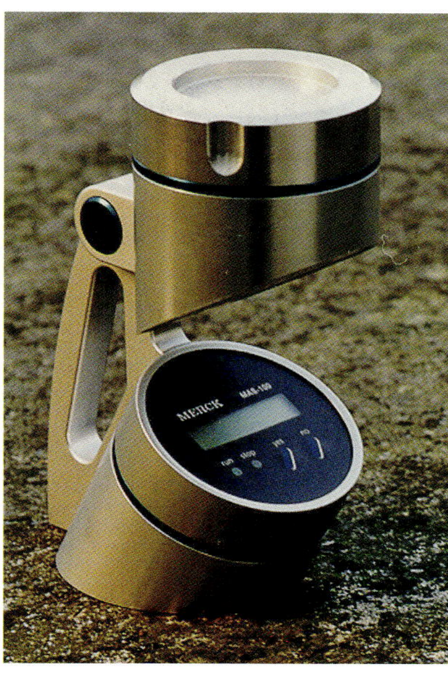

Abb. 7.3: Air Sampler Merck MAS 100 (Quelle: Hankammer, 2008, S. 444)

pathogene Befunde erforderlich sind. Die Luftfeuchte im Inkubationsraum ist dabei unerheblich, weil das Nährmedium über eine hinreichende Eigenfeuchte verfügt und der Deckelverschluss für ein ausreichend feuchtes Milieu an der Probenoberfläche sorgt.

Nach der Inkubation erfolgt die Auszählung der inzwischen angesiedelten Kolonien durch Betrachtung im Auf- oder Durchlicht mit dem Stereomikroskop. Hilfreich sind dabei Nährbodenschalen mit Gitternetzstruktur oder aber transparente Gitterscheiben, damit eine sektionsweise Zählung möglich ist. Spezielle Inkubationszähler verfügen außerdem über kumulative Zählvorrichtungen.

Neben der Anzahl der KBE ist auch deren Identifikation z. B. durch Isolation wichtig. Die Vielzahl der Spezies macht es erforderlich, dass dies einem erfahrenen Mykologen und seinem Laboratorium vorbehalten bleiben sollte.

7.5.1.2 Bewertung

Um einen ggf. verdeckten Schimmelpilzbefall nachzuweisen, werden in den Räumen des zu untersuchenden Gebäudes Luftkeimmessungen durchgeführt. Darüber hinaus werden Referenzproben aus der Außenluft entnommen. Die Nährböden und Objektträger der durchgeführten Messungen werden im Labor auf Schimmelpilze und/oder Bakterien untersucht.

Bestimmte Grenzwerte der Konzentration von koloniebildenden Einheiten innerhalb der Raumluft sind von Seiten des Gesetzgebers für Schimmelpilzarten bzw. für andere Spezies nicht festgelegt worden. Der einschlägige Schimmelpilzsanierungs-Leitfaden des Umweltbundesamts hat dreistufige Beurteilungskriterien festgelegt, anhand derer sich im Vergleich der Konzentrationen bestimmter Schimmelpilzspezies oder -arten in der Raumluft mit denen der Außenluft ableiten lässt, ob eine Innenraumquelle entweder unwahrscheinlich oder nicht auszuschließen oder wahrscheinlich ist (siehe Tabelle 7.10). Diese Kriterien lassen sich zunächst zur Orientierung bei der Bewertung der Gesundheitsgefährdung auf der Grundlage einer Luftuntersuchung als quantitativer Vergleichsmaßstab heranziehen.

Tabelle 7.10: Beurteilungskriterien für Luftproben (kultivierbare Schimmelpilze; Quelle: Schimmelpilzsanierungs-Leitfaden, 2005, S. 61–62)

Innenluft-parameter	**Innenraumquelle unwahrscheinlich**	**Innenraumquelle nicht auszuschließen**[1)]	**Innenraumquelle wahrscheinlich**[2)]
Cladosporium sowie andere Pilzgattungen, die in der Außenluft erhöhte Konzentrationen erreichen können (z. B. sterile Myzelien, Hefen, Alternaria, Botrytis)	wenn die KBE/m³ einer Gattung in der Innenluft unter dem 0,7- bis 1,0-Fachen der Außenluft liegen $I_{typ\,A} \leq A_{typ\,A} \cdot 0{,}7$ (+0,3)	wenn die KBE/m³ einer Gattung in der Innenluft unter dem 1,5- ± 0,5-Fachen der Außenluft liegen $I_{typ\,A} \leq A_{typ\,A} \cdot 1{,}5$ (±0,5)	wenn die KBE/m³ einer Gattung in der Innenluft über dem Zweifachen der Außenluft liegen $I_{typ\,A} \leq A_{typ\,A} \cdot 2$
Summe der KBE aller untypischen Außenluftarten	wenn die Differenz zwischen der KBE-Summe Innenraumluft abzüglich Außenluft der untypischen Außenluftarten nicht über 150 KBE/m³ liegt $I_{\Sigma untyp\,A} \leq A_{\Sigma untyp\,A} + 150$	wenn die Differenz zwischen der KBE-Summe Innenraumluft abzüglich Außenluft der untypischen Außenluftarten nicht über 500 KBE/m³ liegt $I_{\Sigma untyp\,A} \leq A_{\Sigma untyp\,A} + 500$	wenn die Differenz zwischen der KBE-Summe Innenraumluft abzüglich Außenluft der untypischen Außenluftarten über 500 KBE/m³ liegt $I_{\Sigma untyp\,A} \leq A_{\Sigma untyp\,A} + 500$
eine Gattung (Summe der KBE aller zugehörigen Arten) der untypischen Außenluftarten	wenn die Differenz zwischen der KBE-Summe Innenraumluft abzüglich Außenluft der Gattung nicht über 100 KBE/m³ liegt $I_{Euntyp\,G} \leq A_{Euntyp\,G} + 100$	wenn die Differenz zwischen der KBE-Summe Innenraumluft abzüglich Außenluft der Gattung nicht über 300 KBE/m³ liegt $I_{Euntyp\,G} \leq A_{Euntyp\,G} + 300$	wenn die Differenz zwischen der KBE-Summe Innenraumluft abzüglich Außenluft der Gattung über 300 KBE/m³ liegt $I_{Euntyp\,G} \leq A_{Euntyp\,G} + 300$
eine Art der untypischen Außenluftarten mit gut flugfähigen Sporen	wenn die Differenz zwischen Innenraumluft und Außenluft nicht über 50 KBE/m³ liegt $I_{Euntyp\,A} \leq A_{Euntyp\,A} + 50$	wenn die Differenz zwischen Innenraumluft und Außenluft nicht über 100 KBE/m³ liegt $I_{Euntyp\,A} \leq A_{Euntyp\,A} + 100$	wenn die Differenz zwischen Innenraumluft und Außenluft über 100 KBE/m³ liegt $I_{Euntyp\,A} \leq A_{Euntyp\,A} + 100$

Tabelle 7.10 (Fortsetzung)

Innenluftparameter	**Innenraumquelle unwahrscheinlich**	**Innenraumquelle nicht auszuschließen**[1)]	**Innenraumquelle wahrscheinlich**[2)]
eine Art der untypischen Außenluftarten mit geringer Sporenfreisetzungsrate, z. B. *Phialophora sp., Stachybotrys chartarum*	wenn die Differenz zwischen Innenraumluft und Außenluft nicht über 30 KBE/m³ liegt $I_{\text{Euntyp AGS}} \leq A_{\text{Euntyp AGS}} + 30$	wenn die Differenz zwischen Innenraumluft und Außenluft nicht über 50 KBE/m³ liegt $I_{\text{Euntyp AGS}} \leq A_{\text{Euntyp AGS}} + 50$	wenn die Differenz zwischen Innenraumluft und Außenluft über 50 KBE/m³ liegt $I_{\text{Euntyp AGS}} > A_{\text{Euntyp AGS}} + 50$
diverse Pilzsporen, die nicht dem Typ Basidiosporen oder Ascosporen angehören	wenn die Differenz zwischen Innenraumluft und Außenluft der diversen Pilzsporen nicht über 400 KBE/m³ liegt $I_{\text{divers}} \leq A_{\text{divers}} + 400$	wenn die Differenz zwischen Innenraumluft und Außenluft der diversen Pilzsporen nicht über 800 KBE/m³ liegt $I_{\text{divers}} \leq A_{\text{divers}} + 800$	wenn die Differenz zwischen Innenraumluft und Außenluft der diversen Pilzsporen über 800 KBE/m³ liegt $I_{\text{divers}} > A_{\text{divers}} + 800$
Myzelstücke	wenn die Differenz zwischen Innenraumluft und Außenluft der Myzelstücke nicht über 150 liegt $I_{\text{Myzel}} \leq A_{\text{Myzel}} + 150$	wenn die Differenz zwischen Innenraumluft und Außenluft der Myzelstücke nicht über 300 liegt $I_{\text{Myzel}} \leq A_{\text{Myzel}} + 300$	wenn die Differenz zwischen Innenraumluft und Außenluft der Myzelstücke über 300 liegt $I_{\text{Myzel}} > A_{\text{Myzel}} + 300$

KBE	koloniebildende Einheiten
I	Konzentration in der Innenraumluft in KBE/m³
A	Konzentration in der Außenluft in KBE/m³
typ A	typische Außenluftarten bzw. -gattungen (wie z. B. *Cladosporium*, sterile Myzelien, ggf. Hefen, ggf. *Alternaria*, ggf. *Botrytis*)
untyp A	untypische Außenluftarten bzw. -gattungen (z. B. Pilzarten mit hoher Indikation für Feuchteschäden, wie *Acremonium* sp., *Aspergillus versicolor, Aspergillus penicillioides, Aspergillus restrictus, Chaetomium* sp., *Phialophora* sp., *Scopulariopsis brevicaulis, Scopulariopsis fusca, Stachybotrys chartarum, Tritirachium [Engyodontium] album, Trichoderma* sp.)
Σuntyp A	Summe der untypischen Außenluftarten
Euntyp A	eine Art, die untypisch in der Außenluft ist und gut flugfähige Sporen besitzt
Euntyp AGS	eine Art, die untypisch in der Außenluft ist und Sporen mit geringer Flugfähigkeit besitzt
Euntyp G	eine Gattung, die untypisch in der Außenluft ist
1)	Indiz für Quellensuche
2)	Indiz für kurzfristige intensive Quellensuche

Es wird darauf hingewiesen, dass die in der Tabelle 7.10 angegebenen Bewertungsgrenzen als vorläufige Werte zu verstehen sind, die ggf. den praktischen Anforderungen noch stärker angepasst werden müssen. Bei einer sehr niedrigen Gesamtanzahl an koloniebildenden Einheiten pro Kubikmeter in der Außenluft, wie sie z. B. bei längerer großer Kälte auftritt, ist das Bewertungskriterium des Vergleichs der Konzentration der typischen Außenluftspezies bzw. -gattung (wie z. B. *Cladosporium*, sterile Myzelien, ggf. Hefen, ggf. *Alternaria*, ggf. *Botrytis*) in der Innenraumluft mit derjenigen in der Außenluft nicht anwendbar. Bei allen vorstehend zitierten Soll-Werten die Anzahl von koloniebildenden Einheiten pro Kubikmeter Raumluft betreffend handelt es sich um Orientierungswerte. Gegenwärtig gibt es weder in Deutschland noch auf internationaler Ebene gültige und gesetzlich festgelegte Grenzwerte für Schimmelpilze in der Raumluft von Wohnungen.

Beispiel: Bewertung der Ergebnisse einer Luftkeimmessung

Die Bewertung entsprechend dem Schimmelpilzsanierungs-Leitfaden der entnommenen Raumluftproben im Prüflabor hinsichtlich der Konzentrationen an anzüchtbaren Schimmelpilzarten bzw. -gattungen ist aus der Anlage des Gutachtens ersichtlich. Dabei wurden diejenigen Schimmelpilzarten und -gattungen betrachtet, deren jeweilige Einzelkonzentrationen hinsichtlich ihrer Ist-Werte auffällig sind oder die im Vergleich aller entnommenen Raumluftproben untereinander Auffälligkeiten zeigen. Sofern aufgrund einer geringen Ist-Konzentration einzelner Schimmelpilzarten bzw. -gattungen eine seriöse Aussage auf Grundlage des Bewertungsschemas aus dem Schimmelpilzsanierungs-Leitfaden fraglich ist, wurden diese Arten bzw. Gattungen in der Bewertung nicht berücksichtigt (Schimmelpilzsanierungs-Leitfaden, 2005).

Ausweislich des Laborberichts liegen in den untersuchten Außenluftreferenzproben die in Tabelle 7.11 aufgeführten Ist-Werte im Hinblick auf die Einzel- und Summenkonzentrationen an anzüchtbaren Pilzen vor.

Tabelle 7.11: Laborergebnisse der Luftkeimmessung (anzüchtbare Pilze)

Proben/Nähragar/Temperatur	Auswertung		
	Pilze	**KBE/ Nähragar**	**KBE/m³ Luft**
LSP 1 Küchenbüro Malz/25 °C 1510-401.001	*Cladosporium* spp.	17	170
	Penicillium spp.	6	60
	Aspergillus sp. (*Aspergillus-ustus*-Gruppe)	1	10
	Aspergillus versicolor	1	10
	Summe	**25**	**250**

Tabelle 7.11 (Fortsetzung)

Proben/Nähragar/Temperatur	**Auswertung**		
	Pilze	**KBE/ Nähragar**	**KBE/m³ Luft**
LSP 2 Küchenbüro DG 18/25 °C 1510-401.002	*Penicillium* spp.	4	40
	Cladosporium spp.	2	20
	Summe	**6**	**60**
LSP 3 Spülküche Malz/25 °C 1510-401.003	*Penicillium* spp. (überwiegend ein Typ)	10	100
	Aspergillus fumigatus	1	10
	Aspergillus versicolor	1	10
	Summe	**12**	**120**
LSP 4 Spülküche DG 18/25 °C 1510-401.004	*Penicillium* sp.	3	30
	Cladosporium sp.	1	10
	überwachsene Kolonien	1	10
	Summe	5	50
LSP 5 Küche Malz/25 °C 1510-401.005	*Penicillium* spp.	**156**	**1.560**
	Verticillium sp.	7	70
	Aspergillus versicolor	6	60
	Cladosporium spp.	4	40
	Aspergillus sp. (*Aspergillus-ustus*-Gruppe)	1	10
	Summe	**174**	**1.740**

Tabelle 7.11 (Fortsetzung)

Proben/Nähr-agar/Temperatur	**Auswertung**		
	Pilze	**KBE/ Nähragar**	**KBE/m³ Luft**
LSP 6 Küche DG 18/25 °C 1510-401.006	*Penicillium* spp.	140	1.400
	Aspergillus versicolor	14	140
	Aspergillus sp. (*Aspergillus-ustus*-Gruppe)	1	10
	Cladosporium sp.	1	10
	Eurotium sp. (*Aspergillus-glaucus*-Gruppe)	1	10
	Summe	**157**	**1.570**
LSP 7 Außenluft Malz/25 °C 1510-401.007	*Cladosporium* spp.	35	350
	sterile Kolonien	3	30
	Botrytis cinerea	2	20
	Penicillium spp.	2	20
	Summe	**42**	**420**
LSP 8 Außenluft DG 18/25 °C 1510-401.008	*Cladosporium* spp.	56	560
	sterile Kolonien	2	20
	Eurotium sp. (*Aspergillus-glaucus*-Gruppe)	1	10
	Penicillium sp.	1	10
	Summe	**60**	**600**

KBE koloniebildende Einheiten

Der Durchschnittswert der in der Außenluft nachgewiesenen Gesamtkonzentrationen liegt bei (420 KBE/m³ + 600 KBE/m³) · 0,5 = **510 KBE/m³**.

Hinsichtlich der Innenraumluftproben liegen ausweislich des Laborberichts Umweltmykologie folgende in Tabelle 7.12 gezeigten Ist-Gesamtsummenkonzentrationen an anzüchtbaren Pilzen vor.

Tabelle 7.12: Gesamtsummenkonzentrationen an anzüchtbaren Pilzen in der Innenraumluft

Proben (räumliche Zuordnung)	Einzelwert Innenraum in KBE/m³ Luft	Durchschnitt Innenraum in KBE/m³ Luft	Durchschnitt Außenluft in KBE/m³ Luft	Differenz Innenluft – Außenluft in KBE/m³ Luft
LSP 1 (Küchenleiter Büro)	250	155	510	–
LSP 2 (Küchenleiter Büro)	60			
LSP 3 (Spülküche)	120	85	510	–
LSP 4 (Spülküche)	50			
LSP 5 (Küche)	1.740	1.655	510	+1.145
LSP 6 (Küche)	1.570			
KBE koloniebildende Einheiten				

Danach liegen die Ist-Werte der Gesamtsummenkonzentrationen an anzüchtbaren Pilzen bei den Innenraumluftproben der Küche (im Durchschnitt 1.655 KBE/m³ Luft) relevant über den in den Außenluftreferenzproben festgestellten Ist-Werten von im Durchschnitt 510 KBE/m³ Luft.

Bei der in Tabelle 7.13 zusammengefassten Bewertung der labortechnisch untersuchten Raumluftproben entsprechend dem Bewertungsschema gemäß dem Schimmelpilzsanierungs-Leitfaden wurden diejenigen Schimmelpilzarten bzw. -gattungen berücksichtigt, bei denen eine Überschreitung der in den Referenzaußenluftproben vorliegenden Einzelkonzentrationen nachgewiesen worden ist. Dabei wurden auch diejenigen Schimmelpilzarten und -gattungen betrachtet, deren jeweilige Einzelkonzentrationen hinsichtlich ihrer Ist-Werte auffällig sind oder die im Vergleich aller entnommenen Raumluftproben untereinander Auffälligkeiten zeigen. Die Werte wurden quellenorientiert und nicht gesundheitsorientiert bewertet.

Tabelle 7.13: Bewertung der Untersuchungsergebnisse der Raumluftproben (Sporen)

Probe/ Agar	Pilze	Typ[1)]	Mess-stelle	Konzentration Innenluft *I* in KBE/ m^3 Luft	Konzentration Außenluft *A* in KBE/ m^3 Luft	Bewertungskriterium	Bewertung
LSP 1/ Malz	*Cladosporium* spp.	typ A	Büro	170	350	Δ ≤ dem 0,5-Fachen der KBE/m^3 Außenluft	Innenraumquelle unwahrscheinlich
LSP 1/ Malz	*Penicillium* spp.	Euntyp G	Büro	60	20	Δ Innenluft/Außenluft ≤ 100	Innenraumquelle unwahrscheinlich
LSP 3/ Malz	*Penicillium* spp.	Euntyp G	Spülküche	100	20	Δ Innenluft/Außenluft ≤ 100	Innenraumquelle unwahrscheinlich
LSP 5/ Malz		Σuntyp A	Küche	1.700	70	Δ Innenluft/Außenluft >> 500	Innenraumquelle wahrscheinlich
LSP 5/ Malz	*Penicillium* spp.	Euntyp G	Küche	1.560	20	Δ Innenluft/Außenluft >> 300	Innenraumquelle wahrscheinlich
LSP 6/ DG 18		Σuntyp A	Küche	1.560	40	Δ Innenluft/Außenluft >> 500	Innenraumquelle wahrscheinlich
LSP 6/ DG 18	*Penicillium* spp.	Euntyp G	Küche	1.400	10	Δ Innenluft/Außenluft >> 300	Innenraumquelle wahrscheinlich
LSP 6/ DG 18	*Aspergillus versicolor*	Euntyp A	Küche	140	0	Δ Innenluft/Außenluft > 100	Innenraumquelle wahrscheinlich

1) gemäß Schimmelpilzsanierungs-Leitfaden (Schimmelpilzsanierungs-Leitfaden, 2005); siehe Tabelle 7.10

Der Bewertung der labortechnisch untersuchten Raumluftproben entsprechend dem Bewertungsschema gemäß Schimmelpilzsanierungs-Leitfaden kann entnommen werden, dass in den Innenraumluftproben der Küche eine Konzentration von anzüchtbaren Spezies und Gattungen von Schimmelpilzen vorliegt, bei der eine Innenraumquelle als wahrscheinlich einzustufen ist.

Schimmelpilzspezies laut Schimmelpilz-Leitfaden, die eine hohe Indikation für Feuchteschäden aufweisen (Schimmelpilz-Leitfaden, 2002):

- *Acremonium* spp.
- *Aspergillus penicillioides*
- *Aspergillus restrictus*
- *Aspergillus versicolor*
- *Chaetomium* spp.
- *Phialophora* spp.
- *Scopulariopsis brevicaulis*
- *Scopulariopsis fusca*
- *Stachybotrys chartarum*
- *Tritirachium (Engyodontium) album*
- *Trichoderma* spp.

Ausweislich des Laborberichts der Umweltmykologie wurde die Schimmelpilzspezies *Aspergillus versicolor* als eine Indikatorart für Feuchteschäden in den Luftprobe LSP 5 und LSP 6 aus der Küche in relevanten Größenordnungen festgestellt.

7.5.2 Gesamtpartikelsammler

Gesamtpartikelsammler, auch Impaktionssammler oder Schlitzsammler genannt, funktionieren ähnlich wie Luftkeimsammler, mit dem wesentlichen Unterschied, dass auch das nicht mehr keimfähige Material aufgenommen und analysiert werden kann.

7.5.2.1 Durchführung der Untersuchung

Durch eine schlitzartige Ansaugöffnung des Geräts wird eine Luftmenge von 200 l mit einem konstanten Luftvolumenstrom von 30 l/min angesaugt (siehe Abb. 7.4). Im Ansaugkopf des Geräts sitzt ein werkseitig vorkonfektionierter Objektträger, dessen Oberfläche mit einem Adhäsivfilm ausgestattet ist. Die Ansaugöffnung lässt sich seitlich verschieben und in 3 Positionen einrasten. Auf diese Weise sind mit einem Objektträger 3 Messungen möglich. Eine Außenluftmessung zur Überprüfung der Hintergrundbelastung ist auf der Leeseite des Gebäudes obligatorisch. Aufgrund der hohen Geschwindigkeit, mit der die angesaugte Luft den Schlitz passiert, prallen alle mitgeführten Partikel auf die Adhäsivschicht des Objektträgers und werden dort deponiert.

Abb. 7.4: Mobiler Luftpartikelsammler (Quelle: Hankammer, 2008, S. 447)

Im Labor erfolgt eine Einfärbung der Objektträger mit Reagenzien, um die Differenzierung der gesammelten Partikel zu ermöglichen. Im Gegensatz zu der Luftsporenuntersuchung, die auf Lebendorganismen ausgerichtet ist, kann die Partikelsammlung auch das Vorhandensein von Fragmenten eines ehemaligen Bewuchses aufzeigen. Da die Analytik nicht auf die einwöchige Inkubation der Nährböden angewiesen, sondern sofort möglich ist, eignet sich dieses Verfahren sehr gut für die Erfolgskontrolle einer Maßnahme im Zuge der Schimmelpilzsanierung. Sofern dabei hohe Konzentrationen von Schimmelpilzfragmenten festgestellt werden, war die Sanierung erfolglos, auch wenn die Partikel abgestorben sind, weil auch von ihnen weiter die Produktion von Mykotoxinen und MVOC ausgeht. Die Belastung exponierter Patienten besteht in diesem Fall weiterhin.

7.5.2.2 Bewertung

Mit dieser Methode lassen sich Mengenangaben zu der Summe der kultivierbaren und der nicht kultivierbaren Mikroorganismen als Gesamtsporenbestimmung ermitteln. Im Schimmelpilzsanierungs-Leitfaden des Umweltbundesamts ist eine Bewertungsempfehlung für Luftproben angegeben, die unter normalen Bedingungen ohne gezielte Staubaufwirbelung entnommen wurden (siehe Tabelle 7.14). Die Angabe erfolgt in der Einheit Sporen/m^3.

Tabelle 7.14: Beurteilungskriterien für Luftproben (Partikel; Quelle: Schimmelpilzsanierungs-Leitfaden, 2005, S. 63)

Gesamtpilzsporen (Holbach-Objektträger; C-1.2.5)	**Innenraumquelle unwahrscheinlich**	**Innenraumquelle nicht auszuschließen[1,2]**	**Innenraumquelle wahrscheinlich[3]**
Sporentypen, die in der Außenluft erhöhte Konzentrationen erreichen, z. B. Typ Ascosporen Typ *Alternaria/ Ulocladium*, Typ *Basidiosporen*, *Cladosporium* spp.	wenn die Summe eines Sporentyps in der Innenluft unter dem 1,0- bis 1,2-Fachen der Außenluft liegt $I_{typ\ A} \leq A_{typ\ A} \cdot 1\ (+0{,}2)$	wenn die Summe eines Sporentyps in der Innenluft unter dem 1,6- ± 0,4-Fachen der Außenluft liegt $I_{typ\ A} \leq A_{typ\ A} \cdot 1{,}6\ (\pm 0{,}4)$	wenn die Summe eines Sporentyps in der Innenluft über dem Zweifachen der Außenluft liegt $I_{typ\ A} > A_{typ\ A} \cdot 2$
Typ *Penicillium/ Aspergillus*	wenn die Differenz von Außen- zu Innenluft für den Sporentyp *Penicillium/Aspergillus* nicht über 300 liegt $I_{\Sigma P+A} \leq A_{\Sigma P+A} + 300$	wenn die Differenz von Außen- zu Innenluft für den Sporentyp *Penicillium/Aspergillus* nicht über 800 liegt $I_{\Sigma P+A} \leq A_{\Sigma P+A} + 800$	wenn die Differenz von Außen- zu Innenluft für den Sporentyp *Penicillium/Aspergillus* über 800 liegt $I_{\Sigma P+A} > A_{\Sigma P+A} + 800$
Typ *Chaetomium*	wenn in der Innenraumluft nicht mehr *Chaetomium*-Sporen als in der Außenluft vorliegen $I_{Chaetom} \leq A_{Chaetom}$	wenn die Differenz zwischen Innenraum- und Außenluftkonzentration der *Chaetomium*-Sporen nicht über 20 liegt $I_{Chaetom} \leq A_{Chaetom} + 20$	wenn die Differenz zwischen Innenraum- und Außenluftkonzentration der *Chaetomium*-Sporen nicht über 20 liegt $I_{Chaetom} > A_{Chaetom} + 20$
Typ *Stachybotrys*	wenn in der Innenraumluft nicht mehr *Stachybotrys*-Sporen als in der Außenluft vorliegen $I_{Stachy} \leq A_{Stachy}$	wenn die Differenz zwischen Innenraum- und Außenluftkonzentration der *Stachybotrys*-Sporen nicht über 10 liegt $I_{Stachy} \leq A_{Stachy} + 10$	wenn die Differenz zwischen Innenraum- und Außenluftkonzentration der *Stachybotrys*-Sporen nicht über 20 liegt $I_{Stachy} > A_{Stachy} + 20$

A	Konzentration in der Außenluft in Anzahl Sporen/m^3
I	Konzentration in der Innenraumluft in Anzahl Sporen/m^3
typ A	Sporentypen, die in der Außenluft erhöhte Konzentrationen erreichen, wie z. B. Ascosporen, *Alternaria/Ulocadium*, Basidiosporen oder *Cladosporium* spp.
ΣP+A	Summe der Sporen vom Typ *Penicillium/Aspergillus*
Chaetom	Summe der Sporen vom Typ *Chaetomium*
Stachy	Summe der Sporen vom Typ *Stachybotrys*
1)	Indiz für Quellensuche
2)	Bei einer geringen Sporenkonzentration (Indiz für Quellensuche) kann eine Beurteilung nur in Kombination mit einer Luftkeimsammlung erfolgen.
3)	Indiz für kurzfristige intensive Quellensuche

Beispiel: Bewertung der Ergebnisse einer Luftkeimmessung (Fortsetzung)

Ausweislich des Laborberichts Umweltmykologie liegen die in Tabelle 7.15 aufgeführten Ist-Werte im Hinblick auf die Einzel- und Summenkonzentrationen bei der Bestimmung der Gesamtsporen vor.

Tabelle 15: Laborergebnisse der Gesamtpartikelmessung

Proben	Pilzsporen/m³ Luft			Sonstiges
	Summe	qualitative Auswertung		
GP 1 Küchenbüro 1510-401.009	2.715	Basidiosporen	2.100	Hautschuppenkonzentration: hoch Partikelkonzentration (keine Pilze): mittel
		Typ *Aspergillus/ Penicillium*	280	
		Cladosporium	240	
		Ascosporen	40	
		Hyphenstücke	40	
		Stachybotrys chartarum	15	
GP 2 Spülküche 1510-401-010	3.720	Basidiosporen	3.000	Hautschuppenkonzentration: relativ hoch Partikelkonzentration (keine Pilze): mittel 5 KMF-Bruchstücke/ m³ Luft
		Typ *Aspergillus/ Penicillium*	440	
		Cladosporium	240	
		Ascosporen	40	

Tabelle 7.15 (Fortsetzung)

Proben	Pilzsporen/m³ Luft			Sonstiges
	Summe	qualitative Auswertung		
GP 3 Küche 1510-401-011	16.925	Basidiosporen	8.500	Hautschuppenkonzentration: relativ hoch Partikelkonzentration (keine Pilze): relativ hoch 5 Pollen/m³ Luft
		Typ *Aspergillus/ Penicillium*	6.800	
		Cladosporium	960	
		Stachybotrys chartarum	335	
		Ascosporen	160	
		nicht identifizierbare Sporen	80	
		Hyphenstücke	80	
		Chaetomium	5	
		Epicoccum	5	
GP 4 Außenluft 1510-401-012	44.230	Basidiosporen	38.000	Partikelkonzentration (keine Pilze): relativ hoch 5 Pollen/m³ Luft
		Cladosporium	5.700	
		Ascosporen	240	
		nicht identifizierbare Sporen	160	
		Typ *Aspergillus/ Penicillium*	80	
		Epicoccum	30	
		Typ *Alternaria/ Ulocladium*	15	
		Chaetomium	5	

KMF künstliche Mineralfaser

Nach Tabelle 7.15 liegen die Ist-Werte der Gesamtsummenkonzentrationen an vorhandenen Pilzsporen bei den Innenraumluftproben durchschnittlich unterhalb des in der Außenluftreferenzprobe festgestellten Ist-Wertes von 44.230 Pilzsporen/m³ Luft. Die höchste Konzentration von Pilzsporen wurde in der Küche mit 16.925 Pilzsporen/m³ Luft festgestellt.

Bei der in Tabelle 7.16 dargestellten Bewertung der labortechnisch untersuchten Raumluftproben entsprechend dem Bewertungsschema gemäß Schimmelpilzsanierungs-Leitfaden des Umweltbundesamts wurden diejenigen Schimmelpilzarten bzw. -gattungen berücksichtigt, bei denen eine Überschreitung der in den Referenzaußenluftproben vorliegenden Einzelkonzentrationen nachgewiesen worden war. Dabei wurden auch diejenigen Schimmelpilzarten und -gattungen betrachtet, deren jeweilige Einzelkonzentrationen hinsichtlich ihrer Ist-Werte auffällig waren oder die im Vergleich aller entnommenen Raumluftproben untereinander Auffälligkeiten zeigten. Die Werte wurden quellenorientiert und nicht gesundheitsorientiert bewertet.

Tabelle 7.16: Bewertung der Untersuchungsergebnisse der Raumluftproben (Partikel)

Probe	Pilze	Typ[1)]	Messstelle	Konzentration Innenluft *I* in KBE/m³ Luft	Konzentration Außenluft *A* in KBE/m³ Luft	Bewertungskriterium	Bewertung
GP 1	Typ *Aspergillus/Penicillium*	ΣP+ A	Büro	280	80	Δ < 300	Innenraumquelle unwahrscheinlich
GP 2	Typ *Aspergillus/Penicillium*	ΣP+ A	Spülküche	440	80	Δ > 300	Innenraumquelle nicht auszuschließen
GP 3	Typ *Aspergillus/Penicillium*	ΣP+ A	Küche	6.800	80	Δ ≥ 800	Innenraumquelle wahrscheinlich
GP 3	*Stachybotrys*	Stachy	Küche	335	0	Δ >> 20	Innenraumquelle wahrscheinlich

1) gemäß Schimmelpilzsanierungs-Leitfaden (Schimmelpilzsanierungs-Leitfaden, 2005)

Hinsichtlich der Schimmelpilzsporen des Typs *Aspergillus/Penicillium* kann eine Innenraumquelle gemäß dem Bewertungsschema aus dem Schimmelpilzsanierungs-Leitfaden in der Küche als wahrscheinlich und in der Spülküche als nicht auszuschließen erachtet werden. Hinsichtlich der Schimmelpilzsporen des Typs *Stachybotrys* kann eine Innenraumquelle gemäß dem Bewertungsschema aus dem Schimmelpilzsanierungs-Leitfaden in der Küche als wahrscheinlich erachtet werden. Für die Küche existiert damit ein Indiz für eine kurzfristig erforderliche Quellensuche.

Hinsichtlich der Fragestellung, ob in der Raumluft der untersuchten Räume innerhalb des Gebäudes eine Belastung mit Schimmelpilzen vorliegt, lässt sich daher festhalten, dass im Ergebnis der Luftkeimmessung und der Gesamtsporenmessung übereinstimmende Hinweise darauf vorliegen, dass die Raumluft in der Küche unter dem Einfluss einer Innenraumquelle von Schimmelpilzen sein dürfte. Da ein offensichtlich erkennbarer Schimmelpilzbefall im Zuge des Ortstermins nicht festzustellen war, ist von einem verdeckt vorhandenen Schimmelpilzbefall auszugehen.

8 Sanierung

8.1 Leitfäden zur Beurteilung und Beseitigung von Schimmelpilzbefall

Von öffentlicher Seite sind verschiedene Leitfäden und Handlungsanweisungen herausgegeben worden, von denen sich ein Teil schwerpunktmäßig mit der Beurteilung von Schimmelpilzschäden befasst und ein anderer Teil im Wesentlichen mit der fachgerechten Beseitigung mikrobiellen Befalls. Diese Leitfäden haben zwar keinen normativen oder gesetzlichen Charakter, gelten jedoch als Stand der Technik und der Wissenschaft. Sie werden zumindest dann vergleichend herangezogen, wenn es um die Beurteilung der Fachgerechtigkeit einer durchgeführten Schimmelpilzsanierungsmaßnahme geht.

Leitfaden des Landesgesundheitsamts Baden-Württemberg

Vom Landesgesundheitsamt Baden-Württemberg ist im Jahr 2001 ein Leitfaden mit dem Titel „Schimmelpilze in Innenräumen – Nachweis, Bewertung, Qualitätsmanagement" herausgegeben worden (Schimmelpilze in Innenräumen, 2001). Dieser enthält die Kriterien, die für eine Beurteilung eines erkannten Schimmelpilzbefalls herangezogen werden müssen (siehe Abb. 8.1).

Abb. 8.1: Leitfaden des Landesgesundheitsamts Baden-Württemberg, 2001 (Quelle: Schimmelpilze in Innenräumen, 2001)

Abb. 8.2: Leitfaden des Umweltbundesamts, 2002 (Quelle: Schimmelpilz-Leitfaden, 2002)

Abb. 8.3: Leitfaden des LGA Baden-Württemberg, 2004 (Quelle: Handlungsempfehlung LGA Baden-Württemberg, 2004)

Leitfaden des Umweltbundesamts

Vom Umweltbundesamt ist im Jahr 2002 ein Leitfaden mit dem Titel „Leitfaden zur Vorbeugung, Untersuchung, Bewertung und Sanierung von Schimmelpilzwachstum in Innenräumen" herausgegeben worden (Schimmelpilz-Leitfaden, 2002; siehe Abb. 8.2). Dieser enthält die Kriterien, die für eine Beurteilung eines erkannten Schimmelpilzbefalls herangezogen werden müssen.

Leitfaden für die Schimmelpilzsanierung des Landesgesundheitsamts Baden-Württemberg

Vom Landesgesundheitsamt Baden-Württemberg ist im Jahr 2004 ein Leitfaden mit dem Titel „Handlungsempfehlung für die Sanierung von mit Schimmelpilzen befallenen Innenräumen" herausgegeben worden (Handlungsempfehlung LGA Baden-Württemberg, 2004; siehe Abb. 8.3). Dieser enthält die Kriterien, die für eine fachgerechte Beseitigung eines erkannten Schimmelpilzbefalls herangezogen werden müssen. Aus dem Leitfaden geht hervor, dass die Beseitigung eines mikrobiellen Befalls nur durch Firmen mit besonderer Sachkunde ausgeführt werden soll. Im Jahr 2006 erschien die zweite Auflage dieses Leitfadens, die im Jahr 2011 redaktionell aktualisiert wurde.

Handlungsempfehlung LGA Baden-Württemberg, 2011, S. 3:

„Aufgrund der Vielschichtigkeit der Ursachen von Schimmelpilzbelastungen in Innenräumen und deren Behebung ist es nicht möglich, konkrete Handlungsempfehlungen für den Einzelfall zu geben. Folglich ist im konkreten Fall eine erfolgreiche Sanierung nur auf der Basis der Kompetenz und des Sachver-

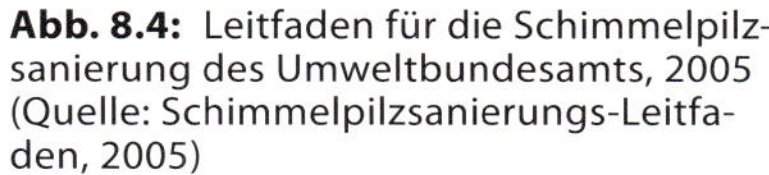
Abb. 8.4: Leitfaden für die Schimmelpilzsanierung des Umweltbundesamts, 2005 (Quelle: Schimmelpilzsanierungs-Leitfaden, 2005)

Abb. 8.5: Handlungsanleitung der BG Bau (Quelle: BGI 858 [2005])

standes des Fachmanns durchzuführen. Geeignete Fachbetriebe zeichnen sich dadurch aus, dass sie über die fachliche Befähigung und Geräteausstattung verfügen und die erforderlichen, organisatorischen Maßnahmen ergreifen. In vielen Fällen wird eine interdisziplinäre Zusammenarbeit zwischen verschiedenen Fachgebieten und Gewerken sinnvoll bzw. zwingend erforderlich sein.“

Leitfaden für die Schimmelpilzsanierung des Umweltbundesamts

Im Jahr 2005 wurde vom Umweltbundesamt der Schimmelpilzsanierungs-Leitfaden herausgegeben (siehe Abb. 8.4), der neben neueren Kriterien der Beurteilung auch konkrete Vorgaben zur fachgerechten Beseitigung von Schimmelpilzbefall enthält. Danach lässt sich bereits anhand der Art und Intensität einer zu erwartenden Staubkonzentration und im Hinblick auf die Dauer der Beanspruchung beurteilen, welche Schutzmaßnahmen durch das Fachunternehmen aus Gründen des Arbeits- und Umgebungsschutzes einzuleiten sind.

Handlungsanleitung der BG Bau

Die BG Bau hat mit der BGI 858 „Gesundheitsgefährdungen durch biologische Arbeitsstoffe bei der Gebäudesanierung, Handlungsanleitung zur Gefährdungsbeurteilung nach Biostoffverordnung (BioStoffV)“ (2005) eine berufsgenossenschaftliche Information zur Gefährdungsbeurteilung bei Gebäudesanierungsmaßnahmen im Zusammenhang mit biologischen Arbeitsstoffen herausgegeben (siehe Abb. 8.5). Die darin verwendete Klassifizierung der Schutzmaßnahmen entspricht sinngemäß in der Auslegung der Regulierung aus dem Schimmelpilzsanierungs-Leitfaden des Umweltbundesamts.

Abb. 8.6: Handlungsanleitung DGUV (Quelle: DGUV-Information 201-028 [2006]; Foto unten rechts: Institut für Arbeitsschutz [IFA] der Deutschen Gesetzlichen Unfallversicherung [DGUV], Sankt Augustin)

Handlungsanleitung der DGUV

Die BGI 858 (siehe oben) wurde im Oktober 2006 durch die DGUV 201-28 ersetzt (DGUV-Information 201-028 [2006]; siehe Abb. 8.6).

Baustein A 211 der BG Bau

Die Bauberufsgenossenschaft BG Bau gibt verschiedene Bausteinmerkhefte heraus, in denen sog. Bausteine als Merkblätter für unterschiedliche Gefährdungsbereiche enthalten sind. Der Baustein A 211 behandelt das Thema Schimmelpilze bei der Gebäudesanierung.

BG-Bau-Baustein A 211, 2012:

„Allgemeine Hinweise

- *Schimmelpilze, besonders deren Sporen, können bei Aufräum-, Abbruch- und Sanierungsarbeiten freigesetzt werden und in die Atemluft gelangen.*
- *Schimmelpilze zählen entsprechend der Biostoffverordnung zu den Biologischen Arbeitsstoffen.*

Gefährdung

- *Aufnahmepfade:*
  - *Atemwege*
  - *Mund*
  - *Haut/Schleimhäute*
- *Schimmelpilze können sensibilisierend wirken und in der Folge allergische Reaktionen auslösen. Symptome einer Allergie sind:*
  - *Augenjucken und -tränen*
  - *Fließschnupfen*
  - *trockener Husten*
  - *Atemnot*
  - *entzündliche Rötung der Haut*

- *Viele Schimmelpilze bilden toxische (giftige) Stoffe, sogenannte Mykotoxine.*
- *Toxine können sich auch in den Baustoffen anreichern und bei staubintensiver Bearbeitung (z. B. Schleifen, Fräsen) freigesetzt werden. Sie können z. B. Nieren, Leber, Blut, das Nerven- oder das Immunsystem schädigen.*
- *Das Infektionsrisiko spielt bei Schimmelpilzen eine untergeordnete Rolle.*

Gefährdungsbeurteilung

- *Die Gefährdung ist abhängig von der Staub- und Sporenkonzentration sowie von der Tätigkeitsdauer. Entsprechend der zu erwartenden Gefährdung erfolgt eine Einstufung in vier Gefährdungsklassen, aus denen sich entsprechende Schutzmaßnahmen ergeben.*
- *Fachkundige Beratung ist nötig, wenn keine erforderlichen Kenntnisse vorliegen.*

Allgemeine Schutzmaßnahmen

- *Grundsätzlich sind in allen Gefährdungsklassen die Mindestanforderungen der Allgemeinen Hygienemaßnahmen durchzuführen.*

Technische und organisatorische Schutzmaßnahmen

- *Vermeidung der Verschleppung z. B. durch Abdeckung von Mobiliar, staubdichte Abtrennung des Arbeitsbereiches.*
- *Entsprechende Betriebsanweisung erstellen und Beschäftigte unterweisen.*
- *Belüftung: Bei Gefährdungsklasse 3 technische Be- und Entlüftung.*
- *Schwarz-Weiß-Trennung:*
  - *Gefährdungsklasse 1: Getrennte Aufbewahrung von Arbeits- und Straßenkleidung.*
  - *Gefährdungsklasse 2: Abdichtung des Übergangs vom Schwarz- in den Weißbereich, Kennzeichnung des kontaminierten Bereichs, Reinigung z. B. von Werkzeugen im Schwarzbereich.*
  - *Gefährdungsklasse 3: Ein- oder Mehrkammer-Schleuse.*
- *Atemschutz:*
  - *Gefährdungsklasse 1: P2-Filter (Empfehlung: TM2P).*
  - *Gefährdungsklasse 2: P2-Filter (Empfehlung: P2 mit Gebläse TH2P).*
  - *Gefährdungsklasse 3: TM3P und staubdichte Schutzbrille oder Vollmaske.*
- *Augenschutz:*
  - *Gefährdungsklasse 1 und 2: Nur bei Spritzwasserbildung oder Arbeit über Kopf.*
  - *Gefährdungsklasse 3: Augenschutz immer erforderlich.*
- *Schutzkleidung:*
  - *Gefährdungsklasse 1: Empfehlung: Partikeldichte, luftdurchlässige Einwegschutzkleidung der Kategorie III, Typ 5 mit Kapuze.*
  - *Gefährdungsklasse 2 und 3: Partikeldichte, luftdurchlässige Einwegschutzkleidung der Kategorie III, Typ 5 mit Kapuze tragen. In Einzelfällen wasserdichte Schutzkleidung.*
- *Handschutz: Bei Feuchtarbeit flüssigkeitsdichte Handschuhe tragen.*

Vorsorgeuntersuchungen

Arbeitsmedizinische Vorsorgeuntersuchungen nach Ergebnis der Gefährdungsbeurteilung veranlassen (Pflichtuntersuchungen) oder anbieten (Angebotsuntersuchungen). Hierzu Beratung durch den Betriebsarzt.

Weitere Informationen:

- *Biostoffverordnung*
- *TRBA 500 ‚Allgemeine Hygienemaßnahmen: Mindestanforderungen' Verordnung zur Arbeitsmedizinischen Vorsorge*
- *BGI 858: ‚Gesundheitsgefährdungen durch biologische Arbeitsstoffe bei der Gebäudesanierung'*
- *BG/NV-18685 ‚Chemikalienschutzkleidung bei der Sanierung von Altlasten, Deponien und Gebäuden'"*

8.2 Ablauf der fachgerechten Beseitigung eines mikrobiellen Befalls

Eine erhebliche Bedeutung kommt der fachgerechten Beseitigung des Schimmelpilzbefalls zu, die sich nicht als Symptombeseitigung auf die Oberfläche beschränken darf, sondern immer zunächst als Ursachenbeseitigung angegangen werden muss. Art und Umfang einzuleitender Maßnahmen richten sich stets nach den Umständen des Einzelfalls und lassen sich daher nicht allgemeingültig vereinheitlichen. Der typische Ablauf einer Schimmelpilzbeseitigung entsprechend den aktuellen Regelwerken kann sich wie in Tabelle 8.1 gezeigt darstellen lassen.

Tabelle 8.1: Typischer Ablauf einer Schimmelpilzsanierung (Quelle: Hankammer, 2005b, S. 43)

Schritte	obligatorische Maßnahmen	fakultative Maßnahmen	Kurzbeschreibung	verantwortlich (entsprechend Beauftragung)
1	Schadensfeststellung		Definition der Aufgabenstellung; Hinzuziehen des Versicherers; Erfassung des Schadens in Ausmaß und Wirkung; orientierende Ursachenprognose und Erstbewertung des Befunds	Sachverständiger ggf. Versicherer
2		Umgebungsschutz, Sofortmaßnahmen	Trennung des Systems von den Bewohnern; Abdecken, Abschotten, Evakuieren	Sanierungsplaner Sanierungsunternehmen
3	Sanierungszielfestlegung		Definition des Sanierungsziels in Abhängigkeit der Anspruchsgrundlage	Auftraggeber Rechtsanwalt Sachverständiger

Tabelle 8.1 (Fortsetzung)

Schritte	**obligatorische Maßnahmen**	**fakultative Maßnahmen**	**Kurzbeschreibung**	**verantwortlich (entsprechend Beauftragung)**
4	Gefährdungsermittlung und -beurteilung	Information der Betroffenen	Beurteilung der Gefährdung für die Bewohner, Anwohner und Sanierer aus hygienischer Sicht; Festlegung der Gefährdungsklasse	Auftraggeber Sachverständiger
5	Ursachenfeststellung		bauphysikalische Untersuchungen, Klima- und Feuchtemessungen	Sachverständiger
6	Sanierungsplanung		Planung der Sanierungsmethodik, der Schutzmaßnahmen und des Geräteeinsatzes; Festlegung der Logistik; Feststellung der Höhe des Schadens	Sanierungsplaner
7	Arbeits- und Betriebsanweisung		Erarbeiten einer Anweisung für die Beteiligten mit dem Ziel, Freisetzung, Exposition, Verschleppung zu verhindern bzw. zu vermeiden	Sanierungsunternehmen
8	allgemeine Schutzmaßnahmen	Umgebungsschutz, Hygienemaßnahmen	allgemeine Hygienemaßnahmen	Sanierungsplaner Sanierungsunternehmen
9	technische und organisatorische Schutzmaßnahmen		Einleitung technischer, organisatorischer und persönlicher Arbeitsschutzmaßnahmen	Sanierungsplaner Sanierungsunternehmen
10	Ursachenbeseitigung		Erneuerung defekter Bauteile, Ändern der klimatischen Verhältnisse	Sanierungsunternehmen

Tabelle 8.1 (Fortsetzung)

Schritte	**obligatorische Maßnahmen**	**fakultative Maßnahmen**	**Kurzbeschreibung**	**verantwortlich (entsprechend Beauftragung)**
11	Schimmelpilzsanierung	Dekontamination, Abschottung, Desinfektion	entsprechend Sanierungsziel: physische Entfernung des primär befallenen Materials; Reinigung; ggf. Abschottung des befallenen Bereichs; ggf. Abtötung der Mikroorganismen	Sanierungsunternehmen
12		Bauteiltrocknung	technische Trocknung der durchfeuchteten Bauteile	Sanierungsunternehmen
13	Desinfektion und Feinreinigung	Geruchsbeseitigung	Desinfektion und Feinreinigung der Sekundärkontaminationen im sanierten Bereich und entlang der Transportwege	Sanierungsunternehmen
14	Erfolgskontrolle		Qualitätskontrolle im Hinblick auf das Sanierungsziel durch Probenahme und Analyse; Freimessung	Sachverständiger
15	Wiederaufbau		Erneuerung zerstörter Bauteile und dekorativer Oberflächen	Sanierungsunternehmen
16	Schlussreinigung		Desinfektion und Feinreinigung des Gesamtbereichs und der Peripherie	Sanierungsunternehmen
17	Abnahme durch Auftraggeber		gemeinsame Abnahme Auftraggeber/ -nehmer; Ausfertigung einer Dokumentation durch den Arbeitnehmer	Auftraggeber Sachverständiger

8.2.1 Schritt 1: Schadensfeststellung

Die strukturierte Schadensfeststellung hinsichtlich der Ausbreitung und der Intensität des Befalls erfolgt zunächst durch eine Inspektion. Bei einem sichtbaren Befall durch Schimmelpilze genügt es, wenn eine fachkundige Person den Schaden durch Inaugenscheinnahme feststellt (siehe Abb. 8.7 bis 8.12).

VDI 4300 Blatt 10 (2008), S. 36, 41–42:

„*5 Messstrategie*

[...]

5.2 Auswahl der geeigneten Vorgehensweise

5.2.1 Ortsbegehung

Bei einer Innenraumuntersuchung wird zunächst eine Ortsbegehung zur Bestandsaufnahme durchgeführt. [...] *Ein sichtbarer Schimmelpilzschaden kann durch fachkundige Personen in der Regel durch Inaugenscheinnahme ohne aufwändige Untersuchungsverfahren festgestellt werden.*“

DIN ISO 16000-19 (2012), S. 10, 13–14:

„*6 Messstrategie*

[...]

6.2 Auswahl der geeigneten Vorgehensweise

6.2.1 Begehung

[...] *Im Rahmen einer Ortsbesichtigung ist die Bausubstanz, insbesondere die Oberflächen kritischer Bauteile, visuell zu prüfen. Zusätzlich sind auch die möglichen Ursachen für einen Schimmelpilzbewuchs abzuklären. Erhoben werden dabei wichtige physikalische Parameter, wie Temperatur und Luftfeuchte im Raum und auf Materialien (z. B. Kondensat). Bei unklaren Befunden können auch weitergehende bauphysikalische Untersuchungen (z. B. Baufeuchtemessung, Thermografie, Blower-Door-Verfahren) eingesetzt werden. Eine detaillierte Beschreibung der Vorgehensweise, die während der Begehung anzuwenden ist, ist nicht Gegenstand dieses Teils der ISO 16000.*

Ein sichtbarer Schimmelpilzschaden kann durch eine fachkundige Person in der Regel durch Inaugenscheinnahme ohne aufwändige Probenahme- und Nachweisverfahren festgestellt werden.“

Je nach Sachlage folgen der Inspektion Bauteilöffnungen und Probenahmen (siehe Abb. 8.13 bis 8.18). Dabei kommt es wesentlich auf das Schadensausmaß hinsichtlich der Ausdehnung des Schadens und die an den jeweiligen Stellen festzustellenden Konzentrationen an. Auch die Artenbestimmung kann dabei eine Rolle spielen sowie die Feststellung, ob Geruchserscheinungen wahrnehmbar sind. Hinsichtlich der möglicherweise zu erwartenden Folgeschäden ist dabei auch festzustellen, in welchem Umfang und in welcher Ausdehnung Feuchte in den betroffenen Bauteilen vorliegt. Erhärtet sich der Verdacht einer Durchfeuchtung des Wand- oder Fußbodenaufbaus, werden zerstörende Bauteilöffnungen erforderlich.

Abb. 8.7: Schadensfeststellung durch erste Inaugenscheinnahme

Abb. 8.8: Weiterführende Schadensfeststellung durch erste Freilegungen

Abb. 8.9: Vertiefung der Schadensfeststellung durch vergleichende Messungen der elektrischen Leitfähigkeit im Bereich des Wandfußpunkts und Anlegen eines Schadenskatasters

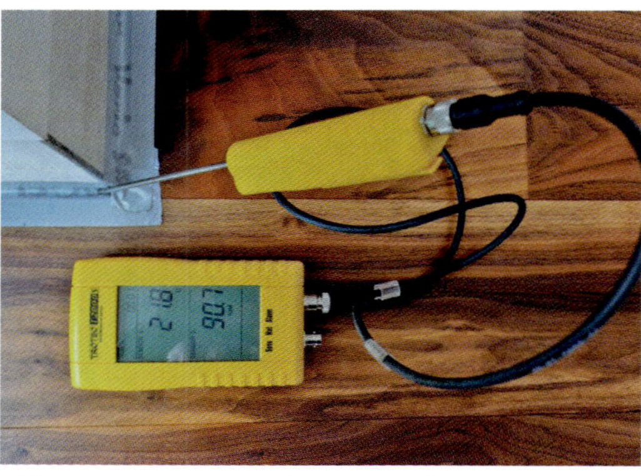

Abb. 8.10: Hygrometrische Untersuchung der Feuchte innerhalb des Fußbodenaufbaus

Abb. 8.11: Einsichtnahme in Installationsschächte zur Feststellung, ob Wasser in der Dämmschicht steht

Abb. 8.12: Nahansicht des Installationsschachts aus Abb. 8.11

Abb. 8.13: Herstellung zerstörender Bauteilöffnungen in Trockenbauwänden zur Feststellung des mikrobiellen Schadensausmaßes

Abb. 8.14: Nahansicht der zerstörenden Bauteilöffnung aus Abb. 8.13

Abb. 8.15: Zu sehen ist 4 cm hoch stehendes Wasser unterhalb einer Duschwanne, festgestellt im Rahmen einer zerstörenden Bauteilöffnung der Gipsplattenwand von der Seite her.

Abb. 8.16: Bohrkernentnahme für die Probenentnahme aus der Estrichdämmung für die anschließende Laboranalyse und zur Feststellung der Ausdehnung des Wasserschadens. Dabei ist auf Installationen, insbesondere auf Heizschlangen der Fußbodenheizung, zu achten.

Abb. 8.17: Hochtemperaturrohr (HT-Rohr), an der Spitze angeschärft für die Entnahme von Polystyrolproben

Abb. 8.18: Probenentnahme aus der Polystyrolestrichdämmung mit dem HT-Rohr

Abb. 8.19: Vorsichtiges Freischneiden der Materialproben aus der Estrichdämmung mit einem vorher frisch mit Alkohol gereinigten Sägeblatt einer Eisensäge

Abb. 8.20: Vorsichtige Entnahme der Materialprobe mit einer zuvor frisch mit Alkohol gereinigten Zündkerzensteckerzange aus dem Kfz-Zubehör

Abb. 8.21: Entnahme einer Materialprobe aus der Estrichdämmschicht durch Freischneiden mit einem Wellenschliffmesser

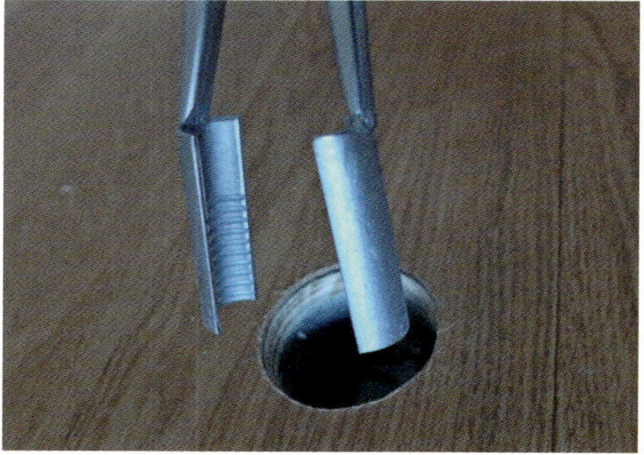

Abb. 8.22: Entnahme einer Materialprobe aus der Estrichdämmschicht mit einer Zündkerzensteckerzange nach dem Freischneiden (siehe Abb. 8.21)

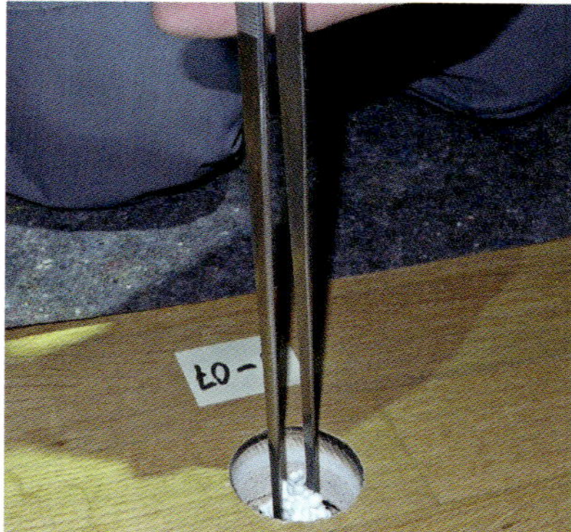

Abb. 8.23: Probeentnahme mit einer großen Pinzette

Abb. 8.24: Nahansicht der Probe aus Abb. 8.23

Abb. 8.25: Ein feuchter Wasserfilm glänzt an der Unterseite der aus der Estrichdämmung entnommenen Materialprobe aus Polystyrol (siehe Abb. 8.23 und 8.24)

Abb. 8.26: Reinigung der Werkzeuge nach jeder Probeentnahme

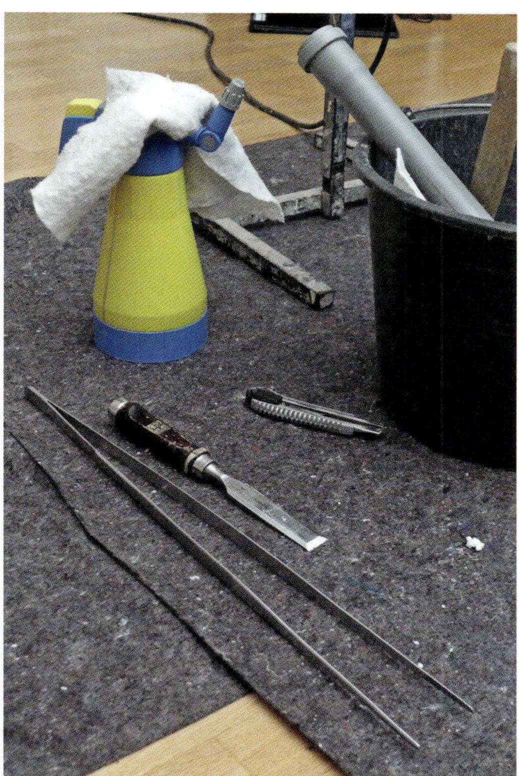

Abb. 8.27: Sprühflasche mit Isopropanol zur Reinigung der Werkzeuge

Wenn die Unterseite der Materialprobe anschließend im Labor durch eine Direktmikroskopie untersucht werden soll, müssen mechanische Beanspruchungen in der Form von Drehbewegungen an der Grenzfläche zwischen der Estrichdämmung und dem Untergrund, z. B. der Bitumenschweißbahn, vermieden werden. Denn bei solchen mechanischen Beanspruchungen könnte das Myzel möglicherweise abrasiv vom Polystyrol gelöst werden. Das wird z. B. durch vorsichtiges Freischneiden der Probe und senkrechtes Anheben mit geeigneten Greifwerkzeugen vermieden (siehe Abb. 8.19 bis 8.25).

Nach jeder einzelnen Probeentnahme müssen die verwendeten Werkzeuge gründlich gereinigt werden, damit die jeweils nachfolgende Probe nicht kontaminiert wird. In der Regel erfolgt die Reinigung mit Isopropanol, das z. B. in einer Sprühflasche bevorratet wird (siehe Abb. 8.26 und 8.27).

Abb. 8.28: Abdrücke von Arbeitsstiefeln mit Verunreinigungen auf der Estrichtrittschalldämmung. Im Falle von Feuchteschäden wird die spätere Beprobung an diesen Stellen erheblich höhere mikrobielle Konzentrationen ergeben.

Abb. 8.29: Nahansicht des Abdrucks eines Arbeitsstiefels mit Verunreinigungen auf der Estrichtrittschalldämmung

Abb. 8.30: Nasse und verunreinigte Arbeitskleidung wird auf den bereits aus der Verpackung entnommenen Polystyroldämmplatten zum Trocknen gelagert.

Abb. 8.31: Im Arbeitsbereich eingerichtete Sitzecke. Die gut isolierenden Dämmstoffplatten werden unverpackt als Sitzgelegenheiten benutzt, weil die Polyethylenverpackung keine komfortable Benutzung gestattet.

Abb. 8.32: Die Dämmstoffplatten werden durch Getränke- und Speisereste verunreinigt, wodurch punktuell ein geeignetes Substrat für Schimmelpilze entsteht.

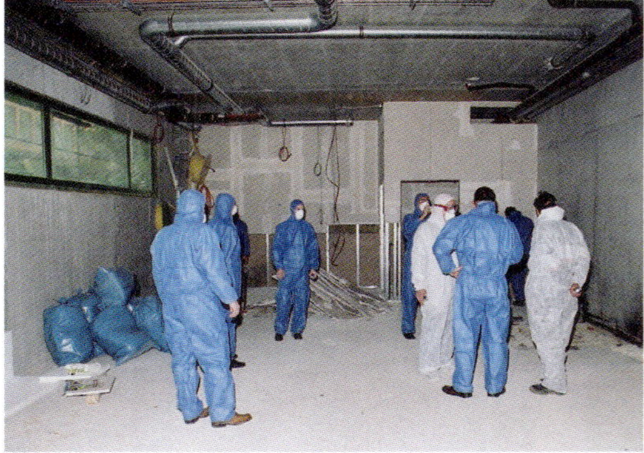

Abb. 8.33: Inspektion befallener Räumlichkeiten mit persönlicher Schutzausrüstung

Bei Estrichdämmungen führt die Beprobung anhand von Bohrlochöffnungen nur zu stichprobenartigen Ergebnissen. Dabei ist zu beachten, dass bei der Verlegung der Dämmung in der Regel keine klinischen Verhältnisse wie im Labor vorherrschen, sondern Baustellenverhältnisse, bei denen z. B. Bauarbeiter mit ihren Stiefeln Verunreinigungen in das Gebäude eintragen (siehe Abb. 8.28 und 8.29). Auch die Dämmstoffplatten selbst werden zwar in Folien verpackt angeliefert; sie werden aber z. B. dadurch verschmutzt, dass die Verarbeiter das Material möglicherweise in den Pausen als Sitzgelegenheiten nutzen und mit Speiseresten verunreinigen (siehe Abb. 8.30 bis 8.32).

Bereits bei der Schadensfeststellung ist auf die persönliche Schutzausrüstung (PSA) zu achten (siehe Abb. 8.33).

8.2.2 Schritt 2: Sofortmaßnahmen zum Umgebungsschutz

Sofern bereits die Erstbesichtigung erkennen lässt, dass von einem festgestellten Schimmelpilzbefall eine unmittelbare Gefährdung von Personen ausgeht, können ggf. Sofortmaßnahmen erforderlich werden. Diese bestehen vorrangig in einer Minimierung der Belastung der Innenraumluft durch Sporen und Partikel von Schimmelpilzen und Bakterien. Derartige Sofortmaßnahmen können beinhalten, dass sichtbar befallene Bauteiloberflächen mit einer Folie abgeklebt oder mit einem Partikelbinder überstrichen werden, damit eine weitere Freisetzung von Sporen und Partikeln unterbunden wird. Zusätzlich kann eine Luftabsaugung über einen HEPA-Filter sinnvoll sein, um die bereits erhöhte Konzentration von Partikeln in der Raumluft zu senken.

8.2.3 Schritt 3: Sanierungszielfestlegung

Die Planung einer Schimmelpilzsanierung setzt voraus, dass ein bestimmtes Sanierungsziel festgelegt wird. Dabei kommt es darauf an, welchen Anspruch die Eigentümer und die Nutzer der betroffenen Räumlichkeiten jeweils verfolgen. Während es bei einem Versicherungsfall eines Leitungswasserschadens in einem älteren Gebäude darauf ankommt, den Zustand vor Schadenseintritt wiederherzustellen, wird der Anspruch des Auftraggebers eines neu errichteten Gebäudes auf Mangelfreiheit zum Zeitpunkt der Abnahme ausgerichtet sein.

Der Gesamtverband der Deutschen Versicherungswirtschaft (GDV) hat für die versicherten Leitungswasserschäden eine Richtlinie zur Schimmelpilzsanierung herausgegeben und beschreibt dort die Sanierungsziele aus der Sicht der Versicherer wie folgt:

VdS 3151 „Richtlinien zur Schimmelpilzsanierung nach Leitungswasserschäden“ (2014), S. 19:

„*6 Schritte der Schimmelpilzsanierung*

Die Sanierung erfolgt nach den Vorgaben des Sanierungskonzepts durch einen Sanierungs-Fachbetrieb. Im Folgenden werden die Schritte für die Sanierungsmaßnahmen aufgezeigt.

Voraussetzung einer erfolgreichen Schimmelpilzsanierung ist, dass die Schadensursache grundlegend beseitigt ist und keine Feuchtebelastungen mehr vorhanden sind.

6.1 Sanierungsziel

Ziel der Sanierung ist, dass im Sanierungsbereich folgende Bedingungen ausnahmslos erfüllt sind:

- *keine biogene Belastung der Raumluft, die über die am Schadenort üblicherweise vor Schadeneintritt vorhandene Hintergrundbelastung hinausgeht;*
- *kein sichtbarer, kein nicht sichtbarer und kein verdeckter Schimmelpilzbefall der vom Schaden betroffenen Bauteile, von dem eine Belastung des Innenraumes ausgehen kann;*
- *keine sekundären Verunreinigungen auf den Oberflächen im Raum;*
- *keine mikrobiologisch bedingte Geruchsbelästigung.*

Das Erreichen der Sanierungsziele kann mit Messungen belegt werden.

6.2 Auswahl der Sanierungsmethoden

Zur Erreichung des Sanierungsziels sind folgende Methoden möglich:

- *reinigen,*
- *reinigen und desinfizieren,*
- *zur Raumseite hin so abschotten, dass keine Belastung der Innenraumluft erfolgen kann,*
- *ausbauen und entfernen (demontieren).*

Die Methoden werden in Abhängigkeit von der Art des Befalls (primärer Befall oder sekundäre Verunreinigung) ausgewählt. Sofern die Sanierungsziele allein durch Reinigung erreicht werden können, kann auf die Desinfektion verzichtet werden.“

Diese Zieldefinition spiegelt den Grundsatz des § 249 BGB „Art und Umfang des Schadensersatzes“ wider:

BGB i. d. F. 2002:

„§ 249 BGB:

(1) Wer zum Schadensersatz verpflichtet ist, hat den Zustand herzustellen, der bestehen würde, wenn der zum Ersatz verpflichtende Umstand nicht eingetreten wäre.

(2) Ist wegen Verletzung einer Person oder wegen Beschädigung einer Sache Schadensersatz zu leisten, so kann der Gläubiger statt der Herstellung den dazu erforderlichen Geldbetrag verlangen. Bei der Beschädigung einer Sache schließt der nach Satz 1 erforderliche Geldbetrag die Umsatzsteuer nur mit ein, wenn und soweit sie tatsächlich angefallen ist.“

Diese Zieldefinition umfasst bei Werkverträgen nicht den Zustand der üblichen Beschaffenheit gleichartiger Werke, die der Besteller bei einem ordnungsgemäß nach den anerkannten Regeln der Technik neu errichteten Gebäude zum Zeitpunkt der Abnahme erwarten kann. Bei der Abnahme werkvertraglicher Bauleistungen steht vielmehr die Mangelfreiheit im Vordergrund der gegenseitigen Schuldverhältnisse zwischen dem Besteller und den Auftragnehmern. Die Mangelfreiheit im werkvertraglichen Sinn kann nur in einem Normalzustand bestehen. Maßstäbe für den Normalzustand können entweder durch Hintergrundwerte aus Veröffentlichungen definiert werden oder durch Referenzwerte von Schimmelpilzkonzentrationen außerhalb des Schadensbereichs. Der Normalzustand liegt nicht vor, wenn Baustoffe oder deren Oberflächen einen Primärbefall aufweisen oder wenn eine mikrobielle Geruchsauffälligkeit besteht.

Eine Besonderheit bei Neubauvorhaben in der Erfüllungsphase (Bauzeit) stellt der Schimmelpilzbefall in einer Estrichdämmschicht als Folge eines Mangels an wasserführenden Leitungen dar, weil das Gewerk Estricharbeiten vor der Abnahme und damit vor dem Zeitpunkt des Gefahrenübergangs noch das Risiko der Beschädigung an den Leitungen trägt und sich daher mit seinen Schadensersatzansprüchen an den Schädiger halten muss.

8.2.4 Schritt 4: Gefährdungsermittlung und -beurteilung

Verantwortlich für die Ermittlung einer von seinem Grundstück ausgehenden Gefährdung ist der Grundstückseigentümer. Dieser kann Sachverständige mit der Untersuchung möglicher Gefährdungen beauftragen. Gesetzliche Grundlage für das Erfordernis einer Gefährdungsbeurteilung im Zusammenhang mit der Durchführung von Schimmelpilzbeseitigungsmaßnahmen ist die Biostoffverordnung BioStoffV. Informationen enthält die DGUV-Handlungsanweisung:

DGUV-Information 201-028 (2006), S. 8:

„3 Anforderungen der Biostoffverordnung (BioStoffV)

Die BioStoffV regelt die Vorgehensweise bei Tätigkeiten mit biologischen Arbeitsstoffen und ist deshalb auch bei Gebäudesanierungsmaßnahmen anzuwenden.

3.1 Gefährdungsbeurteilung

Nach der BioStoffV müssen für jede Tätigkeit mit biologischen Arbeitsstoffen eine Gefährdungsbeurteilung durchgeführt und die erforderlichen Schutzmaßnahmen festgelegt werden. Wesentliche Grundlage für die Gefährdungsbeurteilung ist eine ausreichende Informationsbeschaffung (§ 5 BioStoffV) über die zu erwartenden biologischen Arbeitsstoffe und die geplanten oder vergleichbaren Tätigkeiten. Die vorliegende Handlungsanleitung stellt eine solche Informationsgrundlage dar.“

Maßgebend für die Einstufung der durchzuführenden Arbeiten in eine bestimmte Gefährdungsklasse sind die Intensität der Staubfreisetzung und die Dauer der Tätigkeit von Beschäftigten im Sanierungsbereich. Bei der zu erwartenden Staubbelastung wird unterschieden in die Kategorien schwach, mittel und stark. Bei der Dauer der Tätigkeit wird unterschieden nach einer Dauer von weniger als 2 Stunden und einer von mehr als 2 Stunden (siehe Abb. 8.34).

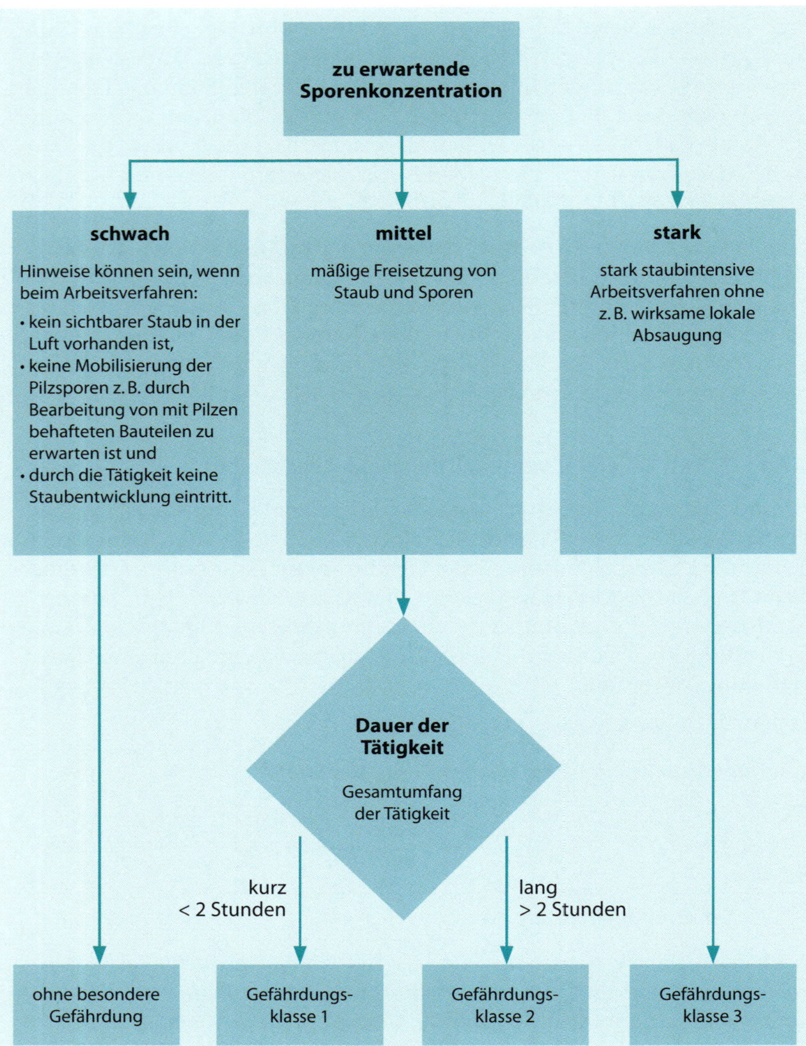

Abb. 8.34: Gefährdungsbeurteilung bei Tätigkeiten mit Schimmelpilzen in Abhängigkeit von der Dauer der Exposition sowie der zu erwartenden Sporenbelastung (Quelle: DGUV-Information 201-028 [2006], S. 16)

Aus dem Flussdiagramm ergibt sich, ob die Arbeiten ohne besondere Gefährdung ausgeführt werden können oder ob eine bestimmte Gefährdungsklasse vorliegt. Von diesem Ergebnis lassen sich die erforderlichen Schutzmaßnahmen ableiten.

Abb. 8.35: Weißer bis heller Belag auf der Oberfläche der Blumentopferde kann auf einen Schimmelpilzbefall als mögliche Quelle einer Innenraumluftbelastung hinweisen.

8.2.5 Schritt 5: Ursachenfeststellung

Für die Feststellung der Ursachen für einen eingetretenen Schimmelpilzbefall existiert kein einheitliches Schema. Vielmehr sind stets alle Umstände des Einzelfalls zu erfassen und in die Gesamtbewertung einzubeziehen. Ein Schimmelpilzbefall kann auf eine einzelne Ursache oder auf das Zusammenwirken mehrerer Einzelursachen zurückzuführen sein (siehe Kapitel 3). Da Feuchte eine der hauptsächlichen Wachstumsvoraussetzungen für Schimmelpilze darstellt, wird im Rahmen der Bauwerksdiagnostik in der Regel zuerst nach der Anwesenheit und der Herkunft von Feuchte in Baustoffen und an Bauteiloberflächen gesucht. Dabei ist auch zu berücksichtigen, dass die Feuchte ggf. nicht permanent, sondern nur sporadisch auftritt. Dies kann der Fall sein, wenn die betroffenen Bauteile nur unter bestimmten Voraussetzungen mit Feuchte in Kontakt kommen. Dies kann z. B. bei Schlagregendurchfeuchtungen von Außenwänden, die nur bei gewissen Wetterlagen eintreten, oder bei temporär auftretenden Durchfeuchtungen erdberührter Bauteile aufgrund von sich ständig verändernden Grund- oder Schichtenwasserverhältnissen der Fall sein. Auch bei hygrothermischen Schäden liegen die Wachstumsvoraussetzungen für Schimmelpilze nicht ständig, sondern nur zeitweise vor. Angaben zum zielführenden Einsatz von Messgeräten und Prüfverfahren für die Quellensuche bei Feuchteschäden enthält das Fachbuch „Bauwerksdiagnostik bei Feuchteschäden“ (Hankammer/Resch, 2012).

Sofern erhöhte Raumluftkonzentrationen an Schimmelpilzen nachgewiesen worden sind, ohne dass ein sichtbarer Befall vorliegt, muss geprüft werden, ob eine Primärquelle auf verdorbenen Lebensmitteln oder in der Erde von Blumentöpfen vorliegt (siehe Abb. 8.35).

8.2.6 Schritt 6: Sanierungsplanung

Nachdem das Sanierungsziel festgelegt worden ist, kommt der strukturierten Sanierungsplanung eine wesentliche Bedeutung im Rahmen der Schimmelpilzsanierung zu. Die Sanierungsplanung baut auf der bis dahin in der Form von Befunden festgestellten Tatsachenlage auf. Insbesondere wird aus den Erkenntnissen der Gefährdungsbeurteilung ein Maßnahmenplan ausgearbeitet, der auch die jeweiligen Schutzmaßnahmen für jede Phase des Sanierungsablaufs bis zum Zeitpunkt der Freimessung berücksichtigt. Die Sanierungsplanung legt einen ausführungsreifen Weg fest, mit dem sich das Sanierungsziel sicher erreichen lässt, und enthält Angaben zur Baustellenlogistik. Wie bei der Planung von herkömmlichen Baumaßnahmen münden die Ergebnisse der Sanierungsplanung in einer Leistungsbeschreibung, die so detailliert sein muss, dass den Anbietern eine präzise Kalkulation der auszuführenden Leistungen ermöglicht wird.

8.2.7 Schritt 7: Arbeits- und Betriebsanweisung

Verantwortlich für die Ausarbeitung einer Arbeits- und Betriebsanweisung, nach der sich die Arbeitnehmer bei der Durchführung der Sanierungsmaßnahmen zu richten haben, ist der Arbeitgeber, also der Sanierungsbetrieb.

DGUV-Information 201-028 (2006), S. 18–21:

„*6 Schutzmaßnahmen*

[…]

6.4 Schutzmaßnahmen der Gefährdungsklasse 1

Sind aufgrund der Ermittlung der Gefahren nach Abschnitt 5 die Tätigkeiten der Gefährdungsklasse 1 zuzuordnen, sind zusätzlich zu den Maßnahmen der TRBA 500 folgende Schutzmaßnahmen zu beachten: […]

6.4.4 Betriebsanweisung, Unterweisung

Der Unternehmer hat die anzuwendenden Arbeitsschutzmaßnahmen in einer Betriebsanweisung festzulegen. Hierbei ist die Gefährdung durch biologische Arbeitsstoffe, aber auch die Gefährdung durch andere Einwirkungen zu berücksichtigen. Es ist insbesondere notwendig, die Schutzmaßnahmen sowie die Reinigung von Geräten, ggf. Desinfektion und Entsorgung von biologischen Arbeitsstoffen festzulegen. In dieser Betriebsanweisung sind auch besondere Hygienemaßnahmen, die beim Essen, Trinken, Rauchen, Schnupfen und beim Toilettengang einzuhalten sind, aufzuführen.

Die Betriebsanweisung ist in einer für die Beschäftigten verständlichen Form und Sprache abzufassen, an geeigneter Stelle in der Arbeitsstätte bekannt zu machen und zur Einsichtnahme auszulegen oder auszuhängen.

Die Beschäftigen sind anhand der Betriebsanweisung zu unterweisen. Die Beschäftigten haben die auf der Grundlage der Unterweisung erfolgten Anweisungen des Unternehmers sowie die Betriebsanweisung zu befolgen. Inhalt und Zeitpunkt der Unterweisung sind schriftlich festzuhalten und von den Unterwiesenen durch Unterschrift zu bestätigen.“

Wichtig erscheint der Hinweis, dass die Betriebsanweisung in einer für die Beschäftigten verständlichen Sprache abgefasst werden soll.

8.2.8 Schritt 8: Allgemeine Schutz- und Hygienemaßnahmen

Die allgemeinen Hygienemaßnahmen stellen die Mindestanforderungen im Zusammenhang mit Tätigkeiten mit biologischen Arbeitsstoffen dar; sie sind grundsätzlich immer zu beachten:

DGUV-Information 201-028 (2006), S. 18:

„*6 Schutzmaßnahmen*

[…]

6.3 Schutzmaßnahmen, wenn ‚keine besondere Gefährdung' entspr. Abschnitt 5 vorliegt

Die Allgemeinen Hygienemaßnahmen für Tätigkeiten mit biologischen Arbeitsstoffen, die in den Technischen Regeln für Biologische Arbeitsstoffe: ‚Allgemeine Hygienemaßnahmen: Mindestanforderungen' (TRBA 500, s. auch Anhang 1) festgelegt sind, sind einzuhalten.

Nach der Arbeit und vor Pausen sind die Hände und ggf. kontaminierte Hautpartien mit Reinigungsmittel und reichlich Wasser zu waschen. Wegen der erhöhten Hautbelastung beim Tragen von Handschuhen sind die Hände und Finger nach Arbeitsende mit einem regenerierenden Hautpflegemittel sorgfältig einzucremen. Ein beispielhafter Hygiene- und Hautschutzplan ist in Anhang 3 aufgeführt.

Essen, Trinken, Rauchen und Schnupfen sowie der Gebrauch von Kosmetika sind bei den Tätigkeiten mit biologischen Arbeitsstoffen generell zu untersagen."

8.2.9 Schritt 9: Technische und organisatorische Schutzmaßnahmen

8.2.9.1 Regelung

Für die Einrichtung und die Vorhaltung der technischen und organisatorischen Schutzmaßnahmen ist das Sanierungsunternehmen verantwortlich, wenn die entsprechenden Leistungen durch den Auftraggeber beauftragt worden sind. Der Grundeigentümer bleibt jedoch dafür verantwortlich, dass von seinem Gebäude keine Gefahren ausgehen.

DGUV-Information 201-028 (2006), S. 19–24 (siehe dazu auch Kapitel 8.2.7 und 8.2.8):

„*6 Schutzmaßnahmen*

[…]

6.4 Schutzmaßnahmen der Gefährdungsklasse 1

[…]

6.4.1 Technische Maßnahmen

Staub- und Aerosolminimierung:

Arbeitsverfahren, die mit einer Staub- bzw. Aerosolbildung verbunden sind, führen im Allgemeinen zu einer deutlich erhöhten Konzentration an Mikroorganismen in der Umgebungsluft. Alle Sanierungsarbeiten sind so durchzuführen, dass die Staub- und Aerosolentwicklung durch Auswahl geeigneter Arbeitsverfahren grundsätzlich minimiert werden.

Beispiele für technische Maßnahmen sind:

- *Verwendung von Sprühextraktionsverfahren anstatt klassischer Verfahren wie Abschlagen oder Stemmen,*
- *Verwendung von Maschinen und Geräten mit integrierter Absaugung,*
- *Befeuchten der Oberflächen, unmittelbar vor dem Abtragen,*
- *sattes Befeuchten von befallenen Tapeten vor dem Entfernen,*
- *Auftragen von Sporenbindern beim Abschlagen von Putz,*
- *Befeuchten schimmelpilzbefallener Teppichböden vor dem Entfernen,*
- *Reinigung der Oberflächen von locker anhaftendem Schimmelpilzbefall vor Abtrag der Oberfläche, z. B. durch Absaugen von Wänden und Decken.*

Nicht zu empfehlen sind alle Verfahren, bei denen Staub aufgewirbelt wird, wie z. B.:

- *Dampfstrahlen, Trockenstrahlen*
- *Abbürsten*

Zur Reinigung des Arbeitsbereiches müssen Industriesauger mit Filter der Staubklasse H entsprechend DIN EN 60335-2-69 (bisher K1 und K2) oder vergleichbare Geräte eingesetzt werden. Bei glatten Oberflächen sollte eine Feinreinigung durch feuchtes Abwischen erfolgen.

Beaufschlagte Filter der Sauggeräte müssen in stabilen, dicht schließenden Behältern (z. B. Spannringfässer) gelagert werden. Bei der Entnahme der Filterpatronen sind die Hinweise des Herstellers zu beachten. Die Freisetzung von Stäuben ist dabei zu unterbinden. Gleiches gilt für die Reinigung verstopfter Ansaugrohre.

Der Transport des demontierten Materials hat staubfrei, in geeigneten Behältern, z. B. big bags, zu erfolgen. Um die Verschleppung von Sporen zu verhindern, empfiehlt es sich, die Transportbehälter vor Verlassen des Sanierungsbereiches außen zu reinigen (z. B. durch Absaugen).

6.4.2 Vermeidung der Kontamination unbelasteter Bereiche

Da bei der Sanierung arbeitsbedingt Schimmelpilzsporen aufgewirbelt bzw. freigesetzt werden können, ist eine Verbreitung von Sporen und damit die Kontamination unbelasteter Bereiche zu verhindern. Diesbezüglich kommen in Abhängigkeit von der konkreten Schadenssituation vor allem folgende Maßnahmen in Frage:

- *Beräumung des näheren Schadensumfeldes und gründliche Reinigung nach der Sanierung,*
- *Abdeckung von Mobiliar, Wänden und Böden (insbesondere Teppichböden) des (näheren) Schadensumfeldes,*
- *staubdichte Abtrennung des Schadensbereiches.*

6.4.3 Organisation des Arbeitsbereiches

Die Arbeits- bzw. Schutzkleidung muss getrennt von der Straßenkleidung aufbewahrt werden. Getränke, Lebensmittel, Schnupftabake und Tabakwaren dürfen nicht in den Arbeitsbereich gebracht werden.

Beim Übergang vom belasteten in den unbelasteten Bereich ist darauf zu achten, eine Verschleppung von Keimen und Sporen weitestgehend zu verhindern, z. B. durch Ablegung der Schutzkleidung. Empfehlenswert ist es, Schuhe für den unbelasteten Bereich vorzuhalten. Alternativ sind kontaminierte Schuhe bei Verlassen des Arbeitsbereiches zu reinigen.

Kontaminierte Kleidung muss getrennt von Privatkleidung gewaschen bzw. entsorgt werden. Eine verwendete Atemschutzmaske ist erst im unbelasteten Bereich abzulegen. Es muss gewährleistet sein, dass Wasch- und ggf. erforderliche Umkleidemöglichkeiten vor Ort verfügbar sind. [...]

6.4.5 Persönliche Schutzausrüstung

Neben technischen und organisatorischen Maßnahmen hat der Unternehmer den Beschäftigten persönliche Schutzausrüstung zur Verfügung zu stellen. Die Beschäftigten haben diese bestimmungsgemäß zu benutzen.

Die für den Einsatz gegenüber biologischen Gefährdungen relevante Persönliche Schutzausrüstung ist unten im Einzelnen aufgeführt.

Hinweise zur weiteren Auswahl Persönlicher Schutzausrüstung finden sich in den Berufsgenossenschaftlichen Regeln:

- *BGR 189 ‚Einsatz von Schutzkleidungen'*
- *BGR 190 ‚Benutzung von Atemschutzgeräten'*
- *BGR 191 ‚Benutzung von Fuß- und Beinschutz'*
- *BGR 192 ‚Benutzung von Augen- und Gesichtsschutz'*
- *BGR 195 ‚Benutzung von Schutzhandschuhen'*

Atemschutz

Bei Tätigkeiten von kurzer Dauer (vgl. Abschnitt 5, Abbildung 1) sind Masken mit P2-Filter einzusetzen. Grundsätzlich sind Halbmasken den FFP-Einwegmasken vorzuziehen. Optimal sind gebläseunterstützte Halbmasken mit Partikelfilter TM2P. Die Filter der Atemschutzmasken bzw. FFP2-Filter sind mindestens arbeitstäglich zu verwerfen.

Augenschutz

Ist Augenschutz erforderlich, etwa bei der Gefahr von Spritzwasserbildung, Arbeiten über Kopf mit Staubentwicklung etc., so ist mindestens eine Korbbrille zu verwenden. Der Augenschutz kann auch durch das Tragen einer Vollmaske gewährleistet sein.

Schutzkleidung

Als Schutz vor Staubbelastung und direktem Hautkontakt ist partikeldichte, luftdurchlässige (sogenannte ‚atmungsaktive') Einwegschutzkleidung, Kategorie III, Typ 5 zu empfehlen. Eine Verschleppung von Stäuben über die Haare ist z. B. durch das Tragen einer Kapuze zu minimieren. In Einzelfällen kann was-

serdichte Schutzkleidung erforderlich sein, z. B. bei Kontakt mit verunreinigten Wässern.

Handschutz

Der Handschuh muss abgestimmt auf die mechanische, chemische und biologische Belastung ausgewählt werden. Bei Feuchtarbeiten sind flüssigkeitsdichte Handschuhe einzusetzen. Handschuhe aus Leder/Textil-Kombinationen sowie medizinische Einmalhandschuhe sind ungeeignet. Im Allgemeinen empfiehlt es sich, Handschuhe aus Nitril- bzw. Butylkautschuk zu verwenden. Die Beschäftigten sollen individuell jeweils mehrere Paare geeignete Handschuhe zur Verfügung haben, damit verschmutzte oder feuchte Handschuhe nach Reinigung und Trocknung im Wechsel verwendet werden können. Es können auch Zwirnunterziehhandschuhe verwendet werden.

Fußschutz

Es ist ein der Baustelle entsprechendes Schuhwerk einzusetzen. Dieses muss zusätzlich abwaschbar sein.

6.5 Schutzmaßnahmen der Gefährdungsklasse 2

Sind aufgrund der Ermittlung der Gefahren nach Abschnitt 5 die Tätigkeiten der Gefährdungsklasse 2 zuzuordnen, müssen zusätzlich zu den in den Abschnitten 6.3 und 6.4 beschriebenen Maßnahmen folgende Schutzmaßnahmen beachtet werden:

6.5.1 Technische Maßnahmen

Lüftungsmaßnahmen:

Für eine ausreichende, ggf. technische Be- und Entlüftung des Schwarzbereiches ist zu sorgen.

6.5.2 Schwarz-Weiß-Trennung

Die kontaminierten Bereiche sind als Schwarz-Bereiche zu kennzeichnen. Der Übergang vom belasteten Schwarz-Bereich in den unbelasteten Weiß-Bereich hat über eine Schwarz-Weiß-Trennung zu erfolgen. Je nach Sanierungsumfang kann diese Trennung unterschiedlich ausgestaltet sein. Bei kleinen Räumen ist es u. U. ausreichend, die Räume abzudichten.

Verunreinigte Kleidung darf nicht im Weiß-Bereich abgelegt werden. Werkzeuge und andere Arbeitsmittel sind innerhalb des Schwarz-Bereiches zu reinigen, z. B. durch Absaugen.

6.5.3 Persönliche Schutzausrüstung

Atemschutz

Bei Tätigkeiten der Gefährdungsklasse 2 sind P2-Masken mit Gebläseunterstützung wegen des geringeren Atemwiderstandes zu empfehlen. Geeignet ist Atemschutz der Schutzstufe TM2P oder TH2P. Atemschutzhauben der Schutzstufe TH2P sind vorzuziehen.

Schutzkleidung

Als Schutz vor Staubbelastung und direktem Hautkontakt ist partikeldichte, luftdurchlässige (sogenannte ‚atmungsaktive') Einwegschutzkleidung, Kategorie III, Typ 5 zu verwenden. Eine Verschleppung von Stäuben über die Haare ist z. B. durch das Tragen einer Kapuze zu minimieren.

In Einzelfällen kann wasserdichte Schutzkleidung erforderlich sein, z. B. bei Kontakt mit verunreinigten Wässern.

6.6 Schutzmaßnahmen der Gefährdungsklasse 3

Sind aufgrund der Ermittlung der Gefahren nach Abschnitt 5 die Tätigkeiten der Gefährdungsklasse 3 zuzuordnen, müssen zusätzlich zu den in den Abschnitten 6.3, 6.4 und 6.5 beschriebenen Maßnahmen folgende Schutzmaßnahmen beachtet werden:

6.6.1 Technische Maßnahmen

Lüftungsmaßnahmen:

Für eine ausreichende technische Be- und Entlüftung des Schwarz-Bereiches ist zu sorgen. Bei der Abluftführung ist sicherzustellen, dass keine Gefährdung Dritter entsteht. So kann es bei dichter Wohnbebauung (z. B. Mehrfamilienhaus) erforderlich sein, die Abluft zu filtern.

6.6.2 Schwarz-Weiß-Trennung

Je nach Exposition und Kontamination kann die Schwarz-Weiß-Trennung über eine Ein- oder Mehrkammerschleuse erfolgen, ggf. können hierfür vorhandene Räume mit einbezogen werden.

6.6.3 Persönliche Schutzausrüstung

Der Unternehmer hat Atemschutz der Schutzstufe TM3P und zur Verhütung von Augenreizungen eine staubdichte Schutzbrille zur Verfügung zu stellen. Vollmasken erfüllen beide Kriterien."

8.2.9.2 Arbeits- und Umgebungsschutz

Bei einem frei liegenden Schimmelpilzbefall an Bauteiloberflächen können Sporen und Partikel von Schimmelpilzen freigesetzt werden. Sporen und Partikel von Schimmelpilzen können dabei durch Luftbewegungen ihre Position verändern und sich auf diese Weise von einer Stelle mit einem Primärbefall ablösen und an anderen Stellen wieder zu Sekundärkontaminationen ablagern. Das ist insbesondere der Fall, wenn Luftbewegungen innerhalb der betroffenen Bereiche stattfinden.

Auch von einem verdeckt in Hohlräumen eingetretenen primären Schimmelpilzbefall ausgehend können Sporen und Partikel freigesetzt und in die Raumluft eingetragen werden, wenn es dafür geeignete Luftverbindungen gibt. Aus diesem Grund müssen mit Schimmelpilzen befallene Bauteiloberflächen und Hohlräume von der Umgebung getrennt werden. Bei kleineren Flächen an der Oberfläche von Bauteilen kann ein Sporenbinder als vorläufige Sofortmaßnahme bis zur endgültigen Sanierung ausreichend sein. Bei größerem Primärbefall an Bauteiloberflächen und bei einem Schimmel-

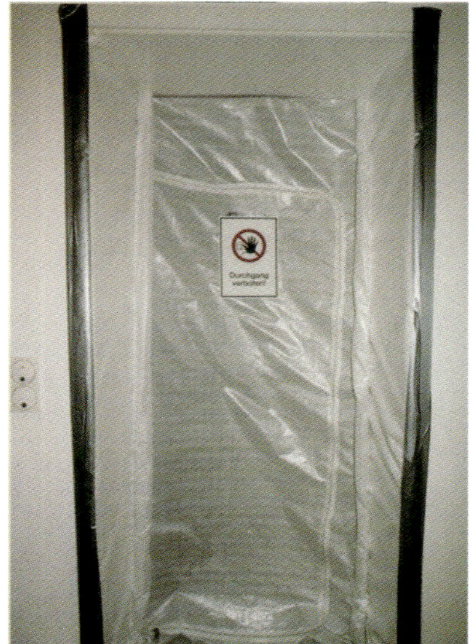

Abb. 8.36: Luftdichter Abschluss des Zugangs zum Sanierungsbereich auf der sog. weißen Seite

Abb. 8.37: Luftdichter Abschluss des Zugangs zum Sanierungsbereich auf der sog. schwarzen Seite

pilzbefall in unzugänglichen Hohlräumen wird in der Regel eine Trennung zwischen den zu sanierenden Räumlichkeiten mit einem Primärbefall (sog. Schwarz-Bereich) und den nicht betroffenen Bereichen (sog. Weiß-Bereich) organisiert. Dazu werden luftdichte Funktionswände als konsequente Trennung des Schwarz-Bereichs von dem Weiß-Bereich erstellt (siehe Abb. 8.36 und 8.37).

Der Zugang für Personen erfolgt über speziell eingerichtete Personenschleusen (siehe Abb. 8.38 bis 8.40), der Materialtransport wird über Materialschleusen vorgenommen. Die Sanierungsplanung legt die Trennlinie zwischen dem Schwarz-Bereich und dem Weiß-Bereich fest, sieht die erforderlichen Schleusen vor und enthält Angaben über die Logistik bei den Materialtransporten.

Insbesondere bei der Durchführung von Abbrucharbeiten kommt es zur Freisetzung von Staub. Bei dem Abbruch von Bauteilen mit einem primären Schimmelpilzbefall oder einer erheblichen Sekundärkontamination wird Staub freigesetzt, der in verstärktem Maße Sporen und Partikel von Schimmelpilzen enthält. Der Ausbau von befallenem Material soll daher unter möglichst wenig Staubentwicklung erfolgen, um die Sporenfreisetzung so gering wie möglich zu halten. Gegebenenfalls müssen die Abbruchmaterialien vorgenässt werden (siehe Abb. 8.41 und 8.42).

Abb. 8.38: Unterdruckanlage und Einpersonenschleuse

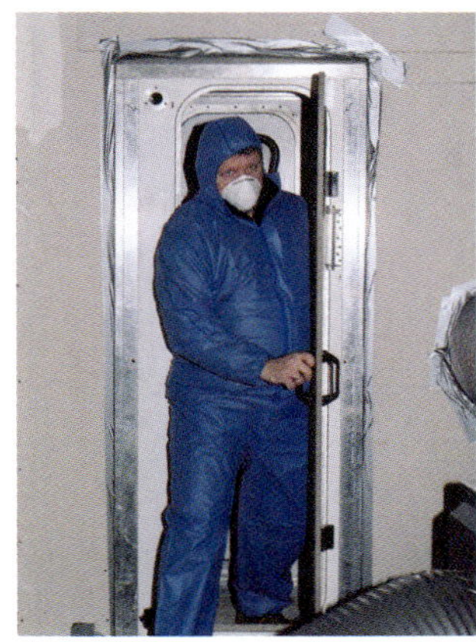

Abb. 8.39: Einpersonenschleuse

Abb. 8.40: Zweipersonenschleuse mit Sichtfenster

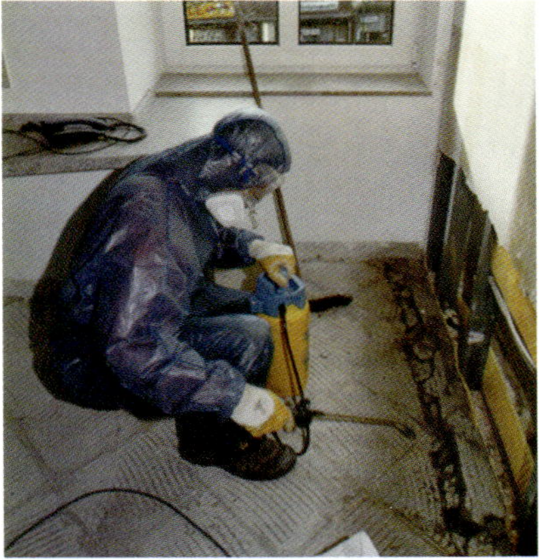

Abb. 8.41: Vornässen von Abbruchstoffen mit der Sprühpumpe

Abb. 8.42: Abbruch nach dem Vornässen (vgl. Abb. 8.41)

Abb. 8.43: Absaugung der Luft aus dem Schwarz-Bereich

Abb. 8.44: Nahansicht der Absaugpumpe (siehe Abb. 8.43)

In dem Schwarz-Bereich wird durch ein Gebläse Unterdruck erzeugt, damit von dort aus während der Schleusenvorgänge keine Sporen und Partikel von Schimmelpilzen in den angrenzenden Weiß-Bereich übertreten (siehe Abb. 8.43 und 8.44). Die abgesaugte kontaminierte Raumluft wird über einen HEPA-Filter geführt, bevor sie in das Freie ausgeleitet wird, damit keine Gefährdung der Umgebung eintritt.

Die Einrichtung dieses Schwarz-Weiß-Bereichs wird so lange aufrecht erhalten, bis alle Arbeiten abgeschlossen sind, eine Feinreinigung durch das Sanierungsunternehmen durchgeführt wurde und eine anschließende Freimessung zu einem negativen Ergebnis geführt hat.

8.2.9.3 Kennzeichnung des Sanierungsbereichs

Die Zugänge zum Sanierungsbereich sind entsprechend zu kennzeichnen, damit kein unbefugter Zutritt von Unbeteiligten stattfindet (siehe Abb. 8.45).

8.2.9.4 Persönliche Schutzausrüstung

Der Umfang der persönlichen Schutzausrüstung richtet sich nach der in der Gefährdungsbeurteilung festgelegten Gefährdungsklasse. Die persönliche Schutzausrüstung ist den Arbeitnehmern durch den Arbeitgeber zur Verfügung zu stellen. Der Aufsichtsführende auf der Baustelle muss darauf achten, dass eine ausreichende Anzahl von zusätzlichen persönlichen Schutzausrüstungen für autorisierte Besucher (Auftraggeber, Sachverständige) zur Verfügung steht.

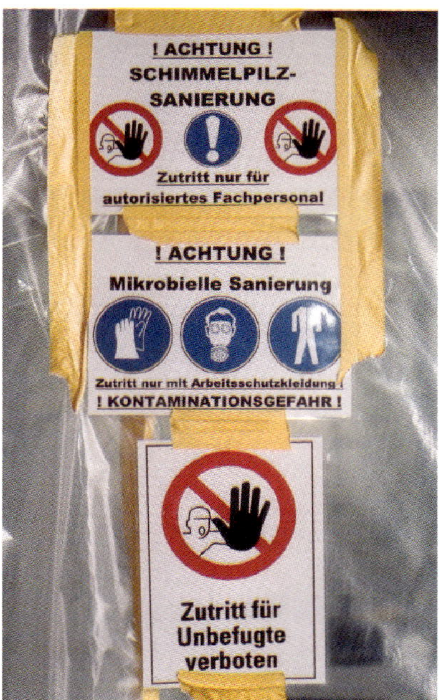

Abb. 8.45: Vorbildliche Beschilderung an der Grenze zum Sanierungsbereich

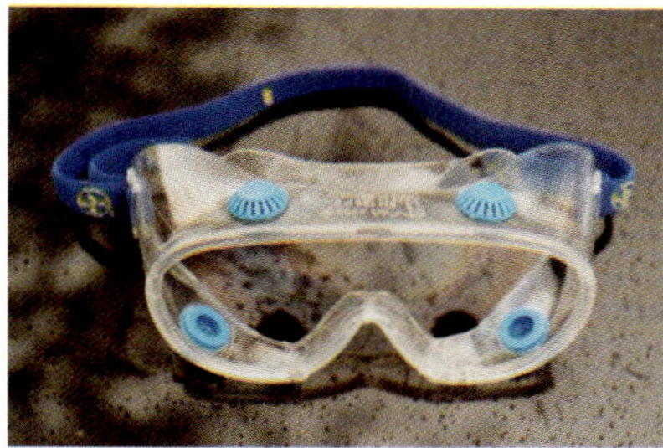

Abb. 8.46: Augenschutz mit dichtem Anschluss an die Gesichtsform

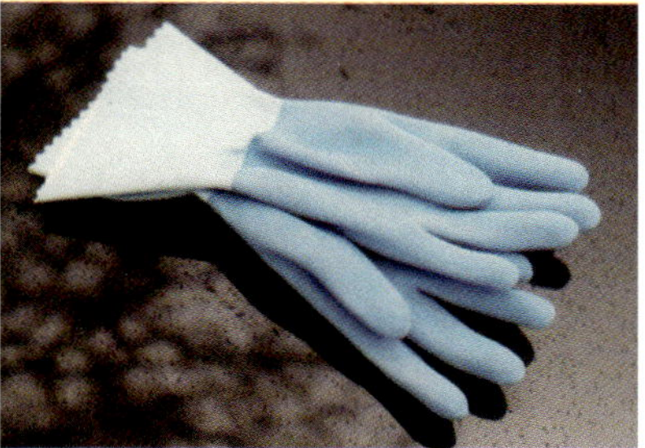

Abb. 8.47: Feste Latexarbeitshandschuhe mit Stulp

Bei der Beseitigung kleinerer Schimmelpilzvorkommen müssen folgende persönlichen Schutzmaßnahmen getroffen werden:

Augenschutz

Wenn die Gefährdungsklassen 1 und 2 vorliegen, muss ein Augenschutz nur dann getragen werden, wenn eine Spritzwasserbelastung vorhanden ist. Wenn die Gefährdungsklasse 3 besteht, muss ein Augenschutz getragen werden (siehe Abb. 8.46).

Arbeitshandschuhe

Bei Feuchtarbeiten muss ein Handschutz getragen werden (siehe Abb. 8.47). Aber auch bei allen anderen Arbeiten sollten feste Handschuhe getragen werden, weil ansonsten über kleinere Verletzungen Sporen und Partikel von Schimmelpilzen in die Blutbahn gelangen könnten.

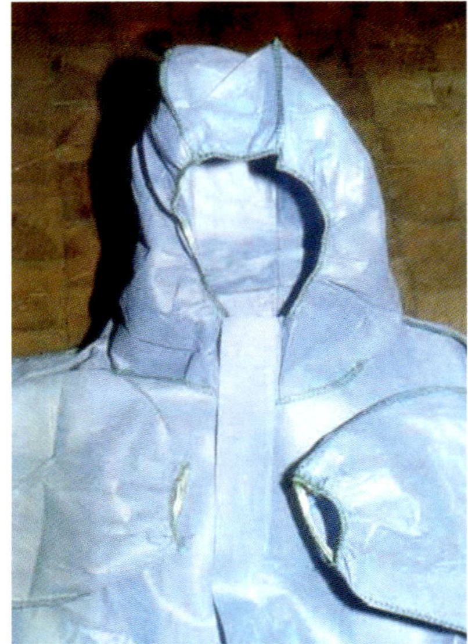

Abb. 8.48: Einwegschutzkleidung mit Kapuze

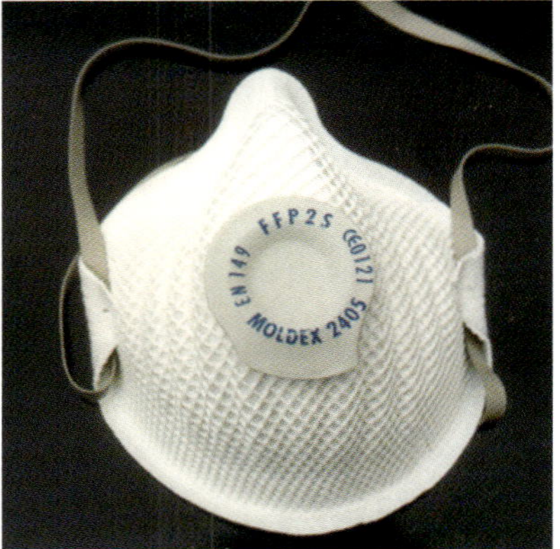

Abb. 8.49: Halbmaske mit Partikelfilter FFP2

Schutzkleidung

Sofern die Gefährdungsklasse 1 vorliegt, wird partikeldichte, luftdurchlässige Einwegschutzkleidung der Kategorie III, Typ 5 mit Kapuze, empfohlen (siehe Abb. 8.48). Wenn die Gefährdungsklassen 2 oder 3 vorliegen, muss partikeldichte, luftdurchlässige Einwegschutzkleidung der Kategorie III, Typ 5 mit Kapuze, getragen werden. In Einzelfällen wird wasserdichte Schutzkleidung erforderlich.

Atemschutz

Sofern die Gefährdungsklasse 1 vorliegt, muss eine Halbmaske mit einem P2-Filter (Empfehlung: TM2P) getragen werden. Wenn die Gefährdungsklasse 2 vorliegt, muss eine Halbmaske mit einem P2-Filter (Empfehlung: P2 mit Gebläse TH2P) getragen werden (siehe Abb. 8.49). Falls die Gefährdungsklasse 3 vorliegt, muss eine Vollmaske mit einem TM3P-Filter oder eine Halbmaske mit einer staubdichten Schutzbrille getragen werden.

Ob der Mitarbeiter die Voraussetzungen für Arbeiten unter einer Gebläsemaske erfüllt, muss im Rahmen der Vorsorgeuntersuchungen durch den Arzt geprüft werden.

Als Teil der persönlichen Schutzausrüstung sind Pollenschutzmasken erhältlich, die nach EN 149 „Atemschutzgeräte – Filtrierende Halbmasken zum Schutz gegen Partikel“ (2001) über einen Teilchengrößenbereich von 0,02 bis 2,00 µm und eine Filterleistung von mehr als 94 % verfügen.

Der Atemschutz ist erforderlich, weil Schimmelpilzsporen zum Teil lungen- bzw. alveolengängig sind (siehe Tabelle 8.2).

Tabelle 8.2: Sporengröße und Lungengängigkeit nach Mücke und Lemmen (2000) sowie Samson und Mitarbeiter (Mücke/Lemmen, 2000; Samson et al., 2001)

Schimmelpilzspezies	**Sporengröße in µm**	**Lungengängigkeit ab < 5 µm**	**Alveolengängigkeit ab < 2 bis 3 µm**
Alternaria sp.	> 10	nicht lungengängig	nicht alveolengängig
Fusarium sp.			
Chrysonilia sitophila			
Cladosporium herbarum	< 10 und > 5	nicht lungengängig	nicht alveolengängig
Chaetomium globosum			
Stachybotrys chartarum			
Scopulariopsis sp.			
Ustilago sp.			
Botrytis sp.			
Aspergillus flavus	< 5 und > 2	lungengängig	nicht alveolengängig
Aspergillus fumigatus			
Aspergillus niger			
Aspergillus versicolor			
Penicillium sp.			
Trichoderma sp.			
Aspergillus terreus	< 2	lungengängig	alveolengängig
Micropolyspora faeni			
Thermoactinomyces vulgaris			
Thermoactinomyces sacchari			
Nocardia asteroides			

Nach Beendigung der Arbeiten sollten eine gründliche Körperreinigung sowie eine Reinigung der Arbeitskleidung folgen.

8.2.10 Schritt 10: Ursachenbeseitigung

Zwingende Voraussetzung für die nachhaltige Wirksamkeit jeglicher Mängelbeseitigungsmaßnahmen ist selbstverständlich eine vorangestellte und gründliche Beseitigung der zweifelsfrei erkannten Ursachen. Es versteht sich dabei von selbst, dass bauliche Mängel, wie fehlende Schlagregendichtigkeit der Fassade oder kapillar aufsteigende Feuchte, abgestellt werden müssen und dass auch anschließend eine technische Trocknung von durchfeuchteten Bauteilquerschnitten durchgeführt wird. Der Verzicht auf eine derartige Trocknung würde z. B. innerhalb der Winterperiode aufgrund abgeminderter Wärmedämmeigenschaften des Baustoffs zum Fortbestand der Wärmebrückenproblematik und in der Folge zu einem erneuten Tauwasserausfall führen.

Geklärt werden muss in diesem Zusammenhang auch, ob eine Besiedelung der Baustoffe mit Mikroorganismen eingetreten ist.

Darüber hinaus geht von durchfeuchteten Bauteilen infolge von Diffusion und raumseitiger Verdunstung eine kumulative Feuchteanreicherung der Raumluft aus. Je nach Anteil und Intensität der Ursprungsdurchfeuchtung kann ein aufschaukelnder Effekt entstehen, bei dem auch trotz erfolgter Ursachenbeseitigung ein weiterer Anstieg der Bauteilfeuchte zu verzeichnen ist. In diesem Fall tritt der gleiche Effekt ein, der auch bei hoher anfänglicher Baufeuchte in jungen Gebäuden bemerkenswert ist.

8.2.11 Schritt 11: Schimmelpilzsanierung

8.2.11.1 Unterschiedliche Verfahren in der Schimmelpilzsanierung

Bei der Schimmelpilzsanierung lassen sich grundsätzlich unterschiedliche Verfahren anwenden, die jedoch nicht gleichwertig sind (siehe Abb. 8.50).

Ein nachhaltiger Sanierungserfolg liegt nicht in der Abtötung von Schimmelpilzen, sondern in deren Entfernung:

Schimmelpilze in Innenräumen, 2001, S. 133–134:

„Langfristige Maßnahmen

[…] *Die Sanierung von schimmelpilzbefallenen Materialien muss das Ziel haben, die Schimmelpilze vollständig zu entfernen. Eine bloße Abtötung von Schimmelpilzen reicht nicht aus, da auch von abgetöteten Schimmelpilzen allergische und reizende Wirkungen ausgehen können.“*

Isolation

Bei der Isolation erfolgt eine Trennung des Menschen von der Gefahr, die „Gefährdung“ im Sinne der Definition nach der TRGS 524 „Schutzmaßnahmen bei Tätigkeiten in kontaminierten Bereichen“ (2010) wird wirksam unterbunden. Eine Abschottung eines mikrobiellen Befalls innerhalb der

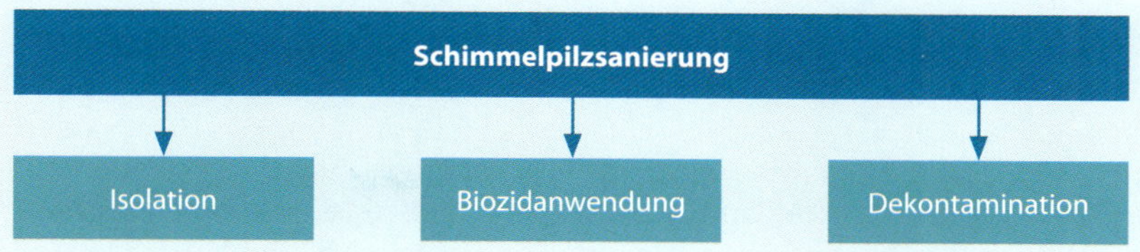

Abb. 8.50: Verfahren der Schimmelpilzsanierung

Estrichdämmschicht kann im Hinblick auf Sporen- oder Partikelbewegungen z. B. durch den luftdichten Verschluss der Estrichrandfuge erfolgen. Dabei verbleibt allerdings für den Zeitraum der jeweiligen Restnutzungsdauer des Gebäudes das Risiko, dass sich das Dichtmittel im Laufe der Zeit unbemerkt ab- oder auflöst und es dabei zu einer erneuten Belastung der Nutzer kommt. Zur Verhinderung des Durchgangs von MVOC ist nur eine gasdichte Abschottung geeignet. Wird ein mikrobieller Schaden unterhalb einer Abschottungsebene belassen, ist die dadurch eintretende Wertveränderung des Gebäudes als merkantiler Minderwert zu berücksichtigen, da der Eigentümer einen derartigen Schaden im Falle eines Gebäudeverkaufs gegenüber dem Erwerber nicht verschweigen darf und die Offenbarung eines verdeckt liegenden mikrobiellen Schadens als Makel in der Regel unter marktüblichen Bedingungen zu einem Preisabschlag (Minderpreis) führt.

Biozidanwendung

Die Biozidanwendung oder Desinfektion ist die *„Abtötung oder Inaktivierung von Mikroorganismen, sodass keine Infektionsgefährdung mehr von ihnen ausgeht“* (BGI 858 [2005], S. 18).

Das behandelte Material wird im Gegensatz zum Vorgehen bei Dekontamination nicht entfernt. Da sich die nicht kultivierbaren Schimmelpilze in ihrer allergenen und toxischen Wirkung nicht von den kultivierbaren unterscheiden (VDI 4300 Blatt 10 [2008]; BGI 858 [2005]), ist die Gleichwertigkeit einer Biozidanwendung mit einer Dekontamination nicht zu unterstellen.

Zum Desinfizieren von nicht besiedelten, aber durch Sporen und Partikel kontaminierten Untergründen eignet sich auch 80 %iger Ethylalkohol (Ethanol) bei feuchten Flächen und 70 %iger Ethylalkohol bei trockenen Flächen. Bei Verwendung von Brennspiritus (vergällter Ethylalkohol) ist dieser vor Gebrauch mit etwa 1 bis 2 Kaffeetassen Wasser auf 1 l Brennspiritus zu verdünnen. Aufgrund der Explosionsgefahr ist selbst bei der Behandlung kleinerer Flächen mit besonderer Sorgfalt vorzugehen.

Auf dem Markt wird eine Reihe von Tinkturen angeboten, mit denen die schimmelbefallenen Flächen getränkt werden. In der Regel tragen sie gut identifizierbare Bezeichnungen wie Schimmel-Ex, Schimmelkiller, Schimmel-Entferner oder Schimmel-Stopp. Es handelt sich meist um Natriumhypochloritlösungen (Ocl-Lösungen) mit pH-Werten von 10 (1 %ige Lösung), mit denen sich selbst verfärbte Fugen und Dichtungen in kleinerem Umfang meist erfolgreich reinigen lassen.

Dekontamination

Bei der Dekontamination handelt es sich um die Entfernung einer Verunreinigung. Dabei erfolgt eine restlose körperliche Beseitigung des Befalls mit dem Ziel, dass die Gefährdung von Menschen durch eine toxische oder allergene Wirkung anschließend sicher auszuschließen ist. Für die Dekontamination kommen sowohl die Entfernung von Bauteilen als auch das Abflämmen in Betracht und – mit Einschränkungen – die chemische Behandlung.

Zur Beseitigung eines Befalls auf dekontaminierbaren Flächen (Glas, Metall, Keramik, Lackflächen) kann Wasserstoffperoxid (H_2O_2) in einer Konzentration von 5 bis 10 % eingesetzt werden. Das führt in der Regel zu einer Zerstörung der Hyphen. In verschiedenen handelsüblichen Produkten für die Schimmelpilzbekämpfung ist Wasserstoffperoxid bereits in unterschiedlichen Konzentrationen enthalten.

8.2.11.2 Regelung der Schimmelpilzsanierung von Inventar, Baustoffen und Bauprodukten

Aus dem abgestimmten Arbeitsergebnis des Arbeitskreises Qualitätssicherung – Schimmelpilze in Innenräumen am Landesgesundheitsamt Baden-Württemberg vom 14. Dezember 2001 ergibt sich folgende Vorgehensweise für die langfristige Beseitigung von Schimmelpilzbefall:

Schimmelpilze in Innenräumen, 2001, S. 133–136:

„Langfristige Maßnahmen

Grundvoraussetzung für den Erfolg einer Sanierung ist die Beseitigung der Ursachen, die zu dem Auftreten des Schimmelpilzwachstums geführt haben. Bauseitige Schäden sind zu beheben und die Raumnutzer darüber aufzuklären, wie in Zukunft ein Schimmelpilzwachstum vermieden werden kann.

Die Sanierung von schimmelpilzbefallenen Materialien muss das Ziel haben, die Schimmelpilze vollständig zu entfernen. Eine bloße Abtötung von Schimmelpilzen reicht nicht aus, da auch von abgetöteten Schimmelpilzen allergische und reizende Wirkungen ausgehen können (siehe Kapitel 3.3 Umweltmedizinisch relevante Schimmelpilze in der Innenraumluft).

Bei glatten Oberflächen (Metall, Keramik, Glas) kann eine Entfernung mit Wasser und normalem Haushaltsreiniger erfolgen.

Befallene poröse Materialien (Tapete, Gipskartonplatten, poröses Mauerwerk, poröse Deckenverschalungen) können nicht gereinigt werden. Leicht ausbaubare Baustoffe wie Gipskartonplatten oder leichte Trennwände sind auszubauen und zu entfernen. Schimmelpilze auf nicht ausbaubaren Baustoffen sind vollständig (d. h. auch in tiefer liegenden Schichten) zu entfernen.

Holzbläue tritt in der Regel während der (Roh-)Holzlagerung auf. Hierbei wachsen Pilze mit melaninem (schwarzem) Myzel auf dem feuchten Holz und auch in das Holz hinein. Durch die Verarbeitung von gebläutem Holz z. B. zu Brettern werden oberflächliche Pilzschäden entfernt. Die später noch sichtbaren Verfärbungen sind auf Pilzmyzelien zurückzuführen, die in den Holzfasern eingewachsen sind. Diese sterben unter trockenen Bedingungen ab und bleiben im Holz fixiert. In aller Regel führen daher Bläueschäden nicht zu einer zusätzlichen Schimmelpilzbelastung der Raumluft.

Befallene Möbelstücke mit geschlossener Oberfläche (Stühle, Schränke) sind oberflächlich feucht zu reinigen, zu trocknen und gegebenenfalls mit 80 %igem Alkohol zu desinfizieren (Brand- und Explosionsgefahr sowie persönlichen Atemschutz beachten).

Stark befallene Einrichtungsgegenstände mit Polsterung (Sessel, Sofa) sind nur selten mit vertretbarem Aufwand sinnvoll zu sanieren und sollten daher im Normalfall entsorgt werden. Befallene Haushaltstextilien (Teppiche, Vorhänge) sind meist ebenfalls nur mit großem Aufwand sachgerecht zu sanieren, sodass je nach Anschaffungskosten eine Entsorgung vorzuziehen ist.

Bei der Sanierung von Schimmelpilzbefall auf Materialien können sehr hohe Konzentrationen an Sporen freigesetzt werden. Eine Sanierung sollte daher nur unter geeigneten Sicherheits- und Arbeitsschutzbedingungen von fachlich qualifizierten Personen durchgeführt werden. Des Weiteren ist zu beachten, dass z. B. für Allergiker oder Vorgeschädigte mit chronischen Erkrankungen der Atemwege sowie für Personen mit geschwächtem Immunsystem ein gesundheitliches Risiko nicht ausgeschlossen werden kann, so dass dieser Personenkreis keine Sanierungsarbeiten durchführen sollte.

Der Sanierungsaufwand muss dem Ausmaß des Schadens und der Art der Raumnutzung angepasst werden. Dabei spielen u. a. folgende Gesichtspunkte eine Rolle:

- *Größe der befallenen Fläche*
- *Stärke des Befalls (einzelne Flecken oder dicker Schimmelbelag)*
- *Tiefe des Befalls (oberflächlich oder auch in tieferen Schichten)*
- *vorkommende Schimmelpilzarten (Allergierisiko, Infektionsrisiko, Toxine)*
- *Art der befallenen Materialien (auf ausbaubaren Materialien oder im Mauerwerk)*
- *Art der Nutzung (Lagerraum, Wohnraum, Kindergarten, Krankenhaus)*

Mit Hilfe dieser Kriterien ist mit Sachverstand eine Gesamteinschätzung vorzunehmen. Anschließend sind die sich daraus ableitenden Schutzmaßnahmen bei der Sanierung zu formulieren.

Sanierungsarbeiten kleineren Umfangs (z. B. nur oberflächlicher Befall, befallene Flächen ca. < 0,2–0,4 m², keine Bauwerksmängel), bei denen kein Risiko für gesunde Personen zu erwarten ist, können im Allgemeinen ohne Beteiligung von Fachpersonal durchgeführt werden, wobei die Inanspruchnahme einer vorherigen fachlichen Beratung zu empfehlen ist.

Beispielhaft ist dabei folgende Vorgehensweise anwendbar: Befallene Tapeten bzw. Silikonfugen können entfernt, oberflächlich befallene, abgetrocknete Stellen mit einem Staubsauger mit Feinstaubfilter (HEPA-Filter) abgesaugt sowie mit 80 %igem Alkohol unter Beachtung der Brand- und Explosionsgefahr (nur kleine Mengen verwenden, gut lüften, nicht rauchen, kein offenes Feuer) sowie der Anforderungen des Arbeitsschutzes (Schutzhandschuhe, Mundschutz, Schutzbrille) behandelt werden. Nach der Sanierung ist eine Entfernung von Feinstaubpartikeln (Feinreinigung) in der Umgebung der sanierten Stellen vor-

zunehmen. Die bei der Sanierung anfallenden, mit Schimmelpilzen belasteten Abfälle können in Plastikbeuteln verpackt mit dem Hausmüll entsorgt werden.

Schutzmaßnahmen bei Sanierungsmaßnahmen kleineren Umfangs:

- *Schimmelpilze nicht mit bloßen Händen berühren – Schutzhandschuhe tragen*
- *Schimmelpilzsporen nicht einatmen – Mundschutz tragen*
- *Schimmelpilzsporen nicht in die Augen gelangen lassen – spezielle Staub-Schutzbrille tragen*
- *Nach den Sanierungsmaßnahmen duschen und Kleidung waschen*
- *Lebensmittel und andere Gegenstände wie Kinderspielzeug und Kleidung sind vor der Sanierung aus dem Raum zu entfernen.*

Umfangreichere Sanierungsarbeiten sollten von gewerblichen Firmen durchgeführt werden. Hierzu sind Firmen zu beauftragen, die mit solchen Sanierungsarbeiten, den hierbei auftretenden Gefahren, den erforderlichen Schutzmaßnahmen und den zu beachtenden Vorschriften und Empfehlungen vertraut sind.

Wichtige Arbeitsschutzmaßnahmen bei Sanierungsmaßnahmen durch gewerbliche Firmen

Tätigkeiten, bei denen die Arbeitnehmer gegenüber Schimmelpilzen und Actinomyceten exponiert sind, sind als nicht gezielte Tätigkeiten mit biologischen Arbeitsstoffen der Risikogruppe 1 und 2 gemäß Biostoffverordnung einzustufen. Außerdem liegt eine Gefährdung durch sensibilisierende Gefahrstoffe vor, da schimmelpilz- und actinomycetenhaltiger Staub als sensibilisierender Gefahrstoff eingestuft ist.

Folgende wichtige Arbeitsschutzvorschriften und andere Regelungen sind zu beachten:

- *Biostoffverordnung (39)*
- *TRBA 400 (Handlungsanleitung zur Gefährdungsbeurteilung bei Tätigkeiten mit biologischen Arbeitsstoffen) (10)*
- *TRBA (Technische Regel Biologische Arbeitsstoffe) 460 (Einstufung von Pilzen in Risikogruppen) (11)*
- *TRBA 461 (Einstufung von Bakterien in Risikogruppen) (12)*
- *TRBA 500 (Allgemeine Hygienemaßnahmen: Mindestanforderungen) (13)*
- *TRGS 524 (Sanierung und Arbeiten in kontaminierten Bereichen) (14)*
- *TRGS (Technische Regel Gefahrstoffe) 540 (Sensibilisierende Stoffe) (15)*
- *TRGS 907 (Verzeichnis sensibilisierender Stoffe) (16)*
- *Merkblatt der BGW und des GUV Allergiegefahr durch Latexhandschuhe (18)*

Wichtig ist dabei, dass nicht nur die Sanierer, sondern auch die Bewohner bei der Beseitigung des Schimmelpilzbefalls durch geeignete Schutzmaßnahmen vor Schimmelpilzexposition geschützt werden müssen. Dabei muss auch der Gesundheitszustand der Nutzer (Gesunde, Allergiker, Immunsupprimierte) berücksichtigt werden.

Außerdem muss verhindert werden, dass sich Schimmelpilze durch die Sanierungsmaßnahmen in andere Bereiche der Räume oder Gebäude ausbreiten und dort eventuell zu neuen Problemen führen. Auf jeden Fall sind Lebensmittel und andere Gegenstände wie Kinderspielzeug und Kleidung vor der Sanierung aus dem Raum zu entfernen.

Bei größeren Schimmelpilzschäden sollten daher die befallenen Bereiche staubdicht abgeschottet werden oder andere Maßnahmen ergriffen werden, um die Ausbreitung von Schimmelpilzsporen zu minimieren. Nach der Sanierung ist eine Entfernung von Feinstaubpartikeln (Feinreinigung) in der Umgebung der sanierten Stellen vorzunehmen. Nach Abschluss der Sanierung sollte eine ‚Sanierungsfreimessung', durch die der Erfolg der Sanierung belegt wird, vorgenommen werden.

Schutzmaßnahmen bei Sanierungsmaßnahmen durch gewerbliche Firmen:

- *Schimmelpilze dürfen bei der Sanierung nicht weiterverbreitet werden.*
- *Der Schutz des Personals und der Raumnutzer vor Schimmelpilzexposition muss durch geeignete Maßnahmen (z. B. Arbeitsschutzmaßnahmen, staubdichte Abschottung) sichergestellt werden.*
- *Der Wiederaufbau von sanierten Flächen sollte so erfolgen, dass einem erneuten Schimmelpilzbefall vorgebeugt wird. Tapeten sollten erst nach vollständigem Abtrocknen angebracht werden.“*

8.2.11.3 Behandlung von Inventar

Der Umgang mit Mobiliar, Textilien und Lederwaren, die mit Schimmelpilz befallen sind, richtet sich nach der Intensität des Befalls und orientiert sich an dem Zeitwert der Artikel (siehe Tabelle 8.3).

Tabelle 8.3: Zu ergreifende Maßnahmen bei Schimmelpilzbefall auf Inventar (Quelle: Hankammer/Lorenz, 2007, S. 359)

Inventar	Maßnahmen
raue Holzoberflächen	Abschleifen und Dekontamination mit Reinigungsmitteln
Lack-, Glas- und Keramikoberflächen	Dekontamination mit Reinigungsmitteln
Textilien	Waschen/chemische Reinigung
Polstermöbel/Matratzen	Entfernen der Polsterung
elektronische Geräte	Innenreinigung durch Spezialbetrieb
Lederwaren	Dekontamination mit Reinigungsmitteln/ thermische Behandlung

8.2.11.4 Behandlung von Baustoffen

Der Umgang mit Baustoffen und Bauprodukten, die mit Schimmelpilz befallen sind, richtet sich nach der jeweiligen Intensität des Befalls (siehe Tabelle 8.4).

Tabelle 8.4: Zu ergreifende Maßnahmen bei Schimmelpilzbefall auf Baustoffen und Bauprodukten (Quelle: Hankammer/Lorenz, 2007, S. 359)

Bauteile	**Maßnahmen**
raue Holzoberflächen	Abschleifen und Dekontamination mit Reinigungsmitteln
Lack-, Glas- und Keramikoberflächen	Dekontamination mit Reinigungsmitteln
Teppiche	chemische Reinigung
Gipskartonplatten	Entfernung bis zu 30 cm jenseits des Chromatografierands (Wasserrand)
Mauerwerk	Abflämmen
Putz	Entfernen
Tapeten	Entfernen

Kleinere befallene Flächen

Kleinere befallene Flächen (< 0,2 bis 0,4 m^2) können nach Abtrocknung unter Beachtung des persönlichen Schutzes mit einem Staubsauger abgesaugt werden. Wichtig ist die Ausrüstung des Saugers mit einem Feinstaubfilter (HEPA-Filter), damit die aufgenommenen Sporen nicht wieder aus dem Staubbeutel entweichen können. Moderne Geräte lassen sich mit entsprechendem Filter ausrüsten:

- HEPA (High Efficiency particulate Air): Filterleistung 99,997 %, geeignet für eine Partikelgröße ab > 0,3 µm, d. h. 99,997 % aller Partikel ab einer Größe von 0,3 µm werden in HEPA-Staubsaugerfiltern zurückgehalten
- ULPA (Ultra low particulate Air): Filterleistung 99,98 %, geeignet für eine Partikelgröße: ab > 0,06 µm, d. h. 99,98 % aller Partikel ab einer Größe von 0,06 µm werden in ULPA-Staubsaugerfeinstfiltern zurückgehalten

Abb. 8.51: Schimmelpilzbefall auf der Rückseite einer Raufasertapete

Zur Erinnerung:

- Schimmelpilzsporen haben eine Partikelgröße von 2,0 bis 100,0 µm
- Bakterien haben eine Partikelgröße von 0,8 bis 80,0 µm
- Pollen haben eine Partikelgröße von 5,0 bis 85,0 µm
- Asbeststaub hat eine Partikelgröße von 5,0 bis 8,0 µm
- lungengängig sind Partikelgrößen < 5,0 µm
- alveolengängig sind Partikelgrößen < 2,0 bis 3,0 µm

Tapeten

Schimmelpilze lassen sich in der Regel nicht von Tapeten entfernen. Tapeten sind daher grundsätzlich abzulösen und zu entsorgen (siehe Abb. 8.51).

Gipskartonplatten

Da sich die Papieroberfläche von Gipskartonplatten ähnlich wie Tapetenmaterial verhält, ist eine Dekontamination in der Regel nicht erfolgreich.

Abb. 8.52: Innenseitig befallene Gipskartonständerwände

Abb. 8.53: Bereitstellung der nach Abbau getrennt zu entsorgenden Baumaterialien für die Verpackung

Abb. 8.54: Herausgetrennte Gipskartonplatten einer Ständerwand

Abb. 8.55: Türbereich des Raumes aus Abb. 8.54

Abb. 8.56: Nahansicht der herausgetrennten Gipskartonplatten der Ständerwand aus Abb. 8.54 und 8.55

Abb. 8.57: Luftdicht zum Abtransport bereitgestellte Abbruchmaterialien

Abb. 8.58: Wohnung aus den 1950er-Jahren, bei der nach einem Wasserschaden, der nicht sofort technisch getrocknet worden war, ein starker Schimmelpilzbefall unterhalb des Estrichs in der Trittschalldämmschicht eingetreten war. Der Estrich wurde komplett ausgebaut. Der ebenfalls befallene angrenzende Wandputz wurde umlaufend bis zu einer Höhe von 30 cm entfernt.

Abb. 8.59: Anderer Raum der Wohnung aus Abb. 8.58

Die Gipskartonplatten sind daher etwa 50 cm über den Chromatografierand (Zone des sichtbaren Befalls) hinaus auszubauen und zu entsorgen (siehe Abb. 8.52 bis 8.56).

Bei der Vorbereitung der Entsorgung des mit Schimmelpilzen befallenen Materials ist zu beachten, dass das primär mit Schimmelpilzen befallene und das sekundär verunreinigte Material im Schwarz-Bereich luftdicht verpackt werden (siehe Abb. 8.57) und dass sich die Transportbehältnisse in der Materialschleuse so gründlich absaugen und reinigen lassen, dass es bei dem anschließenden Transport durch die Weiß-Bereiche nicht zu einer unbeabsichtigten Verschleppung von Sporen und Partikeln der Schimmelpilze kommen kann. Sofern die Möglichkeit besteht, werden die verpackten Abbruchmaterialien z. B. über Fenster direkt ins Freie entsorgt.

Putz

Dort, wo aufgrund anhaltender Feuchteeinwirkung bereits eine Zerstörung des Putzgefüges eingetreten ist (Aufweichung, Verseifung), bleibt nur eine partielle Putzentfernung und eine anschließende Wiederherstellung (siehe Abb. 8.58 und 8.59). Dabei sollte diffusionsoffenen Systemen der Vorzug gegeben werden (z. B. Kalkputz mit Silikatfarbbeschichtung). Aber auch in Bereichen, die nicht sichtbar befallen sind, können eingekapselte Sporen in Depots eingelagert sein, die unmittelbar bei Konfrontation mit frei verfügbarem Wasser zum Wachstum angeregt werden. Da die Untersuchung von Putzproben auf Schimmelpilzbefall in der Regel sehr aufwendig und kostspielig ist, bietet sich unter vernünftigen Gesichtspunkten oft eher eine Putzentfernung und anschließende Erneuerung an.

Mauerwerk und Beton

Dort, wo nicht aufgrund von Brandgefahr größere Schäden drohen, kann eine Behandlung z. B. von Putz- oder Mauerwerksflächen mit offener Flamme erfolgen. Dabei werden die vegetativen Systeme der Schimmelpilze in der Regel restlos zerstört. Alle nicht brennbaren Materialien sollten dabei mit einem Brenner oder mit einem Heißluftföhn stark erhitzt werden. Die Letaltemperatur, bei der die Sporen innerhalb weniger Minuten zuverlässig absterben, beträgt für die meisten Schimmelpilzarten etwa 60 bis 80 °C.

Estrichdämmung

Bei Estrichwasserschäden kommt es hinsichtlich der Gefahr eines Schimmelpilzbefalls darauf an, ob Trinkwasser, Wasser aus dem Baugrund oder Schmutzwasser unter die Estrichdämmschicht gelangt ist (siehe Abb. 8.60 bis 8.63). Ferner ist wichtig zu klären, ob das in den Estrich eingedrungene Wasser auf Verunreinigungen aus der Bauphase trifft, die keimfähige Sporen und/oder für Schimmelpilze verwertbare Nährstoffe enthalten können. Auch das eingedrungene Wasser kann beides enthalten. Bei Schmutzwasserschäden bietet sich wegen der damit verbundenen Belastung des Fußbodenaufbaus mit Fäkalkeimen (coliforme Bakterien) häufig der Ausbau des Estrichs an. Ist eine Fußbodenheizung vorhanden, kommt regelmäßig nur der raumweise Austausch des Estrichs in Betracht, da die Heizschlangen möglichst durchgängig und ohne eine Vielzahl von Verbindungsstücken verlegt werden sollten.

Grundsätzlich lässt sich ein Primärbefall innerhalb der Estrichdämmung durch Abbruch des gesamten Fußbodenaufbaus beseitigen (Dekontamination), durch luftdichten Verschluss des Bodenbelags einschließlich Abtrennen der Estrichrandfugen von der Raumluft (Abschottung) oder durch Abtöten durch den flächendeckenden Kontakt mit einem geeigneten Wirkstoff (Desinfektion). Nur die Dekontamination führt zur rückstandsfreien Beseitigung der Schimmelpilze und Bakterien (siehe Abb. 8.64 und 8.65). Welches der 3 grundsätzlichen Verfahren gewählt wird, ob eine Abschottung, eine Desinfektion oder eine Dekontamination erforderlich wird, hängt von den jeweiligen Umständen des Einzelfalls ab. Da eine Entfernung der mit Schimmelpilzen oder Bakterien befallenen Estrichdämmung gleichzeitig auch die Entfernung des Estrichs und der darauf befindlichen Bodenbeläge erfordert, entstehen erhebliche Kosten.

Sofern das Sanierungsziel in einer Mietrechtsangelegenheit darauf beschränkt ist, eine gesundheitlich unbedenkliche Atemluft ohne Geruchserscheinungen zu schaffen, kann die Lösung in einer Abschottung der Estrichdämmschicht liegen. In diesem Fall sind insbesondere die Estrichrandfugen so abzudichten, dass weder Partikel noch gasförmige Stoffwechselprodukte aus der Estrichdämmschicht in die Raumluft gelangen können. Auch der übrige Fußbodenaufbau muss dann entsprechend dicht sein. Dies ist der Fall, wenn z. B. ein Bodenfliesenbelag vorhanden ist.

Sofern das Sanierungsziel bei einem Leitungswasserschaden in der Herstellung des Zustands vor Schadenseintritt besteht, kommt es darauf an, welche Informationen über diesen ehemaligen Zustand existieren. Wenn

Abb. 8.60: Flüssigwasserfilm auf der Schweißbahnabdichtung unterhalb der Estrichdämmschicht in einer Restaurantküche

Abb. 8.61: Stehendes Wasser auf der Schweißbahnabdichtung unterhalb der Estrichdämmschicht der Restaurantküche (siehe Abb. 8.60)

Abb. 8.62: Undichter Anschluss der Verbundabdichtung (Abdichtung im Verbund, AIV) an den Rinnenablauf in der Restaurantküche als Ursache des Wasserschadens (siehe Abb. 8.60 und 8.61)

Abb. 8.63: Nahansicht des undichten Anschlusses der Verbundabdichtung an den Rinnenablauf der Restaurantküche aus Abb. 8.62

Abb. 8.64: Abbruch des Estrichs nach einem Durchfeuchtungsschaden mit Schimmelpilzbefall in der Estrichdämmung

Abb. 8.65: Abbruch der Estrichdämmung nach einem Durchfeuchtungsschaden

die Materialproben in der unmittelbaren Nähe des Schadenseintritts der Leitungsleckage durchgängig hohe Konzentrationen an Schimmelpilzen und Bakterien aufweisen, während bei den Materialproben der weiter entfernten Stellen des Fußbodenaufbaus durchgängig geringere Konzentrationen vorliegen, kann unterstellt werden, dass auch im Bereich der Quelle des Schadenseintritts ursprünglich eine geringere Konzentration vorlag.

Sofern vor der Abnahme eines Gebäudes oder einer Wohnung während der Erfüllungsphase ein Schimmelpilzbefall eingetreten ist, liegt das Sanierungsziel in der Abnahmereife der werkvertraglich geschuldeten Leistung. Die Abnahmereife ist nicht gegeben, wenn ein Schimmelpilzbefall vorliegt, der über das Maß einer normalen Hintergrundbelastung hinausgeht. Entsprechend den anerkannten Regeln der Technik sind Gebäude und Bauteile als Nebenleistung grundsätzlich vor Niederschlagswasser zu schützen und Verunreinigungen unterhalb der zu verlegenden Estrichdämmung zu beseitigen. Das ergibt sich aus der VOB/C ATV DIN 18353 in Verbindung mit der DIN 18560.

Einschlägige Vertragsnorm für die Ausführung von Estricharbeiten ist die ATV DIN 18353. Darin sind Hinweise auf Prüfungen enthalten, die der Auftragnehmer durchzuführen hat und deren Ergebnisse ggf. dazu führen müssen, dass der Auftragnehmer Bedenken geltend machen muss:

ATV DIN 18353 (2015), S. 459:

„3 Ausführung

Ergänzend zur ATV DIN 18299, Abschnitt 3, gilt:

3.1 Allgemeines

[…]

3.1.1 Als Bedenken nach § 4 Abs. 3 VOB/B können insbesondere in Betracht kommen:

[…]

- *ungenügende Beschaffenheit des Untergrundes,*
- […]
- *fehlende Abdichtung gegen Bodenfeuchte bei erdberührten Bauteilen,*
- […]
- *ungeeignete Bedingungen (siehe Abschnitt 3.1.2),*
- […]

3.1.2 Bei ungeeigneten Bedingungen, die sich aus der Witterung oder dem Raumklima ergeben, z. B. bei Temperaturen unter +5 °C, Zugluft, sind in Abstimmung mit dem Auftraggeber besondere Maßnahmen zu ergreifen. Sollten hierfür Leistungen erforderlich werden, sind dies Besondere Leistungen (siehe Abschnitt 4.2.2).“

Entsprechend den anerkannten Regeln der Technik, namentlich den Vertragsnormen ATV DIN 18299 und ATV DIN 18353, kann unterstellt werden, dass der Auftragnehmer als Nebenleistung für den Schutz der Leistung vor Niederschlagswasser und für dessen Beseitigung sorgen muss und dass der Untergrund vor Durchführung der Estricharbeiten auf eine übliche Weise gereinigt wird. Die Verpflichtung zur vorherigen Reinigung des Untergrunds bei der Herstellung des schwimmenden Estrichs ergibt sich aus der ATV DIN 18299:

ATV DIN 18299 (2012), S. 163–164:

„4 Nebenleistungen, Besondere Leistungen

4.1 Nebenleistungen

Nebenleistungen sind Leistungen, die auch ohne Erwähnung im Vertrag zur vertraglichen Leistung gehören (§ 2 Absatz 1 VOB/B).

Nebenleistungen sind demnach insbesondere:

[…]

4.1.10 Sichern der Arbeiten gegen Niederschlagswasser, mit dem normalerweise gerechnet werden muss, und seine etwa erforderliche Beseitigung.“

Die ATV DIN 18353 verweist auf die DIN 18560 und besagt, dass ergänzend zur ATV DIN 18299 gilt, dass Calciumsulfat-, Kunstharz-, Magnesia- und Zementestriche nach den Normen der DIN 18560 herzustellen sind.

Nach der einschlägigen Ausführungsnorm DIN 18560-2 muss die Dämmschicht durch geeignete Maßnahmen vor Feuchte geschützt werden. Solche Maßnahmen sind vom Planer bei der Bauwerksplanung festzulegen.

Der Untergrund ist vor Ausführung der Estricharbeiten zu reinigen:

ATV DIN 18353 (2015), S. 461–462:

„4 Nebenleistungen, Besondere Leistungen

4.1 Nebenleistungen sind ergänzend zur ATV DIN 18299, Abschnitt 4.1, insbesondere:

4.1.1 Reinigen des Untergrundes, ausgenommen Leistungen nach den Abschnitten 4.2.4 und 4.2.5. […]

4.2 Besondere Leistungen sind ergänzend zur ATV DIN 18299, Abschnitt 4.2, z. B.: […]

4.2.4 Reinigen des Untergrundes von grober Verschmutzung, z. B.: Gipsreste, Mörtelreste, Farbreste, Öl, soweit diese nicht durch den Auftraggeber verursacht wurde.

4.2.5 Besonderes Reinigen des Untergrundes mittels Staubsauger, Hochdruckreiniger und dergleichen.“

Danach ist die herkömmliche Reinigung des Untergrunds als Nebenleistung durch das Gewerk Estricharbeiten auszuführen. Ausgenommen sind davon lediglich die oben aufgezählten hartnäckigen Verunreinigungen. Ausgenommen sind ferner Reinigungen mittels Staubsauger oder Hochdruckreiniger.

Die DIN 18560-2 wiederum setzt einen trockenen Untergrund für die Verlegung des schwimmenden Estrichs voraus. Nach dieser Regel sind Abdichtungen durch den Bauwerksplaner festzulegen und vor Einbau des Estrichs herzustellen:

DIN 18560-2 (2009), S. 13:

„4 Bauliche Anforderungen

4.1 Tragender Untergrund

Der tragende Untergrund muss zur Aufnahme des schwimmenden Estrichs ausreichend trocken sein und eine ebene Oberfläche haben. […]

Abdichtungen gegen Bodenfeuchte und nicht drückendes Wasser sind vom Bauwerksplaner festzulegen und vor Einbau des Estrichs herzustellen (siehe DIN 18195-4 und DIN 18195-5).“

Entsprechend DIN 18560-2 muss die Estrichdämmschicht sowohl von oben durch eine Abdeckung vor Feuchte geschützt werden als auch von der Unterseite. Entsprechende Maßnahmen zum Feuchteschutz der Estrichdämmung sind auch nach dieser Regel durch den Planer festzulegen:

DIN 18560-2 (2009), S. 14:

„5 Ausführung

5.1 Dämmschicht

[…]

5.1.2 Abdecken

Vor dem Aufbringen des Estrichs muss die Dämmschicht mit einer Polyethylenfolie von mindestens 0,15 mm Dicke oder mit einem anderen Erzeugnis vergleichbarer Eigenschaften abgedeckt werden. Die einzelnen Bahnen müssen sich an Stößen auf mindestens 80 mm überdecken.

Zur Abdeckung sind auch andere Stoffe oder Maßnahmen zulässig, wenn eine den oben genannten Stoffen gleichwertige Funktion des Abdeckens nachgewiesen wird. […]

Die Abdeckung ist an den Rändern bis zur Oberkante des Randstreifens nach 5.2 hochzuführen, sofern der Randstreifen nicht selbst die Funktion der Abdeckung erfüllt.

Bei Fließestrichen und Kunstharzestrichen ist die Abdeckung der Dämmschicht z. B. durch Verkleben oder Verschweißen so auszubilden, dass sie bis zum Erstarren des Estrichs flüssigkeitsdicht ist.

Abdeckungen können nicht als geeignete Maßnahmen zum dauerhaften Schutz der Dämmschicht gegen Feuchte angesehen werden.

5.1.3 Schutzmaßnahmen

Die Dämmschicht ist, falls erforderlich, durch geeignete Maßnahmen vor Feuchte zu schützen. Solche Maßnahmen sind vom Planer bei der Bauwerksplanung festzulegen.“

Demzufolge ist bei ordnungsgemäßer Ausführung der Estricharbeiten grundsätzlich davon auszugehen, dass der Untergrund trocken und gereinigt ist, wenn die Dämmstoffplatten verlegt werden. Die Wachstumsbedingungen für Schimmelpilze sind unter diesen Umständen nur gering ausgeprägt gegeben, da die Hauptvoraussetzungen Feuchte und Nährstoffangebot nur sehr eingeschränkt vorhanden sind.

Bei einem ordnungsgemäß hergestellten Gebäude, bei dem noch kein Wasserschaden eingetreten ist, kann daher davon ausgegangen werden, dass allenfalls Sekundärkontaminationen als Hintergrundbelastung vorliegen. Dieser Zustand unterscheidet sich von einer Situation, bei der in einem Altbau ein Wasserschaden eingetreten ist, der im Ergebnis zu einem Primärbefall durch Mikroorganismen geführt hat. Der Zustand vor Schadenseintritt kann bei einer ordnungsgemäß nach den anerkannten Regeln der Technik errichteten Neubaumaßnahme nicht darin bestanden haben, dass ein Schimmelpilzbefall innerhalb der Estrichdämmung über das Maß einer normalen Hintergrundbelastung hinaus vorgelegen hat.

Für Betriebe der Lebensmittelverarbeitung bestehen hohe Ansprüche an die Hygiene, die allgemein in der EG-Verordnung Nr. 852/2004 „Lebensmittelhygiene, Lebensmittelsicherheit – vom Erzeuger zum Verbraucher" (2004) und speziell für fleischverarbeitende Betriebe in der EG-Verordnung Nr. 853/2004 „Spezifische Hygienevorschriften für Lebensmittel tierischen Ursprungs" (2004) geregelt sind.

EG-Verordnung Nr. 852/2004 (2004):

„Kapitel I Allgemeine Bestimmungen

[…]

Artikel 2 Begriffsbestimmungen

Für den Zweck dieser Verordnung bezeichnet der Ausdruck (n) ‚Verarbeitung' eine wesentliche Veränderung des ursprünglichen Erzeugnisses, beispielsweise durch Erhitzen, Räuchern, Pökeln, Reifen, Trocknen, Marinieren, Extrahieren, Extrudieren oder durch eine Kombination dieser verschiedenen Verfahren;
[…]

Kapitel II Verpflichtungen der Lebensmittelunternehmer

[…]

Artikel 4 […] *Allgemeine spezifische Hygienevorschriften*

[…] *Lebensmittelunternehmer, die in Produktions-, Verarbeitungs- und Vertriebsstufen von Lebensmitteln tätig sind, die den Arbeitsgängen gemäß Absatz 1 nachgeordnet sind, haben die allgemeinen Hygienevorschriften gemäß Anhang II sowie etwaige spezielle Anforderungen der Verordnung (EG) Nr. / 2004* zu erfüllen.* […]

Anhang II Allgemeine Hygienevorschriften für alle Lebensmittelunternehmer (ausgenommen Unternehmen, für die Anhang I gilt).

[…]

Kapitel I Allgemeine Vorschriften für Betriebsstätten, in denen mit Lebensmitteln umgegangen wird (ausgenommen die Anlagen gemäß Kapitel III)

1. *Betriebsstätten, in denen mit Lebensmitteln umgegangen wird, müssen sauber und stets instand gehalten sein.*
2. *Betriebsstätten, in denen mit Lebensmitteln umgegangen wird, müssen so angelegt, konzipiert, gebaut, gelegen und bemessen sein, dass*
   a) *eine angemessene Instandhaltung, Reinigung und/oder Desinfektion möglich ist, aerogene Kontaminationen vermieden oder auf ein Mindestmaß beschränkt werden und ausreichende Arbeitsflächen vorhanden sind, die hygienisch einwandfreie Arbeitsgänge ermöglichen,*
   b) *die Ansammlung von Schmutz, der Kontakt mit toxischen Stoffen, das Eindringen von Fremdteilchen in Lebensmittel, die Bildung von Kondensflüssigkeit oder unerwünschte Schimmelbildung auf Oberflächen vermieden wird,*
   c) *gute Lebensmittelhygiene, einschließlich Schutz gegen Kontaminationen und insbesondere Schädlingsbekämpfung, gewährleistet ist [...].*

Kapitel II Besondere Vorschriften für Räume, in denen Lebensmittel zubereitet, behandelt oder verarbeitet werden (ausgenommen Essbereiche und die Betriebsstätten gemäß Kapitel III)

1. *Räume, in denen Lebensmittel zubereitet, behandelt oder verarbeitet werden (ausgenommen Essbereiche und die Betriebsstätten gemäß Kapitel III, jedoch einschließlich Räume in Transportmitteln), müssen so konzipiert und angelegt sein, dass eine gute Lebensmittelhygiene gewährleistet ist und Kontaminationen zwischen und während Arbeitsgängen vermieden werden. Sie müssen insbesondere folgende Anforderungen erfüllen:*
   a) *Die Bodenbeläge sind in einwandfreiem Zustand zu halten und müssen leicht zu reinigen und erforderlichenfalls zu desinfizieren sein. Sie müssen entsprechend wasserundurchlässig, Wasser abstoßend und abriebfest sein und aus nicht toxischem Material bestehen, es sei denn, die Lebensmittelunternehmer können gegenüber der zuständigen Behörde nachweisen, dass andere verwendete Materialien geeignet sind. Gegebenenfalls müssen die Böden ein angemessenes Abflusssystem aufweisen; [...]“*

Gastronomiebetriebe sind zur Einhaltung der o. g. EG-Verordnungen verpflichtet. Dies ergibt sich z. B. aus den Hinweismerkblättern der Industrie- und Handelskammern:

Merkblatt Gastronomie, 2015, S. 3:

„IV. Lebensmittelhygiene

Zentrale Rechtsgrundlagen zur Beachtung der lebensmittelhygienerechtlichen Anforderungen im gastgewerblichen Betrieb sind:

- *Lebensmittel-, Bedarfsgegenstände- und Futtermittelgesetzbuch (LFGB)*
- *Verordnung (EG) Nr. 852/2004 über Lebensmittelhygiene*

Abb. 8.66: Durch die Risse in dem Küchenbodenbelag kann Wasser eindringen.

Abb. 8.67: Hygienisch ungeeigneter Küchenbodenbelag

Abb. 8.68: In die Risse des Küchenbodenbelags (siehe Abb. 8.67) kann Wasser eindringen und es können sich unterhalb der Fliesen in den Rillen der Zahnspachtelspuren Mikroorganismen bilden.

- *Verordnung (EG) Nr. 853/2004 mit spezifischen Hygienevorschriften für Lebensmittel tierischen Ursprungs*
- *Lebensmittelhygiene-Verordnung (LMHV)*
- *Verordnung (EG) Nr. 1169/2011 – Lebensmittelinformationsverordnung (LMIV) (ist am 13.12.2014 in Kraft getreten)*
- *Infektionsschutzgesetz (IfSG)*"

Vor diesem Hintergrund sind z. B. Bodenbeläge mit Fugen oder auch Rissen, durch die Wasser eindringen könnte, ungeeignet für lebensmittelverarbeitende Betriebe (siehe Abb. 8.66 bis 8.68).

Abb. 8.69: Zwischendecke aus Schilfrohr mit erheblichem Schimmelpilzbefall nach einem Leitungswasserschaden

Abb. 8.70: Nahansicht der Zwischendecke aus Schilfrohr aus Abb. 8.69

Abb. 8.71: Beginnender Korrosionsprozess an dem Befestigungsdraht einer als Putzträger eingesetzten Schilfrohrmatte im Nachgang zu einem Leitungswasserschaden

Abb. 8.72: Nahansicht des Befestigungsdrahts aus Abb. 8.71

Schilfrohr

Ein Befall von Schilfrohrputzträgern oder Unterdecken aus Schilfrohr durch Mikroorganismen lässt sich in der Regel nur durch die Entfernung des befallenen Materials beseitigen (siehe Abb. 8.69 und 8.70)

Daneben besteht die Gefahr, dass bei den Befestigungsdrähten der Schilfrohrmatten durch das einwirkende Wasser ein Korrosionsprozess ausgelöst wird, der dann im Laufe der Zeit weiter voranschreitet (siehe Abb. 8.71 und 8.72). Das kann dazu führen, dass zu einem späteren Zeitpunkt, möglicherweise mit erheblicher Zeitverzögerung, eine Ablösung des darunter anhaftenden Deckenputzes eintritt.

Holzwerkstoffe

Poröse Stoffe, wie Holz und Holzwerkstoffe, mit einem erheblichen Primärbefall lassen sich in der Regel nur beseitigen (siehe Abb. 8.73 bis 8.78). In Einzelfällen lassen sich die Oberflächen von Hölzern abschleifen. Dabei ist

Abb. 8.73: Fußleisten aus mitteldichter Faserplatte (MDF) mit Schimmelpilzbefall

Abb. 8.74: Rauspundholzschalung der Deckenunterseite eines Flachdachs mit Schimmelpilzbefall nach einem Tauwasserausfall im Winter

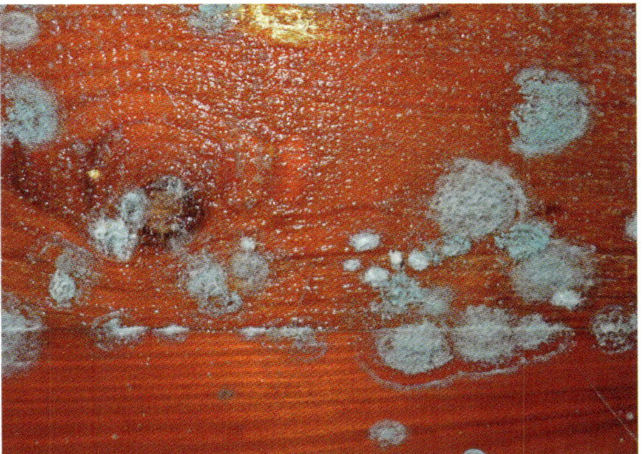

Abb. 8.75: Nahansicht des Schimmelpilzbefalls der Rauspundholzschalung aus Abb. 8.74

Abb. 8.76: Rauspundholzschalung der Deckenunterseite eines Flachdachs mit aktuellem Tauwasserausfall im Winter. Auffällig im Vergleich zu Abb. 8.74 und 8.75 ist, dass ein sichtbarer Schimmelpilzbefall (noch) nicht erkennbar ist, solange das Holz mit Flüssigwasser benetzt ist.

Abb. 8.77: Grobspanplatte (OSB-Platte) hinter dem Dünnbettkleber der Wandfliesen im Duschbereich. Eine Verbundabdichtung ist nicht vorhanden.

Abb. 8.78: Nahansicht der OSB-Platte aus Abb. 8.77

darauf zu achten, dass der statisch wirksame Querschnitt nicht unzulässig geschwächt wird.

8.2.12 Schritt 12: Technische Bauteiltrocknung

Die Möglichkeiten der technischen Trocknung sind ausführlich beschrieben im Werk „Bautrocknung im Neubau und Bestand" (Hankammer et al., 2013). Formen der Trocknung:

- indirekte Bauteiltrocknung durch Raumlufttrocknung:
  - Kondensationstrocknung
  - Adsorptionstrocknung
- direkte Bauteiltrocknung:
  - Hohlraumtrocknung (Druck- und Unterdruckverfahren)
  - Mikrowellentrocknung

8.2.12.1 Indirekte Bauteiltrocknung

Raumlufttrockner entziehen der Raumluft Feuchte. Die künstlich herabgeminderte relative Raumluftfeuchte ist bei konstanter Raumlufttemperatur wiederum in der Lage, weiteres Wasser aufzunehmen. Die Oberflächenverdunstung feuchter Bauteile wird beschleunigt. Dadurch nimmt auch gleichzeitig die Diffusionsgeschwindigkeit im Bauteil zu. Die Effizienz des Geräteeinsatzes wird durch nachströmende Außenluft über offene Fenster und Türen vermindert.

Kondensationstrockner

Kondensationstrockner werden im jeweiligen Raum mit durchfeuchteten Bauteilen positioniert. Über einen Ventilator wird die aus dem Raum abgesaugte Luft innerhalb des Geräts über ein Kühlelement geführt, dessen Temperatur etwa 10 °C unterhalb der Raumlufttemperatur liegt. Dabei findet an den Kühllamellen eine Kondensation statt, bei der das Kondensat nach unten in ein Auffangbehältnis abtropft. Geräte mit einem derartigen Auffangbehälter müssen regelmäßig entleert werden. Andere Gerätetypen verfügen über eine Kondensatpumpe, die das anfallende Wasser über einen Schlauch in das Freie leitet.

Adsorptionstrockner

Bei Adsorptionstrocknern wird die Raumluft im Gerät durch einen Ventilator über ein Trockenrad geführt, das ein Sorptionsmittel enthält. 1 g des Sorptionsmittels Silicagel besitzt z. B. eine Oberfläche von 500 m^2 und ist damit in der Lage, große Mengen Feuchte aus der Luft aufzunehmen und zu speichern. Die so getrocknete Luft wird in den Raum abgegeben. Damit die Feuchte wieder aus dem Sorptionsmittel entweichen kann, wird ein zweiter Luftstrom mit heißer Luft über das Trockenrad und von dort aus über Luftschläuche in das Freie geführt (siehe Abb. 8.79). Adsorptionstrockner sind effizienter als Kondensationstrockner.

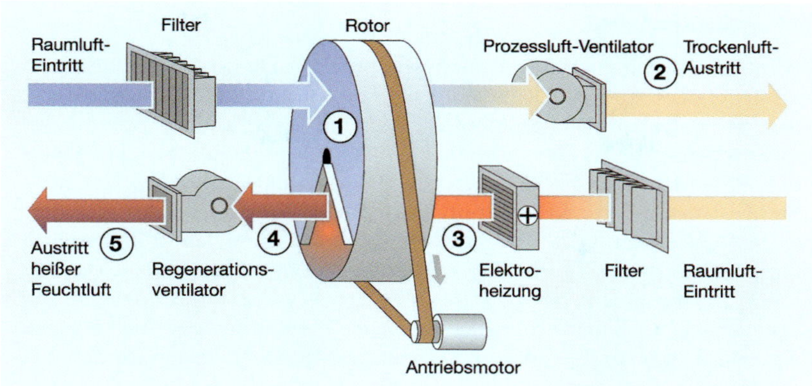

Abb. 8.79: Funktionsprinzip der Adsorptionstrocknung (Quelle: Trotec GmbH)

Abb. 8.80: Technische Estrichtrocknung im Druckverfahren

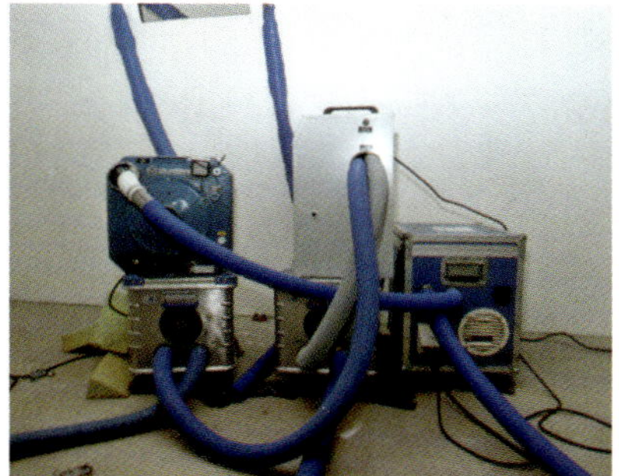

Abb. 8.81: Nahansicht des Geräts aus Abb. 8.80

8.2.12.2 Direkte Bauteiltrocknung

Hohlraumtrocknung

Bei Durchfeuchtungen in schwimmenden Estrichen erfolgt eine künstliche Durchspülung der Dämmschichten unterhalb der Estrichplatte mit Luft. Bei dem Druckverfahren (siehe Abb. 8.80 und 8.81) werden jeweils an einer Raumseite Einblaskernbohrungen in die Estrichplatte eingebracht. Diese Estrichöffnungen werden über ein Schlauchsystem mit einem elektrischen Zentralwarmluftgebläse verbunden, das beim Luftaustausch gleichzeitig eine Trocknung der Umluft bewirkt. Die Luft entweicht aus der Dämmschicht über die Estrichrandfuge.

Diese Art der Trocknung kann aber nur angewendet werden, wenn innerhalb der Dämmschicht kein mikrobieller Befall vorliegt, da ansonsten eine Verbreitung der über die Randfuge austretenden Partikel droht. In diesem Fall kann nur das Unterdruckverfahren angewendet werden, bei dem die Luft aus der Estrichdämmschicht abgesaugt wird und auf diese Weise über einen HEPA-Filter geführt werden kann. Charakteristisch für das Unterdruckverfahren ist das Zweischlauchsystem.

Mikrowellentrocknung

Bei intensiv durchfeuchteten Außenwandbereichen kommen in jüngster Zeit in verstärktem Maße Mikrowellengeräte zum Einsatz. Diese werden seitenbeweglich auf Lafetten montiert und sind so in der Lage, mithilfe des motorischen Antriebs eine permanente flächige Aufheizung von Wänden über abgesetzte Mikrowellen zu erzeugen. Durch die Wassermoleküle im durchfeuchteten Bauteilquerschnitt entsteht eine Kerntemperatur von 80 bis 100 °C. Aufgrund des Dampfdruckgefälles zwischen den Mikroporen innerhalb des Baustoffs und dem raumseitigen Klima entsteht eine extrem hohe Diffusionsgeschwindigkeit mit sehr kurzen Austrocknungszeiten. Zur Vermeidung gesundheitlicher Risiken dürfen die Räume innerhalb von Arbeitsabschnitten jeweils nur vom Bedienungspersonal betreten werden. Die rückwärtigen Flächen der behandelten Bauteile werden durch Aluminiumfolien und -bleche abgeschirmt.

8.2.13 Schritt 13: Desinfektion porenfreier Oberflächen

Wasserstoffperoxid und Alkohol

Zur Beseitigung eines Befalls auf desinfizierbaren Flächen (Glas, Metall, Keramik, Lackflächen) kann Wasserstoffperoxid (H_2O_2) in einer Konzentration von 5 bis 10 % eingesetzt werden. Dies führt in der Regel zu einer Zerstörung der Hyphen. In verschiedenen handelsüblichen Produkten für die Schimmelpilzbekämpfung ist Wasserstoffperoxid bereits in unterschiedlichen Konzentrationen enthalten. In hartnäckigen Fällen kann es sinnvoll sein, zunächst eine Vorbehandlung mit 70- bis 80 %igem Alkohol (C_2H_5OH, Ethanol, Ethylalkohol) oder 2-Propanol (C_3H_8O, früher: Isopropanol, Isopropylalkohol) durchzuführen und anschließend eine Behandlung mit Wasserstoffperoxid folgen zu lassen (Verfahren nach dem Baubiologen Lassl, Beigeordneter im Bundesverband Schimmelpilzsanierung e. V. [BSS]). Aufgrund der Explosionsgefahr ist selbst bei der Behandlung kleinerer Flächen mit Alkohol mit besonderer Sorgfalt vorzugehen. Das Arbeitsfeld sollte gut belüftet sein. Die spezifischen Arbeitsschutzmaßnahmen für den Umgang mit den jeweiligen Chemikalien müssen beachtet werden. Insbesondere dürfen beim Umgang mit explosiven und feuergefährlichen Desinfektionsmitteln nur Ex-geschützte Arbeitsgeräte eingesetzt werden. Die elektrische Anlage in der Sanierungszone muss dann, wenn kein Ex-Schutz gewährleistet werden kann, außer Betrieb genommen werden.

Natriumhypochlorit

Nur in Ausnahmefällen sollten Natriumhypochloritlösungen (NaOCl, Chlorbleichlauge) zur Schimmelpilzbekämpfung verwendet werden. Der Einsatz der Chlorbleichlauge setzt wegen der dabei entstehenden Freisetzung von Chlorgas ebenfalls eine gute Belüftung des Arbeitsumfelds voraus bzw. die Anwendung von umgebungsluftunabhängigem Atemschutz sowie einer Schutzbrille und von Neoprenhandschuhen als Spritzschutz. Die spezifischen Arbeitsschutzmaßnahmen für den Umgang mit Chlorbleichlauge müssen beachtet werden.

Abb. 8.82: Unakzeptable hygienische Zustände im Sanierungsbereich innerhalb eines Krankenhauses, nachdem der Schimmelpilzsanierer Abnahmebereitschaft angezeigt hatte: verschmutztes und vollgestelltes Spülbecken

Abb. 8.83: Stark verstaubtes Regal (siehe Abb. 8.82)

Abb. 8.84: Das stark verstaubte Regalbrett lässt vermuten, dass eine Oberflächendesinfektion ausgeblieben ist (siehe Abb. 8.83).

8.2.14 Schritte 14 und 17: Abnahme der Leistungen und Erfolgskontrolle

Im Nachgang zu einer Schimmelpilzsanierung kann eine Erfolgskontrolle durch Sachverständige durchgeführt werden, zunächst in der Form einer Sichtprüfung, dann anhand einer Direktmikroskopie, von Luftmessungen, von Staub- und Materialprobenuntersuchungen oder anhand von Abklatsch- oder Folienkontaktproben. Sofern bereits bei der Sichtkontrolle erkennbar wird, dass der Schimmelpilzbefall nicht beseitigt worden ist oder dass die mit der Sanierung verbundenen Reinigungsmaßnahmen unzureichend durchgeführt worden sind, kann die Erfolgskontrolle abgebrochen und erst dann fortgesetzt werden, wenn der Mangel behoben wurde (siehe Abb. 8.82 bis 8.84).

Oft bietet sich zur Erfolgskontrolle die Kombination mehrerer Verfahren an. Hilfreich ist es dabei in jedem Fall, wenn reproduzierbare Referenzwerte aus der Zeitphase des aktiven Befalls vorliegen, um überprüfen zu können, ob sich der Absolutgehalt an Sporen oder Partikeln durch die Sanierung relevant verändert hat.

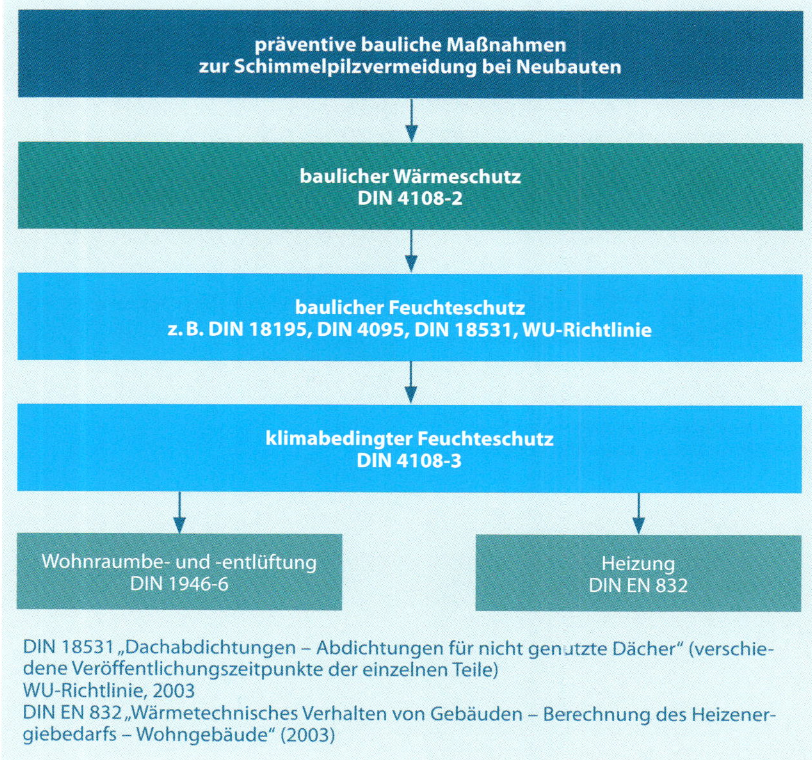

Abb. 8.85: Präventive bauliche Maßnahmen zur Schimmelpilzvermeidung bei Neubauten und ihre Regelung (Quelle: Hankammer, 2007b, S. 21)

Eine Sanierung wird niemals dazu führen, dass anschließend vollständige Schimmelpilzfreiheit innerhalb der Räumlichkeiten besteht; sie kann lediglich dazu dienen, den Zustand allgemein üblicher Hintergrundbelastungen, die in normalen Räumlichkeiten grundsätzlich vorherrschen, wiederzuerlangen. Unter diesem Aspekt wird auch aus einer auf Laboranalysen gestützten Erfolgskontrolle unter seriösen Mess- und Randbedingungen niemals eine sog. Nullmessung hervorgehen.

Da Verträge über Schimmelpilzsanierungsmaßnahmen als Werkverträge abgeschlossen werden, schuldet der Sanierungsbetrieb einen Erfolg, der in der Beseitigung eines erkannten Befalls liegt. Hinweise zur Abnahme von werkvertraglichen Leitungen finden sich in dem Fachbuch „Abnahme von Bauleistungen – Hochbau" (Hankammer, 2007a).

8.3 Maßnahmen zur Prävention

8.3.1 Regelung

Planer schulden bei der Errichtung von Neubauten als Werkerfolg das Entstehenlassen, Ausführende schulden die Herstellung eines mangelfreien Gebäudes (Baumann et al., 1997). Dabei kann einer Schimmelpilzbildung durch gewisse bauliche Maßnahmen vorgebeugt werden (siehe Abb. 8.85).

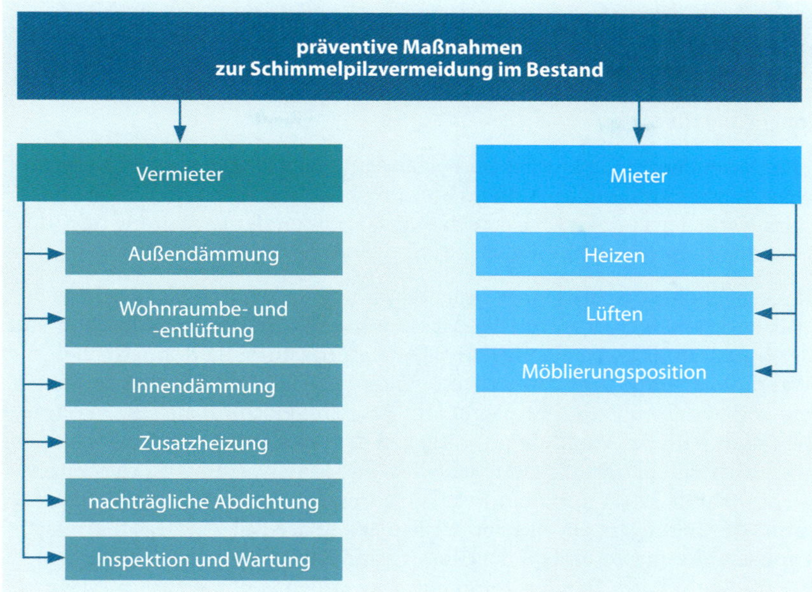

Abb. 8.86: Präventive bauliche Maßnahmen zur Schimmelpilzvermeidung im Bestand (Quelle: Hankammer, 2007b, S. 21)

8.3.2 Technische Möglichkeiten der Prävention bei Neubauten und im Bestand

Anders als bei der Errichtung von Neubauten sind die Möglichkeiten bei Wohnungen im Bestand eingeschränkt und oft nur mit Kompromissen durchführbar (siehe Abb. 8.86).

Außendämmung

Die Außendämmung bietet die Möglichkeit einer umhüllenden Dämmebene und ist daher in bauphysikalischer Hinsicht am vorteilhaftesten. Bei Neubauten gilt sie als Standardlösung. Beim Bauen im Bestand kommt sie überwiegend als Wärmedämm-Verbundsystem zum Einsatz.

Wohnraumbe- und -entlüftung

Bereits bei der Planung von Neubau- oder Umbaumaßnahmen kann präventiv für einen internen Feuchteschutz gesorgt werden, indem eine kontrollierte, bedarfsgerechte oder permanente Wohnraumlüftung vorgesehen wird. Abhängig von der relativen Raumluftfeuchte oder vom Kohlendioxidgehalt der Raumluft kann z. B. eine Steuerung bei Bedarf dafür sorgen, dass ein Luftaustausch lokal oder generell stattfindet. Die statistische Häufigkeit von Schimmelpilzvorkommen z. B. in Schlafräumen gibt einen Hinweis darauf, dass dort ein elektronisch regulierter Luftwechsel in der Regel eine situative Verbesserung bewirken würde.

Zur Vermeidung von temporär erhöhten relativen Raumluftfeuchten ist der Einbau von Einzelraumlüftern sinnvoll, ggf. auch als Ergänzung eventuell vorhandener Fenster. Wenn die Steuerung über Feuchtesensoren erfolgt, kann entsprechend der Ursache der erhöhten Raumluftfeuchte entlüftet werden.

Innendämmung

Eine Innendämmung kommt im Bestand oft erst als Notlösung in Betracht, wenn beispielsweise eine Außendämmung bei historischen Gebäuden mit stark gegliedertem Fassadenschmuck aus Gründen der Gestaltung oder des Denkmalschutzes nicht möglich ist.

Ein erheblicher Nachteil einer Innendämmung ist, dass sie den wärmekapazitiv wirksamen Querschnitt der Massivwand von der Warmtemperaturzone des Innenraums konsequent trennt. Der Temperaturverlauf innerhalb des Wandquerschnitts liegt dadurch auf einem niedrigen Niveau und der Taupunkt, bei dessen Erreichen Wasser im Bauteilquerschnitt ausfällt, verlagert sich innerhalb des Wandquerschnitts von der Außenseite zur Raumseite hin. Die außerhalb der Dämmstoffebene liegende Massivwand wird thermisch nicht mehr aktiviert und unterliegt im Jahreszeitenverlauf stärkeren Temperaturschwankungen, als dies vor der Sanierung der Fall war. Das thermische Längenänderungsbestreben der Massivwand wirkt sich unbeeinflusst von der im Raum herrschenden Temperatur im vollen Umfang aus und kann dadurch auch Risse auslösen. Temperaturschwankungen innerhalb des Raumes, wie sie z. B. beim Fensterlüften auftreten können, werden nicht ausgeglichen.

Eine herkömmliche Innendämmung erfordert darüber hinaus eine raumseitige Dampfsperre, damit die feuchteshaltige Raumluft die Wärmedämmebene nicht hinterwandern und dann an der kühleren Oberfläche der Massivwand zu einer erhöhten relativen Luftfeuchte oder zum Tauwasserausfall führen kann. Schwierig ist unter diesem Gesichtspunkt der Anschluss der Dampfsperre bei Holzbalkendecken, die als Hohlkörper unter der Dampfsperre hindurch (Fußpunkt) und über die Dampfsperre hinweg (Kopfpunkt) laufen. Darüber hinaus wird durch eine raumseitige Dampfsperrschicht der Feuchtehaushalt der Außenwand negativ beeinflusst, da ein Austrocknen der Wand zur Raumseite hin durch die Innendämmung herkömmlicher Art behindert wird. Als Wärmebrücken wirken sich bei der Innendämmung Massivdecken aus, da sie im Auflagerbereich der Außenwand die senkrechte Dämmebene unterbrechen.

Eine besondere Art der Innendämmung liegt in der Verarbeitung von Calciumsilikatplattenmaterial. Bei dieser Variante wird auf die raumseitige Dampfsperre verzichtet. Stattdessen wird die Platte wegen ihrer Offenporigkeit bei einem Porenvolumenanteil von über 90 % als Feuchtepuffer genutzt. Das setzt voraus, dass sich in der Wohnung Phasen hoher Feuchteproduktion intervallartig mit Zeiträumen abwechseln, in denen niedrige Werte der relativen Luftfeuchte vorliegen.

Zusatzheizung

Im Bestand können Zusatzheizungen lokal eingesetzt werden, um einzelne, benachteiligte Außenwandflächen mit Wärme zu versorgen, damit die kriti-

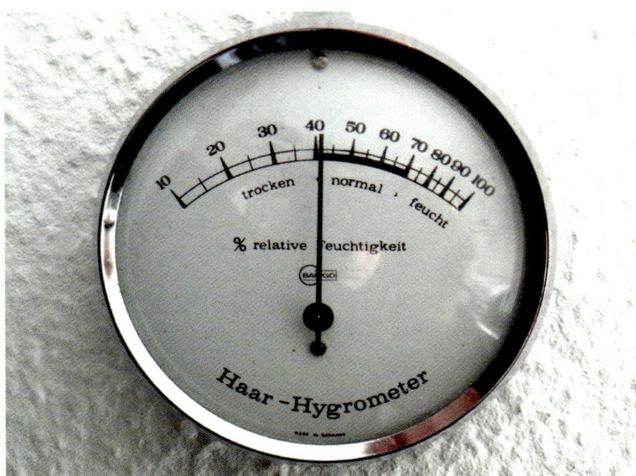

Abb. 8.87: Nicht zu empfehlen ist ein Haarhygrometer mit den Angaben trocken, normal und feucht.

sche Oberflächentemperatur von 12,6 °C unter normativen Klimabedingungen nicht unterschritten wird (DIN EN ISO 13788). Zum Einsatz kommen z. B. elektrische Flächenheizungen, Kleinheizgeräte oder Fußbodenkanalheizungen. Oft genügt es bereits, wenn die Vor- und Rücklaufleitungen der Heizung hinter dem Mobiliar an Außenwänden frei entlang der Fußleisten verlaufen und so zu einer lokalen Erwärmung der darüber befindlichen Wandoberfläche führen.

Geeignete Materialwahl

Nach einer erfolgten Schimmelbefallsanierung oder auch generell empfiehlt sich in tauwasserträchtigen Zonen der grundsätzliche Verzicht auf Raufasertapezierungen zugunsten von einfachen Silikatfarbanstrichen oder im Leibungsbereich von schlecht gedämmten Altbauten zugunsten von diffusionsdichten Farbbeschichtungsmaterialien.

Einsatz von Hygrometer und Thermometer

Da die menschlichen Sinne wärme-, licht- und geruchssensibel sind, Luftfeuchte jedoch nicht wahrnehmen können, empfiehlt sich in tauwasserträchtigen Bereichen insbesondere an den Außenwänden die Anbringung von Haarhygrometern kombiniert mit Thermometern. Auf diese Weise werden tauwasserträchtige Situationen nachvollziehbar. Im Zusammenhang mit der Tauwassertabelle ist eine individuelle Beurteilung der klimatischen Verhältnisse und der damit verbundenen Risiken problemlos möglich. Allerdings sollte darauf geachtet werden, dass das Hygrometer keine herstellerseitigen Angaben wie trocken, normal oder feucht enthält, da diese Angaben zu einem fehlgeleiteten Lüftungsverhalten führen können (siehe Abb. 8.87). Eine relative Luftfeuchte von z. B. 70 %, die nach Angabe einiger Gerätehersteller noch als normal bezeichnet wird, führt in Altbauten mit bauzeitbedingt geringer Wärmedämmung und insbesondere mit einer nutzerseitigen Außenwandmöblierung zu einem fatalen Ergebnis, wenn das Gerät z. B. an einer Innenwand angebracht wird. Die Position des Geräts sollte ohnehin an der

Außenwand sein, da die Beobachtung der relativen Luftfeuchte gerade dort wichtig ist.

Das Hygrometer muss regelmäßig nachjustiert werden. Dafür befindet sich an der Rückseite eine Stellschraube, mit der eine Justierung auf 99 % erfolgen muss, nachdem das Hygrometer für etwa 30 Minuten in ein feuchtes Handtuch eingewickelt war. Ansonsten führt auch jedes Optikerfachgeschäft derartige Justierungen durch.

Bei hygrothermisch bedingten Schäden entsteht Tauwasser oder eine erhöhte relative Luftfeuchte an Bauteiloberflächen. Es kann auch Tauwasser im Bauteilquerschnitt auftreten, weil das Gesamtverhältnis von Raumluftfeuchte, Raumlufttemperatur und Oberflächentemperatur einzelner Bauteile nicht im Einklang steht. Nach der DIN 4108-2 (2003) kann davon ausgegangen werden, dass Schimmelpilzfreiheit sichergestellt ist, wenn für die relative Luftfeuchte auf der raumseitigen Bauteiloberfläche ein Wert von weniger als 80 % sichergestellt wird. Dieser Wert stammt aus der DIN EN ISO 13788, ist aber noch nicht gleichzusetzen mit der relativen Luftfeuchte im Raum, da diese von der jeweiligen Lufttemperatur abhängt und die Lufttemperatur im Winter im Raum höher ist als unmittelbar vor der Außenwand.

Einsatz von Fungiziden

Fungizide werden z. B. bei Leim- und Dispersionsfarben werkseitig als Grundausrüstung beigemischt, um die Konservierbarkeit mit Wasser verdünnbarer Anstrichmittel im Gebinde sicherzustellen. Für einen erweiterten aktiven Schutz vor Schimmelbefall kann der Anteil an Fungiziden bei Bedarf durch zusätzliche Beimengung aufgerüstet werden. Der Schutz wird dadurch jedoch nicht dauerhaft gewährleistet. Insbesondere durch Staubablagerungen entsteht ein Oberflächenfilm, auf dem ein neuer Schimmelpilzbefall anwachsen kann. Im Vordergrund sollte daher bei einer Sanierung immer die Ursachenbeseitigung stehen. Erwähnenswert ist außerdem die oft hohe Toxizität der unterschiedlichen Fungizide, hinter der die Schädlichkeit eines Schimmelbefalls mitunter zurücksteht.

Es ist und war eine Reihe von Fungiziden in Anwendung, die sich beispielhaft in Haupt- und Nebengruppen klassifizieren lassen:

- Pentachlorphenol (PCP): in der Bundesrepublik Deutschland seit 1989 verboten
- metallorganische Fungizide:
  - Organozinnverbindungen: hoch toxisch
  - Organoquecksilberverbindungen: akut und chronisch toxisch
- Phthalimide (Dichlofluanid): gering toxisch, jedoch bei sensiblen Personen kritisch
- Benzimidazole: Carbendazim

Inspektion und Wartung

Um drohende Feuchteschäden abzuwenden, ist eine regelmäßige Inspektion und Wartung von Gebäuden erforderlich. Nur so lassen sich z. B. defekte oder verschmutzte Lüftungsanlagen oder abgerissene Dichtstofffugen an den Bade- und Duschwannenrändern erkennen und behandeln.

9 Rechtslage bei Schimmelpilzschäden

9.1 Recht der Schuldverhältnisse

Die Pflichten aus einem vertraglichen Schuldverhältnis sind in § 320 BGB geregelt:

BGB i. d. F. 2002:

„§ 320 Einrede des nicht erfüllten Vertrages

(1) Wer aus einem gegenseitigen Vertrage verpflichtet ist, kann die ihm obliegende Leistung bis zur Bewirkung der Gegenleistung verweigern, es sei denn, dass er vorzuleisten verpflichtet ist. Hat die Leistung an mehrere zu erfolgen, so kann dem einzelnen der ihm gebührende Teil bis zur Bewirkung der ganzen Gegenleistung verweigert werden. Die Vorschrift des § 273 Abs. 3 findet keine Anwendung.

(2) Ist von der einen Seite teilweise geleistet worden, so kann die Gegenleistung insoweit nicht verweigert werden, als die Verweigerung nach den Umständen, insbesondere wegen verhältnismäßiger Geringfügigkeit des rückständigen Teiles, gegen Treu und Glauben verstoßen würde.“

Schimmelpilzschäden in und an Gebäuden können innerhalb des BGB 3 verschiedene Bereiche der Schuldverhältnisse tangieren (siehe Abb. 9.1).

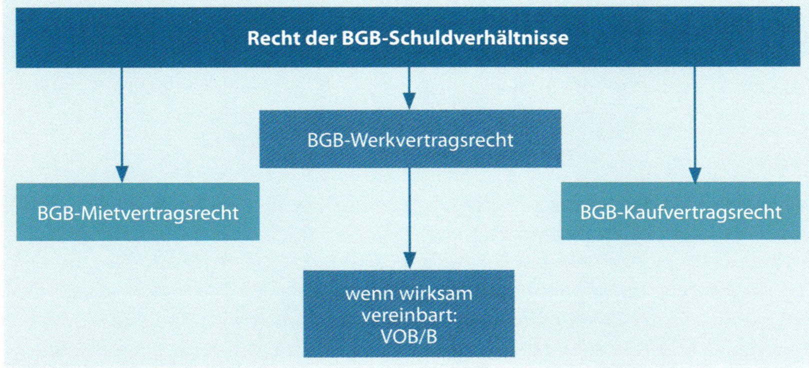

Abb. 9.1: Recht der BGB-Schuldverhältnisse

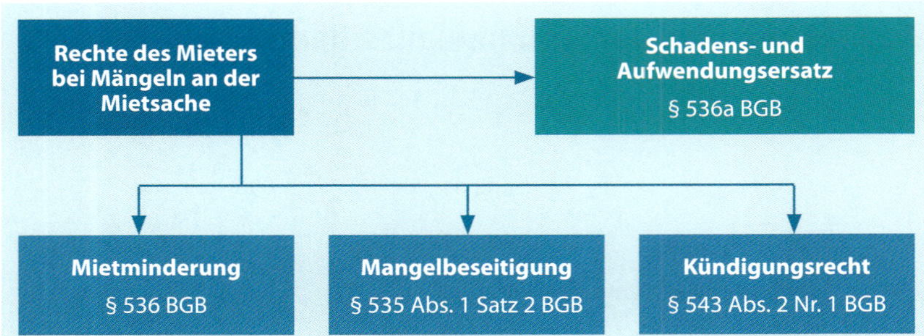

Abb. 9.2: Gebäudeschäden im Mietvertragsrecht

9.2 Schimmelpilzschäden im Mietrecht

9.2.1 BGB-Regelungen zum Mietvertrag

Das BGB enthält 4 wesentliche Regelungen, die im Zusammenhang mit Schimmelpilzschäden relevant sind (siehe Abb. 9.2).

Die wichtigsten Regelungen des Mietrechts sind in den nachfolgend zitierten Paragrafen geregelt. Die Hauptpflicht des Vermieters liegt in der Gewährung des vertragsgemäßen Gebrauchs und der Zustandserhaltung einer Mietsache, die Hauptpflicht des Mieters liegt in der Zahlung der Miete.

BGB i. d. F. 2002:

„§ 535 Inhalt und Hauptpflichten des Mietvertrags

(1) Durch den Mietvertrag wird der Vermieter verpflichtet, dem Mieter den Gebrauch der Mietsache während der Mietzeit zu gewähren. Der Vermieter hat die Mietsache dem Mieter in einem zum vertragsgemäßen Gebrauch geeigneten Zustand zu überlassen und sie während der Mietzeit in diesem Zustand zu erhalten. Er hat die auf der Mietsache ruhenden Lasten zu tragen.

(2) Der Mieter ist verpflichtet, dem Vermieter die vereinbarte Miete zu entrichten."

„§ 536 Mietminderung bei Sach- und Rechtsmängeln

(1) Hat die Mietsache zur Zeit der Überlassung an den Mieter einen Mangel, der ihre Tauglichkeit zum vertragsgemäßen Gebrauch aufhebt, oder entsteht während der Mietzeit ein solcher Mangel, so ist der Mieter für die Zeit, in der die Tauglichkeit aufgehoben ist, von der Entrichtung der Miete befreit. Für die Zeit, während der die Tauglichkeit gemindert ist, hat er nur eine angemessen herabgesetzte Miete zu entrichten. Eine unerhebliche Minderung der Tauglichkeit bleibt außer Betracht.

(2) Absatz 1 Satz 1 und 2 gilt auch, wenn eine zugesicherte Eigenschaft fehlt oder später wegfällt.

(3) Wird dem Mieter der vertragsgemäße Gebrauch der Mietsache durch das Recht eines Dritten ganz oder zum Teil entzogen, so gelten die Absätze 1 und 2 entsprechend.

(4) Bei einem Mietverhältnis über Wohnraum ist eine zum Nachteil des Mieters abweichende Vereinbarung unwirksam.

§ 536 a Schadens- und Aufwendungsersatzanspruch des Mieters wegen eines Mangels

(1) Ist ein Mangel im Sinne des § 536 bei Vertragsschluss vorhanden oder entsteht ein solcher Mangel später wegen eines Umstandes, den der Vermieter zu vertreten hat, oder kommt der Vermieter mit der Beseitigung eines Mangels in Verzug, so kann der Mieter unbeschadet der Rechte aus § 536 Schadensersatz verlangen.

(2) Der Mieter kann den Mangel selbst beseitigen und Ersatz der erforderlichen Aufwendungen verlangen, wenn

1. *der Vermieter mit der Beseitigung des Mangels in Verzug ist oder*
2. *die umgehende Beseitigung des Mangels zur Erhaltung oder Wiederherstellung des Bestands der Mietsache notwendig ist.*

§ 536 b Kenntnis des Mieters vom Mangel bei Vertragsschluss oder Abnahme

Kennt der Mieter bei Vertragsschluss den Mangel der Mietsache, so stehen ihm die Rechte aus den §§ 536 und 536 a nicht zu. Ist ihm der Mangel infolge grober Fahrlässigkeit unbekannt geblieben, so stehen ihm diese Rechte nur zu, wenn der Vermieter den Mangel arglistig verschwiegen hat. Nimmt der Mieter eine mangelhafte Sache an, obwohl er den Mangel kennt, so kann er die Rechte aus den §§ 536 und 536 a nur geltend machen, wenn er sich seine Rechte bei der Annahme vorbehält.“

„§ 543 Außerordentliche fristlose Kündigung aus wichtigem Grund

(1) Jede Vertragspartei kann das Mietverhältnis aus wichtigem Grund außerordentlich fristlos kündigen. Ein wichtiger Grund liegt vor, wenn dem Kündigenden unter Berücksichtigung aller Umstände des Einzelfalls, insbesondere eines Verschuldens der Vertragsparteien, und unter Abwägung der beiderseitigen Interessen die Fortsetzung des Mietverhältnisses bis zum Ablauf der Kündigungsfrist oder bis zur sonstigen Beendigung des Mietverhältnisses nicht zugemutet werden kann.

(2) Ein wichtiger Grund liegt insbesondere vor, wenn

1. *dem Mieter der vertragsgemäße Gebrauch der Mietsache ganz oder zum Teil nicht rechtzeitig gewährt oder wieder entzogen wird,*
2. *der Mieter die Rechte des Vermieters dadurch in erheblichem Maße verletzt, dass er die Mietsache durch Vernachlässigung der ihm obliegenden Sorgfalt erheblich gefährdet oder sie unbefugt einem Dritten überlässt oder*
3. *der Mieter*
   a) für zwei aufeinander folgende Termine mit der Entrichtung der Miete oder eines nicht unerheblichen Teils der Miete in Verzug ist oder
   b) in einem Zeitraum, der sich über mehr als zwei Termine erstreckt, mit der Entrichtung der Miete in Höhe eines Betrages in Verzug ist, der die Miete für zwei Monate erreicht.

Im Falle des Satzes 1 Nr. 3 ist die Kündigung ausgeschlossen, wenn der Vermieter vorher befriedigt wird. Sie wird unwirksam, wenn sich der Mieter von seiner Schuld durch Aufrechnung befreien konnte und unverzüglich nach der Kündigung die Aufrechnung erklärt.

(3) Besteht der wichtige Grund in der Verletzung einer Pflicht aus dem Mietvertrag, so ist die Kündigung erst nach erfolglosem Ablauf einer zur Abhilfe bestimmten angemessenen Frist oder nach erfolgloser Abmahnung zulässig. Dies gilt nicht, wenn

1. *eine Frist oder Abmahnung offensichtlich keinen Erfolg verspricht,*
2. *die sofortige Kündigung aus besonderen Gründen unter Abwägung der beiderseitigen Interessen gerechtfertigt ist oder*
3. *der Mieter mit der Entrichtung der Miete im Sinne des Absatzes 2 Nr. 3 in Verzug ist.*

(4) Auf das dem Mieter nach Absatz 2 Nr. 1 zustehende Kündigungsrecht sind die §§ 536 b und 536 d entsprechend anzuwenden. Ist streitig, ob der Vermieter den Gebrauch der Mietsache rechtzeitig gewährt oder die Abhilfe vor Ablauf der hierzu bestimmten Frist bewirkt hat, so trifft ihn die Beweislast."

Grundsätzlich sind die mietvertraglichen Vereinbarungen dafür maßgeblich, welchen Standard der Vermieter schuldet. Sofern keine Vereinbarungen vorliegen, können technische Normen als Maßstab herangezogen werden, die zum Zeitpunkt der Gebäudeerrichtung Gültigkeit hatten:

LG Kassel, Urteil vom 04.02.1988 – 1 S 229/87 (WM 10/1988, S. 355):

„Nach ständiger Rechtsprechung der Kammer kommen den DIN-Wärmevorschriften für die Beurteilung der Mangelhaftigkeit einer vermieteten Wohnung dann eine mietrechtliche Bedeutung zu, wenn die Wohnung nicht der zum Zeitpunkt ihrer Errichtung geltenden DIN-Norm entspricht. […] Denn es kann davon ausgegangen werden, dass ein baulicher Fehler im Sinne des allgemeinen Werkvertragsrechts auch immer eine Abweichung der Ist-Beschaffenheit von der Soll-Beschaffenheit einer Mietsache darstellt. Dies ergibt sich daraus, dass die Soll-Beschaffenheit einer Mietwohnung sich nach der Ist-Beschaffenheit durchschnittlicher, hierzulande anzutreffender Mietwohnungen gleichen Alters und gleicher Ausstattungen richtet und diese auch in aller Regel den DIN-Vorschriften im Zeitpunkt ihrer Errichtung entsprechen."

Leitsatz des BGH, Urteil vom 07.07.2010 – VIII ZR 85/09:

„Ohne eine dahingehende vertragliche Regelung hat ein Wohnraummieter regelmäßig keinen Anspruch auf einen gegenüber den Grenzwerten der zur Zeit der Errichtung des Gebäudes geltenden DIN-Norm erhöhten Schallschutz (Bestätigung des Senatsurteils vom 6. Oktober 2004 – VIII ZR 355/03, NJW 2005, 218).

Aus den Gründen:

[…]

1. *Ein Mangel einer Mietwohnung, der die Tauglichkeit der Mietsache zum vertragsgemäßen Gebrauch aufhebt oder mindert, ist eine für den Mieter nachteilige Abweichung des tatsächlichen Zustands der Mietsache vom vertraglich geschuldeten Zustand. Maßstab für diese Beurteilung sind – wie*

das Berufungsgericht zutreffend gesehen hat – in erster Linie die Vereinbarungen der Mietvertragsparteien.

2. *Fehlt es an Parteiabreden zur Beschaffenheit der Mietsache, schuldet der Vermieter eine Beschaffenheit, die sich für den vereinbarten Nutzungszweck – hier die Nutzung als Wohnung – eignet und die der Mieter nach der Art der Mietsache erwarten kann. Der Mieter einer Wohnung kann nach der allgemeinen Verkehrsanschauung erwarten, dass die von ihm angemieteten Räume einen Wohnstandard aufweisen, der bei vergleichbaren Wohnungen üblich ist. Dabei sind insbesondere das Alter, die Ausstattung und die Art des Gebäudes, aber auch die Höhe der Miete und eine eventuelle Ortssitte zu berücksichtigen. Gibt es zu bestimmten Anforderungen an den Wohnstandard technische Normen, so ist nach der Rechtsprechung des Senats (jedenfalls) deren Einhaltung vom Vermieter geschuldet. Dabei ist nach der Verkehrsanschauung grundsätzlich der bei Errichtung des Gebäudes geltende Maßstab anzulegen.“*

Anders sieht es das Amtsgericht Marbach am Neckar:

AG Marbach am Neckar, Urteil vom 24.05.2007 – 3 C 462/06:

„Wärmebrücken können selbst dann entstehen, wenn das Haus nach gültigen DIN Normen wärmegedämmt wurde [...]. Der Vermieter kann sich in solchen Fällen nicht darauf berufen, dass alle Baunormen eingehalten wurden [...]. Maßgeblich wären hier ohnehin nicht die z. Zt. der Errichtung des Gebäudes geltenden DIN Normen sondern die zur Zeit der Überlassung der Mietwohnung geltenden DIN Normen. Sind die zum Zeitpunkt der Überlassung der Mietsache an den Mieter gültigen Normen nicht eingehalten, so ist dies mangels anderer Absprachen ein Indiz dafür, dass die Mietsache nicht dem vertragsmäßigen Gebrauch entspricht.“

Bei der Beurteilung der Mangelhaftigkeit einer Mietsache ist zwischen den Wohnräumen und den sonstigen Nutzräumen zu unterscheiden, wie etwa dem zur Wohnung zugehörigen Keller. Das Amtsgericht München hat entschieden, dass ein feuchter Keller in einem Gebäude aus den 1950er-Jahren die Mieter nicht zur Mietminderung berechtigt. Denn es sei bei Altbauten anerkannt, dass ein Mieter nicht davon ausgehen kann, dass ein Keller trocken und zur Lagerung empfindlicher Gegenstände geeignet ist (AG München, Urteil vom 11.06.2010 – 461 C 19454/09).

9.2.2 Beurteilung der Gesundheitsgefährdung

Eine Gefährdung der Gesundheit stellt eine Beeinträchtigung des Mietverhältnisses dar und berechtigt die Mieter zur Mietminderung. Die Begriffe Gefahren und Gefährdung sind in der TRGS 524 beschrieben:

TRGS 524 (1998), S. 3:

„2 Begriffsbestimmungen

[...]

2.4 Gefahren/Gefährdung

Abb. 9.3: Risiko der Gefährdung gemäß TRGS 524

(1) Gefahren im Sinne dieser TRGS sind Zustände oder Ereignisse, die den Eintritt einer gesundheitlichen Beeinträchtigung oder Bedrohung des Lebens durch Gefahrstoffe erwarten lassen.

(2) Die Gefährdung ist das räumliche und zeitliche Zusammentreffen des Menschen mit Gefahren."

Daraus ergeben sich für das Risiko einer Gesundheitsgefährdung zunächst 2 Voraussetzungen, die zeitlich und räumlich zusammentreffen müssen,

- die konkrete Gefahr durch Gefahrstoffe für den Menschen und
- der Mensch.

Dabei kann die Gefahr mehr oder weniger intensiv und kann die Expositionsdauer kurz oder lang sein, sodass sich aus der Überlagerung auch das Ausmaß der Gefährdung entsprechend Abb. 9.3 darstellen lässt.

Hinsichtlich des Risikos einer konkreten Gesundheitsgefährdung durch einen Schimmelpilzbefall im Einzelfall kann von bausachverständiger Seite in der Regel keine abschließende Beurteilung erfolgen, da eine erhebliche Gefährdung der Gesundheit von der erworbenen oder erblich übertragenen Immunkompetenz der jeweils durch Mikroorganismen belasteten Personen abhängt. Neben den durch Mikroorganismen verursachten allergischen Reaktionen, den toxischen Wirkungen und den infektiösen Erkrankungen, bei denen sich aus der Gefährdung eine konkrete Gesundheitsschädigung ergibt, hängt es bei ansonsten gesunden Menschen erheblich von der Dauer der Exposition gegenüber den Mikroorganismen und von deren jeweiliger toxischer oder immunologischer Wirkung ab, ob die Gesundheitsgefahr als erheblich eingestuft werden kann. Vor diesem Hintergrund ist jedenfalls die medizinische Beurteilung der betroffenen Personen durch einen Humanmediziner erforderlich. Ferner wäre die qualitative und quantitative Beurteilung der tatsächlichen Belastung durch Mikroorganismen zum Zeitpunkt des

Mietverhältnisses notwendig. Dabei reicht es nicht aus, wenn nur die Anwesenheit einzelner Gattungen nachgewiesen wird. Vielmehr ist die Ausweisung der Arten (Spezies) notwendig sowie der Nachweis, ob es sich ggf. um toxinbildende Stämme handelt. Dieser Nachweis gehört jedoch bisher nicht zu den Routineuntersuchungen bei der Laboranalyse von Raumluftproben.

Die Handlungsanweisung des Landesgesundheitsamts Baden-Württemberg macht zu der medizinischen Beurteilung folgende Angaben:

Handlungsempfehlung LGA Baden-Württemberg, 2011, S. 11–12:

„*3 Gefährdungen und Schutzmaßnahmen bei der Sanierung*

3.1 Gefährdungen

3.1.1 Schimmelpilze

Schimmelpilze und ihre Sporen sind ein natürlicher Bestandteil unserer Umwelt und sind somit auch in Innenräumen vorhanden. Schimmelpilze können eine allergene, eine toxische sowie eine infektiöse Wirkung besitzen. Ein direkter Zusammenhang zwischen einer Schimmelpilzbelastung in Innenräumen und einer Erkrankung des Menschen ist bisher außer bei den selten auftretenden Infektionen meist kaum zu belegen. Das Wachstum von Schimmelpilzen in Innenräumen stellt daher hauptsächlich ein hygienisches Problem dar.

3.1.1.1 Allergien

Grundsätzlich können alle Schimmelpilze in lebendem oder abgetötetem Zustand Allergien hervorrufen. Schimmelpilzbelastungen können sich auf Atopiker schwerwiegender auswirken als auf Nichtatopiker, Atopiker sind Menschen, die zu Asthma, Neurodermitis, Heuschnupfen u. Ä. neigen. [...]

3.1.1.2 Reizende toxische Wirkungen

Schimmelpilze zeigen zusätzlich (besonders in großen Mengen) toxische Wirkungen, die sich am häufigsten im Kontaktbereich als Entzündungsreaktion auf die Bindehäute, die Haut, auf die Schleimhaut der Nase, der oberen Atemwege, seltener auf die tiefen Atemwege auswirken.

3.1.1.3 Infektionen

Schimmelpilze der Risikogruppe 2 nach Biostoffverordnung können selten Infektionen beim Menschen verursachen. Allgemeininfektionen, wie z. B. die Aspergillose, treten fast ausschließlich bei immungeschwächten Menschen auf. Häufiger sind Aspergillome der Nasennebenhöhlen oder der Lunge oder die mit Asthmasymptomatik einhergehende bronchopulmonale Aspergillose, die bei günstigen Ansiedelungsbedingungen der Pilze (Nasennebenhöhlenentzündung, erweiterte Bronchien) zu beobachten sind. Sie sind bei hoher Schimmelpilzbelastung häufiger als bei niedriger Belastung.“

Der Bundesgerichtshof hat einen Schimmelpilzbefall als Mangel an der Mietsache bestätigt:

BGH, Urteil vom 13.06.2007 – VIII ZR 281/06:

„*1. Nach § 543 Abs. 1 Satz 1 BGB kann jede Vertragspartei das Mietverhältnis aus wichtigem Grund außerordentlich fristlos kündigen. Ein wichtiger Grund liegt nach § 543 Abs. 2 Satz 1 Nr. 1 BGB unter anderem dann vor, wenn dem Mieter der vertragsgemäße Gebrauch der Mietsache ganz oder zum Teil nicht rechtzeitig gewährt oder wieder entzogen wird. Letzteres kommt gerade auch beim Auftreten eines Mangels in Betracht, wie er hier von der Klägerin mit dem Schimmel im verglasten ‚Balkonzimmer' und dem Wasserfleck im Badezimmer behauptet wird.“*

Die aktuelleren Gerichtsentscheidungen gehen bei einem wesentlichen Befall mit Schimmelpilzen überwiegend von einer Gesundheitsgefährdung aus:

AG Neukölln, Urteil vom 05.10.2000 – 6 C 586/99:

„Die Kündigung der Beklagten war wirksam gemäß § 544 BGB, denn die streitbefangene Wohnung wies einen gesundheitsgefährdenden Zustand auf. […] Dieser Zustand kann nur als gesundheitsgefährdend im Sinne von § 544 BGB angesehen werden, zumal im Haushalt der Beklagten vier Kinder, darunter ein Kleinkind, leben. […] Darüber hinaus ist in dem Schimmelbefall eine weitergehende Gesundheitsgefahr zu sehen. Die Schimmelpilzsporen verbreiten sich überall in der Raumluft, können Krankheiten aus dem allergischen und asthmatischen Formenkreis hervorrufen und werden neuerdings zu den krebserregenden Stoffen gerechnet. Dies hat das Landgericht München bereits in einer Entscheidung aus dem Jahre 1991 ebenfalls so gesehen (LG München, NJW RR 1991, 975, 976). Der gegenteiligen Rechtsprechung des LG Berlin (DE 1998, 1465) kann dagegen nicht gefolgt werden. Wenn das Landgericht von einem Mieter den Nachweis fordert, dass von dem Schimmelbefall in seiner Wohnung eine konkrete Gesundheitsgefährdung ausgeht, so dürfte damit der neueste Stand der medizinischen Wissenschaft nicht berücksichtigt sein. Nach diesen Erkenntnissen ist bei großflächigem Schimmelbefall in Wohnräumen grundsätzlich von einer Gesundheitsgefährdung auszugehen.“

Auch das Amtsgericht Köln bejaht eine Gesundheitsgefährdung:

AG Köln, Urteil vom 19.03.2001 – 206 C 29/00:

„Sowohl Schimmelpilz als auch Durchfeuchtung stellen grundsätzlich eine Gesundheitsgefährdung dar und berechtigen zur fristlosen Kündigung gemäß § 544 BGB (LG Düsseldorf WuM 1989, 13 und AG Köln WuM 1986, 94 zum Schimmelpilz […]).“

Anders sieht es das Kammergericht Berlin, das die Beweispflicht für eine tatsächlich vorliegende Gefährdung in der Sphäre der Mieter sieht:

KG Berlin, Urteil vom 26.02.2004 – 12 U 1493/00:

„[…]

1. *Ein Kündigungsgrund ergibt sich entgegen der Ansicht des Landgerichts nicht aus der Regelung in § 544 BGB a. F. Denn die insoweit darlegungs- und beweispflichtige Beklagte hat eine erhebliche Gesundheitsgefährdung im Sinne dieser Vorschrift nicht zu beweisen vermocht. […]*
   a) *Ob Schimmelpilzbildung in Mieträumen eine Gesundheitsgefährdung i. S. d. § 544 BGB darstellt, wird in der Rechtsprechung nicht einheitlich beurteilt […]. Nach der Auffassung des Senats lässt sich diese Frage nicht allgemein verbindlich beantworten.*

Wann eine Gesundheitsgefährdung vorliegt, richtet sich nach objektiven Maßstäben. Es kommt auf den gegenwärtigen Stand der medizinischen Erkenntnis an, unabhängig davon, ob dieser Kenntnisstand bereits bei Vertragsschluss bestanden hat oder nicht (Bub/Treier/Grapentin, Handbuch der Geschäfts- und Wohnraummiete, 3, Aufl., IV Rdnr. 156 m. w. N.). Erforderlich ist eine erhebliche Gesundheitsgefahr für alle Bewohner oder Benutzer bzw. einzelne Gruppen von ihnen. Die Gesundheitsgefährdung muss konkret drohen und die drohende Gesundheitsgefährdung muss erheblich sein, d. h., es muss die Gefahr einer deutlichen und nachhaltigen Gesundheitsschädigung bestehen (Bub/Treier/Grapentin a. a. 0.). Die Frage, mit welcher Wahrscheinlichkeit eine Beeinträchtigung der Gesundheit zu befürchten sein muss, hängt von der Schwere der in Rede stehenden Gesundheitsbeeinträchtigung ab. Besteht Lebensgefahr, etwa wegen eines Deckeneinsturzes, so kann es ausreichen, wenn die Gefahr eines Deckeneinsturzes nicht mehr ausgeschlossen werden kann. Bei Gesundheitsgefährdung durch starke Feuchtigkeit ist es demgegenüber für die Erheblichkeit maßgebend, wie nachhaltig die Gefährdung ist (MK Voelzkow, 3, Aufl., § 544 Rdnr. 6). Droht etwa lediglich eine leichte Erkältung, so muss die Wahrscheinlichkeit, dass sich dieses Risiko verwirklicht, wesentlich größer sein als im Fall einer Lebensgefährdung. Eine bloße Anscheinsgefahr genügt nicht (Palandt/Putzo BGB, 60. Aufl., § 544 Rdnr, 3; vgl. auch MK Voelzkow a. a. 0. Rdnr. 7).

b) Eine erhebliche Gesundheitsgefährdung in diesem Sinne ergibt sich nicht aus den von der Beklagten vorgelegten Privatgutachten. [...]

Die Biologin Dr. D. hat auf S. 14 ihres Gutachtens unter 8) ausgeführt, es gebe bisher keine verbindlichen Richtwerte oder Grenzwerte für die Beurteilung von Pilzsporenkonzentrationen in der Luft von Innenräumen. Als besonders bedenklich sei der Nachweis der potentiellen Mykotoxin (Giftstoff) bildenden Stachybotrys chartarum und Aspergillus versicolor. [...]

Daten über Dosis-Wirkungsbeziehungen lägen im Zusammenhang mit lufttragenen Mykotoxinen derzeit nicht vor. Vorsorglich sei beim Nachweis der genannten beiden Pilzarten von einer besonderen Gesundheitsgefährdung auszugehen. Die Biologin Dr. D. hat also ebenfalls keine Feststellungen darüber getroffen, ob die festgestellten Pilzstämme Toxin bildend sind und so zu einer konkreten Gesundheitsgefährdung führen können. Zudem hat sie auch keinerlei Angaben über die erforderliche Konzentration der genannten Giftstoffe gemacht, die zur Herbeiführung einer Gesundheitsgefährdung führen können. [...]

Dementsprechend reicht es nach den oben geschilderten Grundsätzen für die Feststellung einer Gesundheitsgefährdung nicht aus, dass eine Gesundheitsbeeinträchtigung von Allergikern nicht ausgeschlossen werden kann. Vielmehr muss das Risiko, dass sich die Gefahr verwirklicht, entsprechend höher sein. Dies könnte indessen nur festgestellt werden, wenn bekannt wäre, bei welcher Konzentration von Sporen (ggf. von welchen Pilzen) und bei welcher Aufenthaltsdauer des Allergikers in den betroffenen Räumen mit einer Gesundheitsbeeinträchtigung, etwa in Form eines Asthmaleidens, zu rechnen ist.“

Der Bundesgerichtshof beurteilt die Frage eine Gesundheitsgefährdung durch Schimmelpilze nicht allgemein:

BGH, Urteil vom 18.04.2007 – VIII ZR 182/06:

„Die Feststellung des Berufungsgerichts, dass die Wohnung in gesundheitsgefährdender Weise mit Schimmel befallen gewesen sei, entbehrt bislang einer tragfähigen Grundlage. Das Berufungsgericht hat seine Feststellung lediglich auf drei von der Beklagten zu den Akten gegebene Lichtbilder gestützt. Auf diesen Fotografien ist nur zu erkennen, dass die Tapete an zwei Stellen in einer Breite von etwa 1 bis 2 m und einer Höhe von etwa 30 bis 60 cm mit – das ist unstreitig – Schimmelpilz befallen war. Das Berufungsgericht hat nicht ausgeführt, weshalb dieser Schimmelpilzbefall gesundheitsgefährdend sein sollte. Die Frage, ob Schimmelpilz in Mieträumen die Gesundheit der Bewohner gefährdet, lässt sich nicht allgemein beantworten und kann in vielen Fällen nur durch ein medizinisches Sachverständigengutachten geklärt werden [...]. Das Berufungsgericht hat, wie die Revision zutreffend rügt, nicht dargelegt, weshalb es im Streitfall für diese Beurteilung keiner medizinischen Sachkenntnis bedarf, oder dass es selbst über die für eine solche Beurteilung erforderliche medizinische Sachkunde verfügt.“

Eine Gesundheitsgefährdung allein reicht nicht als Grund für eine fristlose Kündigung aus wichtigem Grund aus. Die Gefährdung muss schon erheblich sein:

BGB i. d. F. 2002:

„§ 569 Außerordentliche fristlose Kündigung aus wichtigem Grund

(1) Ein wichtiger Grund im Sinne des § 543 Abs. 1 liegt für den Mieter auch vor, wenn der gemietete Wohnraum so beschaffen ist, dass seine Benutzung mit einer erheblichen Gefährdung der Gesundheit verbunden ist. Dies gilt auch, wenn der Mieter die Gefahr bringende Beschaffenheit bei Vertragsschluss gekannt oder darauf verzichtet hat, die ihm wegen dieser Beschaffenheit zustehenden Rechte geltend zu machen.“

Ein erheblicher Schimmelpilzbefall berechtigt den Mieter zur fristlosen Kündigung:

AG Köln, Urteil vom 19.03.2001 – 206 C 29/00 WM 2003, 55:

„Die Voraussetzungen einer fristlosen Kündigung gemäß § 544 BGB liegen vor. Im Zeitpunkt der Kündigung war die Wohnung der Kläger in insgesamt vier Räumen (Wohn-/Esszimmer, Küche, Flur, Abstellraum) durchfeuchtet; im Wohn-/Esszimmer sowie in der Küche befand sich ausgeprägter Schwärzeschimmelbefall. [...] Sowohl Schimmelpilz als auch Durchfeuchtung stellen grundsätzlich eine Gesundheitsgefährdung dar und berechtigen zur fristlosen Kündigung gemäß § 544 BGB (LG Düsseldorf WuM 1989, 13 und AG Köln WuM 1986, 94 zum Schimmelpilz [...]). Die Beeinträchtigung ist vorliegend auch erheblich, da nicht nur ein Raum, sondern mit Wohn-/Essraum und Küche allein zwei wesentliche Wohnräume betroffen sind, ohne die die gesamte Wohnung nicht benutzbar ist.“

Auch das Landgericht Bremen sieht erhebliche Feuchte in der Wohnung und Schimmelbildung als Grund für eine fristlose Kündigung an:

LG Bremen, Urteil vom 18.10.2006 – 1-S-181/06; AG Bremen 19 C 175/05:

„Das Amtsgericht geht zutreffend davon aus, dass die Kläger wegen erheblicher Feuchtigkeit in der Wohnung und der nachfolgenden Schimmelbildung berechtigt waren, das Mietverhältnis wegen der daraus resultierenden gesundheitlichen Beeinträchtigungen gem. § 543 Abs. 1 und 3 S. 2 Ziff. 2, 569 Abs. 1 BGB fristlos zu kündigen."

Allein die sichtbare Schimmelpilzbildung reicht aus Sicht des Berliner Kammergerichts nicht aus, um die erhebliche Gesundheitsgefahr zu begründen. Dafür seien entsprechende Messungen der Schimmelpilzsporen bzw. der toxischen Stoffe erforderlich:

KG Berlin, Urteil vom 11.08.2003 – 8 U 124/02 (Revision nicht zugelassen):

„Die fristlose Kündigung nach § 544 BGB a. F. setzt eine erhebliche Gefährdung der Gesundheit voraus, d. h., es muss eine konkrete Gefahr bestehen. Das Landgericht hat im angefochtenen Urteil zu Recht darauf hingewiesen, dass die Ausführungen in dem Gutachten des TÜV vom 10. Mai 2001 zur Darlegung einer derartigen Gefährdung nicht ausreichen können, weil in dem Gutachten zwar das Vorhandensein von Schimmel festgestellt wurde, jedoch bezüglich der gesundheitlichen Gefahr durch diesen Schimmel nur allgemeine Ausführungen in dem Gutachten enthalten sind. Unstreitig ist keine Messung bezüglich des Vorhandenseins von Schimmelsporen bzw. toxischen Stoffen durchgeführt worden. Demnach steht noch nicht einmal fest, ob sich überhaupt Schimmelsporen in der Luft befunden haben, wogegen sprechen könnte, dass es sich um verhältnismäßig kleine Stellen handelt, an denen Feuchtigkeit eingedrungen ist, wie sich aus den Lichtbildern ergibt. Allein die Möglichkeit, dass auf Grund der beobachteten Schimmelbildung sich einmal Schimmelsporen und toxische Stoffe in der Atemluft befinden könnten, stellt jedenfalls noch keine konkrete Gesundheitsgefährdung dar, die eine fristlose Kündigung im Sinne von § 544 BGB a. F. hätte rechtfertigen können."

Eine erhebliche Gesundheitsgefährdung der Mieter kann als fristloser Kündigungsgrund gelten, wenn durch Neubaufeuchte besonders günstige Lebensbedingungen für Hausstaubmilben bestehen, wie das Landgericht Oldenburg entschieden hat:

LG Oldenburg, Urteil vom 07.10.1999 – 9 S 731/99:

„Das Mietverhältnis ist durch die fristlose Kündigung der Beklagten zum 31.12.1995 beendet worden; dazu war die Beklagte gem. § 544 BGB berechtigt. Ob eine Schimmelbildung in allergischen und asthmatischen Krankheiten gesundheitsgefährdend anzusehen ist (so LG München NJW-RR 1991, 975), kann hier dahingestellt bleiben, denn die Beklagte ist ausweislich der ärztlichen Bescheinigung des Dr. med. S. vom 22.12.1995 gegen Hausstaubmilben allergisch, deren Wachstum durch Feuchtigkeit vermehrt wird. Nach dem Gutachten des Sachverständigen F. vom 03.05.1999 ist davon auszugehen, dass in der vermieteten Wohnung (Erstbezug) noch erhebliche Restfeuchte aus der Bauphase vorhanden war, so dass wegen der Hausstaubmilbenbildung durch die vorhandene Gebäudefeuchte von einer erheblichen Gesundheitsgefährdung der Beklagten auszugehen ist."

Das Oberlandesgericht Düsseldorf stellt fest, dass an die mieterseitige Präzisierung der von einem Feuchteschaden ausgehenden Gesundheitsgefährdung keine allzu großen Anforderungen zu stellen sind, wenn der Mangel an der Mietsache nur teilweise beseitigt wurde, indem zwar das undichte Dach erneuert wurde, der daraus entstandene Schimmelpilzbefall aber nicht beseitigt wurde:

OLG Düsseldorf, Beschluss vom 04.04.2006 – I-24 U 145/05:

„Denn schon das Fortbestehen der von den Beklagten gerügten Mängel – Feuchtigkeit und unzuträgliches (weil muffiges) Raumklima – berechtigte die Beklagten zur vorzeitigen Kündigung des Mietvertrags. [...] Das Abhilfeverlangen bezeichnet die Mängel, deren Beseitigung von den Klägern verlangt wird, auch so genau, dass den Klägern eine Entscheidung über die notwendigen Abhilfemaßnahmen möglich gemacht war. Der ‚verrottete' Zustand des Dachs, die Undichtigkeiten der Außenwand im ersten Geschoss und auch die Feuchtigkeitsschäden in den Innenräumen der oberen Geschosse sind ebenso genannt wie die sich hieraus ergebenden ‚unzumutbaren Arbeitsbedingungen' in den betroffenen Räumen. Durch den Hinweis auf die Arbeitsbedingungen sind auch die Folgen der Feuchtigkeitsschäden für das Raumklima und mithin für die Gesundheit der sich dort aufhaltenden Personen hinreichend angesprochen. Eine weitere Präzisierung oblag den Beklagten als Mietern, die nicht zu eigener Untersuchung der Schadensursache verpflichtet waren, nicht; es war vielmehr nun Sache der Kläger, die für die vollständige Mangelbeseitigung erforderlichen Arbeiten – ggf. unter Heranziehung sachverständiger Hilfe – festzustellen und in Auftrag zu geben."

Das Oberlandesgericht Hamm stellt fest, dass eine Mietsache mit einer Beziehung zu einer Gefahrenquelle bereits wegen der Befürchtung einer Gefahrverwirklichung mangelhaft ist:

OLG Hamm, Beschluss vom 25.03.1987 – 30 REMiet 1/86, WuM 8/1987, 248:

„Bei den zuletzt beschriebenen Abgrenzungsversuchen ist in der Tat die Tendenz erkennbar, nur solche Gefahrenquellen unter den Fehlerbegriff zu fassen, bei denen eine mehr oder weniger ‚konkrete' Schadensgefahr besteht. Eine derart konkrete Gefahr – deren Darlegung das LG vorliegend verneint – lag auch in einer Reihe anderer Fälle, in denen die Rechtsprechung Gefahrenquellen innerhalb oder außerhalb der Mietsache als Mängel gewertet hat, unzweifelhaft vor (vgl. etwa RGZ 81, 200 ff. – Verletzung durch Herabfallen einer ungenügend befestigten Jalousiekastenklappe; BGH NJW 1972, 944 f. = LM Nr. 20 zu § 537 BGB – Kurzschluss und Brand wegen vorschriftswidrig verlegter Leitung; OLG Köln NJW 1964, 2020 f. – Schiffsschaukelunfall wegen Bruchs eines schadhaften Bolzens). [...]

Eine Mietsache mit Beziehung zu einer Gefahrenquelle gilt nicht erst dann als mangelhaft, wenn der Mieter wirklich Schaden erleidet, sondern schon dann und deshalb, wenn und weil er sie nur in der Befürchtung der Gefahrverwirklichung benutzen kann (so schon RGZ 81, 200 (202); RG JW 1921, 334; ferner etwa BGH NJW 1972, 944 (945); Emmerich-Sonnenschein, a. a. 0., § 537 Rn. 6; Soergel-Kummer, a. a. 0., § 537 Rn. 13; Roquette, das Mietrecht des BGB, § 537 Rn. 10). Der Senat hält diese Ansicht für richtig, denn zweifellos kann auch die bloß latente, befürchtete Gefahr Wertschätzung und ungestörten Gebrauch der Sache beeinträchtigen. Allerdings muss es sich um eine begründete Gefahr-Besorgnis handeln. Haltlose Befürchtungen sind auszuscheiden. Das folgt schon aus § 537 Abs. 1 S. 2 BGB, wonach die Tauglichkeitsminderung nicht ‚unerheblich' sein darf. [...]

Nun kann es bei der hier untersuchten Fallgestaltung für die Unterscheidung zwischen seriöser, ernstzunehmender Besorgnis und haltlosen, z. B. hysterischen Befürchtungen sicher auch von Bedeutung sein, ob die vorgestellte Gefahr ‚konkret' in dem vom LG wohl gemeinten Sinne wissenschaftlicher Verifizierbarkeit ist. Sie war dies z. B. in den bereits erwähnten Fällen der losen Jalousiekastenklappe, der kurzschlussträchtigen Leitung und des Schiffsschaukelunfalls. Stets stand hier fest, dass der Schaden eintreten würde. Fraglich war nur der Zeitpunkt; insoweit ließ man mit Recht die bloße Möglichkeit genügen, dass er noch innerhalb der Mietzeit liegen könne. [...]

Zu berücksichtigen sind nämlich bei dieser Entscheidung in einem Fall wie hier neben der Zusammensetzung und Konzentration der Schadstoffe – die ja nicht etwa in allen Altlastenfällen gleich sind; nicht einmal insoweit wären also allgemeingültige Aussagen möglich [...] *– im Zweifel noch eine Reihe weiterer Faktoren. Eine Rolle kann zum Beispiel die Dauer der Mietzeit spielen. Ist sie sehr kurz, kann sogar eine konkret feststellbare Gefahreinwirkung mangels ausreichender Intensität unerheblich sein. Ferner können die Möglichkeit von Gegenmaßnahmen und ihre Dauer von Bedeutung sein."*

Das Landgericht Berlin hat ein Sonderkündigungsrecht der Mieter bei einer nachgewiesenen MVOC-Konzentration von 1,81 µg/m³ Raumluft bejaht:

LG Berlin, Urteil vom 10.12.1998 – 67 S 87/97:

„Die Kläger haben keinen Anspruch auf Zahlung von Mietzins und Nebenkosten für den geltend gemachten Zeitraum von August 1995 bis Juni 1996, da die fristlose Kündigung des Beklagten vom 5. September 1995 das Mietverhältnis aufgehoben hat. Die Kündigung ist wirksam gemäß § 544 BGB. Das Kündigungsrecht des Mieters aus § 544 BGB setzt voraus, dass von der Mietwohnung eine konkrete Gesundheitsgefährdung ausgeht. Das bedeutet, dass eine tatsächliche Gesundheitsgefahr vorliegen muss, also weder eine Anscheinsgefahr, noch eine nur vorübergehende oder leicht behebbare Gefahr ausreichend sind. Andererseits muss aber noch keine Gesundheitsschädigung eingetreten sein (Palandt/Putzd, BGB, 55. Auflage, § 544, Randnr. 3), es genügt sogar, wenn der Mieter vernünftigerweise vom Bestehen einer erheblichen Gefahr ausgehen konnte, diese aber tatsächlich nicht eingetreten ist (vgl. Sternel, Mietrecht aktuell, 3. Auflage, Randnr. 448). Vorliegend waren die vermieteten Räume so beschaffen, dass ihre Benutzung nur mit einer erheblichen Gefährdung der Gesundheit verbunden war. [...] *Diese Feststellungen genügen, um daraus die objektiv begründbare Befürchtung zu gewinnen, dass der Gebrauch der Wohnung zu einer Gesundheitsbeeinträchtigung führt, was den Anforderungen an eine konkrete Gesundheitsgefährdung i. S. d. § 544 BGB genügt."*

Auch das Landgericht Lübeck sieht eine fristlose Kündigung als gerechtfertigt an, wenn die Mieter vernünftigerweise eine Gesundheitsgefahr annehmen können, nachdem eine MVOC-Messung auf das Vorhandensein eines verdeckten Schimmelpilzbefalls hingewiesen hat:

LG Lübeck, Urteil vom 15.01.2002 – 6 S 161/00:

„Die Beklagten haben das Mietverhältnis gemäß § 544 BGB a. F. wirksam fristlos gekündigt.

Nach dieser Vorschrift kann ein Mieter das Mietverhältnis fristlos kündigen, wenn die Wohnung so beschaffen ist, dass die Benutzung mit einer erheblichen Gefährdung der Gesundheit verbunden ist. Dieses Recht zur fristlosen Kündigung setzt nach dem Gesetzeswortlaut und nach herrschender Meinung in Literatur und Rechtsprechung nicht voraus, dass eine Gesundheitsbeschädigung der Mieter schon eingetreten ist. Es genügt vielmehr der begründete Verdacht einer Gesundheitsgefährdung, so dass die Kündigung selbst dann wirksam ist, wenn sich später die Unbegründetheit des Verdachts herausstellt. […]

Bei der Beurteilung der Gefährdung ist ein objektiver Maßstab anzulegen, wobei eine erhebliche Gefährdung besonderer Personenkreise, wie z. B. von Kleinkindern, genügt. […]

Es ist allgemein anerkannt, dass gesundheitlich gefährdende Zustände auch durch Pilz- und Schimmelbildung hervorgerufen werden können und damit zur fristlosen Kündigung berechtigen. […]

Der von den Beklagten eingeschaltete Sachverständige Prof. Dr. S. hat […] in der Raumluft der Wohnung MVOC-Verbindungen festgestellt, die nach seinen Ausführungen auf einen verdeckten Schimmelpilzbefall hinweisen.

Allerdings hat der Sachverständige K. in seinem Gutachten ausgeführt, dass die seinerzeit festgestellten MVOC-Verbindungen über die Indizierung eines verdeckten Schimmelpilzbefalls hinaus keine Bewertung der gesundheitlichen Auswirkungen zulassen, da dies weitere Maßnahmen mit dem Ziel eines kulturellen Nachweises von Schimmelpilzen voraussetze, die unstreitig nicht durchgeführt worden sind. […]

Denn nach den von der h. M. entwickelten Maßstäben für eine Gesundheitsgefährdung kommt es gerade nicht entscheidend darauf an, ob im Ergebnis der ‚verdeckte Schimmelpilzbefall' für die gesundheitlichen Beeinträchtigungen der Beklagten zu 1 und ihrer Kinder ursächlich geworden ist, sondern ob die Beklagten vernünftigerweise eine derartige Gesundheitsgefahr annehmen konnten […] bzw. ob ein begründeter Gefahrverdacht vorlag, der auf nachweisliche, tatsächliche Risikomomente gestützt werden konnte."

Die Gesundheitsgefährdung muss allerdings nach objektiven Maßstäben bestehen. Dabei hat die besondere Anfälligkeit einzelner Personen außer Betracht zu bleiben, wie es das Landgericht Berlin entschieden hat:

LG Berlin, Urteil vom 11.06.1998 – 62 S 10/98:

„Zu Recht hat das Amtsgericht auch festgestellt, dass das Mietverhältnis über die streitgegenständliche Wohnung durch die fristlose Kündigung vom 5. September 1996 nicht wirksam beendet worden ist, da sich kein Grund für eine fristlose Kündigung der Beklagten ergibt.

Auf der Grundlage des § 544 BGB kommt eine solche Kündigung nicht in Betracht, da die Beklagte nicht hinreichend substantiiert dargelegt hat, dass die Benutzung der streitgegenständlichen Wohnung infolge des Befalls mit Schim-

melpilz mit einer erheblichen Gefährdung der Gesundheit verbunden ist. Es entspricht der einhelligen Auffassung in Rechtsprechung und Literatur, dass eine solche Gesundheitsgefährdung nach objektiven Maßstäben bestehen muss und dass besondere Anfälligkeiten einzelner Personen im Rahmen des § 544 BGB außer Betracht zu bleiben haben (AG München WuM 1986, 247; Bub/Treier, IV Rdnr. 155; Sternel, Mietrecht, 3. Auflage, IV Rdnr. 480). Eine solche Gefährdungssituation ergibt sich nach dem Vortrag der Beklagten jedoch nicht. Das von ihr beigefügte Gutachten des Bezirksamts Tempelhof kommt lediglich zu dem Ergebnis, dass die festgestellten Sporen im Schlafzimmer der streitgegenständlichen Wohnung bei einer entsprechenden Disposition als Allergene wirken können. Damit setzt dieses Gutachten jedoch gerade eine subjektive Empfindlichkeit der Mieter voraus und stellt nicht auf objektive Maßstäbe ab. In dem ebenfalls eingereichten Attest der Ärzte […] wird eine erhebliche, gesundheitsschädliche Belastung auch für Gesunde lediglich pauschal behauptet, ohne jede weitere Darstellung von Tatsachen oder Begründungen. Schließlich hilft der Beklagten auch nicht der Verweis auf das Urteil des Landgerichts München in BGH NJW-RR 1991, 975 f. Soweit das Landgericht in diesem Urteil zu dem Ergebnis gelangt ist, dass Schimmel allgemein Krankheiten aus dem allergischen und asthmatischen Formenkreis hervorrufen oder zumindest auslösen kann, außerdem zu den kanzerogenen Stoffen gerechnet werden muss, handelt es sich dabei um eine Tatsachenwürdigung des Gerichts, die mangels hinreichenden Tatsachenvortrages im vorliegenden Verfahren nicht übernommen werden kann.“

Auch das Landgericht Hannover geht davon aus, dass die personenbezogene Gefährdung nicht in Betracht zu ziehen ist:

LG Hannover, Urteil vom 27.01.1982 – 11 S 322/81:

„Die Schimmelpilzallergie der Beklagten zu 2), die nicht näher dargetan ist, kann dabei nicht zu Lasten des Vermieters gehen, da sie allein in der Person der Mieterin begründet ist, die sich gegebenenfalls eine andere Wohnung suchen muss.“

Das Landgericht Kaiserslautern lässt ebenfalls die in der Person des Mieters liegende besondere Disposition außer Betracht, wenn es um die Frage der erheblichen Gesundheitsgefährdung als fristlosem Kündigungsgrund geht:

LG Kaiserslautern, Urteil vom 02.11.2005 – 1 S 67/05 (Revision nicht zugelassen):

„Jedenfalls setzen Schadensersatzansprüche, wie sie hier in Rede stehen, das Vorliegen eines Mangels im Sinne des § 536 BGB voraus (§ 536 a Abs. 1 BGB) und liegt in Fällen einer – hier primär in Form von Schimmelpilzen geltend gemachten – ‚Schadstoff'-Belastung von Räumen ein solcher Mangel nur vor, wenn nach objektiven Maßstäben eine erhebliche Gesundheitsgefährdung gegeben ist. Insoweit ist eine generalisierende Betrachtungsweise geboten und müssen Fälle, in denen sich eine Gesundheitsbeeinträchtigung aus einer in der Person des Mieters liegenden besonderen Disposition – wie etwa einer Vorerkrankung u./o. einer besonderen Empfindlichkeit – ergibt, außer Betracht bleiben.“

Das Landgericht Berlin geht davon aus, dass eine erhebliche und allgemeine Gesundheitsgefahr dann vorliegen dürfte, wenn eine Mieterin aufgrund der Schimmelpilzbelastung lebensgefährlich erkrankt und diese Erkrankung nicht darauf zurückzuführen ist, dass eine individuelle genetische Vordisposition der Patientin vorgelegen hat:

LG Berlin, Urteil vom 20.01.2009 – 65 S 345/07:

„Eine allgemeine besondere Gesundheitsgefährdung ist wegen der potentiell toxinbildenden und der fakultativ pathogenen, d. h. bei immunschwachen Personen krankheitserregend wirkenden Schimmelarten, die in dem Gutachten vom 30.01.2006 festgestellt worden ist, zu bejahen. Es handelt sich nicht lediglich um eine untypische, allein individuell genetisch bedingte allergische Reaktion der Beklagten zu 1), die nicht ausreichend wäre. Eine allein individuell geprägte untypische Krankheitsreaktion aufgrund genetischer Besonderheiten ist hier bei der Beklagten zu 1) auszuschließen. Die Beklagte hat mit der Vorlage des Laborberichts vom 03.03.2008 substantiiert darlegen können, dass sie keine genetisch bedingte allergische Prädisposition auf diese Schimmelpilzarten hatte, sondern ihre diesbezüglichen Erkrankungen auf einer Schimmelpilzinfektion beruhten, die jedermann erleiden kann."

Das Landgericht Duisburg bejaht das außerordentliche Kündigungsrecht des Mieters wegen eines erheblichen Schimmelpilzbefalls aufgrund der erheblichen Gesundheitsgefährdung:

LG Duisburg, Urteil vom 23.01.2001 – 13/23 S 359/00, in: NZM 2002, 214:

„Das zwischen den Parteien bestehende Mietverhältnis über die streitgegenständliche Wohnung ist durch die mit Schreiben vom 31.08.1999 erklärte fristlose Kündigung beendet worden. Die Kündigung war wirksam, weil die Kläger gemäß § 544 BGB einen Grund zur fristlosen Kündigung hatten. Die Wohnung war zum Zeitpunkt der Kündigungserklärung so beschaffen, dass ihre Benutzung mit einer erheblichen Gefährdung der Gesundheit verbunden war. Ausweislich des im Rahmen des selbstständigen Beweisverfahrens eingeholten Gutachtens des Sachverständigen vom 06.12.1999 befand sich in der Wohnung in erheblichem Umfang Schimmelpilzbildung und Wandfeuchte. Im Kinderzimmer und in der Küche befanden sich Stock- und Spakflecken sowie Schimmelpilzansätze an den Außenwänden und im außenwandnahen Deckenbereich. Im Badezimmer war eine größere Fläche von Schimmel befallen. […]

Ein derartiger Schimmelpilzbefall stellt grundsätzlich, wenn er – wie hier – in nennenswertem Umfang auftritt, eine Gesundheitsgefährdung dar […]. Denn Schimmel kann Krankheiten wie Allergien und Asthma hervorrufen oder zumindest auslösen. Außerdem kann Schimmel zu den kanzerogenen Stoffen gerechnet werden."

Ein Befall in einem eher untergeordneten Einzelraum reicht aber für die Annahme einer erheblichen Gesundheitsgefährdung nicht aus, wie das Landgericht Berlin entschieden hat. Auch muss dem Vermieter zunächst eine Frist zur Abhilfe gesetzt werden. Eine fristlose Kündigung ist ausgeschlossen, wenn der Mieter zunächst eine Frist von etwa 3 Monaten verstreichen lässt, wie das Landgericht Berlin entschieden hat:

LG Berlin, Urteil vom 16.11.2004 – 63 S 174/04:

„Das Amtsgericht hat zutreffend ausgeführt, dass die Voraussetzungen einer Kündigung nach § 543 BGB nicht vorgelegen haben, weil die Beklagten (Mieter) dem Kläger (Vermieter) zuvor keine Frist zur Abhilfe gem. § 543 Abs. 3 BGB gesetzt haben. […]

Die Kündigung der Beklagten ist auch nicht gemäß § 569 Abs. 1 BGB aufgrund einer erheblichen Gesundheitsgefahr begründet. Es erscheint bereits zweifelhaft, ob die unstreitig allein in der Kammer neben der Küche aufgetretenen Schimmelbildungen eine erhebliche Gesundheitsgefahr im Sinne dieser Vorschrift begründen. Denn ist nur ein Teil der Räume von einem die Gesundheit gefährdenden Mangel betroffen, besteht ein Kündigungsrecht nur, wenn dadurch die Nutzbarkeit der Wohnung im Ganzen erheblich beeinträchtigt ist (Palandt-Weidenkaff, BGB, 63. Aufl., § 569 BGB Rn 10). Die sich aus der Nichtbenutzbarkeit einer ca. 9 m² großen Kammer ergebenden Auswirkungen auf den Gebrauch einer ca. 180 m² großen Wohnung sind in diesem Sinn nicht als erheblich anzusehen.

Die Kündigung der Beklagten ist jedenfalls deshalb ausgeschlossen, weil sie nicht innerhalb eines angemessenen Zeitraums nach Eintreten der Gesundheitsgefahr erklärt worden ist. […] Nach Ablauf von jedenfalls etwa drei Monaten ist aber ein hinreichend naher zeitlicher Zusammenhang nicht mehr gewahrt. Dies entspricht der Frist für eine ordentliche Kündigung des Mietverhältnisses. Das Abwarten eines solchen Zeitraums indiziert, dass die Fortsetzung des Mietverhältnisses nicht unzumutbar war."

Gelingt dem Mieter der Nachweis einer konkreten Gesundheitsgefährdung nicht, ist er nicht zur fristlosen Kündigung berechtigt, wie das Landgericht Mainz entschieden hat:

LG Mainz, Urteil vom 14.11.1997 – 3 T 102/97, 3 T 114/97:

„Den Klägern stand ein Grund zur außerordentlichen Kündigung nicht zur Seite.

Die Kläger berufen sich auf ein Recht zur Kündigung des Mietverhältnisses nach § 544 BGB. Hierzu tragen sie vor, wegen des in der Wohnung auftretenden Befalls mit Schimmel sei ihre Gesundheit gefährdet. Konkrete Beeinträchtigungen oder Krankheitsanzeichen sind nicht geschildert. Lediglich in dem Kündigungsschreiben vom 20.08.1997 ist ausgeführt, dass der Kläger sich seit dem letzten Winter außerordentlich elend fühle. […] Zwar ist es nicht erforderlich, dass eine Erkrankung schon eingetreten sein muss. Die Anscheinsgefahr für eine gesundheitliche Beeinträchtigung reicht für eine Kündigung nach § 544 BGB nicht aus. […] Konkrete körperliche Reaktionen sind nicht angegeben. Allerdings wäre dies bei in nennenswertem Umfang auftretendem Schimmel auch nicht erforderlich, da in einem solchen Fall die Gefährdung zu bejahen ist […]. Nach den Feststellungen des Amts für Gesundheitswesen ist der Schimmel nicht über einen Großteil der Wohnung verteilt. Er befindet sich an der Außenwand des Wohnzimmers im Bereich des Heizkörpers bis zu einer Höhe von 8 bis 10 cm, im Schlafzimmer an der Außenwand im Eckbereich und unter der Sockelleiste an dieser Wandstelle. Von einem großflächigen Befall kann deshalb nicht die Rede sein. Bei dem nur stellenweisen Befall kann von einer Gesundheitsgefährdung noch nicht gesprochen werden.“

Der Mieter ist auch dann zur fristlosen Kündigung berechtigt, wenn er die erhebliche Gesundheitsgefährdung selbst zu vertreten hat, z. B. aufgrund einer unzureichenden Beheizung und Belüftung der Wohnung. Allerdings ist er dem Vermieter dann zum Schadensersatz verpflichtet, wie das Landgericht Mainz entschieden hat:

LG Mainz, Urteil vom 24.04.2001 – 6 S 336/00:

„Die Beklagten mussten selbst sehen und erkennen, dass infolge der gegebenen Raumsituation zumindest häufigeres Stoßlüften erforderlich war. Wenn sich z. B. im Bad oder in den Räumen nach Benutzung des Küchenteils Dampf und Niederschlagswasser gebildet hatte, so musste es sich den Beklagten als Mietern aufdrängen, dass eine Lüftung zur Vermeidung von Schädigungen der Wohnung erforderlich war.

Die allgemeine Aufforderung, ausreichend zu lüften, war ebenfalls überflüssig, da dies allgemein bekannt ist und hierauf auch häufig in Publikationen und Zeitungsartikeln hingewiesen wird. Somit ist davon auszugehen, dass die Beklagten die Schimmelbildung und Versporung der Wohnung zumindest fahrlässig verursacht haben.

Trotzdem ist die Kammer mit dem überwiegenden Teil der Literatur der Auffassung, dass die Beklagten zur fristlosen Kündigung nach § 544 BGB berechtigt waren. Der Hintergrund des § 544 BGB ist, dass aus gesundheitspolitischen Erwägungen niemand gezwungen werden soll, in Räumen wohnen zu bleiben, in denen seine Gesundheit ernsthaften Gefahren ausgesetzt ist. Diese Gefahren bestehen jedoch unabhängig davon, ob der Mieter oder der Vermieter den Mangel zu vertreten hat. Es kann letztlich dahingestellt bleiben, ob man aus § 242 BGB bei vorsätzlicher Herbeiführung des Mangels durch den Mieter ein Kündigungsrecht verneint, da hierfür vorliegend überhaupt kein Anhaltspunkt gegeben ist. Jedenfalls bei fahrlässiger Mangelverursachung muss es bei dem Sonderkündigungsrecht des § 544 BGB im Interesse der Gesundheit des Mieters bleiben.

Damit ist die von den Beklagten ausgesprochene Kündigung zwar wirksam, andererseits haben sie jedoch durch die Herbeiführung des Mangels den eingetretenen Mietausfallschaden verursacht. Deswegen sind sie dem Vermieter zu Schadensersatz, der auch den Mietausfall als Folgeschaden umfasst, verpflichtet.“

Wenn die Mieter als Kläger gegenüber dem Vermieter auftreten, weil sie einen eingetretenen Schimmelpilzbefall in dessen Verantwortungssphäre wähnen, müssen sie einkalkulieren, dass sie selbst zum Schadensersatz verpflichtet sind, wenn sich im Zuge des Verfahrens z. B. durch Sachverständigenbeweis herausstellt, dass sie den Befall verursacht haben:

AG Köpenick, Urteil vom 05.02.2003 – 6 C 365/02 (später abgeändert durch das LG Berlin, Urteil vom 18.06.2004 – 64 S 90/03):

„Aufgrund der obigen Ausführungen ist davon auszugehen, dass die Klägerin durch ihr unzureichendes Heiz- und Lüftungsverhalten die im Eigentum

der Beklagten stehende Mietsache rechtswidrig und schuldhaft beschädigt hat. Dies begründet einen Schadensersatzanspruch aus Delikt (§ 823 Abs. I BGB) und positiver Forderungsverletzung (§§ 241 Abs. II, § 280 Abs. I BGB). Gemäß § 249 BGB ist die Klägerin deshalb verpflichtet, den Zustand herzustellen, der bestehen würde, wenn der zum Ersatz verpflichtende Umstand nicht eingetreten wäre. […]"

Eine Schimmelpilzbekämpfung an der Oberfläche, die nicht auf die Beseitigung der befallenen Baustoffe ausgerichtet ist und damit nicht dem Leitfaden des Umweltbundesamts entspricht, der den anerkannten Stand der Wissenschaft darstellt, ist nicht als fachgerecht und nachhaltig zu erachten (AG Hamburg-Altona, Urteil vom 27.12.2011 – 316 C 390/09).

Noch sehr viel komplizierter wird es, wenn der Mieter z. B. eine asthmatische Erkrankung auf seine Anwesenheit in einer mit Schimmelpilzen belasteten Wohnung zurückführt und Schmerzensgeld vom Vermieter verlangt. In diesem Fall sind sehr hohe Anforderungen an seine Beweislast gestellt, wie das Kammergericht entschieden hat:

KG, Beschluss vom 09.03.2006 – 22 W 33/05 (Rechtsbeschwerde nicht zugelassen):

„Als haftungsbegründender Umstand kommt hier nur ein Unterlassen der Beklagten in Betracht, den von den Klägern behaupteten Schimmelpilzbefall in der von dem Vater der Kläger mit gemieteten Wohnung zu beseitigen. Soweit ein solches Unterlassen der Beklagten in die Zeit bis zum Inkrafttreten des Schadensrechtsänderungsgesetzes vom 19. Juli 2002 bis zum dem 31. Juli 2002 (vgl. die Übergangsvorschrift des Art. 229 § 8 Abs. 1 Nr. 2 EGBGB) fällt, könnte dies einen Schmerzensgeldanspruch der Kläger lediglich dann begründen, wenn das Unterlassen der Beklagten nicht nur gegen eine vertraglich begründete Verpflichtung, sondern darüber hinaus auch gegen eine allgemeine Rechtspflicht verstoßen und damit den Tatbestand einer unerlaubten Handlung nach § 823 BGB erfüllen würde. Für den hier vorliegenden Fall eines Mietverhältnisses über Räume trifft den Vermieter im Grundsatz nicht nur die vertragliche Verpflichtung, (nicht von dem Mieter zu vertretende) Mängel der Mieträume zu beseitigen, sondern darüber hinaus auch eine Verkehrssicherungspflicht, den Mieter und in den Schutzbereich des Mietvertrages einbezogene Dritte, denen er aufgrund des Abschlusses des Mietvertrages den Zutritt zu den Mieträumen eröffnet hat, davor zu bewahren, dass sie durch den Zustand der Mieträume in Ausübung der Rechte aus dem Mietverhältnis an Körper und Gesundheit gefährdet oder beschädigt werden. Die schuldhafte Verletzung dieser Verkehrssicherungspflicht kann neben der Haftung aus Vertrag auch eine deliktsrechtliche Haftung des Vermieters begründen. […]

Eine schuldhafte Verletzung einer Verkehrssicherungspflicht gegenüber den Klägern könnte hier lediglich dann vorliegen, wenn für die Beklagte eine von der Wohnung für ihre Nutzer ausgehende Gesundheitsgefährdung erkennbar gewesen wäre. […] Zwar ist der Vermieter, sofern ihm ein Befall von Wohnräumen mit Schimmelpilz gemeldet wird, in aller Regel zu einer Überprüfung der Ursache und auch, sofern der Schimmelpilzbefall trotz vertragsgemäßen Gebrauchs der Mieträume entstanden ist, zu dessen Beseitigung verpflichtet. Jedoch setzt eine zu einer deliktsrechtlichen Haftung führende Verletzung einer

Verkehrssicherungspflicht nach Auffassung des Senats zusätzlich voraus, dass der Mieter, in dessen Obhut sich die Mieträume befinden, den Vermieter davon unterrichtet, dass er nach Art und Umfang des Schimmelpilzbefalls auch gesundheitliche Belastungen befürchtet. […]

Unabhängig von Vorstehendem findet aber auch der deliktsrechtliche Schutz durch die Begründung von Verkehrssicherungspflichten ihrem Schutzzweck nach dort ihre Grenze, wo der Nutzer eines Gebäudes trotz Kenntnis konkreter Gefahren für seine Gesundheit oder sein Eigentum sein Nutzungsinteresse uneingeschränkt realisiert."

Wer den Ersatz eines Schadens geltend macht, muss die Möglichkeiten der Schadensminderung nutzen. Diese Pflicht ergibt sich aus § 254 BGB:

BGB, i. d. F. 2002:

„§ 254 Mitverschulden

(1) Hat bei der Entstehung des Schadens ein Verschulden des Beschädigten mitgewirkt, so hängt die Verpflichtung zum Ersatz sowie der Umfang des zu leistenden Ersatzes von den Umständen, insbesondere davon ab, inwieweit der Schaden vorwiegend von dem einen oder dem anderen Teil verursacht worden ist.

(2) Dies gilt auch dann, wenn sich das Verschulden des Beschädigten darauf beschränkt, dass er unterlassen hat, den Schuldner auf die Gefahr eines ungewöhnlich hohen Schadens aufmerksam zu machen, die der Schuldner weder kannte noch kennen musste, oder dass er unterlassen hat, den Schaden abzuwenden oder zu mindern. Die Vorschrift des § 278 findet entsprechende Anwendung."

Die Darlegungs- und Beweislast darüber, dass der Geschädigte nicht alle Möglichkeiten der Schadensminderung ausgeschöpft hat, trägt der Schädiger:

BGH, Beschluss vom 22.11.2006 – VI ZR 330/04:

„Der Kläger hat unter Beweisantritt vorgetragen, er habe versucht, eine andere Wohnung zu erhalten. Er habe zahlreiche Annoncen geschaltet und sich auf solche gemeldet. Eine Anmietung sei daran gescheitert, dass ein Großteil der auf dem Wohnungsmarkt angebotenen Wohnungen im Überschwemmungsgebiet der Mosel gestanden und mit Schimmelpilz belastet gewesen sei. Zudem sei es ihm aufgrund seiner begrenzten Einkünfte nicht gelungen, eine allergiefreie Wohnung anzumieten. Seine Bemühungen hat er im Einzelnen dargelegt. […] Hier hat der Kläger seine Bemühungen um eine andere Wohnung ausreichend dargelegt. Das Berufungsgericht hätte deshalb eine Verletzung der Schadensminderungspflicht nicht ohne weiteres annehmen dürfen. Vielmehr hätten die Beklagten ihrerseits darlegen müssen, dass der Kläger entgegen seiner Darstellung seine Schadensminderungspflicht hätte erfüllen können und darüber wäre ggf. Beweis zu erheben gewesen."

9.2.3 Beweislast für den Mangel an einer Mietsache

Erkennt der Mieter einen Schimmelpilzbefall, wird er ihn unverzüglich als Mangel an der Mietsache beim Vermieter anzeigen, damit dieser Gelegenheit zur Mangelbeseitigung erhält. Ab dem Zeitpunkt der Mitteilung kann die Miete gemindert werden.

Den Vermieter trifft die Darlegungslast dafür, dass die Ursache des Schimmelpilzbefalls nicht dem Gebäude zuzuordnen ist (Bauteildurchfeuchtungen, kapillar aufsteigende Feuchte in Außenwänden, Dachleckagen usw.; siehe Kapitel 3) Gelingt ihm das nicht, bleibt er beweisfällig (siehe Abb. 9.4).

AG Flensburg, Urteil vom 02.02.1996 – 63 C 246/95er:

„Feuchtigkeitsstellen befinden sich nach den Fotos im Wohn- und Schlafzimmer. Die Feuchtigkeitsschäden können verschiedene Ursachen haben. Dem Vermieter obliegt, sämtliche Ursachen auszuräumen, die aus seinem Gefahrenbereich herrühren, insbesondere solche, die mit der Beschaffenheit des Gebäudes zusammenhängen. […]

Das Gericht wollte zur Frage, worauf die Feuchtigkeitsschäden beruhen, auf Antrag des Klägers ein Sachverständigengutachten einholen. Der Kläger hat jedoch mitgeteilt, dass er die Wohnung für einen Sachverständigen nicht zugänglich machen kann. Dies hat die Beweisfälligkeit des Klägers zur Folge. […]

Die Feuchtigkeitserscheinungen in der ehemaligen Wohnung der Beklagten sind so gravierend, dass mit ihnen eine erhebliche Gefährdung der Gesundheit verbunden ist. […] *Die fristlose Kündigung war daher gerechtfertigt.“*

Auch das Landgericht Osnabrück hat entschieden, dass im Zweifel den Vermieter (in diesem Fall die Klägerin) die Beweislast für die Mangelfreiheit des Mietobjekts trifft:

LG Osnabrück, Urteil vom 02.12.1988 – 11 S 277/88:

„Der Streit der Parteien geht darum, welche Seite die Verantwortung für den festgestellten Zustand der Mieträume trägt. Gewährleistungsansprüche des Mieters sind ausgeschlossen, wenn er selbst den Mangel allein oder jedenfalls überwiegend zu vertreten hat (vgl. Emmerich-Sonnenschein Handkommentar Miete § 537 Rz 18). Zu dieser Frage hat die Kammer eine Beweisaufnahme durchgeführt und den Sachverständigen […] *zur Erläuterung seines schriftlichen Gutachtens angehört. Der Sachverständige hat ausgeführt, dass er nicht nachweisen könne, dass falsches Lüftungsverhalten der Beklagten oder unzureichende Beheizung der Wohnräume zu den Erscheinungen geführt haben. Es sei also durchaus möglich, dass der Schimmelpilzbefall auf bauseitige Schwachstellen zurückzuführen ist.* […]

Es gibt also mehrere Anhaltspunkte, die auf bauseitige Schwachstellen hindeuten. Von daher folgt die Kammer ohne Einschränkung der Meinung des Gutachters, dass nach dem derzeitigen Untersuchungsstand die Verantwortlichkeit für den Schimmelpilzbefall weder der Vermieterin noch den Mietern zweifelsfrei zugeordnet werden kann. Die Nichterweislichkeit geht zu Lasten der Klägerin. Die Kammer vertritt in Übereinstimmung mit der wohl über-

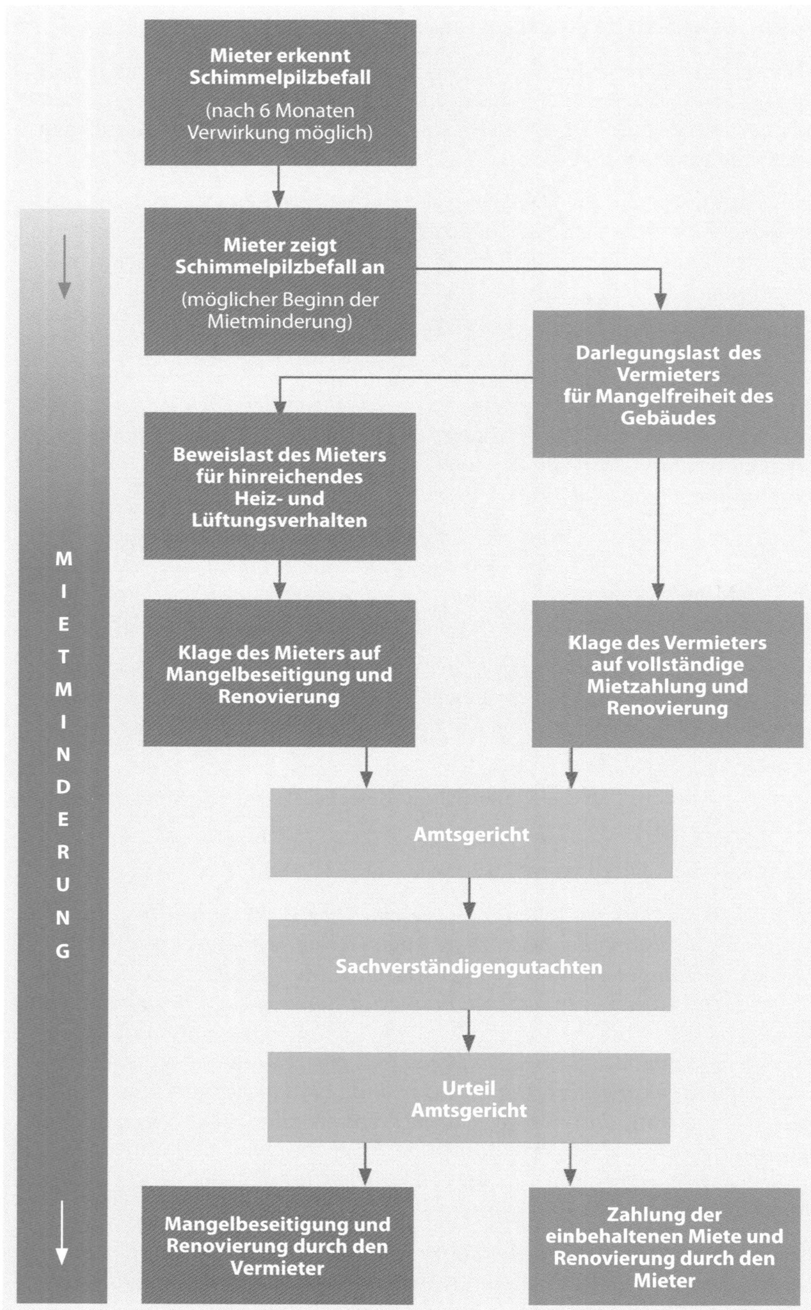

Abb. 9.4: Vorgehensweise bei Schimmelpilzschäden bei einem Mietverhältnis

wiegenden Meinung die Ansicht, dass der Vermieter die Beweislast dafür trägt, dass Gewährleistungsansprüche ausgeschlossen sind.“

Gelingt dem Vermieter der Nachweis, trifft den Mieter die Beweislast, dass die Ursache nicht im unsachgemäßen Gebrauch der Mietsache liegt (unzureichende Beheizung, ungenügende Belüftung, überhöhte Luftfeuchtesproduktion usw.):

LG Braunschweig, Urteil vom 16.04.2002 – 6 S 771/01:

„Die Parteien streiten sich um die Ursache der in der Wohnung des Klägers aufgetretenen Feuchtigkeitserscheinungen. In solchen Fällen ist es zunächst Sache des Vermieters zu beweisen, dass hierfür Baumängel nicht ursächlich sind. Wenn dieser Beweis geführt ist, muss der Mieter beweisen, dass er dem allgemein zumutbaren Normverhalten durch sein eigenes Wohnverhalten entsprochen hat. [...]

Entscheidend für das Auftreten von Schimmelpilz ist das Wohnverhalten, also das Maß der täglichen Lüftung und Beheizung. Die Lebensgewohnheiten sind jedoch so unterschiedlich, dass bei Feuchtigkeitserscheinungen in einem Mietwohnhaus nicht zwingend auf Bauschäden geschlossen werden muss.“

Hat der Mieter die Störung selbst zu vertreten, ist er nicht zur fristlosen Kündigung berechtigt:

BGH, Urteil vom 10.11.2004 – XII ZR 71/01 – OLG Naumburg – LG Dessau:

„BGB §§ 535 Abs. 1 Satz 2 (= § 536 a. F.), 536 Abs. 1 (= § 537 Abs. 1 a. F.), 538 (= § 548 a. F.), 543 Abs. 1, 2 (= § 542 a. F.)

Der Mieter ist nicht nach § 543 BGB (§ 542 BGB a. F.) zur außerordentlichen fristlosen Kündigung berechtigt, wenn er die Störung des vertragsgemäßen Gebrauchs (hier durch einen Wasserschaden) selbst zu vertreten hat. Ist die Schadensursache zwischen den Vertragsparteien streitig, trägt der Vermieter die Beweislast dafür, dass sie dem Obhutsbereich des Mieters entstammt. Sind sämtliche Ursachen, die in den Obhuts- und Verantwortungsbereich des Vermieters fallen, ausgeräumt, trägt der Mieter die Beweislast dafür, dass er den Schadenseintritt nicht zu vertreten hat.“

AG Nürnberg, Urteil vom 21.11.1986 – 28 C 1360/86:

„Jedoch ist bei Mietverhältnissen zu berücksichtigen, dass dem Vermieter wohl kaum jemals der Nachweis gelingen wird, dass ein falsches Mieterverhalten vorgelegen hat. Denn dieses spielt sich ausschließlich im Bereich des Mieters ab. Die Beweisführung ist für den Vermieter so gut wie unmöglich. Umgekehrt ist zu berücksichtigen, dass, wenn keine Baumängel vorliegen, ein Indiz für falsches Heiz- und Lüftverhalten spricht.

[...] Daher kommt das Gericht zum Schluss, dass ein falsches Mieterverhalten vorliegt. Denn Schimmelbildung beruht letztlich auf physikalischen Gesetzen und ist ein Wechselwirkungsprozess zwischen der ‚Güte‘ der Bausubstanz und der Angemessenheit des Wohnverhaltens. Für beides gibt es – weder physikalisch noch rechtlich – ‚absolute Werte‘. Vielmehr ist das eine stets in Relation zum anderen zu sehen.“

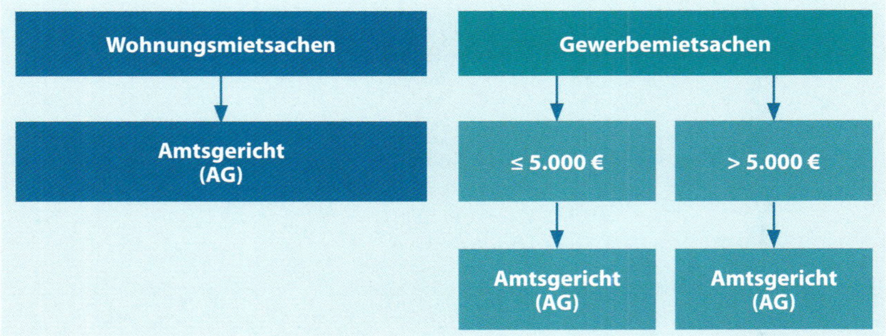

Abb. 9.5: Zuständigkeiten der Gerichte

Zur Verteilung der Darlegungs- und Beweislast hat der Bundesgerichtshof entschieden:

BGH, Urteil vom 01.03.2000 – XII ZR 272/97:

„Grundsätzlich hat zwar der Mieter, der sich auf einen Mangel beruft, die Darlegungs- und Beweislast für den Mangel und das Verschulden des Vermieters. Dabei hat die Rechtsprechung die Beweislast aber nach den beiderseitigen Verantwortungsbereichen verteilt: Der Vermieter muss darlegen und beweisen, dass die Ursache des Mangels nicht aus seinem Pflichten- und Verantwortungsbereich stammt, sondern aus dem Herrschaft- und Obhutsbereich des Mieters. Hat er diesen Beweis geführt, muss der Mieter nachweisen, dass er den Mangel nicht zu vertreten hat."

Bei strittigem Verlauf wird die Angelegenheit vor dem Amtsgericht anhängig, wenn es sich um einen Wohnraummietvertrag handelt. Bei Gewerbemietverträgen ist das Landgericht ab einem Streitwert von 5.000,00 € zuständig (siehe Abb. 9.5).

9.2.4 Umfang und Angemessenheit von Mietminderungen

Die Mietminderung umfasst auch die Nebenkosten, wie der Bundesgerichtshof entschieden hat:

BGH, Urteil vom 06.04.2005 – XII ZR 225/03:

„Bemessungsgrundlage der Minderung nach § 536 BGB ist die Bruttomiete (Mietzins einschließlich aller Nebenkosten). Dabei ist unerheblich, ob die Nebenkosten als Pauschale oder Vorauszahlung geschuldet werden."

Sofern die vorangegangenen Untersuchungen zweifelsfrei bauliche Ursachen eines Schimmelpilzbefalls festgestellt haben, steht dem Mieter nach geltender Rechtsauffassung ein angemessener Mietminderungsanspruch zu. Wenn der Mieter allerdings schuldhaft einen überhöhten Minderungsbetrag einbehält, kann der Vermieter den Mietvertrag kündigen, wenn der Einbehalt insgesamt den Betrag von 2 vollen Monatsmieten übersteigt. Die Höhe des angemessenen Minderungsanspruchs wird im Zuge eines Verfahrens durch die Gerichte festgelegt. Sie lässt sich aber anhand von verfügbaren Grundsatzurteilen im Voraus anhand von orientierenden Beispielen wie in Tabelle 9.1 gezeigt abschätzen.

Tabelle 9.1: Richtwerte für Mietminderung anhand von Beispielen

Mietminderung in %	**Urteile**	
0,00	*„Haben Feuchtigkeitsschäden allein im* ***Einflussbereich*** *des* ***Mieters*** *ihre Ursache, ist eine Mietminderung ausgeschlossen, wenn es dem Mieter zuzumuten ist, durch sein Wohnverhalten der Entstehung von Feuchtigkeit entgegenzuwirken."*	LG Aachen, Urteil vom 31.01.1991 – 6 S 298/90
0,00	*„Der Mieter ist nicht berechtigt, den Mietzins wegen Schimmelpilzbildung in seiner Wohnung zu mindern, wenn dieser Schaden auf sein* ***eigenes****, falsches* ***Lüftungsverhalten*** *zurückzuführen ist."*	AG Halle, Urteil vom 08.11.1990 – 2 C 178/90 – (DWW 1991, 220)
0,00	*„Schimmelpilzbildung als Folge eines* ***Tauwasserausfalls*** *im Schlafzimmer einer Neubauwohnung ist* ***aufgrund unzureichender Beheizung*** *durch die Bewohner entstanden. Die Heizkostenverbrauchswerte in 1998 bis 2001 lagen bei 60 % – 74 % des Mittelwertes aller Wohnungen des Gebäudes, obwohl die exponierte Lage der Wohnung einen Verbrauch erfordert hätte, der erheblich oberhalb des Durchschnitts liegen müsste."*	AG Schwerin, Urteil vom 12.11.2002 – 14 C 1370/01
1,00	**muffiger Geruch** nach Schimmelpilzen im Kinderzimmer **ohne sichtbaren Befall**	AG Rostock, Urteil vom 28.11.2003 – 41 C 452/01
2,00	Folgen einer **Dachdurchfeuchtung** in der Wohnung noch sichtbar: *„Mit dem AG Hannover ist davon auszugehen, dass zwar die Dachundichtigkeit behoben worden ist und nicht festgestellt werden kann, dass noch seit der geltend gemachten Mietzinsminderung Durchfeuchtungen aufgetreten sind, dass aber nach wie vor die Folgen infolge der verbliebenen Mängel entsprechend den Ausführungen in dem angefochtenen Urteil, auf die verwiesen wird, fortbestehen. Auch nach Auffassung der Kammer handelt es sich dabei zwar um eine recht geringfügige Beeinträchtigung, die aber andererseits für sich genommen schon zu einer nicht mehr nur unerheblichen Minderung der Tauglichkeit des Mietobjekts geführt hat, was eine Mietzinsminderung von 2 % rechtfertigen würde."*	LG Hannover, Urteil vom 15.04.1994 – 9 S 211/93 (WuM 1994, 463)
2,00	ausgeprägter Schimmelpilzbefall in dem oberen Fach eines **Wandschranks** in der Küche	AG Hannover, Urteil vom 08.06.2005 – 520 C 13591/03
2,33	**Feuchte im Neubaukeller** als Ursache für verschimmeltes Mieterinventar; die Mieter haben Anspruch auf Schadensersatz für die verschimmelten Gegenstände.	AG Gera, Urteil vom 29.10.2001 – 4 C 775/01

Tabelle 9.1 (Fortsetzung)

Mietminderung in %	Urteile	
3,00	**Eindringen von Wasser** aufgrund eines undichten Daches	AG Reutlingen, Urteil vom 28.02.1990 – 8 C 1430/89 (WuM 1990, 146)
5,00	**gelegentliches Eindringen** von Wasser durch die Decke in die Wohnung	AG Nidda, Urteil vom 15.09.1981 – 95/81 (WuM 1982, 170)
5,00	**Feuchte** im **Keller** nach Regenfällen	AG Düren, Urteil vom 16.12.1981 – 8 C 465/81 (WuM 1983, 30)
5,00	Schimmelpilzbildung im Decken- und Fußbodenwinkel des Schlafzimmers aufgrund mangelhaften Außenmauerwerks; dass **Möblierung** mitursächlich ist, ist **unerheblich**. Quote für **Mai bis September**.	LG Hamburg, Urteil vom 10.04.1984 – 16 S 211/83 (WuM 1985, 21)
5,00	messbare **Feuchte** an der Oberseite der **Kellersohle** und an einem Teil der Kellerwände ohne sichtbare Auswirkungen	AG Norderstedt, Urteil vom 30.07.2004 – 46 C 79/02
5,00	**Feuchte** in dem einzigen für die Wohnung zur Verfügung stehenden **Kellerraum**	AG Osnabrück, Urteil vom 11.05.1987 – 14 C 33/87
5,00	Für den Zeitraum Januar, April und Mai Schimmelpilzbildung an der zum Treppenhaus hinzeigenden Wand der Küche und in der Außenwandraumecke des Schlafzimmers, die nur zum Teil auf bauliche Mängel in Form einer **Wärmebrückenwirkung** zurückzuführen ist. Zum anderen Teil ist der Befall einer vom Mieter selbst gemessenen **relativen Luftfeuchte** von regelmäßig 70 %, zeitweise über 90 %, geschuldet. Schimmelpilzbildung trat auf, obwohl im Februar eine Lüftungsbroschüre übergeben wurde.	AG Hagenow, Urteil vom 21.04.2006 – 12 C 102/06
7,00	von der Decke **herabtropfendes Kondensatwasser** im unbeheizten WC eines Neubaus: *„Das Herabtropfen von Kondensat stellt einen Mangel dar, da auch im WC als Feuchtraum ein Herabtropfen nicht üblich ist."*	AG Nürnberg, Urteil vom 21.11.1986 – 28 C 1360/86
8,00	Schimmelpilzbildung nur in **Küche und Bad** einer Wohnung aufgrund einer baualtersbedingten schlechten Wärmedämmung der Außenwände mit der Folge des Tauwasserausfalls	LG Hamburg, Urteil vom 11.07.2000 – 316 S 227/99

Tabelle 9.1 (Fortsetzung)

Mietminderung in %	Urteile	
8,00	Schimmelpilzbefall mit einem **Durchmesser von 50 cm** im Souterrainzimmer des Sohnes	AG Köln, Urteil vom 14.03.2005 – 206 C 161/04
10,00	Schimmelpilze und Stockflecken an der gesamten Außenwand eines **Abstellraums**	AG Steinfurt, Urteil vom 11.08.1977 – 3 C 230/77 (WuM 1977, 256)
10,00	nur sehr **kleiner Feuchteschaden**	AG Lahnstein, Urteil vom 11.10.1976 – 2 C 447/76 (WuM 1977, 227)
10,00	Schimmelpilze **hinter Heizkörpern und unter Fensterbrüstungen** wegen zu geringen Wärmedurchlasswiderstands an den Außenwänden	AG Darmstadt, Urteil vom 17.01.1979 – 37 C 2894/78 (WuM 1980, 129)
10,00	Schimmelpilzbildung und muffiger Geruch in **Bad, Küche und Schlafzimmer**, auch wenn die Schäden durch Mieter mitbeeinflusst worden sind	LG Hannover, Urteil vom 27.01.1982 – 11 S 322/81 (WuM 1982, 183)
10,00	Schimmelpilzbildung infolge einer **Wärmebrücke durch auskragende Stahlbetondecke**; gleichzeitig aber Mitverursachung durch Mieter aufgrund fehlerhaften Heiz- und Lüftungsverhaltens, weil eine vergleichbare Wohnung mit gleicher Wärmebrücke ohne Schaden geblieben ist	LG Itzehoe, Urteil vom 22.04.1982 – 1 S 24/81
10,00	Schimmelpilzbildung durch **Kondensatausfall im Schlafzimmer**	LG Hannover, Urteil vom 27.01.1982 – 11 S 322/81
10,00	normale **Neubaufeuchte**	LG Hamm (WuM 1985, 259)
10,00	Schimmelpilzbildung im Decken- und Fußbodenwinkel des Schlafzimmers aufgrund mangelhaften Außenmauerwerks. Dass Möblierung mitursächlich ist, ist unerheblich. Quote für **Oktober bis April**: *„Die vom AG angenommene Minderungsquote von 10 % in den Monaten Oktober bis April ist nicht zu beanstanden."*	LG Hamburg, Urteil vom 10.04.1984 – 16 S 211/83 (WuM 1985, 21)
10,00	Feuchtemängel in einer Wohnung aufgrund von **Neubaufeuchte**	LG Lübeck, Urteil vom 08.01.1988 – 6 S 289/87

Tabelle 9.1 (Fortsetzung)

Mietminderung in %	Urteile	
10,00	Die zur Mietwohnung gehörenden **Kellerräume** weisen Feuchte auf. Die Mietminderung ist aus der Miete einschließlich Nebenkostenvorauszahlung zu berechnen.	AG Bad Bramstedt, Urteil vom 20.07.1989 – 5 C 44/89 (WuM 1990, 71)
10,00	Schimmelpilzbildung **ausschließlich im Bad der Wohnung**, wobei eine unzureichende Lüftung durch die Mieter ausgeschlossen wurde, weil das Bad kein Fenster, sondern nur eine Zwangsentlüftung hat	LG Bochum, Urteil vom 08.11.1991 – 5 S 100/01
10,00	**Feuchteeinbrüche und Wasserschäden** bei einem Gebäude mit geringer Miete aufgrund dürftiger Bauqualität, wie sie dem DDR-Standard entsprach	KG Erfurt, Urteil vom 05.01.1993 – 1 C 352/92
10,00	Schimmelpilzbefall im **Arbeitszimmer** einer Wohnung	LG Köln, Urteil vom 20.08.2003 – 9 S 126/03
10,00	Schimmelpilzbefall im Wohnzimmer und Kinderzimmer aufgrund von **Wärmebrücken**, die nur durch eine Luftwechselrate von 0,8 h^{-1} (80 % Luftwechsel pro Stunde) zu vermeiden gewesen wäre	AG Bremen, Urteil vom 12.03.2004 – 7 C 150/2003
10,00	Schimmelpilzbefall im **Bad** einer Wohnung	AG Schöneberg, Urteil vom 10.04.2008 – 109 C 256/07
10,00	Schimmelpilzbefall an den Fensterleibungen im Zusammenhang mit einem **maroden Fenster**	LG Hamburg, Urteil vom 05.03.2009 – 307 S 124/08
10,00	**Kellerraum** nicht mehr nutzbar wegen Feuchteschäden mit Schimmelpilz- und Salpeterbildung	AG Köln, Urteil vom 15.03.2005 – 223 C 6/05
10,00	**Wassereinbruch** mit Schimmelpilzbildung, bei dem 15 m^2 Tapete und 3 m^2 Putz beseitigt werden mussten, sowie Schäden am Fußboden	KG Berlin, bestätigt durch BGH, Urteil vom 06.04.2005 – XII ZR 225/03

Tabelle 9.1 (Fortsetzung)

Mietminderung in %	Urteile	
13,00	Schimmelpilzbildung, die zu 65 % auf **bauliche Mängel** zurückzuführen ist: *„Das Recht der Beklagten, die Miete zu mindern, folgt daraus, dass [...] die unstreitige Schimmelpilzbildung in den Mieträumen zu 65 % auf baulich bedingten Mängeln beruht: Die Stahlbetondecken im Außenwandlagerbereich sind wärme- und kondensatfeuchtebedingt nicht ausreichend ausgebildet, so dass es insbesondere im Außenwandbereich und an den dortigen Decken und Böden zu erhöhtem Wärmeverlust mit Kondensatbildung und in weiterer Folge Schimmelpilzbefall kommt. Durch diese Mängel ist der Wohnwert der Räume wesentlich beeinträchtigt, so dass eine deutliche Mietminderung gerechtfertigt ist. Bei der Quote der Mietminderung hat die Kammer sich davon leiten lassen, dass das Ausmaß der Schimmelpilzerscheinung insgesamt einen Minderwert des Mietobjektes von 20 % darstellt. Da nach den Ausführungen des Sachverständigen die Mängelerscheinung jedoch bei geändertem und den Beklagten zumutbarem Heiz- und Lüftungsverhalten zu anteiligen 35 % vermeidbar wäre, mithin nur 65 % baubedingt auf der konstruktiven Ausführung der Bausubstanz beruht und damit nur insoweit von der Klägerin zu vertreten ist, ergibt sich ein Prozentsatz von 65 % von 20 % = 13 %, um den die Beklagten den vertraglichen Mietzins mindern dürfen."*	LG Bonn, Urteil vom 03.12.1990 – 6 S 76/90
15,00	Schimmel in **2 Zimmern, Küche und WC**	LG München, Urteil vom 02.10.1985 – 15 S 7066/85
15,00	Schimmelpilzbildung an den Außenwänden von Küche, Bad, Wohnzimmer, Schlafzimmer und Kinderzimmer, im Nachgang zum **Einbau neuer Fenster**	AG Köln, Urteil vom 26.10.1998 – 213 C 266/98
15,00	**Außenwände aller Zimmer und die Wände und Decke im Bad** durchfeuchtet, obendrein Schimmelflecken in der **Küche**	LG Berlin, Urteil vom 16.02.1999 – 64 S 356/98
15,00	Schimmelpilzbefall im Bereich der **Fenster von Küche und Schlafzimmer**	AG Norderstedt, Vergleich vom 06.12.2002 – 40 C 213/02
15,00	**nasse Wand in der Küche** mit Schimmelpilzbefall	LG Berlin, Urteil vom 15.10.2010 – 65 S 136/10

Tabelle 9.1 (Fortsetzung)

Mietminderung in %	Urteile	
16,00	16 % des Mietzinses aufgrund eines Schimmelbefalls im Bereich der **Kaminwand des Schlafzimmers**; dieser Minderungssatz ergibt sich, da der Flächenanteil des Schlafzimmers an der Wohnfläche im vorliegenden Fall bei 1/3 liegt und eine Nutzungseinschränkung von 50 % anerkannt wird. Somit ergibt sich eine Minderung von 1/6, was 16 % entspricht.	AG Mainz, Urteil vom 15.03.2002 – AZ: 88 C 340/00
17,00	Sämtliche Zimmer einer Wohnung sind nach dem **Einbau dicht schließender isolierverglaster Fenster** stark oder weniger stark mit Schimmel befallen, weil der Vermieter den Mieter nicht hinreichend über eine erforderliche Veränderung des Lüftungsverhaltens aufgeklärt hat.	LG Neubrandenburg, Urteil vom 02.04.2002 – 1 S 297/01
20,00	Feuchte in der Wohnung wegen einer mangelhaften **Außenisolierung**	AG Köln, Urteil vom 23.05.1973 – 152 C 195/73 (WuM 1974, 241)
20,00	Durchfeuchtungen von Wänden in **8 Räumen** eines Einfamilienhauses aufgrund eines **schadhaften Daches**	AG Hamburg, Urteil vom 09.01.1979 – 42 C 634/76 (WuM 1979, 103)
20,00	Feuchte in der Wohnung u. a. wegen **Wärmebrückenbildung**, unzureichendem Wärmedurchlasswiderstand der Wände, Rissbildungen	LG Marburg, Urteil vom 02.12.1981 – 5 S 166/81
20,00	Schimmelpilzbildung in einer Neubauwohnung aufgrund noch nicht entwichener **Baufeuchte**	AG Bad Schwartau, Urteil vom 03.11.1987 – 3 C 1176/86
20,00	erheblicher Schimmelpilzbefall in **Wohn-, Schlafzimmer und Bad**	LG Osnabrück, Urteil vom 02.12.1988 – 11 S 277/88 (WuM 1989, 370)
20,00	**Feuchte** in der Wohnung	LG Berlin, Urteil vom 17.01.1989 – 64 S 325/88 (MM 1989, 26)
20,00	**Deckenfeuchte** im Wohnzimmer, Schlafzimmer, Erkerzimmer nebst Loggia sowie im Bad	LG Berlin, Urteil vom 30.05.1989 – 64 S 71/89 (GE 1990, 705)

Tabelle 9.1 (Fortsetzung)

Mietminderung in %	Urteile	
20,00	Feuchte aufgrund teilweise zu geringer **Außenisolierung**; Minderung, obwohl kein Verstoß gegen DIN-Vorschriften	LG Köln, Urteil vom 12.07.1990 – 6 S 79/90 (WuM 1990, 547)
20,00	**Feuchteschäden** an der Wohnung	LG Köln, Urteil vom 29.09.1993 – 6 S 307/93 (WuM 1994, 429)
20,00	**feuchte Wand** im Kinderzimmer	AG Köln, 222 C 371/99
20,00	Schimmelpilzbefall an der Küchendecke als Mangelfolgeschaden in Form eines **Tauwasserausfalls** wegen einer **unzureichenden Isolierung**; von den 20 % der Mietminderung entfallen 80 % auf den baulichen Mangel und 20 % auf ein fehlerhaftes Nutzerverhalten wegen unzureichender Beheizung und Belüftung, sodass den Mietern nur ein effektives Minderungsrecht in Höhe von 16 % zusteht	LG Karlsruhe, Urteil vom 14.07.1998 – 8 O 208/98
20,00	Schimmelbefall in 2 von 3,5 Zimmern einer Wohnung nach dem **Einbau neuer Fenster**	LG Gießen, Urteil vom 12.04.2000 – 1 S 63/00
20,00	**Feuchte in verschiedenen Räumen** einer Altbausouterrainwohnung im Zusammenhang mit einer Schimmelpilzbildung	AG Schwerin, Urteil vom 28.11.2003 – 11 C 1610/99
20,00	Tauglichkeit der Wohnung war durch **Schimmelpilzbefall** um 30 % gemindert. Davon fallen 70 bis 80 % auf den baulichen Zustand zurück, sodass die Mieterin zu einer 20 %igen Minderung der Kaltmiete berechtigt war.	AG Hagenow, Urteil vom 18.04.2005 – 11 C 193/03
20,00	Schimmelpilzbildung im Wohn- und Schlafzimmer wegen **schlecht wärmegedämmter Bausubstanz**	AG Osnabrück, Urteil vom 04.07.2005 – 14 C 385/04 (XXI)
20,00	Für den Zeitraum Februar 2003 bis zum Zeitpunkt der Übergabe einer Lüftungsbroschüre wegen einer Schimmelpilzbildung an der **zum Treppenhaus hinzeigenden Wand der Küche und in der Außenwandraumecke des Schlafzimmers**, die nur zum Teil auf bauliche Mängel in Form einer Wärmebrückenwirkung zurückzuführen ist; zum anderen Teil ist der Befall einer vom Mieter selbst gemessenen relativen Luftfeuchte von regelmäßig 70 %, zeitweise über 90 %, geschuldet. Der Mieter war jedoch durch den Vermieter nicht über das richtige Heiz- und Lüftungsverhalten aufgeklärt worden.	AG Hagenow, Urteil vom 21.04.2006 – 12 C 102/06

Tabelle 9.1 (Fortsetzung)

Mietminderung in %	Urteile	
20,00	Schimmelpilzbefall in **allen Räumen einer Wohnung**	AG Königs Wusterhausen, Urteil vom 11.05.2007 – 9 C 174/06
20,00	Feuchte und Schimmelpilzbefall **in allen Räumen einer Wohnung**	LG Konstanz, Urteil vom 20.12.2012 – 61 S 21/12 A
25,00	Feuchteschäden in erheblichem Umfang durch **Thermotapeten**, die der Vermieter an den Wänden angebracht hatte	LG Aachen, Urteil vom 12.07.1990 – 2 S 114/90
25,00	Wasserschäden an der **Decke** im Wohnzimmer aufgrund **mangelhafter Isolierung** der Wände bzw. ungenügender Dichtigkeit der Fenster	AG Osnabrück, Urteil vom 31.03.1995 – 14 C 231/94 (NJW-RR 1995, 971)
25,00	**feuchte Wand** im Kinderzimmer aufgrund einer **schadhaften Außenwand**	AG Schwerin, Urteil vom 11.01.2001 – 14 C 3280/98
25,00	Schimmelpilzbildung an Wänden und Decken im **Wohnzimmer, im Bad, in der Küche und im Flur**	AG Hamburg-Altona, Urteil vom 09.09.1999 – 316 C 44/98
25,00	Schimmelpilzbefall im Elternschlafzimmer und im Kinderzimmer wegen **geringer Wärmedämmung** der Außenwand	AG Bremen, Urteil vom 16.05.2003 – 7 C 107/2002
25,00	Schimmelpilzbildung im **Schlafzimmer** an der Außenwand links und rechts des Fensters und an der daneben liegenden Außenwand auf gesamter Höhe, Schimmelpilzbildung im **Badezimmer** an der gesamten Decke	LG Hamburg, Urteil vom 24.02.2005 – 307 S 162/04
25,00	Deutlich sichtbarer Schimmelpilzbefall **in der Küche sowie im gesamten WC**; in den übrigen Zimmern fällt der Schimmel weniger auf.	AG Marbach am Neckar, Urteil vom 24.05.2007 – 3 C 462/06
30,00	Feuchte und **extreme Bodenkälte** wegen Nordlage, fehlende Möglichkeit der Querlüftung sowie infolge unzureichenden Wärmedurchlasswiderstands der Kellerdecke	LG Münster, Urteil vom 07.08.1963 – 8 X 153/62 (WuM 1963, 186)
30,00	Wohnung ist **übermäßig feucht** und fußkalt.	AG Darmstadt, Urteil vom 03.05.1982 – 39 C 1706/81 (WuM 1984, 245)

Tabelle 9.1 (Fortsetzung)

Mietminderung in %	Urteile	
30,00	**Feuchteerscheinungen unter teilweiser Schwarzschimmelbildung** neben der Wohnungsabschlusstür sowie an der Küchenwand zum Flur und über die gesamte ostseitige Außenwand der Wohnung in Küche, Badezimmer und einem der beiden Kinderzimmer	AG Pasewalk, Urteil vom 07.10.92 – 7 C 94/92
30,00	Stellenweise Schimmelbildung in der Küche und im Kinderzimmer, erhebliche Schimmelpilzbildung im **Schlafzimmer**, das **zu Wohnzwecken mangels einer Beheizung nicht geeignet** ist, ohne dass die Mieter dies erkennen konnten; keiner der Räume war unbenutzbar.	LG Lüneburg, Urteil vom 22.11.2000 – 6 S 70/00
30,00	Feuchteeinbruch durch die Außenwand und **Schimmelsporenbelastung in Bad (4.250 KBE/m^3) und Kinderzimmer (9.200 KBE/m^3)**	AG Norderstedt, Urteil vom 08.11.2002 – 47 C 153/01
30,00	Lager- und Vorratsraum (5,5 m^2) sowie Hobbyraum (19,5 m^2) im **Keller nicht gebrauchstauglich**, aufgrund erheblicher Feuchte im Mauerwerk, gelegentlich eindringenden Wassers und Geruchsbelästigung in der gesamten Wohnung, ausgehend vom Keller durch Kellerfeuchte und Heizöl	LG Hamburg, Urteil vom 17.01.2002 – 333 S 55/01
30,00	erheblicher Schimmelpilzbefall und **undichtes Fenster im Schlafzimmer**	AG Siegburg, Urteil vom 03.11.2004 – 4 C 227/03
30,00	Feuchteerscheinungen in **allen Räumen einer Wohnung** mit Schimmelpilzkulturen	AG Norderstedt, Urteil vom 07.01.2005 – 40 C 57/03
30,00	großflächiger Befall mit Schimmelpilzen mit Herabsetzung des Wohnwerts in 2 von 3 der wichtigsten Räume – Wohnzimmer, Elternschlafzimmer, Kinderzimmer – nach **Einbau neuer Fenster**	AG Parchim, Urteil vom 09.12.2005 – 12 C 1090/02
30,00	Schimmelpilzbefall im **Flur**, im **Badezimmer**, in der Küche und in den beiden **Schlafräumen** der Wohnung	AG Hagenow, Urteil vom 14.02.2005 – 11 C 82/03
50,00	erhebliche Feuchte und Nässe in der Wohnung (Durchfeuchtung eines Teppichbodens, **Tropfwasser** durch Zimmerdecke)	AG Leverkusen, Urteil vom 18.04.1979 – 23 C 471/76 (WuM 1980, 163)

Tabelle 9.1 (Fortsetzung)

Mietminderung in %	**Urteile**	
50,00	erhebliche **Putzschäden**, die eine vollständige Erneuerung der Bausubstanz erforderlich machen würden, verbunden mit einer erheblichen Durchfeuchtung der Trennwand zwischen Badezimmer und Schlafzimmer	LG Berlin, Urteil vom 28.02.1991 – 64 T 19/91 (GE 1991, 573 = DriZ 1992, 65)
50,00	**Feuchteerscheinungen unter teilweiser Schwarzschimmelbildung** neben der Wohnungsabschlusstür sowie an der Küchenwand zum Flur und über die gesamte ostseitige Außenwand der Wohnung in Küche, Badezimmer und einem der beiden Kinderzimmer und zusätzlich **Totalausfall und Teilausfall der Gasaußenwandgeräte** im Wohnzimmer und in einem der Kinderzimmer	AG Pasewalk, Urteil vom 07.10.92 – 7 C 94/92
50,00	vollständiger Nutzungsverzicht auf das intensiv schimmelpilzbelastete **Kinderzimmer** wegen Neurodermitiserkrankung des Kindes	LG Düsseldorf, Urteil vom 06.08.1996 – 24 S 83/96
50,00	Wände im **Sekretariat** einer aus 3 Arbeitsräumen und einem Besprechungsraum bestehenden Kanzlei mit Schimmelpilzen und Stockflecken behaftet, **beißender Geruch** und deutlich erhöhte Luftfeuchte	OLG Köln, Urteil vom 11.12.2001 – 22 U 301/00
50,00	**Durchfeuchtung nach Wasserschaden** in einer Ausdehnung von 2 m^2 Wandfläche und 1 m^2 Teppichfläche, wenn das einzige Zimmer des Appartements betroffen ist, ohne dass auf andere Räume ausgewichen werden kann	LG Dresden, Urteil vom 17.12.2002 – 4-S-0152/02
60,00	starke Beeinträchtigung des Funktions- und Geltungswerts einer Wohnung durch **aus dem Boden aufsteigende Feuchte** mit sichtbaren Feuchteschäden	AG Bad Vilbel, Urteil vom 20.09.1996 – 3 b C 52/96
75,00	**Schimmelbildung** in allen Räumen einer Neubauwohnung, **die das Anstellen von Schränken an die Wände verhindert**	LG Köln, Urteil vom 15.11.2000 – 9 S 25/00 (WM 2001, 604)
80,00	Der **Aufenthalt** in Küche, Wohn- und Schlafzimmer ist **nahezu unmöglich**, weil diese Räume ständig durchfeuchtet, modrig und von **Schimmelpilz** befallen sind, und es verbleibt zum dauernden Aufenthalt lediglich ein kleines Zimmer als untergeordneter Teil der Wohnung.	LG Berlin, Urteil vom 08.01.1991 – 65 S 205/89 (GE 1991, 625)
80,00	Wände im **Besprechungszimmer** und im **Sekretariat** einer aus 3 Arbeitsräumen und einem Besprechungsraum bestehenden Kanzlei mit Schimmelpilzen und Stockflecken behaftet, **beißender Geruch** und deutlich erhöhte Luftfeuchte	OLG Köln, Urteil vom 11.12.2001 – 22 U 301/00

Tabelle 9.1 (Fortsetzung)

Mietminderung in %	**Urteile**	
80,00	Wohnzimmer und Badezimmer einer Zweizimmerwohnung zeigen einen **Wasserschaden** mit massivem Schimmelpilzbefall, das Bad ist nicht nutzbar, weil die Duschwanne für die Sanierung ausgebaut werden muss. Durch **Bauarbeiten und Trocknungsarbeiten** entstehen weitere Beeinträchtigungen.	AG Köln, Urteil vom 25.10.2011 – 224 C 100/11
100,00	Die Wohnung ist durch Feuchteschäden an den Wänden, die dadurch entstehende hohe Luftfeuchte und den Gestank zum **Wohnen nicht geeignet**.	LG Berlin, Urteil vom 19.12.1988 – 61 S 211/87 (GE 1989, 149)
100,00	Die Raumluft in der Wohnung enthält toxinbildende und fakultativ pathogene Schimmelpilzsporen. Dies hat zu einer **lebensgefährlichen Erkrankung** der Mieterin und ihrer Tochter geführt.	AG Charlottenburg, Urteil vom 09.07.2007 – 203 C 607/06; LG Berlin, Urteil vom 20.01.2009 – 65 S 345/07

9.2.5 Trennung von Sachfragen und Rechtsfragen

Wenn es um die Klärung der Verantwortlichkeit für einen Schimmelpilzbefall geht, müssen neben den Sachfragen zu den technisch begründeten Ursachen auch Rechtsfragen geklärt werden, wobei es z. B. auf die Zumutbarkeit eines bestimmten Nutzerverhaltens ankommen kann oder auf die Zulässigkeit einer bestimmten Möblierungsart. Oft müssen die erkennenden Gerichte in Ermanglung einer konkreten Regelung eine Auslegung vertraglich getroffener Vereinbarungen vornehmen. Es liegt in der Natur der Sache, dass gerichtliche Entscheidungen, die auf solchen Auslegungen begründet sind, nicht bundesweit synchronisiert werden können. Für Nichtjuristen kann die Kenntnis der zu einem bestimmten Sachverhalt getroffenen Gerichtsentscheidungen und insbesondere der zugrunde liegenden Begründungen jedoch hilfreich sein. Im Folgenden sind einige Entscheidungen der vergangenen Jahre auszugsweise zitiert. Die dort erfolgte Beurteilung von Rechtsfragen berücksichtigt immer die Umstände des Einzelfalls, lässt sich aber mit den im Kapitel 3 dieses Buches angesprochenen Sachfragen zu den Kategorien technischer Ursachen ganz überwiegend in einen schlüssigen Zusammenhang bringen.

9.2.6 Obhutspflicht der Mieter

Nicht immer liegt ein einzelner Fehler vor, der die Entstehung von Schimmelpilz verursacht hat. Häufig überlagern sich die Einflussfaktoren aus der Sphäre des Gebäudes mit den nutzerspezifischen Belangen.

In den Verantwortungsbereich des Mieters fällt die sog. Obhutspflicht. Mieter sind verpflichtet, das ihnen überlassene Mietobjekt pfleglich zu behandeln, damit sich dessen Zustand während der Mietdauer nicht verschlechtert. Zu dieser Obhutspflicht zählt auch die hinreichende Beheizung und Belüftung der Mietsache, um andernfalls drohenden Feuchteschäden entgegenzuwirken:

LG Berlin, Urteil vom 08.11.1984 – 61 S 19/84:

„Der Mieter hat im Rahmen des vertragsgemäßen Gebrauchs der Mietsache die Verpflichtung, das nach Treu und Glauben ihm Zumutbare zu unternehmen, um Schaden von der Mietsache abzuwenden (sog. Obhutspflicht). Der Umfang dieser Obhutspflicht hängt von den Umständen des Einzelfalls ab und bestimmt sich ferner danach, welche Vorkehrungen zur Schadensabwendung nach der Verkehrsauffassung vom Mieter üblicher und billiger Weise erwartet werden dürfen. Insoweit ist anerkannt, dass der Mieter verpflichtet ist, durch sachgerechtes Lüften zu verhindern, dass sich in der gemieteten Wohnung im Übermaß Luftfeuchte bildet. Erfordern die baulichen Gegebenheiten ein intensiveres Lüften, so ist der Mieter auch dazu verpflichtet."

Beispiel einer Entscheidungsbegründung zum normalen Lüftungsverhalten:

OLG Frankfurt am Main, Urteil vom 11.02.2000 – 19 U 7/99:

„Nach Bekundungen des Sachverständigen reicht ein dreimaliges Stoßlüften zur Vermeidung derartiger Mängel aus. Darunter versteht der Sachverständige, dass morgens zweimal und abends einmal quergelüftet wird. Eine derartige Verhaltensweise kann auch jedem Eigentümer oder Nutzer einer Wohnung zugemutet werden, da hier nur ein normales alltägliches Wohnverhalten verlangt wird. Unter diesen Umständen ist davon auszugehen, dass die Wohnung in jeder Hinsicht bei normalem Nutzverhalten nutzbar ist und keine Werkmängel aufweist."

Auch das Landgericht Köln geht davon aus, dass ein zweimaliges Stoßlüften und das zusätzliche Lüften bei auftretendem Wasserdampf im Badezimmer auch ohne besonderen Hinweis des Vermieters vom Mieter erwartet werden können:

LG Köln, Urteil vom 20.08.2003 – 9 S 126/03:

„Der Sachverständige hält insoweit ein Heizen auf 20° Raumtagestemperatur sowie ein Stoßlüften im Winter und Sommer einmal täglich 10 Minuten und im Herbst und Frühling zweimal täglich 10 Minuten, sowie zusätzliches Lüften, wenn Wasserdampf vorhanden ist, für erforderlich und ausreichend. […] Das vom Sachverständigen zur Vermeidung von Schimmelbildung als ausreichend angesehene Heiz- und Lüftungsverhalten ist als normal und üblich anzusehen und stellt keine besonderen Anforderungen an den Mieter. Es ist von diesem daher auch ohne einen besonderen Hinweis seitens des Vermieters

im Rahmen der ihm obliegenden Obhutspflicht hinsichtlich der Mietsache zu beachten.“

Gegensätzlich dazu sieht es das Landgericht Aurich:

LG Aurich, Beschluss vom 09.02.2005 – 2 T 51/05:

„Es ist nämlich zu bedenken, dass die von manchen Gutachtern empfohlenen Lüftungsmethoden im bürgerlichen Alltagsleben ungewöhnlich, unüblich und schwer zu praktizieren sind. Dies gilt insbesondere für die Forderung, viermal am Tage sämtliche Heizkörper abzudrehen, sämtliche Fenster sperrangelweit zu öffnen, 15 Minuten geöffnet zu lassen und dann wieder zu schließen, um sodann die Heizkörper wieder anzudrehen. Die damit verbundenen Umständlichkeiten in der praktischen Durchführung stellen es ernsthaft in Frage, ob solche Sondermaßnahmen zumutbar sind. Immerhin folgt deren Notwendigkeit nicht aus Umständen in der Sphäre der Mieter, sondern aus der Kombination von schwach gedämmtem Mauerwerk, dicht schließenden Wärmedämmfenstern und unterlassenen Maßnahmen zur kontinuierlichen Frischluftzufuhr. Es fragt sich deshalb ernsthaft, ob nicht ein Haus baulich von vorneherein so beschaffen sein muss, dass auch mit weniger aufwändigen Lüftungsmaßnahmen die Schimmelbildung verhindert werden kann. Dabei ist insbesondere an die Ausrüstung mit Fenstern mit Zwangslüftung, an die Einrichtung von Lufttauschern mit Wärmerückgewinnung oder an die adäquate Wärmedämmung des Mauerwerks außerhalb der Fensterleibung zu denken.“

Sehr viel differenzierter sieht es das Oberlandesgericht Celle:

OLG Celle, Beschluss vom 19.07.1984 – 2 UH 1/84:

„Zu einem vertragsgemäßen Gebrauch der Mietsache gehört es aber, die Luftfeuchte innerhalb der Wohnung durch Vermeiden übermäßiger Feuchtigkeitsbelastungen und/oder durch Zufuhr von trockener Frischluft in einem Zustand zu erhalten, die ein Auftreten von Spakflecken verhindert. Nach dem unbestrittenen Vortrag der Klägerin haben die Beklagten es in Ziffer 5 der allgemeinen Vertragsbestimmungen zudem übernommen, ‚für ausreichende Lüftung und Heizung aller ihnen überlassener Räume‘ zu sorgen (Bl. 241 GA). Die Folgen etwaiger Verstöße gegen diese vertraglichen Verpflichtungen hätten die Beklagten zu vertreten.

Tritt, wie das Landgericht dem Sachverständigengutachten […] entnimmt, Feuchtigkeit nicht durch das Außenmauerwerk in die Wohnung der Beklagten ein, so liegt es allein in deren Einflussbereich, der Entstehung von Spakflecken durch entsprechendes Wohnverhalten entgegenzuwirken, um die Feuchtigkeitsbelastung der Wohnung in Grenzen zu halten. Die Ansicht des Landgerichts in der Vorlagefrage, dies sei nur durch ‚häufiges Lüften, entsprechendes Einrichten der Wohnung und verstärktes Heizen‘ zu verhindern, stellt sich dabei nur vordergründig als entscheidungserhebliche Rechtsfrage dar. Denn in dieser Abstraktheit bleibt offen, in welchem Umfang gegenüber welchem sonstigen Zustand der Wohnung ein verstärktes Heizen zum Ausgleich der durch häufiges Lüften zugeführten Kaltluft erforderlich ist, insbesondere aber die nur an den spezifischen Gegebenheiten des Einzelfalles zu beantwortende Frage, welcher Umfang hierfür im Rahmen der vertragsgemäßen Nutzung zumutbar ist. Denn dabei kommt es jeweils auf die Bedürfnisse der Familie des Mieters und auf ihre Wohngewohnheiten an, also auf die Art und Intensität der Nutzung, welche jedoch grundsätzlich – wie auch das Landgericht annimmt – auf die Beschaffenheit der Mietwohnung abzustellen sind.“

Das Amtsgericht Hagenow macht es zutreffend von der Anwesenheit der Bewohner abhängig, in welchem Umfang Lüftungsvorgänge zumutbar sind:

AG Hagenow, Urteil vom 21.04.2006 – 12 C 102/06:

„Das Gutachten geht von einem Lüftungsbedarf von insgesamt 60 Minuten pro Tag aus. […] Das Gericht erachtet auch 5–6 Stoßlüftungen pro Tag für zumutbar, wenn wie vorliegend der Mieter überwiegend in der Wohnung anwesend ist. Damit hätte der Beklagte auch unter Beachtung der Informationsbroschüre die Luftaustauschwerte des Gutachtens erreichen können. Da er selbst ständig Luftfeuchtemessungen durchführte, hätte er auch die Notwendigkeit so häufigen Lüftens erkennen können. Die in den Luftfeuchteprotokollen aufgeführten Werte von in der Regel 70–90 % hätten ihn jedenfalls zu weiterem Lüften veranlassen müssen.“

Der Bundesgerichtshof erachtet es als zumutbar, wenn eine 30 m^2 große Wohnung bei Anwesenheit der Bewohner viermal täglich für 3 bis 8 Minuten in Kippstellung der Fenster gelüftet wird:

BGH, Urteil vom 18.04.2007 – VIII ZR 182/06:

„Entgegen der Ansicht des Berufungsgerichts ist es bei lebensnaher Betrachtung durchaus zumutbar, eine etwa 30 qm große Wohnung bei Anwesenheit von zwei Personen während des Tages insgesamt vier Mal durch Kippen der Fenster für etwa drei bis acht Minuten zu lüften.“

Das Landgericht Konstanz erachtet eine dreimalige Lüftung pro Tag als zumutbar, darüber hinaus gehende Lüftungsvorgänge indes nicht:

LG Konstanz, Urteil vom 20.12.2012 – 61 S 21/12 A (Revision nicht zugelassen):

„Der schriftliche Mietvertrag enthält zum Lüftungsverhalten keine zusätzlichen Vereinbarungen, so dass es auch keiner Entscheidung bedarf, ob entsprechende Regelungen zulässig wären. Geschuldet ist das übliche Lüftungsverhalten.

Von ausschlaggebender Bedeutung für die Entscheidung des Rechtsstreits ist daher, welche Anforderungen an das Lüften und das Heizverhalten eines Mieters zu stellen sind. […]

Auch hinsichtlich des Lüftungsverhaltens dürfte höchstens eine tägliche Lüftung von 3 Mal gefordert werden können. In der Rechtsprechung hat beispielsweise das AG Berlin-Mitte (Urteil v. 28.05.2009 – 12 C 234/05) es für einen Mangel der Mietsache gehalten, wenn der Mieter zur Vermeidung von Schimmelbildung täglich 6 Mal lüften muss. Das AG Hamburg – St. Georg hält das Erfordernis, zur Vermeidung von Schimmelpilzbefall die Wohnung 3 mal täglich für ca. 9 Minuten zu lüften, als Erfordernis eines übermäßigen Lüftens (AG Hamburg – St. Georg, Urteil v. 19.02.2009 – 915 C 515/08). Das AG Dortmund (Urteil v. 20.11.2007 – 1 S 49/07) hat dies bei 7-maligem Lüften angenommen. Gemäß OLG Frankfurt (Urteil v. 11.02.2000 – 19 U 7/99, NZM

2001, 39) reicht es zur ordnungsgemäßen Belüftung einer Wohnung aus, dass morgens 2 mal und abends 1 mal quergelüftet wird.

Das LG Hagen (Beschluss vom 19.07.2012 – 1 S 53/12) hat ein 4- oder 5-maliges Lüften für zumutbar gehalten. In dem entschiedenen Fall waren im Gegensatz zu dem hier zu entscheidenden Fall die Bewohner durchgängig anwesend. Ausreichend war zudem nur eine kurzfristige Öffnung der Fenster auf Kippstellung und kein Stoßlüften erforderlich."

Das Landgericht Hagen sieht eine Lüftung, die alle 3 Stunden in Kippstellung erfolgt, als zumutbar an:

LG Hagen, Beschluss vom 19.07.2012 – 1 S 53/12:

„Das von der Sachverständigen für notwendig angesehene Lüftungsverhalten war der Beklagten zumutbar. Die Häufigkeit des Luftaustausches im Abstand von drei Stunden erklärt sich dadurch, dass es sich nicht um ein Stoßlüften bei vollständig geöffneten Fenstern, sondern um eine kurzfristige Öffnung der Fenster auf Kippstellung handelte. Eines besonderen Hinweises seitens der Klägerin auf ein geeignetes Lüftungsverhalten bedurfte es nicht. Wie die Beklagte in der Klageerwiderung vom 27.09.2010 vorgetragen hat, stellte sie schon unmittelbar nach Beginn des Mietverhältnisses im Jahr 2005 Feuchtigkeitserscheinungen in der kalten Jahreszeit fest. Der Möglichkeit, dass sie nicht ausreichend heizte oder lüftete, hätte sie daher von sich aus nachgehen müssen. Keinesfalls durfte sie ihr Nutzerverhalten unverändert fortsetzen, um schließlich im Jahr 2009 Minderungsrechte geltend zu machen."

Das Amtsgericht Wolfsburg erachtet eine Lüftung der Wohnung durch Ankippen der Fenster als unzureichendes Nutzerverhalten:

AG Wolfsburg, Urteil vom 09.10.1985 – 10 C 163/85- (ZMR 1986, H. 1, S. 16/17):

„§§ 535, 537 Abs. 1 BGB:

Sind in der Mietwohnung vorhandene Stockflecken – insb. im Schlafzimmer und im Bad – nicht auf Baumängel des Hauses, sondern auf falsches Wohnverhalten des Mieters zurückzuführen, ist der Mieter nicht zur Minderung des Mietzinses berechtigt, da der Mangel durch ihn selbst verursacht wurde. Nach dem Einbau neuer, im Interesse einer möglichst weitgehenden Energieeinsparung entsprechend abgedichteter Fenster ist die Lüftung der Wohnung lediglich durch das Kippen des Fensterflügels nicht mehr ausreichend, so dass die Stockflecken auf ein im Hinblick auf den notwendigen Luftaustausch nicht hinreichendes Lüften der Räume zurückzuführen sind. Ist ein Anspruch auf Mietminderung nicht gegeben, ist der Mieter zu einem Widerruf der Einzugsermächtigung aus wichtigem Grund nicht berechtigt."

Das Landgericht Aachen sieht ein notwendiges Lüftungsverhalten von 3 bis 4 Lüftungsvorgängen am Tag als Fehler an der Mietsache an, sofern darauf nicht durch den Vermieter hingewiesen wurde oder es der vereinbarten Beschaffenheit entspricht:

LG Aachen, Beschluss vom 02.07.2015 – 2 S 327/14:

„Zum anderen begründet eine – von wem auch immer stammende – allgemeine Empfehlung zum richtigen Lüften und Aufstellen von Möbeln nicht ein von den Beklagten zu erfüllendes Pflichtenspektrum im Sinne der §§ 280 Abs. 1, 535 Abs. 1 BGB; dieses kann vielmehr nur durch eine ausdrückliche oder konkludente vertragliche Vereinbarung zwischen den Parteien aufgestellt werden. Weiterhin hält die Kammer auch an ihrer bisherigen Rechtsprechung fest, wonach die Notwendigkeit eines täglichen drei- bis viermaligen Lüftens einen Fehler der Mietsache begründet, auf den zumindest hinzuweisen oder der als vertragliche Beschaffenheitsvereinbarung über die Mietsache einer gesonderten Einigung der Parteien bedarf."

Beispiel einer Entscheidungsbegründung zur Fensterlüftung im Nachgang zur Fenstererneuerung:

LG Berlin, Urteil vom 23.11.1999 – 65 S 94/99:

„Aus der fotografischen Dokumentation des Gutachters ergibt sich, dass auch im Toilettenraum die Schimmelbildung den unmittelbaren Bereich neben dem Heizkörper betraf. Das Gericht sieht daher keinen Anlass zu Zweifeln daran, dass die Beklagte die von Schimmel betroffenen Räume nicht oder nicht ausreichend beheizt und gelüftet hat.

Es handelt sich auch um ein schuldhaftes Verhalten, das zum Schadensersatz verpflichtet, da es ohne weiteres erkennbar ist, dass gerade in Bädern und Küchen, in denen eine erhöhte Feuchtigkeit zu entstehen pflegt, eine ausreichende Beheizung und Entlüftung sichergestellt werden muss. Zumindest bei Beginn der ersten Anzeichen von Feuchtigkeitsbildung hätte die Beklagte daher in erhöhtem Maße hierfür Sorge tragen müssen."

Beispiel einer weiteren Entscheidungsbegründung zur Obhutspflicht des Mieters:

LG Berlin, Urteil vom 08.11.1984 – 61 S 19/84:

„Der Mieter macht sich schadenersatzpflichtig, wenn er die ihm mietvertraglich obliegende Obhutspflicht dadurch verletzt hat, dass sich in seiner Wohnung Feuchtigkeitsschäden (Schimmelpilzbefall) gebildet haben, die durch ausreichendes Lüften hätten verhindert werden können, und die Notwendigkeit zu lüften auch für den nicht sachverständigen Nutzer der Räume spürbar war (hier: stickige, verbrauchte Raumluft)."

Die Mieter müssen im Rahmen ihrer Obhutspflicht für den Mietgegenstand ihr Lüftungsverhalten an die bauliche Situation anpassen, wie das Landgericht Berlin entschieden hat:

LG Berlin, Urteil vom 08.11.1984 – 61 S 19/84:

„Die Beklagten sind wegen positiver Vertragsverletzung zum Schadensersatz verpflichtet. Der Mieter hat im Rahmen des vertragsgemäßen Gebrauchs der Mietsache die Verpflichtung, das nach Treu und Glauben ihm Zumutbare zu unternehmen, um Schaden von der Mietsache abzuwenden (sog. Obhutspflicht). Der Umfang dieser Obhutspflicht hängt von den Umständen des Einzelfalles ab und bestimmt sich ferner danach, welche Vorkehrungen zur Schadensabwendung nach der Verkehrsauffassung vom Mieter üblicher und billiger Weise erwartet werden dürfen. Insoweit ist anerkannt, dass der Mie-

ter verpflichtet ist, durch sachgerechtes Lüften zu verhindern, dass sich in der gemieteten Wohnung im Übermaß Luftfeuchte bildet. Erfordern die baulichen Gegebenheiten ein intensiveres Lüften, so ist der Mieter auch dazu verpflichtet. [...]

Nach alledem berechnet sich die Urteilssumme wie folgt:

Kosten für Schimmelbeseitigung: 1.313,85 DM
Mietzinsausfall: 4.279,20 DM"

Der Umstand, dass eine Wohnung insbesondere dann verstärkt entlüftet werden muss, wenn sich Dampf bildet, muss sich dem Mieter zwangsläufig aufdrängen, wie es das Landgericht Mainz entschieden hat:

LG Mainz, Urteil vom 24.04.2001 – 6 S 336/00:

„Die Beklagten mussten selbst sehen und erkennen, dass infolge der gegebenen Raumsituation zumindest häufigeres Stoßlüften erforderlich war. Wenn sich z. B. im Bad oder in den Räumen nach Benutzung des Küchenteils Dampf und Niederschlagswasser gebildet hatte, so musste es sich den Beklagten als Mietern aufdrängen, dass eine Lüftung zur Vermeidung von Schädigungen der Wohnung erforderlich war.

Da die Kläger als Vermieter das Nutzungsverhalten der Beklagten im Einzelnen nicht kannten, hätten sie gezielte Hinweise ohnehin nicht geben können. Die allgemeine Aufforderung, ausreichend zu lüften, war ebenfalls überflüssig, da dies allgemein bekannt ist und hierauf auch häufig in Publikationen und Zeitungsartikeln hingewiesen wird.

Somit ist davon auszugehen, dass die Beklagten die Schimmelbildung und Versporung der Wohnung zumindest fahrlässig verursacht haben."

Davon abweichend gelangen neuere Urteilsbegründungen der Gerichte häufiger zu der Auffassung, dass es für die Mieter allenfalls zumutbar sei, etwa 3 bis 4 tägliche Lüftungsvorgänge einzuleiten. Eine darüber hinausgehende Anzahl von Lüftungsvorgängen sei hingegen für die Mieter nicht zumutbar (AG Mitte, Berlin, Urteil vom 28.05.2009 – 12 C 234/05).

Aus den Entscheidungsgründen im Urteil des Landgerichts Konstanz:

LG Konstant, Urteil vom 20.12.2012 – 61 S 21/12 A (Revision nicht zugelassen):

„Der schriftliche Mietvertrag enthält zum Lüftungsverhalten keine zusätzlichen Vereinbarungen, so dass es auch keiner Entscheidung bedarf, ob entsprechende Regelungen zulässig wären. Geschuldet ist das übliche Lüftungsverhalten.

Von ausschlaggebender Bedeutung für die Entscheidung des Rechtsstreits ist daher, welche Anforderungen an das Lüften und das Heizverhalten eines Mieters zu stellen sind.

Ein Schlafzimmer muss nicht durchgängig mit einer Temperatur von 21 °C oder 18 °C geheizt werden. Der Sachverständige hat als übliche Temperatur für das Schlafzimmer 16 °C – 18 °C angenommen. Die Stiftung Warentest hält 16 °C für einen gesunden Schlaf in der Nacht meistens für ausreichend. Eine Beheizung des Schlafzimmers von 16 °C reicht nach Meinung der Kammer daher aus. Schon aus Gründen der Einsparung von Energie ist es auch zulässig, die Temperatur in Räumen tagsüber, wenn man berufsbedingt abwesend ist, z. B. in einem Arbeitszimmer, abzusenken. Es besteht schon deshalb kein Grund, hier zu einer abweichenden Beurteilung zu kommen, wenn nachts von Vermieterseite generell die Temperatur um 5 °C abgesenkt wird.

Eine vergleichsweise geringe Beheizung von durchschnittlich 18 °C ist nicht schuldhaft und entspricht noch dem vertragsgemäßen Gebrauch (LG Bonn, Beschluss vom 24.10.2011 – 6 S 79/11; so auch AG Sieburg, Urteil vom 30.06.2011 – 112 C 68/10).“

Da eine Schachtlüftung eine vom Mieter nicht zu beeinflussende Konstante innerhalb der Feuchtebilanz darstellt, scheidet ein fehlerhaftes Nutzerverhalten als Ursache eines Schimmelpilzbefalls regelmäßig aus, wie es das Landgericht Bochum entschieden hat:

LG Bochum, Urteil vom 08.11.1991 – 5 S 100/91:

„Es bleibt aber festzustellen, dass das Badezimmer der Beklagten (Mieter) kein Fenster, sondern nur eine sogenannte Zwangsentlüftung hat, so dass die Feuchtigkeitsschäden nicht auf fehlerhaftem Lüftungsverhalten beruhen können. Weiter kann auch nicht davon ausgegangen werden, dass die Beklagten nicht berechtigt wären, das vorhandene Wannenbad als Dusche zu benutzen. Das Duschen in Badewannen ist heute weitgehend üblich und kann einem Mieter nicht verwehrt werden. Es gehört vielmehr zum normalen Gebrauch eines Badezimmers. Sollten daher die Schimmelpilzerscheinungen auf diesen Gebrauch zurückzuführen sein, wäre es Sache der Klägerin, das Badezimmer so herzurichten, dass ein solcher Gebrauch möglich ist, ohne zu Feuchtigkeitsschäden zu führen.“

Einige Gerichte gehen davon aus, dass Mieträume eine Beschaffenheit aufweisen müssen, die dem Mieter eine freie Entfaltung seines Wohn- und Möblierungsverhaltens ermöglichen:

LG Hamburg, Urteil vom 26.09.1997 – 311 S 88/96 (NJW-RR 1998, 1309 = NZM 1998, 571 = WuM 2000, 329):

„[…]

2. *Lassen sich Feuchtigkeitserscheinungen in einer Wohnung (Spak- und Schimmelpilzbefall) nicht durch übliches Wohnverhalten, sondern allein durch übersteigertes Heizen und Lüften vermeiden, liegt auch insoweit ein zur Minderung gemäß § 537 BGB berechtigender Mangel vor. Es kommt nicht darauf an, ob ein bauphysikalischer Sachverständiger die Wohnung mit gezielten Maßnahmen schadensfrei halten könnte.*
3. *Einem Mieter kann nicht angesonnen werden, über den Tag verteilt mehrfach gründlich zu lüften, nur um einen Mangel der Bausubstanz auszugleichen.“*

Einige Gerichte differenzieren bei der Beurteilung nach der Beschaffenheit des gemieteten Objekts, wie das Landgericht Lüneburg, das davon ausgeht, dass sich der Mieter auf die Besonderheiten älterer Bausubstanz einstellen muss:

LG Lüneburg, Urteil vom 22.11.2000 – 6 S 70/00:

„[...]

a) Schimmel und Feuchtigkeit stellen in gemieteten Wohnräumen grundsätzlich einen Mangel dar, der zu einer Beeinträchtigung der Brauchbarkeit der Wohnung führt. Da mit der Bildung von Schimmel Gesundheitsgefahren verbunden sind, liegt in der Regel auch ein nicht nur unerheblicher Mangel vor.

Das Minderungsrecht des Mieters besteht ohne Rücksicht auf ein Verschulden des Vermieters. Es entfällt aber dann, wenn der Mieter die Bildung von Feuchtigkeit und Schimmel zu verantworten hat, etwa weil er unzureichend gelüftet oder geheizt hat. Die Anforderungen an das Verhalten des Mieters hängen davon ab, welches Objekt er angemietet hat. Handelt es sich – wie im vorliegenden Fall – um ein älteres Haus, dessen Wärmedämmung und Feuchtigkeitsabdichtung nicht dem heutigen technischen Standard entspricht, muss sich der Mieter darauf einstellen. Ihm obliegt es, alle zumutbaren Maßnahmen zu ergreifen, um die Bildung von Schimmel zu verhindern, was durch regelmäßiges Stoßlüften, Abwischen von Nässe an Fenstern oder im Bad und stärkeres Heizen geschehen kann. Denn der Vermieter ist nicht verpflichtet, dem Mieter ein Haus zur Verfügung zu stellen, das modernsten Anforderungen an Wärme- und Feuchtigkeitsschutz entspricht.

Diese Obliegenheit des Mieters zur Vermeidung von Schimmelbildung und Feuchtigkeit findet ihre Grenze dort, wo unzumutbare Anstrengungen verlangt werden. Der Mieter ist nicht verpflichtet, selbst bauliche Maßnahmen vorzunehmen, also etwa selbst eine Dämmung einzubauen oder zusätzliche Heizquellen aufzustellen, wenn eine Schimmelpilzbildung aufgrund der Bausubstanz des Hauses anders nicht verhindert werden kann. Einem Mieter ist es auch nicht zuzumuten, mehrmals am Tag im Abstand von wenigen Stunden stoßzulüften. Ihm kann auch nicht abverlangt werden, dass er ständig alle Räume der Wohnung mit einer Temperatur von mehr als 20 °C beheizt, nur damit es nicht zur Feuchtigkeits- oder Schimmelpilzbildung kommt.“

Das Landgericht Hannover geht davon aus, dass Mieter mit einem Kaltschlafbedürfnis auch dann nicht zu belangen sind, wenn sich ohne gleichzeitiges Lüften ein Kondensatschaden einstellt:

LG Hannover, Urteil vom 27.01.1982 – 11 S 322/81:

„[...] *da der Zweck des Mietvertrages, nämlich die Gebrauchsüberlassung der Wohnung, gefährdet ist, wenn z. B. ein Mieter mit einem Kaltschlafbedürfnis das Schlafzimmer zu stark beheizen muss, um solche Erscheinungen zu vermeiden, und andererseits ein zu häufiges und anhaltendes Lüften im Winter dem Energiespargrundsatz widerspricht, gibt ein solcher Mangel dem Mieter auch dann die Rechte aus § 536, 537 BGB, wenn der Vermieter nur durch sehr kostspielige Außenisolierungsmaßnahmen Abhilfe schaffen könnte.“*

Das Urteil ist aus bauphysikalischer Sichtweise zu beanstanden, weil es auch für den kaltschlafbedürftigen Mieter zumutbar sein muss, sein Schlafzimmer nachts zu belüften und wenigstens tagsüber zu beheizen, damit die Außenwände ausreichend temperiert sind, um einer nächtlichen Tauwasserbildung an ausgekühlten Wänden vorzubeugen.

Das Landgericht Saarbrücken kommt zum Ergebnis, dass die Mieter für einen Schimmelpilzbefall verantwortlich sind, der durch nicht übermäßiges Heizen und Lüften vermeidbar gewesen wäre:

LG Saarbrücken, Urteil vom 23.03.2012 – 10 S 29/11:

„Die Kammer hat nach der Anhörung die sichere Erkenntnis gewonnen, dass die Ausgestaltung eines sachgerechten Merkblattes für ein ‚richtiges' Wohnverhalten, außerordentlich schwierig, wenn nicht gar unmöglich ist. Die jeweils erforderliche Heiz- und Lüftungsintensität ist von einer Vielzahl von Faktoren abhängig, welche auch dem Vermieter nicht vollständig bekannt sein können – beispielsweise dem Wohnverhalten der Mieter. Es ist allerdings auch selbstverständlich, dass von Mietern erwartet werden kann, in einem üblichen Rahmen ein ihrer Wohnsituation und ihrem Verhalten angepasstes Lüftungsverhalten zu zeigen und dieses spätestens dann zu hinterfragen, wenn es zu Feuchtigkeitserscheinungen kommt. Da weder für Mieter wie für Vermieter eine Pflicht bzw. eine Obliegenheit zur Gestellung bzw. zur Anwendung eines Hygrometers besteht, geht die Kammer davon aus, dass in den Fällen, in denen es durch ein nicht übermäßiges Heizen und Lüften möglich ist, die Wohnung schimmelfrei zu halten, die Mieter verantwortlich sind, wenn es gleichwohl zu solchen Erscheinungen kommt."

Beispiele für Entscheidungsbegründungen zum Heizverhalten der Mieter:

LG Marburg, Urteil vom 02.12.1981 – 5 S 166/81:

„Es ist nicht Sache des Mieters, durch verstärkten Heizaufwand das Durchschlagen solcher Baumängel zu verhindern. Vielmehr muss es dem Mieter im Rahmen des vertragsmäßigen Gebrauchs grundsätzlich unbenommen bleiben, den Aufwand an Heizenergie an seinem persönlichen Wärmebedarf auszurichten. Wenn der Mieter die allenthalben zu hörenden Energiesparappelle befolgt, dann gehört das – von Extremfällen abgesehen – zum vertragsgemäßen Gebrauch."

Schwitzwasserbildung und Schimmelpilzgeruch begründen keine Mietminderung, wenn der Mieter (Beklagter) die Wohnung unzureichend beheizt, wie das Amtsgericht München geurteilt hat:

AG München, Urteil vom 20.10.89 – 211 C 3954/89:

„Darüber hinaus hat der Sachverständige auch festgestellt, dass der Beklagte ausweislich der Ableseprotokolle der Heizkostenverteiler eine deutlich zu geringe Heizleistung erbringt.

Im Ergebnis hat daher der Beklagte die infolge der nicht ausreichenden Beheizung der Wohnung auftretende Schwitzwasserbildung und die damit verbundene Schimmelpilzbildung selbst zu vertreten, sodass ihm ein Recht zur Minderung des vereinbarten Mietzinses gem. § 537 Abs. 1 BGB nicht zusteht."

Auch ein eigenes mangelhaftes Heizverhalten berechtigt die Mieter nicht zu einer Mietminderung, wie das Amtsgericht Norderstedt entschieden hat:

AG Norderstedt, Urteil vom 28.10.2002 – 40 C 285/01:

„Der Beklagte war und ist nicht von seiner Verpflichtung zur Entrichtung des Mietzinses in dem von ihm durchgeführten Umfang teilweise befreit. […] Zur

Überzeugung des Gerichts steht vielmehr fest, dass für die gegenwärtig noch vorhandenen Feuchtigkeits- und Schimmelerscheinungen ein fehlerhaftes Wohnverhalten des Beklagten, insbesondere sein mangelhaftes Heizungsverhalten, ursächlich ist. Soweit die dem Alter des Gebäudes entsprechende Außenwandisolierung schlechter ist als die von Neubauten, stellt dies keinen Mangel der Mietsache dar. Nach den überzeugenden Feststellungen des Sachverständigen beheizte der Beklagte die Wohnung zudem derart unzureichend, dass ein vergleichbares Heiz- und Feuchtigkeitsproduktionsverhalten voraussichtlich auch in Neubauten zu einem Tauwasserausfall und damit zu Schimmelpilzbefall geführt hätte.

Der Beklagte hat gegen die Klägerin keinen Anspruch auf Schadenersatz wegen eines unterlassenen Hinweises bezüglich des erforderlichen Wohnverhaltens. Es ist allgemein bekannt, dass gerade in älteren Bauten eine ausreichende Beheizung und Belüftung erforderlich ist, um Feuchtigkeitsschäden zu vermeiden. Es ist ebenso allgemein bekannt, dass an eine Außenwand gestellte Möbel oder sonstige Gegenstände die Luftzirkulation behindern und damit die Feuchtigkeitsbildung fördern.“

Bei einem derartigen Mieterverhalten entsteht durch die unberechtigte Mietminderung ein Verzugsschaden, den der Mieter ersetzen muss, wie das Amtsgericht Schwerin entschieden hat:

AG Schwerin, Urteil vom 12.11.2002 – 14 C 1370/01:

„Der Pilzbefall ist nicht von den Vermietern zu vertreten. Der Schimmelpilz, in verschiedenen Räumen der Wohnung auftretend, ist nicht auf Baumängel, sondern auf falsches Heizungs- und Lüftungsverhalten zurückzuführen. [...]

Der Sachverständige H. hat in seinem schriftlichen Gutachten festgestellt, dass die Schimmelpilzbildung ausweislich der örtlichen Feststellungen, anhand der Messergebnisse sowie der rechnerischen Auswertung von Heizkostenabrechnungen der Jahre 1997 bis 2001 eindeutig auf einen Tauwasserausfall infolge einer unzureichenden Beheizung zurückzuführen ist. Die Abdrosselung der Heizung während der Abwesenheit der Bewohner führt zwar zu einem geringeren Heizkostenverbrauch, zieht aber gemeinsam mit der ungleichmäßigen Beheizung der Wohnräume die angetroffene Schimmelpilzbildung nach sich. [...]

In seiner Erläuterung des Gutachtens am 01.10.2002 in öffentlicher Sitzung hat der Sachverständige ausgeführt, dass die Wohnung, die von den Beklagten bewohnt wird, weitaus stärker hätte beheizt werden müssen als der Durchschnitt der übrigen Wohnungen des Hauses. Die Wohnung liege sehr exponiert, sie liege oben und außen, sei nicht von beheizten Wohnungen umgeben. Es hätte bis zum doppelten des Mittelwertes geheizt werden müssen. Tatsächlich aber sind nur Heizleistungen erreicht worden, die 74 % des Mittelwertes aller Wohnungen ausmachen. Das gilt für das Jahr 2001. In den Jahren davor war noch weniger geheizt worden, im Jahre 1998 nur 72 % des Mittelwertes, im Jahre 1999 63 % des Mittelwertes und im Jahre 2000 nur 60 % des Mittelwertes.

Dies Zahlen machen deutlich, dass die Beklagten erheblich weniger als die durchschnittlichen Bewohner des Gebäudes geheizt haben, regelrechte Bauteil-

durchfeuchtungen dagegen sind vom Sachverständigen nicht festgestellt worden (Bl. 174 d. A). […]

Die Klägerin hat gegen die Beklagten Anspruch auf Ersatz der Verzugsschäden gem. §§ 398, 284 ff. BGB.“

AG Nürnberg, Urteil vom 21.11.1986 – 28 C 1360/86:

„Dass Schimmel sich in solchem Umfang gebildet hat, führt das Gericht darauf zurück, dass die Beklagten ihr Bett, das am Kopfende mit einer massiven Holzkonstruktion abschließt, in der Anfangszeit unmittelbar an die Wand gestellt haben. Selbst wenn, wie sie erklären, ein Abstand von 2 cm zur Wand eingehalten wurde, reicht dies in keinem Fall selbst bei völlig ausgetrockneten Wänden aus. Bei einem gebotenen Abstand von etwa 10 cm hätte die Luft mit Sicherheit ausreichend zirkulieren können. Wenn, wie eingeräumt wird, im Schlafzimmer weniger als im Wohnzimmer geheizt wird, so wird die Schimmelbildung umso eher nachvollziehbar.

Zwar hat der Beklagte zu 1) im Termin Messdiagramme vorgelegt, aus denen sich ein normales Heiz- und Lüftungsverhalten ergibt. Dies ist jedoch nur ein Beleg für das Verhalten in der erfassten Zeit. Ein derartig falsches Wohnverhalten (Möbel zu nahe an der Wand) kann jedoch nur durch ein weit überdurchschnittliches Heizverhalten ausgeglichen werden. Ein solches ist für das Gericht nicht ersichtlich.“

LG Hamburg, Urteil vom 26.09.1997 – 311 S 88/96:

„Die Verpflichtung des Mieters, sein Wohnverhalten baulichen Veränderungen anzupassen, findet dort ihre Grenze, wo das Maß des Zumutbaren überschritten wird. Zur Gebrauchstauglichkeit eines Wohnraums zählt zum Beispiel, dass er in üblicher Art und mit handelsüblichen Möbeln eingerichtet werden kann (LG Hamburg, Urteil vom 10. April 1984, WuM 1985, 21).

Darf der Mieter einen bodenbündig abschließenden handelsüblichen Schrank nicht mehr vor einer Außenwand abstellen, ist daraus mitverursachte Schimmelbildung nur die Folge des normalen Mietgebrauchs. Lässt sich die Schimmelpilzbildung nur vermeiden, indem der Schrank entweder überhaupt nicht an die Außenwand oder stets erheblich hiervon abgerückt aufgestellt wird, ist das Zimmer nicht mehr uneingeschränkt gebrauchstauglich. Es handelt sich hier auch deshalb um einen Mangel, weil die durch das Abrücken von Möbeln von den Außenwänden zur Verfügung stehende Nutzfläche unnötig verringert wird (LG Hamburg Urteil vom 1. Dezember 1987 WuM 1988, 353, AG Bochum Urteil vom 24. März 1983 WuM 1985, 25, AG Neuß Urteil vom 30. Juni 1986 WuM 1987, 215, LG Nürnberg-Fürth Urteil vom 28. August 1987 WuM 1988, 155).

Mieträume müssen in bauphysikalischer Hinsicht so beschaffen sein, dass bei einem Wandabstand der Möbel von nur wenigen Zentimetern, wie er im Allgemeinen bereits durch das Vorhandensein einer Scheuerleiste gewährleistet ist, sich Feuchtigkeitsschäden durch Tauwasserniederschlag nicht bilden können (LG Berlin, Beschluss vom 19. Mai 1987 ZMR 1988, 464).“

Ein ähnliches Urteil liegt auch vom Amtsgericht Osnabrück vor, mit dem Hinweis auf die Möglichkeit einer mietvertraglichen Regelung bezüglich der Positionierung von Möbeln:

AG Osnabrück, Urteil vom 04.07.2005 – 14 C 385/04 (XXI):

„Soweit der Sachverständige feststellt, dass der Schimmelpilzbefall im Schlafzimmer in der Raumecke 3/4 auf die zu dicht an den Wänden aufgestellte Möblierung zurückzuführen sei, so ist dies auch ein Mangel. Der Mieter muss die Möglichkeit haben, seine Möbel grundsätzlich an jedem beliebigen Platz in der Wohnung nahe der Wand aufzustellen. Denn es gehört zur Gebrauchstauglichkeit eines Wohnraums, dass er in üblicher Art mit Möbeln eingerichtet werden kann. Es ist für den Mieter daher unzumutbar, große Möbelstücke 10 cm von der Wand abzurücken oder an bestimmten Wänden überhaupt keine Möbelstücke aufzustellen. Daher liegt jedenfalls dann ein Mangel vor, wenn der Mieter bei der Anmietung der Wohnung nicht darüber aufgeklärt wurde, dass wegen der drohenden Feuchtigkeit die Möbel nur an bestimmten Stellen und deutlich von der Wand abgerückt aufgestellt werden dürfen (vgl. Schmidt-Futterer, Mietrecht, 8. Aufl., § 536, Rdn. 200).“

Auch das Landgericht Aachen erachtet die Möblierung vor Außenwänden als statthaft, wenn nicht der Vermieter auf ein damit verbundenes erhöhtes Schimmelpilzrisiko hingewiesen hat:

LG Aachen, Beschluss vom 02.07.2015 – 2 S 327/14:

„Die an der Außenwand befindlichen Schränke haben danach zu einer Absenkung der Innenoberflächentemperatur geführt, was wiederum durch ein verstärktes Lüftungs- und Heizungsverhalten habe ausgeglichen werden müssen. […] Daraus folgt im Ergebnis unmissverständlich, dass die Schadensursache in einer Kombination aus normalem Lüftungsverhalten und Möblierung bzw. Möblierung und unterbliebener überobligationsmäßiger Lüftung/Heizung gelegen hat. Diese Ausgangskonstellation wiederum erforderte jedoch nach zutreffender und weit verbreiteter Ansicht in der Instanzrechtsprechung und im Schrifttum einen entsprechenden Hinweis des Vermieters, ohne den eine schuldhafte Pflichtverletzung der Mieter nicht vorliegt. Denn es gehört jedenfalls zum vertragsgemäßen Gebrauch, dass der Mieter seine Möbel grundsätzlich an jedem beliebigen Platz nahe der Wand aufstellen darf, wobei der ausreichende Abstand zur Vermeidung von Feuchtigkeit regelmäßig durch Scheuerleisten gewahrt wird. Ein u. U. erforderlicher größerer Abstand von der Wand erfordert einen entsprechenden Hinweis des Vermieters.“

Die Tatsache, dass Haustiere, Aquarien und Terrarien eine Schimmelpilzbildung begünstigen, muss sich den Mietern aufdrängen:

BGH, Urteil vom 11.07.2012 – VIII ZR 138/11:

„Vorliegend entfällt der Zahlungsverzug nicht wegen fehlenden Verschuldens der Beklagten. Dass sie bei Anwendung verkehrsüblicher Sorgfalt nicht hätten erkennen können, dass die Ursache der Schimmelpilzbildung in ihrem eigenen Wohnverhalten lag, ist von ihnen nicht dargetan worden und auch sonst nicht ersichtlich. Im Gegenteil haben die Beklagten selbst eingeräumt, dass sie wegen der Haltung mehrerer Katzen, die das Haus nicht verlassen sollten, in ihrem Lüftungsverhalten eingeschränkt waren; zudem musste sich ihnen die Ver-

mutung aufdrängen, dass das Vorhandensein von zwei Aquarien sowie eines Terrariums mit Schlangen eine die Schimmelbildung begünstigende höhere Luftfeuchte in der gemieteten Wohnung bedingte und somit an das Lüftungsverhalten entsprechend höhere Anforderungen zu stellen waren."

Beispiel einer Entscheidungsbegründung zum Spritzwasser im Duschbereich:

LG Berlin, Urteil vom 09.08.1999 – 61 S 510/98:

„Den Klägern steht ein Anspruch auf Beseitigung des Schimmels an den Fliesen der Dusche und seiner Ursache nicht zu. [...] Die Beseitigung gem. § 536 BGB kann ein Mieter jedoch gleichwohl nicht verlangen, wenn die Schimmelbildung nicht Folge einer besonderen Eigenschaft der Wohnung, sondern eines besonderen Nutzungsverhaltens des Mieters ist. Da, wie die Kläger selbst vortragen, der Schimmel sich im Bereich des Spritzwassers der Dusche bildet, ist offenkundig, dass er durch eine normale Benutzungshandlung – nämlich das Abwischen der Fliesen nach dem Duschen – leicht zu vermeiden wäre. Ein solches Nutzungsverhalten ist nicht [...] überobligationsmäßig, sondern ist jedenfalls in innenliegenden Bädern von jedem Mieter zu erwarten."

Das Landgericht Hamburg hat entschieden, dass die Mieter die bauphysikalischen Folgen einer Thermotapete nicht zu verantworten haben, weil dies als übliche Maßnahme dem vertragsgemäßen Gebrauch der Mietsache nicht entgegensteht:

LG Hamburg, Beschluss vom 05.03.2009 – 307 S 124/08:

„Auch der Umstand, dass die Beklagte eine so genannte Thermotapete angebracht hatte, ändert nichts an der Beurteilung, dass der Schimmelpilzbefall im Schlafzimmer seitens der Beklagten nicht zu vertreten ist. Der Sachverständige Hankammer hat bei seiner mündlichen Anhörung in der Verhandlung vom 09.04.2008 vor dem Amtsgericht angegeben, dass die Thermotapeten seinerzeit von vielen Handwerkern eingesetzt worden seien. Derartige übliche Maßnahmen stellen sich als vertragsgemäßer Gebrauch der Mietwohnung dar, dessen Folgen der Mieter gemäß § 538 BGB nicht zu vertreten hat."

Zur Wärmebrückenproblematik existiert folgendes Gerichtsurteil:

LG Bonn, Urteil vom 12.11.1990 – 6 S 76/90:

„Das Recht der Beklagten, die Miete zu mindern, folgt daraus, dass [...] die unstreitige Schimmelpilzbildung in den Mieträumen zu 65 % auf baulich bedingten Mängeln beruht: Die Stahlbetondecken im Außenwandlagerbereich sind wärme- und kondensatfeuchtetechnisch nicht ausreichend ausgebildet, so dass es insbesondere im Außenwandbereich und an den dortigen Decken und Böden zu erhöhtem Wärmeverlust mit Kondensatbildung und in weiterer Folge Schimmelpilzbefall kommt. Durch diese Mängel ist der Wohnwert der Räume wesentlich beeinträchtigt, so dass eine deutliche Mietminderung gerechtfertigt ist. Bei der Quote der Mietminderung hat die Kammer sich davon leiten lassen, dass das Ausmaß der Schimmelpilzerscheinung insgesamt einen Minderwert des Mietobjektes von 20 % darstellt. Da nach den Ausführungen des Sachverständigen die Mängelerscheinung jedoch bei geändertem und den Beklagten zumutbarem Heiz- und Lüftungsverhalten zu anteiligen 35 % vermeidbar

wäre, mithin nur 65 % baubedingt auf der konstruktiven Ausführung der Bausubstanz beruht und damit nur insoweit von der Klägerin zu vertreten ist, ergibt sich eine Prozentsatz von (65 % von 20 % =) 13 %, um den die Beklagten den vertraglichen Mietzins mindern dürfen."

9.2.7 Anerkannte Regeln der Technik bei Gebäudeerrichtung

Im Mietvertragsrecht muss die Tauglichkeit der Mietsache zum vertragsgemäßen Gebrauch sichergestellt sein. Ist dies nicht der Fall, kommt es nicht mehr darauf an, ob das Gebäude den anerkannten Regeln der Technik zum Zeitpunkt der Errichtung entspricht:

LG Frankfurt am Main, Urteil vom 31.10.2006 – 2/17 S 60/06:

„DIN-Normen dienen allenfalls der Beantwortung der Frage, ob eine Werkleistung mangelhaft ist. Ein Mangel der Mietsache im Sinne von § 536 BGB hat andere gesetzliche Voraussetzungen. Der Annahme einer Einschränkung der Tauglichkeit der Mietsache zum vertragsgemäßen Gebrauch steht daher der Umstand, dass das Bauwerk, in dem sich das Mietobjekt befindet, nach dem bei dessen Errichtung geltenden Stand der Technik für sich genommen keinen Mangel aufweist, nicht zwangsläufig entgegen."

Beispiele für Entscheidungsbegründungen der Gerichte zur Wärmedämmung von Außenwänden älterer Bauart:

AG Hannover, Urteil vom 26.03.1982 – 28 C 100/80:

„Zwar hat der Sachverständige in seinem Gutachten vom 31.05.1981 ausgeführt, dass die betroffenen Wand- und Deckenbauteile bezogen auf den Stand des Jahres 1960 – als der Anbau des Schlafzimmers durchgeführt wurde – hinsichtlich der Wärmedämmung nicht zu beanstanden waren, d. h. die in der DIN 4108 gestellten Mindestanforderungen erfüllten, wobei zum Teil gerade die Mindestwerte erreicht wurden. Er hat jedoch weiter ausgeführt, dass nach der am 01.11.1977 in Kraft getretenen Wärmeschutzverordnung die Außenbauteile, die hier gerade die Mindestwerte der Tabelle 6 der DIN 4108 erfüllen, die dort gestellten erhöhten Anforderungen an einzelne Außenbauteile nicht erreichen. […]

Für die Frage, ob bautechnische Mängel vorhanden sind, kommt es auf die Erkenntnisse im Zeitpunkt der letzten mündlichen Verhandlung an, nicht auf die im Zeitpunkt der Errichtung des Baus geltenden DIN-Vorschriften. Diese sind lediglich für die Frage von Bedeutung, ob der Mangel von dem Vermieter zu vertreten ist, nicht jedoch für die Frage, ob eine Mietminderung eingetreten ist, weil diese unabhängig vom Verschulden des Vermieters eintritt."

LG Itzehoe, Urteil vom 22.04.1982 – 1 S 24/81:

„Dabei kann der Mieter nicht verlangen, dass sich das Mietobjekt bei Mietbeginn oder während der Mietzeit stetig auf dem neuesten Stand der Isoliertechnik befindet. Kommt es aber bei ansonsten raumgemäßem Heizen und Lüften infolge spezieller baulicher Mängel zu Feuchtigkeitsschäden, so entspricht das Mietobjekt nicht dem vertraglich geschuldeten Zustand."

Die Frage, ob die jeweils gültige Wärmeschutzverordnung auch von älteren Gebäuden eingehalten werden muss oder ob allein die schlechteren Dämmwerte einen Mangel der Mietsache darstellen, hat das Oberlandesgericht Celle verneint:

OLG Celle, Beschluss vom 19.07.1984 – 2 UH 1/84:

„[...]

a) DIN-Vorschriften haben ihre Funktion im Baurecht, sei es nach allgemeinem Werkvertragsrecht, sei es unter vereinbarter Zugrundelegung der Vorschriften der VOB/B und C. [...]

b) [...] Die Tauglichkeit einer Wohnung zu einem zu dem vertragsmäßigen Gebrauch geeigneten Zustand (§ 536 BGB) kann aus vielfältigen Gründen gegeben oder nicht gegeben sein, die von der Einhaltung der anerkannten Regeln der Technik zur Bauzeit unabhängig sind. So kann nicht die ‚Konstruktion des Gebäudes zur Bauzeit', sondern vielmehr nur der bei oder nach Mietbeginn vorhandene Zustand der Wohnung für die Beurteilung maßgeblich sein, ob ihre Tauglichkeit zum vertragsgemäßen Gebrauch aufgehoben oder gemindert ist (§537 BGB).“

Der Bundesgerichtshof hat in einem Verfahren zum Schallschutz entschieden, dass es zunächst auf die vertragliche Vereinbarung des Mietvertrags ankommt. Nur wenn eine Vereinbarung nicht getroffen wurde, kommt es auf die Einhaltung technischer Normen an, die zum Zeitpunkt der Gebäudeerrichtung Gültigkeit hatten:

BGH, Urteil vom 06.10.2004 – VIII ZR 355/03:

„BGB §§ 535, 536

Für die Beurteilung der Frage, ob eine Mietwohnung Mängel aufweist, ist in erster Linie die von den Mietvertragsparteien vereinbarte Beschaffenheit der Wohnung, nicht die Einhaltung bestimmter technischer Normen maßgebend.

Fehlt es an einer Beschaffenheitsvereinbarung, so ist die Einhaltung der maßgeblichen technischen Normen geschuldet. Dabei ist nach der Verkehrsanschauung grundsätzlich der bei Errichtung des Gebäudes geltende Maßstab anzulegen.

Nimmt der Vermieter bauliche Veränderungen vor, die zu Lärmimmissionen führen können, so kann der Mieter erwarten, dass Lärmschutzmaßnahmen getroffen werden, die den Anforderungen der zur Zeit des Umbaus geltenden DIN-Normen genügen.“

Ein weiteres Urteil des Bundesgerichtshofs, das ebenfalls dem Schallschutz galt, bekräftigt diese Auffassung:

BGH, Urteil vom 07.07.2010 – VIII ZR 85/09:

„[...]

2. *Fehlt es an Parteiabreden zur Beschaffenheit der Mietsache, schuldet der Vermieter eine Beschaffenheit, die sich für den vereinbarten Nutzungszweck – hier die Nutzung als Wohnung – eignet und die der Mieter nach der Art der Mietsache erwarten kann. Der Mieter einer Wohnung kann*

nach der allgemeinen Verkehrsanschauung erwarten, dass die von ihm angemieteten Räume einen Wohnstandard aufweisen, der bei vergleichbaren Wohnungen üblich ist. Dabei sind insbesondere das Alter, die Ausstattung und die Art des Gebäudes, aber auch die Höhe der Miete und eine eventuelle Ortssitte zu berücksichtigen (Senatsurteile vom 23. September 2009, aaO, Tz. 11; vom 26. Juli 2004 – VIII ZR 281/03, WuM 2004, 527, unter II A 1 b bb). Gibt es zu bestimmten Anforderungen an den Wohnstandard technische Normen, so ist nach der Rechtsprechung des Senats (jedenfalls) deren Einhaltung vom Vermieter geschuldet. Dabei ist nach der Verkehrsanschauung grundsätzlich der bei Errichtung des Gebäudes geltende Maßstab anzulegen (Senatsurteile vom 26. Juli 2004, aaO; vom 6. Oktober 2004, aaO; vom 17. Juni 2009, aaO, Tz. 10; vom 23. September 2009, aaO).“

Das Landgericht Hamburg sieht keinen Grund zu prüfen, ob die zum Zeitpunkt der Gebäudeerrichtung geltende Wärmeschutznorm eingehalten worden ist. Vielmehr ist die Gebrauchsfähigkeit relevant:

LG Hamburg, Urteil vom 11.07.2000 – 316 S 227/99:

„Nach allem ist davon auszugehen, dass der bauliche Zustand der Wohnung bei niedrigeren Außentemperaturen selbst bei einer Luftfeuchte, wie sie in Wohnräumen üblich ist (40–60 % relative Feuchte), die Bildung von Kondenswasser erwarten lässt, die zu den Feuchtigkeitsschäden und Schimmelpilzbefall führt. Damit liegt ein Mangel an der Mietsache vor. Ob die Anforderungen der DIN 4108 zum Zeitpunkt der Gebäudeerrichtung eingehalten wurden oder nicht, ist insoweit nicht von Bedeutung. Entscheidend ist allein, ob die Mietsache zum Wohnen benutzt werden kann, ohne dass durch den normalen Wohngebrauch Feuchtigkeitsschäden entstehen. […]

Da die insoweit beweisbelastete Klägerin demnach nicht bewiesen hat, dass neben den Substanzmängeln auch ein vorwerfbares Verhalten des Beklagten zur Schadensentstehung beigetragen hat, ist für die Bemessung der Minderung allein vom objektiven Schadensbild auszugehen und davon, inwieweit dieses die Gebrauchstauglichkeit der Mietsache beeinträchtigt.“

Das Landgericht Kassel sieht es als einen Mangel an der Mietsache an, wenn die Wärmedämmung eines Gebäudes nicht den zum Zeitpunkt der Gebäuderrichtung geltenden Vorschriften entspricht:

LG Kassel, Urteil vom 04.02.1988 – 1 S 229/87:

„Nach ständiger Rechtsprechung der Kammer kommen den DIN-Wärmevorschriften für die Beurteilung der Mangelhaftigkeit einer vermieteten Wohnung dann eine mietrechtliche Bedeutung zu, wenn die Wohnung nicht der im Zeitpunkt ihrer Errichtung geltenden DIN-Norm entspricht. Denn es kann dann davon ausgegangen werden, dass ein baulicher Fehler im Sinne des allgemeinen Werkvertragsrechts auch immer eine Abweichung der Ist-Beschaffenheit von der Soll-Beschaffenheit einer Mietsache darstellt. Dies ergibt sich daraus, dass die Soll-Beschaffenheit einer Mietwohnung sich nach der Ist-Beschaffenheit durchschnittlicher, hierzulande anzutreffender Mietwohnungen gleichen Alters und gleicher Ausstattungen richtet und diese auch in aller Regel den DIN-Vorschriften im Zeitpunkt ihrer Errichtung entsprechen.“

Das Landgericht Lüneburg sieht einen Zusammenhang zwischen dem Alter eines Gebäudes und den Anforderungen, die an die Mieter zu stellen sind:

LG Lüneburg, Urteil vom 22.11.2000 – 6 S 70/00:

„[...]

a) Schimmel und Feuchtigkeit stellen in gemieteten Wohnräumen grundsätzlich einen Mangel dar, der zu einer Beeinträchtigung der Brauchbarkeit der Wohnung führt. Da mit der Bildung von Schimmel Gesundheitsgefahr verbunden ist, liegt in der Regel auch ein nicht nur unerheblicher Mangel vor. [...] Die Anforderungen an das Verhalten des Mieters hängen davon ab, welches Objekt er angemietet hat. Handelt es sich – wie im vorliegenden Fall – um ein älteres Haus, dessen Wärmedämmung und Feuchtigkeitsabdichtung nicht dem heutigen technischen Standard entspricht, muss sich der Mieter darauf einstellen. Ihm obliegt es, alle zumutbaren Maßnahmen zu ergreifen, um die Bildung von Schimmel zu verhindern, was durch regelmäßiges Stoßlüften, Abwischen von Nässe an Fenstern oder im Bad und stärkeres Heizen geschehen kann. Denn der Vermieter ist nicht verpflichtet, dem Mieter ein Haus zur Verfügung zu stellen, das modernsten Anforderungen an Wärme- und Feuchtigkeitsschutz entspricht.“

Das Amtsgericht Hamburg-Altona sieht keinen Mangel in der bauzeitbedingten geringen Wärmedämmung einer Wohnung, da der Mieter durch sein Heiz- und Lüftungsverhalten für einen Ausgleich Sorge tragen kann:

AG Hamburg-Altona, Urteil vom 01.03.2006 – 318A C 167/05:

„Nach dem Ergebnis der Beweisaufnahme ist davon auszugehen, dass die Feuchtigkeitserscheinungen nicht auf einem Baumangel beruhen. Der Sachverständige Hankammer hat nach einer gründlichen Untersuchung vielmehr festgestellt, dass diese zum Teil auf unzureichende Lüftung, zum Teil auf zu geringe Beheizung und auf Wärmebrücken im Sockelbereich der Außenwände zurückgehen. Nur Letzteres könnte überhaupt einen Baumangel darstellen. Jedoch ist auch diese Ursache als Mangel der Mietsache im Rechtssinn gem. § 536 BGB nicht anzusehen, weil nach den überzeugenden Darlegungen des Sachverständigen in Übereinstimmung mit denjenigen des vorprozessual eingeschalteten Sachverständigen Schell die nach heutigem Standard relativ schlechte Wärmedämmung der Außenwände bauzeitbedingt und zudem kompensierbar ist durch entsprechende Lüftung, Beheizung sowie Stellung des Mobiliars, Letzteres, um die Zirkulation der Warmluft zu ermöglichen. An der Sachkunde des Sachverständigen bestehen keine Zweifel.

Ein Mangel liegt nicht schon darin, dass die Wärmedämmung von derjenigen eines später errichteten Bauwerks negativ abweicht. Es ist für die Frage der vertragsgemäßen Leistung bezüglich der Bausubstanz auf die zur Zeit der Errichtung des Gebäudes erforderliche Dämmung abzustellen und nicht auf den heutigen Standard. Würde die Dämmung nachträglich verbessert werden, wäre dies keine Mangelbeseitigung, sondern eine Modernisierung, auf welche die Kläger keinen Anspruch haben.“

9.2.8 Neubaufeuchte als Mangel an der Mietsache

Beispiele von Entscheidungsbegründungen zur Neubaufeuchte:

AG Bad Schwartau, Urteil vom 03.11.1987 – 3C 1176/86:

„Wird eine Neubauwohnung vermietet, bevor sie ordnungsgemäß ausgetrocknet und somit die vorhandene Baufeuchte entwichen ist, so geht dies zu Lasten des Vermieters. Denn ohne eine dahingehende Vereinbarung gehört es nicht zu den Vertragspflichten des Mieters, durch übermäßiges Lüften und kostenaufwendiges Heizen eine feuchte Wohnung zum Austrocknen zu bringen."

LG Lübeck, Urteil vom 08.01.1988 – 6 S 289/87:

„Zu Recht verweisen nach Ansicht der Kammer Schmidt-Futterer/Blank a. a. O. Seite 163 darauf, dass der Mieter, wenn – wie hier – eine vertragliche Vereinbarung fehlt, allenfalls dann zu einer vermehrten Beheizung und Belüftung von Neubauten (‚trockenheizen') verpflichtet ist, wenn er erkennen konnte, dass anderenfalls Feuchtigkeitsschäden auftreten. Nach Ansicht der Kammer ist bereits zweifelhaft, ob die Beklagten bei dem hier konkret vorliegenden Schadensbild und nach den konkreten Umständen des Einzelfalls zu dieser Erkenntnis gelangen konnten und mussten."

Das Amtsgericht Steinfurt bestätigt, dass eine erhöhte Feuchte zur üblichen Beschaffenheit von Neubauten zählt, sodass in der Anfangsphase in erhöhtem Umfang zu heizen und zu lüften ist:

AG Steinfurt, Urteil vom 09.05.1996 – 4 C 23/96:

„Die Beklagten haben eine neu errichtete Wohnung angemietet. Neubauwohnungen sind – wie allgemein bekannt ist – mit restlicher Baufeuchte belastet. Diesem Umstand kann nur dadurch begegnet werden, dass die Wohnung über eine gewisse Zeit hinweg in erhöhtem Umfang belüftet und beheizt wird. Da die Beklagten die Wohnung in Kenntnis dessen, dass sie neu errichtet war, angemietet haben, haben sie die Wohnung bei Mietbeginn als in vertragsgemäßem Zustand befindlich gebilligt."

Der Vermieter muss die Mieter darüber informieren wie sie sich im Hinblick auf die Neubaufeuchte verhalten müssen, wie das Landgericht Köln entschieden hat:

LG Köln, Urteil vom 15.11.2000 – 9 S 25/00:

„Es ist zwischen den Parteien unstreitig, dass die Feuchtigkeit aus der Sphäre des Klägers als Vermieter kommt. Selbst wenn es nicht richtig ist, dass, wie die Beklagten vortragen, die Feuchtigkeit kurz nach ihrem Einzug in die Wohnung im Juni 1998 bei starken Regenfällen in Folge einer Verstopfung von außen eingedrungen sei, so ergibt sie sich jedenfalls aus der noch vorhandenen Baufeuchte des Neubaus, in dem die Wohnung liegt. Bei beiden denkbaren Ursachen hat die Feuchtigkeit ihre Ursache in dem Bauwerk selbst und damit in der Sphäre des Klägers, so dass eine weitere Aufklärung der Ursache für die in die Wohnung austretende Feuchtigkeit entbehrlich ist. Liegt aber die Ursa-

che der Feuchtigkeit in dem Bauwerk selbst begründet, obliegt es dem Kläger als Vermieter, konkret darzulegen, mit welchen zumutbaren Maßnahmen die Beklagten bei den konkreten baulichen Gegebenheiten die durch die eintretende Feuchtigkeit unstreitig entstandenen Schäden hätten vermeiden können.“

Auch das Landgericht Wuppertal sieht eine konkrete Hinweispflicht beim Vermieter:

LG Wuppertal, Urteil vom 11.10.2002 –10 S 22/02 (IWR 2/03,74.2):

„Der Mieter ist nicht verpflichtet, Neubaufeuchte auf eigene Kosten durch überobligationsmäßiges Heizen und Lüften auszugleichen. Allein der allgemeine Hinweis des Vermieters bei den Vertragsverhandlungen, bei Neubauten könne es zu einer erhöhten Restbaufeuchte kommen, genügt nicht, um dem Mieter deutlich zu machen, mit welchen Verhaltensweisen er der Restfeuchte wirksam begegnen kann.“

Das Oberlandesgericht Celle erachtet die Baufeuchte nicht als Mangel:

OLG Celle, Urteil vom 31.01.2002 – 16 W 3/02:

„Dass bei einem neu erbauten Haus erhöhte Heizkosten unmittelbar nach Bezug oder auch davor anfallen, ist durchaus normal. Eine Anspruchsgrundlage für die Kostentragung seitens der Klägerin ist nicht ersichtlich. Baufeuchte und ‚Trockenheizen‘ des Hauses sind ersichtlich keine Mängel, für die die Klägerin einzustehen hätte.“

Auch das Landgericht Schwerin sieht in der Neubaufeuchte keinen Mangel:

LG Schwerin, Urteil vom 21.01.2003 – 1 O 301/01:

„Es mag sein, dass aufgrund einer relativ hohen Baufeuchte in den ersten Jahren nach Baufertigstellung die Dämmeigenschaften der Wände noch nicht optimal waren. Dies stellte jedoch keinen Baumangel dar, sondern eine normale Erscheinung nach Fertigstellung eines Massivhauses. In den ersten zwei Jahren nach Baufertigstellung muss daher besonders stark geheizt und gelüftet werden. Hierauf hat der Vermieter die Mieter hinzuweisen und diese anzuhalten, ihr Verhalten tatsächlich danach auszurichten.“

9.2.9 Austausch von Fenstern im Bestand als Ursache eines Mangels an der Mietsache

Grundsätzlich gehen die Gerichte von einer Informations- und Hinweispflicht des Vermieters hinsichtlich der von den Mietern nach der Fenstererneuerung notwendigen Änderung des Lüftungsverhaltens aus. Beispiel einer Urteilsbegründung zur Fensterlüftung im Nachgang zur Fenstererneuerung:

AG Köln, Urteil vom 26.10.1998 – 213 C 266/98:

„Da unstreitig ein Mangel in Form von Feuchtigkeit- und Schimmelbildung in der Wohnung vorhanden ist, sind die Beklagten nur dann nicht berechtigt, den Mietzins zu mindern, wenn die Klägerin darlegt und gegebenenfalls beweist,

dass die Beklagten das Auftreten des Mangels schuldhaft verursacht haben. Hierzu gibt der Vortrag der Klägerin nichts her. Das bloße Vorbringen, das Haus befinde sich in einem ordnungsgemäßen Zustand, besagt hierüber nichts. Die Klägerin müsste schon im Einzelnen darlegen, wie sich die Wärmedämmung des Objektes darstellt und dass sich bei üblicher Lüftung (2- bis 3-mal täglich Stoßlüften für 10 Minuten) das Auftreten der Feuchtigkeit verhindern lässt.“

Beispiel einer Urteilsbegründung zur Fensterlüftung im Nachgang zur Fenstererneuerung:

LG Berlin, Urteil vom 23.11.1999 – 65 S 94/99:

„Der Schadensersatzanspruch der Kläger ist jedoch um 50 % zu kürzen, da sie ein Mitverschulden an der Schimmelbildung trifft. Das Gericht geht angesichts der Feststellungen des Gutachters davon aus, dass es in gleichem Maße wie das Verhalten der Beklagten zur Bildung des Schimmels beigetragen hat. Der Gutachter hat ausgeführt, dass der Einbau von wärmedämmenden Fenstern durch die verbesserten Dichtungen dazu führt, dass ein Lüftungsverlust, wie der aufgrund der leichten Undichtigkeit normaler Altbaufenster regelmäßig gegeben ist, reduziert wurde und dadurch die automatische Abfuhr der innerhalb der Wohnung produzierten Feuchtigkeit stark unterbunden werde. Entgegen der Ansicht der Kläger wäre es erforderlich gewesen, die Beklagte nach dem Einbau der neuen Fenster darüber zu informieren, dass diese Maßnahmen ein verändertes Lüftungsverhalten erforderten. Es fällt der Beklagten nicht als Verschulden zur Last, dass sie ihren bis zu diesem Zeitpunkt ohne Beanstandungen ausgeübten Mietgebrauch nicht von sich aus sofort umgestellt hat. Sie konnte bis zur Erkennbarkeit erster Feuchtigkeitsschäden davon ausgehen, weiter in der bisherigen Weise für die Belüftung der Räume sorgen zu können, ohne gegen ihre vertraglichen Verpflichtungen zu verstoßen. Denn es ist nicht allgemeinkundig, dass Altbaufenster eine stete Luftzirkulation bewirken und damit die Raumluftfeuchte verringern, der Einbau von Isolierfenstern dagegen häufigere Stoßlüftungen erfordert. Dem ersten Anschein nach führt der Einbau moderner Fenster vielmehr dazu, dass lediglich der Wärmeverlust reduziert wird; dies kann den nicht über besondere physikalische Kenntnisse verfügenden durchschnittlichen Mieter unverschuldet zu der Annahme verleiten, dass die Schimmelbildung in den wärmeren Räumen gerade unterbunden wird. Es hätte insoweit den Klägern oblegen, die Beklagte darüber zu informieren, dass sie nach dem Einbau der Fenster vertraglich eine geänderte bzw. erweiterte aktive Verhaltenspflicht traf. Dies haben sie nicht getan.“

Die Hinweispflicht hinsichtlich eines geänderten Lüftungsverhaltens im Nachgang zum Einbau von isolierverglasten Fenstern sieht auch das Landgericht Gießen auf der Vermieterseite:

LG Gießen, Urteil vom 12.04.2000 (1 S 63/00):

„Grundsätzlich ist es Sache des Vermieters, beim Einbau neuer, dichtschließender Isolierglasfenster die notwendigen Vorkehrungen gegen Feuchtigkeit zu schaffen. [...]

Es gehört zu seinem Risikobereich, wenn sich durch das Auswechseln alter Fenster, also durch eine Änderung in der Bausubstanz, die relative Luftfeuchte erhöht und der Taupunkt auf den Außenwandbereich verlagert. Zwar kann der Vermieter vom Mieter nach dem Einbau moderner Fenster ein anderes Heiz- und Lüftungsverhalten verlangen, denn richtiges Heizen und Lüften der Wohnung ist eine Grundvoraussetzung, um Feuchtigkeitsschäden zu vermeiden. Voraussetzung für die Pflicht des Mieters zu dem veränderten Wohnverhalten ist aber ein sachgerechter und präziser Hinweis des Vermieters auf die Anforderungen im veränderten Raumklima."

Zur Hinweispflicht des Vermieters hinsichtlich eines geänderten Lüftungsverhaltens im Nachgang zum Einbau von isolierverglasten Fenstern existiert auch die Entscheidungsbegründung des Landgerichts Neubrandenburg:

LG Neubrandenburg, Urteil vom 02.04.2002 – 1 S 297/01 (WM 02, 309):

„Nach einschlägiger Rechtsprechung [...] obliegt es dem Vermieter, den Mieter nach durchgeführten Modernisierungsarbeiten, insbesondere dem Einbau neuer isolierverglaster Fenster, auf ein nunmehr notwendig werdendes verändertes Heiz- und Lüftungsverhalten hinzuweisen. [...]

Es ist nicht die Aufgabe des Mieters, nach dem Einbau dichtschließender Fenster selbst herauszufinden, durch welches Verhalten auftretenden Feuchtigkeitserscheinungen begegnet werden kann. [...]

Inhaltlich genügt die vom Vermieter zu erteilende Belehrung den Anforderungen nur, wenn sie über den pauschalen Hinweis auf ein nötiges anderes Verhalten hinausgeht. Erforderlich ist eine sachgerechte und präzise Aufklärung, die sich auf die Höhe der in den einzelnen Räumen über eine bestimmte Zeit einzuhaltende Temperatur sowie auf Art und zeitliches Ausmaß der erforderlichen Lüftungsvorgänge bezieht, mithin auf die Verhältnisse des konkreten Falles zugeschnitten ist. Dem entspricht die benannte Broschüre nicht. Sie enthält unter dem Stichwort ‚Die Stoßbelüftung' lediglich einen Hinweis darauf, dass Wohnräume ein- bis zweimal pro Tag für fünf bis zehn Minuten zu lüften seien, ohne jedoch auf die durch die Modernisierung verursachten Änderungen konkret einzugehen."

Auch das Landgericht Berlin hat die Hinweispflicht des Vermieters ausdrücklich bestätigt und herausgestellt, dass der Mieter die drohende Gefahr einer Schimmelpilzbildung nicht erkennen konnte, weil die neuen Fenster erst dann beschlagen, wenn der kritische Zustand bei den benachbarten Wänden bereits besteht:

LG Berlin im Urteil vom 23.01.2001 – 64 S 320/99:

„Ausgehend von einem Temperaturgefälle von -15 °C Außentemperatur und +20 °C Innentemperatur kam es bei den alten Fenstern bereits bei einer relativen Luftfeuchte von 37 % zur Tauwasserbildung an den Fenstern, während bei den neuen Fenstern erst bei einer relativen Luftfeuchte von 67 % dort Tauwasser auftritt. Berücksichtigt man, dass an den Außenwänden der Wohnung bei den o. g. Temperaturen sich Tauwasser bei einer relativen Luftfeuchte von 49 % bildet, haben die Kläger (Mieter) den Mangel nicht zu vertreten. Denn sie können der Schimmelbildung nicht entgegentreten, weil sie nicht erkennen können, ob eine Lüftung erforderlich ist. Der einzig sichtbare Indikator für eine zu hohe Luftfeuchte (beschlagene Fenster) ist weggefallen, weil die Fenster besser isoliert sind als die Außenwände. [...] Der Mangel an der Mietsache liegt damit in dem in sich nicht stimmigen Baukörper begründet, der durch den nachträglichen Einbau der Isolierglasfenster geschaffen worden ist. Denn dadurch hat sich das Gesamtgefüge dahingehend verändert, dass nunmehr die Außenwände die schlechteste Wärmeisolierung aufweisen. [...] Zum anderen ist für die Entscheidung davon auszugehen, dass ihnen (den Mietern) von der Beklagten (Vermieterin) bzw. von den mit dem Einbau der Fenster befassten Handwerkern nicht mitgeteilt worden ist, dass sie die Räume täglich mindestens dreimal durch Stoßlüften zu be- und entlüften hätten.“

Das Landgericht Frankfurt am Main geht noch weiter, indem es im Zusammenhang mit dem Einbau isolierverglaster Fenster eine Verpflichtung des Vermieters z. B. zum Einbau einer Außendämmung bejaht:

LG Frankfurt am Main, Urteil vom 31.10.2006 – 2/17 S 60/06:

„Demgemäß kann ein bauseits bedingter Mangel der Mietsache darin liegen, dass in dem ursprünglich mangelfrei errichteten Haus im Zusammenwirken mit der später eingebauten Isolierverglasung und einer den neuen Verhältnissen nicht angepassten Wärmedämmung Feuchtigkeitserscheinungen auftreten Der Vermieter ist in solchen Fällen gehalten, durch geeignete Maßnahmen (Außendämmung) Abhilfe zu schaffen, selbst wenn der Mieter die Feuchtigkeitsschäden durch sein Wohnverhalten mitverursacht hat. Denn es ist Aufgabe des Vermieters, beim Einbau neuer Fenster die notwendigen Vorkehrungen gegen Feuchtigkeit zu treffen (Amtsgericht Bremen, Urt.v.12.03.2004 – 7 C150/03).“

9.2.10 Durchfeuchtungsschäden als Mangel an der Mietsache

Das Landgericht Dresden hat entschieden, dass den Mieter (Beklagter) im Nachgang zu Wasserschäden eine Schadensminderungspflicht dahingehend trifft, dass er Möbel von der Wand abrücken und für eine ausreichende Be- und Entlüftung sorgen muss:

LG Dresden, Urteil vom 17.12.2002 – 4 S 0152/02:

„Sollten bei Auszug des Beklagten Ende Juli 1999 tatsächlich – wie vom Beklagten unsubstantiiert behauptet – Schäden und Schimmelbefall an Möbeln und Kleidungsstücken vorhanden gewesen sein, ist dieses auf ein mitwirkendes Verschulden des Beklagten zurückzuführen. Denn er hat im Rahmen seiner Schadensminderungspflicht weder Möbel durch Abrücken von der Wand kurzfristig aus dem durchfeuchteten Bereich entfernt noch für eine ausreichende Belüftung seiner Wohnung gesorgt. Das vom Beklagten behauptete regelmäßige Lüften durch seine Zugehfrau mindestens einmal pro Woche ist jedenfalls nach einem Wasserschaden unzureichend."

Hinsichtlich der Feuchte von Kellern kommt es für das Landgericht Braunschweig in einem Mietrechtsstreit darauf an, ob die Feuchte in die darüber liegenden Wohnräume aufsteigt:

LG Braunschweig, Urteil vom 16.04.2002 – 6 S 771/01:

„Schließlich beweisen die vom Kläger in der mündlichen Verhandlung vorgelegten Lichtbilder des Kellerraums unter seinem Wohnzimmer keine Baumängel. Abgesehen davon, dass die Fotos fast alle unscharf sind, entspricht es der Lebenserfahrung, dass viele Keller feucht sind. Entscheidend ist, ob diese Feuchtigkeit auch in die darüber liegenden Wohnräume aufsteigt."

Beispiel für eine Entscheidungsbegründung bei Außenwandschäden:

LG Marburg, Urteil vom 02.12.1981 – 5 S 166/1981:

„Treten in einer Wohnung an den Außenwänden in größerem Ausmaße Durchfeuchtungen in Form von Wasserflecken und Schimmelbildung auf, so spricht das zunächst einmal für das Vorliegen von Baumängeln, die der Sachverständige hier auch festgestellt hat. Es ist nicht Sache des Mieters, durch verstärkten Heizaufwand das Durchschlagen solcher Baumängel zu verhindern. Vielmehr muss es dem Mieter im Rahmen des vertragsmäßigen Gebrauchs grundsätzlich unbenommen bleiben, den Aufwand an Heizenergie an seinem persönlichen Wärmebedarf auszurichten."

Beispiel für eine Entscheidungsbegründung bei bauartbedingten Feuchteeinbrüchen:

KG Erfurt, Urteil vom 05.01.1993 – 1 C 352/92:

„Die vom Beklagten geltend gemachten Mängel, die zwischen den Parteien unstreitig sind, sind erkennbar eine Folge der dürftigen Bauqualität, die in der Herstellungszeit des Gebäudes in der ehemaligen DDR auf Bauwerke dieser Art allgemein verwendet worden ist. […] Der dürftigen Bauqualität des Hauses entspricht zum anderen eine verhältnismäßig geringe Grundmiete, die eine entsprechend höhere Toleranz in Ansehung auftretender Mängel gebietet. […] Die Vorschrift des § 539 BGB, wonach ein Recht zur Mietzinsminderung ausgeschlossen ist, wenn der Mieter den Mangel kennt, ist Ausdruck dieses allgemeinen Rechtsgedankens."

Beispiel für eine Entscheidungsbegründung im Fall einer durchfeuchteten Außenwand:

AG Schwerin, Urteil vom 11.01.2001 – 14 C 3280/98:

„Das Auftreten der Pilze und Bakterien ist nicht ungewöhnlich. Jede Wohnung wird von diversen Pilzen und Bakterien besiedelt. Relevant sind lediglich Art und Ausmaß des Befalls sowie die Empfindlichkeit der Bewohner auf derartige Allergene.

Es ist davon auszugehen, dass insbesondere Frau G. sensibel auf Allergene reagiert. Die Kinder der Familie dürften bei fortgesetzter Belastung auch stärkere Reaktionen gezeigt haben. Eine höhere als 25 %ige Minderung kommt dennoch nicht in Betracht, denn die Durchfeuchtung der einen Wand eines Zimmers der Wohnung ist nicht die alleinige Ursache der mikrobiotischen Raumluft-Belastung. Sie wird vielmehr durch das Wohnverhalten des Beklagten und seiner Familie unterstützt.

Der Sachverständige H. hat bei seinen Ortsterminen unter anderem festgestellt, dass in der Wohnung 20 (!) Topfpflanzen vorhanden waren, eine Waschmaschine installiert war und auf 2 Trockenständern im Schlafzimmer Wäsche getrocknet wurde. Es fragt sich, weshalb die Familie, die doch über die Zusammenhänge zwischen Luftfeuchte und Schimmelpilz-Ausbreitung bestens informiert war, nicht die Zahl der Topfpflanzen reduziert hat und nicht eine andere Art der Wäschepflege erwogen hat. Schließlich fragt sich, weshalb die Familie nicht früher aus der Wohnung ausgezogen ist, obwohl ihr von ihrer behandelnden Ärztin, Frau Dr. med. P., schon am 08.01.1999 geraten worden ist, dies ‚schnellstmöglich' zu tun.

Wer derart stark unter den Wohnbedingungen leidet, macht sich unglaubwürdig, wenn er nicht so schnell wie möglich die Wohnung wechselt."

9.2.11 Quotelung der Verantwortlichkeit

Nicht immer liegt ein einzelner Fehler vor, der die Ursache für die Entstehung von Schimmelpilz darstellt. Häufig überlagern sich die Einflussfaktoren aus der Sphäre des Gebäudes mit den nutzerspezifischen Belangen (siehe Kapitel 3). Die Lebenspraxis zeigt, dass z. B. in einem Mehrfamilienhaus mit einer Vielzahl von gleichartig mindergedämmten Wohnungen nur einzelne Einheiten von der Pilzentwicklung betroffen sind, während der wesentliche Anteil der Wohnungen schadensfrei bleibt. Eine individuelle verursachungsgerechte Quotelung aus technischer Sicht muss für derartige Fälle die jeweilige anteilige Wichtigkeit der Einflussfaktoren definieren und anschließend eine verantwortungsgerechte Zuordnung organisieren (siehe Tabelle 9.2).

Tabelle 9.2: Beispiel für die Bewertung der objektspezifischen Einflussfaktoren

Sachverhalt	**Gewichtung in %**	**Wertung in %**			
Merkmale der Schimmelpilzbildung	**Anteil des Merkmals an der Schimmelpilzentstehung**	**Anteil der jeweiligen Einflussmöglichkeiten**			
		Mieter		**Vermieter**	
		Wertung	**Anteil (= 2 · Wertung$_{Mieter}$)**	**Wertung**	**Anteil (= 2 · Wertung$_{Vermieter}$)**
A: gebäudespezifischer Tauwasserausfall					
geometrische Wärmebrücke	10	0	0	100	10
konstruktionsbedingte Wärmebrücke	5	0	0	100	5
abgeminderte Wärmedämmung	23	0	0	100	23
unterdimensionierte Lüftungsmöglichkeiten	5	0	0	100	5
Gebäudeanteil: Gewichtung in % vom Gesamtwert	**43**		**0**		**43**
B: nutzungsbedingter Tauwasserausfall					
überhöhte Feuchteproduktion	10	100	10	0	0
unzureichende Lüftung	5	100	5	0	0
unzureichende Beheizung	5	100	5	0	0
permanente Kipplüftung	3	100	3	0	0
motorische Lüfter: Filter verstopft	0	100	0	0	0
Mobiliar vor Außenwänden	3	100	3	0	0
Geräteleckage	0	100	0	0	0
Nutzungsanteil: Gewichtung in % vom Gesamtwert	**26**		**26**		**0**

Tabelle 9.2 (Fortsetzung)

Sachverhalt	**Gewichtung in %**	**Wertung in %**			
Merkmale der Schimmelpilzbildung	**Anteil des Merkmals an der Schimmelpilzentstehung**	**Anteil der jeweiligen Einflussmöglichkeiten**			
		Mieter		**Vermieter**	
		Wertung	**Anteil (= 2 · Wertung$_{Mieter}$)**	**Wertung**	**Anteil (= 2 · Wertung$_{Vermieter}$)**
C: gebäudespezifische Durchfeuchtungen, Leckagen					
horizontale Außenwanddurchfeuchtung	3	0	0	100	3
vertikal aufsteigende Feuchte	3	0	0	100	3
Dachleckage	0	0	0	100	0
Neubaufeuchte	0	0	0	100	0
Rohrleitungsschaden	0	0	100	0	
gebäudespezifischer Durchfeuchtungsanteil: Gewichtung in % vom Gesamtwert	**6**		**0**		**6**
D: nutzerabhängige Durchfeuchtungen, Leckagen					
Geräteleckage	0	100	0	0	0
Planschwasser	5	100	5	0	0
nutzerbedingter Durchfeuchtungsanteil: Gewichtung in % vom Gesamtwert	**5**		**5**		**0**

Eine Quotelung in Form einer Quellentheorie kann durch das bildhafte Beispiel einer Gewässerverunreinigung erläutert werden: Wenn für die Verursachung der Verunreinigung eines Sees 2 zuströmende Flüsse infrage kommen, ist für eine klare Zuordnung der anteiligen Verunreinigungsquote die Kenntnis der jeweiligen Zuflussmenge und des jeweiligen Grades der Verunreinigung jedes einzelnen Flusses erforderlich.

Die finale Bemessung einer Mietminderung bleibt den Gerichten vorbehalten. Für die eigene abschätzende Ermittlung einer angemessenen Mietminderung wird zunächst vorausgeschickt, dass die unterschiedliche Nutzungsart der Räume auch hinsichtlich ihrer jeweiligen Wohnwertbeeinträchtigung zu einer differenzierten Gewichtung führt. Ein Wohnzimmer wird nach diesem Schema mit der Wertzahl 100 höher bewertet als die Küche mit der Wertzahl 60 (siehe Tabelle 9.3 und 9.4).

Tabelle 9.3: Wohnwertermittlung verschiedener Räumlichkeiten

Raum Bezeichnung	Wertzahlen Regelwert	Aufteilung Regelwerte	
		Funktion	Geltung
Wohnzimmer	100	60	40
Elternschlafzimmer	90	60	30
Kinderzimmer, Gästezimmer	90	60	30
Küche	60	45	15
Bad, WC, Duschraum	40	30	10
Hausarbeitsraum	40	30	10
Hobbyraum	40	25	15
Flur	30	15	15
Abstellraum, Speisekammer	20	15	5
Balkon, Loggia, Freisitz	25	15	10

Tabelle 9.4: Beispiel für die Beurteilung des Grades der Beeinträchtigung

Wertminderungsfaktor	Beeinträchtigung
0,00	keine (bzw. unerhebliche)
0,10	fast keine
0,20	noch leichte, geringe
0,30	mäßige
0,40	deutliche, schon etwas stärkere
0,50	starke
0,60	sehr starke
0,70	schwere
0,80	sehr schwere
0,90	massive
1,00	vollständige, führt zur völligen Wertlosigkeit

Kellerräume verfügen prinzipiell über einen geringen Wohnwert, wie das Landgericht Hamburg festgestellt hat. Gleichwohl kann eine erhebliche Beeinträchtigung des Mietgegenstands vorliegen, wenn die Kellerräume nicht nutzbar sind und anderweitige Abstellmöglichkeiten nicht gegeben sind:

LG Hamburg, Urteil vom 17.01.2002 – 333 S 55/01:

„Aufgrund der von dem Sachverständigen attestierten und im Übrigen durch die Fotos und Bekundungen der Zeugen ausgewiesenen Feuchtigkeitsbelastung war die Gebrauchstauglichkeit der Kellerräume, eines Lager- oder Vorratsraumes von etwa 5,5 qm und eines im Mietvertrag (§ 15) auch so ausgewiesenen Hobbyraums von etwa 19 qm, praktisch aufgehoben. Neben einer erheblichen Feuchtigkeit im Mauerwerk und dem gelegentlichen Eindringen von Wasser beanstandeten die Beklagten zu recht auch eine ganz erhebliche Geruchsbelastung. [...]

Zwar handelt es sich vor allem bei den Kellerräumen um solche mit einem geringen Wohnwert, so dass eine Bemessung der Minderungsquote unmittelbar nach dem Wohn- und Nutzflächenverhältnis im Allgemeinen nicht angängig erscheint. Doch ist hier auch zu berücksichtigen, dass die Wohnung keine weiteren Abstellmöglichkeiten bietet und das Fehlen der Kellerräume daher eine recht wesentliche Gebrauchseinschränkung darstellt."

Beispiel: Tabellarische Mietminderungsermittlung bei einer Schimmelpilzbildung

In dem untersuchten Fall fand sich Schimmelpilzbildung im Wohn- und im Schlafzimmer. Ermittelt wurde dort anteilig ein Nutzungsmangel in der Größenordnung von 30 %. Für den Schimmelpilzbefall im Bad wurde ein Baumangel zu 100 % ermittelt (siehe Tabelle 9.5).

Tabelle: 9.5: Stufenweise Ermittlung der Mietwertminderung

1	2	3	4	5	6	7	8		9		10	
Raum	**Fläche in m²**	**Wertzahl**	**Wohnwert anteil**	**Aufteilung der Wertzahl Funktion**	**Wertanteil Funktion**	**Wertminderungsfaktor**	**Wohnwertminderung**		**Gewichtung**		**Mietwertminderung**	
							Anteil	**in %**	**Baumangel**	**Nutzungsmangel**	**Baumangel in %**	**Nutzungsmangel in %**
				Geltung	**Geltung**		**8.1**	**8.2**	**9.1**	**9.2**		
Bezeichnung			**2 · 3**		**4 · 5**		**6 · 7**	**(100 · 8.1) : Σ4**			**8.2 · 9.1**	**8.2 · 9.2**
Wohnen	30	100	3.000	0,60	1.800	0,5	900,0	5,725	0,7	0,3	4,01	1,72
			3.000	0,40	1.200	0,7	840,0	5,344	0,7	0,3	3,74	1,60
Schlafen	14	90	1.260	0,65	819	0,6	491,4	3,126	0,7	0,3	2,19	0,94
			1.260	0,35	441	0,5	220,5	1,403	0,7	0,3	0,98	0,42
Kind	12	90	1.080	0,65	702	0,0	0,0	0,000	1,0	0,0	0,00	0,00
			1.080	0,35	378	0,0	0,0	0,000	1,0	0,0	0,00	0,00
Arbeiten	12	70	840	0,60	504	0,0	0,0	0,000	1,0	0,0	0,00	0,00
			840	0,40	336	0,0	0,0	0,000	1,0	0,0	0,00	0,00

Tabelle 9.5 (Fortsetzung)

1	2	3	4	5	6	7	8		9		10	
Raum	**Fläche in m^2**	**Wertzahl**	**Wohnwert anteil**	**Aufteilung der Wertzahl Funktion**	**Wertanteil Funktion**	**Wertminderungsfaktor**	**Wohnwertminderung**		**Gewichtung**		**Mietwertminderung**	
							Anteil	**in %**	**Baumangel**	**Nutzungsmangel**	**Baumangel in %**	**Nutzungsmangel in %**
				Geltung	**Geltung**		**8.1**	**8.2**	**9.1**	**9.2**		
Bezeichnung			**2 · 3**		**4 · 5**		**6 · 7**	**(100 · 8.1) : Σ4**			**8.2 · 9.1**	**8.2 · 9.2**
Flur	8	30	240	0,50	120	0,0	0,0	0,000	1,0	0,0	0,00	0,00
			240	0,50	120	0,0	0,0	0,000	1,0	0,0	0,00	0,00
Küche	6	60	360	0,75	270	0,0	0,0	0,000	1,0	0,0	0,00	0,00
			360	0,25	90	0,0	0,0	0,000	1,0	0,0	0,00	0,00
Essen	12	60	720	0,60	432	0,0	0,0	0,000	1,0	0,0	0,00	0,00
			720	0,40	288	0,0	0,0	0,000	1,0	0,0	0,00	0,00
Bad	9	40	360	0,75	270	0,7	189,0	1,202	0,0	1,0	0,00	1,20
			360	0,25	90	0,7	63,0	0,401	0,0	1,0	0,00	0,40
Summe	**103**	**540**	**15.720**								**10,92**	**6,28**

Insgesamt wäre also im Beispiel eine Mietminderung in Höhe von **17 %** angemessen. Davon entfällt auf den Mieter ein Mitverursachungsanteil in Höhe von **6 %**.

9.2.12 Formulierung von Beweisbeschlüssen in Schimmelpilzverfahren

Der erfolgreiche Verlauf von Bauprozessen im Werkvertragsrecht und im Mietrecht wird nachhaltig von der Qualität der Beweisanträge beeinflusst. In der Regel werden die Beweisfragen im Beweisantrag einer Partei aufgeworfen. Sofern die Gegenpartei keine begründeten Einsprüche erhebt oder das Gericht keine rechtlichen Bedenken erkennt, wird dieses die Beweisfragen in den Beweisbeschluss übernehmen. Beweisfragen, die gravierende technische Fehler enthalten oder auf eine falsche Zielsetzung hin angelegt sind, führen zu unvollständigen oder unrichtigen Ergebnissen in dem späteren Gutachten, da der Sachverständige an den Beweisantrag formell gebunden ist.

Der Sachverständige hat die Aufgabe, den durch das Gericht formulierten Beweisbeschluss abzuarbeiten, ohne die konkret formulierten Beweisfragen sinngemäß auszulegen oder zu interpretieren.

Dabei sind die Grenzen, deren Überschreitung zu einem unzulässigen Ausforschungsbeweis führen, eng gesteckt. Dem Sachverständigen ist es nicht gestattet, „auszuforschen", d. h. über die Grenzen des konkreten Beweisbeschlusses hinaus aktive Untersuchungen anzustellen. Erkennt der Sachverständige, dass eine von den Parteien konkret formulierte Mangelbehauptung unzutreffend ist, aber eigentlich „anders gemeint war", darf er sich dennoch nicht auf Varianten einlassen, ohne gleichzeitig das Risiko eines Befangenheitsantrags einzugehen. In der Praxis muss jenseits von vernunftorientierten oder prozessökonomischen Gesichtspunkten immer auch damit gerechnet werden, dass eine im Unterliegen begriffene Partei jede taktische Chance formell zur Optimierung der eigenen Prozesssituation nutzt. Der erfahrene Sachverständige wird sich daher strikt an den konkreten Vorgaben des Beweisbeschlusses orientieren.

Aus dem Vorgenannten wird deutlich, dass bereits die Ausformulierung des Beweisantrags einen entscheidenden Einfluss auf den Verlauf des weiteren Verfahrens ausübt. Erforderlich ist, dass:

- Mangelbehauptungen technisch zutreffend,
- Hinweise auf technische Regelwerke einschlägig und richtig und
- die Fragen zielsicher auf eine klare Beantwortung ausgerichtet sind.

Ein guter Beweisantrag lässt keinen Freiraum für interpretierende oder auslegende Antworten, sondern gibt dem Sachverständigen einen „Korridor" vor. Die Antworten des Sachverständigen müssen im weiteren juristischen Verfahren verwertbar sein, möglichst ohne dass der Sachverständige zur Erläuterung gehört werden muss.

Negativbeispiele für die Formulierung von Beweisfragen

Beweisfrage:
Liegt in der Wohnung A ein sichtbarer Schimmelpilzbefall als Folge eines Löschwasserschadens vor?

Anmerkung: Ein sichtbarer Schimmelpilzbefall lässt sich durch sachkundige Personen bei Inaugenscheinnahme erkennen. Schimmelpilzbelastungen müssen aber nicht zwingend sichtbar sein. Sie können verdeckt unterhalb des Bodenbelags oder innerhalb der Trittschalldämmschicht vorhanden sein. Ferner sind hohe Belastungen möglich, die mit bloßem Auge nicht zu erkennen sind, wie z. B. in den Fasern von Teppichbodenbelägen.

Beweisfrage:
Wird der zulässige Grenzwert für die Sporenluftkonzentration überschritten?

Anmerkung: Für die Sporenluftkonzentration sind keine Grenzwerte festgelegt. Die Frage lässt sich daher nur mit „nein“ beantworten, auch wenn tatsächlich eine relevante Belastung vorliegt.

Beweisfrage:
Liegt eine akute Gesundheitsgefährdung für die Bewohner vor?

Anmerkung: Diese Frage lässt sich durch den Bausachverständigen und den Innenraumdiagnostiker nicht beantworten, da die Beurteilung des individuellen Gesundheitsrisikos jeweils vom medizinischen Befund für den Patienten abhängt. Ein Gesundheitsrisiko kann jedoch immer bejaht werden.

Beweisfrage:
Ist der Schimmelpilzbefall ursächlich auf bauliche Mängel zurückzuführen?

Anmerkung: Nach herrschender Meinung erschließt sich der Mangelbegriff als Rechtsfrage nicht dem Sachverständigenbeweis. Bei der Frage, ob ein Mangel vorliegt, handelt es sich nicht um eine Sachfrage, sondern um eine Rechtsfrage, die sich nur vom Gericht durch Auslegung klären lässt.

Beweisfrage:
Wird die Wohnung ungenügend beheizt?

Anmerkung: Da es keine technische Norm für ein richtiges Heizverhalten gibt, die sich im Mietrecht eingeführt hat, kann der mit dieser Frage betraute Sachverständige auch keine Angaben darüber machen, ob die Wohnung ungenügend beheizt worden ist. Vielmehr handelt es sich bei der Frage, welche Beheizung dem Mieter im Rahmen seiner Obhutspflicht zugemutet werden kann, nicht um eine Sachfrage, sondern um eine Rechtsfrage, die sich nur durch das Gericht durch Auslegung klären lässt. Trotz hinreichender Beheizung kann überhöhte Luftfeuchte zu einer Schimmelpilzbildung führen. Im Zusammenhang mit der Frage nach der Beheizung sollte daher immer die Frage nach dem Lüftungsverhalten gestellt werden.

Beweisfrage:
Ist das Lüftungsverhalten der Mieter ausreichend?

Anmerkung: Da es keine technische Norm für ein richtiges Lüftungsverhalten gibt, die sich im Mietrecht eingeführt hat, kann der mit dieser Frage betraute Sachverständige auch keine Angaben darüber machen, ob die Wohnung ungenügend belüftet worden ist. Vielmehr handelt es sich bei der Frage, welche Art und welche Zeiträume einer Lüftung dem Mieter im Rahmen seiner Obhutspflicht zugemutet werden können, nicht um eine Sachfrage, sondern um eine Rechtsfrage, die sich nur vom Gericht durch Auslegung klären lässt.

Positivbeispiele für die Formulierung von Beweisfragen

- Liegen in der Wohnung Feuchteschäden vor?
- Liegt in der Wohnung ein Schimmelpilzbefall vor?
- Sofern ein Schimmelpilzbefall vorliegt: Handelt es sich um einen sichtbaren, verdeckten oder unsichtbaren Befall?
- Wie groß ist die Ausdehnung der sichtbaren Anzeichen des Befalls?
- Liegt die Ursache des Schimmelpilzbefalls in einer Bauteildurchfeuchtung? Worauf ist die Bauteildurchfeuchtung zurückzuführen?
- Liegt die Ursache des Schimmelpilzbefalls in einem Ungleichgewicht der hygrothermischen Situation?
- Liegt die Ursache des Schimmelpilzbefalls in der Überschreitung einer bestimmten relativen Raumluftfeuchte? Welche relative Raumluftfeuchte muss über mehrere Tage hinweg überschritten worden sein, damit es zu einem Schimmelpilzbefall an denjenigen Stellen kommen konnte, die davon tatsächlich betroffen waren?
- Liegt ein Einfluss der Möblierung und/oder der Anbringung von Inventar durch die Nutzer vor? Falls ja, um welchen Einfluss handelt es sich?
- Welches Lüftungsverhalten wäre erforderlich gewesen, um den Schimmelpilzbefall an den tatsächlich betroffenen Stellen zu verhindern? Insbesondere: Welche Anzahl von Lüftungsvorgängen und welche Dauer je Lüftungsvorgang wären im Winterhalbjahr bei Stoßlüftung erforderlich gewesen? Welche Anzahl von Lüftungsvorgängen und welche Dauer je Lüftungsvorgang wären im Winterhalbjahr bei Querlüftung erforderlich gewesen?
- Von welchem Lüftungsverhalten zum Zeitpunkt des Schadenseintritts ist vorliegend auszugehen?
- Welches Heizverhalten wäre erforderlich gewesen, um den Schimmelpilzbefall an den tatsächlich betroffenen Stellen zu verhindern?
- Von welchem Heizverhalten zum Zeitpunkt des Schadenseintritts ist vorliegend auszugehen?
- Entspricht die Wärmedämmung des Gebäudes den anerkannten Regeln der Technik zum Zeitpunkt der Gebäudeerrichtung?
- Liegt die Ursache des Schimmelpilzbefalls in geometrischen Wärmebrücken? Falls ja: Handelt es sich um unzulässige Wärmebrücken im Sinne der zum Zeitpunkt der Gebäudeerrichtung gültigen anerkannten Regeln der Technik?
- Liegt die Ursache des Schimmelpilzbefalls in konstruktionsbedingten Wärmebrücken? Falls ja: Handelt es sich um unzulässige Wärmebrücken im Sinne der zum Zeitpunkt der Gebäudeerrichtung gültigen anerkannten Regeln der Technik?
- Liegt die Ursache des Schimmelpilzbefalls in einer unzureichenden Be- und Entlüftungsmöglichkeit?
- Liegt die Ursache des Schimmelpilzbefalls in baulich bedingten Funktionsstörungen der Heiz- und Lüftungseinrichtungen?

- Sofern neben nutzungsbedingten Ursachen auch Mängel an der Gebäudesubstanz festgestellt worden sind: Wie ist die Quote der Mitverursachungsanteile der nutzerbedingten Einflussmerkmale zu bewerten?
- Gegebenenfalls: Welche MVOC-Konzentrationen liegen innerhalb der einzelnen Räumlichkeiten vor?
- Gegebenenfalls: Welche Sporenluftkonzentrationen in KBE/m^3 liegen innerhalb der einzelnen Räumlichkeiten vor? Welche Außenluftsporenkonzentrationen in KBE/m^3 liegen vor? Welche Gesamtpartikelkonzentrationen in Sporen/m^3 liegen innerhalb der einzelnen Räumlichkeiten vor? Welche Außenluft-Gesamtpartikelkonzentrationen in Sporen/m^3 liegen vor? Welche Spezies sind innen und außen identifizierbar?
- Welche Maßnahmen müssen getroffen werden,
  - um die Ursachen des festgestellten Schimmelpilzbefalls nachhaltig zu beseitigen und
  - um den festgestellten Schimmelpilzbefall zu beseitigen?
- Welcher Zeitbedarf ist jeweils für die Beseitigung der Ursachen des Schimmelpilzbefalls und für die Beseitigung des Schimmelpilzbefalls erforderlich? Lassen sich die Räumlichkeiten währenddessen benutzen?

9.3 Schimmelpilzschäden im Werkvertragsrecht

Sofern ein Werkvertrag über eine noch zu errichtende Immobilie abgeschlossen wurde, gilt das Werksvertragsrecht des BGB. Für den Unternehmer birgt dies die Verpflichtung zur mangelfreien Erstellung nach § 633 BGB:

BGB i. d. F. 2002:

„§ 633 Sach- und Rechtsmangel

(1) Der Unternehmer hat dem Besteller das Werk frei von Sach- und Rechtsmängeln zu verschaffen.

(2) Das Werk ist frei von Sachmängeln, wenn es die vereinbarte Beschaffenheit hat. Soweit die Beschaffenheit nicht vereinbart ist, ist das Werk frei von Sachmängeln,

1. *wenn es sich für die nach dem Vertrag vorausgesetzte, sonst*
2. *für die gewöhnliche Verwendung eignet und eine Beschaffenheit aufweist, die bei Werken der gleichen Art üblich ist und die der Besteller nach der Art des Werks erwarten kann.*

Einem Sachmangel steht es gleich, wenn der Unternehmer ein anderes als das bestellte Werk oder das Werk in zu geringer Menge herstellt.

(3) Das Werk ist frei von Rechtsmängeln, wenn Dritte in Bezug auf das Werk keine oder nur die im Vertrag übernommenen Rechte gegen den Besteller geltend machen können.“

Hinsichtlich der Sachmängel muss das Werk also die im Vertrag vereinbarte Beschaffenheit haben. Ergibt sich aus dem Vertrag nicht, welche Beschaffenheit durch den Auftragnehmer geschuldet wird, gelten die übliche Art und die gewöhnliche Verwendung als Parameter für die Bewertung.

Beispiele für Sachmängel an der Werkleistung im Zusammenhang mit einem Schimmelpilzbefall:

- unzureichende Wärmedämmung von Bauteilen
- unzureichender Feuchteschutz des Gebäudes
- unzureichende Luftdichtheit der Gebäudehülle
- Leitungsleckagen
- Funktionsstörungen an Heizung und Lüftung

Der Bundesgerichtshof hat entschieden, dass ein Dachstuhl, der mit Schimmelpilzen befallen ist, mangelhaft ist, selbst dann, wenn von dem Schimmelpilzbefall keine Gesundheitsgefahren ausgehen:

BGH, Urteil vom 29.06.2006 – VII ZR 274/04:

„BGB §§ 631, 633 Abs. 3 a. F. Leitsatz:

Eine ordnungsgemäße Mangelbeseitigung eines mit Schimmelpilz befallenen Dachstuhls liegt nicht vor, wenn dessen Holzgebälk nach Vornahme der Arbeiten weiterhin mit Schimmelpilzsporen behaftet ist. Dies gilt auch dann, wenn von diesen keine Gesundheitsgefahren für die Bewohner des Gebäudes ausgehen.

Aus den Entscheidungsgründen:

[...] *Der von der Beklagten zu 2 errichtete Dachstuhl war mangelhaft, weil er unstreitig vollständig von Schimmelpilz befallen war. Das vertraglich geschuldete Werk war ein Dachstuhl ohne Pilzbefall.*

Die Frage einer Gesundheitsgefährdung kann in diesem Zusammenhang dahinstehen, weil sie unbeachtlich ist. Der verschimmelte Dachstuhl wäre selbst dann mangelhaft gewesen, wenn von ihm keinerlei Gefahren für die Bewohner des Hauses gedroht hätten. [...] *Das Angebot einer Mangelbeseitigung, die nicht den vertraglich geschuldeten Erfolg herbeiführt, ist nicht ordnungsgemäß; der Auftraggeber braucht eine solche Mangelbeseitigung grundsätzlich nicht zu akzeptieren (BGH, Urteil vom 27. März 2003 – VII ZR 443/01, BGHZ 154, 301, 304). Da der Mangel in dem Schimmelpilz bestand, hätte eine ordnungsgemäße Mangelbeseitigung nur darin bestehen können, den Schimmelpilz vollständig und endgültig zu beseitigen. Ob dies mit den vom Beklagten zu 1 angebotenen Sanierungsmaßnahmen hätte erreicht werden können, erscheint als zweifelhaft und ist jedenfalls dem Berufungsurteil nicht zu entnehmen."*

Auch das Werk des Architekten, der mit der Bauüberwachung beauftragt worden ist, kann mangelhaft sein, wenn in ein schon in Teilen genutztes Gebäude Regenwasser eindringt:

OLG Celle, Urteil vom 01.08.2007 – 7 U 174/06:

„Nach der gefestigten höchst und obergerichtlichen Rechtsprechung trifft den Architekten die Verkehrssicherungspflicht, etwaigen Gefahren, die von einem Bauwerk für Gesundheit und Eigentum Dritter ausgehen, vorzubeugen und sie ggf. abzuwehren. Es kann deshalb nicht zweifelhaft sein, dass der Architekt nicht nur Dritten gegenüber dafür verantwortlich ist, vorhersehbare Schäden zu vermeiden, sondern dass ihm diese Pflicht auch gegenüber dem eigenen Auftraggeber obliegt, ohne dass es insoweit einer ausdrücklichen vertraglichen

Vereinbarung bedarf. Er muss danach während der von ihm geleiteten und überwachten Bauphase dafür Sorge tragen, dass das Bauwerk keinen Schaden nimmt. Hierzu gehört auch, zumal wenn Teile eines Gebäudes schon genutzt werden, eine ausreichende Absicherung vor Witterungsverhältnissen, insbesondere das Verhindern des Eindringens von Regenwasser.“

9.4 Schimmelpilzschäden im Kaufrecht

Bei der Veräußerung von fertiggestellten Gebäuden oder Eigentumswohnungen kommt das Kaufrecht zur Anwendung. Bei Kaufverträgen mit Bauverpflichtung kommt das Werkvertragsrecht zur Anwendung, wenn Baumängel gerügt werden:

OLG Hamm, Urteil vom 12.09.2013 – 21-U 35/13 (Revision nicht zugelassen):

„Macht der Käufer aus einem Kaufvertrag mit Bauverpflichtung Ansprüche gerade wegen eines Baumangels geltend, ist Werkvertragsrecht anzuwenden (vgl. BGH NZBau 2007, 507).“

Für den Verkäufer besteht gemäß § 433 Abs. 2 BGB die Verpflichtung, das Werk frei von Sachmängeln zu liefern:

BGB i. d. F. 2002:

„§ 433 Vertragstypische Pflichten beim Kaufvertrag

(1) Durch den Kaufvertrag wird der Verkäufer einer Sache verpflichtet, dem Käufer die Sache zu übergeben und das Eigentum an der Sache zu verschaffen. Der Verkäufer hat dem Käufer die Sache frei von Sach- und Rechtsmängeln zu verschaffen.

(2) Der Käufer ist verpflichtet, dem Verkäufer den vereinbarten Kaufpreis zu zahlen und die gekaufte Sache abzunehmen.“

„§ 434 Sachmangel

[…] *Die Sache ist frei von Sachmängeln, wenn sie bei Gefahrübergang die vereinbarte Beschaffenheit hat. Soweit die Beschaffenheit nicht vereinbart ist, ist die Sache frei von Sachmängeln,*

1. *wenn sie sich für die nach dem Vertrag vorausgesetzte Verwendung eignet, sonst*
2. *wenn sie sich für die gewöhnliche Verwendung eignet und eine Beschaffenheit aufweist, die bei Sachen der gleichen Art üblich ist und die der Käufer nach der Art der Sache erwarten kann.“*

Sofern keine vertragliche Vereinbarung über den Zustand des Kaufgegenstands getroffen wurde, gilt die übliche Beschaffenheit als geschuldet. Dies beinhaltet eine Benutzbarkeit unter üblichen Klimaverhältnissen, ohne dass Schimmelpilzbildung auftreten kann. Beispiele für Sachmängel am Kaufgegenstand im Zusammenhang mit einem Schimmelpilzbefall:

- bauphysikalische Planungsmängel
- unzureichende Wärmedämmung von Bauteilen
- unzureichender Feuchteschutz des Gebäudes

- unzureichende Luftdichtheit der Gebäudehülle
- Leitungsleckagen
- Funktionsstörungen an Heizung und Lüftung

Ein Rücktritt von einem Vertrag ist in § 323 BGB geregelt:

BGB i. d. F. 2002:

„§ 323 Rücktritt wegen nicht oder nicht vertragsgemäß erbrachter Leistung

(1) Erbringt bei einem gegenseitigen Vertrag der Schuldner eine fällige Leistung nicht oder nicht vertragsgemäß, so kann der Gläubiger, wenn er dem Schuldner erfolglos eine angemessene Frist zur Leistung oder Nacherfüllung bestimmt hat, vom Vertrag zurücktreten."

Das Oberlandesgericht Hamm hat entschieden, dass Mängel, die sich nicht beseitigen lassen, als erhebliche Mängel gelten, die zum Rücktritt berechtigen:

OLG Hamm, Urteil vom 12.09.2013 – 21-U 35/13 (Revision nicht zugelassen):

„Nicht behebbare Mängel sind in aller Regel erheblich. Bei behebbaren Mängeln ist grundsätzlich auf die Kosten der Mängelbeseitigung und nicht auf das Ausmaß der Funktionsbeeinträchtigung abzustellen. Auf das Ausmaß der Funktionsbeeinträchtigung kommt es aber dann entscheidend an, wenn der Mangel nicht oder nur mit hohen Kosten behebbar oder die Mangelursache im Zeitpunkt der Rücktrittserklärung ungeklärt ist, etwa weil auch der Verkäufer sie nicht hat feststellen können.

Ein Raum, dessen Außenwand Feuchtigkeitsflecken aufweist, die auf einen Baumangel zurückzuführen sind und mit einer Durchfeuchtung des Mauerwerks einhergehen, weist ungeachtet der Frage, ob mit seiner Nutzung konkrete Gesundheitsgefahren (etwa infolge von Schimmelpilzbefall) verbunden sind, einen gravierenden funktionalen Mangel auf, der zum Rücktritt berechtigt und nicht lediglich unerheblich i. S. v. § 323 Abs. 5 Satz 2 BGB ist."

Auf die Frage nach der Erheblichkeit eines Mangels kommt es dann nicht mehr an, wenn der Verkäufer über das Vorhandensein eines Mangels arglistig getäuscht hat:

BGH, Urteil vom 24.03.2006 – V ZR 173/05:

„Leitsatz:

Eine den Rücktritt und die Geltendmachung von Schadensersatz statt der ganzen Leistung ausschließende unerhebliche Pflichtverletzung ist beim Kaufvertrag in der Regel zu verneinen, wenn der Verkäufer über das Vorhandensein eines Mangels arglistig getäuscht hat.

Aus den Entscheidungsgründen:

[…] *Die Vorschrift des § 325 Abs. 5 Satz 2 BGB enthält eine Ausnahme von der allgemeinen Regelung des § 323 Abs. 1 BGB, die dem Gläubiger bei einer Pflichtverletzung des Schuldners generell ein Rücktrittsrecht einräumt. Diesem Regel-Ausnahme-Verhältnis liegt eine Abwägung der Interessen des Gläubigers und des Schuldners zugrunde. Während der Gesetzgeber bei einer mangelhaf-*

ten Leistung grundsätzlich dem Rückabwicklungsinteresse des Gläubigers den Vorrang einräumt, soll dies ausnahmsweise bei einer unerheblichen Pflichtverletzung nicht gelten, weil das Interesse des Gläubigers an einer Rückabwicklung bei nur geringfügigen Vertragsstörungen in der Regel gering ist, wohingegen der Schuldner oft erheblich belastet wird […]. Daher überwiegt in diesen Fällen ausnahmsweise das Interesse des Schuldners am Bestand des Vertrags. Bei typisierender Betrachtung scheidet ein überwiegendes Interesse des Schuldners jedoch aus, wenn dieser arglistig gehandelt hat. Wird der Abschluss eines Vertrags durch arglistiges Verhalten einer Partei herbeigeführt, so verdient deren Vertrauen in den Bestand des Rechtsgeschäfts keinen Schutz […]. Vielmehr bleibt es in diesen Fällen bei dem allgemeinen Vorrang des Gläubigerinteresses an einer Rückabwicklung des Vertrags, ohne dass es hierzu einer weiteren Abwägung bedürfte."

BGB i. d. F. 2002:

„§ 275 Ausschluss der Leistungspflicht

(1) Der Anspruch auf Leistung ist ausgeschlossen, soweit diese für den Schuldner oder für jedermann unmöglich ist.

(2) Der Schuldner kann die Leistung verweigern, soweit diese einen Aufwand erfordert, der unter Beachtung des Inhalts des Schuldverhältnisses und der Gebote von Treu und Glauben in einem groben Missverhältnis zu dem Leistungsinteresse des Gläubigers steht. Bei der Bestimmung der dem Schuldner zuzumutenden Anstrengungen ist auch zu berücksichtigen, ob der Schuldner das Leistungshindernis zu vertreten hat.

(3) Der Schuldner kann die Leistung ferner verweigern, wenn er die Leistung persönlich zu erbringen hat und sie ihm unter Abwägung des seiner Leistung entgegenstehenden Hindernisses mit dem Leistungsinteresse des Gläubigers nicht zugemutet werden kann."

„§ 326 Befreiung von der Gegenleistung und Rücktritt beim Ausschluss der Leistungspflicht

(1) Braucht der Schuldner nach § 275 Abs. 1 bis 3 nicht zu leisten, entfällt der Anspruch auf die Gegenleistung; bei einer Teilleistung findet § 441 Abs. 3 entsprechende Anwendung. Satz 1 gilt nicht, wenn der Schuldner im Falle der nicht vertragsgemäßen Leistung die Nacherfüllung nach § 275 Abs. 1 bis 3 nicht zu erbringen braucht.

[…]

(5) Braucht der Schuldner nach § 275 Abs. 1 bis 3 nicht zu leisten, kann der Gläubiger zurücktreten; auf den Rücktritt findet § 323 mit der Maßgabe entsprechende Anwendung, dass die Fristsetzung entbehrlich ist."

BGH, Urteil vom 12.03.2010 – V ZR 147/09:

„Der Käufer kann wegen eines Sachmangels der verkauften Sache grundsätzlich nur dann von dem Kaufvertrag zurücktreten, wenn er dem Verkäufer fruchtlos Frist zur Nacherfüllung gesetzt hat, §§ 437 Nr. 2, 323 Abs. 1 BGB. Dieser Grundsatz gilt nicht ausnahmslos. Eine Ausnahme greift namentlich dann ein, wenn besondere Umstände vorliegen, die unter Abwägung der bei-

derseitigen Interessen die sofortige Ausübung des Rücktrittsrechts rechtfertigen, § 323 Abs. 2 Nr. 3 BGB. So kann es sich insbesondere verhalten, wenn der Verkäufer bei Abschluss des Vertrags eine Täuschungshandlung begangen hat. Eine solche Handlung ist grundsätzlich geeignet, das Vertrauen des Käufers in die Ordnungsmäßigkeit der Nacherfüllung zu zerstören, und lässt aus diesem Grund das Verlangen der Nacherfüllung für den Käufer in der Regel unzumutbar sein (Senat, Beschl. v. 8. Dezember 2006, V ZR 249/05, NJW 2007, 835, 836; BGH, Urt. v. 9. Januar 2008, VIII ZR 210/06, NJW 2008, 1371; Palandt/Grüneberg, BGB, 69. Aufl., § 323 Rdn. 22).

So liegt es indessen nicht, wenn der Käufer dem Verkäufer nach Entdeckung des verschwiegenen Mangels eine Frist zu dessen Behebung setzt. Damit gibt er zu erkennen, dass sein Vertrauen in die Bereitschaft zur ordnungsgemäßen Nacherfüllung trotz des arglistigen Verhaltens des Verkäufers weiterhin besteht. Kommt der Verkäufer innerhalb der Frist dem Verlangen des Käufers nach und wird der Mangel behoben, scheidet der Rücktritt des Käufers vom Vertrag aus, weil die verkaufte Sache – nunmehr – vertragsgerecht ist.“

Ein Kaufvertrag, bei dem der Verkäufer gegenüber dem Käufer einen ihm bekannten Schimmelpilzbefall nicht offenbart, kann nichtig sein, wie das Oberlandesgericht Bamberg entschieden hat:

OLG Bamberg, Urteil vom 25.02.2003 – 3 U 165/01:

„Weiß der Verkäufer von erheblichen Feuchtigkeitsschäden und von Schimmelbefall in dem zu verkaufenden Anwesen, so hat er den Käufer, der diese Mängel bei Besichtigung des Hauses nicht erkennen konnte, darüber zu informieren (vgl. OLG Nürnberg, Betriebsberater 1959, 256; BGH MDR 64, 41; vgl. auch Staudinger-Honsell, a. a. 0., Rdnr. 32). Dies gilt im zu entscheidenden Falle besonders deshalb, weil der Kläger von der Beklagten nicht als fachkundiger Käufer angesehen werden konnte und, nach dem Vortrag der Parteien, bei der Besichtigung des Hausanwesens keine nähere Prüfung der Bausubstanz stattfand. Die Existenz und der Umfang einer Offenbarungspflicht hängt nämlich zum einen grundsätzlich von der Qualifikation der Vertragsparteien ab, zum anderen aber auch von der Möglichkeit und Fähigkeit des Käufers zur Prüfung des Kaufgegenstandes (vgl. BGH NJW 1971, 1791; Weber NJW 1970, 430; Honsel-Staudinger, a. a. 0., Rdnr. 30).

Die fehlende Aufklärung über die vorhandenen Feuchtigkeitsschäden war letztlich auch ursächlich für den Kaufentschluss der Kläger, was diese unbestritten vorgetragen haben. […]

Entscheidend ist, dass zum Zeitpunkt des Verkaufs an die Kläger und zum Zeitpunkt der Übergabe die Mängel jedenfalls vorhanden waren, was die Kläger ausreichend nachgewiesen haben. […]

Die von den Klägern erklärte Anfechtung des Kaufvertrages führt zu dessen Nichtigkeit (§ 142 Abs. 1 BGB).“

Der Käufer hat Anspruch auf Schadensersatz, wenn er durch den Verkäufer nicht auf gravierende Feuchteschäden hingewiesen wurde. Die Beweislast dafür, dass entsprechende Hinweise erfolgt sind, hat der Verkäufer (OLG Saarland, Urteil vom 09.10.2007 – 4 U 198/07-64).

Wenn eine Neubauwohnung nur dann ohne einen Schimmelpilzbefall bleibt, wenn die Mieter mehr als zweimal am Tage eine Stoßlüftung durchführen, liegt ohne eine entsprechende vertragliche Festlegung ein Mangel an der Kaufsache vor, der den Erwerber zum sog. großen Schadensersatz (Rückabwicklung des Kaufvertrags) berechtigt, wie der Bundesgerichtshof entschieden hat:

BGH, Urteil vom 21.03.2002 – VII ZR 493/00:

„[…]

1. […]

d) Der Mangel bestehe darin, dass die Lüftungsverhältnisse nicht den Anforderungen genügten, die der Beklagte als Erfüllung des Vertrages geschuldet habe. Nach allen drei Gutachten seien die Lüftungsmöglichkeiten der Wohnung unzureichend, weil aufgrund der Anordnung der Fenster eine Quer- oder Ecklüftung nicht möglich sei. Eine ausreichende Lüftung sei nur dadurch zu gewährleisten, dass Lüftungskanäle nachträglich eingebaut würden.

e) Danach sei die Wohnung mit einem nicht geringfügigen Mangel behaftet. Der Einbau von Lüftungskanälen sowie die Entlüftung der Küche würden keinen besonderen hohen Aufwand erfordern, die Kosten seien jedoch nicht unerheblich. Auch nach Vornahme der erforderlichen Sanierungsmaßnahmen werde die Wohnung besondere Anforderungen an die Lüftung und Heizung stellen. Dadurch sei der Wert und die Gebrauchstauglichkeit der Wohnung im Hinblick auf die vereinbarte und vorausgesetzte Beschaffenheit der Sache herabgesetzt.

f) Da es nach der Lebenserfahrung üblich sei, Appartements mit einer Wohnfläche von 40 qm häufig an allein stehende berufstätige Personen zu vermieten, die tagsüber und an Wochenenden oft nicht anwesend seien, gehöre es zur vertragsgemäßen Beschaffenheit der Wohnung, dass sie auch unter diesen Bedingungen nutzbar sei.

[…]

2. […]

b) Die Wohnung ist mangelhaft, weil ihr ein Beschaffenheitsmerkmal fehlt, das für den nach dem Vertrag vorausgesetzten Gebrauch erforderlich ist. Da die Parteien die für eine ausreichende Lüftung der Wohnung erforderliche zweimalige Stoßlüftung und den erforderlichen erhöhten Heizungsaufwand als Beschaffenheit und eine entsprechende Gebrauchstauglichkeit nicht vereinbart haben, schuldet der Beklagte die Beschaffenheit und die Gebrauchstauglichkeit der Wohnung, die der Kläger nach der Verkehrssitte erwarten durfte. Das Berufungsgericht hat den Vertrag rechtsfehlerfrei dahingehend ausgelegt, dass der Beklagte vertraglich eine Gebrauchstauglichkeit der Wohnung schuldete, die besondere Lüftungsmaßnahmen des Erwerbers und einen erhöhten Heizaufwand nicht erfordert.

c) Die Voraussetzungen des § 634 Abs. 1 BGB liegen vor. Der Kläger hat dem Beklagten durch Schreiben vom 22. September 1997 eine Frist zur Nachbesserung mit Ablehnungsandrohung bis zum 24. Oktober 1997 ge-

setzt. Der Beklagte ist der Aufforderung zur Nachbesserung nicht nachgekommen.

d) Der Kläger ist berechtigt, den großen Schadensersatz zu verlangen. Dem Besteller steht es grundsätzlich frei, zwischen dem großen und dem kleinen Schadensersatz zu wählen. Es verstößt nicht gegen Treu und Glauben, dass der Kläger den Anspruch auf großen Schadensersatz geltend macht. Der Mangel der Wohnung ist nicht geringfügig. Die erhöhten Anforderungen an die Lüftung der Wohnung und an die Beheizung beeinträchtigen die Gebrauchstauglichkeit erheblich. Die überhöhte Raumfeuchte hat dazu geführt, dass Möbel der Mieter beschädigt worden sind und zwei Mieter die Miete gemindert und die Mietverträge gekündigt haben."

Merkantiler Minderwert

Ein technischer Minderwert liegt vor, wenn sich wegen des Mangels eine Funktionsstörung oder eine optische Beeinträchtigung ergibt. Der technische Minderwert entspricht in der Regel den Kosten einer Mangelbeseitigung. Neben dem technischen Minderwert kommt ein merkantiler Minderwert dann in Betracht, wenn die Kenntnis über den eingetretenen Schadensfall trotz ordnungsgemäßer Schadensbeseitigung zu einer Verunsicherung möglicher Kaufinteressenten führt, die im unmittelbaren Vergleich mit einem makellosen Gebäude eine Kaufpreisminderung für das mit einem Makel behaftete Gebäude nach sich zieht:

BGH, Urteil vom 09.01.2003 – VII ZR 181/00:

„Der Auftraggeber kann Minderung für einen technischen Minderwert verlangen, der durch die vertragswidrige Ausführung im Vergleich zur geschuldeten verursacht worden ist.

Neben einer Minderung für einen technischen Minderwert kann der Auftraggeber für einen merkantilen Minderwert Minderung verlangen, wenn die vertragswidrige Ausführung eine verringerte Verwertbarkeit zur Folge hat, weil die maßgeblichen Verkehrskreise ein im Vergleich zur vertragsgemäßen Ausführung geringeres Vertrauen in die Qualität des Gebäudes haben."

Die Definition des Begriffs hat der Bundesgerichtshof vorgenommen:

BGH, Urteil vom 08.12.1977 – VII ZR 60/76:

„Der merkantile Minderwert liegt in der Minderung des Verkaufswerts einer Sache, die trotz völliger und ordnungsgemäßer Instandsetzung deshalb verbleibt, weil bei einem großen Teil des Publikums vor allem wegen des Verdachts verborgen gebliebener Schäden eine den Preis beeinflussende Abneigung gegen den Erwerb besteht."

Die Ermittlung merkantiler Minderwerte hängt also von den ortsspezifischen Bedingungen des Immobilienmarkts und der Einschätzung der jeweils maßgeblichen Verkehrskreise ab. Eine derartige Beurteilung fällt nicht in das Sachgebiet 6300 „Schäden an Gebäuden" und erfordert daher die Einschaltung eines Sachverständigen aus dem Sachverständigengebiet 1400 „Bewertung von Immobilien" der Industrie- und Handelskammer.

Da ein Schimmelpilzbefall, der nicht vollständig beseitigt worden ist, einem möglichen Ankaufsinteressenten gegenüber im Falle einer Veräußerung der Immobilie erklärt werden muss, ist das Gebäude auch nach erfolgter Sanierung mit einem Makel behaftet, der mit großer Wahrscheinlichkeit nicht nur zu einem möglichen technischen Minderwert, sondern auch zu einem merkantilen Minderwert führen würde. Denn bei einem Schimmelpilzbefall handelt es sich um ein gegenwärtig sehr sensibles Thema mit einem möglichen negativen Einfluss auf den Verkehrswert.

Diejenige Partei, die einen merkantilen Minderwert als Schadensausgleich beansprucht, muss in der Regel durch ihren schlüssigen Parteienvortrag dafür Sorge tragen, dass sich der merkantile Minderwert nachvollziehen lässt. Die tatsächlichen Anknüpfungspunkte für die Ermittlung der geltend gemachten Schadenshöhe müssen hinreichend substantiiert vorgetragen werden:

OLG Brandenburg, Urteil vom 28.08.2008 – 5 U 28/07:

„Im Schadensrecht wird unter dem merkantilen Minderwert die Minderung des Verkaufswertes einer beschädigten Sache verstanden, die im Verkehr trotz ordnungsgemäßer Instandsetzung wegen des Verdachts verborgen gebliebener Schäden eintritt. Der merkantile Minderwert ist schadensersatzrechtlich betrachtet nichts anderes als die Wertdifferenz einer Sache vor dem Schadensereignis und nach Durchführung der Reparatur (BGH, NJW 1980, 281 im Anschluss an BGHZ 27, 181).

Der merkantile Minderwert stellt einen ersatzfähigen Schaden dar, dessen Erstattung der Eigentümer sogleich verlangen kann, auch wenn er den reparierten Gegenstand weiter benutzt und nicht veräußert (BGHZ 35, 396). Dem Eigentümer einer Sache, die trotz völliger und ordnungsgemäßer Reparatur im Verkehr wegen der Befürchtung von versteckten Mängeln ein geringerer Wert beigemessen wird, entsteht ein gegenwärtiger Schaden, weil er ein weniger wertvolles Vermögensobjekt in Händen hat, als er vor dem Schadensereignis besaß (BGHZ 27, 181). Im Schadensersatzrecht ist ferner anerkannt, dass auch bei der Beschädigung eines Gebäudes ein merkantiler Minderwert entstehen kann (BGHZ 9, 98; vgl. auch OLG Nürnberg BauR 1989, 740). Dieser wirkt sich nicht erst beim Verkauf des Grundstücks aus, sondern er liegt auch vor, wenn der Eigentümer das Haus nicht veräußern will (BGH BB 1961, 1216; NJW 1981, 1663). Für die Bemessung des merkantilen Minderwerts ist im Schadensersatzrecht der Zeitpunkt der beendeten Instandsetzung der beschädigten Sache maßgebend (vgl. BGH NJW 1967, 552; 1981, 1663).

Davon ausgehend hat der Senat im Termin vom 14. Februar 2008 und mit Hinweis- und Auflagenbeschluss vom 6. März 2008 die Parteien darauf hingewiesen, dass sich entgegen der Auffassung des Landgerichts die Ermittlung des merkantilen Minderwerts nicht auf der Grundlage des Parteivorbringens der sachverständig beratenen Kläger vornehmen lässt.

Der von den Klägern beauftragte Gutachter Dr.-Ing. W. hat auf Grund der Überschwemmungen und der Überschwemmungsgefahr den prozentualen Minderwert auf 20 % des Gebäudewertes geschätzt und so den Minderwert mit 24.337,50 € angegeben. Dieses Vorbringen der Kläger, gestützt auf das Gutachten, macht allerdings etwaige Wertminderungen durch bereits eingetre-

tene Überschwemmungen des Kellers und die etwaige künftige Überschwemmungsgefahr nicht durch eine Aufgliederung in einzelne Beurteilungselemente transparent. Dr.-Ing. W. hat lediglich einen prozentualen Gesamtminderwert mit 20 % – ausgehend vom Gebäudewert – angegeben, ohne diesen Gesamtwert in eine Vielzahl einzelner Wertansätze aufzugliedern, die in das am Gesamtwert orientierte Bezugssystem logisch eingebunden sind und in ihrem jeweiligen Wertgewicht voneinander abhängen und sich gegenseitig bedingen. Den Ausführungen des Gutachters lässt sich zwar entnehmen, dass er für den angegebenen Gebäudewert den geschätzten Verkehrswert von 238.000,00 DM (= 121.687,46 €) zugrunde gelegt hat, den Dipl.-Ing. W. F. in seinem unter dem 16. Juli 1995 erstellten Gutachten über den Zustand und den Wert des Anwesens ermittelt hatte. Aber lediglich vermutet werden kann, wie der merkantile Gesamtminderwert von 20 % ermittelt worden ist.

Der Gutachter bezeichnet insoweit weder einzelne Beurteilungselemente noch einzelne Wertansätze dafür. Vielmehr kann nicht ausgeschlossen werden, dass Dr.-Ing. W. lediglich die Differenz zwischen der im Gutachten Dipl.-Ing. F. vom 16. Juli 1995 ermittelten Wertminderung ohne die Schwammsanierungsmaßnahmen in Höhe von 43.345,83 € (= 84.777,08 DM) und der in seinem Gutachten ermittelten Schadenssumme für die Überschwemmungsschäden bis zum Zeitraum Februar 1996 ohne Schwammsanierungskosten in Höhe von 18.895,76 € gebildet hat. Denn daraus ergibt sich ein Differenzbetrag in Höhe von 24.450,07 €, der annähernd dem von ihm mit 24.337,50 € bezifferten Minderwert des Gebäudes entspricht.“

Der technische Minderwert einer Kaufsache aufgrund eines Schimmelpilzbefalls, der zum Teil aufgrund von baulichen Mängeln entstanden ist, kann sich anhand der Kosten für die Beseitigung der Mängel ermitteln lassen:

LG Augsburg, Urteil vom 23.01.2013 – Az. 011 O 1404/10, 11 O 1404/10:

„Die Höhe der Minderung berechnet sich nach § 441 Abs. 3 S. 1 BGB, wobei der Kaufpreis in dem Verhältnis herabzusetzen ist, in welchem zur Zeit des Vertragsschlusses der Wert im mangelfreiem Zustand zu dem wirklichen Wert gestanden haben würde. Da vorliegend der Kaufpreis und der Wert in mangelfreiem Zustand identisch sind, entsteht der Minderungsbetrag in der Höhe, durch die die Kaufsache durch die Mängel im Wert gemindert ist, vorliegend den Beseitigungskosten. Diese betragen laut dem Sachverständigen S. 8.100,– Euro zzgl. 10 bis 15 % Bauüberwachungskosten, wobei das Gericht 12,5 % als angemessen ansieht. Es ergibt sich somit ein Anspruch in Höhe von 9.213,– Euro.

Anders verhält es sich bezüglich des merkantilen Minderwerts. Ein solcher existiert zwar – anders als vom Sachverständigen S. in der mündlichen Erörterung seines Sachverständigengutachtens angegeben – auch für Gebäude (vgl. Palandt/Grüneberg, § 251 Rn. 15, 72. Auflage).

Das Gericht hält den Minderwert im vorliegenden Fall allerdings für so gering und unerheblich, dass keine wertmäßige Festsetzung erfolgen kann.“

Die Ermittlung des merkantilen Minderwerts von Immobilien gestaltet sich oft schwierig, da durch das Gericht 2 Vermögenslagen des Eigentümers miteinander verglichen werden müssen, deren Differenz den merkantilen Minderwert ausmacht:

- gedachte Vermögenslage: Verkehrswert ohne den Schadenseintritt und
- tatsächliche Vermögenslage: Verkehrswert nach Beseitigung des Schadens.

Sachverständige des Bestellungsgebiets 6300 „Schäden an Gebäuden" werden zwar Angaben zu den Mängelbeseitigungskosten und zum technischen Minderwert machen können, nicht aber zum Einfluss bereits beseitigter Schäden auf die Preisbildung beim Verkauf einer Immobilie. Da die Bewertung des Verkehrswerts regelmäßig in den Aufgabenbereich des Bestellungsgebiets 1400 „Bewertung von Immobilien" fällt, wird das Gericht im Zweifel einen Sachverständigen dieses Bestellungsgebiets mit der Ermittlung des merkantilen Minderwerts beauftragen müssen, wenn es keine Schätzung entsprechend § 287 Zivilprozessordnung (ZPO) vornimmt. Aber auch der Sachverständige für die Verkehrswertermittlung wird nicht über Datenerhebungen verfügen, anhand derer er einen exakt auf den Einzelfall angestimmten Abschlag auf den Verkehrswert ermitteln kann, da sich eine Abneigung der Käufer nicht objektivieren lässt. Eine Möglichkeit, zu einem möglichst objektiven Ergebnis zu kommen, liegt darin, dass der Sachverständige selbst eine repräsentative Umfrage bei Berufskollegen durchführt:

LG Marburg, Urteil vom 14.01.2011 – 1 O 256/08:

„Der Sachverständige hat auch unter Differenzierung zwischen technischem und merkantilem Minderwert zunächst zutreffend darauf abgestellt, dass der merkantile Minderwert in Relation zu dem Verkehrswert eines Objektes zu ermitteln ist. Denn abzustellen ist nach den zuvor dargestellten Grundsätzen auf eine geringere Verwertbarkeit des Objektes bzw. die Minderung des Veräußerungswertes der baulichen Anlage. [...]

Zur Berechnung der Höhe eines Abschlages von diesem Verkehrswert stellt sich die Problematik, eine vom Grundsatz her gerade nicht objektivierbare ‚Abneigung' von möglichen Käufern gegen ein Objekt gleichwohl einer nachvollziehbaren Bewertung zuzuführen. Der Sachverständige hat dies auch aus Sicht der Kammer in Anbetracht der Schwierigkeiten bei der Objektivierbarkeit einer für sich genommen nicht objektivierbaren Einstellung etwaiger Käufer überzeugend getan, indem er eine statistische Untersuchung durchgeführt hat, bei der Immobilienmakler und Bewertungssachverständige befragt wurden. Bei Auswertung aller erhaltenen Antworten ergibt sich danach ein Mittelwert für die Berücksichtigung eines merkantilen Minderwertes mit 2,13 % des Verkehrswertes. Dass in 19 von insgesamt 31 erhaltenen Antworten (von insgesamt 122 Befragten), mithin 61 % der Antworten, kein Ansatz eines merkantilen Minderwertes für erforderlich gehalten wurde, schließt den grundsätzlichen Ansatz eines merkantilen Minderwertes aus hiesiger Sicht nicht aus. Dass im Gegenzug 39 % der Befragten einen merkantilen Minderwert für erforderlich hielten, ist zum einen eine nicht vernachlässigbare Größe, auch spricht für die Annahme eines merkantilen Minderwertes grundsätzlich auch die sich aus den festgestellten Mangelbeseitigungskosten ableitbare Erheblichkeit des Mangels. Zudem sind in die Berechnung des vom Sachverständigen errechneten Mittelwertes [...] *auch die einen merkantilen Minderwert verneinenden Antworten eingeflossen, die ausschließliche Berücksichtigung der einen Minderwert befür-*

wortenden Antworten würde hingegen zu einem Mittelwert von 5,5 % führen. Aus Sicht der Kammer jedenfalls bietet das durch die statistische Befragung aus allen erhaltenen Antworten gewonnene Ergebnis eines arithmetischen Mittelwertes von 2,13 % eine geeignete Grundlage für die Bemessung der hier zu beurteilenden, den Preis beeinflussenden Abneigung von potenziellen Käufern gegen den Erwerb des Objektes."

BGH, Urteil vom 06.12.2012 – VII ZR 84/10:

„Zu Unrecht meint das Berufungsgericht jedoch, die von dem Sachverständigen O. vorgenommene ‚Expertenbefragung' könne keine geeignete Grundlage zur Schätzung eines Mindestschadens der Klägerin im Hinblick auf einen merkantilen Minderwert der Gebäude sein. Das Berufungsgericht sieht selbst zu Recht, dass es grundsätzlich einen richtigen Ansatz darstellt, festzustellen, wie sich der reparierte Schaden auf die Bereitschaft potenzieller Kaufinteressenten am Markt zur Zahlung des vollen oder nur eines entsprechend geminderten Kaufpreises auswirken würde. Dies kann durchaus in der Weise geschehen, dass der Sachverständige Fachleute befragt, die den Markt kennen und in der Lage sind, fundierte Werteinschätzungen der betroffenen Gebäude abzugeben und dabei die Auswirkungen der durchgeführten Mängelarbeiten auf die Bereitschaft potenzieller Kaufinteressenten, den üblichen Marktpreis mangelfreier Gebäude zu zahlen, einzuschätzen."

Das Oberlandesgericht München hat zur Höhe des merkantilen Minderwerts entschieden, dass ein Mindestschaden durch das Gericht ohne die Einholung eines Sachverständigengutachtens geschätzt werden kann, jedenfalls dann, wenn er sich auf etwa 1 % des Kaufpreises der Immobilie beläuft:

OLG München, Urteil vom 17.12.2013 – 9 U 960/13 Bau (Revision nicht zugelassen):

1. *Die Klägerin hat dem Grunde nach Anspruch auf Ersatz des merkantilen Minderwerts. Bei den Wohnungseigentumseinheiten in der streitgegenständlichen Anlage handelt es sich um marktgängige Objekte, so dass deren Verwertbarkeit bei den maßgeblichen Verkehrskreisen grundsätzlich festgestellt werden kann und ein merkantiler Minderwert in Betracht kommt (BGH NJW 2013, 525).*

Entgegen der Ansicht der Beklagten kann ein merkantiler Minderwert gerade dann noch eintreten, wenn aus technischer Sicht die Mängel vollständig beseitigt sind. Insofern bildet der merkantile Minderwert eine – bautechnisch unzutreffende – Einschätzung der beteiligten Verkehrskreise ab. Dem liegt die Annahme zugrunde, dass eine Reparatur wohl nicht die fachliche Qualität einer von vornherein richtigen Herstellung erreicht. Entgegen der Ansicht der Beklagten handelt es sich bei der vorliegenden Dachsanierung um eine solche Reparatur. Denn selbst wenn das Dach vollständig neu hergestellt worden wäre, würde sich diese Maßnahme doch als Reparatur bezüglich des Hauses darstellen. Dies gilt umso mehr, als unstreitig wesentliche Holz- und Metallteile nicht ausgetauscht wurden. Bei derartig gravierenden Sanierungseingriffen in ein Gebäude besteht immer die theoretische Möglichkeit, dass dabei nachteilige Einwirkungen auf den Bestand erfolgen. Während der Ausführung der streitgegenständlichen Dachsanierung könnte zeitweise der Schutz gegen Regen fehlen, Wasser in das Gebäude eindringen, durch Aufzugs- und Leitungsschächte tiefer gelegene Geschosse erreichen und dort Schimmel- und Feuchteschäden auslösen, etwa in Form verzogener Gipskarton-, Tür- und Fensterelemente. Die Dachsanierung mit Gerüstaufbau kann Schäden und Verschmutzungen an der Gebäudeaußenseite verursachen. Schäden können noch nach Abschluss der Sanierung auftreten und beispielsweise die Lebensdauer von Anstrichen, Leitungen und anderen technischen Einrichtungen verkürzt sein.

All dies mag im konkreten Fall durch eine sorgfältige Vorgehensweise vermieden werden. Eine entsprechende Sicherheit würden die beteiligten Verkehrskreise möglicher Erwerber von Wohnungseinheiten jedoch nicht gewinnen können und dennoch einen Abschlag verlangen. Dies gilt für hochpreisige Objekte in bevorzugten Wohnlagen genauso wie für Objekte in einfacheren Wohnlagen.

Der Verkäufer einer Wohnung in der streitgegenständlichen Anlage wird wegen der grundlegenden Bedeutung der Dachsanierung für das Gemeinschaftseigentum verpflichtet sein, diesen Umstand einem Erwerber zu offenbaren, weil davon die Kaufentscheidung wesentlich beeinflusst werden kann (Palandt/ Weidenkaff, BGB, 73. Aufl. 2014, § 433 Rdnr. 23). Der Veräußerer kann somit die Kenntnis des Erwerbers und dessen Verlangen einer Kaufpreisreduzierung nicht vermeiden.

Demzufolge besteht der Anspruch auf Ersatz des merkantilen Minderwerts dem Grunde nach.

[…]

3. *Er besteht mindestens in Höhe der vom Landgericht zugesprochenen 50.000 Euro. Entgegen der Ansicht der Beklagten muss insoweit kein Gutachten eingeholt werden.*

Der von der Klägerin begehrte merkantile Minderwert bezieht sich auf die gesamte streitgegenständliche Wohnanlage, die unstreitig aus 75 Einheiten in 2 Häusern besteht. Der Durchschnittspreis der Wohnungen lag über 150.000 Euro. Mithin stellt die Anlage einen Gesamtwert von über 11 Mio. Euro dar. Bezogen auf einen solchen Wert beträgt der verlangte merkantile Minderwert in Höhe von 50.000 Euro weniger als 1 % des Gesamtkaufpreises. Dabei handelt es sich um einen Mindestschaden, der auch ohne Erholung eines Sachverständigengutachtens geschätzt werden kann.

Denn dieser geringe Prozentsatz liegt unter der von einem Sachverständigengutachten zu erwartenden Genauigkeit. Der Sachverständige müsste unter Berücksichtigung vergleichbarer Immobilien Schlüsse auf die streitgegenständliche Immobilie ziehen. Da es in der Realität nach Art, Alter, Lage, Ausrichtung, Ausstattung, Grundrissschnitt, Größe usw. keine identische Vergleichsimmobilie gibt, muss denknotwendig die sachverständige Beurteilung Wertungen enthalten, deren Genauigkeit nicht den Bereich unter 1 % des Kaufpreises erfasst und erfassen kann. Anders als im Fall des BGH (a. a. 0.) muss hier keine Streubreite von 5 % bis 30 % beurteilt werden. Demzufolge erscheint vorliegend die Zuziehung eines Sachverständigen entbehrlich.

Der verlangte und zugesprochene merkantile Minderwert von 50.000 Euro stellt in Anbetracht der Bedeutung des Dachs für die Dauerhaftigkeit und Funktionstüchtigkeit eines Gebäudes nach Überzeugung des Senats allenfalls einen ‚Merkposten' und somit den Mindestschaden dar.“

Für den Anspruch auf Schadensersatz in Höhe des merkantilen Minderwerts kommt es nicht darauf an, ob der Eigentümer beabsichtigt, seine Immobilie aktuell zu veräußern, wie das Oberlandesgericht Stuttgart entschieden hat:

OLG Stuttgart, Urteil vom 08.02.2011 – 12 U 74/10 (Revision nicht zugelassen):

„Auch wenn die Sanierungsarbeiten ordnungsgemäß durchgeführt worden sind, kann ein merkantiler Minderwert verbleiben, wenn der Verkaufswert des Werkes durch den früheren, nunmehr behobenen Mangel beeinflusst wird [...]. *Bei Bauwerken entsteht ein geringerer Verkaufswert dadurch, dass auf dem Immobilienmarkt bei einem großen Teil der maßgeblichen Verkehrskreise wegen des Verdachts verborgen gebliebener Schäden oder des geringeren Vertrauens in die Qualität des Gebäudes eine den Preis beeinflussende Neigung gegen den Erwerb und damit eine schlechtere Verwertbarkeit des Gebäudegrundstückes besteht* [...]. *Diese Voraussetzung wird insbesondere für Mängel im Bereich der Hauskonstruktion anzunehmen sein, bei denen eine 100 %ige Überprüfung nicht möglich ist. Hierzu gehört nicht nur die Feuchtigkeitsabdichtung im Kellerbereich* [...], *sondern auch der Dachbereich, wenn dort Undichtigkeiten aufgetreten sind, die erhebliche Sanierungsarbeiten erforderlich gemacht haben.* [...]

Im Hinblick auf die deshalb bei den potenziellen Käufern bestehenden Bedenken kann sich ein Verkäufer regelmäßig nicht der Forderung nach einer Preisreduzierung verschließen. Auf den Umstand, dass auf Seiten der Beklagten derzeit keine Verkaufsabsicht besteht, kommt es nicht an, da es sich um eine Wertminderung des Hauses handelt, die auch ohne Verkauf aktuell bereits einen Schaden darstellt [...].“

Die Voraussetzungen für einen merkantilen Minderwert liegen darin, dass zunächst eine völlige und ordnungsgemäße Instandsetzung möglich ist:

BGH, Urteil vom 08.12.1977 – VII ZR 60/76:

„Der merkantile Minderwert liegt in der Minderung des Verkaufswerts einer Sache, die trotz völliger und ordnungsgemäßer Instandsetzung deshalb verbleibt, weil bei einem großen Teil des Publikums vor allem wegen des Verdachts verborgen gebliebener Schäden eine den Preis beeinflussende Abneigung gegen den Erwerb besteht.“

Ein merkantiler Minderwert käme daher aus technischer Sicht dann in Betracht, wenn zwar eine völlige und ordnungsgemäße Instandsetzung möglich wäre, aber die Kenntnis über den eingetretenen Schadensfall zu einer Verunsicherung möglicher Kaufinteressenten führen würde, die im unmittelbaren Vergleich mit einem makellosen Gebäude eine Kaufpreisminderung für das mit einem Makel behaftete Gebäude nach sich zieht. Da die Ermittlung der Werte für eine vollständig schadensfreie Immobilie einerseits und für eine ehemals schadhafte, aber inzwischen instandgesetzte und daher mit Makeln behaftete Immobilie andererseits nicht zum Sachgebiet 6300 „Schäden an Gebäuden“, sondern vielmehr zum Sachgebiet 1400 „Wertermittlung von bebauten Grundstücken“ zählt, wäre ggf. ein öffentlich bestellter und vereidigter Sachverständiger dieses Sachgebiets mit dieser Teilfrage zu beauftragen.

10 Schimmelpilzähnliche Schadensbilder

10.1 Ausblühungen

Wenn Wasser ein Bauteil über Diffusionsvorgänge durchdringt, kann es auch zu Ausblühungserscheinungen auf der Raumseite kommen, wenn das Wasser gelöste Salze aus dem Mauermörtel mit sich führt. An der Luftoberfläche bilden sich dann Kristalle, die nicht mit Luftmyzelien zu verwechseln sind (siehe Abb. 10.1 bis 10.3; vgl. auch Abb. 3.162). Salzausblühungen sind daher immer ein Zeichen für Durchfeuchtungen, nicht jedoch für Kondensation.

Abb. 10.1: Salzausblühungen an einer Kelleraußenwand

Abb. 10.2: Salzausblühungen an einer Kelleraußenwand (Nahansicht)

Abb. 10.3: Salzausblühungen mit deutlich sichtbaren Kristallen auf einer Kellerinnenwand mit hohem Feuchtegehalt aufgrund kapillar aufsteigender Feuchte

Abb. 10.4: Vermeintlicher Schimmelpilzbefall auf der Silikonabdichtung der Fensterverglasung entpuppt sich bei näherer Betrachtung als Mückenanhaftung.

10.2 Verschmutzungen

Auch Verunreinigungen können als Schimmelpilzbefall fehlgedeutet werden (siehe Abb. 10.4).

10.3 Belastungen mit chemischen Stoffen infolge von Durchfeuchtungen

Bau- und Einrichtungsmaterialien enthalten in der Regel flüchtige organische Verbindungen bzw. Kohlenwasserstoffverbindungen, die aus den Bauprodukten emittieren können und die Raumluft belasten. Diese flüchtigen organischen Verbindungen werden wie in Tabelle 10.1 dargestellt unterschieden.

Tabelle 10.1: Klassifizierung flüchtiger organischer Verbindungen nach dem Siedepunkt (Quelle: WHO, 1989)

Bezeichnung	Abkürzung	Siedepunkt in °C
leicht flüchtige organische Verbindungen (Very volatile organic Compounds)	VVOC	< 0 bis 50–100
flüchtige organische Verbindungen (Volatile organic Compounds)	VOC	50–100 bis 240–260
schwer flüchtige organische Verbindungen (Semivolatile organic Compounds)	SVOC	240–260 bis 380–400

Baustoffe wie Polystyrol, Kleber, Abdichtungsstoffe, Farben, Lacke, Teppichböden oder Bodenbelägen aus Polyvinylchlorid (PVC) setzen flüchtige organische Verbindungen frei. Die Emission tritt bei neuen Produkten verstärkt auf; die Raumluftkonzentration nimmt dann allmählich ab. Die Zeitspanne, innerhalb derer sich flüchtige organische Verbindungen nach der Fertigstellung eines Gebäudes noch verstärkt nachweisen lassen, hängt u. a. von der Be- und Entlüftung der Räumlichkeiten ab. Werden die Baustoffe nachträglich durchfeuchtet, kommt es häufig zu einem drastischen Anstieg der Konzentrationen bestimmter Emissionen in der Raumluft.

10.4 Sogenannte Stockflecken bzw. Spakbildung

Stockflecken sind punktuelle Schimmelpilz- oder Bakterienbildungen, die auf Textilien unter Luftabschluss angetroffen werden, z. B. auf verpackten Segeln oder feucht eingeschlagenen Cabriolet-Verdecken. Spakbildung ist der ursprünglich niederdeutsche, jetzt umgangssprachliche Begriff für eine Schimmelpilzrasenbildung.

10.5 Sogenannter Schwarzschimmel

Schwarzschimmel ist keine wissenschaftliche Bezeichnung für bestimmte Spezies. Es handelt sich dabei vielmehr um einen umgangssprachlichen Sammelbegriff für alle die Schimmelpilzspezies, deren Farbgebung unter den gegebenen Wachstumsbedingungen dunkelgrau bis schwarz ist. Trotzdem findet sich der Begriff sogar in einigen Sachverständigengutachten wieder.

11 Anhang

11.1 Abkürzungsverzeichnis

§	Paragraph
ABAS	Ausschuss für biologische Arbeitsstoffe
Abb.	Abbildung
AG	Amtsgericht
AGS	Ausschuss für Gefahrstoffe
AIV	Abdichtung im Verbund
ASR	Technische Regeln für Arbeitsstätten
ATV	Allgemeine Technische Vertragsbedingungen für Bauleistungen
BGB	Bürgerliches Gesetzbuch
BG Bau	Berufsgenossenschaft für die Bauwirtschaft
BGH	Bundesgerichtshof
BGI	Berufsgenossenschaftliche Information
BioStoffV	Biostoffverordnung
BK	Befallsklassen
BSS	Bundesverband Schimmelpilzsanierung e. V.
BUWAL	Schweizer Bundesamt für Umwelt, Wald und Landschaft
b.v.s.	Bundesverband öffentlich bestellter und vereidigter sowie qualifizierter Sachverständiger e. V.
DAfStb	Deutscher Ausschuss für Stahlbeton
DBV	Deutscher Beton- und Bautechnik-Verein e. V.
DG 18	Dichloran-Glycerin-Agar
DGUV	Deutsche Gesetzliche Unfallversicherung e. V.
DIN	Deutsches Institut für Normung
DIN EN	Deutsches Institut für Normung, Europäische Norm
DVGW	Deutscher Verein des Gas- und Wasserfaches
EG	Europäische Gemeinschaft
EnEV	Energieeinsparverordnung
et al.	et altera (und andere)
ETB	Einheitliche technische Baubestimmungen
FGK	Fachinstitut Gebäudeklima e. V.
GDV	Gesamtverband der Deutschen Versicherungswirtschaft
Gew.-%	Gewichtsprozent
GRE	Gesellschaft für rationelle Energieverwendung e. V.
GTZ	Gradtagzahl
HBauO	Hamburgische Bauordnung
HeizkostenV	Heizkostenverordnung
HEPA	High Efficiency particulate Air
HGT	Heizgradtage
HT-Rohr	Hochtemperaturrohr
IBP	Fraunhofer Institut für Bauphysik
IDS	Innendämmsysteme
ISO	International Organization for Standardization
KBE	koloniebildende Einheiten
Kfz	Kraftfahrzeug
KG	Kammergericht (Berlin)
KS	Kalksandstein
KSV	Verband Schweizer Kalksandstein-Produzenten
LASI	Länderausschuss für Arbeitsschutz und Sicherheitstechnik
LG	Landgericht
LGA	Landesgesundheitsamt
LIM	Lowest Isopleth for Mould
MAK	maximale Arbeitsplatzkonzentration
MVOC	Microbial volatile organic Compounds (mikrobielle flüchtige organische Substanzen)
OLG	Oberlandesgericht
OSB-Platte	Grobspanplatte
PCP	Pentachlorphenol
PSA	persönliche Schutzausrüstung
PVC	Polyvinylchlorid
RODAC	Replicate Organism Detection and Counting
SKE	Skaleneinheiten
sp.	Spezies (Art)
spp.	Plural von Spezies (Arten)
SVOC	Semivolatile organic Compounds (schwerflüchtige organische Verbindungen)

TRBA	Technische Regel Biologische Arbeitsstoffe
TRGS	Technische Regel Gefahrstoffe
TRWI	Technische Regeln für Trinkwasser-Installationen
ULPA	Ultra low particulate Air
VDI	Verein Deutscher Ingenieure
VdS	Vertrauen durch Sicherheit
VOB	Vergabe- und Vertragsordnung für Bauleistungen (Teil A, B und C)
VOC	Volatile organic Compounds (leichtflüchtige organische Verbindungen)
Vol.-%	Volumenprozent
VVOC	Very volatile organic Compounds (sehr leichtflüchtige organische Verbindungen)
WHO	World Health Organisation
WSchVO	Wärmeschutzverordnung
WTA	Wissenschaftlich-technische Arbeitsgemeinschaft für Bauwerkserhaltung und Denkmalpflege e. V.
WU-Beton	wasserundurchlässiger Beton
ZPO	Zivilprozessordnung
ZVDH	Zentralverband des Deutschen Dachdeckerhandwerks e. V.

11.2 Physikalische Größen

Tabelle 11.1: Gegenüberstellung bisheriger und genormter Symbole physikalischer Größen

Symbol bisher	physikalische Größe	Symbol neu	Einheit	Quelle
s	Dicke	d	m	DIN EN ISO 7345 (1996)
l	Länge	l	m	DIN EN ISO 7345 (1996)
b	Weite, Breite	b	m	DIN EN ISO 7345 (1996)
A	Fläche	A	m^2	DIN EN ISO 7345 (1996)
V	Volumen	V	m^3	DIN EN ISO 7345 (1996)
D	Durchmesser	D	m	DIN EN ISO 7345 (1996)
t	Zeit	t	s	DIN EN ISO 7345 (1996)
m	Masse	m	kg	DIN EN ISO 7345 (1996)
ρ	(Roh-)Dichte	r	kg/m^3	DIN EN ISO 7345 (1996)
ϑ	Celsius-Temperatur	θ	°C	DIN EN ISO 7345 (1996)
T	thermodynamische Temperatur	T	K	DIN EN ISO 7345 (1996)
Q	Wärme	Q	J	DIN EN ISO 7345 (1996)
Q	Wärmestrom	Φ	W	DIN EN ISO 7345 (1996)
q	Wärmestromdichte, flächenbezogen	q	W/m^2	DIN EN ISO 7345 (1996)
λ	Wärmeleitfähigkeit	λ	$W/(m \cdot K)$	DIN EN ISO 7345 (1996)
Λ	Wärmedurchlasskoeffizient	Λ	$W/(m^2 \cdot K)$	DIN EN ISO 7345 (1996)
	Wärmedurchlasskoeffizient, längenbezogen	Λ_1	$W/(m \cdot K)$	DIN EN ISO 7345 (1996)
	spezifischer Wärmedurchlasswiderstand	r	$m \cdot K/W$	DIN EN ISO 7345 (1996)
$1/\Lambda$	Wärmedurchlasswiderstand	R	$m^2 \cdot K/W$	DIN EN ISO 7345 (1996)
	Wärmedurchlasswiderstand, längenbezogen	R_1	$m \cdot K/W$	DIN EN ISO 7345 (1996)

Tabelle 11.1 (Fortsetzung)

Symbol bisher	physikalische Größe	Symbol neu	Einheit	Quelle
α	Wärmeübergangskoeffizient	–	$W/(m^2 \cdot K)$	DIN EN ISO 7345 (1996)
	Wärmeübergangskoeffizient, flächenbezogen	h	$W/(m^2 \cdot K)$	DIN EN ISO 7345 (1996)
$1/\alpha_i$	Wärmeübergangswiderstand, innen	R_{si}	$m^2 \cdot K/W$	DIN 4108-3 (2014)
$1/\alpha_a$	Wärmeübergangswiderstand, außen	R_{se}	$m^2 \cdot K/W$	DIN 4108-3 (2014)
k	Wärmedurchgangskoeffizient	U	$W/(m^2 \cdot K)$	DIN EN ISO 7345 (1996)
	Wärmedurchgangskoeffizient, längenbezogen	U_1	$W/(m \cdot K)$	DIN EN ISO 7345 (1996)
	Wärmedurchgangskoeffizient, längenbezogen	Ψ	$W/(m \cdot K)$	DIN EN ISO 10077-1 (2010)
	Wärmekapazität	C	J/K	DIN EN ISO 7345 (1996)
	spezifische Wärmekapazität	c	$J/(kg \cdot K)$	DIN EN ISO 7345 (1996)
k_W	Wärmedurchgangskoeffizient Außenwand	U_{AW}	$W/(m^2 \cdot K)$	
k_F	Wärmedurchgangskoeffizient Fenster	U_W	$W/(m^2 \cdot K)$	
K_R	Wärmedurchgangskoeffizient Rahmen	U_f	$W/(m^2 \cdot K)$	
k_v	Wärmedurchgangskoeffizient Verglasung	U_g	$W/(m^2 \cdot K)$	
k	Wärmedurchgangskoeffizient Außentüren	U_T	$W/(m^2 \cdot K)$	
k_D	Wärmedurchgangskoeffizient Decken, Dächer	U_D	$W/(m^2 \cdot K)$	
k_G	Wärmedurchgangskoeffizient Decken und Wände gegenüber unbeheizten Räumen und Erdreich	U_U U_G	$W/(m^2 \cdot K)$	
$1/k$	Wärmedurchgangswiderstand	R_T	$m^2 \cdot K/W$	
	Temperaturfaktor für die raumseitige Oberfläche	f_{Rsi}	–	DIN 4108-3 (2014)
	Bemessungstemperaturfaktor	$f_{Rsi,min}$	–	DIN EN ISO 13788 (2013)
	raumseitige Oberflächentemperatur	θ_{si}	°C	DIN 4108-3 (2014)

Tabelle 11.1 (Fortsetzung)

Symbol bisher	physikalische Größe	Symbol neu	Einheit	Quelle
	niedrigste zulässige Oberflächentemperatur	$\theta_{si,min}$	°C	DIN EN ISO 13788 (2013)
p	Wasserdampfteildruck	p	Pa	DIN 4108-3 (2014)
	Wasserdampfteildruck außen	p_e	Pa	DIN EN ISO 13788 (2013)
	Wasserdampfteildruck innen	p_i	Pa	DIN EN ISO 13788 (2013)
p_s	Wasserdampfsättigungsdruck	p_{sat}	Pa	
	raumseitige Erhöhung des Wasserdampfteildrucks gegenüber außen	Δp	Pa	DIN 4108-3 (2014)
	volumenbezogene Masse der Luftfeuchte (absolute Luftfeuchte)	v	kg/m³	DIN 4108-3 (2014)
	raumseitige Erhöhung der volumenbezogenen Masse der Luftfeuchte gegenüber der absoluten Luftfeuchte außen	Δv	kg/m³	DIN 4108-3 (2014)
φ	relative Luftfeuchte	φ, Φ	–	DIN 4108-2 (2013): φ DIN 4108-3 (2014): Φ
	kritische relative Luftfeuchte	$\varphi_{si,cr}$	–	DIN 4108-3 (2014)
	Wasseraufnahmekoeffizient	W_w	kg/(m² · h · 0,5)	DIN 4108-3 (2014)
u_m	massebezogener Feuchtegehalt	u	kg/kg	
u_v	volumenbezogener Feuchtegehalt	Ψ	m³/m³	
	volumenbezogener Feuchtegehalt	w	kg/m³	DIN 4108-3 (2014)
	kritischer massebezogener Feuchtegehalt	u_{krit}	kg/kg	
	freiwilliger massebezogener Feuchtegehalt	u_v	kg/kg	
	massebezogener Sättigungsfeuchtegehalt	u_{max}	kg/kg	
	massebezogener Umrechnungsfaktor für den Feuchtegehalt	f_u		
	volumenbezogener Umrechnungsfaktor für den Feuchtegehalt	$f\varphi$		

Tabelle 11.1 (Fortsetzung)

Symbol bisher	**physikalische Größe**	**Symbol neu**	**Einheit**	**Quelle**
D	Diffusionskoeffizient/Feuchtestrom	D	m^2/s	
I	Wasserdampfdiffusionsstrom	G	kg/s	
i	Wasserdampf-Diffusionsstromdichte	g	$kg/(m^2 \cdot s)$, $g/(m^2 \cdot h)$	DIN 4108-3 (2014)
Δ	Wasserdampf-Diffusionsdurchlasskoeffizient	W	m/s	
$1/\Delta$	Wasserdampf-Diffusionsdurchlasswiderstand	Z	$m^2 \cdot h \cdot Pa/kg$	
δ	Wasserdampf-Diffusionsleitkoeffizient in einem Material	δ	$kg/(m \cdot s \cdot Pa)$	DIN 4108-3 (2014)
	Wasserdampf-Diffusionsleitkoeffizient in der Luft	δ_0	$kg/(m \cdot s \cdot Pa)$	DIN 4108-3 (2014)
μ	Wasserdampf-Diffusionswiderstandszahl	μ		
s_d	wasserdampfdiffusionsäquivalente Luftschichtdicke	s_d	m	DIN 4108-3 (2014)
	Feuchteproduktion im Raum	G	kg/h	DIN 4108-3 (2014)
	flächenbezogene Verdunstungsmasse	M_{ev}	kg/m^2	DIN 4108-3 (2014)
	flächenbezogene Tauwassermasse	M_c	kg/m^2	DIN 4108-3 (2014)
	Luftwechselrate	n	h^{-1}	DIN 4108-3 (2014)
	Gesamt-Außenluftvolumenstrom	$q_{v,ges}$	m^3/h	DIN 1946-6 (2009)

11.3 Griechisches Alphabet

Tabelle 11.2: Griechisches Alphabet

Großbuchstaben	**Kleinbuchstaben**	**Name**
Α	α	Alpha
Β	β	Beta
Γ	γ	Gamma
Δ	δ	Delta
Ε	ε	Epsilon
Ζ	ζ	Zeta
Ε	η	Eta
Θ	θ	Theta
Ι	ι	Iota
Κ	κ	Kappa
Λ	λ	Lambda
Μ	μ	My
Ν	ν	Ny
Ξ	ξ	Xi
Ο	ο	Omikron
Π	π	Pi
Ρ	ρ	Rho
Σ	σ, ς	Sigma
Τ	τ	Tau
Υ	υ	Ypsilon
Φ	φ	Phi
Χ	χ	Chi
Ψ	ψ	Psi
Ω	ω	Omega

11.4 Normen, Rechtsvorschriften und Literatur

11.4.1 Normen

DIN 105 Mauerziegel

DIN 105-5:2013-06 Mauerziegel – Teil 5: Leichtlanglochziegel und Leichtlanglochziegelplatten

DIN 105-6:2013-06 Mauerziegel – Teil 6: Planziegel

DIN 105-100:2012-01 Mauerziegel – Teil 100: Mauerziegel mit besonderen Eigenschaften

DIN 1053 Mauerwerk

DIN 1055 Einwirkungen auf Tragwerke

DIN 1946-06:2009-05 Raumlufttechnik – Teil 6: Lüftung von Wohnungen – Allgemeine Anforderungen, Anforderungen zur Bemessung, Ausführung und Kennzeichnung, Übergabe/Übernahme (Abnahme) und Instandhaltung

DIN 1988-2:1988-12 Technische Regeln für Trinkwasser-Installationen (TRWI) – Teil 2: Planung und Ausführung; Bauteile, Apparate, Werkstoff; Technische Regel des DVGW

DIN 4095:1990-06 Baugrund – Dränung zum Schutz baulicher Anlagen – Planung, Bemessung und Ausführung

DIN 4108:1974-10 Wärmeschutz im Hochbau

DIN 4108:1969-08 Wärmeschutz im Hochbau

DIN 4108:1960-05 Wärmeschutz im Hochbau

DIN 4108:1952-07 Wärmeschutz im Hochbau

DIN 4108-2:2013-02 Wärmeschutz und Energie-Einsparung in Gebäuden – Teil 2: Mindestanforderungen an den Wärmeschutz

DIN 4108-2:2003-07 Wärmeschutz und Energie-Einsparung in Gebäuden – Teil 2: Mindestanforderungen an den Wärmeschutz

DIN 4108-2:2001-03 Wärmeschutz und Energie-Einsparung in Gebäuden – Teil 2: Mindestanforderungen an den Wärmeschutz

DIN 4108-2:1998-08 Wärmeschutz und Energie-Einsparung in Gebäuden – Wärmebrücken – Planungs- und Ausführungsbeispiele

DIN 4108-2:1981-08 Wärmeschutz im Hochbau – Wärmedämmung und Wärmespeicherung – Anforderungen und Hinweise für Planung und Ausführung

DIN 4108-3:2014-11 Wärmeschutz und Energie-Einsparung in Gebäuden – Teil 3: Klimabedingter Feuchteschutz – Anforderungen, Berechnungsverfahren und Hinweise für Planung und Ausführung

DIN 4108-3:2001-07 Wärmeschutz und Energie-Einsparung in Gebäuden – Teil 3: Klimabedingter Feuchteschutz; Anforderungen, Berechnungsverfahren und Hinweise für Planung und Ausführung

DIN 4108-4:2013-02 Wärmeschutz und Energie-Einsparung in Gebäuden – Teil 4: Wärme- und feuchteschutztechnische Bemessungswerte

DIN V 4108-4:1998-10 Wärmeschutz und Energie-Einsparung in Gebäuden – Teil 4: Wärme- und feuchteschutztechnische Kennwerte

DIN V 4108-6:2003-06 Wärmeschutz und Energie-Einsparung in Gebäuden – Teil 6: Berechnung des Jahresheizwärme- und des Jahresheizenergiebedarfs

DIN 4108-7:2011-01 Wärmeschutz und Energie-Einsparung in Gebäuden – Teil 7: Luftdichtheit von Gebäuden – Anforderungen, Planungs- und Ausführungsempfehlungen sowie -beispiele

DIN-Fachbericht 4108-8:2010-09 Wärmeschutz und Energie-Einsparung in Gebäuden – Teil 8: Vermeidung von Schimmelwachstum in Wohngebäuden

DIN 4701 Energetische Bewertung heiz- und raumlufttechnischer Anlagen

DIN 4713-5:1980-12 Verbrauchsabhängige Wärmekostenabrechnung – Teil 5: Betriebskostenverteilung und Abrechnung

DIN 18017-1:1987-02 Lüftung von Bädern und Toilettenräumen ohne Außenfenster – Teil 1: Einzelschachtanlagen ohne Ventilatoren

DIN 18017-3:2009-09 Lüftung von Bädern und Toilettenräumen ohne Außenfenster – Teil 3: Lüftung mit Ventilatoren

DIN 18161-1:1976-12 Korkerzeugnisse als Dämmstoffe für das Bauwesen – Teil 1: Dämmstoffe für die Wärmedämmung

DIN 18195-4:2011-12 Bauwerksabdichtungen – Teil 4: Abdichtungen gegen Bodenfeuchte (Kapillarwasser, Haftwasser) und nichtstauendes Sickerwasser an Bodenplatten und Wänden, Bemessung und Ausführung

DIN 18195-6:2011-12 Bauwerksabdichtungen – Teil 6: Abdichtungen gegen von außen drückendes Wasser und aufstauendes Sickerwasser, Bemessung und Ausführung

DIN 18531 Dachabdichtungen – Abdichtungen für nicht genutzte Dächer

DIN 18560 Estriche im Bauwesen

DIN 18560-2:2009-09 Estriche im Bauwesen – Teil 2: Estriche und Heizestriche auf Dämmschichten (schwimmende Estriche)

DIN 20000-401:2012-11 Anwendung von Bauprodukten in Bauwerken – Teil 401: Regeln für die Verwendung von Mauerziegeln nach DIN EN 771-1:2011-07

DIN 52617:1987-05 Bestimmung des Wasseraufnahmekoeffizienten von Baustoffen

DIN EN 771-1:2011-07 Festlegungen für Mauersteine – Teil 1: Mauerziegel

DIN EN 832:2003-06 Wärmetechnisches Verhalten von Gebäuden – Berechnung des Heizenergiebedarfs – Wohngebäude

DIN EN 1062-1:2004-08 Beschichtungsstoffe – Beschichtungsstoffe und Beschichtungssysteme für mineralische Substrate und Beton im Außenbereich – Teil 1: Einteilung

DIN EN 12524:2000-07 Baustoffe und -produkte – Wärme- und feuchteschutztechnische Eigenschaften – Tabellierte Bemessungswerte

DIN EN 12792:2004-01 Lüftung von Gebäuden – Symbole, Terminologie und graphische Symbole

DIN EN 15026:2007-07 Wärme- und feuchtetechnisches Verhalten von Bauteilen und Bauelementen – Bewertung der Feuchteübertragung durch numerische Simulation

DIN EN 15251:2012-12 Eingangsparameter für das Raumklima zur Auslegung und Bewertung der Energieeffizienz von Gebäuden – Raumluftqualität, Temperatur, Licht und Akustik

DIN EN ISO 7345:1996-01 Wärmeschutz – Physikalische Größen und Definitionen

DIN EN ISO 10077-1:2010-05 Wärmetechnisches Verhalten von Fenstern, Türen und Abschlüssen – Berechnung des Wärmedurchgangskoeffizienten – Teil 1: Allgemeines

DIN EN ISO 10211:2008-04 Wärmebrücken im Hochbau – Wärmeströme und Oberflächentemperaturen – Detaillierte Berechnungen

DIN EN ISO 12570:2013-09 Wärme- und feuchtetechnisches Verhalten von Baustoffen und Bauprodukten – Bestimmung des Feuchtegehaltes durch Trocknen bei erhöhter Temperatur

DIN EN ISO 13788:2013-05 Wärme- und feuchtetechnisches Verhalten von Bauteilen und Bauelementen – Raumseitige Oberflächentemperatur zur Vermeidung kritischer Oberflächenfeuchte und Tauwasserbildung im Bauteilinneren – Berechnungsverfahren

DIN EN ISO 13788:2001-11 Wärme- und feuchtetechnisches Verhalten von Bauteilen und Bauelementen – Raumseitige Oberflächentemperatur zur Vermeidung kritischer Oberflächenfeuchte und Tauwasserbildung im Bauteilinneren – Berechnungsverfahren

DIN EN ISO 13789:2008-04 Wärmetechnisches Verhalten von Gebäuden – Spezifischer Transmissions- und Lüftungswärmedurchgangskoeffizient – Berechnungsverfahren

DIN EN ISO 15148:2003-03 Wärme- und feuchtetechnisches Verhalten von Baustoffen und Bauprodukten – Bestimmung des Wasseraufnahmekoeffizienten bei teilweisem Eintauchen

DIN EN ISO 16000-19:2014-12 Innenraumluftverunreinigungen – Teil 19: Probenahmestrategie für Schimmelpilze

DIN ISO 16000-19:2012-12 Innenraumluftverunreinigungen – Teil 19: Probenahmestrategie für Schimmelpilze

VOB/C ATV DIN 18299:2012-09 VOB Vergabe- und Vertragsordnung für Bauleistungen – Teil C: Allgemeine Technische Vertragsbedingungen für Bauleistungen (ATV) – Allgemeine Regelungen für Bauarbeiten jeder Art

VOB/C ATV DIN 18334:2012-09 VOB Vergabe- und Vertragsordnung für Bauleistungen – Teil C: Allgemeine Technische Vertragsbedingungen für Bauleistungen (ATV) – Zimmer- und Holzbauarbeiten

VOB/C ATV DIN 18353:2015-08 VOB Vergabe- und Vertragsordnung für Bauleistungen – Teil C: Allgemeine Technische Vertragsbedingungen für Bauleistungen (ATV) – Estricharbeiten

VOB/C ATV DIN 18380:2012-09 VOB Vergabe- und Vertragsordnung für Bauleistungen – Teil C: Allgemeine Technische Vertragsbedingungen für Bauleistungen (ATV) – Heizanlagen und zentrale Wassererwärmungsanlagen [Achtung: Dokument zurückgezogen]

EN 149:2001 Atemschutzgeräte – Filtrierende Halbmasken zum Schutz gegen Partikel

11.4.2 Rechtsvorschriften

[BGB]: Bürgerliches Gesetzbuch in der Fassung der Bekanntmachung vom 2. Januar 2002 (BGBl. I S. 42, 2909; 2003 I S. 738)

[EG-Verordnung Nr. 852/2004]: Verordnung (EG) Nr. 852-2004 über Lebensmittelhygiene. Lebensmittelsicherheit – vom Erzeuger zum Verbraucher v. 20.05.2004

[EG-Verordnung Nr. 853/2004]: Verordnung (EG) Nr. 853/2004 über spezifische Hygienevorschriften für Lebensmittel tierischen Ursprungs v. 29.04.2004

[EnEV 2004]: Verordnung über energiesparenden Wärmeschutz und energiesparende Anlagentechnik bei Gebäuden (Energieeinsparverordnung – EnEV) v. 02.12.2004, in Kraft vom 08.12.2004 bis 30.09.2007

[EnEV 2002]: Verordnung über energiesparenden Wärmeschutz und energiesparende Anlagentechnik bei Gebäuden (Energieeinsparverordnung – EnEV) v. 16.11.2001, in Kraft vom 01.02.2002 bis zum 07.12.2004

[HBauO]: Hamburgische Bauordnung v. 14.12.2005, zuletzt geändert am 20.12.2011

[HeizkostenV]: Verordnung über die verbrauchsabhängige Abrechnung der Heiz- und Warmwasserkosten v. 20.01.1989

[WSchVO III]: Verordnung über einen energiesparenden Wärmeschutz bei Gebäuden (Wärmeschutzverordnung – WärmeschutzV) v. 16.08.1994

[WSchVO II]: II. Verordnung über einen energiesparenden Wärmeschutz bei Gebäuden (Wärmeschutzverordnung – WärmeschutzV) v. 24.02.1982

[WSchVO I]: I. Verordnung über einen energiesparenden Wärmeschutz bei Gebäuden (Wärmeschutzverordnung – WärmeschutzV) v. 11.08.1977

[ZPO]: Zivilprozessordnung in der Fassung der Bekanntmachung vom 5. Dezember 2005 (BGBl. I S. 3202; 2006 I S. 431; 2007 I S. 1781), die zuletzt durch Artikel 6 des Gesetzes vom 20. November 2015 (BGBl. I S. 2018) geändert worden ist

11.4.3 Literatur

Arendt, C.; Seele, J.: Feuchte und Salze in Gebäuden – Ursachen, Sanierung, Vorbeugung. 2. Aufl. Leinfelden-Echterdingen: Verlagsanstalt Alexander Koch, 2000

ASR A3.6. Technische Regeln für Arbeitsstätten. Lüftung. Ausschuss für Arbeitsstätten (Hrsg.). Bremerhaven: Wirtschaftsverlag NW Verlag für neue Wissenschaft GmbH, 2012

Balak, M.; Pech, A.: Mauerwerkstrockenlegung. 2. Aufl. Wien: Springer, 2008

Baumann, O.; Fendt, P.; Barth, J.: Kommentar zu DIN 18356, DIN 18367 und DIN 18299 Parkett- und Holzpflasterarbeiten. Köln: Verlagsgesellschaft Rudolf Müller GmbH, 1997

BG-Bau-Baustein A 211. Schimmelpilze bei der Gebäudesanierung. In: Baustein-Merkheft Dacharbeiten. Stand: Juli 2012. Berlin: Berufsgenossenschaft der Bauwirtschaft BG Bau, 2012

BGI 858. Gesundheitsgefährdungen durch biologische Arbeitsstoffe bei der Gebäudesanierung. Handlungsanleitung zur Gefährdungsbeurteilung nach Biostoffverordnung (BioStoffV). Berlin: Berufsgenossenschaft der Bauwirtschaft BG Bau, 2005

BUWAL-Richtlinien. Einstufung von Organismen. Pilze. Bern: Bundesamt für Umwelt, Wald und Landschaft (BUWAL), 2004

[b.v.s.-Richtlinie]: Richtlinie zum sachgerechten Umgang mit Schimmelpilzschäden in Gebäuden. Erkennen, Bewerten und Instandsetzen. 2. überarbeitete Fassung vom 01.09.2014. Empfohlen durch den Bundesverband öffentlich bestellter und vereidigter sowie qualifizierter Sachverständiger e. V. (b.v.s.). Wiefelstede: Netzwerk Schimmel e. V., 2014

Clarke, J. A.; Johnstone, C. M.; Kelly, N. J.; McLean, R. C.; Anderson, J. A.; Rowan, N. J.; Smith, J. E.: A technique for the prediction of the conditions leading to mould growth in buildings. In: Building and Environment 34 (1999), S. 515–521

DBV-Merkblatt Hochwertige Nutzung von Untergeschossen – Bauphysik und Raumklima. Stand: Januar 2009. Berlin: Deutscher Beton- und Bautechnik-Verein e. V. (DBV), 2009

DGUV-Information 201-028 [bisher: BGI 858]. Handlungsanleitung Gesundheitsgefährdungen durch biologische Arbeitsstoffe bei der Gebäudesanierung. Stand: Oktober 2006. Berlin: Berufsgenossenschaft der Bauwirtschaft BG Bau, 2006

DIN-Mitteilungen. Band 46. Berlin: Beuth Verlag, 1967

Erläuterungen zur DAfStb-Richtlinie. Berlin: Deutscher Ausschuss für Stahlbeton (DAfStB), 2006

[ETB-Ergänzung 1]: Einheitliche technische Baubestimmungen, Ergänzung 1. Stand: Juni 1947. Bremen: Ausschuss für einheitliche technische Baubestimmungen, 1947

Fehrenberg, J. P.: Energieeinsparen durch nachträgliche Außenwanddämmung bei monolithischen Außenwänden. In: VBN-info Sonderheft Wärme Energie, 2003

FGK Status-Report 8. Fragen und Antworten zur Raumluftfeuchte. Bietigheim-Bissingen: Fachinstitut Gebäude-Klima e. V., 2007

[Flachdachrichtlinie]: Deutsches Dachdeckerhandwerk – Regeln für Abdichtungen – mit Flachdachrichtlinie. Hrsg.: Zentralverband des Deutschen Dachdeckerhandwerks, Fachverband Dach-, Wand- und Abdichtungstechnik e. V. Stand: Oktober 2008 (mit Änderungen Mai 2009 und Dezember 2011). Köln: Verlagsgesellschaft Rudolf Müller GmbH, 2008

[GRE]: Gesellschaft für rationelle Energieverwendung e. V. (GRE): Energieeinsparung im Gebäudebestand. Bauliche und anlagentechnische Lösungen. 4. Aufl. Bad Hersfeld: Höhl Druck, 2002

[Handlungsempfehlung LGA Baden-Württemberg]: Handlungsempfehlung für die Sanierung von mit Schimmelpilzen befallenen Innenräumen. Leitfaden. Redaktionell aktualisierter, inhaltlich unveränderter Nachdruck der 2. überarbeiteten Aufl. Stuttgart: Landesgesundheitsamt Baden-Württemberg, 2011

[Handlungsempfehlung LGA Baden-Württemberg]: Handlungsempfehlung für die Sanierung von mit Schimmelpilzen befallenen Innenräumen. Leitfaden. 2., überarb. Aufl. Stuttgart: Landesgesundheitsamt Baden-Württemberg, 2006

[Handlungsempfehlung LGA Baden-Württemberg]: Handlungsempfehlung für die Sanierung von mit Schimmelpilzen befallenen Innenräumen. Leitfaden. 1., überarb. Aufl. Stuttgart: Landesgesundheitsamt Baden-Württemberg, 2004

Hankammer, G.; Resch, M.; Böttcher, W.: Bautrocknung im Neubau und Bestand. Köln: Verlagsgesellschaft Rudolf Müller GmbH, 2013

Hankammer, G.; Resch, M.: Bauwerksdiagnostik bei Feuchteschäden. Köln: Verlagsgesellschaft Rudolf Müller GmbH, 2012

Hankammer, G.: Schäden an Gebäuden. 2. Aufl. Köln: Verlagsgesellschaft Rudolf Müller GmbH, 2008

Hankammer, G. [2007a]: Abnahme von Bauleistungen. 3. Aufl. Köln: Verlagsgesellschaft Rudolf Müller GmbH, 2007

Hankammer, G. [2007b]: Schimmelpilzbefall in Gebäuden – Prävention und fachgerechte Beseitigung. In: Der Bausachverständige 1 (2007), S. 21–25

Hankammer, G.; Lorenz, W.: Schimmelpilze und Bakterien in Gebäuden. 2. Aufl. Köln: Verlagsgesellschaft Rudolf Müller GmbH, 2007

Hankammer, G.: Luftdichtheit der Gebäudehülle im Konflikt mit dem erforderlichen Mindestluftwechsel. In: Berufsverband Deutscher Baubiologen (VDB) e. V. (Hrsg.): Nachweis, Bewertung, Sanierung und Qualitätssicherung von Schimmelpilzen in Innenräumen. Tagungsband 10 der Pilztagung, Juni 2006. Fürth: AnBUS, 2006

Hankammer, G.; Mentlein, H.: Abnahme von Bauleistungen – Tiefbau. Köln: Verlagsgesellschaft Rudolf Müller GmbH, 2006

Hankammer, G. [2005a]: Das sensible Gleichgewicht des Raumklimas. In: Gebäude-Energieberater 11 (2005), S. 44–47

Hankammer, G. [2005b]: Porentief rein. In: Gebäude-Energieberater 12 (2005), S. 43

Heilemann, K.-J.; Heinrich, J.; Wichmann, H.-E.; Bischof, W.: Raumklimatische Bedingungen in Wohnräumen – ein Vergleich zwischen Hamburg und Erfurt. In: Gesundheits-Ingenieur 120/5 (1999), S. 239–245

Heinz, E.; Brasche, S.; Hartmann, T.; Richter, W.; Bischof, W.: Feuchtigkeitsschäden einschließlich Schimmelpilz-Wachstum in deutschen Wohnungen. Ergebnisse einer repräsentativen Untersuchung. Airtec (2004), S. 6–15

Hofbauer, W. K.; Breuer, K.; Sedlbauer, K.: Algen, Flechten, Moose und Farne auf Fassaden. In: Bauphysik 25 (2003), Heft 6

Informationsdienst Holz: Holzbau Handbuch. Reihe 6: Ausbau und Trockenausbau. Teil 4: Böden und Beläge. Folge 2. Berlin: Informationsverein Holz e. V., 2001

Isenmann, W.; Tosberg, M.: Feuchtigkeitserscheinungen und deren Folgen in bewohnten Gebäuden vor dem Hintergrund mietrechtlicher Auseinandersetzungen (Anlage 3, III-4.4.11). In: Moriske, H.-J., Turowski, E. (Hrsg.): Handbuch für Bioklima und Lufthygiene. Landsberg am Lech: ecomed, 2005, S. 3 ff.

Klaas, H.; Schulz, E.: Schäden an Außenwänden aus Ziegel- und Kalksandsein-Verblendmauerwerk. Stuttgart: IRB-Verlag, 1995

Klus, K.: Anwendung und Umsetzung mikrobiologischer Analyseberichte durch Bausachverständige. In: Der Bausachverständige 4 (2013), S. 10–15

Kück, U.; Nowrousian, M.; Hoff, B.; Engh, I.: Schimmelpilze – Lebensweise, Nutzen, Schaden, Bekämpfung. 3. Aufl. Berlin: Springer, 2009

Künzel, H. M.: Raumluftfeuchte in Wohngebäuden. Randbedingung für die Feuchteschutzbeurteilung. In: wksb Zeitschrift für Wärmeschutz – Kälteschutz – Schallschutz – Brandschutz 56 (2006), S. 31–41

Künzel, H.: Der Regenschutz von Außenwänden. In: Mauerwerkskalender. Berlin: Ernst & Sohn, 1986

Lohmeyer, G.; Ebeling, K.: Weiße Wannen einfach und sicher. Konstruktion und Ausführung wasserundurchlässiger Bauwerke aus Beton. 10., überarbeitete und erweiterte Aufl. Düsseldorf: Verlag Bau + Technik, 2013

Lohmeyer, G.; Ebeling, K.: Weiße Wannen einfach und sicher. Konstruktion und Ausführung wasserundurchlässiger Bauwerke aus Beton. 8., überarbeitete und erweiterte Aufl. Düsseldorf: Verlag Bau + Technik, 2007

Lorenz, W.; Hankammer, G.; Lassl, K.: Sanierung von Feuchte- und Schimmelpilzschäden. Köln: Verlagsgesellschaft Rudolf Müller GmbH, 2005

LV-Nr. 16. Kenngrößen zur Beurteilung raumklimatischer Grundparameter. LASI-Veröffentlichung Nr. 16. Länderausschuss für Arbeitsschutz und Sicherheitstechnik (LASI), 1999

Madigan, M. T.; Martinko, J. M.; Parker, J.: Brock Mikrobiologie. Dt. Übersetzung hrsg. von Goebel, W. Berlin: Spektrum Akademischer Verlag, 2000

Marquardt, H.: Tauwasserschutz. Seminarunterlage QS, Fachhochschule Nordostniedersachsen, Sommersemester 2003

[Merkblatt Gastronomie]: Gastronomie. Ein Merkblatt der Industrie- und Handelskammer Hannover. Stand: November 2015. Hannover: Industrie- und Handelskammer Hannover, 2015

Middel M. M.; Pickhardt, R.; Eifert, H.; Lieblang, S.; Werner, L.: Bauphysik nach Maß. Wärmeschutz, Energieeinsparung, Feuchteschutz. 4. Aufl. Düsseldorf: Verlag Bau + Technik GmbH, 2003

Mücke, W.; Lemmen, C.: Schimmelpilze – Vorkommen, Gesundheitsgefahren, Schutzmaßnahmen. 2. Aufl. Landsberg am Lech: ecomed, 2000

Pistohl, W.: Handbuch der Gebäudetechnik. Band 1: Allgemeines, Sanitär, Elektro, Gas. 6. Aufl. Köln: Werner Verlag, 2007

Pistohl, W.: Handbuch der Gebäudetechnik, Planungsgrundlagen und Beispiele. Band 1: Sanitär/Elektro/Förderanlagen. 4. Aufl. Scharbeitz: Werner Verlag, 2002

RAL-GZ 965. Güte- und Prüfbestimmungen für energieeffiziente Gebäude. Planung und Bauausführung von Häusern in besonders energiesparender Bauweise – Gütesicherung. Stand: 2002. Biberach: Gütegemeinschaft Energieeffiziente Gebäude e. V., 2002

Reiß, J.: Schimmelpilze. 2. Aufl. Berlin: Springer, 1997

Reiß, J.: Schimmelpilze – Nutzen, Schaden, Bekämpfung. 2.Aufl. Heidelberg: Springer, 1988

Remmert, K.; Heller, J.; Spang, H.; Bauer, K.; Brehm, T.; Schwarzmann, E.: Fachbuch für Parkettleger und Bodenleger. 2. Aufl. Hamburg: SN-Verlag Michael Steinert, 1996

Reul, H.: Handbuch Bautenschutz und Bausanierung. 4. Aufl. Köln: Verlagsgesellschaft Rudolf Müller GmbH, 2000

Reyer, E.; Schild, K.; Völkner, S.: Wärmedämmstoffe und Systeme. In: Bauphysik Kalender 2003. Berlin: Ernst und Sohn, 2003, S. 161 ff.

Richardson N.; Grün, L.: Schimmelpilze in Innenräumen – Sanierung betroffener Wohnungen und Gebäude. In: Turowski, E., Moriske, H. J.: Richardson N.; Grün, L.: Schimmelpilze in Innenräumen – Sanierung betroffener Wohnungen und Gebäude. Landsberg am Lech: ecomed Medizin, 2005, S. 1–21

Richter, W.; Hartmann, T.; Kremonke, A.; Reichel, D.; TU Dresden, Institut für Thermodynamik und Technische Gebäudeausrüstung: Gewährleistung einer guten Raumluftqualität bei weiterer Senkung der Lüftungswärmeverluste. Stuttgart: Fraunhofer IRB Verlag, 1999

RWE Bau-Handbuch. Praxiswissen für Ihr Bauprojekt. 13. Aufl. Frankfurt am Main: VWEW Energieverlag, 2004

Samson, R.; Hoekstra, E. S.; Frisvad, J. C.; Filtenborg, O.: Introduction to food- and airborne Ffungi. 6. Aufl. Utrecht: CBS Centraalbureau voor Schimmelcultures, 2001

SANCO techn. Dokumentation: Das Glasbuch. 2. Aufl. Nördlingen: SANCO techn. Dokumentation, 2004

[Schimmelleitfaden]: Leitfaden zur Vorbeugung, Erfassung und Sanierung von Schimmelbefall in Gebäuden („Schimmelleitfaden“). Berlin: Umweltbundesamt, Innenraumlufthygiene-Kommission, 2016

Schimmelpilze in Innenräumen – Nachweis, Bewertung, Qualitätsmanagement. Landesgesundheitsamt Baden-Württemberg: Abgestimmtes Arbeitsergebnis des Arbeitskreises „Qualitätssicherung – Schimmelpilze in Innenräumen" am Landesgesundheitsamt Baden-Württemberg, 14.12.2001 (überarbeitet: Dezember 2004). Stuttgart: Landesgesundheitsamt Baden-Württemberg im Regierungspräsidium, 2001

[Schimmelpilz-Leitfaden]: Leitfaden zur Vorbeugung, Untersuchung, Bewertung und Sanierung von Schimmelpilzwachstum in Innenräumen. Berlin: Umweltbundesamt, Innenraumlufthygiene-Kommission, 2002

[Schimmelpilzsanierungs-Leitfaden]: Leitfaden zur Ursachensuche und Sanierung bei Schimmelpilzwachstum in Innenräumen. Dessau: Umweltbundesamt, Innenraumlufthygiene-Kommission, 2005

Schmitz, H.; Gerlach, R.; Krings, E.; Dahlhaus, U. J.; Meisel, U.: Baukosten 2006 – Preiswerter Neubau von Ein- und Mehrfamilienhäusern/Instandsetzung/Sanierung/Modernisierung/Umnutzung. 16./18. Aufl. Essen: Verlag für Wirtschaft und Verwaltung Hubert Wingen, 2006

Schuchardt, S.; Kruse, H.; Wassermann, O.: Von Schimmelpilzen in Innenräumen gebildete leicht flüchtige organische Verbindungen – Bewertung der gesundheitlichen Risiken. Schriftenreihe des Instituts für Toxikologie. Kiel: Universitätsklinikum Kiel, 2001

Sedlbauer, K.; Krus, M. [2003a]: Schimmelpilz aus Sicht der Bauphysik: Wachstumsvoraussetzungen, Ursachen und Vermeidung. In: Aachener Bausachverständigentage. Wiesbaden: Friedr. Vieweg & Sohn, 2003, S. 77–93

Sedlbauer, K.; Krus, M. [2003b]: Schimmelpilze in Gebäuden – Biohygrothermische Berechnungen und Gegenmaßnahmen. In: Bauphysik Kalender 2003. Berlin: Ernst und Sohn, 2003, S. 435–530

Smith, S. L.; Hill, S. T.: Influence of temperature and water activity on germination and growth of Aspergillus restrictus and Aspergillus versicolor. Transactions of the Britisch Mycological Society 79 (1982), Heft 3, S. 558–560

Techem AG: Energiekennwerte. Hilfen für den Wohnungswirt. Studie der Fa. Techem AG. Eschborn, Techem AG, 2003

[Technische Richtlinie zur Innendämmung von Außenwänden]: Technische Richtlinie zur Innendämmung von Außenwänden mit Innendämm-Systemen (IDS). Planung – Ausführung – Nutzungshinweise. Baden-Baden: Fachverband Wärmedämm-Verbundsysteme e. V., 2012

TRBA 400. Handlungsanleitung zur Gefährdungsbeurteilung bei Tätigkeiten mit biologischen Arbeitsstoffen. Stand: April 2006. Bundesministerium für Arbeit und Soziales, Ausschuss für Biologische Arbeitsstoffe (ABAS), 2006

TRBA 460. Technische Regeln für Biologische Arbeitsstoffe. Einstufung von Pilzen in Risikogruppen. Stand: Oktober 2002. Bundesministerium für Arbeit und Soziales, Ausschuss für Biologische Arbeitsstoffe (ABAS), 2002

TRBA 466. Einstufung von Bakterien in Risikogruppen. Stand: Oktober 2004. Bundesministerium für Arbeit und Soziales, Ausschuss für Biologische Arbeitsstoffe (ABAS), 2004

TRBA 500. Grundlegende Maßnahmen bei Tätigkeiten mit biologischen Arbeitsstoffen. Stand: April 2012. Bundesministerium für Arbeit und Soziales, Ausschuss für Biologische Arbeitsstoffe (ABAS), 2012

TRGS 524. Schutzmaßnahmen bei Tätigkeiten in kontaminierten Bereichen. Bundesministerium für Arbeit und Sozialordnung, Ausschuss für Gefahrstoffe (AGS), 2010

TRGS 524. Schutzmaßnahmen bei Tätigkeiten in kontaminierten Bereichen. Bundesministerium für Arbeit und Sozialordnung, Ausschuss für Gefahrstoffe (AGS), 1998

TRGS 540. Sensibilisierende Stoffe. Bundesministerium für Arbeit und Sozialordnung, Ausschuss für Gefahrstoffe (AGS), 2000

TRGS 900. Technische Regeln für Gefahrstoffe. Arbeitsplatzgrenzwerte. Bundesministerium für Arbeit und Sozialordnung, Ausschuss für Gefahrstoffe (AGS), 2006

TRGS 907. Verzeichnis sensibilisierender Stoffe und von Tätigkeiten mit sensibilisierenden Stoffen. Bundesministerium für Arbeit und Sozialordnung, Ausschuss für Gefahrstoffe (AGS), 2011

VDI 2067. Richtlinienreihe Wirtschaftlichkeit gebäudetechnischer Anlagen

VDI 4300 Blatt 1:1995-12 Messen von Innenraumluftverunreinigungen – Allgemeine Aspekte der Messstrategie

VDI 4300 Blatt 6:2000-12 Messen von Innenraumluftverunreinigungen – Messstrategie für flüchtige organische Verbindungen (VOC)

VDI 4300 Blatt 10:2008-07 Messen von Innenraumluftverunreinigungen – Messstrategien zum Nachweis von Schimmelpilzen im Innenraum

VdS 3151:2014-06 Richtlinien zur Schimmelpilzsanierung nach Leitungswasserschäden. Köln: Gesamtverband der Deutschen Versicherungswirtschaft e. V. (GDV), 2014

Weber, H.: Die Putzfassade. In: Zeitschrift für Architektur + Baudetail 3 (2002), S. 107

Weiß, B.; Wagenführ, A.; Kruse, K.: Beschreibung und Bestimmung von Bauholzpilzen. Leinfelden-Echterdingen: DRW-Verlag, 2000

[WHO]: World Health Organization (WHO): Indoor air quality: organic pollutants. EURO Reports and Studies N. 111. Copenhagen: WHO Reg. Office for Europe, 1989

WTA-Merkblatt 4-4-96. Mauerwerksinjektion gegen kapillare Feuchtigkeit. München: Wissenschaftlich-Technische Arbeitsgemeinschaft für Bauwerkserhaltung und Denkmalpflege e. V., 1995

WTA-Merkblatt 4-5-99/D. Beurteilung von Mauerwerk – Mauerwerksdiagnostik. München: Wissenschaftlich-Technische Arbeitsgemeinschaft für Bauwerkserhaltung und Denkmalpflege e. V., 1999

WTA-Merkblatt 4-6-05/D. Nachträgliches Abdichten erdberührter Bauteile. München: Wissenschaftlich-Technische Arbeitsgemeinschaft für Bauwerkserhaltung und Denkmalpflege e. V., 2005

WTA-Merkblatt 4-7-02/D. Nachträgliche mechanische Horizontalsperre. München: Wissenschaftlich-Technische Arbeitsgemeinschaft für Bauwerkserhaltung und Denkmalpflege e. V., 2002

WTA Merkblatt 6-4. Innendämmung nach WTA I: Planungsleitfaden. München: Wissenschaftlich-Technische Arbeitsgemeinschaft für Bauwerkserhaltung und Denkmalpflege e. V., 2009

[WU-Richtlinie]: DAfStb-Richtlinie 2003-11 Wasserundurchlässige Bauwerke aus Beton (WU-Richtlinie)

Zensus 2011: Gebäude und Wohnungen Bundesrepublik Deutschland am 9. Mai 2011. Stand Mai 2013. Statistisches Bundesamt, 2014 [online]. Internet: https://www.destatis.de/DE/PresseService/Presse/Pressekonferenzen/2013/Zensus2011/gwz_zensus2011.pdf?__blob=publicationFile [Zugriff: 02.02.2016]

ZVDH-Merkblatt Einbauteile bei Dachdeckungen. In: Deutsches Dachdeckerhandwerk Regelwerk. Hrsg.: Zentralverband des Deutschen Dachdeckerhandwerks e. V. Stand: Juli 2013. Köln: Verlagsgesellschaft Rudolf Müller GmbH & Co. KG, 2013

11.5 Stichwortverzeichnis

Der Autor

Dipl.-Ing. Gunter Hankammer, Jahrgang 1958

- ab 1973 Maurerlehre mit Gesellenprüfung, anschließend Schulausbildung und Studium des Bauingenieurwesens
- ab 1984 Bauleitung, zunächst in Rohbauunternehmen, dann ab 1986 als Leiter der Bauleitungsabteilung in einem Hamburger Architekturbüro
- ab 1995 zusätzlich geschäftsführender Gesellschafter in einem Unternehmen für Projektsteuerung mit Niederlassungen in Schwerin und Hamburg
- seit 2005 Alleininhaber der Gesellschaft, die jetzt eingetragen ist als Hankammer GmbH Sachverständigengutachten Projektsteuerung, Hamburg und Schwerin
- seit 1990 Tätigkeit als Sachverständiger für Schäden an Gebäuden
- seit 1995 Beratender Ingenieur (Hamburgische Ingenieurkammer – Bau)
- seit 1997 Bauvorlageberechtigter Ingenieur (Hamburgische Ingenieurkammer – Bau)
- seit 1997 öffentlich bestellt und vereidigt als Sachverständiger für Schäden an Gebäuden (Handelskammer Hamburg)
- seit 2002 öffentlich bestellt und vereidigt als Sachverständiger für Sachfragen der Honorierung von Architektenleistungen nach der HOAI (Hamburgische Architektenkammer)
- seit 2005 öffentlich bestellt und vereidigt als Sachverständiger für Schimmelpilze und andere Innenraumschadstoffe (Handelskammer Hamburg)
- Mitglied im Fachgremium der IHK zu Schwerin im Sachgebiet: „Schäden an Gebäuden, inkl. Mängeln"
- seit vielen Jahren Referent bei Seminar- und Vortragsveranstaltungen sowie Fachjournalist und Mitglied im Deutschen Fachjournalistenverband (DFJV)

Der Autor ist Koautor diverser Fachbücher, Autor von Fachartikeln und hat folgende Fachbücher verfasst, die in der Verlagsgesellschaft Rudolf Müller veröffentlicht wurden:

- „Abnahme von Bauleistungen", 4. Auflage 2013,
- „Schäden an Gebäuden", 2. Auflage 2008,
- „Der Sachverständige, 2. Auflage 2012",
- „Abnahme von Bauleistungen-Tiefbau" 2006, gemeinsam mit Prof. Dr. Horst Mentlein
- „Schimmelpilze und Bakterien in Gebäuden", 2. Auflage 2007, gemeinsam mit Dr. Wolfgang Lorenz
- „Sanierung von Feuchte- und Schimmelpilzschäden", 2005, gemeinsam mit Dr. Wolfgang Lorenz und Karl Lassl
- „Bauwerksdiagnostik bei Feuchteschäden", 2012, gemeinsam mit Michael Resch
- „Bautrocknung im Neubau und Bestand", 2014, gemeinsam mit Michael Resch und Wolfgang Böttcher